U0061449

香港志

自然
環境保護與生態保育

香港地方志中心　編纂

中華書局

香港志｜自然‧環境保護與生態保育

責任編輯　郭子晴
裝幀設計　Circle Communications Ltd
製　　作　中華書局（香港）有限公司

編纂　　香港地方志中心有限公司
　　　　香港灣仔告士打道 77-79 號富通大廈 25 樓
出版　　中華書局（香港）有限公司
　　　　香港北角英皇道四九九號北角工業大廈一樓 B
　　　　電話：（852）2137 2338　傳真：（852）2713 8202
　　　　電子郵件：info@chunghwabook.com.hk
　　　　網址：http://www.chunghwabook.com.hk
發行　　香港聯合書刊物流有限公司
　　　　香港新界荃灣德士古道 220-248 號荃灣工業中心 16 樓
　　　　電話：（852）2150 2100　傳真：（852）2407 3062
　　　　電子郵件：info@suplogistics.com.hk
印刷　　中華商務聯合印刷（香港）有限公司
　　　　香港新界大埔汀麗路 36 號中華商務印刷大廈 14 樓
版次　　2023 年 11 月初版
　　　　©2023 中華書局（香港）有限公司
規格　　16 開（285mm×210mm）

ISBN　978-988-8860-80-7

衷心感謝以下機構及人士的慷慨支持，
讓《香港志》能夠付梓出版，永留印記。

*Hong Kong Chronicles has been made possible with the
generous contributions of the following benefactors:*

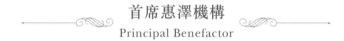

首席惠澤機構
Principal Benefactor

香港賽馬會慈善信託基金
The Hong Kong Jockey Club Charities Trust
同心同步同進 *RIDING HIGH TOGETHER*

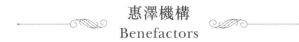

惠澤機構
Benefactors

香港董氏慈善基金會
The Tung Foundation

黃廷方慈善基金
Ng Teng Fong Charitable Foundation

恒隆地產
Hang Lung Properties Limited

太古集團
John Swire & Sons

怡和管理有限公司
Jardine Matheson Limited

信德集團何鴻燊博士基金會有限公司
Shun Tak Holdings – Dr. Stanley Ho Hung Sun Foundation Limited

恒基兆業地產集團
Henderson Land Group

滙豐
HSBC

中國銀行(香港)有限公司
Bank of China (Hong Kong) Limited

名譽贊助人·顧問·理事·專家委員·委員會名單

名譽贊助人	李家超

名譽顧問	王賡武

當然顧問	陳國基

理事會

理事會主席	董建華			
執行委員會主席	陳智思			
理事	孔令成	王葛鳴	李國章	李焯芬
	林詩棋	范徐麗泰	馬逢國	馬豪輝
	張信剛	梁愛詩	梁錦松	黃永光
	楊紹信			
當然委員	李正儀			

專家委員會

丁新豹	李明逵	冼玉儀	張炳良	梁元生	陳坤耀
黃玉山	劉智鵬	譚惠珠			

編審委員會

首席召集人	李焯芬			
召集人	丁新豹	冼玉儀	梁元生	劉智鵬
委員	朱益宜	何濼生	李明堃	李金強
	周永新	周佳榮	梁操雅	陳弘毅
	陳蒨	黃紹倫	葉月瑜	詹志勇
	鄒興華	趙雨樂	劉蜀永	潘耀明
	鄧聰	鄭宏泰	蕭國健	龍炳頤
當然委員	李正儀			

推廣委員會

首席召集人	黃玉山			
召集人	王葛鳴			
委員	李鑾輝	紀文鳳	袁光銘	麥黃小珍
	葉偉儀			
當然委員	李正儀			

審計委員會

主席	孔令成	
委員	伍尚匡	曾順福
當然委員	李正儀	

總裁	林乃仁

（按筆畫序排列）

編審團隊

| 主　編 | 黃玉山　譚鳳儀 |

| 評　審 | 余濟美　李成業　李曉岩 |

| 特聘方志顧問 | 陳澤泓 |

| 編纂總監 | 孫文彬 |

| 編　輯 | 羅家輝 |

| 撰　稿 | 朱利民（第五章）　邱榮光（第五章）　區偉光（第一、三章）
陳鍵林（第六章）　黃煥忠（第三章）　黃耀錦（第四章）
劉啟漢（第三章）　劉培生（第二、三章）　劉惠寧（第二章）
鄺文昌（第七章）　蘇國賢（長春社）（第二章）

香港地方志中心：　李慶餘　周罟年　楊松頴　羅家輝 |

| 協　力 | 牛　悅　明柔佑　唐　淬　孫葆瑩　孫　璟　袁榮致
莊惠珊　郭　強　陳嘉榆　黃良俊　黃筑君　鄧考翹
戴婉晴 |

（按筆畫序排列）

2017 年香港特別行政區地形圖（地圖版權屬香港特別行政區政府；資料來源：地政總署測繪處）

香港特別行政區
HONG KONG SPECIAL ADMINISTRATIVE REGION

SOUTH CHINA SEA

地政總署測繪處繪製
Cartography by Survey and Mapping Office, Lands Department

序

「參天之木，必有其根；懷山之水，必有其源。」尋根溯源，承傳記憶，是人類的天性，民族的傳統，也是歷代香港人的一個情結，一份冀盼。

從文明肇始的久遠年代，中華民族便已在香港這片熱土上繁衍生息，留下了數千年的發展軌跡和生活印記。然而自清嘉慶年間《新安縣志》以來，香港便再無系統性的記述，留下了長達二百年歷史記錄的空白。

這二百年，正是香港艱苦奮鬥、努力開拓，逐步成為國際大都會的二百年，也是香港與祖國休戚與共、血脈相連，不斷深化命運共同體的二百年：1841 年香港被英國佔領，象徵着百年滄桑的濫觴；1997 年香港回歸祖國，極大地推動了中華民族復興的進程。

回歸以來，香港由一個「借來的地方，借來的時間」，蛻變成為「一國兩制」之下的特別行政區。港人要告別過客心態，厚植家國情懷，建立當家作主的責任意識，才能夠明辨方向，共創更好明天。

地方志具有存史、資政、育人的重要職能，修志過程蘊含了對安身立命、經世濟民、治國安邦之道的追尋、承傳與弘揚，是一項功在當代，利在千秋的文化大業。

香港地方志中心成立之目的，正是要透過全面整理本港自然、政治、經濟、社會、文化、人物的資料，為國家和香港留存一份不朽的文化資產，以歷史之火炬，照亮香港的未來。

凡例

一、香港是中華人民共和國的一個特別行政區。在「一國兩制」原則下，香港修志有別於海峽兩岸官修志書的傳統架構，採用「團結牽頭、政府支持、社會參與、專家撰寫」的方式，即由非牟利團體團結香港基金牽頭，在特區政府和中央政府支持與社會廣泛參與下，由專家參與撰寫而成。

二、編修《香港志》目的在於全面、系統、客觀地記述香港自然和社會各方面的歷史與現狀。在繼承中國修志優良傳統的同時，突出香港特色，力求在內容和形式上有所突破、有所創新。

三、本志記述時限，上限追溯至遠古，下限斷至 2017 年 7 月 1 日。個別分志視乎完整性的需要，下限適當下延。

四、本志記述的地域範圍以 1997 年 7 月 1 日香港特別行政區管轄範圍為主。發生在本區之外，但與香港關係十分密切的重要事務亦作適當記述。

五、為方便讀者從宏觀角度了解本志和各卷、各章的內在聯繫，本志設總述，各卷設概述，各篇或章視需要設無題小序。

六、人物志遵循生不立傳原則。立傳人物按生年先後排列。健在人物的事跡採用以事繫人、人隨事出的方法記載。

七、本志所記述的歷史朝代、機構、職稱、地名、人名、度量衡單位，均依當時稱謂。1840 年中國進入近代以前，歷史紀年加注公元紀年；1841 年以後，採用公元紀年。貨幣單位「元」均指「港元」，其他貨幣單元則明確標示。

八、本志統計資料主要來自香港政府公布的官方統計資料。

九、本志對多次重複使用的名稱，第一次使用全稱時加注簡稱，後使用簡稱。

十、為便於徵引查考，本志對主要資料加以注釋，說明來源。

十一、各卷需要特別說明的事項，在其「本卷說明」中列出。

目錄

第六章　生態事件與環保運動

第七章　企業環境責任

自然

環境保護與生態保育

本卷說明

一、本卷內容涵蓋香港環境保護和生態保育工作，其主要內容包括政策規劃、立法、行政規管、環境教育、環保運動和環境責任。

二、本卷第一至四章記述政府部門及相關機構的工作，第五至七章記述環保團體、企業和其他非政府組織的活動。

三、本卷使用的資料以政府部門為主，亦參考學術著作、期刊和報刊，以及非政府組織出版物。

四、本卷所涉人名原文，會在正文中以括注形式標出；地名、機構名稱、條例、公約、科學名詞和術語，必要時亦會在正文中以括注形式標出原文。

五、生物屬名和種名，一般在正文章節首次出現時，括注拉丁屬名和種名，其他分類層級的生物名詞，視乎內容需要，部分括注拉丁名稱，部分物種亦提供本地俗名。

概述

本卷記述香港環境保護和生態保育兩方面的工作,兩者互相關連,但亦有方針和行動的差異。環境保護(Environmental Protection,簡稱「環保」),泛指保護地表上有益於人類及其他生物賴以生活、生存的空間和資源,以及保障經濟社會可持續發展而採取的各種行動,包括政策制定、執行和監察;經濟支持、科研工作、工程技術和宣傳教育等。環境保護着重處理工業化、城市化所帶來的污染問題,以改善人類生活質素為首要目標,確保人類的生存和發展不受威脅。

生態保育(Ecological Conservation,簡稱「保育」)包含保護(Protection)與復育(Restoration)兩個含義;前者是針對物種及其生境的監測與維護,後者是針對瀕危物種的復育繁殖,以及重建受破壞的生境。保育強調人類與其他物種的協調關係,着重保護地球上的生態系統,維繫自然資源的可持續利用。

香港環境工作主要由政府策劃和主導,來自大專院校、環保團體和企業等非政府組織的學者和其他人士也參與其中,並且發揮一定作用。政府的環境工作主要由環境保護署(環保署)及漁農自然護理署(漁護署)兩大部門負責,分別主管污染防治和自然保育。具體環境工作包括規劃、立法、行政、環境監測、環境教育、環保運動、環境責任。本地環境工作始於1840年代,以自然保育發端;1940年代至1950年代由於內地政局變化,導致香港人口急增,加上1950年代至1960年代的工業化轉型,帶來各類污染問題,污染防治成為環境工作的重中之重。1960年代以來,隨着歐美保育思潮影響的不斷深化,建立自然保護區和推動可持續發展,亦成為環保和保育工作的重點。

據考古發現,約7000年前已有人類在香港定居,以漁獵為生。當年人跡罕至,香港保留大片原始森林。直至北宋時期的十一世紀,隨着移民遷入新界平原地區,香港才有較大規模的開墾活動。香港古代人口稀少,人類活動對環境的影響主要限於樹木砍伐。

1841年,英國佔領香港島。由1841年至抗戰前夕的1937年,人口由7450人增至約100萬人。出於各種殖民管治的考慮,包括改善景觀、防治疫病、休閒狩獵等,政府陸續推行各項環境工作。1872年,花園和植樹部成立,成為香港最早的環境管理行政機構,其職能由管理香港植物公園,逐步擴展至植林、林務和農業。1870年代,港府開展植林工作,以改善景觀為主要動機。為配合植林工作,港府於1888年頒布《樹木保存條例》,是香港最早針對植物保育的條例。經過約60年的植林,至1939年,全港植林區面積約有

57 平方公里。同時，植林工作亦帶動自然保護區的出現，截至 1930 年代，香港已劃定 3 個樹木保護區，分別位於烏蛟騰、大埔滘和歌連臣山。

動物保育是早期自然保育工作的另一重點。1870 年代，港府頒布《鳥類保存條例》，是香港最早的動物保育條例。1911 年，港府頒布《漁業（炸藥）條例》，規管破壞性捕魚的方法，是最早有關海洋物種保育的條例。隨後《野禽條例》和《野生動物保護條例》分別於 1922 年及 1936 年頒布，香港動物保護範圍也由鳥類，擴展至哺乳類的穿山甲及水獺。上述條例以規管狩獵活動的對象、方式、區域和時間為主。

太平洋戰爭前，港府在自然保育方面，側重於植林和狩獵物種保育。而污染防治工作，以保護水質為主，但只限於市區的污水處理，相關措施亦以公共衛生為目標。1881 年，英國派遣專家到港，調查公共衛生；並於 1883 年成立潔淨局，主要工作是針對 1890 年代爆發的鼠疫，港府於 1902 年推行「雨污分流」，以改善市區水質，這是截至太平洋戰爭前，香港污染防治的主要工作。

二

二十世紀中葉，由於內地戰亂和社會動盪，香港人口急劇增長，加上工業發展，環境工作出現轉向，污染防治逐漸受到港府的重視。1937 年，抗日戰爭全面爆發，至 1941 年香港淪陷前夕，人口由 1937 年的約 100 萬人增至約 163 萬人。隨着二戰後國共全面內戰、內地政權變更，1950 年代至 1960 年底，本地人口增至約 312 萬人。另一方面，1950 年代由於韓戰禁運，經營轉口貿易的資金流向製造業，推動工業高速發展。1960 年代，香港已成為遠東輕工業製品出口中心。1970 年代，本地廠商流行為外國品牌代工生產，能源、化工等重工業亦有長足發展，形成香港工業的高峰期。工商業相關活動，除導致有毒氣體和廢水排放等污染問題，亦引起海岸油污、河流污染等生態事件。二戰後的人口急升和工業發展，意味港府需要應付日益嚴峻的環境問題。

1950 年代至 1960 年代，港府頒布《公眾健康及市政條例》、《保持空氣清潔條例》等條例，以控制環境污染。其中 1959 年制定的《保持空氣清潔條例》，是香港針對環境污染管制的首條法例，負責管制燃燒化石燃料裝置的黑煙排放。1970 年代起，港府完善污染防治的行政架構。1977 年，環境保護組成立，負責制定污染管制計劃；1981 年，改組為環境保護處，繼而在 1986 年升格為環保署，成為執行環保政策、處理污染問題的最主要政府部門。

1980 年代以後，港府採取主動出擊辦法，在水質、空氣、廢物、噪音等四個範疇，推出針對性的條例、措施和監測制度。在水質方面，港府於 1980 年制定《水污染管制條例》及其

附例，把香港水域劃為十個水質管制區，並釐定每個管制區的水質指標，採取發牌制度，管制在區內排放的污水。在空氣方面，港府於 1981 年設置全港首個連續監測站，隨後分別於市區設立空氣監測站，監測氣態污染物、懸浮粒子及毒性空氣污染物。在廢物方面，港府於 1980 年頒布《廢物處置條例》，隨後多次修訂條例，擴張監管範圍，尤其是管制禽畜廢物的排放及棄置。在噪音方面，港府於 1987 年起，實施消減噪音計劃；1988 年，港府頒布《噪音管制條例》，對住所、建築地盤、工商業樓宇及車輛發出的噪音作出管制。1990 年代起，港府更制定多份整體性和針對性的污染管制藍圖，引入防治污染的更具體目標和時間表。

1981 年起，港府展開了有系統的長期環境監測工作。最早起步的是廢物監察（1981 年），其後為空氣監測（1983 年）、海水監測（1986 年）和河水監測（1986 年）。噪音監測則起步較晚，民航處於 1998 年開始在香港國際機場進行定點監測。環境監測有助政府制定污染防治政策，並成為檢討這些成效的依據。

1990 年代，污控防治已超出環境管理的範疇，成為城市規劃的要素和原則。1986 年，港府要求重大的發展項目需進行環境影響評估，檢視發展項目帶來的污染和其他環境問題。1998 年，《環境影響評估條例》正式生效，條例規定發展項目必須按法例指引進行環評，以及根據上述評估，實施有效的環境保護措施。

四

二戰後香港的環境工作，與不同階段的國際環保和保育潮流關係密切。1962 年，首屆世界國家公園大會及英聯邦林業會議分別於西雅圖和肯尼亞舉行，兩次會議均闡明成立自然保護區的重要性，並提出保育野生動物的建議。同年，美國海洋生態學者雷切爾·卡森（Rachel Carson）出版《寂靜的春天》（*Silent Spring*），提出化學農藥對環境的影響，該書出版帶動全球保育的風潮。上述事件，直接推動香港 1970 年代以來自然保育、環境教育和環保運動的發展。

自然保育方面，1960 年代，回應歐美推動國家公園的趨勢，港府內部和國際專家倡議在港建立自然保護區，並發表政策文件和報告，促成 1970 年代郊野公園及相關保護區的設立。1976 年，港府頒布《郊野公園條例》，規管郊野公園和特別地區。翌年，劃定首個特別地區和首批兩個郊野公園。此外，全國抗戰至香港日佔時期，日軍當局和本地居民大量砍伐樹木作為燃料，港府在二戰後期展開大規模植林，以恢復受破壞的郊野生態。這些植林工作亦成為發展郊野公園的基礎。

1990 年代至今，保護區制度持續發展。1995 年，港府根據《拉姆薩爾公約》，將米埔及

內后海灣濕地列為國際重要濕地。1996 年，頒布《海岸公園及海岸保護區規例》，成立首批海岸公園和海岸保護區。2009 年，香港國家地質公園開幕，成為中國國家地質公園成員，2011 年更獲接納為世界地質公園網絡的成員，並於 2015 年更名為香港聯合國教科文組織世界地質公園。

1970 年代，物種保育工作亦有長足發展。1976 年，港府新訂《野生動物保護條例》（1936 年訂立的同名條例於 1954 年廢除），規定所有野生雀鳥（包括鳥巢和蛋）、海洋和陸上哺乳類動物（鼠類除外）、龜鱉類、緬甸蟒蛇和裳鳳蝶均受法律保護。1981 年，港府全面禁止狩獵活動。物種保育範圍也由脊椎動物擴展至無脊椎動物，由本地野生物種擴展至國際貿易涉及的物種。

環保運動方面，受到《寂靜的春天》所引發歐美環保風潮影響，1968 年香港出現了首個本地環保團體（環團）長春社（初名香港保護自然景物協會）。隨後不同背景和規模的環團紛紛成立，環團和專業人士透過社會運動和教育形式，推動大眾參與保護環境和物種保育，亦就政府的環境工作和環境有關事件提出意見、甚至組織群眾活動。1970 年代的環保運動，受到國際反對化工和核能的影響，出現了反對南丫島興建煉油廠、反對興建大亞灣核電廠等事件。同時，反對房地產開發也是運動的重要主題，包括反對大生圍、南生圍、沙羅洞等發展項目的事件。踏入二十一世紀，環保運動湧現反對全港大型基建的訴求，此時期運動有更多政治人物和政黨參與其中，運動策略亦趨向多元，社交媒體倡議和司法覆核成為組織宣傳和抗議的重要手段。由環團等非政府組織主導的環保運動，不單提高市民對環境保護的認識和重視，亦積極監察政府的環境工作，令港府和相關部門重新檢視其政策內容及執行方式，減少對環境的負面影響。

環境教育方面，大致分為正規（學校課程）和非正規（學校課程以外）兩大範疇。正規教育方面，以教育部門制定的綱領文件為中心。1992 年，教育署編訂《學校環境教育指引》，是香港首份針對環境教育的課程指引。1996 年，小學引入常識科，環境教育元素被整合至教學領域內，可提升本港學生的環保知識。1990 年代以後，專上院校冠以「環境」之名的新興學科如環境科學、環境管理、環境工程等，以及與可持續發展相關的學科亦陸續推出，積極培訓與環境工作相關的人才。非正規教育方面，政府、環保團體，甚至工商界，亦透過設立環境教育場所／基地、舉行大型社區教育項目或活動等方式，推動不同的教育議題。

五

1990 年代以來，可持續發展（Sustainable Development）是全球環境工作的指導思想，香港亦不例外。1987 年，世界環境及發展委員會發表《我們的共同未來》報告書，提出可持

續發展的概念。1992 年，在巴西里約熱內盧舉行的地球高峰會上，各國通過了可持續發展的全球行動計劃《二十一世紀議程》。

1997 年，港府開展《二十一世紀可持續發展研究》，制定涵蓋經濟、社會及環境的可持續發展指標、準則及支援工具。2001 年，港府設立可持續發展組，監察及支援各部門的可持續發展工作，建立評估制度。2003 年，成立可持續發展委員會。委員會就各議題展開公眾諮詢，包括改善空氣質素、制定人口政策等，截至 2017 年，共展開了七輪公眾諮詢。這些諮詢很多都是由下而上，能加強公眾對這些議題的認識和吸納市民意見。

隨着可持續發展議題的普及，香港企業對環境的關注與日俱增，愈來愈多企業意識到，日常營運融入環保元素，不單可回應國際社會趨勢及滿足法例要求，長遠更可提升企業管治水平，履行社會責任，提升企業形象。1989 年，本港 19 間大型企業組成私營機構關注環境委員會。此後，香港政府、工商組織、大型企業和相關單位設立更多的環保基金、獎項和指標，包括設立香港工業獎環保成就大獎、香港環保卓越大獎，以及引進國際通行的 ISO 14000 環境管理體系等。踏入 2000 年代，港府更積極推動商界參與環境工作。2012 年，香港交易所發布《環境、社會和管治表現的報告指引》，2016 年有關指引更正式納入聯交所主板及創業板的上市規則。

香港企業的積極參與非常關鍵，直接影響本地環保工作的成效。工商界已成為環保工作不可或缺的持份者，香港的環境工作亦在「官—商—民」的共同合作下逐步轉型。

六

踏入 1980 年代，香港的環境工作與國家發展息息相關。污染防治方面，國家改革開放初期，大批港商北上，將生產線移至內地，尤其是珠江三角洲。由於工廠是主要污染源，工業北移亦導致本地污染轉移至內地。粵港兩地唇齒相依，合作推動涉及兩地範圍的污染防治。1990 年，港府與廣東省政府成立粵港環境保護聯絡小組，商討合作解決兩地的空氣質素問題，及大鵬灣、后海灣的海水污染問題。

自然保育方面，1992 年，在巴西里約熱內盧地球高峰會上，各國簽署了《生物多樣性公約》。2010 年，在第十次締約國會議上通過《2011—2020 生物多樣性策略計劃》，促使各國在未來十年採取行動，保育生物多樣性。中國是《公約》締約國之一，並於 2011 年將公約應用範圍延伸至香港。香港亦於 2013 年開始制定《生物多樣性策略及行動計劃》（《計劃》），以保育本港及境外的生物多樣性，支持可持續發展，《計劃》於 2016 年公布。1999 年，粵港環境保護聯絡小組更名粵港持續發展與環保合作小組。至 2017 年，合作層面由個別的共享地區和課題，拓展至整個珠江三角洲的可持續發展、氣候變化、能源、自

然保育、循環經濟及優質生活等課題。而 2016 年起，港府為配合國家綠色金融政策的發展，委託香港品質保證局，展開綠色金融認證計劃的研發工作。

1997 年，特區政府成立，基本法於 1997 年 7 月起實施。基本法第 119 條規定：「香港特別行政區政府制定適當政策，促進和協調製造業、商業、旅遊業、房地產業、運輸業、公用事業、服務性行業、漁農業等各行業的發展，並注意環境保護。」環境保護也納入特區憲制性法律文件。

七

綜觀歷年香港環境工作，特點有三：回應人口增長帶來的環境問題、國際風潮的影響、政府主導並由非政府組織支援與監督。

（一）回應人口增長帶來的環境問題。1840 年代，香港僅有約 7000 人，至 1920 年代末才突破 100 萬大關。相對今天人口規模而言，太平洋戰爭前，人類活動對環境衝擊較小，污染問題未算突出。在 1840 年代至 1930 年代的英佔早期，環境工作以自然保育為重，污染防治未受重視，亦缺乏行政架構和條例。1940 年代起，人口急速增長，由二戰結束時約 60 萬人，增至 2017 年約 739 萬人，密集人口帶來重大環境壓力，海陸空環境質量惡化，直接威脅本地居民福祉，污染防治成為二戰以來最重要的環境工作，並於 1980 年代起，超越環境範疇本身，成為城市規劃的考慮原則。

（二）國際風潮的影響。香港受到英國殖民管治 150 多年，十九世紀至太平洋戰爭前的自然保育工作，以滿足英國人管治華人、消弭疫病、休閒狩獵、博物學考察等需要為主。二戰後，歐美地區 1960 年代推動國家公園、1990 年代推動可持續發展的兩股思潮，對香港環保和保育工作，皆帶來深遠的影響。這些影響皆反映於郊野公園和其他保護區的劃定，可持續發展觀念在政府、商界和民間的普及。

（三）政府主導，非政府組織支援與監督。政府是環境工作的最重要持份者，自 1840 年代起扮演主導角色，功能包括建立行政架構、規劃、立法、制定、監測和執行政策。政府推動環境工作政出二門，由環保署及漁護署兩大機構分別管理污染防治和自然保育。二戰後，非政府單位（環保團隊和企業）在環境工作的角色日漸重要。自 1960 年代首個環團成立後，環團推動環境教育和環保運動，同時配合和監督政府的工作。香港各高校的學者亦通過他們的專業知識和學術研究成果，為政府、環團和企業出謀獻策，同時開辦各式各樣的環境專業課程，為社會培訓所需人才。1994 年，環境諮詢委員會成立，成為學者和其他非政府人士監督政府工作的最主要平台。本地大型企業亦於 1990 年代以後，以履行社會責任方式，在管治層面引入更多環保元素，以「環境、社會及管治」(ESG) 最具代表性。

第一章
行政管理架構

香港政府對環境的管理，始於 1870 年代。1872 年，漁農處的前身花園及植樹部成立，專責自然護理和植林工作，是首個專注環境工作的政府部門。該部門及其後續單位，也是太平洋戰爭前，港府最主要的環境管理機構。

1970 年代以降，港府對環保工作日益重視，於 1977 年成立環境保護組，1986 年升格為環境保護署（環保署），成為執行環保政策、處理污染問題的主要政府部門。2000 年，漁農處改稱漁農自然護理署（漁護署），反映踏入二十一世紀以後政府對自然保育的關注。

截至 2017 年，環境局為政府統籌環境政策的決策局，主要執行部門為環保署及漁護署。環保署負責執行污染管制、環境監測、環境規劃及環境影響評估、推廣環境教育等方面的工作。漁護署負責執行自然保育方面的工作，包括管理郊野公園及海岸公園等保護區、動植物護理等。其他政府部門在環境工作方面亦擔當一定角色。

政府同時設有諮詢組織，讓社會各界向政府就環保議題提供意見，範疇涵蓋本港環境的整體情況、污染問題、自然保育、環境教育、可持續發展等，當中以環境諮詢委員會（環諮會）為主要諮詢組織。

第一節　主管部門

一、主管環境政策的機構演變

英佔香港初期，1850 年代發生一場霍亂瘟疫，港府為加強衛生工作，於 1862 年委任了一個衛生委員會，並於 1883 年成立潔淨局（1935 年改組為市政局），其中的職責包括處理渠道、公廁等衛生問題。1891 年至 1970 年代初，工務司署負責處理污水的問題。

1970 年代起，政府加強關注環境污染問題。1974 年，布政司署設立環境事務科，負責制定地政、運輸及環境保護政策，其中一項職責是負責制定防止環境污染的政策和協調工作。1981 年 11 月至 1982 年年底，民政科及行政科相繼負責制定環境政策。1982 年年底至 1988 年 10 月期間，衛生福利司負責制定污染管制政策。

1988 年 11 月至 1989 年 8 月期間，地政工務司負責制定環境保護政策。1989 年 9 月，規劃環境地政科成立，以便更有效制定及執行政府的環境規劃政策。1989 年至 1997 年特

區成立前，布政司轄下的規劃環境地政科負責整體的環境政策。1997 年特區成立後，改為政務司司長轄下的規劃環境地政局負責。

2000 年 1 月 1 日，特區政府為了精簡制定政策的工作及管理架構，重組負責管理環境事務的政策局架構，成立環境食物局。環保署、漁護署及新設的食物環境衛生署（食環署），均隸屬環境食物局。

環境食物局轄下設兩個科，分別負責：

（一）食物安全、食物標準和標籤、副食品供應和管制、漁農政策、小販和街市政策等事宜；

（二）環境保護和自然護理事宜、空氣污染、噪音和水污染政策、保護臭氧層和溫室氣體排放政策、廢物管理和提高能源效益的政策、政府各計劃和政策的環境影響，以及出任環境諮詢委員會的秘書處及就跨境污染事宜與內地相關政府部門聯繫和協調。

2002 年 7 月 1 日，政府成立環境運輸及工務局，取代同日解散的環境食物局，成為負責制定和檢討整體環境政策的政策局。環境運輸及工務局屬下的環境科，負責制定保護環境的政策。環保署隸屬於環境運輸及工務局環境科。

2005 年 4 月 1 日，政府將環境運輸及工務局環境科與環保署合併，旨在簡化環境事務的決策程序，由同一部門制定和執行政策，而環保署部門名稱維持不變。

2007 年 7 月 1 日，特區政府重新分配各政策局所負責的政策範疇，以配合第三屆特區政府的施政重點。政府為建立一個更專注環境工作的政策局，將環境保護、可持續發展及能源政策範疇的工作撥歸同一位局長負責，成立環境局。環境局下設環境局局長辦公室、環保署及可持續發展及能源科。政府把政務司司長辦公室轄下的行政署負責執行這些職務的職位，重新調配至環境局。可持續發展科負責在政府內部和社會推廣可持續發展概念，以及推行自 2001 年起於政府內實施的可持續發展評估制度，以及為可持續發展委員會提供秘書處支援服務，並管理可持續發展基金。能源事務方面，政府把經濟發展及勞工局轄下的經濟發展科負責能源政策的職位，重新調配至環境局，由該局負責制定本港的能源政策和推廣節約能源及能源效益的工作。圖 1-1 展示 2017 年環境局的行政架構。圖 1-2 回顧 1872 年至 2017 年，香港政府負責規劃及執行環境政策的主要部門演變。

圖 1-1　2017 年環境局組織架構圖

資料來源：香港特別行政區政府環境保護署。

圖 1-2　1872 年至 2017 年香港政府負責規劃及執行環境政策的主要部門演變圖

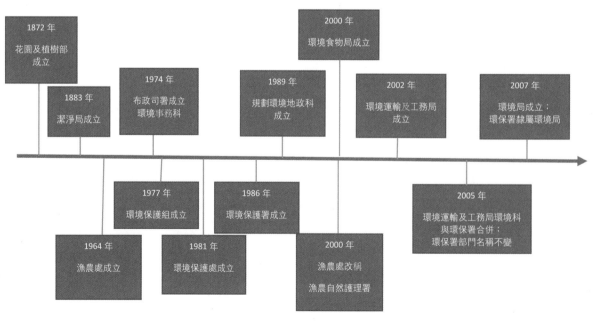

（香港地方志中心根據歷年香港年報製作）

二、環境保護署的職責及其演進

1974 年，港府聘請英國環境資源有限公司（Environmental Resources Limited）研究香港環境政策的整體情況並建議如何設立有效的架構及機制保護香港環境。根據研究的建議，港府於 1977 年 7 月成立隸屬於布政司署環境科的環境保護組，負責統籌政府內部十多個不同部門的環境保護工作，主要職責包括制定長遠的管制污染計劃、策劃環境的發展、就大規模的發展計劃提供專家意見、審查發展計劃對香港環境的影響及就污染問題提供技術指導。該組成立初期有 5 位職員，分別負責水污染及空氣污染、噪音及震動、固體廢物等範疇工作。

港府為加強環境保護的工作，於 1981 年 1 月成立環境保護處，接掌環境保護組的工作，成為提供環保專門技術的主要部門，並執行環境監察計劃，為新的環境政策及工程立下基礎。環境保護處負責協助衛生福利司制定新法例及訂定環境質素標準。環境保護處下設空氣質素及風險評估組、噪音及震動組、水質組及廢物管理規劃組。除環境保護處外，多個部門當時也有專責單位負責各項污染管制職務，包括勞工處的空氣污染管制科[1]、工程拓展署的污染管制（液體及固體廢物）部、文康市政科的噪音及震動管制組、漁農處的廢物管理科及海洋污染研究組、香港天文台空氣污染及氣象研究組及海事處的污染控制組等。

1980 年代，負責環境保護政策的衛生福利司認為有必要將組織架構進一步合理化，遂於 1986 年 4 月 1 日成立環境保護署，將來自漁農處、勞工處、海事處、工程拓展署、文康市政科及環境保護處六個部門的相關資源重新安排及集中管理，並將管制道路車輛噴出廢氣的責任及環境微生物學的工作移交環保署執行。環保署主要職責包括就環境政策提供意見、實施污染管制計劃、環境規劃及評估工作、監察環境狀況、制定及執行環保法例、籌劃和發展液體及固體廢物處理設施、推廣環境審核和環境監理系統的概念及措施，以及致力提高市民的環保意識。1986 年，環保署下設廢物及水質科、空氣及噪音科、環境評估及規劃組、公共關係課及行政部。保育大自然及自然環境事務，仍然由漁農處負責。

1990 年代，港府因應落實控制污染白皮書的政策，增加環保署人手，調整後的架構包括空氣質素科、廢物及水質科、廢物設施科、環境評估及噪音科、地區污染管制科及綜合服務科（見圖 1-4）。署方的工作包括：執行各項防止污染法規、審批工程項目的環境影響評估和策略環境影響評估、開展廢物與污水的新設施的規劃研究、設計廢物處理和處置設施的建造和營運和堆填區的修復工程事宜；以及推廣環保意識的社區和教育活動。

1　1970 年，勞工處成立空氣污染管制科，負責執行《保持空氣清潔條例》及相關的規例，包括管制發電廠排出的廢氣。

圖 1-3　環保署首任署長聶德（Stuart B. Reed）（右）與第二任署長羅樂秉（Rob Law）（左）。
（攝於 1996 年，南華早報出版有限公司提供）

圖 1-4　1999 年環保署組織架構圖

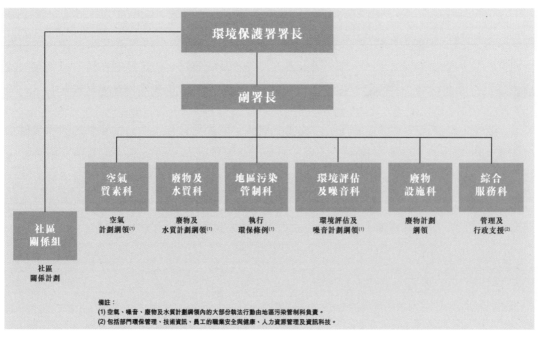

資料來源：香港特別行政區政府環境保護署。

2005 年，環保署與環境運輸及工務局環境科合併（即俗稱的「局署合一」），除保留原有職責外，還負責制定包括自然保育的整體環境政策（見圖1-5）。合併後，在運作上無須保留環保署署長的職位，由 2005 年 7 月 31 日起，政府刪除環保署署長的職級及職位，而部門仍稱為環保署。新架構下，環保署負責執行環保法例、監測環境、發展和管理廢物處理設施、監管環境影響評估程序和參與城市規劃工作、籌辦提高環保意識的活動，以及落實環保政策，並負責制定政策的整個過程，包括政策的構思、檢討、修訂至審定，以及相關的研究及資料搜集等工作。環保署下設環境評估科、環境基建科、環保法規管理科、部門事務科、水質政策科、廢物管理政策科、環境保育科、空氣質素政策科、跨境及國際事務科、中央檢控組及傳媒組。

2007 年 7 月 1 日環境局成立後，環保署的架構及職權也相應作出調配，調整後的架構包括環境評估科、環境基建科、環保法規管理科、部門事務科、中央檢控組、自然保育與基建規劃科、水質政策科、廢物管理政策科、空氣質素政策科和跨境及國際事務科，共 9 科 1 組。2007 年至 2008 年間，環境局及環保署的人手分別是 36 人和 1620 人。

2007 年至 2017 年期間，環保署繼續隸屬環境局，負責整體環保工作，包括自然保育。環保署的架構亦有所調整，增設減廢及回收科、特別職務科推動廢物收費的工作以及社區關係組。環境局能源及可持續發展科增設能源審查科及電力小組，以加強推廣及實施能源效益及節約能源的工作，以及加強電力及氣體相關的工作（見圖1-7）。2017 至 2018 財政年度，環境局及環保署的人手增至 53 人及 1907 人。

圖 1-5　2005 年環保署與環境運輸工務局環境科合併後的組織架構圖

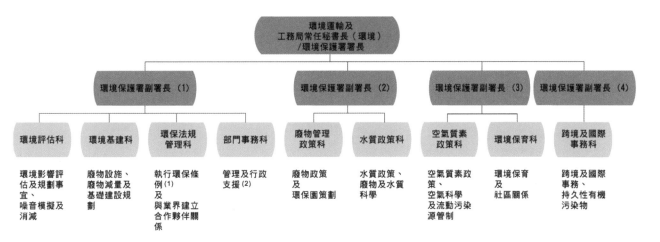

註：
（1）空氣、環境影響評估及規劃、噪音、廢物及水質計劃綱領的大部分執法行動由環境法規管理科負責。
（2）包括部門環境管理、知識管理、員工的職業安全與健康、人力資源管理及資訊科技。

資料來源：香港特別行政區政府環境保護署。

圖 1-6　2011 年 6 月 17 日，環境局局長邱騰華（右四）、環保署署長黃倩儀（左四）及其他環保署官員主持環保署成立 25 周年環保巡迴展覽開展儀式。（香港特別行政區政府提供）

圖 1-7　2017 年環保署的組織架構圖

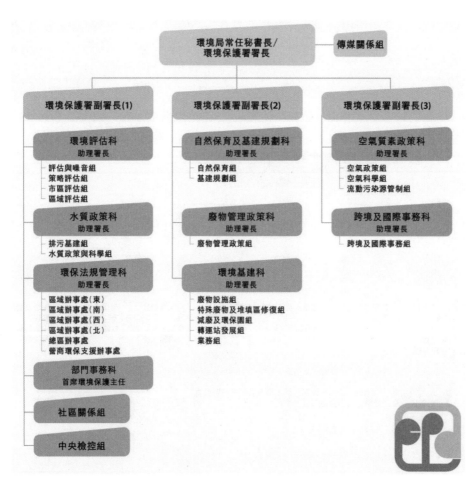

資料來源：香港特別行政區政府環境保護署。

三、漁農自然護理署就自然保育的職責及其演進

自然保育方面，港府於 1861 年設立政府花園監督（Curator of Government Garden），並於 1872 年成立花園及植樹部（Government Gardens and Tree Planting Department），1880 年更名為植物及植林部（Botanical and Afforestation Department），負責管理公共公園及植林。1946 年，港府成立隸屬於發展司的林務部（Forestry Department）。1950 年，港府成立農林漁業管理處（Department of Agriculture, Fisheries & Forestry），屬下的花園組於 1953 年撥歸市政事務處管轄。1964 年，農林業管理處與合作事業及漁業管理處合併為漁農處。漁農處主要工作範疇包括促進本港漁農業的發展、保護本港的郊區及本港各地的動植物。

1976 年，漁農處因應港府同年頒布《1976 年郊野公園條例》（*Country Parks Ordinance, 1976*），增設郊野公園科與自然護理科，專責生態保育方面工作，職責包括劃設及管理郊野公園、保護具保育價值的地方、保護動植物、就環境規劃和評估提供生態方面的意見，以及增進市民對自然保育的認識。1980 年起，漁農處的廢物管理科及海洋污染研究組處理禽畜廢物及相關的污染問題。1996 年起，漁農處因應港府劃定海岸公園，下設郊野公園及海岸公園分處和自然護理分處，專責自然保育工作。2000 年 1 月 1 日，漁農處改稱漁農自然護理署。

圖 1-8　1964 年至 1975 年漁農處的基本組織架構圖

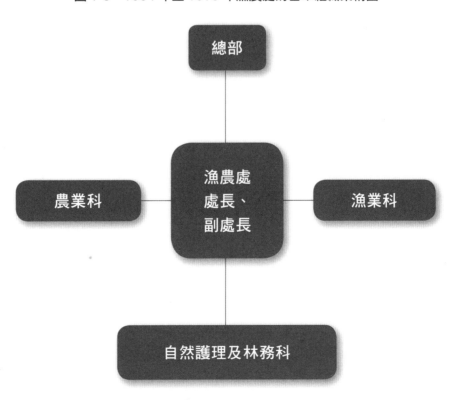

（香港地方志中心參考漁農處年報製作）

截至 2017 年，漁護署的自然護理分署的主要工作範圍包括保育本港的動植物及自然生境、監察米埔內后海灣國際重要濕地的生態及監管瀕危動植物及其國際貿易，以及就發展建議提供有關自然保育方面的意見等。郊野公園及海岸公園分署主要工作範圍包括管理郊野公園、特別地區、海岸公園及保護重要的海洋動植物，如中華白海豚、江豚及珊瑚群落等（見圖 1-9）。

圖 1-9　截至 2017 年 3 月 31 日的漁農自然護理署組織架構圖

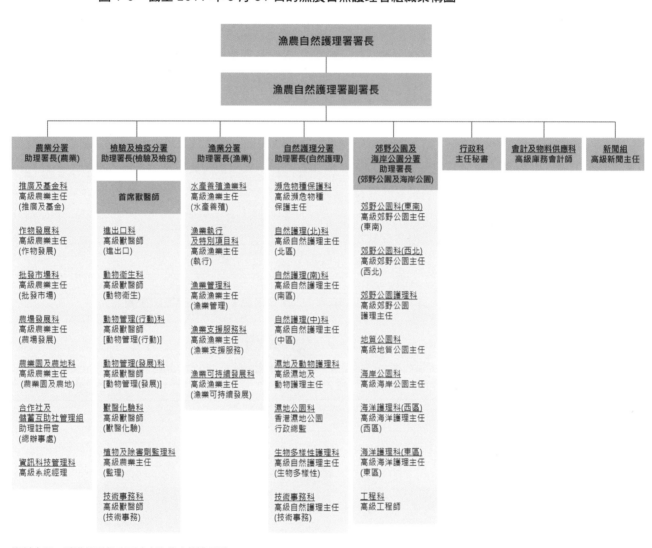

資料來源：香港特別行政區政府漁農自然護理署。

第二節　其他部門的職責及其演進

1986 年環保署成立以後，其他政府部門亦在環保工作方面擔當一定角色。[2]

本節簡述截至 2017 年的基本情況。

1. 渠務署

工務司署於 1924 成立渠務辦事處，到了 1969 年，隸屬工務司署的土木工程處成立渠務部，職責包括處理污水的問題。渠務署於 1989 年 9 月成立，把多個部門與污水及雨水相關的工作集中處理，與污水相關的職責包括設計、建造、操作和維修全港的污水收集系統和污水處理設施，協助規劃環境地政科及其後的環境局推展污水收集計劃。

2. 食物環境衞生署

食物環境衞生署成立於 2000 年 1 月，負責提供垃圾收集服務和保持環境衞生，取代市政總署和區域市政總署負責的相關工作。該署亦有參與收集海上垃圾。

3. 建築署

1990 年代起，建築署負責與職責相關的污染控制及環境管理事宜，以及消除石棉工程。

4. 土木工程拓展署

1980 年代，工程拓展署下設污染管制（液體及固體廢物）部。[3] 渠務署 1989 年成立前，工程拓展署負責設計及興建污水收集系統及污水處理廠。從 1990 年代起，土木工程署負責提供公眾填料區，以供棄置惰性建築廢物，制定淤泥的卸置策略，並於 2004 年 7 月與拓展署合併為土木工程拓展署。

5. 路政署

1990 年代起，路政署負責設置隔音屏障及紓減噪音工程，並為公路工程進行環境影響評估及監察。

6. 機電工程署

舊式的焚化爐於 1990 年代關閉前，機電工程署負責操作焚化爐。機電工程署亦負責促進能源效率和推廣節約能源，1994 年起，機電工程署的能源效益事務處負責推行一系列提倡節約能源的計劃和措施，特區成立後亦協助政府在啟德發展區設立區域供冷系統，以及協助環境局在香港推廣可再生能源。

2　部門排列次序是基於 2005 年部門環保經費佔政府整體環保經費大約的百分比。至於民航處、香港天文台、康樂及文化事務署、香港警務處及勞工處未有公布具體環保經費數字，但都有負責環保工作。

3　1986 年後由環保署負責管理有關事宜。

7. 教育局／教育署

1990 年代起，教育署（現教育局）負責在學校進行消減噪音及拆除石棉塗層工作，並負責在學校推動環保教育及參與環境保護運動委員會的工作。

8. 運輸署

1990 年代起，運輸署負責資助石油氣公共小巴及安排安裝底盤式功率機，以及協助執行棄置舊車及電動車的政策。

9. 海事處

海事處污染管制組於 1971 年 2 月成立，負責處理油污問題及清除海上垃圾，執行與油污有關的法例，並與其他部門聯手清理海上垃圾。

10. 水務署

1990 年代起，水務署負責與該署工作相關的污染控制及環境管理工作。2010 年代起，水務署負責推行使用可再生能源的水務裝置。

11. 政府化驗所

政府化驗所成立於 1913 年，提供分析及諮詢服務，並於 1980 年代起，協助政府部門執行環保法例和推行環保計劃。2000 年代起，化驗所亦提供《關於持久性有機污染物的斯德哥爾摩公約》內受管制的持久性有機污染物的分析服務。

12. 房屋署

1990 年代起，房屋署為公共房屋發展推行環境研究和工程項目，並在屋苑及寫字樓大廈推展環保計劃，提高環保意識。

13. 規劃署

規劃署於 1990 年 1 月成立，負責統籌整體策略和市區及郊區規劃工作，在進行有關規劃時顧及環境因素，及進行與土地用途規劃相關的策略性環境影響評估。

14. 民航處

自 1970 年代，民航處負責管制飛機噪音。

15. 香港天文台

天文台成立於 1883 年，負責向政府部門和社會各界提供氣象服務，應用範疇包括防災減災、公眾健康、水資源、城市規劃和能源。1973 年起，天文台提供雨量預測。自 2000 年代，天文台就香港海平面和極端天氣的過往趨勢及未來推算進行研究，並就應對氣候變化的政策制定工作和措施提供最新氣候變化的資訊及評估。

16. 康樂及文化事務署

康樂及文化事務署自 2000 年 1 月成立後，負責在《憲報》公布的公眾泳灘收集海上垃圾

及公園內的噪音管理工作。

17. 香港警務處

1970 年代起,警務處參與噪音管制及汽車空氣污染管制工作。1989 年港府頒布《噪音管制條例》以後,警務處負責鄰里噪音、公眾地方噪音、車輛噪音等執法工作。

18. 勞工處

環保署於 1986 年成立前,勞工處負責管制空氣污染。1970 年代起,勞工處負責管制職業噪音。

第三節　諮詢委員會

一、環境諮詢委員會

1967 年,港府成立防止空氣污染諮詢委員會。1971 年,防止海陸污染諮詢委員會成立,港府對環境污染問題日漸重視。1974 年 1 月 1 日,該兩個諮詢委員會合併為防止環境污染諮詢委員會(Advisory Committee on Environmental Pollution),職責是檢討本港環境和污染情況,並向環境事務司提出意見。

1978 年,防止環境污染諮詢委員會改組成為環境保護諮詢委員會,委員包括香港中華廠商聯合會、香港工業總會及香港總商會的代表及其他界別委員,目的是確保新制定的環保法例適合香港情況,可以改善環境,以及使工業繼續發展和保持競爭力。委員會主席為非官守委員,並下設四個特別委員會,分別負責空氣污染、噪音、陸上及水的污染以及立法方面事宜。1984 年,環境保護諮詢委員會與清潔香港統籌委員會,合併為環境污染問題諮詢委員會,委員全部為非官守成員,來自工商界和環保界。

1994 年 1 月,環境污染問題諮詢委員會改組為環境問題諮詢委員會,職權範圍包括檢討香港環境情況及建議適當措施以對付各類污染問題。1998 年,環境問題諮詢委員會改稱環境諮詢委員會。同年 4 月 1 日《1997 年環境影響評估條例》(*Environmental Impact Assessment Ordinance, 1997*)生效後,環諮會成為法定諮詢架構,就《條例》下的環境影響評估報告向環保署署長提交意見。

環諮會主席和委員均為非官方人士,由行政長官委任,成員來自社會不同界別。環境局常任秘書長／環保署署長,以及漁護署、規劃署和衛生署的代表均列席環諮會會議。2017年,環諮會有 18 名成員,常設三個小組(見圖 1-10)。

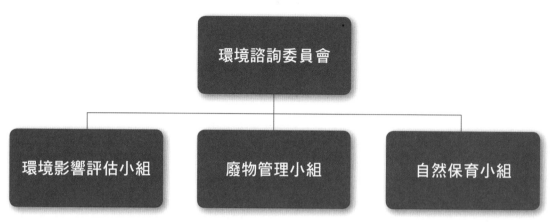

圖 1-10　2017 年環境諮詢委員會架構圖

環境諮詢委員會

環境影響評估小組　　廢物管理小組　　自然保育小組

（香港地方志中心參考環境及生態局（前稱環境局）網頁製作）

1. 環境影響評估小組

環境影響評估小組職責是研究主要發展工程項目的環境影響評估報告，及向環諮會報告其討論和審議結果，並提出有關建議。小組由一名非官方人士擔任主席。

2. 廢物管理小組（前稱廢物小組）

廢物管理小組職責是監察香港有關固體廢物的趨勢和管理等問題，研究海外減少廢物，及就減少廢物的政策和處理廢物的措施提供意見。小組由一名非官方人士擔任主席。

3. 自然保育小組

自然保育小組職責是就自然保育事宜提供意見及研究政府所提交有關自然保育的建議。小組由一名非官方人士擔任主席。

二、郊野公園及海岸公園委員會

1976 年，郊野公園委員會根據《1976 年郊野公園條例》成立，1995 年因應港府劃定首批海岸公園改稱郊野公園及海岸公園委員會（公園委員會）。公園委員會為本港郊野公園及海岸公園的法定諮詢組織，就自然保護區的指定、保育及管理事宜，向郊野公園及海岸公園管理局總監（由漁護署署長擔任）提供意見。2017 年，郊野公園及海岸公園委員會下設郊野公園委員會及海岸公園委員會。

三、其他委員會

1. 環境運動委員會

1990 年，環境運動委員會成立。委員會委員由港督（1997 年特區政府成立後，改為行政

長官）委任，由非官方人士擔任主席，成員來自不同界別。職權包括推展環境運動、加強與社區持份者合作、推行環境的宣傳和教育計劃、促進社區持份者之間的合作等。委員會歷年舉辦的大型環保活動，包括香港環境卓越大獎、香港綠色機構認證、廢物源頭分類推廣計劃、學校廢物分類及回收計劃、學生環境保護大使計劃、學生環境保護領袖計劃等。環境運動委員會下設四個工作小組：香港環境卓越大獎委員會、教育工作小組、環保教育和社區參與項目審批小組及宣傳工作小組。

2. 能源諮詢委員會

1996 年 7 月，能源諮詢委員會成立，就能源政策，包括能源供求及能源節約與效益的政策事宜，向政府提供意見。能源諮詢委員會由非官方人士擔任主席，成員包括來自社會各界的非官守成員，以及來自環境局／環保署和機電工程署的官守成員。主席及成員均由環境局局長委任。

3. 環境及自然保育基金委員會

1994 年，環境及自然保育基金委員會根據《1994 年環境及自然保育基金條例》（*Environment and Conservation Fund Ordinance, 1994*）成立，負責就運用環保基金的撥款，以資助環境及自然保育方面的教育、研究等事宜，向負責環境事務政策的局長提供意見。委員會由非官方人士擔任主席。環境及自然保育基金委員會之下，設有節能項目審批小組[4]，審批小組由基金委員會委員和增選委員組成。

4. 水務諮詢委員會

2000 年 4 月 1 日，水質事務諮詢委員會成立（2016 年 4 月起改稱水務諮詢委員會），職權包括水資源、供水水質及管網事宜，由一名非官方人士擔任主席，成員包括學者、環保人士、專業人士、業界人士及有關政府部門和決策局的官員。

5. 可持續發展委員會

2003 年，可持續發展委員會成立。職權包括：就推動可持續發展優先範疇及可持續發展策略，向政府提供意見；透過包括可持續發展基金的撥款鼓勵社區參與；及增進大眾對可持續發展原則的認識。可持續發展委員會成員由行政長官委任，由非官方人士擔任主席，成員來自不同界別及政府高層官員。

4　該小組負責審批為期三年的建築物能源效益資助計劃（計劃已於 2012 年 4 月 7 日完結）及另一個為期三年資助非政府機構進行的節能項目（計劃於 2012 年 10 月 31 日完結）。

第二章
自然保育

本章主要介紹政府推動的自然保育工作，包括規劃、立法和實施。第一節介紹自然保育的管理和規劃方針，第二至四節交代上述管理和規劃的落實，包括植林、保護區制度、生境和物種保育三方面的措施。

香港自然保育始於 1870 年代的植林和鳥類保護工作。1872 年，花園和植樹部成立，主要職責包括管理 1864 年開幕的植物公園（今香港動植物公園）、收集標本，以及於維多利亞城內植樹。1880 年，花園和植樹部改組為植物及植林部，1905 年再改為植物及林務部，從部門名稱的轉變，可見植林工作日益重要。

為配合植林工作，港府於 1888 年頒布《樹木保存條例》，阻遏鄉村附近政府樹木遭到破壞的情況，成為香港最早針對植物保育的條例。其後，港府分別於 1913 年和 1925 年劃定烏蛟騰樹林護理區和大埔樹林護理區（今大埔滘自然護理區）；並於 1928 年將港島東部歌連臣山及周邊合共 1327 平方公里（132.7 公頃）的植林保護區，劃為「一號禁地」，為本港首個法定保護地區。1937 年，港府頒布《林務條例》，更廣泛地保護官地樹木和其他植物。1939 年，全港植林區面積約 57 平方公里（5700 公頃），其中香港島約 47 平方公里（4700 公頃），基本覆蓋全島由海平面至海拔 800 英尺（243.8 米）的山坡，樹林覆蓋率為約 63%。

1870 年，港府頒布《鳥類保存條例》，目的在於保護香港野生雀鳥（部分狩獵鳥種除外），成為香港最早的動物保育條例。1922 年，港府頒布《野禽條例》，加強保護野生雀鳥和監管禽鳥狩獵活動。1936 年，港府頒布《野生動物保護條例》，動物保護範圍由鳥類，擴展至穿山甲及水獺。太平洋戰爭前香港物種保育以鳥類為發端，與歐洲的保育趨勢關係密切。1860 年代，歐洲各國開展國際層面的鳥類保育合作。1902 年，歐洲 12 國在巴黎簽署《保護對農業有用的鳥類公約》，是為首個物種保育的國際協議。

1941 年 12 月，日軍攻佔香港，香港進入日佔時期，自然保育工作基本停頓，同時樹木被大量砍伐，以作燃料之用，令 1870 年代開展的植林工作受到嚴重打擊。

二戰結束後，港府恢復植林工作。1950 年代和 1960 年代，隨着集水區的發展，植林規模亦日益擴大。1970 年，全港植林面積為 60 平方公里（6000 公頃），基本回復至戰前水平，為日後大型保護區的建立奠定基礎。

1962 年，國際自然保育聯盟在美國西雅圖舉辦首個國家公園國際會議，來自 63 個國家的 145 名代表參與，旨在提高各國對國家公園的了解。在此國際趨勢之下，香港進入郊野公園規劃時期。1960 年代，港府內部和國際保育組織的英美專家學者倡議在港建立自然保護區，並發表多份政策文件和顧問報告，其中以 1965 年由國際國家公園委員會戴爾博及其夫人戴瑪黛發表的調查報告書《香港保存自然景物問題簡要報告及建議》最具代表性，促成了 1970 年代郊野公園及相關保護區的設立。

1975 年 2 月 25 日，沙頭角鹽灶下鷺鳥林、城門風水樹林被列為香港首批具特殊科學價值地點；截至 2017 年，香港共有 67 個具特殊科學價值地點。1976 年，港府頒布《郊野公園條例》，規管郊野公園和特別地區。1977 年 5 月 13 日，港府劃定大埔滘自然護理區的範圍，成為首個特別地區；截至 2017 年，香港共有 22 個特別地區。1977 年 6 月 24 日，港府劃定城門郊野公園和獅子山郊野公園範圍，成為香港最早劃定的郊野公園。截至 2017 年，香港共劃定 24 個郊野公園，面積合計 43,467 公頃，佔香港土地面積約四成，其中 21 個於 1977 年至 1979 年期間劃定。自此，郊野公園成為植林的主要地點。

1970 年代，香港的物種保育工作亦有長足發展。1976 年，港府頒布《野生動物保護條例》，規定所有野生雀鳥（包括鳥巢和蛋）、海洋和部分陸上哺乳類動物、龜鱉類、緬甸蟒蛇和裳鳳蝶均受保護。《野生動物保護條例》亦把生態敏感的地區列為「限制地區」，包括米埔沼澤、鹽灶下和南丫島深灣，限制一般人士進入，以避免對野生生態造成人為干擾。同年，港府頒布《動植物（瀕危物種保護）條例》，落實執行 1975 年生效的《瀕危野生動植物種國際貿易公約》。

1980 年代至今，保護區制度持續發展，出現更多針對個別生境或主題的大型保護區，部分更被列入國際組織的名錄。1995 年 9 月，港府根據《拉姆薩爾公約》，將總面積達 1500 公頃的米埔及內后海灣濕地列為國際重要濕地。1996 年 7 月，港府頒布《海岸公園及海岸保護區規例》，該條例規定成立海下灣海岸公園、印洲塘海岸公園、鶴咀海岸保護區。法例規定在海岸公園釣魚或捕魚，須申請許可證；海岸保護區則完全禁止捕魚。截至 2017 年，全港共有五個海岸公園和一個海岸保護區。

2009 年，香港國家地質公園開幕，成為中國國家地質公園，包括新界東北沉積岩和西貢火山岩兩大園區。2011 年，公園順利通過評審，獲加入世界地質公園網絡，更名為中國香港世界地質公園。隨着世界地質公園網絡於 2015 年加入聯合國教科文組織，香港地質公園再更名為香港聯合國教科文組織世界地質公園。

1990 年代至今，香港物種保育工作亦走向專門化，出現針對個別物種的保育規劃和政策，例如中華白海豚、黑臉琵鷺、綠海龜、盧氏小樹蛙、馬蹄蟹等動物，及土沉香、羅漢松、香港巴豆、杜鵑、蘭花等植物。除了透過立法和執法手段，港府亦以就地和遷地保育、管理和監察、移除外來物種等方式，推展物種保育工作。

二戰後初年，自然保育工作主要由隸屬農林（漁）業管理處屬下部門推行。1965 年，漁農處成立，成為主要執行部門。2000 年，漁農處改名漁農自然護理署（漁護署），反映自然保育受到政府更大的重視。2004 年，特區政府公布新自然保育政策，透過非政府機構與土地擁有人訂立的管理協議，以及公私營界別合作等計劃，加強自然保育工作。2016 年，環境局發表《生物多樣性策略及行動計劃》，以此為香港未來自然保育的主要政策藍圖。

香港陸地面積雖然只有約 1100 平方公里（110,000 公頃），但陸上生物多樣性（苔蘚除外），比陸地面積為 244,800 平方公里的英國更高。此外，雖然香港海岸公園和保護區只佔香港水域面積 2%，但香港有記錄海岸和海洋物種高達 5943 種，佔全中國海洋物種的 26.2%。香港高度豐富的生物多樣性，除了是自然演化的結果，也反映了以往自然保育工作的成果。

第一節　管理和規劃方針

英佔香港初期，居港歐籍人士已要求當局透過植林，以改善維多利亞城環境，港府亦早於 1844 年頒布《1844 年良好秩序及潔淨條例》（*Good Order and Cleanliness Ordinance, 1844*），其中包括保護樹木的條文；並於 1872 年設立花園及植樹部（Government Gardens and Tree Planting Department），管理植物公園。1937 年，港府頒布《1937 年林務條例》（*Forestry Ordinance, 1937*），羅列受保護植物，上述措施反映太平洋戰爭前，港府自然保育工作側重於植林。

鑒於日佔時期本港樹林受到嚴重破壞，再加上二戰後人口劇增、經濟轉型，港府需要規劃樹林重建。1948 年，港府引用《1948 年公安條例》（*Public Order Ordinance, 1948*）阻止市民濫伐樹木。1952 年，曾在馬來西亞負責林務工作的羅伯新（A. F. Robertson）來港履新，對本港林業發展提出新方向，並展開大規模植林。1959 年，戴禮（Philip Alexander Daley）接任羅伯新為林務官，並為香港擬定更全面的植林政策。1965 年，生態學者戴爾博（Lee M. Talbot）及其夫人戴瑪黛（Martha H. Talbot）來港考察，對本港自然保育工作提出不少具體意見，其中最具影響力的建議，是要求香港建立永久的自然保育區。

1968 年，由港府成立的「臨時郊區運用和保存委員會」提交《郊野與大眾》報告書，推動政府加強自然保育和戶外康樂的工作。1971 年，港府利用戴麟趾爵士康樂基金，在城門水塘推行郊野公園試驗計劃。1972 年，港府訂立五年計劃，擬定把城門、獅子山、白富田等地劃定為郊野公園。1977 年，首批郊野公園正式劃定，其後公園數目逐步增張，規劃日趨完善。

除回應成立郊野公園的要求，港府亦回應社會對海岸保育的要求。1950 年代起，污水排放和漁業活動對海洋生態的影響日趨明顯。1965 年，戴爾博已提出本港需要成立海岸保護區。1970 年代至 1980 年代，本地輕工業急速發展，因欠缺排污設施，亦未對土地利用作有效規劃，導致出現嚴重的水質污染和鄉郊破壞。因應上述形勢，港府開始討論設立海岸保護區和海岸公園的可行性。1995 年，《1995 年海岸公園條例》（*Marine Parks Ordinance, 1995*）生效，翌年，港府劃定海下灣為首個海岸公園。此外，因應本港擁有獨特地質，特區政府在民間組織推動之下，亦於 2009 年成立香港國家地質公園，以有效保護和管理地質資源。

隨着二戰後香港經濟急速起飛，市民亦開始思考城市發展與自然保育並存的問題。為了平衡發展與保育，港府先後制定不同措施和法例，如《1939 年城市規劃條例》（*Town*

Planning Ordinance, 1939）、《1997 年環境影響評估條例》（Environmental Impact Assessment Ordinance, 1997）、「新自然保育政策」等，以緩減發展對環境的影響。2011 年代，隨着《生物多樣性公約》（The Convention of Biological Diversity）由中國內地延伸至香港，保護生物多樣性亦成為政府政策一部分。

以上種種規劃和政策，皆可看到香港政府不同年代對自然保育工作的側重點。一方面訂明政府對陸上和海上動植物的保育與管理方針，另一方面，規管城市規劃、私人地區發展項目時，必須考慮自然保育的因素。

一、太平洋戰爭前的林業規劃

早於宋代，香港地區已有華人定居，主要分布於新界西部和北部平原的鄉村，鄉民傳承傳統風俗，種植風水樹和風水林，以求心靈安慰和屋宇保護。鄉民又在山坡種植樹木，以提供柴木作燃料之用，風水樹和鄉村山林可視為香港最早期的森林管理。

在英佔香港初期的 1840 年代至 1860 年代，香港島人口集中於維多利亞城內，但島上到處荒山，衛生環境惡劣，來港經商和工作的歐洲人多次要求當局建立花園，廣植樹木以改善環境。港府於 1844 年頒布《良好秩序及潔淨條例》，其中包含禁止損害樹木和灌木的條文，以保護山脊景觀。1864 年，香港植物公園部分落成開放（由於公園坐落總督府旁邊，而總督是駐港英軍總司令，故俗稱「兵頭花園」）。

1870 年代，港府在郊野建立隔火帶，興建行人小徑，供市民康樂之用。1872 年，設立「花園及植樹部」以管理植物公園，並負責在維多利亞城內進行植樹等工作。1880 年，「花園及植樹部」改組成「植物及植林部」（Botanical and Afforestation Department），以加強保育林木和種子的工作。港府又在 1887 年委任林警，阻止市民對樹木造成破壞及損傷，並於 1888 年頒布《1888 年樹木保存條例》（Trees Preservation Ordinance, 1888），作為應對樹木不斷遭到盜竊和破壞的措施，懲罰形式包括罰款、笞刑、勞役和監禁。

在港島，早於 1870 年代中，港府已開始在合適的山嶺上植樹，1903 年植物及植林部年報也記載港島共有約 20 平方公里（2000 公頃）松林，當局並於 1904 年斬伐了一批 25 年的松木，結果為庫房帶來 18,000 港元的進帳（同年港府林業的支出為 49,108 港元）。

1902 年，港府開始在九龍水塘集水區植樹固土，藉此減少鬆散土壤淤積水塘的情況，以保持水塘的儲水量及水質。1903 年起，港府又從畢架山至飛鵝山的山脈種植海港帶狀林，目的是美化景觀、提供木材和柴薪。1904 年港府推出松山牌照制度，作為管理新界鄉郊山林的措施。1937 年，港府制定《1937 年林務條例》及其附屬法例《1937 年林務規例》（Forestry Regulations, 1937），列出受保護植物名單，列明禁止採摘及售賣這些受保護植物，違者可罰款 2000 元及監禁一年。

二、二戰後初期的林業規劃

日佔時期（1941 年 12 月至 1945 年 8 月），居民生活困苦，燃料嚴重不足，於是上山大量砍伐樹木作為燃料，當局亦大量砍伐樹木，利用其為發電廠替代燃料，以維持醫院運作，結果本地樹林遭受嚴重破壞，過去植林成果被日軍毀於一旦。

港府於二戰後 1946 年至 1952 年間，積極護林和植林。因當時燃料缺乏，柴薪價格又高，每擔（100 斤）可售 2.5 至 3 元，而街頭散工日薪只有 1.5 元，斬柴工作具相當吸引力，以致不少市民上山斬柴。1948 年，港府引用《公安條例》禁止公眾進入水塘及鄰近地區，以阻截偷伐柴薪者的通道。此外，港府又引用《林務條例》，以最高罰款 2000 元來懲罰斬伐粉嶺鶴藪谷風水林大樟樹的人，以儆效尤。植林方面，港府聚焦集水區內種植工作，防止土壤被沖刷流失，淤塞引水道及水塘；又協助鄉民加快重植村落附近的山地，引進穴播松籽及移松苗的方法，並於 1947 年從澳洲新南威爾斯引入「筒裝苗培育法」，以提高幼苗成活率。以上措施反映二戰後，港府積極透過法例和引進新植林技術，以復修戰爭期間被破壞的樹林和郊野。

1952 年，羅伯新接管香港林務工作，他原為駐守馬來西亞的林務官員，他引用在馬來西亞的工作經驗，提倡和執行新林務政策，重點包括（一）建議擴大植林範圍至所有荒山，以穩固泥土、保護水源、防止河溪淤塞；（二）採用良好的林業管理方式，來持續地生產最大數量的燃料、木桿及小木材，供村民使用；（三）建議於粉嶺大龍建立中央苗圃，大規模培育幼苗至 25 厘米，再移植上山。在 1955 年至 1960 年間，每年生產樹苗共約 200,000棵；（四）鼓勵和協助新界鄉民參與植林，並共同享受林木帶來經濟的效益；（五）1954 年起推行大規模植林，為方便管理，把九龍山（包括金山）、城門、大埔滘、大欖、八鄉、富水（藍地）、十塱（芝麻灣半島）和石壁劃為「植林區」，當時的目標為每年 850 英畝。在1959 年羅伯新離任時，全港植林面積從 12 平方公里（1200 公頃）增加至 48 平方公里（4800 公頃），遠超 1956 年至 1957 年訂下每年 1000 英畝的目標。

1960 年代，隨着社會進步、生活方式改變，以及不少新界村民遷往市區或海外生活，植林所提供的經濟收入，漸漸變得不再重要，因此，當局重新檢討森林和郊野的功能，以及1950 年代訂立的林業政策。戴禮 1959 年接任羅伯新成為林務官，在 1964 年至 1965 年間負責由漁農處處長成立的臨時工作小組，根據當時急速的人口增長和城市化，開始草擬新的林業政策，他認為林務概念應隨社會發展而演變，除了植林，林業也應對現代都市發展和需要作出回應，如提供更完善的社區服務、康樂、保育、科研和教育等用途。

三、郊野公園的研究

1962 年是國際上建立自然保護區運動的重要里程碑。當年，在美國西雅圖舉行了第一屆世界國家公園大會（World Congress on National Parks），也在肯尼亞舉行了英聯邦林業會議

（British Commonwealth Forestry Conference），兩個會議都強調野生動物保育的重要，建議各地政府成立保護區，又指出森林也應作為水源、康樂、教育和科研的基地。這些國際上的新發展，成為香港建立國家公園的理論和概念基礎。戴禮於同年 8 月提交設立「國家公園」（National Park）的建議，但未被當時政府重視。

1964 年是香港林務發展另一個重要年份。基於本地學者、專業人士和傳媒的游說，漁農處處長於同年 4 月成立了一個由官員、學者和社會人士組成的臨時工作組，專責研究自然保育課題。工作組並於 1965 年發表《從科學角度看香港的自然保育工作》（*Report of the Working Party to Consider the Scientific Aspects of Nature Conservation in Hong Kong with Particular Reference to Nature Reserves*）報告書，建議成立「國家公園及保存自然委員會」（National Parks and Nature Conservancy Council），及邀請國際專家如英國政府海外發展部的林業顧問史華比（C. Swabey）、世界自然基金會副主席彼得斯科特（Peter Scott）、美國前國家公園主管霍勒斯·M·奧爾布賴特（Horace M. Albright）及世界自然基金會美國理事長基斯頓·比爾（Philip K. Crowe）來港提供意見。

1965 年 3 月，本身對美國、非洲和東南亞的自然保育有豐富經驗的生態學者，亦是國際自然保護聯盟下的國際國家公園委員會（International Commission on National Parks）成員的戴爾博及其夫人戴瑪黛獲漁農處邀請，來港進行三個星期的考察，並在同年 4 月提交對本地自然保育和成立郊野公園有重要影響的《香港保存自然景物問題：簡要報告及建議》（*Conservation of the Hong Kong Countryside ─ Summary Report and Recommendations*）報告。

報告書建議香港成立「國家公園和自然保育委員會」（National Parks and Nature Conservancy Council），並就以下十個範疇提出意見：（一）國家公園及保存自然委員會；（二）建立公園、保留區和遊樂區系統；（三）特定地區；（四）防火；（五）水理學及植物之研究；（六）水理學及植物之研究；（七）人員；（八）保存海洋生物；（九）保存野生動物；（十）公眾教育。戴爾博夫婦亦提倡運用西方保育概念和管理方法，根據生態的敏感和重要性、通達性、土地用途等，以規劃方式把保育區分為高、中、低使用率的康樂區；曠野區（wilderness area）和嚴格管制之自然保護區（restrict access nature reserve）。此外，報告還詳細地提出在米埔及其附近的后海灣成立保護區計劃。該報告書也成為香港郊野公園，自然保護區和自然教育等發展的藍本，為香港自然保育政策帶來深遠的影響。

同年 12 月，戴禮提交《「林業在自然資源保育中的位置」政策建議書》（*Forestry and its Place in Natural Resources Conservation in Hong Kong, A recommendation for Revised Policy*），建議設立受法例保護永久保育區，在保育區不可隨意作其他發展，又建議把不適合農耕但對水土保護有重要作用，並具康樂價值的山野林木範圍劃作保護區，供公眾享用。這與戴爾博夫婦調查報告書前後呼應。這些文件在香港建立自然保護區方向上，推動了社會共識的形成，也促成日後郊野公園和自然保護區的劃定。

四、郊野公園的規劃

1966 年底，港府跟進戴爾博報告書，行政局建議成立「郊區運用和保存臨時委員會」（Provisional Council for the Use and Conservation of the Countryside），該會就如何選出康樂和保育地點、管制和利用上述地點、上述地點的發展、立法和財政安排，以及就負責發展、管制和管理上述地點常設機構的組成，向港督提出意見。

同年，天星小輪加價事件爆發，造成社會騷亂，港府在其後的《九龍騷動調查委員會報告書》指出「這個問題（九龍騷動）純粹是青年人比較衝動，沒有適當的途徑發洩精力和情緒所造成的」，[1] 報告書亦提及需要增加設備，提供康樂和有建設性活動予青年人。上述建議，都有助推動郊野公園的劃定。經過 1967 年的社會動亂後，港府加速規劃設置遠足徑，又興建燒烤場及營地等康樂設施，以供市民消閒。港府又在林務站舉辦林務營，讓大、中學生在暑假期間參與林務工作，林業亦因此具備康樂和教育用途，有關工作直至 1990 年代才停止。

1967 年 3 月，港督戴麟趾（David Clive Crosbie Trench）正式成立「郊區運用和保存臨時委員會」，就郊野事務督導、戶外康樂和自然存護提供意見。漁農處處長李國士（Edward Hewitt Nichols）出任委員會主席，成員包括社會不同界別人士，如香港社會服務聯會的夏扶禮（Christopher Hafner）、羅德丞和白德傑（G. R. Pickett），代表 Hong Kong Natural History Society（香港博物學會）的盧文（John Dudley Romer）和香港觀鳥會的夏志滔（F. O. P. Hechtel），代表狩獵界的黃波，商界的羅仕（George Ronald Ross），公眾人士劉德馨（在美國領事館工作）和吳灞陵（《華僑日報》編輯），香港大學動物學教授菲立蒲，香港大學植物學教授杜華（L. B. Thrower），香港中文大學動物學副教授劉發煊，以及聯合書院院長鄭棟材及鄉議局陳日新。委員會於 1968 年 6 月發表報告《郊野與大眾》（*The Countryside and the People*），建議港府必須以明確的政策、清晰的分工和聘用專業人士，進行自然存護和戶外康樂的發展。委員會亦完全同意戴爾博和其他各項的研究報告，並支持成立一個永久性「郊野議會」（The Countryside Council）。

因應委員會的建議，港府於 1971 年參考國際上國家公園的設計藍本，利用戴麟趾爵士康樂基金撥出兩萬元，在城門水塘附近設置一些簡單的戶外枱、椅、燒烤爐和小徑，令該處成為郊遊地點。該處規模雖小，卻極受市民歡迎。類似設施，逐漸擴展至船灣、金山和大潭等地，亦大受市民歡迎。郊野保護除了植林，也落實了康樂及教育用途，港府的保育政策也由限制市民進入郊野轉為開放郊野，歡迎市民進入。1960 年代是香港檢討林業和郊野規劃，及引入現代保育概念和方法的時期（見表 2-1），促使郊野公園得以在 1970 年代正式誕生。

1　Hogan：《一九九六年九龍騷動調查委員會報告書》（香港：香港政府印務局，1966）

表 2-1　1964 年至 1971 年香港成立郊野公園主要事件情況表

年份	主要事件
1964 年	由漁農處開始在政府部門間討論郊野管理和在合適地點建立國家公園
1965 年	戴爾博提交《香港保存自然景物問題：簡要報告及建議》
1965 年	戴禮提交《「林業在自然資源保育中的位置」政策建議書》
1966 年	行政局建議成立郊區運用和保存臨時委員會
1967 年	郊區運用和保存臨時委員會正式成立
1968 年	郊區運用和保存臨時委員會提交《郊野與大眾》報告
1971 年	「戴麟趾爵士康樂基金」資助在城門水塘附近加建簡單的戶外枱、椅、燒烤爐和小徑，令該處成為市民熱愛的郊遊地點。

《郊野與大眾》報告中，亦回應了戴爾博將米埔沼澤區及內后海灣的潮間帶劃為保護區和禁獵區的建議。位於沙頭角海鹽灶下村後面的風水林於 1971 年訂立為限制地區，以保育當地鷺鳥。米埔沼澤區及內后海灣的潮間帶要到 1973 年 3 月 23 日才根據當時訂立的《1973 年保護野鳥及野生哺乳動物條例》（*Wild Birds and Wild Mammals Protection Ordinance, 1973*）劃定為限制地區。南丫島深灣的沙灘亦於 1999 年被劃為限制地區，以保護綠海龜的產卵地。

1971 年，麥理浩（Crawford Murray MacLehose）出任港督，他熱愛郊野活動，對推動郊野公園設立反應正面，並積極參與郊野公園財務和條例內容的商討。同年，國際社會又在伊朗拉姆薩爾（Ramsar）達成《拉姆薩爾公約》（*Ramsar Convention*），推動各國保護和合理利用濕地。1972 年 4 月，香港的生態個案研究，成為在港舉行的《英聯邦生態會議》（Commonwealth Ecology Conference）主要議題。同年，第二屆世界國家公園會議提出擴大和改善保護區和國家公園，聯合國教科文組織又通過了《世界遺產公約》。在自然保育的世界潮流之下，港府於 1972 年至 1975 年間，訂立了一個為期五年《郊野康樂發展計劃》，並撥款 3300 萬元，發展四個郊野公園，分別為城門、獅子山、西貢的白沙澳，及大嶼山的白富田，並在港島設立多個郊遊地點。

1976 年 8 月，立法局正式通過《1976 年郊野公園條例》（*Country Parks Ordinance, 1976*），這是繼香港法例《1937 年林區及郊區條例》（*Forests and Countryside Ordinance, 1937*）及《1936 年野生動物保護條例》（*Wild Animals Protection Ordinance, 1936*）後，最全面保護香港自然環境的法例。根據《郊野公園條例》，第一批郊野公園（城門、金山和獅子山）在 1977 年 6 月 24 日被劃定，郊野公園的規劃得以落實，港府亦陸續在不同地區設立郊野公園；又把位於郊野公園範圍以外，具保育及生態價值的地點劃為特別地區，並分別在 1977 年和 1979 年，劃定大埔滘自然護理區、城門風水林、大帽山高地灌木林區、東龍洲炮台和吉澳洲五個特別地區。

五、海岸公園的規劃

香港海域面積約為 1650 平方公里（165,000 公頃），東面水域受季節性水流影響；而西面水域則受於珠江河口的淡水影響，形成適合熱帶和溫帶動植物物種生存的條件。早於 1965 年，《香港保存自然景物問題簡要報告及建議》報告書已建議在港建立海岸保護區，以達到物種保育和生態研究目的。

1950 年代至 1970 年代，香港人口不斷上升，未經處理的污水排放、不受監管漁業活動、土地發展和填海工程，都對海洋生態造成破壞。1980 年代，由於要滿足填海的要求、大量海沙被挖掘，如赤鱲角新機場的填海工程，便需要五億立方米的海沙，亦令全球 75% 的抽吸海沙船隊於香港水域工作。1980 年代末，香港海域環境問題逐漸得到港府正視。1989 年，海岸公園及海岸保護區工作小組成立，成員包括海洋生態學家、漁業代表和政府部門代表，小組致力探討成立海岸公園及海岸保護區的可行性。小組在 1992 年完成報告，並隨即準備起草相關法例草案。1995 年 6 月 1 日，《1995 年海岸公園條例》正式生效。成立海岸公園的目的，主要有：

一、保護、復原及改善海岸公園或海岸保護區內的海洋生物狀況和環境；

二、對海岸公園內資源的運用作出管理，以滿足人類現在及未來的需要及期望；

三、對海岸公園內的康樂活動提供便利；及

四、提供機會以對海岸公園及海岸保護區內的海洋生物及海洋環境進行教育及科學方面的研究。

截至 2017 年，香港共有五個海岸公園，佔海面面積 33.8 平方公里（3380 公頃）；而海岸保護區則有一個（見表 2-2）。根據香港大學生物科學學院在 2016 年發表的研究，香港海洋生物多樣性（包括紅樹林和珊瑚）非常豐富，共錄得 5943 個物種，約佔全中國海洋生物紀錄 26%，可見保護香港海洋生態的重要性。

表 2-2　截至 2017 年香港海岸公園及海岸保護區劃定時間情況表

劃定時間	海岸公園／海岸保護區
1996 年 7 月	海下灣海岸公園
1996 年 7 月	印洲塘海岸公園
1996 年 11 月	沙洲及龍鼓洲海岸公園
2001 年 11 月	東平洲海岸公園
2016 年 12 月	大小磨刀海岸公園
1996 年 7 月	鶴咀海岸保護區

資料來源：香港特別行政區政府漁農自然護理署。

六、地質公園的規劃

西貢和東北地區有不少獨特地質景觀，西貢地區廣泛分布了世界罕見的酸性火山岩六角形岩柱，新界東北擁有完整的沉積岩列序，記錄了香港 4 億年的地質演化。黃竹角咀的沉積岩更有四億年演化歷史，加上這些地質景觀大多位於郊野公園和鄉村範圍，因此同時擁有極高的生物多樣性和文化價值。1960 年代末以來，香港自然保育焦點集中在生物物種上，對自然景觀的保育，一般只針對林木環境，而非地質和地貌景觀。直至 2005 年，民主建港協進聯盟（民建聯）和馬鞍山文康促進會籌組香港世界地質公園委員會，推動本港成立地質公園。

2006 年，香港地貌岩石保育協會成立，以推廣保育地貌和岩石為宗旨，上述組織在社區、行政和政策層面，推動成立香港地質公園。2007 年 12 月 20 日，議員張學明在立法會會議上提出動議辯論香港新界東部應否成立地質公園。2008 年 2 月，環保署、漁護署和香港地貌岩石保育協會跟進動議，檢示新界東北的地質和地貌，是否符合設立國家地質公園的要求，並於 2008 年內完成有關評估工作。有關評估指出，新界東北和西貢地質景觀達到世界級水平。在 2008—2009 年度的行政長官施政報告中，更宣布在《郊野公園條例》和《海岸公園條例》的機制下設立地質公園。

2009 年 11 月，香港地質公園成為中國國家地質公園，範圍包括新界東北沉積岩及西貢火山岩兩大園區（見圖 2-1）。公園內重要的地質遺跡根據《郊野公園條例》和《海岸公園條例》被指定為特別地區或海岸公園，以作保護。2011 年，香港獲接納為世界地質公園網絡成員，隨着世界地質公園網絡於 2015 年加入聯合國教科文組織，香港地質公園更名為香港

圖 2-1　2009 年，中國國家地質公園開幕典禮。漁農自然護理署署長黃志光（右三）致送紀念品予合作團體及伙伴，包括：香港地貌岩石保育協會主席吳振揚（左一）、西貢區議會主席吳仕福（左二）、大埔區議會主席張學明（左三）、北區區議會主席蘇西智（右一）、香港地質公園專責小組召集人詹志勇教授（右二）及民主建港協進聯盟代表楊祥利（右四）。（攝於 2009 年，香港特別行政區政府提供）

聯合國教科文組織世界地質公園,而保育工作亦由地質遺跡延伸至文化、非物質文化遺產保育和更深入的社區合作。

七、城市規劃條例和法定圖則

透過城市規劃限制土地運用的方式,亦可達到保育效果。1939 年制定的《1939 年城市規劃條例》(*Town Planning Ordinance, 1939*)及其之後於不同年份的修訂,賦予城市規劃委員會(城規會)權力,以法定圖則的方式訂明有關土地利用,並透過發展管制的方式,達致保育效果。法定圖則有三種:

一、分區計劃大綱圖:根據《城市規劃條例》3(1)(a)及 4(1)條擬備的分區計劃大綱圖,能顯示個別規劃區的擬議土地用途及主要道路系統,如住宅、商業、工業綠化地帶、自然保護區等。

二、發展審批地區圖:根據 1991 年的《1991 年城市規劃(修訂)條例》(*Town Planning (Amendment) Ordinance, 1991*),城規會也會為市區以外沒有被分區計劃大綱圖覆蓋的地區,如鄉郊範圍擬備發展審批地區圖,目的是提供中期規劃和為未來發展提供指引。發展審批地區圖在首次刊憲後,有效期為三年,但亦可經由港督延期。

表 2-3　法定圖則中自然保育地帶情況表

自然保育地帶	設立目的	概況
具特殊科學價值地點	· 提醒各政府部門有關地點具生態、地質、考古等科學價值。	· 一般不具經常准許用途,任何用途必須向城規會申請。 · 漁護署為建議及諮詢機構,規劃署擬備登記冊。 · 自 1975 年至 2017 年共 72 個登記地點,但當中有 5 個因相關價值已失去而從登記冊中移除(如鷺鳥不再使用該地點)。 · 指定情況下受環境影響評估條例保護。
自然保育區	· 保護和保存區內現有的天然景觀、生態系統或地形特色,並分隔較敏感的天然環境(如郊野公園和具特殊科學價值地點)。	· 在分區計劃大綱圖注釋中有較多准許用途,如可作農業用途。 · 當擬定具特殊科學價值地點遇到反對時,多會劃作自然保育區,如鹿頸淡水沼澤和上禾坑風水林。 · 指定情況下受環境影響評估條例保護。
海岸保護區	· 旨在保育和保護天然海岸線,及易受影響的天然環境。	· 在分區計劃大綱圖注釋中有較多准許用途,如可作農業、康樂、公用事業設施、私人發展計劃的公用設施等用途。 · 指定情況下受環境影響評估條例保護。
綠化地帶	· 保育已建設地區 / 市區邊緣地區內的現有天然環境 · 防止市區式發展滲入 · 作為市區和近郊發展的界限	· 在分區計劃大綱圖注釋中有較多准許用圖,如可作農業、康樂、火葬場、分層住宅等用途。 · 不受環境影響評估條例保護。

資料來源:整理自漁護署、規劃署等網頁。

三、土地發展／市區重建局發展計劃圖：2001 年頒布的《2001 年市區重建局條例》（*Urban Renewal Authority Ordinance, 2001*）第 25 條規定，市區重建局可根據《城市規劃條例》的規定向城規會提交發展計劃草圖。

法定圖則中的自然保育地帶，除郊野公園和海岸公園外，還有海岸保護區、具特殊科學價值地點（Sites of Special Scientific Interest，簡稱 SSSI）、自然保育區和綠化地帶（見表 2-3）。這些地帶可以是本身具有景觀或自然保育價值（如海岸保護區和具特殊科學價值地點等），也可以是作為保育區和市區的緩衝地區（如自然保育區和綠化地帶）。根據《香港規劃與準則》，這些地區必須符合所訂明的用途，在一般情況下，這些地區都不宜進行發展。與郊野公園相關的發展則由最高地政總監負責，並由郊野公園及海岸公園總監提供意見。

八、環境影響評估

1980 年至 1986 年間，香港對某些較大型或敏感的發展項目，如發電廠、天水圍新市鎮和工業區等，港府會以行政措施，減少對環境的破壞，例如在地契中要求有關部門在工作前，要先進行環境影響評估（環評）。1986 年時，環評變得更有規範，港府以「政府通告」方式，要求為主要工務工程進行環評。1986 年至 1992 年間，共產生 80 份環評報告（平均每年 11 份）。1992 年環評延伸至私人項目，環評報告的數量在 1992 至 1994 年間更增至 239 份（平均每年約 80 份）。

此外，為增加透明度，港府從 1992 年開始，要求環評要諮詢公眾意見，而是環評報告更可供公眾索閱。1994 年施政報告中，更承諾制定《環境影響評估條例》，並在環諮會下設立環境影響評估小組。《環境影響評估條例》在 1996 年刊憲，1997 年 2 月頒布，1998 年正式實施。根據該條例，所有工程項目需先符合環評規定，為工程衍生的生態破壞或環境影響提供可行的緩減和補償方案，才可獲由環保署署長發出的「環境許可證」。《環境影響評估條例》的特點有：

一、提供詳細的資訊，如技術備忘錄；
二、高公眾參與度；
三、透過環境許可證制度，持續監察和審核項目的表現；
四、有清晰的申請程序和執行時間表；
五、有提出申訴的機制

該條例自 1998 年實施至 2017 年 6 月間，環保署一共收到 258 份環評報告，當中 7 份申請不獲批，另有 211 份獲批，當中只有 2 宗被環保署署長拒絕批出環境許可證，其中一項是 2000 年由九廣鐵路公司（九鐵）提交的上水至落馬洲鐵路支線環評報告。拒絕原因是該工程會建造一條高架橋，並穿過擁有重要生態價值的「塱原濕地」。

九、新自然保育政策

墾原事件令政府意識到如果要有效地保育私人土地上具重要生態價值的地點，就需要新政策的配合，於是着手研究「新自然保育政策」。在經過政府檢討和 3 個月（2003 年 7 月至 10 月）的公眾諮詢後，共收到 156 份意見書。2004 年 11 月 11 日，環境運輸及工務局局長公布推出新自然保育政策，當中包括兩個主要計劃，即管理協議計劃及公私營界別合作試驗計劃，加強保育已選定須優先加強保育的地點。根據公私營界別合作試驗計劃，土地擁有人或機構可獲准在已選定須優先加強保育的地點中生態較不易受破壞的部分進行發展，但規模須經政府同意，而且須負責長期保育及管理該地點其餘生態較易受破壞的部分。根據管理協議計劃，非政府組織（包括環保團體、院校及社區組織）可向政府申請資助，與土地擁有人簽訂管理協議，藉此保育已選定「須優先加強保育」地點。這兩個計劃均可推動土地業權人和土地使用者參與保育工作，保育具重要生態價值的私人土地。

新自然保育政策旨在以可持續方式規管、保護和管理對維護本港生物多樣性至為重要的天然資源，並採用計分制來評估不同地點在生態方面的相對重要性，從而訂定「須優先加強保育地點」的清單。在新自然保育政策下，特區政府選定 12 個須透過實行新措施優先加強保育的地點，並列出清晰評分結果（見表 2-4）。

表 2-4　新自然保育政策下十二個「須優先加強保育地點」情況表

排名	地點	主要生境	主要關注物種	生態價值評分（最高 3 分）
1	拉姆薩爾濕地	紅樹林、泥灘、基圍、蘆葦叢及魚塘	黑臉琵鷺（*Platalea minor*）	2.85
2	沙羅洞	自然溪流、季候性沼澤、荒廢農地及風水林	伊中偽蜻（*Macromidia ellanae*）	2.70
3	大蠔	自然河溪、紅樹林、泥灘、農地及林地	盧氏小樹蛙（*Liuixalus romeri*）	2.40
4	鳳園	林地及農地	印度馬兜鈴（*Aristolochia tagala*）	2.30
5	鹿頸沼澤	沼澤	伊中偽蜻	2.30
6	梅子林及茅坪	原生林地及風水林	紅皮糙果茶（*Camellia crapnelliana*）	2.25
7	烏蛟騰	農地、風水林、淡水沼澤及溪流	香港鬥魚（*Macropodus hongkongensis*）	2.15
8	墾原及河上鄉	魚塘、濕田及風水林	扁顱蝠（*Tylonycteris pachypus*）	2.05
9	拉姆薩爾濕地以外的后海灣濕地	魚塘	黑臉琵鷺	1.9
10	嶂上	淡水濕地及林地	香港鬥魚	1.75
11	榕樹澳	淡水沼澤、河溪、紅樹林及林地	鏽色羊耳蒜（*Liparis ferruginea*）	1.75
12	深涌	沼澤、溪流、紅樹林及林地	香港鬥魚	1.45

資料來源：香港特別行政區政府漁農自然護理署。

自 2004 年新自然保育政策實施後，多個管理協議計劃相繼推行。自 2005 年起，鳳園和塱原及河上鄉的管理協議分別由大埔環保會（現稱環保協進會）、長春社和香港觀鳥會執行。2012 年起，香港觀鳥會在拉姆薩爾濕地和拉姆薩爾濕地以外的后海灣濕地執行管理協議。自 2011 年 6 月，管理協議計劃延伸至涵蓋郊野公園「不包括的土地」以及郊野公園內的私人土地，以進一步加強保育郊野公園。2017 年起，西貢區社區中心和香港鄉郊基金分別在西灣和荔枝窩執行管理協議。管理協議在 2005 年至 2017 年間均由環境及自然保育基金撥款資助。至於公私營界別合作試驗計劃，政府收到的申請地點包括沙羅洞、大蠔、烏蛟騰、茅坪和梅子林、榕樹澳以及天福圍（位於拉姆薩爾濕地以外的后海灣濕地內），但直到 2017 年仍沒有申請獲批。

在新自然保育政策的推動下，更產生了公私營合作的保育方式。土地擁有人可在優先保育地點較低生態價值的位置進行有限度發展，但同時要承諾、制定和執行有關保育地點的長期保育工作。在 2008 年沙羅洞發展有限公司曾向環保署提交《大埔沙螺洞公私營界別合作自然保育試驗計劃》，建議與環保團體綠色力量在沙羅洞興建靈灰閣，並同時保育淡水生境。雖然計劃得到特區政府支持，但多個環保團體對在沙羅洞興建骨灰龕表示反對，並質疑沙羅洞的交通負荷能力，令項目出現膠着狀態。直到 2017 年 6 月，政府原則上同意以「非原址換地」方式保育沙羅洞，成為公私營合作計劃下首個獲批項目。

十、生物多樣性保育綱領

1992 年聯合國《生物多樣性公約》在巴西里約熱內盧舉行的地球高峰會上通過，並於 1993 年正式實施（同年中國成為公約締約方）。《生物多樣性公約》有三個主要目標：「保護生物多樣性」、「可持續利用生物多樣性」及「公正合理分享由利用遺傳資源所產生的惠益」。[2] 2010 年，《生物多樣性公約》第十次締約方大會在日本名古屋召開，通過《2011—2020 生物多樣性策略計劃》及其 20 個《愛知生物多樣性目標》，要求締約方在未來十年採取保育生物多樣性的行動，為實踐公約各盡一分力。隨着中央人民政府於 2011 年將《生物多樣性公約》的適用範圍延伸至香港特區，特區政府須在香港有關的範圍內協助中央人民政府履行該公約的義務。

2013 年，特區政府在施政報告中指出，需要落實《生物多樣性公約》和進行公眾諮詢以制定《生物多樣性策略及行動計劃》，同時表示會在主要決策中，重視陸上和海上的生態保育。特區政府在制定《生物多樣性策略及行動計劃》時，設立了一個三層架構的諮詢委員會（見圖 2-2），包括督導委員會、工作小組和專題小組，讓《生物多樣性策略和行動計劃》能顧及不同範疇和吸納更多公眾和不同持份者的意見。經過 18 個月針對陸地生物多樣

2　生物多樣性公約，聯合國網頁：https://www.un.org/zh/observances/biological-diversity-day/convention。

性、海洋生物多樣性和提升意識、建立主流及可持續利用這三大範疇的討論，諮詢委員會就不同範疇提交了意見書。香港首份城市級《生物多樣性策略及行動計劃》（見圖 2-3）在 2016 年公布，其願景為：

香港豐富的生物多樣性會受到重視、得到保育、恢復、可持續管理與合理利用，以持續提供必要的生態系統服務，支持香港作為一個健康和宜居的地方，並讓所有人都能共享惠益。[3]

《生物多樣性策略及行動計劃》訂立了 4 個工作範疇（加強保育措施、生物多樣性主流化、增進市民對生物多樣性的知識、推動社會參與）和 67 項行動，當中的短、中期行動目標在 5 年內達成，而政府亦會定期向環境諮詢委員會作進度匯報。

圖 2-2　制定《生物多樣性策略及行動計劃》諮詢委員會組織架構圖

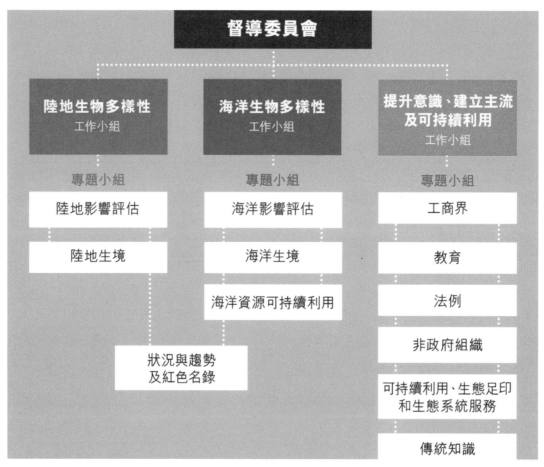

資料來源：香港特別行政區政府環境及生態局提供。

3　環境局：《生物多樣性策略和行動計劃 2016—2021》，頁 44。

圖 2-3 《香港生物多樣性策略及行動計劃》封面。
（香港特別行政區政府漁農自然護理署提供）

第二節　植林

1876 年以來，香港開展小規模植林，以改善環境和保護水土。由於香港土地並不肥沃，當時主要植林樹種為可於惡劣環境下生長的馬尾松，其他樹種有桉樹和紅膠木等。

日佔時期樹木遭大量砍伐，以作工業及柴薪之用，太平洋戰爭前的植林成果幾乎被徹底摧毀。二戰後，港府恢復植林，當時目的主要是保護集水區。港府大規模引入紅膠木、木麻黃、白千層、台灣相思、愛氏松等不同樹種。直至 1970 年代，大部分山坡已復修。

由 1876 年到 2017 年的 141 年間，香港山坡由原來大部分屬光禿狀態，變成大多被樹木或植被所覆蓋。至 2016 年，香港樹林已佔陸地面積 24.8%，上述成果與長年植林和護林工作密不可分。近年，植林目標已演變為優化植林區、生物多樣性的提升及濕地補償。另一方面，植林工作也一直面對各項挑戰，包括山火、病蟲害、人為破壞等。

一、植林開展前的樹林概況

香港和華南地區植被同屬亞熱帶季候風常綠闊葉林,以大戟科、桑科、殼斗科、樟科、山茶科和木蘭科為優勢科。雖然香港與鄰近地區已沒有較大面積的殘留原始樹林,但在一些險峻難達而免於嚴重人為破壞的地方,如高海拔的溝谷,仍可找到一些殘存的原始樹林物種,如稀有的山茶科、木蘭科和殼斗科樹種。此外,在大嶼山竹篙灣考古遺址發現的種子中,亦以殼斗科的錐屬(*Castanopsis*)、柯屬(*Lithocarpus*)和青岡屬(*Cyclobalanopsis*)為主,這些發現為香港原始樹林物種的組成,提供重要的資料和證據。

原始林會因人類活動而遭破壞,根據考古發現,香港大約在 7000 年前的新石器時代中期,已有先民居住、勞動生息。刀耕火種和持續的大面積農業活動不但破壞樹林,亦令受到破壞的樹林,不能通過生態演替來恢復。此外,香港多個灰窰和鹽爐考古遺蹟,已顯示了當時需要砍伐大量樹木作燃料,原始樹林因此受到破壞。

香港現存絕大部分的樹林是經破壞後恢復而來的次生林。不同海拔高度的植被由不同的樹種組成。根據地理位置和物種,本地次生林可分為河岸林、低地林、低山林和山地林四大類。

河岸林指在低海拔淡水河溪旁的樹林,如在鄉村溪邊面積較小的樹林,常見物種有水翁(*Cleistocalyx nervosum*)和秋楓(*Bischofia javanica*)等。低地林是指分布在海拔 300 米以下的溝谷或山腳地區的樹林,它們有豐富的物種,如黃桐(Endospermum chinense Benth)、五月茶(*Antidesma bunius*)、榕樹(*Ficus microcarpa*)等。低山林指分布在海拔 300 至 800 米間,以樟科潤楠屬(*Machilus*)為主的樹林,如浙江潤楠(*Machilus chekiangensis*)和短序潤楠(*Machilus breviflora*)等。山地林分布於海拔 700 至 1000 米的高地上,由於溫度較低,因此山地林的物種一般較能抵受低溫,如殼斗科、山茶科和木蘭科的樹種。大帽山的樹林屬於山地林。

除了這些次生林外,香港還有位於村落後方或廟宇附近的風水林,其面積較小,但因有促進風水作用,因此受到村民的保護,不少香港稀有物種分布於風水林。此外,香港的植被亦包括紅樹林(由真紅樹和類紅樹組成);山坡上由人手栽種的人工林;以及在自然演替過程中(如:山火)出現的灌木林。

早期有關香港植被的紀錄不多,較詳細記載為十九世紀初年歐美訪客對香港環境的紀錄,以及當年拍攝的照片。這些記載大多形容香港山坡為光禿的荒蕪之地(見圖 2-4)。直至英佔香港以後,英國植物學者開始對香港樹林進行有系統的調查、標本收集、鑒辨和分類,並將植物分類學帶入香港。

圖 2-4　1870 年代的香港島山坡，可見山坡光禿荒蕪。（香港特別行政區政府提供）

1841 年，軒氏（Richard B. Hinds）首次在香港正式採集植物標本，而往後數十年間，亦發現了不少新樹種，如在香港首次發現的中華衞矛（*Euonymus nitidus*）和山橘（*Fortunella hindsii*）。香港有記錄的本土樹種約 400 種，且近年仍有發現一些未被記錄過的樹種，如凹葉冬青（*Ilex championii*）和叢花厚殼桂（*Cryptocarya densiflora Bl*）。在此 400 多個樹種中，有 110 種被學者列為稀有，53 種被列為非常稀有。「稀有」定義是野外個體數量只有 10 至 100 棵，如在大帽山一帶才找到的信宜潤楠（*Machilus wangchiana*）。「非常稀有」的定義為少於 10 棵，如只在香港西貢發現兩棵的大葉蒲葵（*Livistona saribus*）。此外，亦有 18 個樹種，如拓樹（*Machilus tricuspidata*）、通脫木（*Tetrapanax papyriferus*）等，近年已無在野外找到，而只能在標本和紀錄上確認曾在香港存在過。

二、植林發展沿革

1. 太平洋戰爭前的植林

1876 年，香港島維多利亞城附近山坡開展植林工作，主要種植馬尾松（*Pinus massoniana*），目的以美化和改善環境為主；而其後在水塘範圍的植林，則以保護水土，維持水源供應為目標。當時香港山坡泥土非常貧瘠，故選種樹種以能於此類惡劣環境下生長的馬尾松為主。在成熟的松樹林下或較陰的環境，則會試種闊葉樹種，如引進的桉樹（*Eucalyptus*）和紅膠

木（*Lophostemon confertus*）等。截至十九世紀末，植林範圍已基本覆蓋整個香港島。而九龍半島的植樹工作，則以路旁和綠化種植為主。

1900 年，新界展開植林工作，集中於新建水塘的集水區範圍，以保護水土和保障穩定供水為目的。集水區植林面積較廣，主要以撒播馬尾松種子為主要種植方法。種植範圍包括九龍水塘集水區、大埔護林區和城門水塘集水區。1900 年代以後，九龍的植林工作目標旨在建立覆蓋由鯉魚門到荔枝角的連片林帶；香港島的植林工作則以補種仍未成林的山坡，以及繼續大潭及薄扶林水塘集水區的植林工作。

2. 日佔香港前後的破壞

自 1936 年至 1941 年間，內地和東南亞地區停止向香港供應柴薪，香港居民大量合法和非法砍伐樹木，以提供柴薪以滿足日常生活所需，令本地樹林、植林工作受到嚴重破壞。根據林務部 1946 年至 1947 年度的報告，日佔時期初期（1941 年底至 1942 年初），香港有接近三分之一的植林被砍掉。雖然日本當局禁止本地居民砍樹，但卻在香港各地砍伐大量適合工業和柴薪用途的樹木運回日本，只有一些景觀價值較高的成熟大樹得以保留。香港在 1876 年至 1939 年期間的植林成果，在太平洋戰爭時期幾乎被完全摧毀。

3. 二戰後的復修

二戰後，香港島除了山頂及聶高信山一帶及個別地點，尚存小片樹林以外，只剩南面有灌木覆蓋，可幸是水塘集水區尚有植被覆蓋。九龍卻只剩疏落的再生樹叢，新界的城門集水區、大埔滘護林區、粉嶺植林區內大部分樹木已被砍伐，令城市景觀大受影響，更引致水土流失，直接影響水塘的食水供應。因此二戰後香港植林策略以保護和修復水塘及集水區的山坡為主要目標。

1947 年起，林務部派出 210 名林務員往香港各處保護樹林，並檢控非法砍伐人士，濫伐情況才得以改善。由於需在短時間內進行大面積的種植，以盡快防止水土流失，他們採用了撒播種子的種植方式。由於當年只有馬尾松既可生長在惡劣環境、又適用於撒種種植，因此二戰後初期，仍以馬尾松為最主要植林樹種，種子主要由內地供應。

1952 年秋天起，內地嚴格控制種子出口，馬尾松種子來源因而中斷。在失去成本較低的種子源後，為確保穩定的種子供應，自此林務科（Forestry Division）轉而從本地馬尾松樹木採集種子，作為繁殖或撒播之用。同年亦開始引入不同樹種的松樹種子作實驗。另外桉樹、紅膠木和白千層（*Melaleuca cajuputi Roxb.* subsp. *cumingiana*）也是二戰後較早種植的外來闊葉樹樹種。

1955 年至 1957 年間，農林漁業管理處下的林務科把植林目標集中在集水區內的護林區，並確認需要植林的面積約為 65 平方公里（6500 公頃）。為了達到目標，林務部在 1950 年代開始，每年植林 2 至 3 平方公里（200 至 300 公頃），至 1960 年代增至每年 6 至 8 平方公里（600 至 800 公頃）。

至 1970 年，植林面積已達到 60 平方公里（6000 公頃），基本達到目標。當時主要植林樹種包括台灣相思（*Acacia confusa*）（佔 50%）、紅膠木（佔 15%）、取代馬尾松的針葉樹種愛氏松（*Pinus elliotti*）（30%），其餘 5% 包括木荷（*Schima superba*）、黧蒴錐（*Castanopsis fissa*）等闊葉樹種。

踏入 1970 年代，香港山坡大部分已修復，加上以植林來供應柴薪和木材的做法，亦隨新燃料的普及和工業起飛而失去意義，因此植樹面積減少至每年約 0.4 至 0.8 平方公里（40 至 80 公頃），主要目標為美化和修復遭受山火破壞的山坡，同時，政府把大片的樹林和植林作為建立保育和康樂設施的基礎。植林樹種主要是後期被稱為「植林三寶」的台灣相思、紅膠木和愛氏松。

4. 郊野公園的植林

由於林業重要性日漸減退，植樹數量也明顯減少，1971 年植林科改名為自然護理及林務科，顯示自然保育更受重視，並成為恒常管理一部分。1976 年 3 月，《郊野公園條例》正式實施，植林工作延伸至將納入郊野公園範圍的新界及大嶼山地區，以改善景觀和康樂功能為主（見圖 2-5）。1976 年至 1977 年間，自然護理及林務科改為自然護理科，而植林目的變為以改善郊野環境質素為主，植林工作成為保育工作的一部分。而種植樹種仍以台灣相思、紅膠木和愛氏松為主。

圖 2-5　1977 年的香港島太平山，在植林工作的開展下，樹林植被已漸漸恢復。（攝於 1977 年，政府檔案處歷史檔案館提供）

圖 2-6　1920 年代的太平山的景觀，當時山上的樹木並不茂盛。（攝於 1924 年，政府檔案處歷史檔案館提供）

圖 2-7　2000 年代初太平山的景觀，山上的樹木十分茂盛。（蘇國賢提供）

香港在二戰後的植林工作中，集中使用三種外來樹種，以致樹木物種本身的多樣性較低，其所形成生境及所提供予其他生物的食物資源亦非常單一，以致未能促進生物多樣性。1990 年代末，植林目的除了是修復山火破壞的山坡和景觀外，亦種植多元化的本土樹種，一方面增加樹種的多樣性，另一方面提供不同的資源予各種生物，以提升生物多樣性。本地樹種如殼斗科、桃金娘科、山茶科和樟科等，逐漸成為主要的植林樹種。

5. 郊野公園以外的植林

1970 年代初期，香港需在新界發展新市鎮，來推動工業化及城市化。然而新界發展破壞了海邊、低地及山坡植被和景觀，而工程所需的泥土和石頭皆由採泥區（如元朗大棠採泥區）和石礦場（如石澳石礦場）而來，開採工程亦會破壞當區的樹林或植林區域。新市鎮發展後，其邊緣地區和採石區均會以植林來進行景觀和植被復修。九龍的荒山則基於 1989 年制定的《大都會景觀策略》而漸漸修復。根據拓展署和土木工程拓展署的年報和報告，在 1986 年至 2017 年間，每年植樹和灌木的數量約有 100 萬至 300 萬棵。

長年的植林護林工作，加上如柴薪等樹林物資在 1960 年代末期漸被火水等資源取代，樹林的破壞得以緩減，香港樹林植被亦逐漸重建和恢復。至 2016 年，香港樹林已佔陸地面積 24.8%（見圖 2-6 及 2-7）。

三、植林目的

1. 改善景觀

早於 1877 年，港督軒尼詩（John Pope Hennessy）提出以改善「公共衛生」為目的，在香港島荒山坡大規模植樹。在 1877 年的政府通告中，計劃每年種植 15,000 棵樹，並連續種植 11 年，以修復面積約 40 平方公里的荒地。在 1870 年代的香港「公共衛生」概念，並不局限於健康相關內容，而是較廣義地包含景觀改善和微氣候調節。因此，改善景觀（改善公共衛生途徑之一）亦屬於港府植林的目標。將沒有合適用途（如耕種、放牧等）的荒地轉為樹林，不單能改善景觀，亦能展現港府的管治能力，甚至可在香港種植大量針葉樹，將本地山坡塑造成類似蘇格蘭高地的景觀，緩解在香港的英國人思鄉情感，並提供郊野活動空間。

2. 改善環境及衛生

除改善景觀之外，調節微氣候、改善衛生及預防疾病，亦是十九世紀植林主要目的。植林可降低周邊環境溫度達約攝氏 5°C 至 10°C，有利於來自溫帶地區的歐洲人士適應香港濕熱的環境。在疾病預防方面，十九世紀中期，香港瘧疾（當時稱為「香港熱」（Hong Kong Fever））的情況非常嚴重，當時港府相信瘧疾與潮濕泥土產生的瘴氣有關，同時亦相信樹木能透過吸收泥土水份，減少瘴氣並控制瘧疾。因此在 1870 年代，港府於瘧疾較嚴重的地

區植林。二十世紀初，港府大量種植原產於澳洲的桉樹，全因英國邱園（Kew Garden）的學術文章指出桉樹具有特強吸水能力，可吸收泥土中水分，從而令依賴潮濕環境生長的細菌不能滋生。二十世紀中期時，由於人類對瘧疾等疾病的成因有了更多的了解，才不再利用植樹來控制這些疾病。

3. 增加收入

1880 年代，港府計劃透過售買樹苗、木材，以至樹木不同部分獲得經濟利益，因此開始種植松樹、山茶屬（Camellia）植物、肉桂（Cinnamomum cassia）、樟樹（Cinnamomum camphora）等樹種。在 1882 年的植物及植林部報告中，首次記錄了因港府出售木材而獲得約港幣 50 元（1880 年代，負責為天文台送遞文件和信息的苦力月薪為港幣 6 至 8 元）。自 1880 年代起至 1939 年，植物及植林部的報告一直記錄出售木材的收入。出售林業產品的收入於 1938 年增至 35,000 港元，相關收入足可抵消約全年林業約 40% 開支。

松山牌照（Forestry Licenses）費用是另一因植林而帶來的收入。新界松山牌照制度在 1904 年開始，容許村民在指定範圍內種植松樹，又容許村民採收松樹作買賣。雖然松山牌照的目的是管理村民私下砍樹的問題，但亦間接為政府帶來額外收入，在申請松山牌照的高峰期，港府每年收到的牌照費就超過 10,000 元。

4. 保護水土

二戰後，由於集水區周邊樹林大部分已被破壞，植木的主要目標是保護集水區水土，此目標一直由 1950 年代延至 1980 年代。當時主要以種植馬尾松和台灣相思為主，因它們生長快速、適應力強，其根部能抓住泥土之餘，其樹冠也可減少雨水直接打在泥土表面，能達到短時間內保護水土效果。二戰後至 1970 年代初，植林工作已大致能覆蓋大部分集水區。因此，1970 年代中期，特別在 1974 年至 1975 年期間，植樹目標改為自然保育和為市民提供康樂活動，植樹範圍亦由集水區延伸至郊野公園及其他郊外地方。

5. 提升生物多樣性

早於 1967 年，漁農處便以植林來保育野生生物。1992 年，《生物多樣性公約》簽訂後，漁農處在植林時，亦開始使用不同樹種，以提升生物多樣性。因不同樹種有不同特性，如有不同高度、大小等，在同一範圍種植不同樹種，便可形成近似天然樹林般的複雜生境，能為不同生物提供食物和棲息環境。透過植樹，也可提升生物多樣性和樹林的可持續性。

1998 年至 1999 年期間，漁農處使用本土樹苗和外來樹種的比例為 49% 和 51%；1999 年至 2000 年期間，本土樹苗比例已增加至 60%。2001—2002 年度的漁護署年報首次確定增加使用本土樹種，並表明植林目的是「為本地動物提供更多樣化的生態環境」。2002—2003 年度起，更開始以植林方式，修復破碎化樹林生境，為野生生物建造生態走廊和增加生境面積。

6. 濕地補償

植樹一般是指種植陸生樹木，從而達到造林或恢復天然樹林的目的。紅樹植物雖然生長於海岸潮間帶，但也可透過種植樹苗或插種紅樹的胚軸（即在母體已發芽的種子），達到在海岸植林的目標。2005 年至 2007 年期間，特區政府在大澳大規模種植紅樹，植林的潮間帶面積達 11 公頃，而整個植林區域都是由棄置的鹽田平整而成，用以補償因興建赤鱲角機場而失去 7 公頃的紅樹林。種植紅樹樹種主要是秋茄（*Kandelia obovata*）和海欖雌（*Avicennia marina*，又稱白骨壤）。截至 2017 年，這片補償濕地已成為大片紅樹林（見圖 2-8）。

7. 優化植林區

二戰後，大量種植的外來樹種漸漸老化，加上本地集中使用「植林三寶」（台灣相思、紅膠木和愛氏松）等生長迅速但壽命較短的樹種，故植株在 20 至 30 年後便開始衰弱，繼而死亡。此外，不少外來樹種的種子萌發，需經火燒或溫水加熱等方法，因此就算每年有大量

圖 2-8　大澳的紅樹林。（譚鳳儀提供）

外來樹種的種子掉下，但在未能滿足發芽條件的情況下，也未能為植林區樹木帶來更替。此外，在本港大量種植台灣相思的落葉，會阻礙其他植物種子的發芽或幼苗生長，結果外來樹種植林下，其他植物種類非常貧乏，造成生物多樣性不足。

為了應對植林老化問題和提升生物多樣性，漁護署在 2009 年起在大欖郊野公園等植林區展開「郊野公園植林優化計劃」，試行植林優化工作。植林優化工作首先要疏伐現有植林區（選擇性移除外來樹木，以提供合適透光度和種植空間），然後再種植合適和多樣化的本土樹種。改造一片樹林需要持續疏伐和種植數年，才能全面把外來樹種改為本地樹種。植林優化計劃的早期試驗由漁護署執行，取得成功經驗後，署方除繼續於各郊野公園的植林進行優化工作外，更在 2016 年起邀請本地非政府組織管理指定的植林優化地點，於地點內種植及護養樹苗。該年參與計劃的組織為長春社、香港地球之友和綠惜地球。自 2000—2001 年度起，漁護署每年都會記錄和報告本土樹種佔該署全年植樹樹種的比例（見表 2-5），而此比例由 1996—1997 年度的 38%，增至 2016—2017 年度的 80%以上。

表 2-5　2000 / 01 年度至 2016 / 17 年度郊野公園年度植樹量和本土樹種所佔比例統計表

年度	植樹數量（棵）	本土樹種所佔百分比（％）
2000—2001	643,000	58%
2001—2002	790,000	58%
2002—2003	899,000	69%
2003—2004	151,000	56%
2004—2005	735,000	56%
2005—2006	855,000	56%
2006—2007	903,000	56%
2007—2008	933,000	56%
2008—2009	900,000	66%
2009—2010	700,000	66%
2010—2011	700,000	66%
2011—2012	740,000	70%
2012—2013	720,000	80%
2013—2014	690,000	80%
2014—2015	555,900	80%
2015—2016	410,900	80%
2016—2017	403,600（已包括植林優化計劃的 16,000 棵樹）	超過 80%

資料來源：香港特別行政區政府漁農自然護理署。

四、植林樹種

1. 樹種演變

選用的植林樹種，跟種植環境、植林目的、種子和樹苗的供應有密切關係。香港植林樹種分為本地和外來兩類，140 年多年來的搭配不斷改變。1870 年代，植林主要靠在香港本地採收的種子，馬尾松因其適應力強，一直是植林的主要樹種，其他在本地採收種子的樹種，如朴樹（*Celtis sinensis*）、冬青屬樹種（*Ilex*）、假蘋婆（*Sterculia lanceolate*）等，亦曾作為試驗的樹種。1880 年代起，香港引進更多外來樹種，其中的白千層和紅膠木較適合於香港種植，日後更成為植林主要樹種。

十九世紀末，為了篩選出能對抗惡劣環境的樹種，植物及植林部一方面由英國本土、澳洲、日本和印度等地，引入不同樹種的種子；另一方面，一些能夠收集種子的本地樹種（如潤楠屬及殼斗科樹種），亦會用作試驗。種子在苗圃成功發芽並護養至合適高度（約 20-30 厘米高）後，便會移植到山上，然後再觀察成活率和生長情況，才決定是否適合於香港種植。

1871 年至 1900 年，香港曾測試過的引入及本地樹種共有 66 種，能在不同種植環境都表現良好的只有本地馬尾松和澳洲東部引入的紅膠木。在個別環境有較好表現的樹種有外來的木麻黃（*Casuarina equisetifolia*）、白千層、檸檬桉（*Corymbia citriodora*）、樟（*Cinnamomum camphora*）和石栗（*Aleurites moluccanus*）；在個別環境有較好表現的本地樹種有黧蒴錐和楓香（*Liquidambar formosana*）。這些樹種日後成為植林或市區綠化的重要一員。

1901 年至 1940 年，亦有 51 個樹種被測試，但表現良好者只有由台灣引進的台灣相思，其他表現較佳的樹種只有銀合歡（*Leucaena leucocephala*）。雖然銀合歡當時未被大量種植，但這樹種的繁殖和傳播力強，在荒地的生長能力也佳，如今已成為香港的外來入侵物種。二十世紀初至二戰後，香港除了以馬尾松為主要樹種外，亦在土壤條件較佳地區，或松樹植林區內試種外來樹種，而較成功者有紅膠木、白千層和各種桉樹。

1957 年至 1958 年間，林務主管羅伯新指出過往試驗並不科學，因此試驗結果與實際表現有很大的落差，相關試驗結果亦難以應用。不少樹種，如紅膠木在二戰後仍得接受各種較科學化的試驗，以找出改善其繁殖、種植和護養的方法。

二戰後到二十世紀末，被測試樹種共 31 個。1960 至 1970 年代，植林樹種試驗主要的成果是以愛氏松取代馬尾松，並發現台灣相思和紅膠木能在惡劣條件下生長良好，上述三種樹被稱為「植林三寶」，直至 1980 年代，仍是本港主要植林樹種。1980 年代時，港府又發現耳果相思（*Acacia auriculiformis*）和毛葉桉（*Corymbia torelliana*）表現良好，因此亦開始種植這兩種樹木。1990 年代初，因應提供生態功能和提升生物多樣性和的目標，植林時種植本土樹種的需求愈來愈高。本地樹種如山茶科的木荷和大頭茶（*Polyspora axillaris*）、樟科的潤楠屬樹種、殼斗科錐屬、青岡屬和柯屬樹種、桃金娘科的蒲桃屬（*Syzygium*）樹種等開始種植。

1990 年代，漁農處、學界和環保團體展開本土樹種相關試驗。1992 年，港府在大嶼山興建機場，漁農處分別在 1993 年和 1997 年在一個林地補償項目的地方，試種了超過 50 個本地樹種，以了解本地樹種在植林時的表現。是次種植試驗的場地為東涌市區東面、北大嶼山公路對上的數個山坡，共種植約 345,000 棵樹苗。結果顯示本地樹種在開揚山坡的表現參差，表現較好的樹種有楊梅（*Morella rubra*）、凹葉紅豆（*Ormosia emarginata*）、多種潤楠屬（*Machilus*）樹種、梭羅樹（*Reevesia*），以及過往表現不俗的木荷、鼠刺錐和山烏桕（*Triadica cochinchinensis*）。

此後，不少學者如香港大學的莊雪影和侯智恒；香港中文大學的朱利民和鄒桂昌，以及部分環保團體，如嘉道理農場暨植物園（嘉道理農場）和長春社等，亦有進行本土樹種種植表現的研究和試驗，以了解本土樹種由採種、種子萌發、繁殖生長，以致在不同生長條件下，如礦場和採泥區等特殊環境的表現。

2. 馬尾松（*Pinus massoniana*）

自 1870 年代至 1960 年代後期，馬尾松一直是植林最重要的樹種。馬尾松在香港光禿和惡劣山坡生長良好，而且馬尾松的種子更可作穴種或直接撒播在泥土表面，以應付大面積的植林範圍和減低植樹成本。

由英佔至太平洋戰爭前，香港種植了上千萬棵馬尾松。自 1870 年代，馬尾松種子主要來自本地採收。至 1920 年代初，植林部門因內地馬尾松種子的價錢較低，故改為由廣東博羅入口。雖然馬尾松一度在日佔時期被大量砍伐，但從二戰後到 1952 年，仍然是本港最主要的植林樹種。自 1952 年秋天起，內地限制馬尾松種子出口，林務科改回在本地採收種子，其數量亦足以供應本地需求。1956 年，本港一度恢復從內地大量入口種子，1957 年內地再度限制種子出口，此後至 1964 年，馬尾松種子仍然源自本地採收。

自 1959 年起，林務科開始在本地採收紅膠木及台灣相思種子，同時試驗混種馬尾松、紅膠木、台灣相思及其他闊葉樹。即便如此，直至 1961 年，馬尾松仍是官方認可的主要植林樹種，通常配搭種植少量紅膠木及其他樹種。直到 1964 年確認試驗結果，發現多種闊葉樹樹苗受益於松樹及紅膠木植林的林蔭，能於大部分地方生長。

在 1965 年至 1970 年，本地馬尾松種子連續 5 年歉收，再也無法供應樹苗生產。林務科在 1965 年首次從澳洲引入愛氏松種子，經實驗發現其生長表現優秀，因此自 1970 年起，以之取代馬尾松，成為主要種植的松樹種類。不過當時針葉樹的種植比例已降至 30%，主要植林樹種為台灣相思（50%）及紅膠木（20%）。

及後在 1981 年至 1995 年，大量馬尾松及部分愛氏松受到松材線蟲（*Bursaphelenchus xylophilus*）攻擊並死亡。自 1982 年起，港府停止種植馬尾松，移除並燒毀受感染的松樹以防止松材線蟲散播，並借此機會讓植林逐步演替成闊葉林。此後，馬尾松在本地郊野個

圖 2-9　現存香港的馬尾松（*Pinus massoniana*）長勢大多較弱。（蘇國賢提供）

體數目銳減，完成百多年來為香港提供森林覆蓋任務，其生態功能被「植林三寶」及其他闊葉樹所取代（見圖 2-9）。

3. 植林三寶

「植林三寶」是指紅膠木、台灣相思、愛氏松這三種不同時間引進香港的樹種。二戰後，香港需要大規模植林，但自 1957 年，內地再度限制馬尾松種子的出口，香港因此急切需要尋找其他合適樹種作植林之用，「植林三寶」的種植規模因此日漸增加，最後取代馬尾松，為本地郊野恢復森林植被。

紅膠木（*Lophostemon confertuo*）

紅膠木在 1883 年由澳洲引入香港，並在種植試驗中表現良好。屬於闊葉樹的紅膠木樹冠比馬尾松密，能提供較佳的景觀效果，但需要種在較陰和泥土較佳的環境。到二十世紀初，紅膠木和其餘兩種外來樹種，木麻黃和桉樹已成為馬尾松以外的主要植林樹種。1950 年代

圖 2-10　由澳洲引入香港的紅膠木（*Lophostemon conferta*）。（蘇國賢提供）

至 1960 年代，紅膠木種植數量已僅次於馬尾松。1970 年代中後期，紅膠木種植量佔每年植樹總數的 15-20%，是繼台灣相思和愛氏松後種植量最多的樹種（見圖 2-10）。

台灣相思（*Acacia confusa*）

台灣相思原產於台灣、福建和廣東等地，是生長迅速的外來樹種。台灣相思可長至 15 米高，其葉片為羽狀複葉，但只見於初出幼葉，後出葉片則呈退化狀，並由葉柄變成鐮刀狀的「葉狀柄」。所以日常看到台灣相思的「葉」其實是「葉狀柄」。台灣相思的花是黃色頭狀花蕊，看起來像一個個小球。果實是短的木質豆莢。台灣相思屬含羞草科植物，根部與根瘤菌（一種共生細菌）形成能固定空氣中的氮的根瘤，令台灣相思在貧瘠的泥土中有較佳的生長優勢。

圖 2-11　早於 1920 年代引入香港的台灣相思（*Acacia confusa*）。（蘇國賢提供）

台灣相思早於 1927 年已引進香港，除了在城門水塘等地作植林試驗外，也可作市區綠化之用。又因台灣相思比馬尾松有較佳的恢復能力，較適合種植在當時山火較多，特別是位於鄉村附近的植林區。1960 年，台灣相思開始用於種植在已除草的防火帶上，形成常綠的防火林帶。1960 年代末期，由於馬尾松種子供應量不足，台灣相思漸漸取代馬尾松為最主要植林植種。1970 年至 1971 年間，台灣相思種植量已佔每年植樹總數量的 50%。1970 年代末更升至 60%，成為每年種植量最多的樹種（見圖 2-11）。

愛氏松（*Pinus elliottii*）

在「植林三寶」中，愛氏松是引進香港時間最短的樹種。愛氏松原產於美國東南部潮濕的低地，在香港樹高一般可長到 15 米，樹幹筆直，其針葉明顯較馬尾松硬，2 至 3 支針葉成束生長。松果表面有勾刺，種子有薄翅，靠風傳播。愛氏松根部能與真菌形成菌根，透過利用真菌龐大的菌絲網絡，大幅增加根部吸水和養分的表面面積，提高愛氏松在惡劣環境下的成活率。

愛氏松在 1956 年引進香港，由於其種子供應充足、生長表現良好，其樹型和山火後的恢復能力都較馬尾松佳，因此愛氏松漸漸取代馬尾松的地位。1970 年代開始，愛氏松的種植量不斷增加，約佔每年總植樹量的 20%，成為僅次於台灣相思，是香港種植量第二多的樹種（見圖 2-12）。

圖 2-12　於 1950 年代由美國引入香港的愛氏松（*Pinus elliottii*）。（蘇國賢提供）

4. 闊葉樹種

除了馬尾松和「植林三寶」外，亦有一些樹種，能協助植林工作，更曾一度受到重用，包括白千層、木麻黃和木油樹（*Vernicia montana*）。

白千層（*Melaleuca cajuputi Roxb* subsp. *cumingiana*）

白千層原產於澳洲東部，其種子在 1895 年由英國植物學家送抵香港。由於白千層的葉片含有具殺菌能力的香油，若種在瘧疾嚴重的潮濕地方，有防止瘧疾的功能。1897 年，白千層在堅尼地城和西環一帶開始試種。

二十世紀初，白千層於光禿的山坡上試種，並展現了良好的適應能力和生長能力，因白千層的主幹由多層樹皮包裹，一旦山火發生，這些樹皮會成為保護層，防止樹木被焚燒至枯死，於是港府開始把它種植作「行道樹」（道路兩側的樹木）（見圖 2-13 及 2-14）。又因為白千層能適應較濕的環境，因而可在新界水田周邊或水塘四周種植。

二戰結束後初期，白千層、紅膠木、木麻黃的種植，主要用作保護水土。雖然白千層能抵禦濕熱的環境，卻會在寒冷天氣下死亡，因此未能大量種植。

圖 2-13　白千層（*Melaleuca cajuputi Roxb* subsp. *cumingiana*）層層包裹的樹皮。（蘇國賢提供）

圖 2-14　白千層（*Melaleuca cajuputi Roxb* subsp. *cumingiana*）刷子般的花。（蘇國賢提供）

木麻黃（*Casuarina equisetifolia*）

木麻黃在 1882 年由東南亞引入，並開始成為植林的試驗樹種。木麻黃不單能於山坡上生長，亦可在海邊或沙灘等受風的環境下種植（見圖 2-15）。二戰後，木麻黃一度被視為合適大量種植的樹種，但植株常受到介殼蟲的破壞。1960 年代初，種植在高地木麻黃更經常被凍傷，於 1962 年，農林業管理處決定停止木麻黃的種植試驗，木麻黃亦因此沒有成為本港重要的植林樹種。

圖 2-15　能適應乾旱和強風環境的木麻黃（*Casuarina equisetifolia*），常種於海灘旁。（蘇國賢提供）

木油樹（*Vernicia montana*）

早於 1883 年，便有記錄指出，香港居民由內地買入木油樹種子用作植林之事。由於木油樹種子可榨取工業用油，所以當時種植木油樹很可能是出於經濟考慮（見圖 2-16）。

二戰後，港府為開拓收入來源，於 1940 年代末，曾在沙田一帶大規模試種木油樹，並開始採收木油樹種子，希望可以賣至其他國家獲利。然而種植木油樹工作並不順利，在 1951 年至 1952 年間，雖然收取了 1000 磅木油樹種子，但由於受黃葉病（chlorosis）的影響，種子含油量非常低，並沒有經濟價值。要改善木油樹的產量和質素，需投入大量資源如肥料等，但隨着植林功能在 1960 年代漸漸轉變為保育環境、保護水土和為市民提供康樂用地，經濟效益再不是考慮因素，木油樹亦因此沒有成為主要植林樹種。

在香港植林過程中，能夠產生經濟效益的，只有可作柴薪出售的馬尾松木材和枝條。其他具經濟效益的樹種，如肉桂、樟樹和油茶（*Camellia oleifera*）等，由於產量不足、遭人破壞或盜取等原因，都無法達到增加收入的目標。

圖 2-16　木油樹（*Vernicia montana*）果實表面有凹窪。（蘇國賢提供）

五、挑戰和對策

植林是以人工方式建立樹林，在香港多年來植林方式大致相同，即以人手將樹苗或種子直接種在荒地（部分曾受山火破壞），以建立樹林植被。香港植林工作面對的挑戰和困難有山火、惡劣生長條件、植樹範圍偏遠廣大、颱風吹襲、病蟲害侵害、物種單一和人為破壞等。

1. 山火及其應對方法

本地山火及樹木受影響情況，早於 1881 年的植物及植林部年報中已有記載。1880 年代至 1939 年間，香港每年約有數十宗山火，受影響樹本由數百到約十萬棵不等。1940 年至 1949 年間，因戰亂而沒有山火的記載。自 1950 年起，山火紀錄大致完整。1950 年代農林漁業管理處年報指出，當時山火主要成因是：郊遊人士意外留下火種（如不當棄置煙頭）、燒田草時火種波及樹林、農曆新年燃放爆竹、放火燒草（讓嫩草長出以供放牧），軍方進行射擊練習時燃起植物等。1960 年代至 1970 年代間，不少掃墓者在清明和重陽時放火燒除雜草，令樹林遭大幅破壞。

樹林和植林在日佔時期被大量被砍伐後，香港山坡變成容易燃燒的草坡和灌木叢，在天氣乾燥和強風吹襲的情況下，山火在這類缺乏樹木的植被蔓延更快。因此，山火數字由太平洋戰爭前的每年數十宗，大幅增至二戰後的數百宗，甚至逾千宗。被燒毀的樹木和樹苗更由數萬棵增至逾 100 萬棵（見表 2-6）。山火亦取代非法砍伐和病蟲害，成為植林最大的危機（見圖 2-17）。

二戰後，為加快修復受破壞的林地和山坡，港府決定擴大每年植林面積。1939 年時，每年植林面積是 0.46 平方公里，但在 1953 年至 1954 年期間，植林面積大增至 1.92 平方公里。1954 年至 1956 年間，每年植林面積更接近 3 平方公里，超出太平洋戰爭前每年的植林面積的 6 倍以上。

圖 2-17　被山火破壞的植被。
（蘇國賢提供）

然而，新植樹林周邊野草正是山火的主要燃料，為了避免植林受山火破壞，農林漁業管理處在 1955—1956 年度的年報指出，必須加強對山火的防治和控制，藉以保障每年植樹的成果。

防止山火的策略可分為公眾教育和消除山火源頭兩方面。在公眾教育方面，早於 1930 年開始，植物與植林部人員已在林區派發防火單張，並同時監察是否有山火出現情況。1935 年起，華文報章在春秋二祭的山火高峰期，皆刊登防火信息。1958 年和 1967 年，防火信息更分別開始在電台和電視台上播出。

雖然港府在媒體上廣泛宣傳防止山火信息，但山火數字在 1950 年代至 1980 年代一直維持每年平均數百宗水平（見表 2-6），而山火起因主要與春秋二祭有關。由於鄉郊祭祀主要是新界的傳統習俗，為了得到更多鄉民對防止山火的支持，漁護署自 2002 年起在山火黑點巡邏，又在郊野公園主要入口及山火黑點，透過廣播呼籲掃墓人士防止山火，以及展示防止山火的宣傳海報、橫額及旗幟，亦在郊野公園適當地點向有需要的掃墓人士派發鐵桶作焚燒冥鏹之用。政府近年更透過鄉議局、鄉事委員會及各區的防火委員會向鄉民宣傳防火信息。

至於消除山火源頭方面，主要集中在清除野草，因它是山火主要燃料。1887 年，植物及植林部年報指出，無草位置有效阻止山火蔓延，港府便開始以割草的方式，在植林區外製造闊度約 6m 或以上的沒草地帶來阻止山火蔓延，這些地帶稱為「防火帶」（見圖 2-18）。現時郊野公園的防火帶一般闊 10 至 20 米，並會每年清除野草，維持減慢山火蔓延的功能。由於防火帶上的草一般在 2 至 3 年再生，因此定期清除野草是維持防火帶功能的重要工作。1960 年，農林業管理處嘗試在防火帶上種植如台灣相思等速生、常綠樹種來形成帶狀林，以阻止需要充足陽光的野草生長。此種有獨特功能的林帶稱為「防火林帶」。

圖 2-18　港府透過清除野草，製造防火帶，防止山火蔓延。（蘇國賢提供）

1948 年林務部在飛鵝山設立裝有電話和訊號燈的山火瞭望台，以便對植林區作 24 小時的監察，及早發現山火。截至 2017 年，香港郊野公園共有 11 個山火瞭望台，在每年 9 月至 4 月山火頻繁的季節，如紅色火災危險警告訊號生效日子或清明、重陽節等，漁護署山火控制中心人員和駐守各郊野公園管理站的滅火隊員，將 24 小時輪值候命。

在 1980 年代，郊野公園內的山火宗數為每年平均 300 多宗，在 2008 年至 2017 年的十年間，山火宗數只有共 263 宗，平均每年只有 26 宗，而受影響樹木數量亦有下降趨勢（見表 2-6）。山火宗數與樹木破壞程度沒有直接關係，在合適條件下，如乾燥、大風、有足夠乾草作燃料等因素下，一場山火也可對樹林或植林造成嚴重破壞。為了更有效應對山火，漁護署於 2017 年起，在大欖郊野公園田夫仔山瞭望台安裝紅外線熱能偵測系統，以便在短時間內把山火位置、規模、影像等資訊傳到山火控制中心，讓中心人員能更快、更準確地安排滅火工作。

表 2-6　1881 年至 2017 年間若干年份山火數字和受影響樹木數量統計表 [1]

年份	郊野山火宗數 [2]	受影響樹木數量
1881	多宗	約 5600
1882	不詳	不詳
1883	不詳	不詳
1884	不詳	不詳
1885	不詳	不詳
1886	17	大量
1887	21	不詳
1888	14	不詳
1889	15	30,000
1890	64	107,000
1891	10	700
1892	63	2000
1893	22	4000
1894	36	26,886
1895	51	14,913
1896	17	11,760
1897	15	1185
1898	27	3285
1899	52	13,299
1900	25	2067
1901	41	12,174
1902	49	22,607
1903	不詳	860
1904	8	不詳
1905	2	不詳
1906	7	不詳
1907	8	不詳
1908	不詳	不詳

（續上表）

年份	郊野山火宗數[2]	受影響樹木數量
1909	57	不詳
1910	52	>5000
1911	43	不詳
1912	29	不詳
1913	45	不詳
1914	49	不詳
1915	36	不詳
1916	不詳	不詳
1917	96	不詳
1918	65	不詳
1919	44	不詳
1920	47	不詳
1921	67	不詳
1922	51	不詳
1923	79	不詳
1924	18	不詳
1925	68	不詳
1926	10	不詳
1927	30	不詳
1928	68	不詳
1929	116	不詳
1930	24	不詳
1931	65	不詳
1932	71	不詳
1933	58	不詳
1934	81	不詳
1935	20	不詳
1936	79	不詳
1937	25	不詳
1938	24	不詳
1939	17	不詳
1940-1949	不詳	不詳
1950-51	166	不詳
1951-52	217	不詳
1952-53	>58	不詳
1953-54	97	不詳
1954-55	433	不詳
1955-56	121	不詳
1956-57	249	不詳
1957-58	300	不詳
1958-59	318	不詳
1959-60	133	不詳
1960-61	133	不詳

年份	郊野山火宗數 [2]	受影響樹木數量
1961-62	261	不詳
1962-63	760	不詳
1963-64	244	不詳
1964-65	257	不詳
1965-66	174	不詳
1966-67	1587	1,000,000
1967-68	787	>150,000
1968-69	215	129,700
1969-70	447	224,000
1970-71	215	129,700
1971-72	809	300,000
1972-73	339	不詳
1973-74	1149	1,510,000
1974-75	245	31,500
1975-76	772	680,000
1976-77	1212	1,100,000
1977-78	535	78,600
1978-79	477	46,260
1979-80	934	581,000
1980-81	1259	15,900
1981-82	1086	153,000
1982-83	607	32,000
1983-84	1319	218,000
1984-85	589	77,000
1985-86	1022	541,000
1986-87	748	80,000
1987-88	760	74,400
1988-89	800	97,400
1989-90	480	84,000
1990-91	417	89,400
1991-92	234	158,300
1992-93	221	193,400
1993-94	155	86,200
1994-95	96	42,000
1995-96	181	74,000
1996-97	89	46,400
1997-98	54	不詳
1998-99	180	92,100
1999-20	105	17,800
2000-01	58	7800
2001	106	20,615
2002-03	不詳	不詳
2004 [2]	67	50,000

（續上表）

年份	郊野山火宗數 [2]	受影響樹木數量
2005[2]	44	16,400
2006[2]	41	75,400
2007-08	42	20,600
2008-09	49	76,000
2009-10	34	23,000
2010-11	45	28,800
2011-12	16	580
2012-13	18	6400
2013-14	不詳	不詳
2014-15	15	2255
2015-16	11	12,435
2016-17	20	1085

注 1： 每年消防處亦有公布山火宗數的資料。該數字包含了郊野公園及非郊野公園的數字、亦有包含如燒田草等鄉郊小火。基於有關數字未能反映影響山林的山火之情況，故沒臚列於此。

注 2： 漁農自然護理署 2004-2006 的年報改以報告單年的山火數字。

資料來源：整理自漁農自然護理署不同年份的年報。

2. 土壤和植被條件

1880 年代，本港植林工作首項挑戰是泥土因長年裸露，以致表土和養分流失，不利植物生長。此外，植被因缺乏遮蔽而被長期暴曬，令生長要求較高的樹種難以生存。此問題由英佔初期至今，一直困擾香港的植林工作。

解決方法是先種植適應力強的樹種，待樹木長大後，就可為其他樹木和植物提供遮蔽和保護，讓生存環境要求較高的樹種可存活。二戰後，港府在被破壞的樹林和集水區廣泛種植適應力強、生長迅速的先鋒樹種。透過疏伐植林來增加透光度，並在林下種植對生長要求較高的樹種，可提高林下樹種的存活率。這種優化植林方式由十九世紀末一直沿用至二十一世紀。

在空曠地方種植的樹苗容易缺水死亡，因此在 1880 年代，植樹後需要持續澆水，以增加植物存活率。但當植樹數量和面積不斷擴大，為樹苗澆水變得不切實際。因此，植林需選在雨水較多的季節。經過多年測試，港府於十九世紀末決定，在每年 1 月至 5 月，雨水充足時開展植林工作。到二十一世紀時，因雨季延遲，植樹工作亦延至 4 月至 6 月期間進行。雖然雨季一般持續至 8、9 月，但為了讓樹苗有較長的適應期，一般會避免於 6 月後植樹。

1950 年代中期至 1960 年代，農林漁業管理處進行多項為樹苗施肥的試驗，證明施肥能為樹苗補充氮、磷、鉀等養分，施肥亦自此成為植樹及護樹的程序之一。此外，清除雜草和攀援植物，讓樹苗可吸收更多養分，也是增加樹苗成活率的護苗方法。

1880 年代至二戰後初期，不少居民非法採收野草作燃料之用，但因雜草能為長在暴露環境的樹苗提供保護，又採收野草時會破壞樹苗，因此山坡上的野草也同樣受到植物及植林部

的保護。至 1960 年代，因現代化燃料（如火水）的出現，市民無需再採收野草作燃料。再加上多年的植林工作，已令植物生存環境改善，野草失去了保留價值。1970 年漁農處年報指出，清除樹苗或幼樹下的雜草，已成為定期護養植林的方法。當樹苗生長至超過草的高度，或樹苗的樹冠能遮蔽周邊環境，可遏制野草的生長時，除草工作便可停止。

3. 種植位置和面積

英佔初期，香港大面積山坡需要植樹，但面積大、地點偏遠、路程崎嶇，令植樹難度和成本大增。多年來，政府大都把植樹工作外判給個人或公司承包，承辦商會聘請大量雜役（又稱「苦力」），把樹苗抬至植樹地點再進行種植。至今樹苗仍需靠人手運送和種植，但在偏遠地區，若地理環境許可，承辦商會以用直升機把樹苗運到山坡附近，再由工人把樹苗搬到植樹點種植。

減輕樹苗的重量對優化搬運過程非常重要。香港早期以「裸根」（bare root）方式種植，即樹苗在苗圃發芽成長後，便會移離泥土，直接運到山上種植。好處是方便和輕巧，但若處理不當，令根部未能完全被泥土包覆，又或是沒有澆水或缺乏雨水，樹苗的成活率便會非常低。雖然裸根苗種植有不少缺點，且僅適用於如馬尾松等少數樹種，可是因為成本低和效率高，此方法一直沿用至 1950 年代初期。直至 1957 年，植林技術改善後，裸根的方法才被淘汰。

在 1947 年至 1948 年期間，以盛載泥土的管狀容器來育苗的方式，從澳洲傳入香港。當時管狀容器是以金屬片捲成，直徑 5 厘米、高 20 厘米。在 1957 年至 1958 年間，金屬片被輕便和便宜的聚乙烯（polyethylene，簡稱 PE）苗袋取代（見圖 2-19）。苗袋大小在過去多

圖 2-19 種植在苗袋裏的樹苗。（蘇國賢提供）

年不斷作調整，苗袋較小，也意味着泥土會較少、雖較輕便，但會限制根部發展，而且樹苗亦不能長期種在小型苗袋內，否則會形成盤根問題，長遠影響根部結構。目前漁護署使用的苗袋可分為兩種，口袋闊度分別是 5 厘米及 7.5 厘米，而高度均為 15 厘米，以配合不同生長速度樹種。

4. 病蟲害及颱風

由 1870 年代至 1970 年代，香港植林樹種一直以馬尾松為主，因此，與香港植林相關、規模較大的病蟲害亦多與馬尾松有關。

早於 1893 年，香港已發現了松毛蟲屬毛蟲（*Dendrolimus punctata*），牠會在 6 月至 8 月間大量咬食松樹葉片而令松樹死亡。1962 年至 1963 年漁農處年報記錄了 116 公頃的馬尾松林受到松毛蟲影響的事件。松毛蟲的影響一直無法解決，直至 1960 年代末，因馬尾松的種子供應不足，以致種植數量大幅減少，松毛蟲的問題才得以解決。此外，馬尾松也會受到蚜蟲（aphids）和松葉蜂（pine sawfly, *Nesodipeion biremis*）的破壞，不過受影響的面積和數量較少。

1970 年代末，懷疑經聖誕樹引入的松突圓蚧（*Hemiberlesia pitysophila*）和經松木而傳入的松材線蟲（*Bursaphelenchus xylophilus*）對馬尾松帶來徹底破壞，在其後十年間，本地馬尾松大量死亡，馬尾松在本港的種植亦宣告停止。至 2017 年，馬尾松在香港只有零星分布，健康狀況也較差。

此外，較大規模病蟲害有吃木麻黃葉片的蝗蟲，咬食不同樹種木質部分的白蟻，侵襲愛氏松和台灣相思的介殼蟲（*Superfamily Coccoidea*）。但這些病蟲害並未對植林造成持續影響。除病蟲害外，種植在山野的樹苗，亦要面對不同動物侵害，如野豬會挖出樹苗、豪豬會把樹幹貼近地面的部分咬斷，赤麖會吃掉樹苗的頂芽、牛和羊會吃掉植物葉片等。

香港每年都會受到 2 至 11 個颱風影響。英佔初期和二戰結束後初期的山坡因缺乏植物或植被保護，苗木特別容易受到颱風破壞。隨着植林工作日趨成熟，樹與樹之間能構成互相保護的關係，因颱風而造成林木破壞情況已大為減少。

5. 人為破壞

1960 年代之前，柴薪是主要燃料，因此不少人砍伐木材和枝條作為柴薪，令林木長期受到人為破壞。此外，亦有不少人非法除草。非法除草除了令樹苗和泥土缺乏保護外，割草時亦會把藏於草間的苗木割斷。為阻止林木受到破壞，早於 1845 年時，港府已在《1845年簡易程序治罪條例》（*Summary Offences Ordinance, 1845*）下訂立保護樹木和植物的條文，但有關罰則欠缺阻嚇性，罰款金額不高，未能阻止林木被人破壞。

港府在 1888 年訂立獨立的《樹木保存條例》，法庭會根據破壞的規模，訂下能抵償破壞的罰款金額，藉此加強阻嚇。

1880 年，港府又設立林警，負責在林區巡邏和執行法例。1885 年，港府只有兩名華籍林警，但隨着植林面積逐漸增加，加上部分樹木進入成熟期，令偷伐樹木情況愈見嚴重。1939 年，林警已增至 13 人。由於二戰後柴薪入口停止，砍樹情況更為嚴重，林警於 1948 年至 1949 年間增至約 100 人。

植林區內砍樹的情況於 1950 年代末期有明顯減少，在植林區非法砍伐樹木而被捕的人數由 1950 年代初超過 1000 人，減至 1957 年至 1958 年間的 26 人。非法砍伐樹木情況得以改善，除了港府加強執法外，亦因化石燃料開始普及，令市民毋需靠砍柴為薪。另外，砍伐樹木者不少因逃避戰亂、由內地流徙至香港的難民，在本港工業起飛，他們可找到穩定收入工作，不用依靠砍樹為生。自此，砍伐樹木不再是植林管理的主要問題。

第三節　保護區制度

香港自然資源豐富，不同時期面臨不同挑戰。英佔初年和日佔時期，濫伐樹林嚴重，對景觀和資源帶來嚴重損害。二戰後，人口急增、城市發展，帶來各類污染問題。為推動自然保育，港府頒布相關法例、建立各類保護區。保護區可分為陸地和海上兩大類。

陸地保護區方面：為了保護林木，港府於太平洋戰爭前，已建立植林護理區。1913 年，劃定烏蛟騰為樹林護理區，其後分別於 1925 年及 1928 年，劃定大埔滘為大埔樹林護理區及把香港島歌連臣山一帶列為禁區。早期護理區的劃定，為二戰後郊野公園的劃定提供經驗。

1950 年代和 1960 年代，在自然保育專家和學者的推動之下，港府積極規劃和籌備郊野公園，兼顧保育和康樂的需要。1976 年《1976 年郊野公園條例》通過，翌年港府劃定城門、金山、獅子山、大潭和香港仔五個郊野公園。截至 2017 年，共劃定 24 個郊野公園。郊野公園交通便利，具有不同景觀，亦有各種康樂設施，除了發揮自然保育、環境教育的作用，亦有康樂和教育功能。此外，港府亦劃定 22 個「特別地區」和 72 個「具特殊科學價值地點」，以保護陸地較高生態價值的物種和景觀。

2009 年，特區政府順應民間組織建議，成立地質公園，以保護本港獨特的地質。根據公園範圍內的岩石類型與分布，香港地質公園劃分為兩大園區，分別是新界東北沉積岩園區和西貢火山岩園區。

因應城市急速發展對鄉郊地區的影響，港府根據 1991 年頒布的《1991 年城市規劃（修訂）條例》，指明「綠化地帶」為不宜發展區域，以保育市區內及市區邊緣內的天然環境。

此外,港府亦根據《1975 年水務設施條例》(*Waterworks Ordinance, 1975*)和《1976 年郊野公園條例》,保護包括天然河流、引水道和水塘的集水區。集水區有多元生境,包括河溪、風水林、次生林等,因此保護集水區,即保護生態系統。

海上保護區方面:填海和過度捕撈等活動,令香港海洋生態受到威脅,港府透過成立海岸公園及海岸保護區,保護海洋生物及生境,並推行環境教育及科研等。1995 年,《海岸公園條例》頒布,翌年 7 月,《1996 年海岸公園及海岸保護區規例》(*Marine Parks and Marine Reserves Regulation, 1996*)頒布,訂明在海岸公園及海岸保護區內管制釣魚、捕魚、獵捕和採集動物與植物,以及滑水及船艇等活動,以保護海洋生態。

1996 年 7 月,港府劃定海下灣海岸公園及印洲塘海岸公園,它們是香港最早成立的兩個海岸公園,其後又陸續劃定沙洲、龍鼓洲和東平洲海岸公園。截止 2017 年,本港共有五個海岸公園及鶴咀海岸保護區,佔海域總面積達 3400 公頃,區內有沙灘、岩岸、河口、海草床、紅樹林、珊瑚群落等海岸生境。

此外,1997 年通過的《1997 年保護海港條例》(*Protection of the Harbour Ordinance, 1997*)令維多利亞港成為受保護區域,所有在港內填海工程必須具備充足的理由。這條例令香港最重要海港的生態和景觀得以保存。

一、太平洋戰爭前的植林保護區

英佔初期,港府即展開植林工作,除了改善光禿山頭地貌,也防止水土流失,但因本地居民當時多以林木為柴薪,非法斬伐林木的現象相當普遍。港府於 1844 年,頒布《良好秩序及潔淨條例》,其中有條款禁止市民損害樹木和灌木;又增設防火帶,建立林務徑和設立林務管理隊等,保護林木。

太平洋戰爭前,港府開始透過行政指令,將指定地區劃為樹林護理區,藉此減少人為山火及非法斬伐。1913 年,烏蛟騰被劃為樹林護理區。烏蛟騰鄰近船灣郊野公園,屬低地叢林,是香港原生物種集中地之一,擁有 164 種樹木、超過 30 種蜻蜓及超過 50 種蝴蝶,以及多種大型無脊椎動物。同年,港府又於烏蛟騰護理區內種植 1000 棵樹木。

1925 年,港府再劃定大埔滘為大埔樹林護理區(今大埔滘自然護理區一帶),除了保存區內大面積的原生植被外,亦計劃在護理區其他範圍種植大量樹木,作燃料以備不時之需,同時亦劃出部分範圍試驗具經濟價值的樹種。護理區內亦有不少珍稀原生花卉亦會保留及集中管理,如鶴頂蘭(*Phaius tancarvilleae*)和淡紫百合(*Lilium brownii*)。此外,港府亦在此建立苗圃,生產苗木供應區內植林需要,當時計劃栽培的首批物種包括

木油樹（*Vernicia montana*）、大樹菠蘿（*Artocarpus heterophyllus*）、假蘋婆（*Sterculia lanceolata*）、樟樹和銀杏（*Ginkgo biloba*）。

1870 年代初期，港府已培植馬尾松樹苗，其後更開展對楊柳樹（*Salix*）、栗豆樹（*Castanospermum*）、杉樹（*Cunninghamia lanceolata*）等樹的培植，供全港植樹之用。1938 年，大埔滘大埔樹林護理區於增建一所室內育苗場及林木實驗場，以便對樹本的培育作更有系統研究，研究題目包括：就地播種和撒播對馬尾松種子生長的不同效果，比較實驗場及松木排場內山松生長的產量等。至 1939 年，大埔滘大埔樹林護理區面積已達 1.364 平方公里（136.4 公頃），同年，港府在護理區內利用本地竹苗及即時接種方式推行竹林計劃，成效顯著。

1928 年，港府根據《1927 年禁地區域條例》（*Prohibited Areas（Afforestation）Ordinance 1927*），將歌連臣山及其周邊的石澳道及龍脊合共 1.31 平方公里（130.7 公頃），劃定為首個法定林木保護區「一號禁地」。禁地禁止任何人進入，以防止林木受到人為偷竊及損壞。禁地內設有防火帶，可防止山火燒毀林木；又設有林務徑，以便於管理。1931 年，港府開始移植本地稀有植物，如蘭花等至哥連臣山保護區以便保育。

上述三個保護區的設立，相應條例及管理措施的實施，強化了本港在林木護理、保育種子及樹苗培育上的工作，為太平洋戰爭前的香港保留大量綠地，也為二戰後香港設立郊野公園累積了經驗。

二、郊野公園

1. 法規和管理

法規和區劃

根據 1976 年 8 月通過的《郊野公園條例》，漁農處處長 / 漁農自然護理署署長為郊野公園總監 / 郊野公園及海岸公園管理局總監，需為郊野公園設立管理架構，並按法例設立法定諮詢團體「郊野公園委員會」（《1995 年海岸公園條例》訂立後，更名為「郊野公園及海岸公園委員會」）。「郊野公園及海岸公園委員會」的委員主要由非官方專業人士、學者、環保團體代表所組成，職權範圍包括（1）作為郊野公園及海岸公園管理局總監的諮詢團體，需就總監向他們提交的事宜提供意見；（2）對總監就現有及擬議的郊野公園、特別地區、海岸公園及海岸保護區所制定之政策及計劃作出考慮，並向總監提供意見；以及（3）對根據《郊野公園條例》第 11 條（反對）或第 17 條或《海岸公園條例》第 12 條（反對）呈交的意見作出考慮。

條例清楚規定郊野公園範圍的指定程序，包括由誰指定、怎樣指定，以及指定後的相關規定。政府會依據七項因素來考慮一個地方是否合適劃定為郊野公園：（1）自然保育價值，（2）土地景觀質素，（3）康樂發展潛質，（4）地方的大小，（5）土地的業權，是否私人土地或接近鄉村，土地用途是否與郊野公園相配，（6）是否留有將來發展的緩衝地帶，以及（7）能否執行有效的管理。

在港督／行政長官的指示下，總監須準備建議的郊野公園範圍地圖，向公眾清楚解釋公園界線的位置及管理方式，並須就相關事宜諮詢「郊野公園及海岸公園委員會」。總監須把建議公園範圍的未定案地圖刊憲，並供公眾查閱。在未定案地圖刊登公告後，未得總監事先批准，任何人／機構都不得在該範圍內進行工程。若有人反對未定案的郊野公園地圖，可提交書面意見，陳述其反對理由。在收到書面意見後，委員會便會進行聆訊，並作出否決或修訂未定案地圖的決定。總監須在提交反對意見的截止日期後六個月內，將建議公園範圍的地圖呈交港督／行政長官，會同行政局／行政會議作出審議。經批准的地圖，將存放於土地註冊處，並於港督／行政長官在憲報刊登命令後正式劃定。

設立郊野公園三大目標為保育、康樂及教育。政府既須避免過量人流影響重要生境；但為了能夠提供康樂活動的空間，政府又得把部分郊野公園規劃為容易到達，具備康樂設備的地點。因此，政府以分區概念管理郊野公園，並按可達度、設施的承載量及對遊客影響，將郊野公園範圍劃為三區，即高使用度康樂區、低使用度康樂區及保育區。

高使用度康樂區　較易到達、有平地可供郊遊和燒烤的區域。為方便遊人，這些區域通常設於道路、主要行人小徑或沿岸地帶旁，有交通工具可到。當遊客聚集到這些區域時，便會減少對其他郊野公園地點造成干擾。

低使用度康樂區　遠離主要交通路線，又或限制車輛進入的核心山區地帶。此區域較少康樂設施，只可供遠足、露營之用。可再細分為三區：1. 分散分區，位於道路及行人小徑旁，可供遊人漫步。2. 外延分區，遠離主要道路和行人路的山地，可供遠足之用。3. 荒郊分區，郊野公園最深入的部分，是天然生境的所在地。

保育區　郊野公園內某些生態敏感及重要的範圍，對遊客的出入有限制，以保護其中的自然環境。要到達此區，往往需要經過陡峭的山坡或起伏不平的地勢。

不包括土地

早在戴爾博提交《香港保存自然景物問題簡要報告及建議》中已指出郊野公園周邊有大量分散的鄉村。雖然鄉村是郊野景觀一部分，但村民、土地利用和生活方式會不斷改變，因此將鄉村劃入郊野公園範圍，在國外大部分例子多不成功。此外，劃定郊野公園時，亦會

諮詢鄉郊持份者，以尋求對規劃範圍的共識。因此，香港郊野公園界線一般與鄉村村界保持約 298 英尺（91 米）的距離。這些被郊野公園包圍但又不屬於公園區範圍的土地（通常包含私人土地），稱為郊野公園「不包括土地」。

2010 年 7 月，位於西貢東郊野公園大浪西灣一幅「不包括土地」被大規模開墾，破壞了該地原有自然景色。經過環保團體和保育市民的關注，特區政府在 2011 年 11 月 18 日核准大浪西灣的發展審批地區草圖，並禁止非指定用途的活動，並於 2013 年根據《郊野公園條例》，將有關土地納入西貢東郊野公園範圍。

全港共有 77 幅「不包括的土地」，當中 52 幅已按《城市規劃條例》納入法定規劃圖則，而另外 6 幅亦已分別於 2013 年（即西灣、金山及圓墩）及 2017 年（芬箕托、西流江及南山附近）納入郊野公園。現時，尚有 19 幅未確立用途的「不包括的土地」。

日常管理工作

郊野公園日常管理工作由漁護署郊野公園管理科及護理科負責，管理科策劃郊野公園各項建設計劃，管理及維修園內的各項設施，培育樹苗及植林，保持郊野清潔，統籌及指揮滅火隊撲滅山火等。護理科則為遊客提供郊野公園資訊及服務，推廣自然保育信息，監察郊野公園內的建設工程及執行有關法例，以阻止非法破壞自然環境的行為。

郊野公園佔香港陸地面積約 40%，園內有不同景觀，如山嶺、叢林、水塘、海岸等，加上交通方便，咫尺可達，因此漸漸成為市民和遊客進行晨運、健身、遠足、家庭旅行、燒烤和露營等活動的地方。

郊野公園內的郊遊路徑可分為家樂徑、健身徑、定向路線、郊遊徑和長途遠足徑等。家樂徑專為一家大小而設，全港共有 13 條，路線多以平地為主。健身徑共有兩條（香港仔和屯門），提供各種設施以供健身和晨運之用。全港共有八條定向路線（薄扶林、香港仔、鰂魚涌、牛寮、西貢灣仔、大帽山、大棠和獅子會自然教育中心），通過不同線路和難度，形成多條定向路線，可作野外定向活動。

全港共有 34 條郊遊徑，位於風景優美地區，所有郊遊徑設有標距柱，標距柱以字母 C 為首（C 代表 Country Trail，即郊遊徑），配以四位數字組成，以便遠足人士遇上緊急事故時，可利用就近之標距柱説明位置，協助搜索及救援行動。

長途遠足徑為橫跨香港島、九龍和新界的長距離遠足徑，部分路段位於郊野公園之外，每條遠足徑都分為多段難度不一的段落，走畢全徑需時 12 小時或以上。全港共有 4 條長途遠足徑，分別是麥理浩徑（1979 年啟用）、鳳凰徑（1984 年啟用）、港島徑（1985 年啟用）、衞奕信徑（1996 年啟用）。港島徑包括由盧吉道及夏力道組成的環山徑部分，更在 2013 年獲知名旅遊指南 *Lonely Planet* 評為全球十大步行徑之一。

在康樂設施方面，郊野公園設有露營和燒烤區，也有越野單車徑。香港現有 12 條越野單車徑，可供越野單車活動。其中部分越野單車徑已經根據國際越野單車協會採用的難度分級系統為路徑評級。

郊野公園亦有教育功能，當中設有 15 條自然教育徑，通常不超過 2.5 公里，遊人可於 1 小時內走畢全程。自然教育徑設有解說牌，讓遊人對自然景色和動植物生態有更多認識。全港也有 15 條樹木研習徑，大都在 2.5 公里以下，沿途設有傳意牌，為遊人介紹 12 至 25 種樹木的特色。此外，本港亦設有兩條戰地遺蹟徑，其中一條是獅子山及馬鞍山戰地遺跡徑，它是英軍於 1930 年代建造，長 18 公里的防線。該遺跡徑由西貢牛尾海沿大老山、獅子山、筆架山、城門、金山延至醉酒灣（今屬葵青一帶）。徑上仍可找到軍事座標、機槍堡、戰壕等軍事遺蹟。徑上的山壁還有不少由日軍所挖的洞穴。另一條是城門戰地遺跡徑，它位於城門及金山郊野公園的孖指徑山坡上，長 250 米，是英軍於太平洋戰爭前所建，徑內仍可找到當年的軍事座標、機槍堡，以及連接碉堡坑道和出入口的遺跡。此徑是當時醉酒灣防線的重要據點，而城門碉堡就是當年的金山指揮總部。

郊野公園設有遊客中心，始建於 1979 年，截至 2017 年 6 月，香港共有 8 所遊客中心。遊客中心多位於郊遊徑、家樂徑的起始點上，除了為遊客提供郊遊登山的資訊外，亦提供園內自然生態、周邊人文歷史資訊。

2. 發展沿革

1977 年 6 月 24 日，港府根據《郊野公園條例》劃定城門、金山和獅子山三個郊野公園。同年，10 月 28 日，再劃定位於港島的大潭和香港仔郊野公園。首批劃定的 5 個郊野公園，均靠近市區，其中 4 個更包括水塘在內，可保障水塘集水區水源免受污染，也透過種植林木防止水土流失。1978 年，西貢東、西貢西、船灣、南大嶼、北大嶼及八仙嶺共 6 個郊野公園先後被劃定。1979 年，大欖、大帽山、林村、馬鞍山、橋咀、船灣（擴建部分）、石澳、薄扶林、大潭（鰂魚涌擴建部分）、清水灣十個郊野公園先後被劃定。

1979 年以後，港府增添了兩個郊野公園擴建部分，分別為 1996 年的西貢西郊野公園（灣仔擴建部分）和 2008 年的北大嶼郊野公園（擴建部分）。此外，亦於 1998 年 12 月 18 日劃定龍虎山郊野公園，是香港面積最小的郊野公園。截至 2017 年，港府共劃定了 24 個郊野公園（見圖 2-20 及表 2-7）。增設郊野公園的目的，仍以保存生境、保育生態、保留景觀，保護水塘集水區為主，此外，也設立康樂設施，方便市民遊玩。

港府又根據《郊野公園條例》第 24 條，由 1977 年起至 2011 年，把 22 個具有特殊生態價值的地方，劃為具保育作用的「特別地區」（Special Areas），其中 11 個在郊野公園範圍內（見表 2-8）。截至 2017 年，全港郊野公園和特別地區共佔土地 44,312 公頃，約佔全港土地面積的 40%。

圖 2-20　香港郊野公園及特別地區分布圖

香港現已劃定的郊野公園 Designated Country Park in Hong Kong			
編號 No.	地點 Location	面積（公頃）Area (ha)	指定日期 Date of Designation
①	城門 Shing Mun	1400	24/6/1977
②	金山 Kam Shan	339	修定於/Revised on 30/12/2013
③	獅子山 Lion Rock	557	24/6/1977
④	香港仔 Aberdeen	423	28/10/1977
⑤	大潭 Tai Tam	1315	28/10/1977
⑥	西貢東 Sai Kung East	4494	修定於/Revised on 30/12/2013
⑦	西貢西 Sai Kung West	3000	3/2/1978
⑧	船灣 Plover Cove	4600	修定於/Revised on 1/12/2017
⑨	南大嶼 Lantau South	5646	修定於/Revised on 1/12/2017
⑩	北大嶼 Lantau North	2200	18/8/1978
⑪	八仙嶺 Pat Sin Leng	3125	18/8/1978
⑫	大欖 Tai Lam	5412	修定於/Revised on 30/12/2013
⑬	大帽山 Tai Mo Shan	1440	23/2/1979
⑭	林村 Lam Tsuen	1520	23/2/1979
⑮	馬鞍山 Ma On Shan	2880	修定於/Revised on 18/12/1998
⑯	橋咀 Kiu Tsui	100	1/6/1979
⑰	船灣（擴建部分）Plover Cove (Extension)	630	1/6/1979
⑱	石澳 Shek O	701	修定於/Revised on 22/10/1993
⑲	薄扶林 Pok Fu Lam	270	21/9/1979
⑳	大潭（鰂魚涌擴建部分）Tai Tam (Quarry Bay Extension)	270	21/9/1979
㉑	清水灣 Clear Water Bay	615	28/9/1979
㉒	西貢西（灣仔擴建部分）Sai Kung West (Wan Tsai Ext.)	123	14/6/1996
㉓	龍虎山 Lung Fu Shan	47	18/12/1998
㉔	北大嶼（擴建部分）Lantau North (Extension)	2360	7/11/2008
	總面積 Total Area	43467	

香港現已劃定的特別地區（位於郊野公園外）Designated Special Area in Hong Kong (Outside Country Park)			
編號 No.	地點 Location	面積（公頃）Area (ha)	指定日期 Date of Designation
1	大埔滘自然護理區 Tai Po Kau Nature Reserve	460	13/5/1977
2	東龍洲炮台 Tung Lung Fort	3	22/6/1979
3	蕉坑 Tsiu Hang	24	18/12/1987
4	馬屎洲 Ma Shi Chau	61	9/4/1999
5	荔枝窩 Lai Chi Wo	1	15/3/2005
6	香港濕地公園 Hong Kong Wetland Park	61	1/10/2005
7	印洲塘 Double Haven	0.8	1/1/2011
8	果洲群島 Ninepin Group	53.1	1/1/2011
9	甕缸群島 Ung Kong Group	176.8	1/1/2011
10	橋咀洲 Sharp Island	0.06	1/1/2011
11	糧船灣 High Island	3.9	1/1/2011
	總面積 Total Area	845	

© 地圖版權屬香港特區政府，經地政總署署長准許複印。
© The Government of the Hong Kong SAR.
Map reproduced with permission of the Director of Lands

PLAN No. KeyPlan_1-CP&SA_v1

資料來源：香港特別行政區政府漁農自然護理署提供。

香港志一自然・環境保護與生態保育

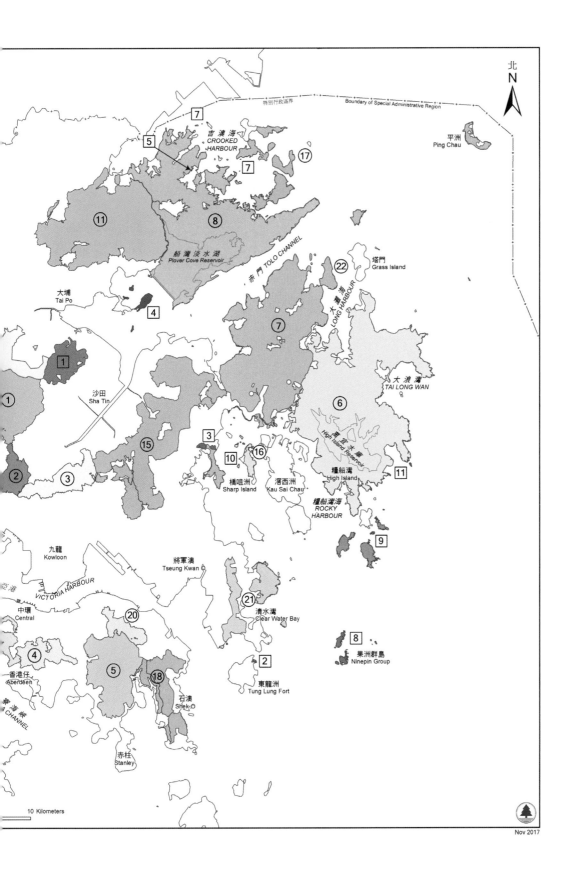

北
N

特別行政區界 Boundary of Special Administrative Region

吉澳海
CROOKED
HARBOUR

平洲
Ping Chau

船灣淡水湖
Plover Cove Reservoir

赤門 TOLO CHANNEL

塔門
Grass Island

大埔
Tai Po

大浪灣
TAI LONG WAN

沙田
Sha Tin

高島水塘
High Island Reservoir

糧船灣
High Island

橘咀洲
Sharp Island

滘西洲
Kau Sai Chau

糧船灣海
ROCKY
HARBOUR

九龍
Kowloon

將軍澳
Tseung Kwan O

維多利亞港
VICTORIA HARBOUR

中環
Central

清水灣
Clear Water Bay

香港仔
Aberdeen

果洲群島
Ninepin Group

東龍洲
Tung Lung Fort

石澳
Shek O

赤柱
Stanley

10 Kilometers

Nov 2017

表 2-7 香港郊野公園劃定情況表

郊野公園	劃定日期	面積（公頃）	郊野公園	劃定日期	面積（公頃）
城門	1977 年 6 月 24 日	1400	大帽山	1979 年 2 月 23 日	1440
金山	1977 年 6 月 24 日	339	林村	1979 年 2 月 23 日	1520
獅子山	1977 年 6 月 24 日	557	馬鞍山	1979 年 4 月 27 日	2880
香港仔	1977 年 10 月 28 日	423	橋咀	1979 年 6 月 1 日	100
大潭	1977 年 10 月 28 日	1315	船灣（擴建部分）	1979 年 6 月 1 日	630
西貢東	1978 年 2 月 3 日	4494	石澳	1979 年 9 月 21 日	701
西貢西	1978 年 2 月 3 日	3000	薄扶林	1979 年 9 月 21 日	270
船灣	1978 年 4 月 7 日	4594	大潭（鰂魚涌擴建部分）	1979 年 9 月 21 日	270
南大嶼	1978 年 4 月 20 日	5646	清水灣	1979 年 9 月 28 日	615
北大嶼	1978 年 8 月 18 日	2200	西貢西（灣仔擴建部分）	1996 年 6 月 14 日	123
八仙嶺	1978 年 8 月 18 日	3125	龍虎山	1998 年 12 月 18 日	47
大欖	1979 年 2 月 23 日	5412	北大嶼（擴建部分）	2008 年 11 月 7 日	2360
				合計	43,467

資料來源：整理自漁農自然護理署網站。

表 2-8 特別地區劃定情況表

在郊野公園範圍內之特別地區			
特別地區	劃定日期	面積（公頃）	劃定原因
城門風水樹林	1977 年 8 月 12 日	6	風水林保育
大帽山高地灌木林區	1977 年 8 月 12 日	130	灌木林保育
吉澳洲	1979 年 9 月 28 日	24	地質價值
鳳凰山	1980 年 1 月 4 日	116	自然保育
八仙嶺	1980 年 1 月 4 日	128	自然保育
北大刀屻	1980 年 1 月 4 日	32	生態價值
大東山	1980 年 1 月 4 日	370	芒草生態
薄扶林	1980 年 3 月 7 日	155	自然保育
馬鞍山	1980 年 3 月 7 日	55	自然保育
照鏡潭	1980 年 3 月 7 日	8	自然保育
梧桐寨	1980 年 3 月 7 日	128	自然保育
合計		1152	
在郊野公園範圍外之特別地區			
特別地區	劃定日期	面積（公頃）	備註
大埔滘自然護理區	1977 年 5 月 13 日	460	林木保育及護理
東龍洲炮台	1979 年 6 月 22 日	3	炮台遺址及自然護理
蕉坑	1987 年 12 月 18 日	24	成立自然教育中心及兩棲爬行動物保育
馬屎洲	1999 年 4 月 9 日	61	地質價值

（續上表）

特別地區	劃定日期	面積（公頃）	備注
荔枝窩	2005 年 3 月 15 日	1	風水林保育
香港濕地公園	2005 年 10 月 1 日	61	濕地保育
印洲塘	2011 年 1 月 1 日	0.8	地質價值
糧船灣	2011 年 1 月 1 日	3.9	地質價值
橋咀洲	2011 年 1 月 1 日	0.06	地質價值
甕缸群島	2011 年 1 月 1 日	176.8	地質價值
果洲群島	2011 年 1 月 1 日	53.1	地質價值
合計		約 845	

資料來源：香港特別行政區政府漁農自然護理署。

城門郊野公園

1977 年 6 月 24 日劃定，佔地 1400 公頃，沿城門水塘而建，東起草山及針山，南至城門道，西起大帽山，北至鉛礦坳。早於 1971 年，港府已由戴麟趾康樂基金撥款，在水塘附近設置一批試驗性的郊遊康樂設施。城門水塘西北方的大城石澗，水源始於大帽山，當水源下注城門水塘，形成水塘的主石澗，石澗一直被稱為大城石澗，澗面寬闊、水源充足，是香港九大名澗之一（見圖 2-21）。公園內的高地屬火山岩地質，南部則以花崗岩為主。因花崗岩比火山岩易受侵蝕而形成公園南部的低地。公園東部蘊藏鎢礦，早於 1936 年已被開採，每月產量最高平均可達 30 公噸，礦場自 1968 年後逐漸被棄置。北部一帶有多個荒棄礦洞，該處又名鉛礦坳。

圖 2-21　城門郊野公園內的大城石澗，是香港著名的石澗。（香港特別行政區漁農自然護理署提供）

金山郊野公園

1977 年 6 月 24 日劃定，佔地 339 公頃，由九龍西北部伸延至新界西南部，東接獅子山郊野公園，北連城門郊野公園。公園以園區內最高峰金山為名，金山是獼猴（*Macaca*）主要棲息地，故金山又名馬騮山。園內共有四個水塘，分別為九龍水塘、石梨貝水塘、九龍接收水塘及九龍副水塘。公園的劃定，有助水塘群一帶集水區水源免受污染。公園北面的走私坳是太平洋戰爭前夕興建的醉酒灣防線重要部分，戰壕和碉堡等遺蹟仍完整保存。

獅子山郊野公園

1977 年 6 月 24 日劃定，佔地 557 公頃，橫跨九龍市區（黃大仙、九龍城、深水埗）及沙田，公園西面與金山郊野公園連接，以大埔公路為分界線，東面與馬鞍山郊野公園連接。獅子山為東西走向的狹長山嶺，擁有多條山徑及教育徑。著名景點包括獅子山和望夫石（見圖 2-22）。「獅子山精神」也常被用來形容香港居民勤苦耐勞、同舟共濟、不屈不撓的精神。

圖 2-22　矗立在獅子山郊野公園的望夫石，是香港著名的景點。（陳龍生提供）

大潭郊野公園

1977 年 10 月 28 日劃定，佔地 1315 公頃，約為香港島面積的五分之一。公園位於港島東部，由北面的渣甸山，伸延至南面的孖崗山一帶，以赤柱峽道為界，西達黃泥涌峽，東臨大潭道。公園包括 4 個水塘，即大潭上水塘、大潭副水塘、大潭中水塘及大潭篤水塘。大潭水塘系統是早期港島食水的主要來源。公園內仍存留太平洋戰爭時期留下的高射砲台、彈藥庫及機槍堡等遺蹟。

香港仔郊野公園

1977 年 10 月 28 日劃定，佔地 423 公頃，覆蓋港島南面山坡，橫跨南區和灣仔區。公園

範圍包括香港仔上、下水塘、金馬倫山、田灣山及山頂（東達布力徑）。公園北面伸延至灣仔峽，南面則為香港仔和黃竹坑。在香港仔郊野公園成立之前，該地段為郊野公園的試點，當時名為香港仔森林公園。公園四通八達，深受居民和晨運人士喜愛。

西貢東郊野公園

1978 年 2 月 3 日劃定，並於 2013 年 12 月 30 日修訂，佔地 4494 公頃，包括北潭路以東的整個地區（萬宜水庫、糧船灣洲、大浪灣、北潭凹、上窰及黃石）。從西至東平均長約 7 公里，從南至北則長約 11 公里。公園是香港地貌和地質的寶庫，沿岸有四大名灘（西灣、鹹田灣、大灣、東灣），香港第一險峰蚺蛇尖（見圖 2-23），以及流紋質的六角形火山岩岩柱。公園內的萬宜水庫是香港容量最大的水塘，其東壩及破邊洲景色是著名旅遊點。

圖 2-23　位於西貢東郊野公園的蚺蛇尖，被譽為香港第一險峰。（陳龍生提供）

西貢西郊野公園

1978 年 2 月 3 日劃定，佔地 3000 公頃。位於西貢半島西部，範圍從北潭凹延至榕樹澳。公園較受歡迎景點主要有黃竹灣、大網仔、北潭涌、榕樹澳及荔枝莊等地；而嶂上郊遊徑則深受遠足和露營人士所喜愛，當中通往榕樹澳的一段陡斜石級路，被人稱為「天梯」。此外，被公園圍繞的白沙澳村是保存較佳的古老村落，村內仍保留舊式建築；而毗鄰公園的海下灣海岸公園擁有多達 60 種石珊瑚（*Scleractinia*），吸引不少遊人以浮潛等方式觀賞。

船灣郊野公園

1978 年 4 月 7 日劃定，佔地 4600 公頃，位於新界東北部沙頭角半島，範圍包括船灣淡水湖一帶。公園三面臨海，西與八仙嶺郊野公園連接。船灣淡水湖是全球首個以圍封海灣方式建成的水塘，亦是香港面積最大及容量第二大的水塘。淡水湖主壩長約 2 公里，亦是一條熱門單車徑。其他著名景點包括新娘潭及照鏡潭（見圖 2-24 及 2-25）。

圖 2-24 及圖 2-25　位於船灣郊野公園的新娘
潭（上）及照鏡潭（下），都是本港著名的景
點。（Tuomas A. Lehtinen via Getty Images
（上）及南華早報出版有限公司（下）提供）

南大嶼郊野公園

1978 年 4 月 20 日劃定，佔地 5646 公頃，是香港面積最大的郊野公園，北接北大嶼郊野公園，南至嶼南道，東至梅窩，西至分流。園內景色以鳳凰山日出聞名，有日出鳳凰的美譽；大東山則以芒草聞名，芒草於日落時被映照得一遍金黃，兩處皆吸引不少攝影愛好者。（見圖 2-26）

圖 2-26　大東山的芒草林，一望無際的芒草在黃昏時變得一遍金黃，吸引不少遊人。（南華早報出版有限公司提供）

北大嶼郊野公園

1978 年 8 月 18 日劃定，佔地 2200 公頃，南接南大嶼郊野公園，北至沙螺灣南部，東抵梅窩，西及牙鷹角，範圍包括大東山、二東山、蓮花山、彌勒山和昂坪等地。由國學大師饒宗頤設計的心經簡林、昂坪寶蓮禪寺及天壇大佛都是園內及毗鄰的著名地標（見圖 2-27）。

圖 2-27　北大嶼郊野公園內的心經簡林是全球最大戶外的木刻佛經群，由 38 條花梨木柱組成，木柱上刻上國學大師饒宗頤所寫的《般若波羅蜜多心經》。木柱依山勢排列成無限符號「∞」。（吳長勝提供）

八仙嶺郊野公園

1978 年 8 月 18 日劃定，佔地 3125 公頃，位於新界東北部，毗鄰船灣郊野公園。八仙嶺因有八個如同傳説中八仙的山峰，因而得名。八個山峰由東至西，分別是仙姑峰（何仙姑）、湘子峰（韓湘子）、采和峰（藍采和）、曹舅峰（曹國舅）、拐李峰（鐵拐李）、果老峰（張果老）、鍾離峰（漢鍾離）和純陽峰（呂洞賓）。八仙嶺以高 590 米的「純陽峰」為主峰，山峰上可一覽新界東北景觀（見圖 2-28）。其他著名山峰包括黃嶺、屏風山、九龍坑山及龜頭嶺。園內還有鶴藪水塘和流水響水塘，是燒烤、郊遊及露營熱點。

圖 2-28　位於新界東北的八仙嶺，因外形與傳説中的八位神仙相似而得名。（陳龍生提供）

大欖郊野公園

1979 年 2 月 23 日劃定，佔地 5412 公頃，位於新界西部，範圍東至荃錦公路，南面為屯門公路以北一帶，北至石崗、河背水塘、八鄉引水道及大棠等地，西面為屯門及藍地水塘。園內大欖涌水塘混凝土主壩高 45.72 米（約 150 呎），是 1950 年代香港大型基建工程之一。大欖涌水塘亦有千島湖的美譽。

大帽山郊野公園

1979 年 2 月 23 日劃定，佔地 1440 公頃，東面及南面分別連接大埔滘自然護理區及城門郊野公園，西面為大欖郊野公園旁的荃錦公路，北面為林村。園內有香港最高山峰—海拔 957 米的大帽山。大帽山雨量也是全港之冠，較香港其他地區高約三成，雨水流進溪澗後，匯聚成香港著名的梧桐寨瀑布群，其中主瀑落差達 35 米，是全港最大規模的瀑布群（見圖 2-29）。

圖 2-29　位於大帽山郊野公園內的梧桐寨瀑布,是本港著名的瀑布群。(陳龍生提供)

林村郊野公園

1979 年 2 月 23 日劃定,佔地 1520 公頃,位於新界北部,因鄰近林村而得名。公園橫跨大埔區、北區和元朗區,範圍包括雞公嶺、大刀岃和北大刀岃三座山峰。大刀岃因山脊山路險窄,兩邊山勢斗峭,猶如刀刃而得名(見圖 2-30)。園內的生物多樣性豐富,包括豪豬(*Hystricidae*)、鼬獾(*Melogale moschata*)、穿山甲(*Manis pentadactyla*)及豹貓(*Prionailurus bengalensis*)等哺乳類動物;以及各種鳥類、蝴蝶、蜻蜓及昆蟲。

圖 2-30　林村郊野公園內的大刀岃因山勢斗峭,猶如刀刃而得名。(香港旅遊發展局提供)

馬鞍山郊野公園

1979 年 4 月 27 日劃定，佔地 2880 公頃，位於新界東部，因馬鞍山而得名。公園南至飛鵝山（彩雲邨扎山道），西接獅子山郊野公園，東接西貢西郊野公園。園內有多條郊遊徑、家樂徑、樹木研習徑，也有營地及燒烤場等康樂設施。著名的景點包括適合觀賞市區夜景的飛鵝山及可俯瞰西貢海全景的昂平高原。

橋咀郊野公園

1979 年 6 月 1 日劃定，佔地 100 公頃，位於西貢牛尾海，範圍包括八個海島：橋咀洲、橋頭、白沙洲、大鏟洲、小鏟洲、枕頭洲、游龍角及斷頭洲。公園是沿岸垂釣及夏日游泳熱點。

石澳郊野公園

1979 年 9 月 21 日劃定，佔地 701 公頃，位於香港島東南部，範圍北起砵甸乍山及歌連臣山一帶的連線山嶺，經雲枕山及打爛埲頂山（龍脊），南至鶴咀山，西接大潭郊野公園。園內龍脊於 2004 年被《時代雜誌（亞洲版）》選為「全亞洲最佳市區遠足點」。園內林木在太平洋戰爭時期受破壞，現時林木大部分是因二戰後植林而成，樹種包括大頭茶、潤楠屬（*Machilus* spp.）、鵝掌柴（*Schefflera heptaphylla*，又名鴨腳木）、銀柴（*Aporosa octandra dioica*）及桃金娘（*Rhodomyrtus tomentosa*）。

薄扶林郊野公園

1979 年 9 月 21 日劃定，佔地 270 公頃，位於香港島西部，橫跨中西區和南區，並包圍扯旗山，由環繞薄扶林水塘的土地組成。公園環抱太平山，沿夏力道而行，盡攬維港景色；從山頂小徑走到薄扶林谷，更可觀賞薄扶林水塘的風景。

清水灣郊野公園

1979 年 9 月 28 日劃定，佔地 615 公頃，位於新界東南部西貢區，毗鄰西貢郊野公園及馬鞍山郊野公園，南至大廟灣山脈，東及龍蝦灣一帶的小山，範圍包括清水灣半島一帶。園內主要山徑有釣魚翁郊遊徑和龍蝦灣郊遊徑，主要康樂設施有大坑墩燒烤場及風箏場。

船灣（擴建部分）郊野公園

1979 年 6 月 1 日劃定，佔地 630 公頃，範圍包括東平洲、吉澳、赤洲等香港東北水域的島嶼。園內著名景點包括火紅海岸（見圖 2-31）及香港地質公園的新界東北沉積岩園區，印洲塘海岸公園與船洲郊野公園及其擴建部分的海岸。

大潭郊野公園（鰂魚涌擴建部分）

1979 年 9 月 21 日劃定，佔地 270 公頃，範圍包括柏架山及畢拿山一帶。柏架山山頂高 532 米，是眺望維港兩岸風景的理想地點。公園亦是港島東區居民的晨運和康樂熱點。

西貢西郊野公園（灣仔擴建部分）

1996 年 6 月 14 日劃定，佔地 123 公頃，位於灣仔半島，海下灣以東，原為政府採泥區。園內設有大型露營設施和越野單車徑。

圖 2-31 位於新界東北的紅石門,因岸邊布滿赤紅色礫岩與粉砂岩,所以又被稱為火紅海岸。(陳龍生提供)

圖 2-32 龍虎山的松林砲台,砲台由港府於 1900 年建造,現已被評為香港二級歷史建築。(香港特別行政區政府漁農自然護理署提供)

龍虎山郊野公園

1998 年 12 月 18 日劃定,佔地 47 公頃,是面積最小的郊野公園,位於西高山以北,旭龢道以南,東面以克頓道為界,南面為夏力道,西面及北面以一條由水務署建造的暗渠為界。園內主要景點為松林砲台及堡壘等軍事遺蹟(見圖 2-32)。

北大嶼郊野公園(擴建部分)

2008 年 11 月 7 日劃定,佔地 2360 公頃。南接北大嶼郊野公園,北至北大嶼山公路及東涌新市鎮,東至大山(竹篙灣),西至深屈村。園區以高山和高地幽谷生態為主,包括次生林地、灌木地、草地及淡水生境,自然保育價值較高。該園是截至 2017 年最後一個劃定的郊野公園(第 24 個),以期深化生態的保育,使香港人可以有更大更廣的自然空間。

三、海岸公園和海岸保護區

1. 法規和管理

香港四面環海，按 2017 年的調查，香港海域面積為 1,648.55 平方公里，較陸地總面積約
1100 平方公里為高，擁有高度豐富的海洋生物多樣性。海岸公園的設置，目的是為保存香
港海洋生物及其生境，進行環境教育及科學研究，以及為市民提供康樂消閒等。而海岸保
護區則主要用作存護物種、教育及科研。透過海岸公園及海岸保護區的設置，政府可推廣
保護環境和海岸資源，維護生態系統平衡、推動可持續發展（見圖 2-33）。

1995 年，港府頒布《1995 年海岸公園條例》，目的是提供一個法律框架，協助海岸公園和
海岸保護區的劃定、監控及管理，是香港海洋存護的里程碑。該條例賦予漁護署署長（當時
的漁農處處長）法定權力，擔任郊野公園及海岸公園管理局的總監，可在諮詢郊野公園及海
岸公園委員會和其轄下各委員會的意見後，劃定、管理及管轄香港海岸公園及海岸保護區。

1996 年 7 月頒布的《1996 年海岸公園及海岸保護區規例》，更訂立了限制及管理海岸公園
及海岸保護區內活動的法規，如：管制釣魚、捕魚、獵捕和採集動物與植物等。條例又管制
市民在海岸公園及／或海岸保護區內管有某些釣魚、捕魚或獵捕器具；禁止在海岸公園及海
岸保護區內滑水及進行船艇活動；禁止魚類養殖；又訂明不得損壞任何海灘、泥灘、懸崖或
海床等。如市民須在公園或保護區內釣魚或捕魚，就得向有關當局申請許可證，違例者一經
定罪，可罰款 25,000 元及監禁 1 年。

圖 2-33　香港海岸公園及海岸保護區位置圖

注：其中的大嶼山西南海岸公園及南大嶼海岸公園建於 2017 年之後，超出本卷下限，故沒有詳述。
資料來源：香港特別行政區政府漁農自然護理署提供。

海岸公園及海岸保護區海域總面積達 34 平方公里（3400 公頃），包括多樣化的生境如沙灘、岩岸、河口、海草床、紅樹林、珊瑚群落等。管理海岸公園及海岸保護區的工作由漁護署負責，內容包括：執行法例、計劃如何適當地利用現存海洋保育區；監測區內自然生態資源、環境及活動；籌辦海洋保育相關的教育及公眾推廣活動等。為配合保育的目的，在海岸公園或海岸保護區內，任何動力驅動的船隻都不得以超逾 10 節的速度運行。

政府又在若干海岸公園內實行分區管理，於公園設立「核心區」、「機動船隻禁區」、「船內引擎船隻禁區」和「碇泊地點」等，以方便管理。「核心區」內禁止一切捕魚活動，目的是保護區內具有高生態價值的珊瑚及其他海洋生物。「機動船隻禁區」禁止機動船隻進入，目的為防止水肺潛水及浮潛人士與船隻發生碰撞等意外。「船內引擎船隻禁區」禁止船內機船隻進入，目的為防止船內機船隻於淺水區撞倒珊瑚，造成生態破壞。「碇泊地點」是海岸公園內可下錨的地點，用作防止不當地隨處下錨而造成生態破壞。

漁護署透過不同設施，如：海岸公園資料板、浮標等來標明不同劃定區域的功能，亦會定期維修及更換海岸公園的設施，確保遊客可明白法例要求，並享用公園內的不同資源及設施。

2. 發展沿革

海下灣海岸公園

1996 年 7 月 5 日劃定，海域面積約 2.6 平方公里（260 公頃），位於西貢西郊野公園北端，是個受遮蔽海灣，其海上界線以連接響螺角與棺材角尖端的直線為限，並穿越銀洲和磨洲的北端；陸地界線則沿海岸的高潮線劃定。海下灣海岸公園設有三個「碇泊區」、兩個「機動船隻禁區」及一個「船內引擎船隻禁區」，海下村內更有漁護署職員站崗，以保護當地珊瑚群落（見圖 2-34）。

圖 2-34　位於西貢西郊野公園北端的海下灣海岸公園，不單具有良好水質及多樣化的海洋生物，也具有全港最佳的珊瑚群落。（Joe Chen Photography via Getty Images 提供）

海下灣擁有良好水質和多樣化海洋生物，亦擁有全港最豐富的珊瑚群落。在香港現有記錄的逾 84 種石珊瑚群落中，海下灣便可找到 64 種。此外，還有超過 120 種珊瑚伴生魚類，亦有巴布亞硝水母（*Mastigias papua*）、共生曲海綿（*Sigmadocia symbiotica*）、管蟲（*Protula magnifica*）、細紋愛潔蟹（*Atergatis reticulatus*）、雜色角孔海膽（*Salmacis sphaeroides*）及方柱翼手參（*Colochirus quadrangularis*）等海洋無脊椎動物。同時，海下灣海岸公園亦擁有豐富的紅樹群落，在香港現有記錄的 8 種真紅樹中，海下灣可找到其中 6 種，包括秋茄（水筆仔）、桐花樹、海漆、海欖雌、木欖及欖李。

石灰窰遺址是海下灣著名古蹟。在現存四個石灰窰中，兩個較為完整，坐落於海下灣東岸。石灰窰是提煉石灰的必要器材，石灰可作建築及農業之用，石灰窰顯示石灰工業曾在當地一帶蓬勃發展。

印洲塘海岸公園

1996 年 7 月 5 日劃定，海域面積約 680 公頃，位於船灣郊野公園東北面，由兩個海灣組成，較大的海灣位於印洲塘，西面以沿三椏村及荔枝窩的海岸為界線，東面的兩條海上界線分別連接西流江和往灣洲北面的石岩頭，以及往灣洲南面的老沙田與蕩排頭；較小的海灣位於荔枝窩，界線由涌灣咀起連接九蘆頭的北端。印洲塘海岸公園設有五個「碇泊區」、三個浮標，方便船隻停泊（見圖 2-35）。

圖 2-35　有香港「小桂林」之稱的印洲塘海岸公園，公園內的紅樹林及海草床是仔稚魚及其他海洋生物幼體的孕育場。（香港特別行政區政府漁農自然護理署提供）

園內主要水生植物包括紅樹及海草，其中有兩個具代表性紅樹林，分別位於荔枝窩和三椏村，面積分別約為 2.7 公頃和 3 公頃。香港有記錄的 8 種真紅樹全部可在荔枝窩找到。荔枝窩與三椏涌曾經錄到矮大葉藻（*Zostera japonica*）、喜鹽草（*Halophila ovalis*）和小喜鹽草（*Halophila minor*）三種海草。公園內的兩個重要生態環境（紅樹林及海草床）為軟體動物和魚類提供哺育幼體的場所。此外，海草亦可作為海膽和海龜等動物的食物，反映漁業資源豐富。公園海岸線極為參差，形成多樣化的天然地貌，如海灣、岬角、半島、陡崖和沙坑，景色優美，有香港「小桂林」別稱。

沙洲及龍鼓洲海岸公園

1996 年 11 月劃定，是香港第三個海岸公園，海域面積約為 1200 公頃，位於本港西部屯門區沙洲（包括上沙洲、小沙洲、下沙洲）、白洲及龍鼓洲一帶的開闊水域，由於海域廣闊，需以黃色燈號浮標作為海面界線的標記，而公園陸地界線則沿海岸的高潮線劃定。亦因公園海域廣闊，所以不設指定區域（見圖 2-36）。

公園位處珠江河口，經常受到珠江流入大海的淡水徑流影響，以致海水鹽度變淡，並含有較多的有機物和沉積物，海水較為混濁，但園區海域因此成為魚類及貝類的哺育場。公園常見的魚類包括：皮氏叫姑魚（*Johnius belangerii*，又稱老鼠鯎、鹹魚）、沙鑽（*Sillago japonica*，又名少鱗鱚）、線紋鰻鯰（*Plotosus lineatus*，又稱坑鰜）、青鱸（*Argyrosomus japonicus*，又名日本白姑魚、日本銀身鹹）和黃鰭棘鯛（*Acanthopagrus latus*，又稱黃腳

圖 2-36　位於本港西部的沙洲及龍鼓洲海岸公園，因受珠江的淡水徑流影響，所以園內的有機物和沉積物都特別豐富，是中華白海豚的覓食場地。（陳龍生提供）

鱲）等。豐富的漁業資源，能為中華白海豚（*Sousa chinensis*）提供覓食場地，公園也成為中華白海豚的重要生境。而白洲是候鳥鸕鷀（*Phalacrocorax carbo*）來港越冬的重要的覓食和棲息地點。為了保育鸕鷀，港府於 1979 年 9 月 20 日，把龍鼓洲、白洲和沙洲指定為具特殊科學價值地點。

東平洲海岸公園

2001 年 11 月劃定，是香港第四個海岸公園，海域面積約 270 公頃，位於香港東北水域的大鵬灣，環繞着平洲而設，陸地界線一般沿海岸的高潮線劃定（見圖 2-37）。東平洲海岸公園是首個設有「核心區」的海岸公園，公園內設 2 個「核心區」，區內禁止任何捕魚活動，目標保護中部大塘灣及東南部亞媽灣的珊瑚群落與海藻。平洲海設有兩個「碇泊區」及沿岸設有 7 個浮標。

園內珊瑚群落覆蓋率高，物種豐富，在香港有記錄的 84 種石珊瑚中，在東平洲海岸公園就可找到 65 種。在兩個核心區內，均錄得超過 40 種石珊瑚，以尖邊扁腦珊瑚（*Platygyra acuta*）、肉質扁腦珊瑚（*Platygyra carnosa*）及紫小星珊瑚（*Leptastrea purpurea*）為優勢種。除石珊瑚外，還錄得超過 130 種珊瑚伴生魚類及超過 200 種海洋無脊椎動物。同時，公園亦是海藻的溫床，共錄得超過 65 種海藻，在龍落水附近的海岸，長有繁茂的褐藻，紅藻及綠藻，是本港生長得最好的海藻床，形成公園多樣化的海洋生態系統。

圖 2-37　東平洲海岸公園不單擁有健康及豐富的沿岸生態系統，它的珊瑚群落覆蓋率及物種多樣性也首屈一指。（Guang Cao via Getty Images 提供）

東平洲也擁有多元化的地質和地貌，成為吸引遊客的景點，以更樓石、難過水和龍落水為代表。更樓石位於島上東南端的海蝕平台上，坐落着兩根約 7 至 8 米高、形狀獨特的海蝕柱。這些岩石經過長期的海浪侵蝕和天然風化，形成獨特的形狀，恍如兩座更樓看守着小島（見圖 2-38）。難過水位於島上南端，沿海岸線伸展的峭壁經過海浪的長期沖蝕下，形成了很多海蝕平台。遊客只可在潮水退至極低位和海面極平靜的情況下，從更樓石步行前往，因此景點被稱為難過水。龍落水位於東平洲海岸外圍，面向西南方，是一條呈三角形、長而厚的石帶，而石帶不同石層有不同的耐蝕性，恍似一條龍潛入水中時露出龍脊的形態，因而得名（見圖 2-39）。

圖 2-38　更樓石，因像兩座更樓而得名。（陳龍生提供）

圖 2-39　龍落水，遠見像一條龍潛入水中而得名。（香港特別行政區政府漁農自然護理署提供）

大小磨刀海岸公園

2016 年 12 月劃定，是香港第五個海岸公園，海域面積約 970 公頃，位於大嶼山以北水域，西邊貼近港珠澳大橋香港口岸設施，北邊由大磨刀伸展至小磨刀及其東面的水域，南邊則向小蠔灣近岸一帶伸延，設有黃色燈號浮標以標明各條界線。大小磨刀海岸公園是繼東平洲海岸公園後，第二個設有「核心區」的海岸公園。「核心區」面積約 80 公頃，區內禁止任何捕魚活動，目標改善該水域的海洋環境，提升該水域的海洋及漁業資源，讓該處成為中華白海豚的覓食和棲息地。大小磨刀海岸公園內也劃定了兩個面積分別約 73 公頃及約 36 公頃的「碇泊區」（見圖 2-40）。

大小磨刀的岩石種類豐富，但以輕度變質沉積岩為主，包括變質砂岩、粉砂岩，以及位於大磨刀內有 3 億年歷史的石墨礦床。石墨是碳的主要成分，用途廣泛，如鉛筆筆芯和工業潤滑劑等。在 1950 至 1970 年代，大磨刀曾有開採石墨礦的商業活動。[4]

圖 2-40　於 2016 年劃定的大小磨刀海岸公園，目的是保護中華白海豚及其棲息地。（香港特別行政區政府漁農自然護理署提供）

4　政府又在 2020 年及 2022 年分別劃定大嶼山西南海岸公園及南大嶼海岸公園，目的是保育在該兩處地方出現的中華白海豚、牠們的棲息地和該兩處水域的漁業資源。

鶴咀海岸保護區

1996 年 7 月劃定,是香港唯一一個海岸保護區,海域面積約 20 公頃,位於香港島南區鶴咀半島南端,東面界線由雙四門延至鶴咀東面岸端,然後南伸至狗髀洲的東南端。西面則由無線電發射站對開的石岬伸至狗髀洲南端。陸地的界線一般沿海岸的高潮線劃定(見圖 2-41)。

保護區內的生物多樣性豐富,包括各種魚類、石珊瑚、軟珊瑚(*Alcyonacea*)、柳珊瑚(*Guaiagorgia* sp)及海洋無脊椎動物。保護區周邊可以找到 4 種不同年代形成的岩石種類,最古老的是火山爆發形成的凝灰岩,然後依次是花崗閃長岩、流紋斑岩及玄武岩。因受風浪的衝擊,保護區內花崗石岸陡斜不平,呈不規則和高低不一,有高至 1 米的垂直面,亦有狹小的岩棚,若海浪湧至,便會形成一個小水池。

海岸保護區設立目的是保育海洋資源、進行科研,以及教育市民愛護海洋資源。因此,在海岸保護區內活動均受《海岸公園及海岸保護區規例》規管,除了獲准進行的科研和活動外,一般水上及沿岸康樂活動都被禁止。保護區內亦不提供任何公共衛生設施,以減少公眾人士前往參觀。保護區由漁護署管理,並由香港大學太古海洋科學研究所協助。

圖 2-41　1996 年劃定的鶴咀海岸保護區,目的是保育海洋資源及進行科學研究。(陳龍生提供)

四、地質公園

1. 發展沿革

2005 年，民建聯和馬鞍山文康促進會等組織籌組香港世界地質公園委員會，並着手研究香港設立地質公園的可行性。2006 年，香港地貌岩石保育協會成立，推動成立地質公園。香港世界地質公園委員會於 2007 年 6 月出版《倡建香港世界地質公園建議書》，提出以「一個中心，三個景區」建構地質公園，有關構思亦於同年呈上立法會，由議員張學明動議促請政府於新界東部成立地質公園。[5]

2008 年 12 月，特區政府與地區及其他持份者達成共識，設立地質公園，公園共有「兩個園區，八個景區」。兩個園區即西貢的火山岩園區和新界東北部的沉積岩園區。「八個景區」指位於西貢的火山岩園區內的糧船灣景區、橋咀洲景區、甕缸群島景區和果洲群島景區；位於東北部沉積岩園區內的東平洲景區、印洲塘景區、赤門景區及赤洲 —— 黃竹角咀景區。

2009 年 4 月，特區政府環境局向國家國土資源部提交意向書，申報在香港設立國家地質公園。同年 9 月 23 日，國家地質遺跡保護（地質公園）評審委員會組織召開了香港國家地質公園評審會，審查並同意設立香港國家地質公園。10 月 10 日，國土資源部發布《關於設立香港國家地質公園的公告》，批准香港成為第 139 個國家地質公園，並訂名為「香港國家地質公園」。11 月 3 日，特首曾蔭權主持香港國家地質公園的開幕典禮。

2010 年，特區政府經國家有關部門向聯合國教科文組織提交申請，希望可以成為世界地質公園網絡的一員。政府在現有《郊野公園條例》及《海岸公園條例》的機制下設立香港地質公園，以法例保護公園範圍內的重要地質遺跡不被破壞。又將未被郊野公園及海岸公園所覆蓋東南部主要的島嶼，包括橫洲、火石洲、沙塘口山和果洲群島列入特別地區以作保護（見圖 2-42）。

2011 年 9 月 17 日，世界地質公園網絡在挪威朗厄松（Langesund, Norway）舉行的第 10 屆歐洲地質公園會議上，接納香港地質公園加入為該網絡的成員，成為中國第 26 個世界地質公園，亦是罕有位於國際大都會中的世界地質公園，並更名為中國香港世界地質公園。

2015 年 9 月，公園又成功通過每 4 年的評核，繼續成為世界地質公園網絡成員。隨着「聯合國教科文組織世界地質公園」這個新標識的創立，香港地質公園於 2015 年 11 月 17 日再更名為「香港聯合國教科文組織世界地質公園」（Hong Kong UNESCO Global Geopark）。香港地質公園成為世界地質公園網絡成員後，不但增進市民對地球科學的認識，加強對地質地貌的保護，也增加了綠色旅遊景點。

5　2009 年 1 月，《倡建香港世界地質公園建議書》再被編定為《倡建全球首個世界級大都會地質公園建議書》。

圖 2-42　香港聯合國教科文組織世界地質公園的劃定示意圖

資料來源：香港特別行政區政府漁農自然護理署提供。

2. 法規及管理

聯合國教科文組織世界地質公園的評核和選定，其中一項要求是公園必須擁有具國際意義的地質遺跡，並透過良好的規劃、管理和推廣，致力做好保護、教育和推動地區可持續發展。

漁護署是香港地質公園的管理機構，負責地質公園規劃、管理及遊客服務等工作。在《郊野公園條例》及《海岸公園條例》等法例的保護下，地質公園內所有重要地質遺跡禁止興

建或發展對環境不利的設施及工程，因而得到全面的保護。此外，政府也致力推動地質旅遊，又設立教育與遊客中心等，協助推動自然保育、提高市民對地球科學的興趣，並促進可持續發展的推廣工作。

3. 園區構建

根據地質遺跡和景觀的分布和組合等特徵，地質公園劃分為兩個主題園區，分別是位於新界東部（西貢）的火山岩園區和東北部（吐露港兩岸及鄰近地區）的沉積岩園區，以凸顯火山岩和沉積岩兩個地質學主題。兩個園區於 2009 年成立，每個園區包含四個景區，上述八個景區，可供遊客認識香港的火山岩和沉積岩。2015 年起，香港地質公園不再採用八大景區的概念，將其重組為各條陸路及海路遊覽路線以作推廣。

火山岩園區

位於香港東面西貢半島和鄰近的眾多島嶼，自大浪灣海岸向南延伸，包括糧船灣至果洲群島等海島與出露典型火山岩的橋咀洲，其中最具代表性的地質遺跡要數大規模的酸性火山岩岩柱。從侏羅紀開始，香港地區經歷多次的大型火山噴發，西貢地區也曾有一座巨大的火山，稱為糧船灣超級火山，約在 1 億 4000 萬年前噴發大量的火山灰和熔岩，穩定冷卻後固結而成火山岩岩柱。

廣泛分布於西貢地區的火山岩柱為含矽質較高的流紋質火山岩，估計岩柱海陸分布面積約為 100 平方公里（10,000 公頃）（部分是海域），平均直徑 1.2 米，最大的可達 3 米，而岩層厚度估計為 400 米。由於受到強烈的風浪侵蝕，這些岩柱清晰敞露在西貢綿長的海岸線和眾多島嶼上，並形成豐富的海岸侵蝕及沉積地貌。

園區內的主要地質景點包括萬宜水庫東壩、橋咀洲和大浪灣等，鄉村社區則包括滘西洲及鹽田梓等。

<u>萬宜水庫東壩</u>　香港地質公園最熱門的地質景點，布滿整齊又排列密集的六角岩柱，沿途還能看到斷層、扭曲石柱及岩漿侵入等地質現象，多次被遊客評選為「香港十景」之首（見圖 2-43）。

圖 2-43　萬宜水庫的六角形岩柱，是著名的香港景點。（陳龍生提供）

<u>橋咀洲</u>　有比六角岩柱更早形成的多種火山岩，包括火山角礫岩、石英二長岩、沉凝灰岩和流紋岩等，為研究香港侏羅紀至白堊紀的火山活動提供了重要線索。退潮時區內會出現一條由礫石構成的連島沙洲，把橋咀洲與另一小島連接起來，遊客可步行前往沙洲的另一端（見圖 2-44）。

圖 2-44　橋咀洲上的岩石類型豐富，地質遺跡多樣，在退潮時，一條由礫石組成的小路會把兩個小島連起來，被稱為「天使之路」。（香港特別行政區政府漁農自然護理署提供）

<u>大浪灣</u>　包括西灣、鹹田灣、大灣和東灣，連同北面險峰蚺蛇尖，合稱為「一尖四灣」，曾獲選為「香港十大自然勝景」第一名。大浪灣風景優美，水清沙幼，並具有豐富地質內容。糧船灣超級火山活躍於 1 億 4000 萬年前，大浪灣地區正是其中一部分，各種火山岩在此出露，此處海灘也是香港最具代表性的海岸沉積地貌之一。

<u>滘西洲</u>　滘西村位於該島南端，村內有一座洪聖古廟，估計其歷史至少有 150 年以上，島上居民分為陸上和水上兩大類，水上人以捕撈為生。滘西洲也是西貢地區主要的漁民社區。

<u>鹽田梓</u>　位於西貢內海的島嶼，自然環境優美，島上客家村落已有 300 多年歷史，居民曾達 200 人以上，大多信奉天主教。由於時代變遷，居民陸續移民海外或遷往市區，以致在 1990 年代末曾荒蕪一時。

新界東北沉積岩園區

位於新界東北部，包括赤門海峽沿岸與附近島嶼，北至印洲塘，南至荔枝莊，西至馬屎洲、丫洲，東至大鵬灣的東平洲。沉積岩園區展現了新界東北部最完整的沉積地層，園區

內的主要岩石，包括黃竹角咀屬古生代的砂岩和礫岩（約 4 億年前）、馬屎洲的海相砂岩及泥岩（約 2.8 億年）、赤門海峽兩岸的海相砂岩和粉砂岩（約 1.8 億年），紅石門和赤洲的紅色砂岩、礫岩、粉砂岩（約 1.2 億年）和東平洲的粉砂岩（約 5500 萬年前）。上述通過沉積作用形成的岩石，在不同地質和地理條件下形成多樣化的地貌景觀，其中的化石材料對於了解遠古的環境、地理、氣候及生物進化提供了寶貴的線索。

園區內的主要地質景點包括東平洲、馬屎洲、荔枝莊、印洲塘和黃竹角咀等，鄉村社區則包括荔枝窩、吉澳及鴨洲等。

東平洲　香港境內最東北面的海島，形狀如彎月，擁有香港境內最年輕的岩石。估計東平洲以前是一個荒漠中的鹽湖，沉積在湖底的淤泥經地質作用最終形成岩石，被意外沖刷到湖底沉積的植物碎屑和昆蟲遺體也隨之形成化石。東平洲沉積岩非常獨特，頁岩層層平行疊加，是熱門郊遊地點之一。

馬屎洲　馬屎洲的岩石形成於 2.8 億至 2.5 億年前，屬於比較古老的沉積岩，除了斷層、摺曲、石英脈等地質構造外，還蘊藏豐富的動物化石，標誌着香港地質歷史上一個重要時段。因此馬屎洲具有極高的保育和教育價值，在 1999 年被劃定為特別地區。

荔枝莊　擁有侏羅紀晚期已形成的多種岩石，包括火山岩、火山沉積岩、凝灰岩、沉積岩等，當中的火山沉積岩和沉積岩保存了豐富的鬆軟沉積構造，還有大量細微的斷層和褶曲。荔枝莊亦於 1985 年被列為具特殊科學價值地點。

印洲塘　位於新界東北部，印洲塘東南岸地層是由紅色砂岩和礫岩所組成，岩石類型與中國丹霞地貌屬同類。岩石呈赤紅色，岩石內含有大量高度氧化的鐵質。印州塘風景秀麗，除了擁有紅樹林、海草床、泥灘，以及珊瑚群落等豐富生態資源，還有「印塘六寶」紅石門及往灣洲等地貌景點，極受遊客歡迎，在香港民間因此有「小桂林」和「小西湖」之稱，又有「上有蘇杭，下有印塘」之說（見圖 2-45）。[6]

黃竹角咀　位於赤門海峽東北角，黃竹角咀岩石形成約四億年前，是香港最古老的岩石。這些岩石經多次海平面變化和地殼變遷後，原來呈水平方向的岩層，也因受擠壓而被推至近乎直立的狀態，海浪侵蝕也把岩石塑造成地標「鬼手岩」（見圖 2-46）。

6　民間相傳吉澳黃幌山遠看像皇帝出巡乘用的羅傘，山前風景如畫，山腳則藏「文房五寶」（即五個特別風景，分別為玉璽、筆架、御筆、墨硯、紙），是一塊風水寶地，若有先人埋葬於此，後人可得江山。羅傘和文房五寶，被合稱為印塘六寶。可惜這一塊風水寶地被當朝皇帝發現，命人將玉璽（印洲）劈成兩邊，從此黃幌山的風水受到嚴重破壞。

圖 2-45　印洲塘美景。（香港特別行政區政府漁農自然護理署提供）

圖 2-46　黃竹角咀景區內的岩石因長年風化，演變成拳頭形狀，故被稱為「鬼手岩」。（陳龍生提供）

<u>荔枝窩</u>　新界東北地區歷史最悠久、最具規模及保存最完好的客家圍村之一。清初建村，1950 年代是其全盛時期，共有村屋 200 多間，居民近千，附近漫山遍野都是梯田。村莊四周自然環境得到良好保護，因而生態環境豐富。荔枝窩也是沙頭角慶春約七村聯盟的中心，是昔日教育、經濟與傳統節慶活動基地，由此可通往鄰近六條鄉村，包括鎖羅盆、梅子林、蛤塘、小灘、牛屎湖和三椏村。

<u>吉澳</u>　新界東北海域較大的島嶼，島形曲折，故英文名為 Crooked Island，意為彎曲的島。中文名「吉澳」，意為吉祥的海灣，原來只是指其中一個海灣，後來用作全島名字。清初以來，客家人和漁民陸續來島定居，吉澳亦曾是大鵬灣的經濟貿易中心。

<u>鴨洲</u>　香港有人居住的最細小島嶼，全島只有 0.04 平方公里（4 公頃），由北面望去，其形狀如同一隻俯伏在海面的鴨子，因此得名。小島面積雖小，卻建有一條漁民村，還出露香港罕見的褐紅色角礫岩，並擁有香港唯一可安全徒步穿越的海蝕拱。

4. 綠色旅遊和教育

地質旅遊

香港地質公園擁有遼闊的自然空間，適合生態旅遊。市民可透過遊覽地質公園來提升自然保育意識。漁護署規劃和設計了 10 條陸上和 2 條海上遊覽路線，並提供沿線的地質、海洋生態，文化和歷史、交通安排資訊。漁護署在遊客承載量較高的地點，包括萬宜水庫東壩、橋咀洲、荔枝窩、吉澳和東平洲，設有遊覽配套設施，如公共碼頭、洗手間、涼亭和路徑等。而在一些偏遠島嶼和海岸，如黃竹角咀、赤洲、糧船灣花山海岸、甕缸群島和果洲群島等，在保存自然景觀的前提下，不設遊客設施。

地質公園導賞員推薦制度

2010 年，地質公園、香港地貌岩石保育協會及香港旅遊業議會成立「獲推薦地質公園導賞員」（R2G）制度，旨在培訓達至世界標準的優質地質公園導賞員，向遊客提供導賞服務，以推廣香港地質公園的保育、教育和可持續發展工作。

「獲推薦地質公園導賞員」制度乃根據國際生態旅遊學會（The International Ecotourism Society）和澳洲生態旅遊協會（Ecotourism Australia）的評審標準而設，旨在增進導賞員對本港地質公園的地質、生物及文化的知識，及培訓他們認識香港地質公園的規劃及管理方法。導賞員須通過評審成為「準獲推薦地質公園導賞員」，經六個月試用期才獲確認為「獲推薦地質公園導賞員」，導賞員須每三年接受一次評審，才能把資格延續。

地質公園相關遊客中心

2009 年 12 月，香港地質公園遊客中心啟用，坐落於西貢蕉坑獅子會自然教育中心內，面積約 160 平方米。中心旨在介紹香港地質環境，提高市民對地質和地球科學的興趣，培養

保育意識。此外，位於西貢北潭涌的西貢郊野公園遊客中心內亦有展區，介紹火山岩園區的地理特徵、火山形成歷史及區內六角岩柱群的情況。

地質教育中心

地質教育中心由政府、非政府組織、當地村民共同經營，旨在提升遊客對香港地質、人文歷史、生態等方面的認識。教育中心一般位於地質景點附近，部分由村屋改建而成。截至 2017 年，已開放教育中心包括火山探知館（西貢惠民路）、大埔地質教育中心（大埔三門仔新村）、荔枝窩地質教育中心（荔枝窩村）。

5. 地區可持續發展

1960 年代和 1970 年代，隨着新界鄉郊村民遷往市區或移居海外，大多數偏遠村莊和社區的人口急劇減少。至 2000 年代，不少社區幾乎空無一人，只剩下一些年長村民。2017 年，香港地質公園開展「同根 · 同源」計劃，與公園內的社區接觸，採用口述歷史等方法，發掘其珍貴的文化遺產，與本地居民共享並將之轉成教育和綠色旅遊資源。透過設立故事館、文化徑和出版刊物加以保育及推廣，以復育鄉郊村落，並推動這些偏遠地區的可持續發展。

五、具特殊科學價值地點

1. 法規和管理

具特殊科學價值地點可位於陸上或水上，其特殊科學價值取決於該處的動植物、地質或地貌特點。設立具特殊科學價值地點主要是一項行政措施，旨在提醒各政府部門有關這些地點的科學價值，遇到這些地點或附近地方的發展計劃時，能慎重考慮環境保護的問題。在這些地點或其附近所提出的發展事宜須諮詢漁護署。

漁護署、非政府組織、學術機構或個人皆可提出及建議 SSSI，但建議必須基於科學證據。一般而言，漁護署負責評估該地點的科學重要性。漁護署也會把該處與其他同類地點比較，評估該處是否典型或具代表性。當有關建議被採納後，存放於規劃署的《具特殊科學價值地點登記冊》將予以更新。此外，規劃署亦會存放該地點的指定日期、界線、面積、特殊科學價值、區內物種名稱（如有）、物種瀕危程度、建議保護措施等資料，並更新 SSSI 紀錄冊，以供市民查閱。

2. 發展沿革

1975 年以來，漁農署開始審定香港具特殊科學價值地點。截至 2017 年，香港先後劃定 72 個具特殊科學價值地點（至 2017 年其中五個已取消），分布於香港島、新界及各個離島上。被列為 SSSI 的地點中，大部分擁有特別的地質、海岸地貌及各種動植物（如樹木、紅樹林、雀鳥等）。歷年 SSSI 劃定情況如下（見表 2-9）：

表 2-9　具特殊科學價值地點劃定情況表

名錄篇號	名稱（地區）	劃定日期	佔地（公頃）	簡介	特殊科學價值
1	鹽灶下鷺鳥林（北區）	1975 年 2 月 25 日	0.9	位於鹿頸近沙頭角海一帶，鷺鳥林有多種鷺鳥築巢棲息，包括蒼鷺（*Ardea cinerea*）和稀有的黃嘴白鷺（*Egretta eulophotes*）。於 2016 年 3 月 8 日刪除。	動物（鷺鳥）
2	城門風水林（荃灣區）	1975 年 2 月 25 日	6	位於上城門水塘北端，風水林歷史悠久，內有植物多達 70 多種，是香港罕有天然林區。	生境（風水林）
3	大帽山高地灌木林區（荃灣區）	1975 年 9 月 15 日	130	位於大帽山郊野公園內，包括大帽山雷達站以東的谷地。林區有多種特別植物，包括大苞山茶（*Camellia granthamiana*）、1885 年首次發現的穗花杉（*Amentotaxus argotaenia*），蘭花亦有多達 30 種。	生境（灌木林）
4	社山風水林（大埔區）	1975 年 9 月 15 日	5.7	位於林村，風水林內有珍貴植物及受保護植物物種，包括鐵角蕨、郎傘樹（*Ardisia hanceana*），林內更有一棵高 20 米，直徑 4 米的樟樹。每逢冬季和南移季節，是多種候鳥的棲息地。	生境（風水林）
5	大潭港（內灣）（南區）	1975 年 10 月 24 日	16	位於大潭篤水塘下游，水塘主壩一帶，灣內潮間帶分布泥灘、紅樹林和沙坪，也是香港島唯一紅樹林分布地點。	生境（海岸生境）
6	鶴咀半島（南區）	1975 年 10 月 24 日	5	位於大風坳鶴咀道迴旋處，擁有一片矮灌木林，主要珍稀植物是油杉（*Keteleeria fortunei*）。	生境（灌木林）
7	馬鞍山（沙田區）	1976 年 6 月 13 日	118	包括馬鞍山、牛押山及吊手岩一帶，擁有特殊的灌木林，林內植物種類包括紫花短筒苣苔（*Boeica guileana*）、穗花杉及香港木蘭（*Lirianthe championii*）等。	生境（灌木林）
8	青山村（屯門區）	1976 年 6 月 23 日	0.1	全港 SSSI 中最細小的劃定地點，只擁有一棵大肉桂樹（*Cinnamomum cassia*）。於 2008 年 1 月 8 日刪除。	植物（肉桂樹）
9	大東山（離島區）	1976 年 6 月 23 日	331	於大東山以北谷地及蓮花山一帶，橫跨整個大東山山頭，擁有殘留林地，並藏有特別物種，如穗花杉及大果馬蹄荷（*Exbucklandia tonkinensis*）、木蓮（*Manglietia fordiana*）、長喙木蘭屬（*Lirianthe*）等。	生境（林地）
10	米埔沼澤（元朗區）	1976 年 9 月 15 日	393	位於米埔附近的大欖基及三寶樹，其中逾半沼澤是基圍及海堤，其餘是河溪及紅樹林，這個結合天然及人工的環境，是數以千計候鳥及其他鳥類棲息和覓食地方。目前該處已列為米埔自然保護區，由世界自然（香港）基金會管理，進入禁區必須持有漁護署署長發出的許可證。	生境（濕地、海岸生境）

（續上表）

名錄篇號	名稱（地區）	劃定日期	佔地（公頃）	簡介	特殊科學價值
11	沙塘口山及火石洲（西貢區）	1979年2月16日	147	位於西貢東部，兩島有適應強風環境的草地群落、由海浪衝擊形成的地貌、特殊的玄武岩。	地質、生境（草地群落）
12	赤洲（大埔區）	1979年2月16日	47	鳥類棲息地，該島已列為禁獵區。	動物（鳥類）
13	吉澳洲（北區）	1979年2月16日	23.3	位於吉澳島南面船灣（擴建部分）郊野公園內，島上東南部擁有特殊植物。於2006年3月1日刪除。	植物
14	果洲群島（西貢區）	1979年2月16日	45	由兩大島北果洲和南果洲組成，南果洲擁有受保護植物，包括梔子花（*Gardenia jasminoides*）和棕竹（*Rhapis excelsa*），北果洲東岸分布着特殊的玄武岩。	地質、植物
15	平洲（大埔區）	1979年2月16日	111.4	又名東平洲，香港最東部島嶼，島上大部分土地已列為船灣（擴建部分）郊野公園，具有由砂岩、頁岩組成的沉積物。	地質
16	米埔村（元朗區）	1979年2月16日	5.3	位於米埔村東面林地是，是鷺鳥棲息及繁衍地。	動物（鷺鳥）
17	茅坪（西貢區）	1979年2月16日	3.7	位於馬鞍山茅坪，擁有全港最大的紅皮糙果茶（*Camellia crapnelliana*）種群，也有常綠臭椿（*Ailanthus fordii*）、鳳仙花屬（*Impatiens*）等植物。	生境（林地）
18	白沙灣半島（西貢區）	1979年2月16日	110.2	擁有多樣化生境，屬馬鞍山郊野公園一部分。於2006年8月1日刪除。	生境（各類）
19	荔枝窩海灘（北區）	1979年2月16日	11	位於印洲塘海岸公園內，擁有矮大葉藻（*Zostera japonica*）等特殊植物。	植物
20	梧桐寨（大埔區）	1979年2月16日	226	位於大帽山北梧桐寨谷地及燕岩頂一帶，該谷地擁有香港樫木（*Dysoxylum hongkongense*）、香港四照花（*Dysoxylum hongkongense*）等稀有物種。	植物
21	北大刀岃（北區）	1979年9月20日	32	位於林村郊野公園，該谷地擁有特殊植物物種，包括褐葉線蕨（*Colysis wrightii*），香港鳳仙（*Impatiens hongkongensis*）等。	植物
22	照鏡潭（北區／大埔區）	1979年9月20日	3.1	位於新娘潭附近，擁有稀有灌木、蕨類和草本植物，包括穿鞘花（*Amischotolype hispida*）、裂葉秋海棠（*Begonia palmata*）等。	植物
23	大浪灣（西貢區）	1979年9月20日	2.3	大灣有很多稀有沙灘植物，包括能夠適應於底沙層、高鹽度的物種，如地寶蘭（*Geodorum densiflorum*）及珊瑚菜（*Glehnia littoralis*）。	植物
24	薄扶林水塘集水區（南區）	1979年9月20日	217.3	擁有植物物種豐富的林地，其中最具代表性為香港茶（*Camellia hongkongensis*）。	生境（林地）、植物

（續上表）

名錄篇號	名稱（地區）	劃定日期	佔地（公頃）	簡介	特殊科學價值
25	大潭水塘集水區（南區）	1979年9月20日	1243.2	擁有大片林地，有多種珍稀植物，如白桂木（*Artocarpus hypargyreus*）、華南錐（*Castanopsis concinna*），同時是雀鳥棲息地。	植物、動物（鳥類）
26	筆架山（沙田區）	1979年9月20日	53.2	包括尖山東北一小片林地及筆架山山頂以北谷地，擁有常綠臭椿（*Ailanthus fordii*）及其他稀有蘭花和蕨類物種。	植物
27	蠔涌谷（西貢區）	1979年9月20日	395	位於蠔涌各村以西，物種豐富，包括稀有蘭花、蕨類和草本物種。	植物
28	龍鼓洲、白洲及沙洲（屯門區）	1979年9月20日	54.4	此三島是鳥類棲息地，當中白洲是鸕鷀（*Phalacrocorax carbo*）在香港主要的棲息地。	動物（鳥類）
29	青山（屯門區）	1980年2月5日	73.7	青山山頂一帶的草坡及溪谷擁有特殊林地，物種包括桔梗（*Platycodon grandiflorus*）及大花紫玉盤（*Uvaria grandiflora*）等。	生境（林地）
30	大帽山（荃灣區／元朗區）	1980年2月5日	95	該處大部分位於海拔700米以上，是棲息於高地林鳥的繁殖地，除了有珍稀林鳥，亦發現四種稀有蛇類。	動物（林鳥、蛇類）
31	白泥（元朗區）	1980年2月5日	15.5	位於上白泥及其對出淺灘，是海鷗及燕鷗棲地。	動物（鳥類）
32	萬丈布（離島區）	1980年2月5日	29.2	萬丈布龍仔悟園採集了各種特殊植物，包括小葉厚皮香（*Ternstroemia microphylla*）等。	植物
33	鳳凰山（離島區）	1980年2月5日	116	地勢陡峭，具有大規模灌木林，有豐富灌木、草本相蕨類物種，物種包括木蓮、木蘭屬、八角屬（*Illicium*）等。	植物
34	八仙嶺（大埔區）	1980年2月5日	128	該谷地擁有多種珍稀植物，當中以杉木（*Cunninghamia lanceolata*）為代表。	植物
35	鳳園谷（大埔區）	1980年2月5日	42.8	位於大埔汀角村附近，擁有珍稀植物如：寬藥青藤（*Illigera celebica*）等。園內擁有超過香港一半以上的蝴蝶種類，其中不少屬稀有種，如燕鳳蝶（*Lamproptera curius*）、裳鳳蝶（*Troides helena*）等。	植物、動物（蝴蝶）
36	南丫島南部（離島區）	1980年2月5日	345	本地區覆蓋山地塘山頂，山頂上分布稀有樹種，四周高地及懸崖有礫石和溪澗，是珍稀鳥類棲息地。	動物（鳥類）
37	鹽田仔及馬屎洲（大埔區）	1982年9月24日	54.4	擁有香港最古老的沉積岩及各類化石，亦有其他特殊地質景觀，包括摺曲和海蝕平台等。	地質
38	赤門海峽北岸（大埔區）	1982年9月24日	1287	包括虎頭沙半島、鳳凰笏頂及黃竹角半島，地層由黃竹角咀組和赤門海峽組組成，沿岸分布香港菊石（*Hongkongites hongkongensis*）化石、古老沉積岩及其他地質景觀。	地質

（續上表）

名錄篇號	名稱（地區）	劃定日期	佔地（公頃）	簡介	特殊科學價值
39	丫洲（大埔區）	1982年9月24日	3.1	吐露港海中小島，位於馬屎洲以南，島上有二疊紀植物化石和礦物紅柱石（Andalusite）。	地質
40	泥涌海岸（大埔區）	1982年9月24日	2.2	位於烏溪沙以東的海岸，分布花崗岩及黑色碳質頁岩。	地質
41	尖鼻咀（元朗區）	1985年1月10日	2.1	尖鼻咀警署附近有一片茂盛紅樹林，有木欖（Bruguiera gymnorhiza）和平滑耳螺（Ellobium polita）的分布，亦是後者在香港唯一的已知棲息地。	生境（紅樹林）、動物（軟體動物）
42	汀角（大埔區）	1985年3月1日	37.5	位於汀角村及布心排村附近，擁有發展成熟、在香港具代表性的紅樹林，具有五種紅樹。	生境（紅樹林）
43	深涌海岸（大埔區）	1985年3月25日	26	位於深涌角，擁有各類動植物化石，化石層形成和分布特殊。	地質
44	鴉洲（北區）	1985年4月9日	4.4	位於沙頭角海，對面為南涌，分布多種雀鳥如白鷺、夜鷺（Nycticorax nycticorax）、漁鷗（Ichthyaetus ichthyaetus）及銀鷗（Larus argentatus）棲息地，同時是候鳥繁殖地。	動物（鳥類）
45	荔枝莊（大埔區）	1985年4月26日	5	荔枝莊碼頭以北的海岸線，分布沉積岩、菊石和植物化石。	地質
46	后海灣內灣（元朗區）	1986年3月18日	1036	範圍包括天水圍以北海岸線及深圳河河口，該處為香港最大及最重要紅樹林和泥灘，分布多種水鳥和潮間帶甲殼類，當中以黑臉琵鷺（Platalea minor）最具代表性。於2006年5月8日修訂。	生境（海岸生境）、動物（鳥類、潮間帶甲殼類）
47	尖鼻咀鷺鳥林（元朗區）	1989年1月5日	4.8	位於輞井圍東面，毗連后海灣內灣，為蒼鷺和各類白鷺和的繁殖地、棲息地。	動物（鷺鳥）
48	海下灣（大埔區）	1989年1月5日	278	位於較隱蔽內灣，污染較小，適合珊瑚生長，擁有豐富的各類石珊瑚物種，後亦被列為海岸公園。	動物（珊瑚）
49	鶴咀（南區）	1990年7月19日	31.5	包括鶴咀半島東南角、狗脾洲及附近海面，擁有香港最具代表性的岩岸、海蝕地貌、岩岸生物，後亦被列為海岸保護區，亦是香港大學海洋生物研究基地。	地質、生境（海岸生境）、動物（岩岸生物）
50	南風道樹林（南區）	1993年6月22日	8	位於南風道以北、近金夫人馳馬徑，林地有至少150年歷史，內有保護價值甚高的各類珍稀植物，如柳葉茶（Camellia salicifolia）、黃桐（Endospermum chinense）等，1840年代以來已有植物學者記錄該地物種。	生境（林地）
51	三門仔鷺鳥林（大埔區）	1994年8月13日	1.2	位於三門仔東北的小島，該島是鷺鳥熱門繁殖地。於2010年2月10日刪除。	動物（鷺鳥）
52	船灣鷺鳥林（大埔區）	1994年8月13日	2.1	位於船灣詹屋和船灣李屋，該處風水林亦是鷺鳥林，吸引多種鷺鳥聚居，包括蒼鷺和各種白鷺。	動物（鷺鳥）

名錄篇號	名稱（地區）	劃定日期	佔地（公頃）	簡介	特殊科學價值
53	大埔鷺鳥林（大埔區）	1994年8月13日	1.2	位於大埔墟市中心近東鐵站及廣福球場一帶，是各類鷺鳥棲息及繁殖地，是十分靠近民居的鷺鳥林。	動物（鷺鳥）
54	蓮麻坑鉛礦洞（北區）	1994年8月13日	10	於蓮麻坑道以南，新桂田以西的山地。礦場在1962年已停用，該礦場是是為香港具代表性的蝙蝠棲息地，分布多種蝙蝠，包括自1874年已長期沒有野外發現的棕果蝠（*Rousettus leschenaulti*）。	動物（蝙蝠）
55	井頭海岸（大埔區）	1994年8月13日	4.3	位於企嶺下海東岸的井頭，其海岸線長約一公里，為沉積岩地帶，分布褶曲和斷層等地質景觀。	地質
56	企嶺下紅樹林（大埔區）	1994年8月13日	48.4	位於井頭南及企嶺下老圍之間的海岸線及烏洲以南的企嶺下內灣區，擁有發展成熟的紅樹林，包括一些不常見紅樹如木欖和欖李（*Lumnitzera racemosa*），各類紅樹分布特色明顯。	生境（紅樹林）
57	萡刀岉及婆髻山（離島區）	1994年8月13日	76.4	是東涌新市鎮以東的兩座山，山區內有未受破壞的灌木林，內有多達200種珍稀植物，包括香港細辛（*Asarum hongkongense*）、吊鐘（*Enkianthus quinqueflorus*），香港木蘭，豬籠草（*Nepenthes mirabilis*）、香港杜鵑（*Rhododendron hongkongense*）、華麗杜鵑（*Rhododendron farrerae*）、各類蘭花等。	生境（灌木林）
58	礐頭海灘（離島區）	1994年10月19日	2.7	位於東涌灣西面礐頭一帶，擁有稀有海草物種，包括矮大葉藻（*Zostera japonica*）及喜鹽草（*Halophila ovalis*），亦有小規模紅樹林，可供多種海洋無脊椎生物棲息。	生境（海草床）
59	沙羅洞（大埔區）	1997年1月16日	22.1	位於大埔工業邨以北，包括了沙羅洞的河溪及其東北的淡水沼澤，是蜻蜓產卵及幼蟲成長地，是香港最具代表性的蜻蜓棲息地，劃定時該處已有68種蜻蜓（當時全港已發現蜻蜓共106種）。	動物（蜻蜓）
60	石澳山仔（南區）	1998年2月3日	0.66	位於石澳山仔最南端，包括附近海域，擁有香港具代表性的岩岸，也是香港海藻物種主要分布點，各種藻類於潮間帶有鮮明分布特點，包括石蒓（*Ulva Lactuca*）、圓紫菜（*Porphyra suborbiculata*）、頭髮菜（*Bangia autropurpurea*）、具皮多管藻（*Polysiphonia harlandii*）等。	生境（海岸生境）
61	新洲（離島區）	1999年5月4日	36	位於深屈及大澳之間海岸，是香港主要毛葉杜鵑（*Rhododendron championane*）分布點，該物種為最為稀有的杜鵑屬物種之一。	植物（毛葉杜鵑）

（續上表）

名錄篇號	名稱（地區）	劃定日期	佔地（公頃）	簡介	特殊科學價值
62	昂坪（離島區）	1999 年 5 月 4 日	14	由寶蓮寺南部伸延至昂坪青年旅舍南部的河道、林地及植林區，此處是盧氏小樹蛙（*Liuixalus romeri*）在香港的主要分布點。	動物（盧氏小樹蛙）
63	大蠔河（離島區）	1999 年 5 月 5 日	5	大蠔河是香港少數由上游至河口保持天然面貌的河溪，是擁有多種淡水和河口魚類，是香魚（*Plecoglossus altivelis*）在香港主要分布點，河口有紅樹和海草物種的分布。	生境（河溪）、動物（魚類）
64	深灣（離島區）	1999 年 6 月 3 日	4	位於南丫島南部，其沙灘及毗鄰淺灘為香港唯一已知的綠海龜（*Chelonia mydas*）築窩建巢地點。沙灘已被列為限制地區，在每年 6 月至 10 月設有進入限制。	動物（綠海龜）
65	青衣南（葵青區）	2005 年 4 月 13 日	1.1	位於三支香山頂以北，山坡上發現香港特有的香港巴豆（*Croton hancei*）。	植物（香港巴豆）
66	大菴風水林（大埔區）	2005 年 12 月 30 日	2.7	位於大埔林村大菴村以東，是典型華南鄉村風水林，擁有 170 種植物，當中包括珍稀物種嘉陵花（*Popowia plsocarpa*）和愛地草（*Geophila herbacea*）。	生境（風水林）
67	石牛洲（大埔區）	2005 年 12 月 30 日	0.92	位於東平洲以南、西貢半島以東的無人島。每年夏季，大量燕鷗在此島上產卵，是香港最重要的燕鷗繁殖地。	動物（燕鷗）
68	蓮麻坑河（北區）	2007 年 7 月 6 日	不適用	流經蓮麻坑村及其附近一帶低地，分布約 20 種本地原生淡水魚，包括在其他溪流鮮見的斯氏波魚（*Rasbora sterineri*）、月鱧（*Channa asiatica*）、大刺鰍（*Mastacembelus armatus*）。	動物（淡水魚）
69	小冷水（屯門區）	2008 年 1 月 8 日	2.3	在小冷水堆填區內，此地為香港已知最大的蝴蝶過冬地點，尤其是斑蝶亞科（Danaidae）物種。	動物（斑蝶）
70	深水灣谷（南區）	2008 年 2 月 18 日	4.2	深水灣道以南深水灣谷的一片林地，有稀有的灌木海邊馬兜鈴（*Aristolochia thwaitesii*）。2003 年首次發現有斑蝶在此過冬。	植物、動物（昆蟲）
71	龍鼓灘谷（屯門區）	2012 年 4 月 3 日	6.72	位於龍鼓灘南朗村東及東北面，擁有風水林和天然林地，也有超過 130 種蝴蝶，佔全港蝴蝶種類約 50%。山谷內育有不少具保育價值蝴蝶，如尖翅弄蝶（*Badamia exclamationis*）等，被譽為蝴蝶天堂。該處亦是本港不常見的紅鋸蛺蝶（*Cethosia biblis*）主要分布點。	生境（風水林）、動物（蝴蝶）
72	周公島（離島區）	2015 年 2 月 27 日	54	位於喜靈洲東北，島上人口稀疏，是香港雙足蜥（*Dibamus bogadeki*）在香港主要的三個分布點之一，其餘兩處為喜靈洲和石鼓洲。	動物（香港雙足蜥）

注：截至 2017 年，鹽灶下鷺鳥林、青山村、吉澳洲、白沙灣半島、三門仔鷺鳥林共五個具特殊科學價值地點已刪除。

資料來源：規劃署：《具特殊科學價值地點登記冊》。

六、其他保護區

1. 集水區

集水區指雨水流經天然河流及引水道、匯集至水塘儲存的整個收集雨水範圍，水塘、河道和引水道均屬集水區。根據《水務設施條例》第 23 條，在地圖上繪製為「集水區」的任何地面都是集水區，而水務署署長負責劃定集水區範圍。集水區受到《水務設施條例》保護，防止水務設施受到損壞或污染，並管制區內的發展，以保障水資源的質量。違例者一經定罪，可罰款 10,000 元及監禁 2 年。

英佔以來，隨着水塘的建設，香港已建立了一個龐大的雨水收集及儲存系統。集水區的面積合共約 360 平方公里（36,000 公頃），約佔全港三分一土地面積，並建有 45 條全長約 120 公里的引水道系統，當中約有 57 公里的引水道於太平洋戰爭前建造，多位於水塘附近及地勢陡峭的地方，由於大部分集水區範圍與郊野公園重疊，因此同時受到《郊野公園條例》規管。1977 年，水務署成立檢控組，檢控違反《1975 年水務設施規例》（*Waterworks Regulations, 1975*）的人，如把油污流入引水道的工場、在水塘放生的市民、於集水區游泳和非法釣魚的人等。

法例的規管與全面的管理，除了可保障集水區內水資源的質量外，也保護了區內的生態環境，培育了多元化生境，包括河溪、風水林、次生林、草原，以及棄耕地。集水區內可找到多種植物、蝴蝶、蜻蜓、兩棲類、爬行類及鳥類；另一方面，水質與水量亦受惠於良好的生態，兩者相輔相成地發揮「生態系統服務」，就是包括支持服務、調節服務、供給服務和文化服務四方面。

支持服務：集水區扮演匯聚雨水和表面水蒸發回到大氣的角色，支持着整個水循環系統。

調節服務：集水區範圍覆蓋着植被，有助減少水分蒸發及穩定水量。植物的根部會吸收水中的化學物質，有助調節及淨化水質。同時，多樣化的植物構成了複雜的表層，能夠調節水的流動，減少水土流失，紓緩土壤侵蝕及水塘淤塞情況。

供給服務：集水區收集雨水，維持和保存穩定的水量，供給人們食用。此外，收集的儲水亦可作灌溉水，有助作物的生長，並帶來經濟收益。

文化服務：集水區環境優美，能為市民提供各種康樂活動，其中的設施包括：露營地點、遠足山徑、越野單車徑、郊野公園遊客中心、水上活動中心等。加上區內生物多樣性豐富、生境多元化，是科普和科研學習的天然教室。

2.「綠化地帶」

《城市規劃條例》賦予城規會權力，讓城規會能擬備香港不同地帶的規劃意向、布局設計及

在該等地區內適宜建築物類型的草圖（即分區計劃大綱圖及發展審批地區圖），以促進社區的衛生、安全、便利及一般福利。《城市規劃條例》亦指明「綠化地帶」和「鄉村式發展」的準則，目的在管制天然和鄉郊環境的過度發展，保護這些地方的自然生態和物種。

「綠化地帶」指不宜進行發展，作為保育市區內已建設地區或市區邊緣地區內的現有天然環境，目的是防止市區式發展滲入這些地區，以及為市民提供更多靜態康樂地點。鄉郊地區／新市鎮的「綠化地帶」的規劃目的，主要是利用天然地理環境作為市區和近郊的發展區的界限，來抑制市區範圍的擴展，並提供土地作靜態康樂場地。

第四節　生境和物種保育

一、生境保育

香港位於珠江口東南側，三面環海，東、南面是中國南海近海水域，水較清澈，適合珊瑚和海藻生長，西面海域則受珠江影響，海水鹽度較低及混濁，北邊則與深圳接壤。海洋面積超過 1600 平方公里，海岸線總長 1200 公里，獨特的地理環境形成了多樣的海洋生境，孕育出異常豐富的海洋生物，截至 2016 年，本港共錄得 5943 種海洋物種。

本港新界西北面的后海灣一帶是全港最大的河口濕地，位於香港和深圳之間，海灣屬鹹淡水交界，受大量沉積物和養分所影響，最深處不超過六米，平均深度約有三米，岸邊有大面積紅樹林生長，潮退時內灣會露出大片泥灘。沿岸則長期受人類開墾，形成大片人工濕地，與富饒的天然河口結合成為生物多樣性異常豐富的濕地生態系統，是東亞 ── 澳大利亞候鳥遷飛路線上的重要中途站。

本港亦有不少淡水濕地，包括種植不同農作物的水田，及水稻田棄耕之後出現的沼澤，是鳥類、兩棲類、魚類和水生昆蟲的重要生境。此外，崎嶇的地勢亦形成很多山溪出現在大小山嶺上，它們在平原匯集成河溪，是兩棲類和蜻蜓等的棲息地，岸邊潮濕的環境亦有很多特別的植物。

本港陸地上曾覆蓋着原始闊葉林，大概在十七世紀時已差不多被完全砍掉，只在陡峭的峽谷或傳統村莊後的風水林可能有殘餘的原始森林。港府多年來展開大規模植林和保護植被，使自然演替可以出現，山坡上逐漸出現灌木叢和次生林，香港樹林面積亦大大增加了。

史前在香港生活的人類依賴捕魚和其他海產為食物，近代的蛋家及鶴佬（又稱福佬）亦

以捕魚為生，漁獲亦為市民大眾提供重要的營養。因此，最早期的保育措施集中於保護對社會重要的自然資源，像 1911 年訂立《漁業（炸藥）條例》（*Fisheries（Dynamite）Ordinance*），規管破壞性捕魚的方法。隨着人口增多及捕撈壓力增加，更多的保護漁業資源的法規亦相繼出台。

二次大戰之後人口大量湧入，都市化步伐亦加快，港府也為工業化和城市化對自然環境造成的影響採取行動，例如自 1980 年以來着力處理水質污染，對各區的海域、后海灣和河溪的生態都有幫助。此外，自 1986 年起大型發展項目均需要實行環境評估，並規定填海工程進行緩解措施，以及對引致林地和濕地損失的工程作出補償。

都市化亦令很多香港市民居住在狹窄的環境，他們空閒時間便到郊野，但這也增加了自然環境的壓力，港府於 1976 年構建郊野公園系統，保護與管理大面積的草地、灌木叢、次生林和山溪。又陸續將一些特別生境劃定為具特殊科學價值地點，如在林村的社山風水林、果洲群島的植被等。

隨着市民的環保意識提高、社會更關注生態保育，一系列的積極生境保護與管理措施陸續出台。在 1983 年成立的米埔自然護理區是后海灣河口濕地保育的里程碑，也開創了由環保團體在政府支持下直接管理、改造並提升人工濕地的生態價值和教育功能的里程碑。港府亦在 1995 年，根據《拉姆薩爾公約》指定內后海灣、米埔和周邊一些魚塘為國際重要濕地，並採取一系列保護、管理和監察措施，以更好保護該生態系統。港府亦在 1995 年制定《海岸公園條例》，並透過劃定海岸保護區及海岸公園，保育不同的海洋生境。

不過一些具有高生態價值的私人土地卻不在保護地區內，面臨愈來愈大的發展壓力，社會上亦有保育它們的訴求。特區政府遂於 2004 年制定《新自然保育政策》，並提供新的機制，讓環保組織和土地擁有人透過達成管理協議，來共同保育沙羅洞、塱原濕地等地。政府更於 2011 年將管理協議計劃涵蓋範圍，擴大至郊野公園內的「不包括土地」，以保育偏遠鄉村優美環境和修復農田。

儘管香港的自然生境，無論是海洋還是陸地，無論是濕地還是樹林，不少都因人類活動和社會發展而受到影響，甚至遭到破壞，多年積極的保育與修復有助大自然恢復原貌。香港不單位於印緬生物多樣性熱點之內，更有四個關鍵生物多樣性區域，生物多樣性極豐富。本部分內容將集中闡述政府聯同其他組織和人士，對本港各類生境的保育工作。

1. 海岸和海洋生境保育、管理和監察

捕魚影響及相關保育、管理和監察

傳統捕魚方式主要是網捕或用釣鈎，但自十九世紀末，用炸藥捕魚開始變得普遍。這種方法極具破壞性，不單爆炸範圍內的海洋生物會悉數死亡，還會將珊瑚炸斷。政府在 1911 年

訂立《1911年漁業（炸藥）條例》，禁止使用炸藥捕魚，這是最早保育海洋生境的法例。1962年港府在《1962年漁業保護條例》（*Fisheries Protection Ordinance, 1962*）下制定的《漁業保護規例》（*Fisheries Protection Regulations, 1962*），更增加了禁止使用有毒物質捕魚的條款。1998年至1999年，政府再度修訂《1962年漁業保護條例》，禁止使用發出電力的器具、機械抽吸、挖採器具等破壞性捕魚作業方式（見圖2-47）。

香港漁船數目在二戰後迅速增加，1940年代末起開始機動化，捕撈力度隨着漁船馬力而增加。漁農處在1998年完成的顧問研究發現漁業資源大幅下降。政府採納了漁業可持續發展委員會2010年的建議，隨着立法會於2011年5月18日通過附屬法例《2011年漁業保護（指明器具）（修訂）公告》（*Fisheries Protection (Specification of Apparatus) (Amendment) Notice, 2011*），2012年12月31日起香港水域禁止拖網捕魚，這不單令漁船捕魚力度下降超過35%，還令海床免受底拖網挖翻，使底棲海洋生物群落不受騷擾；並限制新漁船加入和禁止非本地漁船在香港水域捕魚。漁護署委託南海水產研究所分析從2010年至2015年的漁業資源數據，結果顯示本地漁業資源有明顯的復蘇跡象，而底層的漁業資源恢復較中上層明顯，但非法拖網仍時有發生，引起關注（見圖2-48）。

圖 2-47　在香港仔避風塘佇立的告示版，提醒漁民不可使用破壞性方法捕魚。（香港地方志中心拍攝）

圖 2-48　香港水域禁拖後海洋環境及生態恢復示意圖

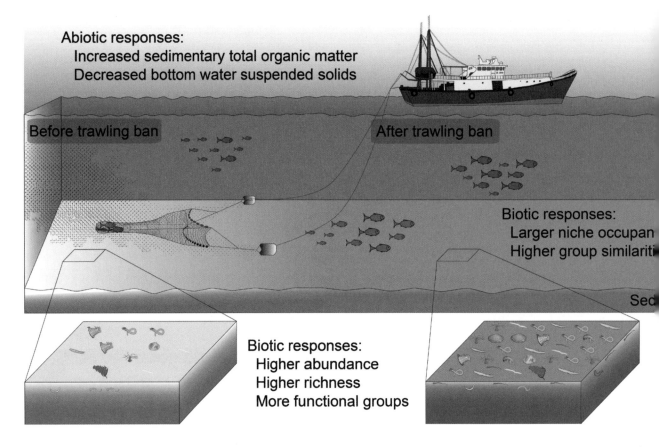

圖 2-48　香港水域自 2012 年 12 年 31 日起禁止拖網捕撈後，海洋環境和生態逐步恢復。例如，在環境方面（abiotic responses），禁拖後飄浮於水中的海床沉積物減少，這些有機物回復至原來的沉積狀態，有助底棲海洋生物攝食；在生態方面（biotic responses），禁拖後海洋生物量和物種豐富度上升。（梁美儀提供）

為應對海洋資源日漸減少，漁農署自 1996 年推行人工魚礁計劃，以改善平坦海床對海洋生物的吸引力。1997 年政府委託的研究建議，可在大嶼山南部、蒲台島、果洲群島、牛尾海及塔門以東這五個地點的海域優先投放人工魚礁，並透過設立保護區來管理人工魚礁的捕魚活動，以免被魚礁吸引到的魚類被捉走。特區政府曾在 2005 年的諮詢文件中提及，會在吐露港與牛尾海建立兩個總面積達 137 平方公里（13,700 公頃）的漁業保護區來保護重要的魚類產卵和育苗場。漁業可持續發展委員會 2010 年的報告亦建議修訂《漁業保護條例》以設立漁業保護區，特區政府於 2012 年對條例作出相應增補，但截至 2017 年香港仍未有漁業保護區成立。

水質污染及相關管制和監察

禽畜養殖業自 1960 年代後期起快速發展，造成很多新界河流與海灣被禽畜排泄物所污染。本港工業亦於 1960 年開始興旺，一些工廠將污水渠接駁到雨水渠，令污水直接排進附近河道、海域。港府於 1980 年制定《1980 年水污染管制條例》（*Water Pollution Control*

Protection Ordinance, 1980），透過發牌制度管制污水和沉積物的排放，並鋪設新污水渠及興建污水處理設施。港府也在 1980 年訂立《1980 年廢物處置條例》（*Waste Disposal Ordinance, 1980*），並在 1988 年實施《1988 年廢物處置（禽畜廢物）規例》（*Waste Disposal (Livestock Waste) Regulations, 1988*），禁止在新市鎮及易受污染的地區飼養禽畜；同時在容許的地區，飼養場均須裝設合適的廢物處理系統。

以上措施令香港海域水質和海洋環境得以逐步改善，2017 年海水水質指標整體達標率為85%。[7] 吐露港水域擁有多種海洋生境，包括岩岸、紅樹林、灘塗和珊瑚，但亦最常發生紅潮（又稱赤潮），在政府一連串防治污染的措施下，紅潮個案也從 1988 年最高的 43 宗下降至 2017 年的 11 宗。鄉村污水亦是重要污染源之一，毗鄰吐露港的大埔區，不少鄉村都有使用化糞池系統來處理生活污水，但因該區位於洪氾平原，往往不適合使用化糞池，溢出的污水會排放到附近水道及海域，造成污染。環保署逐步為鄉村設置公共污水渠系統以改善污染問題，並接納審計署 2016 年報告的建議，在改善監管的同時，也採取措施，確保適合的村屋排水渠接駁至已完成的公共污水渠，以防止污染的發生。

基建工程對海洋生態的影響、緩解措施及監察

香港地少山多，填海造地在開埠之初已進行。初期是利用山坡的土石作為填料，1980 年代開始逐漸改用疏浚方法，即在海床挖取海沙用來填海，但會減少海床底棲動物的數量和多樣性，而這方法亦往往要把海底的淤泥傾卸至指定區域。這些近岸填海除了會破壞天然海岸、減少海域面積、改變水流外，亦會釋出大量沉積物，令海水變得混濁並減低陽光的滲透，不利珊瑚、海藻和海草的生長。

香港社會自 1980 年起愈加關注保護環境，港府於 1986 年訂下《大型發展項目環境評審》的內部指引。1990 年代初，赤鱲角新機場和沙洲航空燃料接收設施按指引進行了環境影響評估，根據評估結果，港府因填海而須為中華白海豚設立海岸公園，結果於 1996 年 11 月劃定沙洲、龍鼓洲和鄰近水域為海岸公園。並在 2005 至 2007 年間，於大嶼山大澳的 11 公頃荒廢鹽田上種植 6 種紅樹，成功建立紅樹林以補償赤鱲角失去的 7 公頃林地。而在北大嶼山田心的矮大葉藻移植試驗卻以失敗告終。

不牽涉填海的發展亦可能會影響海洋生境。香港賽馬會於 1990 年代中在滘西洲興建公眾高爾夫球場，因修建一個灌溉小水庫而破壞 0.5 公頃的紅樹林，遂在島上 1 公頃的岸邊移植或種上 4 種紅樹，監測顯示新種的紅樹存活率高並能開花繁育。

7　根據全港 76 個開放水域水質監測站的四個重要指標參數（即溶解氧、總無機氮、非離子化氨氮及大腸桿菌）的達標率計算。

《1988 年環境影響評估條例》在 1998 年起實施，此後，與海洋生態直接相關的指定工程，都須要進行環境影響評估。這些工程包括：涵蓋面積超過 5 公頃的填海（包括挖泥），與現有或計劃中具有特殊科學價值地點、海岸公園、海岸保護區或特別地區距離少於 500 米，面積超過 1 公頃的填海工程。根據《1988 年環境影響評估條例》，工程進行前，持份者須考慮工程對重要海洋生境的影響，而重要海洋生境是指：面積逾 1 公頃或長逾 500 米的天然海岸；面積逾 1 公頃的潮間帶泥灘；任何面積已成形的紅樹林、海草床和珊瑚群落；及其他科學研究文獻證明具特別重要性的生境。

2012 年開始興建的港珠澳大橋香港段及香港口岸的選址在大嶼山以北水域，當中的填海導致 138 公頃中華白海豚生境永久損失，特區政府遂在 2016 年設立 970 公頃的大小磨刀海岸公園作為補償，另一項緩解措施是在鄰近海床設置人工魚礁。

2016 年開展的擴建香港國際機場（即赤鱲角機場）成為三跑道系統工程，同樣牽涉在大嶼山以北水域填海，導置 672 公頃海床損失。工程採用免挖式方法，包括在污泥坑使用深層水泥拌合法，以減少對海床及海洋生境造成的干擾，並在項目完成後為中華白海豚設立一個約 2400 公頃的新海岸公園，亦在部分海堤設立生態海岸。此外，機場管理局為項目附近海域制定海洋生態（包括中華白海豚）及漁業策略，並成立改善海洋生態基金及漁業提升基金，自 2017 年開始資助符合策略目標的項目。

相關保護區涵蓋的生境類型和重點物種
香港最早的生境保育建議主要針對陸上的地方，只有一些相連的海岸包括在內。1970 年代初來香港任教的莫雅頓（Brian Morton），是首位研究香港海岸的海洋生物學家。他透過研究、調查和交流，把香港豐富的海岸生境與其重要性展示出來。莫雅頓教授與其他學者、環保團體亦提出要保護不同的海岸，作為保育、自然教育與康樂之用。

自 1975 年開始，不少海岸及海島被列為具特殊科學價值地點，政府部門在規劃更改土地用途或計劃發展時，要考慮它們的生態價值。截至 2017 年 7 月 1 日，香港 67 個具特殊科學價值地點中，有 11 個是擁有良好生境或特別動植物的海岸及其淺水區（見表 2-10）。深涌海岸、荔枝莊與井頭海岸因具有特別的地質或有多種化石，所以亦被列為具特殊科學價值地點。

港府在 1995 年制定《海岸公園條例》，並在 1996 年劃定了鶴咀海岸保護區，和海下灣、印洲塘、沙洲及龍鼓洲三個海岸公園，之後在 2001 年與 2016 年分別再設立東平洲海岸公園和大小磨刀海岸公園（見表 2-11）。

香港地質公園於 2009 年成立，目的是更妥善保護本港的特殊地貌及附近的海洋生態，政府又於 2011 年，指定印洲塘、糧船灣、橋咀洲、甕缸群島及果洲群島為特別地區，以保護當地環境及生態，但只包括漲潮高水位線以上的陸上地方。

表 2-10　香港具特殊科學價值地點的海岸所涵蓋生境與特別動植物情況表

具特殊科學價值地點名稱	生境與動植物
大潭港（內灣）	紅樹林、泥灘、沙岸、沙坪
荔枝窩海灘	紅樹林、沙坪、矮大葉藻
白泥	海鷗和燕鷗
尖鼻咀	成熟的紅樹林，有較稀有的木欖（*Bruguiera gymnorhiza*）、平滑耳螺（*Ellobium polita*）
汀角	紅樹林、泥灘，具五種紅樹
海下灣[1]	多種石珊瑚組成的群落，包括具代表性的十字牡丹珊瑚（*Pavona decussata*）、團塊濱珊瑚（*Porites lobata*）、罩柱群珊瑚（*Stylocoeniella guentheri*）、刺星珊瑚（*Cyphastrea* spp.）
鶴咀[1]	本港最佳的岩岸之一，具豐富的海岸生物
企嶺下紅樹林	香港最大片的紅樹林之一，差不多具有所有紅樹物種，且出現成帶現象，後濱的植物發育良好。泥灘夾雜沙粒與礫石，有大量生物，更發現新種無脊椎動物
礮頭海灘	紅樹林、泥灘上有矮大葉藻和喜鹽草組成的海草床和有趣的無脊椎動物群落
石澳山仔	典型的受風浪衝擊的岩岸，有多種海藻，包括：石蓴（*Ulva lactuca*）、珊瑚藻科、圓紫菜（*Porphyra suborbiculata*）、頭髮菜／紅毛菜（*Bangia atropurpurea*）和具皮多管藻（*Polysiphonia harlandii*）等，並出現成帶現象，也有季節變化
深灣	綠海龜（*Chelonia mydas*）在香港唯一的產卵沙灘

注 1：　海下灣同時為具特殊科學價值地點及海岸公園；鶴咀同時為具特殊科學價值地點及海岸保護區。
資料來源：規劃署：《具特殊科學價值地點登記冊》。

表 2-11　香港海岸公園及海岸保護區所涵蓋生境與特別動植物情況表

地點	成立年份	面積（公頃）	生境與動植物
海岸保護區			
鶴咀[1]	1996	20	本港東南面常見的受風浪衝擊的石岸，生物多樣性相當豐富，包括各種魚類、石珊瑚、軟珊瑚、柳珊瑚（*Guaiagorgia* sp.）及海洋無脊椎動物。
海岸公園			
海下灣[1]	1996	260	全港其中一個最好的珊瑚區，記錄有 64 種珊瑚及超過 120 種珊瑚伴生魚類。同時亦有紅樹林（包含六種）及豐富的海洋生物。
印洲塘	1996	680	全港最大片的矮大葉藻海草床，本港錄得的八種紅樹全都可以找到，還有泥灘、石珊瑚群落，魚類資源豐富。
沙洲及龍鼓洲	1996	1200	受珠江影響的西部開闊水域，含較多有機物和沉積物。由於魚類豐富，能為中華白海豚提供主要食物，是中華白海豚的重要生境。位處海岸公園西部的白洲，是來港越冬的鸕鷀重要的晚間棲息地點。
東平洲	2001	270	珊瑚群落的覆蓋率及物種的多樣性甚高，共有 65 種石珊瑚（見圖 2-49）。它也是海藻的溫床，共錄得超過 65 種海藻。東平洲亦有豐富的海洋生物，包括 130 種珊瑚伴生魚類及超過 200 種海洋無脊椎動物。
大小磨刀	2016	970	受珠江影響的西部水域，含較多有機物和沉積物。原本是中華白海豚的重要棲息地和覓食場。

注 1：　海下灣同時為具特殊科學價值地點及海岸公園；鶴咀同時為具特殊科學價值地點及海岸保護區。
資料來源：香港特別行政區政府漁農自然護理署。

圖 2-49　在東平洲海岸公園內的扁腦珊瑚（*Platygyra*）。（香港特別行政區政府提供）

海岸公園及海岸保護區的生境管理和監察

《海岸公園條例》條例下的《海岸公園及海岸保護區規例》列明區內不准釣魚、捕魚、獵捕和採集動植物，並列出鯨豚、蝙蝠、野生雀鳥、龜類、石珊瑚、真珊瑚、黑珊瑚、海草、海馬和馬蹄蟹為區內受保護動物。

漁民可申請許可證在海岸公園內作業，而常居於附近的人也可申請在園內釣魚或採捕不受規例保護的海洋生物；東平洲及大小磨刀海岸公園設有核心區，區內禁止一切捕魚活動。海岸保護區規管更為嚴格，禁止一般康樂活動或採集野生動植物。在海岸公園或海岸保護區內，亦限制船速不得超逾 10 節。

漁護署海岸公園護理員每天執行巡邏，並配備巡邏船，在有需要時採取執法行動。也進行生物及水質監測，以了解管理模式需否改善。漁農處亦於 1990 年代後期在海下灣及印洲塘海岸公園內放置人工魚礁，以防止拖網作業。

但海岸公園內的魚類多樣性和數量仍然偏低，部分原因是持續的捕撈壓力。研究人員、環保團體和立法會議員均曾建議設立更多的海洋保護區，並提議在海岸保護區內全面禁止捕撈，以確保魚類資源得以恢復。漁業可持續發展委員會亦曾提出在海岸公園內全面禁止商

圖 2-50　大嶼山水口灣在退潮時露出大片沙坪，沙坪內有大量潮間帶生物，具保育價值。（劉惠寧提供）

業捕魚。特首在 2008 至 2009 年度的施政報告中、曾提出在海岸公園內禁止商業捕魚，但截至 2017 年，有關建議仍未實施。[8]

其他具價值的海岸和海洋生境

漁護署曾計劃將大嶼山水口的大片沙坪列為具特殊科學價值地點，此沙坪不單是本港此類生境中的代表（見圖 2-50），也擁有豐富及特別的潮間帶生物，但特區政府在 2010 年諮詢當地居民時遭到強烈反對，最後計劃被擱置。

海底洞穴海是一獨特的海洋生境，在香港東南水域的飯甑洲和青洲各有一個洞穴，本地和海外研究人員在 2002 年的聯合考察中，發現海穴內有 16 種不需要光的珊瑚和 20 種軟珊瑚，以及記錄了大約兩百種來自洞穴的海洋生物，包括 13 個科學新種。學者們建議將這兩個海穴列為具特殊科學價值地點。青洲已在清水灣郊野公園內，飯甑洲則在 2011 年設立的糧船灣特別地區之內，但保護範圍並不包括水下環境。另外垃圾灣的岬角有一個潮間帶的海穴，因此有建議將鶴咀海岸保護區擴大至垃圾灣。但直至 2017 時，仍未有任何針對海穴而設立的保護措施。

8　在新海岸公園漁業管理策略下，由 2020 年 4 月 1 日開始，海下灣海岸公園、東平洲海岸公園、印洲塘海岸公園、沙洲及龍鼓洲海岸公園內均禁止商業捕魚，停止簽發新捕魚證，並設有兩年過渡期。

世界自然（香港）基金會與 30 多位專家在 2016 年根據最佳的科研數據與國際公認的六個標準，揀選出 31 個海洋生態熱點，包括尚未受到保護的娥眉洲、吉澳、荔枝莊、浪茄灣至白臘、石牛洲及打浪排、海星灣、沙頭角海、西貢大浪灣、及七星排等，並建議政府加強保育。但至 2017 年，政府在大部分地方仍未有具體行動。

2. 米埔與內后海灣河口濕地保育、管理和監察

早期漁農業開發

自 1900 年起，后海灣已有超過 1700 公頃紅樹林沼澤被圍填，改成人工濕地。早期是用來種植鹹水稻或淡水稻；在 1940 年代至 1960 年代，再有大片紅樹林被圍墾成基圍蝦塘（見圖 2-51），1970 年代後，魚塘差不多取代了所有稻田和基圍。由於當地民眾依賴這些濕地謀生，所以自覺地維護和管理它們，這些人工改造濕地令整個區域的生境更多元化，后海灣一帶亦成為了水鳥重要的棲息地，在狩獵活動禁止之前，更是熱門狩獵野鴨和涉禽的地方。

水稻田為很多生物特別是水生昆蟲、蛙類、吃蟲或吃種子的鳥類提供了良好生境。基圍則巧妙地利用高產的河口生態系統，透過通向后海灣的水閘在潮漲時將海水連帶蝦苗、魚苗

圖 2-51　夕陽下的米埔基圍。（劉惠寧提供）

及養份引入基圍，待蝦成長後在潮退時排水捉蝦。運作令基圍出現人工潮汐漲退，故適合不同水鳥棲息。營運者更會在冬天時將基圍的水排乾，捕捉大魚及除去小魚，這時亦為水鳥提供一個絕佳的覓食機會。魚塘水深可達兩米以上，漁民會投放高密度的魚苗和每天餵飼料，塘內的水在秋、冬收成魚產時會被逐漸泵走，被困在淺水處的小蝦和雜魚便成為水鳥的食物。漁民會在收成後曬塘，這時，鴴鷸類雀鳥可在露出的濕泥覓食和休息。在 1980 年代至 1990 年代，很多魚塘上也搭建棚子飼養家鴨，不會飛的鴨子是越冬的鵰類青眺的獵物。

水污染及相關管制和監察

元朗、上水、粉嶺和打鼓嶺一帶在 1960 年代後期至 1980 年代是養豬場的集中地，排泄物被直接沖到河涌繼而流到后海灣。元朗新市鎮和工業村在 1978 年開始發展，此時，后海灣備受禽畜業、工業與家居的污染物所影響。特別嚴重的情況發生在 1996 年夏季，后海灣的水中溶氧量幾近零，泥灘裏很多生物都死掉，隨後的冬季水鳥數量亦大幅下降。

為控制水污染，政府在 1988 年實施《廢物處置（禽畜廢物）規例》，全面管制禽畜廢物，而大部分容許飼養禽畜的地區都在后海灣流域，雖然飼養場均須裝設廢物處理系統，但非法排放時有發生。后海灣的集水區於 1990 年劃為水質管制區，並於 1991 年訂立水質指標，透過發牌制度管制在區內排放污水和沉積物的行為。

元朗區和北區有很多未設置公共污水渠的鄉村和寮屋，它們所產生的污水是后海灣水域的污染源頭之一。環保署逐步設置公共污水渠系統以改善上述問題，並同意審計署 2016 年的建議，改善監管高風險的化糞池系統和清理的工作，並確保適合的村屋會接駁至已完成的公共污水渠。

后海灣流域也包括深圳，深圳市政府也關注該區的水污染並採取應對措施，粵港兩地政府更於 2000 年制定了《后海灣（深圳灣）水污染控制聯合實施方案》，分階段拓建和優化區內污水處理設施，減少污水排入。自 2000 年代中期起，主要流入河道的水質持續得到改善，雖然后海灣的水質亦有所提升，但仍是全港各個水質管制區中最差的。環保署的監測亦顯示元朗區和北區的一些河溪仍受糞便污染。

保育區的劃定和管理

早於 1964 年，斯科特（Peter Scott）已建議在米埔沼澤設立一個自然保護區，受漁農處委託的戴爾博和戴瑪黛在 1965 年提交的《香港保存自然景物問題簡要報告及建議》，亦提出在米埔及后海灣成立自然護理區的計劃，並得到自然學家和觀鳥人士支持。但 1970 年初，一片在米埔沼澤北部的紅樹林被挖掘成深水魚塘；1975 年，佔地 116 公頃的錦繡花園亦於米埔以南的大生圍魚塘開始興建，這兩項工程為米埔濕地帶來警號。港府在 1973 年將米埔沼澤劃為自然護理區，在區內嚴禁狩獵和攜帶槍枝。1975 年，米埔更列為限制地

區，只限擁有由漁農處發出許可證的人士進入。翌年，米埔與甪洲的魚塘一同被列為具特殊科學價值地點，米埔的基圍操作更被許可證所規範，不容許挖深成為魚塘。后海灣內灣的潮間帶泥灘、淺水區和沿岸的漁塘亦於 1986 年被列為具特殊科學價值地點。限制地區亦於 1996 年擴大至內后海灣潮間帶泥灘，這措施有助防止漁民到泥灘上捕捉彈塗魚，甚或設網捕水鳥。

然而，后海灣及周邊地區的都市化發展令區內濕地進一步減少。世界自然（香港）基金會（基金會）邀請英國水禽信託基金會（Wildfowl Trust，現為水禽與濕地信託基金會 Wildfowl and Wetlands Trust）在 1982 年調研的報告表示，港府要盡快保護米埔並將其發展成野生生物教育中心。基金會於 1983 年得到港府全面支持開展米埔自然護理區計劃，利用籌得的款項發放特惠金給於自然護理區中心地帶的兩位基圍營運者，將基圍改造成適合涉禽在漲潮時棲息的生境，亦建造了一些簡單的遊人設施。此計劃逐步擴展，米埔教育中心亦於 1986 年落成，能更好地推動學生和市民藉參觀自然護理區以了解環保教育（見圖 2-52）。1990 年斯科特野外研習中心建成，基金會開始利用米埔的經驗為亞洲區特別是中國內地的濕地管理人員和官員提供培訓，藉此提高亞洲區的濕地保育、管理和研究。基金會又設立由政府代表、學者、專家和香港觀鳥會代表組成的委員會，負責檢視米埔的管理成效並提供意見。至 1993 年，基金會籌款直接管理的基圍增至 12 個，透過控制水位、管理植被、甚至是推土挖泥建立與保育多種濕地生境，包括基圍、蘆葦叢、紅樹林、淺水塘等，以吸引各種水鳥和野生生物。香港觀鳥會自 1979 年起，對后海灣一月份的冬季水鳥數目進行監察，數字在米埔自然護理區成立後大體呈現上升，至 1996 年達 67,000 隻以上，其後數字出現較大波動，最高是在 2008 年的超過 90,000 隻，然後逐漸回落至 2011 至 2017 年的 40,000 與 60,000 萬隻之間（見圖 2-53）。

通過積極的保護和管理，后海灣和米埔成為東亞地區水鳥的重要棲息地，符合《拉姆薩爾公約》「國際重要濕地」的四個標準。1995 年，港府根據《拉姆薩爾公約》，指定 1540 公頃米埔內后海灣拉姆薩爾濕地（見圖 2-54），漁農處於 1998 年開始實施護理策略和分區管理計劃，把最多水鳥使用的泥灘和沿岸的紅樹林劃為核心區（見圖 2-55），目的是提供一個不受滋擾的地帶以保護自然生態，核心區嚴格限制公眾人士進入，少數持許可證的學生、公眾和觀鳥人士可利用浮橋穿越紅樹林到達泥灘邊的觀鳥屋，欣賞后海灣的水鳥和生物。

在米埔自然護理區內大部分地方都被劃為生物多樣性區，特區政府收回自然護理區內另外九個基圍和淡水塘、並提供部分資助予基金會一併管理。基金會亦為米埔制定管理計劃與監察方案。米埔自然護理區鄰近的魚塘則劃為善用區，一方面養魚戶可繼續其商業營運，另一方面亦保留了水鳥的覓食生境。1998 年的米埔內后海灣拉姆薩爾濕地管理計劃將天水圍以東的魚塘劃為公眾使用區，但其功能被之後建成的香港濕地公園所取代；而尖鼻咀以南的魚塘和基圍被劃為生物多樣性區，但因土地擁有權不明確，在 2011 年更新的管理計劃，該兩處都被改為善用區。

圖 2-52　米埔自然護理區和教育中心。（Bena Smith 提供）

圖 2-53　1979 年至 2017 年后海灣地區一月份的水鳥數量統計圖

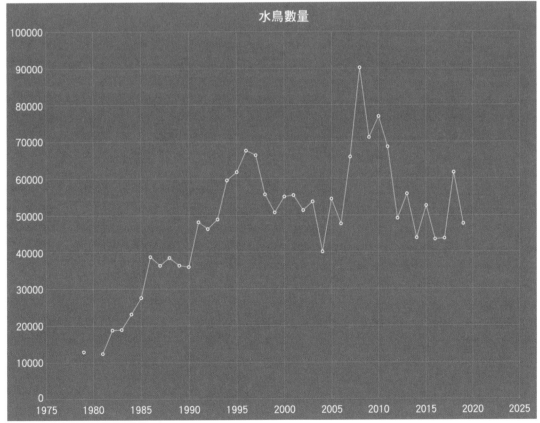

注：多年來調查覆蓋區域有一些變化

資料來源：香港觀鳥會及漁農自然護理署水鳥監測計劃提供。

圖 2-54　1998 年米埔內后海灣拉姆薩爾濕地分區規劃位置圖

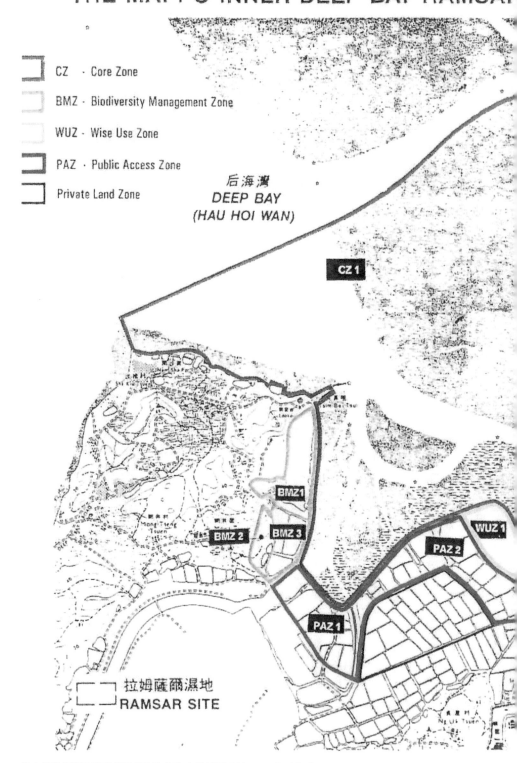

注：公眾使用區和尖鼻咀以南的生物多樣性區已於 2011 年改為善用區
資料來源：香港特別行政區政府漁農自然護理署。

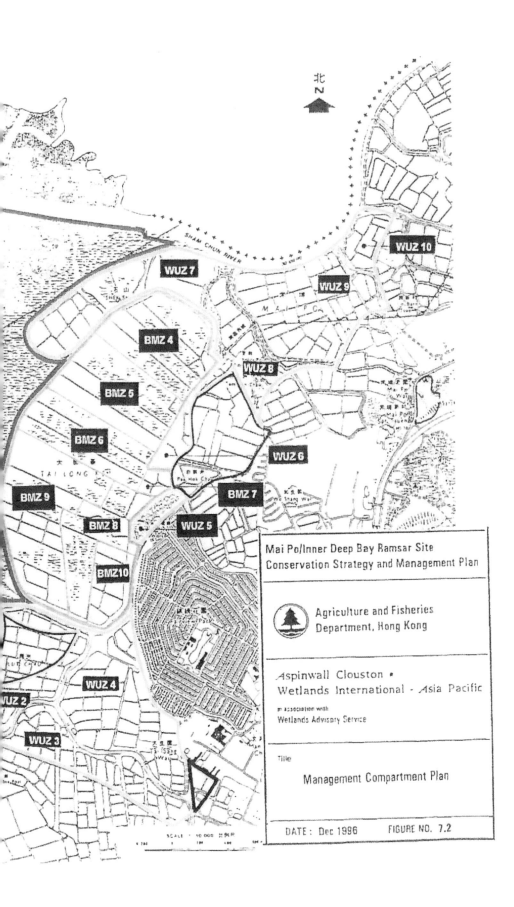

北 N

WUZ 10
WUZ 7
WUZ 9
SHAM CHUN RIVER
MAI PO
BMZ 4
WUZ 8
BMZ 5
BMZ 6
WUZ 6
TAI LONG
BMZ 9
BMZ 7
BMZ 8
WUZ 5
BMZ 10
WUZ 4
UZ 2
WUZ 3

Mai Po/Inner Deep Bay Ramsar Site
Conservation Strategy and Management Plan

Agriculture and Fisheries
Department, Hong Kong

Aspinwall Clouston •
Wetlands International - Asia Pacific
in association with
Wetlands Advisory Service

Title

Management Compartment Plan

DATE : Dec 1996   FIGURE NO. 7.2

SCALE : 10 000

圖 2-55　后海灣泥灘是拉姆薩爾濕地核心區，退潮時有多種水鳥。（文志森提供）

拉姆薩爾濕地內，位處私人土地上的魚塘則被劃為私人地區，不受管理計劃規定所約束，特區政府希望藉着與相關業權人合作，以生態可持續、與相鄰管理區一致的方式進行管理。根據針對米埔內后海灣拉姆薩爾濕地策略和管理的顧問研究，長遠應由政府控制區內所有濕地，以達致有效管理。

特區政府亦於 1999 年成立濕地諮詢委員會，委員會下設科學小組和管理小組，就拉姆薩爾公約的實施提供建議。隨着公約要求的順利實施，濕地諮詢委員會於 2004 年結束，其職能併入環境諮詢委員會下之自然保育小組。

米埔內后海灣拉姆薩爾濕地的整體管理由漁護署負責，由自然護理員巡邏，包括使用汽墊船巡視潮間帶泥灘。另因核心區泥灘上兩種外來紅樹－海桑（ *Sonneratia caseolaris* ）和無瓣海桑（ *Sonneratia apetala* ）不斷擴散，漁護署根據 2007 年香港城市大學的調查報告予以清除，由 2001 年至 2010 年，已除去超過 46,000 株。

漁農署又於 1997 年委託香港觀鳥會開展水鳥監測計劃，進行水鳥、涉禽及越冬黑臉琵鷺（ *Platalea minor* ）調查，亦於 2001 年開始生態基線監察計劃，定期搜集各類生態和環境數據，包括底棲動物、水質、沉積物及沉積率等，並作出分析，以檢視環境的轉變與保護管理的成效。

城市規劃法則

后海灣大部分人工濕地早在新界租借給英國之前已被開墾而成，屬於集體官契的私人農地。1983 年的「生發案」[9]，法庭裁決集體官契中列出的用途只是描述，不能構成對土地用途的限制，農地上擺放物品沒有違契，這令沿公路的大量魚塘被填，改建成貨櫃場。政府遂於 1991 年修訂《城市規劃條例》賦權予城規會為新界鄉郊地區劃定發展審批地區，圖則列明容許的土地用途。自此后海灣周邊地區的土地用途便受到規管。

1980 年代至 1990 年代，香港經濟迅速發展，很多后海灣的私人魚塘和改建成的貨櫃場被發展商收購，並計劃進行發展項目，有關工程對后海灣濕地生態系統構成潛在壓力。1993 年城規會制定擬於后海灣發展的指引，並訂立了兩個緩衝區，範圍包括區內大部分魚塘。

魚塘的生態價值與本港的經濟發展孰輕孰重，一直都備受爭議。規劃署因此委託顧問公司進行研究，1997 年的研究報告顯示，后海灣魚塘能為不同鳥類，尤其是鷺鳥，提供食物和棲息地，使用魚塘的鳥種與米埔保護區的並沒有大區別，表明魚塘是后海灣生態系統的一個組成部分，這些鳥在不同時間使用不同的魚塘，因此很難推斷移除某些魚塘生態上是可接受的；另外，報告亦指出，需要對如何提升濕地功能、荒廢魚塘的價值，以及為發展設定緩衝距離作出研究。

城規會參考了研究的結論與建議，1999 年修訂了《擬於后海灣地區內進行發展的規劃指引》，以「防患未然」的方法保育魚塘的生態價值，採用「不會有濕地淨減少」的原則，即在區內的發展不能令濕地「面積」或「功能」減少，並劃訂「濕地保育區」及「濕地緩衝區」，代替 1993 年的兩個緩衝區。「濕地保育區」旨在保護相連的魚塘，不容許任何發展，保育該區的生態環境，基於公眾利益而必須進行的基礎設施除外。「濕地緩衝區」則是在濕地保育區外圍約 500 米闊的地帶，在不損害濕地保育區魚塘生態價值的前提下，容許一些住宅或康樂發展，以鼓勵移除騷擾性高的露天倉儲等用途，並修復一些已喪失的魚塘，以保護后海灣濕地生態系統的完整性。因應更改邊境禁區界線與相關的土地規劃研究，「濕地保育區」與「濕地緩衝區」在 2014 年延伸至蠔殼圍一帶（見圖 2-56）。

雖有規劃管制土地用途，后海灣一帶違例發展仍常有發生，根據基金會 2016 年發表的調查報告，內后海灣在過往 24 年間有 87 宗非法填塘個案，涉及面積達 85 公頃，當中只有 37 宗被規劃署要求恢復魚塘原狀。

---

9 「生發地產投資有限公司」以兩年短租約在掃管笏棄耕農地的地段擺放建築用鋼枝，政府拒絕該地段更改土地用途的申請，生發公司遂提出訴訟至高等法院原訟庭，在 1982 年 5 月 18 日，時任高院法官李柏儉指出，在有關土地上存放鋼枝的時期只是兩年，即使鋼枝是用作建屋用途，但並非用作在該土地上建屋，故裁決沒有違契。

圖 2-56　后海灣地區的「濕地保育區」與「濕地緩衝區」位置圖

資料來源：香港特別行政區政府規劃署。

城規會也藉法定圖則規劃后海灣地區發展。在「濕地保育區」內位處南生圍和甩洲、豐樂圍、新田的大片私人魚塘,被劃訂為「其他指定用途」,注明「綜合發展包括濕地保育區」,發展商可考慮採取私人與公營機構合作的方式,進行以保育為目標的發展;當中小部分、遠離后海灣的魚塘可用作發展,而發展商須長期保育和管理其餘較敏感的部分。由於在后海灣的「濕地保育區」魚塘進行大規模發展具爭議性,所以至 2017 年 7 月時,還未有一個項目正式動工。

濕地補償與修復

香港政府的濕地保育政策,旨在防止濕地資源損失,並在切實可行的範圍內補償因重要發展項目而失去的濕地價值。漁農署於 1998 年委託的濕地補償顧問研究指出,擴大現存良好濕地是一種更可持續的方式提高濕地價值,並建議找出政府土地上合適的濕地作為「潛在緩解區」,以便日後造成濕地破壞的各項公共工程可以在該區進行遷地補償。這方法既能簡化程序,也可將不同項目的零碎緩解濕地集合成大面積的生境,令補償更加有效,此外,更可以在項目動工前先做補償,而不是先破壞,等完工後才補償濕地損失。

在后海灣流域,受公共工程影響而作補償的較大片濕地包括:因興建西鐵而於 2004 年創造的 11.9 公頃濕地;因天水圍新市鎮發展而於 2006 年建成、佔地 61 公頃的香港濕地公園;因興建上水至落馬洲支線和落馬洲鐵路站,而於 2006 年補償 36.2 公頃的緩解濕地;因元朗排水繞道工程而於 2006 年作出改善的 5 公頃廢棄魚塘。西鐵的補償濕地分散在項目範圍內的數個地方,管理困難,隨後在錦田的發展亦令整個地區的自然環境退化,管理目標之一的彩鷸(*Rostratula benghalensis*)自 2011 年已沒有發現。落馬洲補償濕地則在項目範圍以外、與后海灣大片魚塘相連,2017 年的監察顯示 22 個目標雀鳥中,達標(即雀鳥密度是一般魚塘的兩倍或以上)的有 17 種,4 種密度未達標,1 種未有記錄。與私人發展相關的則有 2010 年和生圍濕地復修及 2015 年的沙埔濕地改善。

另外為緩解深港西部通道工程對后海灣的影響,2003 年,特區政府在米埔保護區疏浚連接基圍與泥灘的水道以增加水文功能,並清除外來紅樹海桑以恢復潮間帶泥灘,作為遷地補償。

后海灣魚塘的管理

不少魚塘因塘魚的市場價格低、缺少年輕人入行,再加上地權他屬而荒廢,缺乏管理令魚塘生態價值受到影響。2004 年的「新自然保育政策」確認 12 個須優先加強保育地點,其中的「拉姆薩爾濕地」和「拉姆薩爾濕地以外之后海灣濕地」涵蓋后海灣的私人魚塘。自 2012 年起,在環境及自然保育基金和鄉郊保育資助計劃的資助下,香港觀鳥會和養魚戶合作,進行管理協議計劃。參與的養魚戶須在收成漁獲後降低魚塘的水位,讓水鳥捕食沒有經濟價值的小魚蝦,每年參與的魚塘有 500 多公頃。監察顯示降低水位時水鳥的平均數量增加了 20 倍,其中最顯著的是鷺鳥和涉禽。計劃還包括多種公眾教育活動,如魚塘節、導賞團、講座、工作坊及展覽等,讓公眾加深對魚塘生態及本地漁業文化的認識。

3. 淡水濕地和河溪保育、管理和監察

沼澤的保育、管理和監察

香港的淡水濕地有多種類型，包括水田、魚塘、長滿草本植物的沼澤等。本港的沼澤多數是由於水稻田棄耕之後，灌溉的水道阻塞乾涸才出現。若乾涸情況長期持續，這些沼澤就會逐漸陸地化。加上沼澤大多屬鄰近村落的私人土地，只有少於 1% 位處郊野公園或特別地區內，業權不清與缺乏管理成為保育沼澤的不利因素。此外，發展的需要亦令不少沼澤受到威脅，甚至遭破壞。

深涌沼澤原本擁有很大的香港鬥魚（*Macropodus hongkongensis*）種群，但在 1990 年代末一部分生境被破壞，其餘被填平。在 2004 年「新自然保育政策」下，深涌沼澤排在 12 個須優先加強保育地點之末，深涌分區計劃大綱草圖在 2010 年獲核准，土地用途才受管制。大嶼山貝澳沼澤有賴水牛控制草的生長，並打滾出水坑，有豐富的水生植物、水生昆蟲和蛙類，但因早期沒有發展審批地區草圖，多年來已被逐步的堆填（見圖 2-57）。

沙羅洞盆地於清初由客家人建村，村民利用溪流引水開墾出大片梯田種植水稻（見圖 2-58），至 1970 年代，村民陸續遷出或移居海外，荒廢水田演替成沼澤，村內私人農地亦被發展商收購。沙羅洞沼澤匯聚多條溪流，特別適合春蜓科（*Gomphidae*）和偽蜻科（*Corduliidae*）

圖 2-57　大嶼山貝澳沼澤在旱季時很少積水，水牛打滾的水坑成為一些水生生物的避難所，圖中沼澤左方已被堆高改為種植農作物。（劉惠寧提供）

圖 2-58　1963 年沙羅洞有大片梯田種植水稻。(版權屬香港特別行政區政府；資料來源：香港地理數據站)

圖 2-59　2015 年村民在沙羅洞平整土地。(劉惠寧提供)

蜻蜓，加上沼澤生境，令沙羅洞成為蜻蜓天堂，該處已錄得逾 70 種蜻蜓。1997 年，溪流與兩旁約 30 米地方包括沼澤被劃為具特殊科學價值地點，其餘的沼澤則為自然保育區或綠化地帶。沙羅洞為「新自然保育政策」下排行第二的須優先加強保育地點，發展商根據政策與綠色力量合作，於 2005 年向政府提交公私營界別合作申請，在 5.5 公頃生態價值較低的土地興建骨灰龕場，將餘下生態價值較高的土地交由環保團體管理，但遭很多環保人士反對，計劃最後被擱置。在多年缺乏管理下，加上越野車行駛及村民平整土地（見圖 2-59）等人為破壞，令大面積沼澤退化成為乾地。2017 年 6 月，特區政府原則上同意以「非原址換地」方式保育沙羅洞。[10]

須優先加強保育的沼澤還有四個，分別為（一）排名較高的鹿頸沼澤，由潮間帶紅樹林過渡到鹹淡水域，再漸變至淡水沼澤，記錄有香港特有種伊中偽蜻（*Macromidia ellenae*），亦是香港具最多大型水生無脊椎動物的濕地；（二）烏蛟騰，有大片沼澤、荒廢農田、溪流與風水林，為香港鬥魚的棲息地；（三）嶂上，擁有沼澤、池塘和溪澗，有特別的水生無脊椎動物群落，亦有香港鬥魚；和（四）榕樹澳沼澤，有豐富的大型水生無脊椎動物，亦有鏽色羊耳蒜、螺旋鱗荸薺（*Eleocharis spiralis*）和侏儒鍔弄蝶（*Aeromachus pygmaeus*）等稀有動植物及大片紅樹林。截至 2017 這四片私人土地上的沼澤還沒有主動的保育行動。

自 1998 年實施的《環境影響評估條例》，在評估生態影響時，面積逾 1 公頃的沼澤認定為重要的生境，有助減少工程對大面積沼澤的影響。

水田的保育、管理和監察

另一類在香港常見的淡水濕地是仍在耕作的水田，水田上種植的農作物隨時間出現大的變化。自十一世紀起已有農民在新界西北部平坦、肥沃的平原甚或河溪兩旁引水灌溉種植水稻，創造了大面積的人工濕地。隨着社會與經濟轉變，水稻田面積由 1954 年的 9450 公頃下降至 1979 年的 40 公頃，之後更一度消失，一些常出沒於稻田的雀鳥如黃胸鵐（*Emberiza aureola*）變得稀少。種植西洋菜、通菜等的水田亦是多種雀鳥的棲息地。水田是農夫用作生產的地方，很多更是私人土地。郊野公園、特別地區和具特殊科學價值地點基本上不包含水田。

1998 年的落馬洲支線計劃，包括建造一條長 700 米高架橋穿過擁有香港最大片水田的塱原，把彩鷸的棲息地一分為二，遭香港觀鳥會等環保團體反對，社會上亦出現保育塱原的聲音。2000 年，該計劃的環境影響評估報告遭環保署署長否決，最終改以挖掘隧道越過塱原濕地。

---

10 「非原址換地」在 2022 年完成，自 2018 年由自然保育基金批出管理協議予綠色力量，復育淡水濕地、進行生態調查、管理生境、與社企合作復耕和開展社區參與活動，作為過渡時期的保育和管理方案。

塱原與鄰近的河上鄉亦是「新自然保育政策」下須優先加強保育的地點。自 2005 年長春社與香港觀鳥會在環境及自然保育基金的資助下，與塱原的農夫及土地擁有人合作開展管理協議計劃，建立更多元的水田濕地生境、重新種植水稻、引水淹浸休耕的田地、減少使用化肥與農藥等。監察顯示累計鳥類物種在 2006 至 2017 年間增長約 35％；自 2009 年擴大水稻面積後，全球極危的黃胸鵐數量亦有所上升。項目亦舉辦不同類型的教育活動。塱原位處新界東北新發展區之內，2013 年的環境影響評估報告建議將塱原核心地區約 0.37 平方公里（37 公頃）土地發展成自然生態公園，預計於 2023 年完成。

河溪的保育、管理和監察

早期鄉村地區村民開墾農田並引河溪水灌溉需建造堰和小溝，溪邊接壤農田之處也築起石牆以免溪水破壞田地和作物，這些改動不會截斷水流，故這些河溪依然有豐富生物群落。為供應食水，政府在香港島、九龍、新界及大嶼山修建水塘及沿山總長 120 公里的引水道，將溪水引到水塘。根據《水務設施條例》，所有為水塘收集雨水的地方均為集水區，全港的集水區面積約 36,000 公頃，與《郊野公園條例》下的郊野公園及特別地區很多時重疊，後者覆蓋更多山嶺、佔地達 44,300 公頃，由漁護署負責管理。中、高海拔的山溪很多都受到這兩條法例保護（見圖 2-60）。

水務設施下游的河溪卻因大部分水被引走而受重大影響，一些更成為水塘的一部分。新界很多低地的河溪在 1960 年代至 1980 年代亦受到嚴重污染。另一方面，在市區和新市鎮內的天然河流已變成地底水道或石屎渠，防洪的需要亦令愈來愈多新界的河流渠道化。

本港天然的、未受污染的低地河溪甚為稀少，其中一條是擁有豐富淡水魚類群落的東涌河。但在 2003 年，石門甲至石榴埔一段約 300 米河道的卵石被非法採挖，用於興建鄰近的人工

圖 2-60　鶴藪水塘集水區的溪澗。（劉惠寧提供）

湖，隨後由特區政府修復。在 2014 年的東涌新市鎮擴展研究中計劃將東涌河東面支流建為河畔公園，其中一段 415 米長的渠道將被活化；西面的支流和河岸則劃為自然保育區。

大蠔河是香港魚類最豐富的河溪，並記錄有稀有的洄游性香魚（*Plecoglossus altivelis*），1999 年大蠔河與河口，以及 3 條主要支流被劃為具特殊科學價值地點。大蠔亦是「新自然保育政策」下 12 個須優先加強保育地點排行第三。2014 年刊憲的大蠔發展審批地區草圖將河溪兩岸約 30 米劃為自然保育區，但遭到當地村民反對，村民並在通往大蠔灣的位置裝設閘門封村，河口的紅樹林亦被破壞。

蓮麻坑河的淡水魚豐富，並有斯氏波魚（*Rasbora steineri*）、線細鯿（*Metzia lineata*）和大刺鰍（*Mastacembelus armatus*）等稀少魚類，在 2007 年列為具特殊科學價值地點。2010 年制定發展審批地區草圖時，將河道兩旁劃為自然保育區，遭到當地村民反對，最終改劃為綠化地帶。

根據《1998 年環境影響評估條例》，治理水道寬超過 100 米的河流屬於指定工程項目，在評價生態影響時，長逾 500 米的天然河溪認定為重要的生境。2000 年代初，漁護署亦把 33 條有多種動植物或稀有物種的天然河溪界定為具重要生態價值河溪（見圖 2-61，表 2-12），工程倡議者應盡量避免影響它們及其他天然河溪。

圖 2-61　具重要生態價值河溪的分布圖

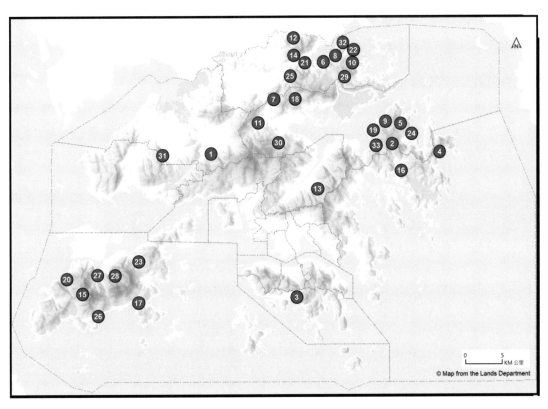

資料來源：香港特別行政區政府漁農自然護理署提供。

表 2-12　香港具重要生態價值河溪情況表

1. 錦田長莆	18. 大埔沙羅洞
2. 西貢嶂上	19. 西貢深涌
3. 深水灣	20. 大嶼山深屈
4. 西貢鹹田	21. 上禾坑
5. 西貢海下	22. 鎖羅盆
6. 雞谷樹下	23. 大嶼山大蠔
7. 大埔九龍坑	24. 西貢大灘
8. 谷埔	25. 丹山河
9. 西貢荔枝莊	26. 大嶼山塘福
10. 荔枝窩	27. 東涌（莫家及石門甲）
11. 大埔林村河（上游）	28. 大嶼山黃龍坑
12. 蓮麻坑	29. 烏蛟騰
13. 小瀝源馬麗口坑	30. 大埔碗窰
14. 萬屋邊	31. 十八鄉楊家村
15. 大嶼山昂坪	32. 榕樹凹
16. 西貢北潭涌	33. 西貢榕樹澳
17. 大嶼山貝澳	

注：與圖 2-61 對應
資料來源：香港特別行政區政府漁農自然護理署。

4. 陸地生境保育、管理和監察

松山牌照與太平洋戰爭前的林木情況

從英國佔領香港到二戰之前，港府對於香港島、九龍及新界分別採取不同的陸地生境管理措施。在香港島和九龍的工作偏重植林及護林，以達至美化景觀、防止山泥傾瀉、保護水源潔淨等目標。同時亦將烏蛟騰、大埔滘及歌連臣山劃為樹林護理區，加強對森林的保護及管理。

至於新界鄉郊地區的林木管理，則以供應柴草及滿足鄉民生活需求為優先，恢復森林覆蓋為次要。由於英國在 1899 年租借新界時，當地已有不少松樹，可是鄉民雖擁有松樹林，卻沒有任何官方認可的憑據。在英國租借新界前幾個月，鄉民開始擔心松林財產會被港英政府沒收，又怕松樹林會被其他鄉民搶走，故在英國租借新界之前，鄉民紛紛把樹木砍下賣掉。據 1904 年植物及植林部年報中的數字，有約八百萬棵松樹因此被砍掉。

1904 年，港府為了阻止砍樹情況和建立鄉民對政府的信心，於是推出俗稱松山牌照的造林許可證制度。港府會根據鄉民現有松樹林的邊界訂立松山牌照範圍，鄉民只須向政府繳交每平方英畝（即每 0.004 平方公里 / 每 0.4 公頃）一角的牌照費（1939 年加至每平方英畝二角），便可享有在牌照範圍內松樹的採收和買賣權，而松樹財產權亦得到港府的保護。松

山牌照亦禁止過度砍伐松樹和砍伐任何野生樹木,違反者可被吊銷牌照。此外,牌照擁有者亦要負責補種已砍伐的松樹,以維持林木的面積。1904 年松山牌照推出時,新界理民府共發出了 300 個牌照。

1876 年到二戰前的植林工作成果,可在 1939 年,即太平洋戰爭前最後一份林務報告中反映出來。當時香港的樹林除了有部分被市區分割開來外,整體大致形成連片的植被。香港島樹林面積約為 47 平方公里(4700 公頃)(樹林覆蓋率為 62.67%);九龍和新界的樹林則分散在數個植林區,總面積約 10 平方公里(1000 公頃),另港府發出 465 個松山牌照,涵蓋松樹林面積約 208 平方公里(20,800 公頃)。總計當時香港樹林和植林面積約為 265 平方公里(26,500 公頃),佔陸地面積的 26%。

太平洋戰爭結束後,港府積極恢復森林覆蓋,1946 年至 1952 年的主要林木政策包括大規模重新植林、保護僅存的林地尤其是集水區、並加強對松山牌照林場的管理。1952 年,羅伯新以過往林務政策為基礎,補充及完善其中內容,提倡進一步擴大植林範圍至所有荒山,鼓勵新界鄉民以植林來增加經濟收入。此後植林規模日益擴大,至 1970 年,全港植林面積為 60 平方公里,基本回復至太平洋戰爭前水平,為日後大型保護區的建立奠定基礎。

相關保護區涵蓋的生境類型和重點物種

香港自 1977 年開始成立郊野公園,除目前的 24 個郊野公園及 22 個特別地區總面積約 442 平方公里外,特區政府又按 2016 年的《香港生物多樣性策略及行動計劃》,建護開展籌備紅花嶺郊野公園的工作。郊野公園範圍涵蓋全港超過 65% 的次生林、超過 50% 的灌木叢、約 30% 的草地和 80% 的植林。唯獨風水林(見圖 2-62)的代表性較少,只有 24% 位於郊野公園範圍內,包括面積較大和歷史悠久的城門風水林。另外亦只有 1% 農田在郊野公園內。所有政府土地上的樹林,包括大部分的風水林,都受 1937 年頒布的《1937 年林區及郊區條例》(Forests and Countryside Ordinance, 1937)保護。另外,郊野公園內的植物與土壤也受保護,漁護署郊野公園護理員會進行巡邏、撲滅山火、植樹、植林優化等與生境保育相關的的管理。

部分生境也被指定為具特殊科學價值地點(見表 2-13),包括歷史悠久、保存良好的風水林、具有珍稀物種的樹林、灌木叢和草地,有關當局在這些地點或附近計劃發展時會作考慮。

此外,雖然風水林大多被規劃為自然保育區或綠化地帶,但依然面臨威脅。傳統上村民會因為風水理由而保護這些林地,隨着鄉村的擴展,林邊的樹木或會因興建村屋、車道或斜坡工程而遭破壞。馬鞍山的梅子林及茅坪擁有風水林和次生林,並有珍稀植物群落,是新自然保育政策下須優先加強保育地點。

特別值得一提的是,香港還有一個由慈善機構管理的私人陸地自然保護區,即嘉道理農場。它位於新界大帽山北坡,佔地 148 公頃,前身為嘉道理農業輔助會。1995 年 1 月,

圖 2-62　沙羅洞張屋村後的風水林。（劉惠寧提供）

表 2-13　香港具特殊科學價值地點陸地生境與特別動植物情況表

具特殊科學價值地點名稱	生境與特別的動植物
城門風水林	高大的樹木
大帽山高地灌木林區	大片的高地灌木林，大苞山茶（*Camellia granthamiana*）、穗花杉（*Amentotaxus argotaenia*）、狹葉劍蕨（*Loxogramme salicifolia*）、全緣鳳尾蕨（*Pteris insignis*）、膜蕨屬（*Hymenophyllum*）和多種蘭花（*Orchidaceae*）
社山風水林	珍稀植物有雀巢蕨（*Asplenium nidus*）、郎傘樹（*Ardisia hanceana*），雀鳥豐富
鶴咀半島	天然的灌叢，有油杉（*Keteleeria fortunei*）、白桂木（*Artocarpus hypargyreus*）、黏木（*Ixonanthes reticulata*）、廣東紫薇（*Lagerstroemia fordii*）、香港鷹爪花（*Artabotrys hongkongensis*）、多花脆蘭（*Acampe rigida*）、廣東隔距蘭（*Cleisostoma simondii* var. *guangdongense*）、地寶蘭（*Geodorum densiflorum*）、青岡（*Cyclobalanopsis glauca*）等珍稀或受保護植物
馬鞍山	典型的山地灌木林，有多種杜鵑（*Rhododendron*）植物、穗花杉、木蓮（*Manglietia fordiana*）、香港木蘭（*Lirianthe championii*）
大東山	香港最大片的天然山地樹林，有豐富植物包括穗花杉、大果馬蹄荷（*Exbucklandia tonkinensis*）、光蠟樹（*Fraxinus griffithii*）、木蓮、草本植物、蕨類（*Pteridophyta*）和苔蘚（*Bryophyta*）
沙塘口山及火石洲	典型的當風海島草叢
果洲群島	具海島代表性的植被，南果洲有梔子（*Gardenia jasminoides*）和棕竹（*Rhapis excelsa*）
茅坪	茂密的樹林，有紅皮糙果茶（*Camellia crapnelliana*）和福氏臭椿（*Ailanthus fordii*）
梧桐寨	本港最豐富植物地點之一，稀有種包括香港樫木（*Dysoxylum hongkongense*）、香港四照花（*Dendrobenthamia hongkongensis*）、雀巢蕨、刺桫欏（*Alsophila spinulosa*）及重樓（*Paris polyphylla* var. *chinensis*）

（續上表）

具特殊科學價值地點名稱	生境與特別的動植物
北大刀岰	山谷內有不少稀有植物，包括：褐葉線蕨（*Colysis wrightii*）、香港鳳仙（*Impatiens hongkongensis*）等。
照鏡潭	樹林內的植物物種豐富，包括稀有的穿鞘花（*Amischotolype hispida*，登記冊用 *Forrestia chinensis*）、裂葉秋海棠（*Begonia palmata*）及羊角杜鵑（*Rhododendron moulmainense*）
西貢大浪灣	特別的海灘沙丘植物群落
薄扶林水塘集水區	樹林內的植物物種豐富，包括稀有和受保護的香港茶（*Camellia hongkongensis*），也是雀鳥與動物喜愛的棲息地
大潭水塘集水區	溝壑有豐富的植物，包括珍稀的白桂木、華南錐（*Castanopsis concinna*）、香港樫木、小花鳶尾（*Iris speculatrix*）、香港過路黃（*Lysimachia alpestris*）、華重樓（*Paris polyphylla* var. *chinensis*）、桔梗（*Platycodon grandiflorus*）和長柄野扇花（*Sarcococca longipetiolata*）
筆架山	溝壑內有豐富的植物，包括福氏臭椿、稀有的蕨類和蘭花
蠔涌谷	樹林內的植物物種豐富，包括稀有蘭花、蕨類與草本植物
青山	山頂草地是桔梗的重要生境，稀有的植物包括大花紫玉盤（*Uvaria grandiflora*）等。
大帽山	高山草叢，高海拔雀鳥和蛇類（*Serpentes*）的棲息地
萬丈布	樹林覆蓋的溝壑內有稀有的蘭花和小葉厚皮香（*Ternstroemia microphylla*），龍仔悟園內也有很多有趣植物。
鳳凰山	高地灌木林，有豐富的灌木、蕨類與草本植物，稀有植物包括馬蹄荷屬（*Exbucklandia*）、木蘭屬（*Magnolia*）、木蓮屬（*Manglietia*）與八角屬（*Illicium*）
八仙嶺	樹林覆蓋的溝壑內有稀有植物
鳳園谷	山谷覆蓋茂密樹林，林邊有稀少的植物，包括青藤（*Illigera celebica*），是一些稀有蝴蝶的繁殖地
南風道樹林	1845 年的文獻已有記載，有多種大樹和藤本植物，稀少的植物有二色菠蘿蜜（*Artocarpus styracifolius*）、胭脂樹（*Artocarpus tonkinensis*）、柳葉茶（*Camellia salicifolia*）、金葉樹（*Chrysophyllum lanceolatum*）、黃果厚殼桂（*Cryptocarya concinna*）、華南皂莢（*Gleditsia fera*）、黑葉谷木（*Memecylon nigrescens*）、刺果紫玉盤（*Uvaria calamistrata*）、廣東紫薇等
薄刀岰與婆髻山	高地灌木林，有多種受保護植物，包括杜鵑和蘭花，亦有香港特有的香港細辛（*Asarum hongkongense*）
新洲	灌叢具有全港最大的毛葉杜鵑（*Rhododendron championiae*）種群
青衣南	樹林內有特有種香港巴豆（*Croton hancei*）
大菴風水林	典型具代表性的茂密風水林，植被出現清晰的分層，木荷（*Schima superba*）是樹冠層的優勢種、高達 30m，林下有羅傘樹（*Ardisia quinquegona*）和九節（*Psychotria asiatica*）等耐陰植物叢生，也有很多藤蔓，包括羅浮買麻藤（*Gnetum luofuense*）。還有其他 170 種植物，包括香港新記錄的嘉陵花（*Popowia pisocarpa*）和稀有的愛地草（*Geophila herbacea*）
深水灣谷	山溪兩旁的天然樹林，有全港最大的海邊馬兜鈴（*Aristolochia thwaitesii*）種群，還有香港茶、香港鷹爪花、白桂木、華南長筒蕨（*Selenodesmium siamense*）等具保育價值植物

資料來源：規劃署：《具特殊科學價值地點登記冊》。

立法局（現為立法會）通過 1995 年頒布的《1995 年嘉道理農場暨植物園公司條例》（*Kadoorie Farm and Botanic Garden Corporation Ordinance, 1995*），嘉道理農場正式成為非牟利慈善機構，並把工作重點轉移至自然保育及自然教育。園內包含多種陸地生境，其中上山區部分範圍原本為受山火影響而退化的草地，經過該園職員十多年的努力，種植合適的原生植物，目前已成功恢復成為年輕的次生林。次生林內有本地多種珍稀物種的苗木，除了用作恢復原生森林的多樣性，也可達至遷地保育的功能。園內進行多種與森林恢復相關的研究，包括挑選合適的植林樹種、高密度種植、改善森林結構等，是香港最大規模的森林實驗地點。

《環境影響評估條例》和林地補償

自 1986 年起，大型基建項目須補償工程引致的林地損失。例如 1991 年新機場總體規劃的環境影響評估指出，為彌補赤鱲角和大嶼山北部損失的 20 公頃林地，在東涌的山坡種上 60 種植物、超過 260,000 棵苗，以創建 60 公頃的樹林，並提供十年的維護；由於樹苗的平均存活率為 50%，因此在 1997 年再補種 35,000 棵苗。另一例子是三號幹線工程，在 1997 年在田心村以西種植了 163,880 棵樹苗作為 36.9 公頃補償林地，但 1998 年和 1999 年的山火把林地燒毀，之後要補種。

《環境影響評估條例》在 1998 年實施，在評價生態影響時，面積逾一公頃的成熟天然樹林認定為重要的生境，指定工程項目須為破壞的林地作出補償。其中較大型的蓮塘／香園圍口岸及相關工程，因工程將導致 6.2 公頃的樹林永久喪失，故 2011 年環境影響評估建議，在長山林地之間的灌叢和草地，建立不少於 18.6 公頃的林地補償區，並進行後續的維護和監測。2016 年東涌新市鎮擴建的環境影響評估建議種植 11 公頃林地，以補償約 6 公頃次生林和風水林的損失。

農田的保育、管理和監察

香港的農地由 1969 年的逾 12,500 公頃，下降至 2016 年的約 4400 公頃。另外因經濟轉型令農業式微，同期常耕農地由逾 11,000 公頃減至約 700 公頃。

農田與周邊的環境適合開闊生境的鳥類、蛾類等。一些偏遠而環境優美的私人荒廢農地經常受到破壞。2010 年 6 月，由西貢東郊野公園包圍的大浪西灣村被人強行挖掘，但因事發地點是郊野公園「不包括土地」，不受政府規管。此事引起社會的廣泛關注，發展局局長遂於 2010 年 7 月指示城規會把大浪西灣指定為「發展審批地區」，並於 2013 年 12 月根據《郊野公園條例》把該處納入郊野公園範圍。

為更有效地保育和管理於郊野公園範圍以外的「不包括土地」，特區政府於 2011 年將它們及郊野公園內的私人土地納入新自然保育政策下的管理協議計劃，資助非牟利機構與土地擁有人實施符合郊野公園目標的保育活動。西貢區社區中心於 2017 年獲環境及自然保育基

金資助，開展管理協議項目，在西灣村設立遊客資訊中心、重新開墾荒田復耕、進行生態監測等。

另一方面，香港大學公民社會與治理研究中心聯同香港鄉郊基金、綠田園基金和長春社，並得到香港上海滙豐銀行有限公司資助和特區政府支持，於 2013 年開展了「永續荔枝窩」計劃。透過與荔枝窩村民合作，進行農地復耕、社區活化、文化再造、鄉郊教育、生物多樣性及水文研究等。計劃復耕了逾五公頃農地，生態農業操作和水稻田提升了兩棲類多樣性。

森林資源長期監測

香港大學生物科學學院自 2011 年起參與美國史密斯松寧熱帶森林研究所（Centre for Tropical Forest Science, 2013 年改稱 Forest Global Earth Observatory）發起的全球森林觀測研究 (Global Forest Observatory) 計劃，於大埔滘自然護理區內設置 20 公頃森林動態樣區，每五年進行一次植物調查，測量樣區內所有胸徑大於 1 厘米的木本植物，記錄其物種、胸徑及高度等。

首次調查始於 2012 年，一共錄得 81,019 株木本植物，共 172 個物種。這些數據主要用作研究從退化林地到成熟次生林的演替動態，有助日後制定森林復育及管理措施。大埔滘樣區亦已納為全球森林地球觀測站（ForestGEO）76 處合作樣區之一，其調查成果可供其他生態學者研究使用，為全球森林生態研究作出貢獻。

二、物種保育

自古以來人類便依賴野生動植物作為糧食、藥物、各種用材，或作觀賞、裝飾之用。清康熙《新安縣志》（1688 年）便記錄了 47 種藥用植物和 4 種可入藥的野生動物。清嘉慶《新安縣志》（1819 年）在物產上亦列出特別的海藻、鳥、獸、魚、海產、蜂蜜之特點與用途，但無節制的利用便容易產生濫捕與濫伐。

在使用動物方面，捕捉野生動物作食用的情況在香港一直存在，亦有人捕捉野鳥作飼養之用，而狩獵活動在英佔之後更逐漸流行。港府早期的保育措施主要是管制濫捕和狩獵，也因為英國人喜歡觀鳥而保護野生雀鳥，早於 1870 年便訂立了《1870 年鳥類保存條例》（*Preservation of Birds Ordinance, 1870*），以保護非狩獵目標的野鳥。之後因應保育需要，有新法例出台，受保護野生動物不斷增加；而狩獵的限制愈加嚴格，狩獵牌照於 1981 年取消，本港的狩獵活動亦結束。再加上《郊野公園條例》規定不得在郊野公園或特別地區內攜帶、管有或使用捕獵器具、陷阱或槍械，可防止大部分陸棲野生動物被傷害，但具有高商業價值的物種仍然受非法捕捉的威脅。

本港亦有不少國家重點保護動物和瀕危動物，如中華白海豚、黑臉琵鷺、三線閉殼龜（*Cuora trifasciata*，又稱金錢龜）等，港府分別為他們制定了積極保育措施，旨在扭轉種群下降的危機。此外，2016年發布的《生物多樣性策略及行動計劃》亦擬定了需優先保育的動物類群，並指出了相關的措施。

在植物保育方面，早期香港居民都是以柴火煮食，而鄉郊村民更會砍割山上的樹木、野草作為燃料並出售，因此，港府早在1888年訂立《1888年樹木保存條例》，以保護官地上的樹木和植林，以防止水土流失。後來民眾對野生植物需求發生變化，保護範圍擴大到被大量採摘作裝飾、栽培之用的植物，並更廣泛地保護官地上的樹木和其他植物。此外，在郊野公園範圍內所有植物受到保護，這些措施都能防止大部分植物被濫採濫伐。

隨着都市化發展、環境改變、人類活動干擾等持續發生，都為本港植物帶來威脅。另一方面，公眾的保育意識日漸提高，港府明白到物種保育的重要，並推行了不同措施，保育本港特有、珍稀、瀕危植物。如在2009年起，漁護署每年都會大量種植土沉香，在大棠苗圃溫室培植香港巴豆等。

香港是國際貿易樞紐，奉行自由貿易，也是瀕危野生生物及其製品的國際貿易中心，象牙、魚翅等貿易受到國際關注。港府除了規管受保護物種的貿易及打擊非法走私外，也與保育組織合作，通過將被沒收的個體放歸原產地和參與繁殖計劃，幫助保育外地的瀕危物種。

1. 動物保育法例及受保護物種

早在1870年，因傷害鳥類的個案上升和在民居附近常有射擊發生，港府訂立了《1870年鳥類保存條例》，保護香港野生的雀鳥，一些供狩獵的鳥種如丘鷸、沙錐鷸、野鴨、海鳥和猛禽不包括在內。以上條例在1885年被《1885年野禽和狩獵動物保存條例》（*Wild Birds and Game Preservation Ordinance, 1885*）所取代，此條例加上了對狩獵鹿和禽鳥的發牌制度，並訂明在每年的3月至9月禁止售賣雉雞（*Phasianus colchicus*）和鵪鶉（*Coturnix japonica*）。港府在1922年訂立了《1922年野禽條例》（*Wild Birds Ordinance, 1922*）取代此前的條例，進一步保育雀鳥，不單野鳥，鳥巢和鳥蛋亦受到保護；條例訂明狩獵禽鳥需要具警務處發出的牌照，在九龍、香港島的維多利亞城和山頂，不許在民居200碼範圍內開槍射鳥。[11] 此條例下的《1922年野禽規例》（*Wild Birds Regulations, 1922*）亦列明鵪鶉、雉雞、鳩、鴿的禁捕期，並禁止在粉嶺地區、長洲和香港島捕獵野鳥，喜鵲、鳶和鷹等被視為有害鳥類除外。

到了1936年，《1936年野生動物保護條例》訂立，穿山甲及水獺開始受到保護。為更有

11　維多利亞城即西環、上環、中環、金鐘、灣仔及銅鑼灣等地。

效保護香港的野生動物，政府成立了一個非正式委員會考慮以上的法例須作出的改變，並採納了委員會 1953 年的建議，於 1954 年廢除《1922 年野禽條例》與《1936 年野生動物保護條例》，並訂立《1954 年野生鳥類及野生哺乳動物保護條例》（*Wild Birds and Wild Mammals Protection Ordinance, 1954*），增加條文包括禁止用陷阱、網、毒藥或其他工具捕獵野鳥與野獸（鼠類除外），不得管有、買賣或出口受保護鳥獸，將禁止在民居附近開槍射擊鳥獸擴大至新界；保護名單亦加上食蟹獴，並為狩獵禽鳥和鹿訂下不同的禁獵期，禁獵地區亦增加了林村谷，在大埔滘、九龍水塘直接集水區與非直接集水區，除了禁止捕獵，更禁止攜帶槍支。

但《野生鳥類及野生哺乳動物保護條例》的執法未如人意，非法偷獵和用陷阱捕捉鳥獸直至 1960 年代仍然普遍，很多中型獸類變得愈來愈少，大靈貓（*Viverra zibetha*）與赤狐（*Vulpes vulpes*）更被認為絕跡於野外。其後此條例下的保護名單擴大至包括所有非鼠類的大、中型哺乳類動物，大嶼山的石壁水塘集水區亦列為禁獵區。1971 年漁農處根據此條例將鹽灶下風水林劃為自然護理區，在 1973 年加上米埔沼澤，在區內嚴禁狩獵和攜帶槍支，並在 1975 年限制只准許擁有許可證人士進入。可是，野豬（*Sus scrofa*）受到保護後數量有所增加並對農作物造成破壞，遭到農民投訴，在 1974 年漁農處將野豬從受保護名單中剔除，並改為只在每年的 2 月 1 日至 9 月 30 日禁止捕獵。

1976 年，香港訂立至今仍然生效的《1976 年野生動物保護條例》（*Wild Animals Protection Ordinance, 1976*），取代《野生鳥類及野生哺乳動物保護條例》，所有在香港的野生雀鳥及其巢和蛋、海洋和部分陸上哺乳類動物、龜鱉類、緬甸蟒蛇（*Python bivittatus*）和裳鳳蝶都受保護，不許捕獵、管有、售賣和出口。而狩獵須由漁農處發出牌照，亦繼續為狩獵野鳥和野豬訂出不同的禁獵期；禁止以活生動物或發出錄音叫聲作引誘、或用陷阱、狩獵器具捕捉野生動物，並不得管有狩獵器具或製造陷阱狩獵；禁獵區加上了船灣淡水湖集水區、九龍、新九龍、荃灣、喜靈洲、周公島、石鼓洲和大澳島；不准狩獵及攜帶槍支的地區亦增加了大欖水塘集水區、城門水塘集水區、船灣淡水湖直接集水區、石壁水塘集水區、芝麻灣、漁農處西貢實驗農場、漁農處打鼓嶺實驗農場、粉嶺高爾夫球場一帶、赤州、火石洲；又將黃嘴白鷺與其他鷺鳥用作繁殖的鹽灶下風水林定為限制進入地區，每年 4 月 1 日至 9 月 30 日需要漁農處發出許可證才可進入。（綠海龜在南丫島產卵的深灣海灘亦於 1999 年列為限制地區。）漁農處在 1979 年停發狩獵牌照，並於 1981 年 1 月 1 日取消已發的牌照，從此狩獵活動在香港全面禁止，禁獵期和禁獵區不再適用。

保護野生動物立法原是為減少捕獵對鳥獸和一些具商業價值物種的影響，受保護名單上側重大型的脊椎動物，只有裳鳳蝶一種無脊椎動物，此蝶屬大型漂亮的鳳蝶（*Papilionidae*），標本被收藏家青睞。受保護動物名單亦因應情況有所增減，例如名單上一次作出修訂是在 1992 年，當時加入了巨蜥（*Varanus*）、三種被認為是香港特有的兩棲類動物，即香港瘰螈（*Paramesotriton hongkongensis*）、香港湍蛙（*Amolops hongkongensis*）和盧氏小樹蛙

（*Liuixalus romeri*），並將獴屬（*Herpestes*）代替食蟹獴（*Herpestes urva*）（見表 2-14），
至 2017 年 7 月 1 日再沒有更改。

《野生動物保護條例》中的動物定義不包括魚類和海洋無脊椎動物。雖然《漁業保護條例》
訂明行政長官會同行政會議可藉規例禁止或限制從香港水域取走任何種類的魚類與水中生
物，但至 2017 年 7 月 1 日還未有一種魚類或海洋無脊椎動物受此條例所保護。只在海岸
公園及海岸保護區範圍內，各種珊瑚、海馬及馬蹄蟹受到保護。

《郊野公園條例》下的《1977 年郊野公園及特別地區規例》（*Country Parks and Special
Area Regulatinos, 1977*）規定不得在郊野公園或特別地區內攜帶、管有或使用捕獵器具、
陷阱或槍械。但不用器具捕捉不受法例保護的野生動物便沒有違法。

表 2-14　2017 年《野生動物保護條例》下受保護動物情況表

動物	學名（經修訂和更新）
所有蝙蝠	Chiroptera 的所有種
靈長類（猴子等）	Primates 的所有屬、科（人類除外）
穿山甲	*Manis pentadactyla*
東亞豪豬（附表用箭豬）	*Hystrix brachyura*
松鼠類	Sciuridae 的所有種
鯨豚類（海豚、鯨魚、江豚）	Cetacea 的所有種
赤狐	*Vulpes vulpes*
獴屬	*Herpestes* 的所有種
果子狸	*Paguma larvata*
小靈貓	*Viverricula indica*
大靈貓	*Viverra zibetha*
歐亞水獺	*Lutra lutra*
鼬獾	*Melogale moschata*
豹貓	*Prionailurus bengalensis*
儒艮	*Dugong* 的所有種
赤麂	*Muntiacus vaginalis*
所有野生雀鳥	Aves 的所有種
龜鱉類（海龜、鱉、龜等）	Testudines 的所有種
緬甸蟒蛇	*Python bivittatus*
巨蜥	*Varanus salvator*
香港瘰螈	*Paramesotriton hongkongensis*
香港湍蛙	*Amolops hongkongensis*
盧氏小樹蛙	*Liuixalus romeri*
黃扇蝶	*Troides helena*

注：動物名稱根據最新情況更新。
資料來源：《野生動物保護條例》。

2. 保育動物物種的其他措施、管理和監察

哺乳類動物保育

<u>保育中華白海豚</u>　全球易危的中華白海豚是國家一級保護動物，亦載列於《瀕危野生動植物種國際貿易公約》附錄I，受到本港《2006年保護瀕危動植物物種條例》（*Protection of Endangered Animals and Plants Ordinance, 2006*）和《野生動物保護條例》保護。牠出沒在亞洲河口附近的水域，在珠江口的分布包括香港西部水域（見圖2-63）。1990年代初的赤鱲角新機場和相關工程，填海範圍正是他們出沒的水域，香港社會才開始關注這鮮為人知的海豚，沙洲及龍鼓洲海岸公園亦因此於1996年設立。1993年漁農處（現為漁護署）委託香港大學太古海洋科學研究所對香港水域的中華白海豚進行基礎研究；自1995年開始長期監察計劃；1996年再委託海洋公園鯨豚保護基金（現為海洋公園保育基金，下稱保育基金）聘請專家進行跨學科研究，收集更深入資料，以確定中華白海豚在香港的的狀況。保育基金亦一直資助關於中華白海豚保育的研究。1997年香港回歸祖國，中華白海豚更成為香港特區的吉祥物。

按特區政府在1998年施政報告中的承諾，漁護署於2000年制定了《中華白海豚保育計劃》，方針包括改善一般海洋環境特別是水質、盡量減少或避免沿海發展對海豚的影響、為中華白海豚劃出更多保護區、確保保護區得到妥善管理、重建魚類種群、加強教育、研究和區域合作。行政長官會同行政會議在2002年指示漁護署署長為擬議的大嶼山西南海岸公園和索罟群島海岸公園擬備地圖並劃界線，但在諮詢拖網漁民、離島區議會及一些鄉事委員會時遭到反對，令計劃沒有進展。根據2016年12月公布的本港首份《生物多樣性策略及行動計劃》，漁護署將諮詢持份者，檢視和更新中華白海豚計劃。

大型基建相繼在西部海域開展，港珠澳大橋香港段及香港口岸人工島於2011年至2016年興建，為補償填海引致海豚棲息地的損失，大小磨刀海岸公園於2016年設立。擴建香港國際機場（即赤鱲角機場）成為三跑道系統亦於2016年動工，在工程完成後將設立一個約2400公頃的新海岸公園，連接大嶼山北部的海岸公園。這些項目施工時還會限制船隻在工程範圍的速

圖2-63　一隻中華白海豚（*Sousa chinensis*）在大嶼山以北、正在興建的港珠澳大橋附近水域出沒。（香港特別行政區政府提供）

度不得超過 10 海浬，以及在填海區外圍安裝淤泥幕時，實施 250 米的海豚排除區，如在區內
發現中華白海豚便須暫停施工；而三跑道系統項目更將從香港國際機場海天客運碼頭往來珠海
及澳門的快船更改航道，並在中華白海豚數量較多的範圍限速不得超過 15 海浬。但 2012 年
至 2017 年港珠澳大橋項目的監察報告指出，中華白海豚使用大嶼山東北水域呈下降趨勢，
並在報告期間有 15 次海豚數目低於限制水平及 6 次低於行動水平，原因可能與工程有關。

香港國際機場三跑道系統項目令公眾再次關注中華白海豚，本地和國際專家亦作出呼籲保
護海豚主要生境，特區政府遂在 2014 年公布指定大嶼山西南海岸公園和索罟群島海岸公園
的計劃，尋求在 2017 年年初或之前完成法定程序。大嶼山西南海岸公園終於在 2017 年 6
月 23 日在憲報刊登讓公眾查閱。[12]

有研究預測珠江口的中華白海豚數量每年下跌 2.5%。根據漁護署資助的長期鯨豚監察，
2016 年中華白海豚在調查區域的總數估計為 47 隻，錄得明顯下降趨勢（見圖 2-64），幼
豚的整體比率亦是自 2002 年以來最低，報告建議應更嚴謹地管制在大嶼山水域的填海工
程、妥善管理高速船隻、並視乎研究結果在大嶼山西面設立大型海洋保育區，將現有的海
岸公園連接起來。

圖 2-64　2010 年至 2016 年中華白海豚在香港水域的估計數量圖

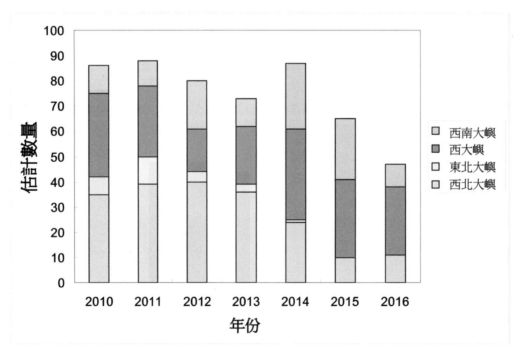

資料來源：香港特別行政區政府漁農自然護理署提供。

12　大嶼山西南海岸公園於 2020 年指定為海岸公園，南大嶼海岸公園（包括之前擬議的索罟群島海岸公園和為補
　　償因綜合廢物管理設施第 1 期的填海而設立的海岸公園）於 2022 年指定為海岸公園。

<u>蝙蝠礦洞保育</u>　在香港所有的蝙蝠都受法例保護。礦洞、輸水隧道和洞穴是部分蝙蝠的棲所與育幼場，甚至是一些種的冬眠之地，這些地點不少因在郊野公園範圍內而受到保護。蓮麻坑鉛礦洞是本港最重要的蝙蝠棲息地之一，但不在郊野公園範圍，該處曾記錄有八種蝙蝠及多達 2000 隻長翼蝠（*Miniopterus* spp.）聚居，在 1994 年列為具特殊科學價值地點。[13]

鳥類物種保育

<u>鷺鳥、燕鷗、其他雀鳥繁殖地保育</u>　所有的野生鳥類在香港都受到保護，一些鷺鳥和燕鷗會聚集在一起築巢繁殖，容易受到干擾或狩獵，部分重要的鳥類繁殖地亦因其特殊科學價值，例如其規模自然性、獨特性、在香港境內具代表性等，而被列為具特殊科學價值地點（見表 2-15），漁護署在有需要時會移除外來入侵的薇甘菊（*Mikania micrantha*）。但一些鷺鳥會隨時間而改變築巢和繁殖地點，鹽灶下鷺鳥林與三門仔鷺鳥林便因多年沒有鷺鳥繁殖而再不是具特殊科學價值地點。另外赤洲和南丫島南部因有特別的雀鳥，亦列作具特殊科學價值地點。

漁護署更在 2003 年至 2004 年為燕鷗設置人工巢箱，在巢箱內燕鷗蛋的孵化率達 80%，比天然、沒有庇護的高 28%；並豎立警告標語，提醒遊人不要於燕鷗繁殖季登上燕鷗繁殖的島，亦會定期巡邏。不過仍有登島攝影者和遊客騷擾燕鷗繁殖。

表 2-15　主要具特殊科學價值地點保護鳥類繁殖情況表

具特殊科學價值地點名稱	特點
米埔村	鷺鳥（Ardeidae）林
鴉洲	島上具有重要的鷺鳥林
尖鼻咀鷺鳥林	鷺鳥林
船灣鷺鳥林	鷺鳥林
大埔鷺鳥林	鷺鳥林
石牛洲	褐翅燕鷗（*Onychoprion anaethetus*）、黑枕燕鷗（*Sterna sumatrana*）和粉紅燕鷗（*Sterna dougallii*）在島上繁殖

資料來源：規劃署：《具特殊科學價值地點登記冊》。

<u>保育黑臉琵鷺（*Platalea minor*）</u>　黑臉琵鷺是全球瀕危物種、亦是國家二級保護動物，1982 年前，每年冬天香港只記錄到少於 20 隻。有見及此，2001 年漁護署委託世界自然（香港）基金會制定《黑臉琵鷺護理計劃》，該計劃的內容包括保護后海灣的濕地、專門

13　規劃中的紅花嶺郊野公園將包括蓮麻坑鉛礦洞。

管理米埔保護區北面的基圍，以提供棲息和覓食環境、進行監測和生態研究、開展公眾教育，以及加強區域合作等工作。因保育成效令人鼓舞，米埔和后海灣濕地已成為其重要越冬地，黑臉琵鷺的數量更增加至 2017 年 1 月的 375 隻（見圖 2-65）。國際鳥盟（BirdLife International）亦因此於 2013 年頒發保育成就獎予米埔管理委員會。根據 2016 年 12 月公布的《生物多樣性策略及行動計劃》，漁護署將諮詢持份者，檢示和更新黑臉琵鷺保育計劃。

圖 2-65 1981 年至 2017 年在香港越冬黑臉琵鷺數量統計圖

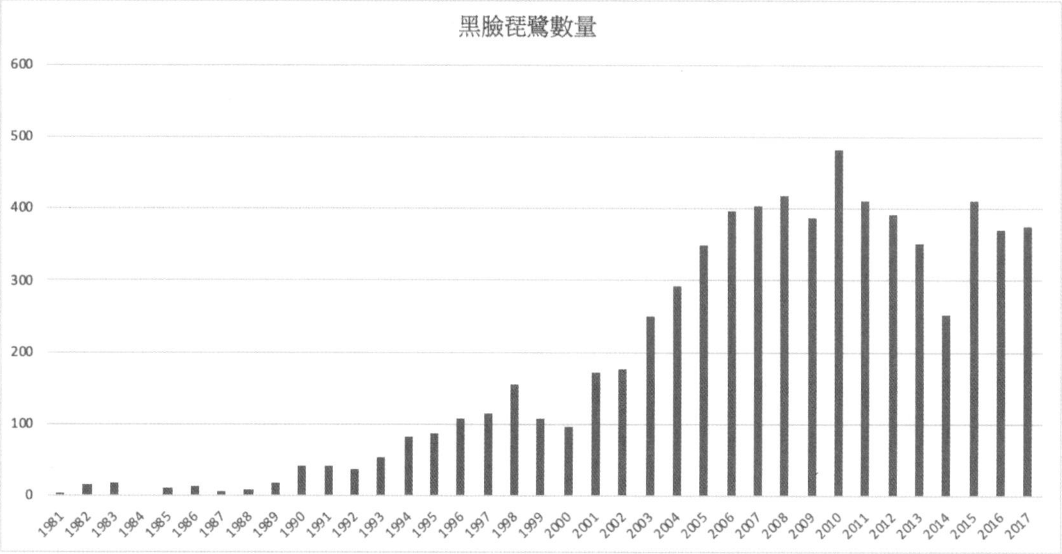

注：多年來調查所覆蓋區域有一些變化。
資料來源：香港觀鳥會及黑臉琵鷺全球同步普查。

爬行類物種保育

保育綠海龜（*Chelonia mydas*）產卵場　　全球極危的綠海龜是國家二級保護動物，同時列於《瀕危野生動植物種國際貿易公約》附錄 I，受到本港《保護瀕危動植物物種條例》和《野生動物保護條例》保護。南丫島深灣的沙灘是本港僅存、不時有綠海龜產卵的地點，也是南中國為數很少的綠海龜產卵場之一。漁農處於 1998 年制定了《綠海龜物種行動計劃》，於 1999 年將深灣沙灘和附近的淺水水域劃為具特殊科學價值地點，並把深灣沙灘指定為限制地區，禁止公眾於 6 月 1 日至 10 月 31 日的繁殖期內進入。[14] 在這段期間，有自然護理員執行陸上及海上巡邏，以防止擅進和監察綠海龜的產卵情況，在繁殖季節開始前，會進行除草和收集垃圾，使沙灘適合母海龜產卵。自然護理員亦向南丫島村民、遊人、漁民組織、遊艇會等宣傳保護海龜的重要，並提醒深灣限制地區的管制措施。

---

14 為了進一步減低人為活動對綠海龜繁殖的干擾，漁護署於 2021 年 4 月 1 日，將限制地區由沙灘延伸至相鄰海灣，達約 98.7 公頃，限制期亦延長至每年 4 月 1 日至 10 月 31 日。

當巢穴面臨海水或大雨淹浸的危險時，護理員會收集海龜卵作人工孵化，然後在深灣放回大海。2000 年有一窩在港島產得特別遲的卵，需由海洋公園照顧幼龜渡過冬天，待牠們十個月大時才放歸野外；海洋公園亦協助在本港發現受傷和生病海龜的康復。根據 2016 年的《生物多樣性策略及行動計劃》，漁護署將諮詢持份者，檢示和更新綠海龜計劃。

漁護署亦自 2000 年起與廣東省惠東港口海龜國家級自然保護區進行交流，並合作推展科研項目與培訓護理人員。

深灣上一次有綠海龜上岸產卵是 2012 年，產卵的雌龜隨後在衞星追蹤時被發現在中國南海纏上漁網死去，自此再沒有綠海龜回來產卵。但自 1998 年起有超過 2700 顆產下的卵受到保護，天然或人工孵化成功的小綠海龜有機會在長大後重回受保護的深灣繁殖（見圖 2-66）。

圖 2-66　在南丫島深灣剛孵出的小綠海龜（*Chelonia mydas*）。（香港特別行政區政府漁農自然護理署提供）

三線閉殼龜（*Cuora trifasciata*）保育　　全球極危的三線閉殼龜亦是國家二級保護動物，同時列於《瀕危野生動植物種國際貿易公約》附錄 II，受到本港《保護瀕危動植物物種條例》和《野生動物保護條例》保護。牠們僅分布在華南地區，因被認為具有藥用價值及在寵物貿易中受歡迎，價格高昂，引致過度採捕、野外種群急劇下降；1990 年代內地開始發展三線閉殼龜養殖業，為野生龜用作繁殖種龜創造了新的需求。本港在 2000 年初在郊野公園內、外發現大量捕龜籠，嘉道理農場及漁護署在三年內發現超過 2000 個，拯救了幾隻被捉的三線閉殼龜和其他龜隻，更發現嚴重捕龜活動令三線閉殼龜數量減少一半，遂開展聯合保育繁殖計劃（見圖 2-67），並巡邏溪澗和消毀捕龜籠。三線閉殼龜的保育工作包括監測、執法、教育宣傳、研究、棲息地保護、圈養繁殖和放歸。但非法捕捉淡水龜仍在持續，如何確保繁殖出來的三線閉殼龜放歸野外後安全是一個大挑戰。

圖 2-67　　在保育繁殖計劃下剛孵化的三線閉殼龜（*Cuora trifasciata*）。（Paul Crow 提供）

香港雙足蜥（*Dibamus bogadeki*，又稱鮑氏雙足蜥）保育　　香港雙足蜥是全球瀕危物種，僅在香港幾個離島有少量紀錄，但不受法律保護。周公島是其中一個分布點，整個島於 2015 年列為具特殊科學價值地點，漁護署亦會進行定期監察。

兩棲類物種保育

盧氏小樹蛙（*Liuixalus romeri*）人工繁殖及遷地保育　　盧氏小樹蛙是全球瀕危物種，是香港受保護的物種。牠長期被認為是香港特有種，只出沒在幾個離島。[15] 其中一個是赤鱲角，但因 1990 年代初，差不多整個島都受新機場計劃影響，環境影響評估報告建議為島上的小樹蛙進行遷地保育。世界自然（香港）基金會於 1991 年在赤鱲角北部工程開始前拯救了一些盧氏小樹蛙，用於日後保育計劃。同年，香港大學得到香港賽馬會慈善信託基金的資助，為這種當時鮮為人知的小樹蛙開展研究和保育，在 14 個月內從該島南部採集了 220 隻成

15　在 2021 年中國廣東省珠海市淇澳 —— 擔杆島省級自然保護的基線調查，在擔杆島和二洲島發現盧氏小樹蛙。

蛙（見圖 2-68）、13 隻幼蛙、8 條蝌蚪和 7 窩卵，這些蛙在香港大學和墨爾本動物園飼養，並成功繁殖。

研究亦發現蒲台島為一個新分布點。不同島嶼種群的基因結構出現分化，因此排除了將赤鱲角的盧氏小樹蛙遷到其他原生島嶼。生態數據指出這種蛙喜歡在林下的潮濕枯葉堆生活，並在無魚、水質良好的靜水繁殖。雖然新界和香港島的山坡覆蓋着大片樹林，但合適的繁殖水體卻很少。因此，研究人員在林下建造靜水池或擺放水盆，為小樹蛙提供便多合適的生境作遷地保育。研究人員遂與規劃署、地政總署及漁農處共同為盧氏小樹蛙物色既受保護又合適的放歸地點，從 1993 年到 1996 年，超過 1100 隻小樹蛙和 1600 條蝌蚪被放到新界和香港島的八個地點。漁護署自 2002 年開始執行項目結束後的監察。經過 20 多年，持續繁殖的種群在大部分地點建立起來，一些更已擴散至周邊的地方。

這研究項目發現大嶼山昂坪有最大的盧氏小樹蛙種群，並建議作出保護，在 1999 年昂坪一處最多盧氏小樹蛙棲息的地方被列為具特殊科學價值地點，另一些重要地點如南丫島南部和蒲台島南部亦規劃為自然保育區。香港盧氏小樹蛙物種行動計劃亦在 2009 年出台，涵蓋監測、生境管理（特別是改善蒲台島上棲息地的環境）、遺傳多樣性和疾病研究、宣傳教育等，以保育牠們。

圖 2-68　在赤鱲角找到的盧氏小樹蛙（*Liuixalus romeri*），只有一般人的姆指那麼大，由自然學家約翰‧盧文（John D. Romer）於 1952 年在本港南丫島一個山洞中首次發現，其後也在珠海找到。（劉惠寧提供）

蝴蝶保育

香港擁有豐富的蝴蝶物種,累計超過 240 種,其中不乏稀有的。在嘉道理農場暨植物園、城門郊野公園等數個漁護署管理地點,種植了蝴蝶幼蟲食用植物和蜜源植物,以增加蝴蝶多樣性,特別是具保育價值的蝴蝶,方便市民觀察。

大埔鳳園長有稀少的幼蟲寄生植物,亦是幾種罕見蝴蝶的繁殖地,於 1980 年已列為具特殊科學價值地點。它也是新自然保育政策下須優先加強保育地點,自 2005 年以來,大埔環保協進會(現為環保協進會)在環境及自然保育基金和鄉郊保育資助計劃下,開展管理協議計劃,並建立鳳園自然及文化教育中心(見圖 2-69),透過種植更多的蝴蝶幼蟲寄生植物和蜜源植物、管理植被和遊人、監察物種、以及組織教育活動等方法,該處的蝴蝶記錄已增加至超過 200 種。

香港還有另外兩個重要蝴蝶棲息地點,一是小冷水內的植林,是斑蝶群集過冬的重要地點,漁護署的考察資料顯示,高峰期曾錄得約 45,000 隻斑蝶在此度冬,於 2008 年成為具特殊科學價值地點。另一個是龍鼓灘谷,谷內的風水林、樹林、山坡和溪澗是本港最重要蝴蝶生境之一,記錄有超過 130 種,包括本港最大的紅鋸蛺蝶(*Cethosia biblis*)種群,此地點在 2012 年加進具特殊科學價值地點名冊。

圖 2-69 專門保育蝴蝶的鳳園自然及文化教育中心。現時香港錄得約 245 個蝴蝶物種,單在鳳園就有約 220 種蝴蝶,佔全港物種約九成。(邱榮光提供)

珊瑚保育

珊瑚就地保育　香港石珊瑚多樣性高，共有至少 84 種，有些如單獨鹿角珊瑚（*Acropora solitaryensis*）、大穴孔珊瑚（*Alveopora gigas*）更屬全球易危。香港所有石珊瑚和黑珊瑚都載列於《瀕危野生動植物種國際貿易公約》附錄中，受到《保護瀕危動植物物種條例》保護。一些較好的群落已包括在海岸公園和具特殊科學價值地點之內。為保護珊瑚群落免被船錨損毀，海岸公園內已於適當位置設置船隻禁區，以及於較多康樂活動進行的地點放置船隻繫泊浮標和標誌浮標；甕缸灣、赤洲、南果洲、牛尾洲和橋咀洲的主要珊瑚區亦已放置珊瑚標誌浮標，提醒船隻駕駛人士不要在浮標範圍內下錨。

2006 年西貢海下灣海岸公園有些珊瑚群落受粗糙核果螺（*Drupella rugosa*）和刺冠海膽（*Diadema setosum*）的侵蝕，同年海岸公園委員會通過關閉珊瑚灘一年以減低人為影響，鞏固脫位與受嚴重侵蝕的珊瑚，以及清除造成侵蝕的生物，之後兩年多的監察發現珊瑚覆蓋有所擴大。但在 2015 年及 2016 年，香港東北水域內（包括海下灣海岸公園）的大型扁腦珊瑚（*Platygyra* spp.）出現局部死亡現象，令牠們更容易受到生物侵蝕，甚至塌下。自 2016 年起，漁護署與香港大學太古海洋科學研究所合作，於公園內展開了石珊瑚修復項目，將侵蝕較為嚴重的扁腦珊瑚分成小塊放置到海床上的養育台，讓牠們恢復和慢慢成長，一年後再移植到合適的岩石或已死的珊瑚骨骼上。初步監察顯示，移植後的珊瑚繼續生長並覆蓋到其附近基質。

根據 2016 年的《生物多樣性策略及行動計劃》，珊瑚是優先保護類群，漁護署將與專家和環保團體協商制定《珊瑚物種行動計劃》。在擬定計劃的過程中，漁護署會徵詢相關專家及非政府機構的意見，同時亦會進行研究，收集對落實計劃至關重要的資料。

珊瑚礁普查基金（Reef Check Foundation）在 1997 年首次開展香港珊瑚礁普查，漁護署由 2000 年起與珊瑚礁普查基金合作，統籌每年一度的普查。2017 年的結果顯示，所有 33 個調查地點的珊瑚覆蓋範圍普遍穩定，指標種的情況亦非常穩定，物種多樣性維持於高水平。

珊瑚遷地保育　港珠澳大橋工程範圍內有柳珊瑚，須於施工前展開調查，並制定柳珊瑚移植計劃，在 2012 年和 2013 年，受工程影響而可以遷移的被移至大嶼山東北的陰仔灣，監察指出移植的珊瑚健康一般、死亡率跟該區天然柳珊瑚群落相若。擴建香港國際機場成為三跑道系統工程亦影響到柳珊瑚，採納了相同的緩解措施，自 2017 年初將 10% 受工程影響的柳珊瑚移至陰仔灣，初步監察發現成活率高。

馬蹄蟹保育

馬蹄蟹又稱為鱟，有兩種分布在香港，即中國鱟（*Tachypleus tridentatus*）和圓尾鱟（*Carcinoscorpius rotundicauda*）。自 1980 年代末，馬蹄蟹在許多區域已消失或數量大幅

減少，后海灣和大嶼山一些海灘及泥灘是現存的主要繁殖與育苗場。

中國鱟血液可用來生產專用於細菌內毒素檢測試劑，在 1980 年至 2001 年間，一家日本製藥公司在香港成立了收集鱟血的公司，大量採購中國鱟，並且採集牠們的血液。

香港城市大學得到環境及自然保育基金資助，在 2004 年至 2006 年開展香港馬蹄蟹保育項目，發現該兩種馬蹄蟹幼體數量與 2002 年的研究相比下降超過 90%，而每年有少量中國鱟成體被捉作食用。雖然實驗室能成功繁殖馬蹄蟹，但產出的幼體死亡率高。之後香港海洋公園保育基金（保育基金）撥款，資助改善馬蹄蟹的人工繁殖、幼體野放方法及效果，經過多次試驗後，成功誘導中國鱟在實驗室自然產卵受精，而幼體的成活率超過 43%，幼鱟被放後的三個月內更可長大 30%。

為增加公眾了解保育鱟及其棲息地的重要性，並幫助將幼鱟野放以補充野外數量，香港城市大學與保育基金合作，在 2009 年開展馬蹄蟹校園保母計劃，讓中學生和老師在學校裏照顧人工培育的幼馬蹄蟹，並在數個月後將牠們放歸野外（見圖 2-70），自 2015 年起，計劃更擴展至商界。

2016 年 12 月公布的《生物多樣性策略及行動計劃》，馬蹄蟹屬於優先保育物種，漁護署將與專家和環保團體協商制定《馬蹄蟹物種行動計劃》。

圖 2-70　中學生將在學校飼養的幼馬蹄蟹（*Limulidae*）放歸野外。（香港海洋公園保育基金提供）

3. 植物保育的法例、受保護物種

港府在 1888 年訂立《1888 年樹木保存條例》，以應對鄉村附近屬於政府的樹木和植林受到嚴重破壞的情況，如有足夠理由相信破壞者來自某一村落，可對該村施加相應的特別地租，但卻經常找不到涉事者。此條例在 1910 年被《1910 年惡意破壞修訂條例》（*Malicious Damage Amendment Ordinance, 1910*）取代，在 1917 年《惡意破壞修訂條例》又被《1917 年官地保存條例》（*Crown Land Preservation Ordinance, 1917*）所取代，根據條例，涉事村落的村民可被罰款。《1917 年防止樹林火災條例》（*Forest Fires Prevention Ordinance, 1917*）亦在 1917 年生效，在樹林、林區和植林生火焚燒植物可被罰款。《1920 年植物條例》（*Plants Ordinance, 1920*）在 1920 年生效，旨在保護被大量採摘作裝飾之用，以致數量大幅下降的野生杜鵑屬（*Rhododendron*）植物；1936 年時，受保護植物增加至 41 種類，禁止市民售賣和擁有它們。以上保護林木和植物的條例在 1937 年被《1937 年林務條例》取代，條例更廣泛地保護官地上的樹木和其他植物，並可將植林區域劃為禁地，在樹林、林區或禁地割草、移去泥土、傷害樹木、放牧和破壞相關設施都屬違法。條例下的《林務規例》列明不得售賣或擁有 21 類受保護的珍稀或常被採摘植物，並規管飼養山羊以防止牠們損害官地上的植被，亦劃出香港島的歌連臣山林務區和九龍水塘至沙田的木油桐樹（*Vernicia montana*）種植區為禁地。受保護的植物在 1993 年增至 27 種類，至 2017 年 7 月 1 日仍有效（見表 2-16）。

另外在《郊野公園條例》下的《郊野公園及特別地區規例》，規定不得在郊野公園或特別地區內切割、摘取、除去任何植物或其任何部分，以及挖出、開墾或擾亂土壤，亦不得撒播種子或種植，對植物提供多一重的保育。

然而，以上的條例對在市區或村落的古樹名木未必起到全面保護作用。立法會議員蔡素玉在 2001 年為此提出動議辯論，要求改善現狀。自 2004 年起，特區政府在市區官地及鄉村地區的旅遊勝地，選定了 500 多棵樹木編入《古樹名木冊》，該名冊包括大樹、珍貴或稀有樹木、古樹（例如樹齡超過一百年）、具有文化 / 歷史或重要紀念意義的樹木、及樹形出眾的樹木。管理部門須擬定程序，識別符合準則的樹木，提名給康文署或漁護署評審，而康文署則負責管理《古樹名本冊》。

表 2-16　2017 年《林務規例》下受保護植物情況表

植物（中文俗稱）	學名
福氏臭椿	*Ailanthus fordii*
穗花杉	*Amentotaxus argotaenia*
觀音座蓮	*Angiopteris evecta*
印度馬兜鈴	*Aristolochia tagala*
雀巢芒	*Asplenium nidus*
各種茶花	*Camellia* 的所有種

（續上表）

植物（中文俗稱）	學名
桫欏科植物	Cyatheaceae 的所有種
香港四照花	*Dendrobenthamia hongkongensis*
茅膏菜	*Drosera peltata*
吊鐘（見圖 2-71）	*Enkianthus quinqueflorus*
各種八角	*Illicium* 的所有種
青藤	*Illigera celebica*（= *Illigera platyandra*）
香港鳳仙	*Impatiens hongkongensis*
小花鳶尾	*Iris speculatrix*
油杉	*Keteleeria fortunei*
各種紫薇	*Lagerstroemia* 的所有種
淡紫百合	*Lilium brownii*
木蘭科植物	Magnoliaceae 的所有種
豬籠草	*Nepenthes* 的所有種
各種蘭花	Orchidaceae 的所有種
茜木（或稱香港大沙葉）	*Pavetta hongkongensis*
桔梗	*Platycodon grandiflorum*
廣東木瓜紅	*Rehderodendron kwangtungense*
各種杜鵑	*Rhododendron* 的所有種
紅苞木	*Rhodoleia championi*
石筆木	*Tutcheria spectabilis*
青皮樹	*Schoepfia chinensis*

資料來源：《林務規例》2017。

圖 2-71　八仙嶺橫山腳的吊鐘（*Enkianthus quinqueflorus*）。（劉惠寧提供）

4. 保育植物物種的其他措施、管理和監察

漁護署肩負大部分植物存護工作，除了通過執行法例保護植物及其生境外，亦會為部分受威脅物種制定不同的保育策略。本地植物面對的威脅主要為偷伐及偷挖，其次亦因種群分布局限及環境變化而增加滅絕風險。應對策略包括加強巡察以打擊偷伐及偷運、遷地保育、人工繁殖及生境管理。以下列出部分本地保育植物物種的例子。

土沉香（*Aquilaria sinensis*）及羅漢松（*Podocarpus macrophyllus*）

土沉香是全球易危和國家二級保護野生植物，同時載列於《瀕危野生動植物種國際貿易公約》附錄 II，受到本港《2006 年保護瀕危動植物物種條例》保護。當土沉香樹幹損傷、受真菌感染後便會結香，可用作中藥或香料，亦能製作工藝品或宗教用品。羅漢松則可用作風水樹或盆景。在官地上的野生土沉香和羅漢松雖受《1937 年林區及郊區條例》保護，但自 2000 年起，隨着內地的需求漸增，導致價格持續上升，令非法採伐和偷運變得嚴重（見圖 2-72）。2009 年非法採伐個案合共 18 宗，到了 2014 年增加至 145 宗，遍及全港郊野。

圖 2-72　土沉香（*Aquilaria sinensis*）雖受《林區及郊區條例》保護，但因它具藥用價值，以致非法砍伐的情況不斷。圖為在沙羅洞先被割傷後被砍掉的土沉香。（劉惠寧提供）

由 2009 年至 2017 年，漁護署已在郊野公園栽種了約九萬棵土沉香樹苗，以助土沉香在本地郊野地區繁衍。2015 年，警方與漁護署、地政總署和保育團體合作，加強針對土沉香、羅漢松的執法，並鼓勵市民舉報不法行為。署方又在土沉香傷口塗上抗真菌樹油，以免樹幹結香招來不法之徒覬覦，亦與內地執法單位加強合作，以搗截非法偷運。2016 年，漁護署成立特別專責小組保護土沉香，使用自動監測儀監察非法砍伐情況，又為個別土沉香裝設保護圍欄。而執法行動中檢獲的羅漢松則會物色合適地點重新種植。

2016 年 12 月，環境局公布本港首份《生物多樣性策略及行動計劃》，將土沉香列為優先保護物種，漁護署將諮詢持份者以制定《土沉香物種行動計劃》[16]。2017 年，本港的非法砍伐土沉香個案下降到 53 宗。

香港巴豆（*Croton hancei*）與稀有植物

香港巴豆是香港稀有物種，香港境內只能在青衣島一片樹林找到，此樹林在 2005 年被列為具特殊科學價值地點。漁護署將一些培植的香港巴豆種在大棠苗圃溫室內蔭蔽之處，由於苗圃環境與青衣樹林相近，這些香港巴豆都能開花結果，種子的發芽率可達 65%。另一些香港巴豆則種在城門標本林和其他郊野公園作遷地保育，此舉也可提高大眾對巴豆認識。

漁護署亦以採集種子，插枝及高空壓條法繁殖稀有及瀕危植物，成功的例子有：油杉、紅皮糙果茶（*Camellia crapnelliana*）及大苞山茶（*Camellia granthamiana*），再將樹苗種在郊野以建立新的種群。城門標本林是一個植物存護基地，種植了約 300 種植物，包括一些珍稀物種，作為遷地保育及教育用途。位於大棠苗圃的溫室備有自動灑水及溫度與濕度調控系統，也有全自動的植物栽培箱及種子儲存庫，存護了約 100 種較脆弱的珍稀植物及種子。

杜鵑（*Rhododendron*）

香港有六種原生杜鵑，都受到保護，其中四種屬稀有或分布範圍狹窄。有研究指出，被其他植物遮蔽可能會影響毛葉杜鵑、香港杜鵑（*Rhododendron hongkongense*）和羊角杜鵑的繁殖和生長。漁護署於 2008 年至 2010 年委託顧問，試驗以減少周邊樹冠遮蔽的方法來保育馬鞍山的杜鵑，更於 2011 年至 2012 年進行監察。結果顯示在試驗地點的三種杜鵑均增加開花，以其中以毛葉杜鵑，以及生於蔭蔽處的個體杜鵑改善程度較為顯著。

蘭花（*Orchidaceae*）

香港記錄有超過 120 種原生蘭花，其中 7 種已在港滅絕，另有 6 種也可能已滅絕，當中更有香港的特有種。本地野生蘭花都受《林務規例》保護，它們也列於《瀕危野生動植物種國際貿易公約》附錄內，受到本港《保護瀕危動植物物種條例》規管。但許多蘭花具有藥用或觀賞價值而被採摘，一些蘭花的生境亦遭受人為破壞或天然轉變而變得不適合蘭花生長。

---

16 漁護署於 2018 年正式執行《土沉香物種行動計劃》。

自 1990 年代中期以來，嘉道理農場一直進行蘭花研究，也將一些樣本帶回園內培育和繁殖，實施遷地保育，並為全港蘭花進行評估。評估後，又進行了優先排序，揀選出十種最需保育關注的蘭花，其中的二色石豆蘭（*Bulbophyllum bicolor*）（見圖 2-73）為香港特有，並準備為其制定物種行動計劃，提出重新建立高遺傳多樣性種群的具體建議。[17]

圖 2-73　野生的二色石豆蘭（*Bulbophyllum bicolor*），它是香港特有種，僅生長於少數新界的溪流旁的岩石上。（Stephan Gale 提供）

17　二色石豆蘭物種行動計劃於 2020 年完成制定。

古樹

2004 年，特區政府亦為古樹名木發出技術通告，頒布保育方案，規定每年須最少對古樹名木進行一次檢查護養，又規定不得移除古樹名木，如無可避免，必須在事前取得地政總署的批准及徵得發展局同意。截至 2014 年，有 71 棵古樹名木因天然因素或遭颱風吹毀而需要移除，另有 36 棵新列入《古樹名目冊》內，故累計香港有 492 棵古樹名木，分別由 16 個部門負責護養。

在 2012 年一棵在九龍尖沙咀柏麗購物大道的古樹名木塌下，原因是感染了褐根病。此病是由一種感染性強、感染初期不易察覺的病原菌（有害木層孔菌）引致。此次意外後，樹木管理辦事處採取了預防及控制的措施，屬早期染病但結構依然穩固的古樹名木須進行治療並予以隔離，結構不穩固的則須移除，受感染的其他樹木則徹底移除，以保障公眾安全及防止褐根病蔓延。

5. 保育國際上的瀕危物種

規管瀕危野生動植物貿易的法例及受保護物種

第二次世界大戰後，香港人口持續增長、經濟也發展起來，造就了對野味的需求，大量的野生鳥獸因此從中國內地入口香港。在 1970 年代初，有報道指每年有超過一萬隻獸類，包括豹貓、果子狸、貉和穿山甲，與超過一萬隻猛禽和貓頭鷹在香港被販賣作食用。亦有調查估計香港在 1975 年進口 695,000 隻野鳥，其中 95% 來自中國內地，到了 1979 年，可能有至少 1,000,000 隻鳥獸從中國內地進口作食用、飼養或出口之用。

1960 年代經香港轉口到其他地區動物園或收藏家的珍稀鳥獸貿易，也導致該些珍稀鳥獸的數量大幅減少，這情況引起保育人士關注並要求港府立法阻止。《1969 年動物及鳥類（限制進口及管有）條例》（*Animals and Birds (Restriction of Importation and Possession) Ordinance, 1969*）於 1969 年訂立，通過發牌制度規管受管制獸類及鳥類的進口及管有，以防止野生動物貿易在香港進行，但這條例並不管制出口，故提供的保護範圍有限。

同一時期，世界各地也關注過度採捕野生動植物導致牠們的數量迅速減少的情況，《瀕危野生動植物種國際貿易公約》（Convention on International Trade in Endangered Species of Wild Fauna and Flora）於 1975 年 7 月 1 日起生效。香港則於 1976 年訂立《1976 年動植物（瀕危物種保護）條例》（*Animals and Plants (Protection of Endangered Specise) Ordinance, 1976*），取代此前的條例，以落實公約的執行。條例列出三萬多種動植物，若要出口、入口和管有這些動植物及其部分，須先向漁農處申請許可證，而一些極度瀕危物種的商業貿易則被禁止。為清晰反映公約要求的變化及完善規管制度，《保護瀕危動植物物種條例》於 2006 年生效，並取代此前的條例，對公約附錄 I 的瀕危物種（如犀牛（*Rhinocerotidae*））嚴格規管，野生個體及其部分的商業貿易基本上不容許；進口附錄 II 物種（如蘇眉 *Cheilinus undulatus*）須具《公約》出口准許證，若果進口是野生的活體，有關

人士更須事先向漁護署申領許可證,出口或再出口附錄 II 物種亦須預先申領許可證,為商業目的管有附錄 II 野生活體標本也須領有許可證;進口、出口或再出口附錄 III 物種(如花龜 [Mauremys sinensis])也受到類似的規管,但管有附錄 III 的物種則不須領有許可證。

因應國際社會關注象牙貿易威脅到非洲大象生存和當地護林員的生命,特區政府於 2016 年宣布分階段禁止象牙貿易。[18] 此外,漁護署、環境局、警方及海關也共同成立野生動植物罪行專責小組,加強各部門之間的合作和情報交換,打擊受保護物種的非法進出口、貿易及採伐 / 捕獵活動。根據《生物多樣性策略及行動計劃》,政府將會檢討《保護瀕危動植物物種條例》下走私及非法買賣瀕危物種的罰則,以提高阻嚇作用。[19]

保育來自外地的瀕危物種

<u>參與保育繁殖</u>　香港動植物公園參與了一些瀕危物種保育繁殖計劃,最成功的是巴拉望孔雀雉(*Polyplectron napoleonis*),牠只分布在菲律賓的巴拉望島,受到森林砍伐、過度捕捉的威脅,是全球易危物種,也列在《瀕危野生動植物種國際貿易公約》附錄 I。早於 1960 年代這種孔雀雉還未受到國際保護時,香港動植物公園已開展圈養繁殖,至 1978 年已有超過 160 隻成功孵化,並送到世界各地的動物園作為遷地保育計劃的一部分,一些海外動物園現今的圈養種群是在香港繁殖出來的後代。另外海洋公園自 1989 年開展了全球極危、目前僅分布在江西的靛冠噪鶥(*Pterorhinus courtoisi*)保育繁殖計劃(見圖 2-74),香港海洋公園保育基金還支持了野外研究。

圖 2-74　在海洋公園保育繁殖計劃下的靛冠噪鶥(*Pterorhinus courtoisi*)。這種雀鳥是中國森林獨有物種,只曾在江西及雲南省出現,現時數量僅餘 320 多隻。(香港海洋公園保育基金提供)

18　象牙貿易已於 2021 年底被禁止。

19　2018 年 5 月提高至最高罰款 1000 萬港元及監禁 10 年。

<u>拯救沒收的瀕危物種作遷地保育</u>　嘉道理農場在 1995 年建立了野生動物拯救及復康計劃，自此，政府把從非法貿易或進口中沒收的野生瀕危動物通常會交給他們照顧。如果截獲的是外地的瀕危物種，嘉道理農場會聯絡其他地方的保育團體和動物園，嘗試安置牠們到保育繁殖設施。

嘉道理農場處理最多的是龜類。自 1980 年代中，亞洲龜類貿易在區內急速增長並威脅牠們的生存，香港是重要的消耗地及中轉站，自 1990 年代起，有多宗被香港海關與漁農署／漁護署沒收的活龜偷運個案。最大宗的是 2001 年 12 月，大約 9500 隻活龜從澳門經香港轉口往內地野味市場時被沒收，並交到嘉道理農場，鑒定的 12 龜種中，有 11 種是全球受到威脅的，當中四種是在《瀕危野生動植物種國際貿易公約》附錄內。因運輸途中被擠疊在貨櫃箱內又缺水，大約 2000 隻已死或不能救治，餘下 7500 隻活的需要提供護理，在冬天為這些來自東南亞熱帶地區的龜提供加熱地方是其中一個挑戰。嘉道理農場亦即時與國際龜類生存聯盟（Turtle Survival Alliance）和歐洲動物園和水族館協會（European Association of Zoos and Aquaria）聯絡，籌備送牠們到各地的動物園，最終有 3222 隻送到美國和 996 隻送到歐洲。很多都能生存並建立保育繁殖種群。這項龐大的聯合拯救亞洲龜行動，得到國際和本地媒體廣泛報道，有助提高對亞洲龜類貿易與保育的關注。

<u>將沒收的瀕危動物放回原產地</u>　將沒收的瀕危動物送回原產地放歸野外的事不常發生，原因是牠們的來源地大多無法確定，並涉及繁複的政府之間合作和安排，亦要考慮將牠們放回原地會否安全等問題。其中數量最多的一宗發生在 2011 年 1 月，漁護署沒收了 785 隻走私到香港作寵物的兩爪鱉（*Carettochelys insculpta*），此物種在當時屬全球易危（現為瀕危）類別，亦列在《瀕危野生動植物種國際貿易公約》附錄 II 內。嘉道理農場接收這批鱉作護理，並透過與漁護署、印尼政府及當地保育組織合作，在同年 10 月把 609 隻兩爪鱉送返印尼，放歸在巴布亞西面的馬老河，當地的村民亦積極參與放生行動。

第三章
環境保護規劃與政策

本章旨在介紹港府環保的工作，包括整體環保政策的規劃、污染防治（空氣、水質和噪音）和廢物處理的方針和措施，以及環境影響評估（環評）和可持續發展的推動。

太平洋戰爭前，環境保護並非港府關注重點，後因香港爆發多次嚴重疫症，導致多人死亡，港府才開始推動環境政策，並以公共衛生為出發點。

1950 年代以來，內地移民不斷移居香港，香港人口由 1950 年的 210 萬，急增至 1965 年的 360 萬，房屋及衛生問題日益嚴重。其間，港府制定了不同法例，如：1956 年的《建築物條例》、1959 年的《保持空氣清潔條例》、1960 年的《公眾衛生及市政條例》等，以控制環境污染。而 1959 年制定的《保持空氣清潔條例》，是本地環境污染管制的首條法例。該條例旨在管制燃燒化石燃料裝置的黑煙排放。

1970 年代，香港人口已增至 400 萬，再加上本港工業化的發展，對環境構成更大壓力。1974 年，港府委任顧問公司檢討本地污染情況，成為香港首個環境政策綜合研究。研究最終報告於 1977 年完成，名為《控制香港環境》(*Control of the Environment in Hong Kong*)。該報告就消減噪音、廢物處理、水污染管制、空氣污染管制、環境影響評估等方面作出報告，並提出多項建議，冀改善本港環境。同年，港府成立環境保護組，負責制定管制污染計劃，並就環境保護問題向政府提出意見，但沒有執行法例的權力。1977 年，政府委任聶德出任環境保護顧問，並於 1986 年成立環境保護署，委任聶德出任署長，負責制定環境保護計劃及執行污染管制的法例。

除了成立專責行政部門外，港府對環保議題的日漸關注，亦可於施政報告和財政預算案中反映。1977 年起，施政報告開始有獨立章節提及環保議題；至 1998 年時，更設有獨立分章提及不同範疇的工作；而財政預算案亦於 1993 / 1994 年度起，有獨立章節論述環保。2000 年後，財政預算案觸及更多環保的議題，如環保設施、環保產業、綠色經濟等。

1989 年 6 月，港府公布《白皮書：對抗污染莫遲疑》（《白皮書》），首次清晰列出政府對保護環境的總體政策和目標，並勾畫解決污染問題的十年計劃，共提出 119 項目標，涉及對空氣、水質、噪音及廢物等方面的監控、服務、調查和規管等，是香港環保發展的里程碑，亦為日後環保工作奠定基礎。

《白皮書》公布後，政府開始就廢物、空氣、噪音等不同領域，公布不同的計劃和藍圖，向公眾展示改善環境的決心和策略，如：1998 年的《減少廢物綱要計劃》、2005 年的《都市固體廢物管理政策大綱》、2006 年的《處理香港道路交通噪音全面計劃》、2013 年的《香港清新空氣藍圖》、2015 年的《都市節能藍圖》及《香港資源循環藍圖 2013—2022》、2017 年的《香港氣候行動計劃 2030+》等，展示了政府在 1990 年代至今，在空氣污染防治、降低噪音、減少廢物等方面的目標和方針。

以上的藍圖和計劃，都是對環境的長遠規劃。除此以外，政府亦透過不同條例和措施，以危機管理意識配合具體行動，對治環境污染問題。在空氣污染防治方面，港府於 1983 年 10 月實施《空氣污染管制條例》，設立空氣質素管制區和為管制區訂立空氣質素指標；1990 年代末，政府又宣布以石油氣的士取代柴油的士，引入超低硫柴油等措施，以改善空氣質素。水質控制方面，港府於 1980 年制定《水污染管制條例》，並根據條例，把香港水域分為十個「水質管制區」，以控制污染物在各區的排放量。港府又於 1989 年制定「策略性污水排放計劃」（後稱「淨化海港計劃」），以改善維港水質。廢物管理方面，港府於 1980 年頒布《廢物處置條例》，規定某些有毒廢物、農業廢物的處理方法；又在 1987 年頒布《廢物處置（修訂）條例》，規定禁止在市區飼養禽畜。噪音管制方面，港府於 1988 年實施《噪音管制條例》，規管工業活動、汽車、特定機器和社區活動的噪音。2000 年代起，又為音量超過 70 分貝的路段加裝隔音屏障，為樓宇加裝減音露台和減音窗等。

此外，港府亦致力環境監測工作。例如在空氣方面，在 1983 年起，在全港設置連續空氣監測站和路邊空氣監測站；環保署又設立空氣質素指標、空氣污染指數、空氣質素健康指數，讓市民知悉本港空氣質素情況。在水質方面，水務署在木湖抽水站、船灣淡水湖、城門水塘等地安裝監測系統，實時監測食水水質；環保署亦對海水、河溪水質作監測。在噪音方面，政府分別為道路、鐵路和飛機訂立噪音標準，又為不同地區制定「地區對噪音感應程度的級別」，以保障市民不受噪音滋擾。

制定藍圖和條例、監測環境等措施，屬先污染、後治理方法。與此同時，港府亦推動「防患於未然」的環保工作。在城市規劃層面，推行環境影響評估制度（環評）；在環保觀念層面，推動和落實可持續發展的概念。

環評指在大型發展項目動工前，要先評估工程項目及相連工程對環境及生態的影響與益處，若工程會對環境及生態造成影響，發展單位需訂明緩解措施。環評類型分為環境規劃、策略環評、項目環評等。港府早於 1983 年至 1984 年間已提出環境規劃概念，即是在區域發展策略、發展大綱圖、分區計劃大綱圖、發展總圖及土地用途更改時，需及早考慮相關的環境問題及適當措施。1980 年代，港府開始規劃的將軍澳和天水圍新市鎮，以及荃灣及青衣的工業土地用途更改，亦有加入環評的概念。1998 年 4 月，《環評條例》正式生效，規定發展項目必須進行環境影響評估，評估報告需包含空氣影響評估、水質影響評估、噪音影響評估等，發展項目要根據評估內容實行保護措施，以減低項目對環境的影響。

可持續發展的概念早於 1960 年代出現。1992 年時，在巴西里約熱內盧舉行的地球高峰會上，通過了可持續發展的全球性計劃《二十一世紀議程》。1990 年代，港府把可持續發展納入不同的政策中，並指出其意思是「指在社會大眾和政府群策群力下，均衡滿足現今一代和子孫後代在社會、經濟、環境和資源方面的需要，從而令香港在本地、國家及國際層面上，同時達致經濟繁榮、社會進步及環境優美」。特區政府在 1997 年 9 月開展《二十一

世紀可持續發展研究》，為香港制定涵蓋經濟、社會及環境的可持續發展指標、指導性準則及支援工具。

為推動可持續發展，港府於 2001 年設立可持續發展組（2007 年更名為可持續發展科），負責監察及支援各部門的可持續發展工作，並建立評估制度；港府又於 2003 年成立可持續發展委員會，負責就可持續發展的推動和策略向政府提供意見，並收集市民意見等工作。截至 2017 年，該委員會已就固體廢物管理、推行可再生能源和都市生活空間等議題展開了七輪公眾諮詢，又撥款一億元成立可持續發展基金，以推動市民認識及實踐可持續發展的計劃。

1980 年代起，本地廠商大量北移，工業廢氣隨風由珠三角飄至本港，同時粵港海域相連，東江水又是香港主要食水來源。因此，要改善本港空氣質素，保護本地海洋生態和確保東江水水質等，需要粵港兩地政府的合作。1990 年，兩地政府成立粵港環境保護聯絡小組，就兩地空氣、水源、自然保育、海洋生態等事件，進行交流和商討。2000 年，又成立粵港持續發展與環保合作小組，加強跨境環境事宜的合作。此外，1990 年代至今，兩地政府近年在保護中華白海豚、企業清潔生產、船泊減排、氣候變化等工作上，皆取得良好進展。

透過不同層面的環保工作，包括建立行政架構、推出規劃綱領、頒布和執行法例、興建環保設施、進行環境監測、推動環評和可持續發展，反映二戰後以來港府在環保工作的積極性和主導地位，同時亦與內地進行環保專項合作，這些措施皆對改善本地的環境有顯著成效。

第一節 整體規劃

1970 年代至 2017 年期間，香港政府透過環境政策的綜合研究、政策專項規劃，城市規劃中的環境規劃及跨境環保合作，使香港環境問題得到顯著改善，踏入二十一世紀以後的新環境議題如氣候變化等亦受到重視。不同的持份者都積極參與改善環境的工作，令大部分的政策及行動計劃得以落實，部分尚未完成或中長線的計劃，特區政府仍繼續跟進。

一、環境政策綜合規劃

1960 年代起，本港人口大幅增長，經濟急速發展，社會面對日益嚴重的環境污染問題。1970 年代，港府為解決本港的環境問題，進行首個保護環境的整體研究，並於 1989 年公布應付環境污染問題的政策文件《白皮書：對抗污染莫遲疑》，加大投入資源，以及就污染管制（包括空氣、水質及噪音）及廢物處理進行專項規劃，制定行動計劃。踏入二十一世紀，特區政府因應國際趨勢，政策規劃更涵蓋氣候變化、能源效益及自然保育，並加強城市規劃中的環境規劃及跨境環保合作。1989 年至 2017 年，香港政府共公布 10 份環境政

香港志 ─ 自然・環境保護與生態保育

策大綱或行動計劃藍圖文本，其他環境政策則透過施政報告、財政預算案及政府提交立法會的文件交代詳情及行動計劃（見圖 3-1）。

1. 香港環境保護的整體研究

環境保護概念在香港始於 1970 年代初。在此之前，香港社會對環境的關注着重於衛生問題。1972 年，港督麥理浩（Crawford Murray MacLehose）於立法局發表施政報告，表達港府關注社會及經濟發展所產生的污染問題，認為需要認真研究對策及立法管制污染。同年，聯合國人類環境會議（United Nations Conference on the Human Environment）於瑞典斯德哥爾摩舉行，令港府對環境問題的關注漸增。

1974 年至 1977 年期間，港府委聘環境資源有限公司（Environmental Resources Limited）擔任環境顧問，進行香港首個環境政策綜合研究 Control of the Environment in Hong Kong（《香港環境管制》）（見圖 3-2），調查本港的污染問題及將來可能發生的環境問題，就港府應予採取的保護環境措施及所需的行政管理架構提出建議。在此之前，港府只有個別課題的研究，如 1855 年醫官丹士達（J. C. Dempster）及 1882 年工程師查維克（Osbert Chadwick）分別就香港環境衛生問題向港府提交報告書，並提出不同的管制措施，例如煙霧管制、漏油處理等措施，但並沒有全港性的綜合環境研究。

《香港環境管制》找出本港環境問題的兩個主要成因，分別為：城市排放的污染物大部分都未經處理，以及新發展對環境構成負面影響。1963 年至 1973 年期間，香港每年平均經濟增長為 9%，人口每年平均增長約 10 萬人，導致環境問題隨之惡化，主要環境問題包括：

（一）人口增長及經濟活動產生大量廢物及廢水；
（二）飛機噪音以及飛機的數量不斷增加；
（三）20 萬輛車在道路行走產生大量廢氣及噪音；
（四）使用燃料（包括發電廠）所產生的污染，而電力需求以每年約 7% 的速度增長。

《香港環境管制》報告向港府提出多項對策，就監管環境問題、制定法例、實施法例統籌環境部門，為重點污染物訂立標準等作出詳細建議。

環境顧問於 1975 年提交第一階段報告，並於 1977 年提交最終報告，港府接納報告提出的建議。1978 年初，港督會同行政局通過由環境顧問提出，並經防止環境污染諮詢委員會修訂的各項建議，賦予管制污染的政府部門更大權力。環境顧問的建議，成為港府制定環境保護法例的依據。環境顧問建議制定五項新法例，包括《1980 年水污染管制條例》（Water Pollution Control Ordinance, 1980）、《1983 年空氣污染管制條例》（Air Pollution Control Ordinance, 1983）、《1988 年減低噪音條例》（Noise Abatement Ordinance, 1988）、《1980 年廢物處置條例》（Waste Disposal Ordinance, 1980）及《環境影響聲明書條例》（Environmental Impact Statement Ordinance），並建議進一步擬定法例以全面管制污染問題。

圖 3-1　1989 年至 2017 年香港政府公布的專項政策大綱及行動計劃時序圖

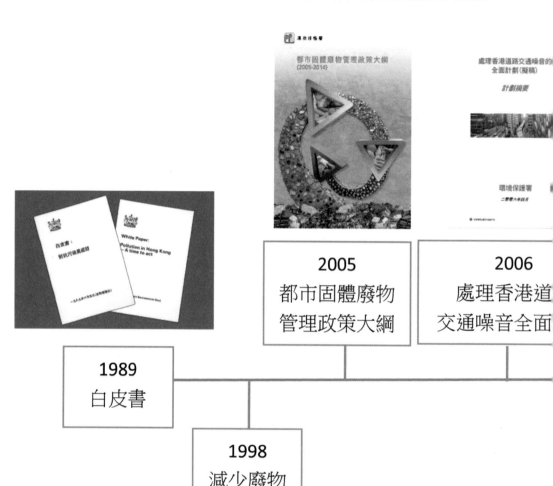

資料來源：香港特別行政區政府環境及生態局、漁農自然護理署、環境保護署，香港地方志中心後期製作。

| 2013 香港清新空氣藍圖 | 2015 都市節能藍圖 | 2017 香港氣候行動藍圖 2030+ |

| 2013 香港資源循環藍圖 | 2014 香港廚餘及園林廢物計劃 | 2016 香港生物多樣性策略及行動計劃 |

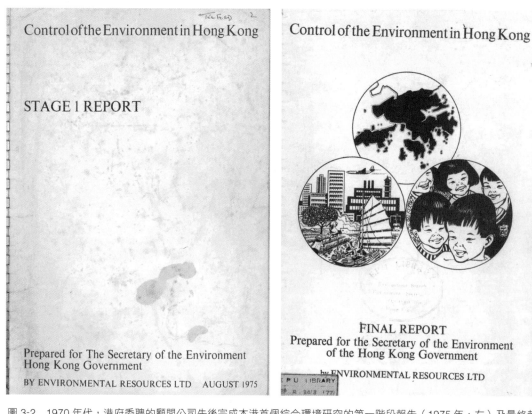

圖 3-2　1970 年代，港府委聘的顧問公司先後完成本港首個綜合環境研究的第一階段報告（1975 年，左）及最終報告（1977 年，右），為港府制定環境政策及建立行政架構提供建議方案。（香港特別行政區政府環境保護署提供）

1979 年，港府制定一項整體計劃，定下 1980 年代及以後香港環境保護三方面的主要措施，包括制定新法例、改革內部組織及加強人力物力保護環境。

1979 年至 1988 年期間，法例框架建設的主要進展包括：（一）1980 年 2 月制定《廢物處置條例》，以管制固體及半固體的收集和處理，並於 1988 年 6 月實施禽畜廢物管制計劃；（二）1983 年 4 月頒布《空氣污染管制條例》；（三）《水污染管制條例》在 1980 年 7 月頒布，1981 年 4 月起實施，到了 1982 年吐露港和赤門海峽被劃為本港第一個水質管制區；（四）《1988 年噪音管制條例》（Noise Control Ordinance, 1988）於 1988 年 7 月頒布。

2.《白皮書：對抗污染莫遲疑》及其多次檢討

港府在 1980 年代推行多項與環境保護相關的立法、設施規劃及管理架構建設方面的工作，惟環境問題仍持續惡化。1988 年 10 月 12 日，港督衞奕信（David Wilson）在立法局發表施政報告，指出「經濟繁榮和人口增長，間接使香港的環境受到嚴重污染」及環境問題「對市民健康所構成的威脅日增」，港府必須有妥善的規劃，訂立更全面和更長遠的環保政策。

1989 年 6 月 5 日，港府公布《白皮書：對抗污染莫遲疑》（《白皮書》，見圖 3-3）。《白皮書》指出，1974 年至 1989 年期間，香港人口增長 30% 及生產總值增長 300%，廢物

圖 3-3　港府於 1989 年 6 月 5 日公布香港《白皮書：對抗污染莫遲疑》。（香港特別行政區政府環境保護署提供）

量亦增長 300%，並指出「嚴重的環境污染是香港經濟繁榮及人口增長的不幸副產品」，[1] 並承認香港環境狀況不理想，主要是因為港府過去未有充分注重環境問題。

《白皮書》提出主要政策「就是要遏止環境繼續惡化，並在改善環境方面多做功夫。」《白皮書》從兩方面解決問題，包括設立法律架構，以規劃預防污染；以及成立行政架構，加強環境保護。這些措施往後一直推動香港社會對環保議題的認識和關注。

《白皮書》共 9 章 50 頁，詳細勾畫解決香港污染問題的 10 年計劃。白皮書提出 119 項目標。主要措施包括：一、制定計劃避免將來市區發展製造污染問題；二、以立法方式控制污染；三、提供收集、處理及處置污水、化學廢物及城市廢物的設施及服務；四、監控及調查香港推行的環境計劃的適用性和有效程度；五、教育市民，提高公眾意識；六、設立新的行政架構，包括成立隸屬布政司的規劃環境地政科、規劃署及渠務署。

1　香港政府：《白皮書：對抗污染莫遲疑》（香港：香港政府，1989），頁 3。

《白皮書》涵蓋 1970 年代及 1980 年代就污染管治（包括空氣、水質、噪音問題）及廢物問題的研究及政策方向，為日後的污染管治及廢物處理政策規劃奠下重要的基礎。

空氣污染方面，1960 年代，港府在空氣質素方面的工作重點，放在工業及發電廠產生的空氣污染。透過 1977 年發表的研究報告《香港環境管制》，港府開展空氣政策的整體規劃，找出當時的主要污染源頭，並建議定立管制空氣法例、設立專責空氣管制計劃的主管部門、訂立空氣質素標準及減低空氣污染的行動計劃等。就此，《白皮書》提出的空氣政策目標是：一、限制本港的空氣污染程度，以保障市民的健康，並特別對常見的空氣污染物作出管制；二、透過執行空氣污染管制條例及各項土地用途規劃措施，限制空氣污染的程度。

水污染方面，港府第一份污水整體調查的報告是 1971 年公布的 *Marine Investigations into Sewage Discharges*（《污水排放狀況海洋調查報告》），為港府制定污水處理及排放策略的藍本。自 1970 年代，港府開始採取行動，逐步改善香港的水質，包括實施污水收集整體計劃和執行《水污染管制條例》等，並優先推行保護刊憲泳灘及集水區的措施，以及提供污水收集系統及污水處理設施，[2] 以服務港九市區及新界人口稠密的地區。1989 年，全港的污水仍有超過 50% 未經處理而直接排入大海或內陸水域。就此，《白皮書》提出三大政策目標：一、提高和保持內陸水域、沿岸水域、海洋水域和地下水的水質，使這些水域可供作正常用途，例如海浴、康樂活動、海洋生物聚居地、商業漁場、灌溉、航海及船運等（視乎地區環境而定）；二、為所有廢水提供容量充裕的公共污水收集、處理和處置設施；三、制定和執行水污染管制法例，保障公眾的健康及福祉。

廢物處理方面，1969 年 10 月，港督戴麟趾（David Clive Crosbie Trench）於在立法局的演辭中，明確指出市民隨意棄置垃圾的問題須要解決。1970 年代初，港府展開「清潔香港運動」。鑒於廢物於 1975 年至 1984 年期間倍增，港府按照《香港環境管制》的建議逐漸確立廢物處理策略，在有關策略下，本港每日處理廢物的數量由 1974 年的 3000 噸增至 1984 年的約 6000 噸。1980 年代，社會產生的廢物一般棄置於堆填區或焚化處理，甚至未經處理便排入本港水域，全港的廢物處理和處置設施不足。就此，《白皮書》提出廢物管制及處理的 10 年行動計劃。考慮的因素包括人口增長、工商業活動、主要發展計劃及自 1981 年起收集與廢物有關資料的情況。就此，《白皮書》提出的目標是要確保：一、推行有效的廢物管理方法以減少製造廢物及把廢物再利用；二、提供足夠設施處置各種廢物；三、制定和執行管制廢物的法例，以保障公眾的健康和福祉，避免對環境造成影響。

2　港府在 1970 年至 1980 年期間，陸續為維港沿岸的污水隔篩廠添置隔篩設施。1974 年，第一所試驗性的二級污水處理廠設於上水石湖墟。借鑒這個成功經驗，港府於 1979 年在大埔再設立一所二級污水處理廠，標誌香港的污水處理技術踏入新里程。

噪音方面，1970 年代的《香港環境管制》發現，香港噪音污染其中一個特性，是工業活動的噪音對鄰近的多層住宅大廈造成滋擾，而其他噪音問題包括建築噪音、鄰里噪音、交通噪音等。綜合研究建議制定有效的法例以管制各類的噪音。1980 年代，本港人口約為 550 萬人，但有多達 200 萬人分別受建築地盤、工廠、商業及家居噪音滋擾，包括每年有 40 萬人要忍受撞擊式打樁機的噪音，超過 100 萬人受交通噪音困擾，以及 38 萬人生活在飛機噪音下。《白皮書》提出的噪音政策目標是：一、透過執行《噪音管制條例》及有關的規例，對特定的噪音來源加以管制；二、就噪音標準作出規定，以便向公營部門和私營機構負責處理噪音問題的人士提供指引；三、政府進行城市規劃時，要充分考慮噪音問題。

《白皮書》亦建議港府提供額外資源，加強執行 1980 年代頒布的一系列管制污染法例。1989 年至 1998 年期間，環保署聘請超過 950 名職員，當中大部分負責巡查、調查及回應公眾投訴，也為污染者提供技術指導及援助，協助預防污染。

1991 年至 1998 年期間，《白皮書》共進行四次檢討，第一次檢討於 1991 年完成，而 1993 年 12 月公布的第二次檢討報告書《齊創綠色新環境》尤其重要（見圖 3-4）。該報告書共 12 章長達 174 頁，綜述香港環境及提出 10 項保護環境的原則，為日後行動奠下基礎。報告書強調港府有需要讓公眾和私營機構認識和參與環保工作，共同承擔責任，保持美好環境，以及實行「污染者自付」原則，藉此將可持續發展的概念加入政策規劃和污染管制中。

1996 年發表的第三次報告書檢討指出，香港若要在二十一世紀繼續蓬勃發展，必須更注重生活方式中的可持續發展要素，以響應 1992 年聯合國地球高峰會（Earth Summit）發表的《二十一世紀議程》（Agenda 21）內，有關國際社會推動可持續發展的建議。1997 年 9 月，特區政府開展《二十一世紀可持續發展研究》，為香港界定「可持續發展」的含義，以及制定涵蓋經濟、社會及環境的可持續發展指標和指導性準則。

1998 年公布的《白皮書》第四次檢討指出，1989 年至 1998 年期間，《白皮書》所提出的 119 項目標，有 117 項（佔總數 98%）已完成或依時進行。1993 年第二次檢討所提出的 89 項額外目標，亦有 85 項（佔總數 96%）已完成或依時進行。

1989 年至 1998 年期間，主要的環保法例框架及預防環境問題的體制已基本形成，為二十一世紀的環保工作奠定重要的基礎。1990 年代，本港工業北移，加上政府推出一系列的管制空氣污染措施，令本地工業所排放的微粒、二氧化硫（SO_2）和氮氧化物（NOx）的排放量大幅減少。管制車輛廢氣排放措施的效用，卻因車輛數目和行車里數增加而抵消。1990 年至 1999 年期間，雖然本港人口增加了 20%，[3] 機場核心計劃為首的多項大型基建

3　香港人口由 1990 年的 580 萬人增至 1999 年 690 萬人。

拯救我們的環境

一九八九年白皮書進展情況的
第一次檢討

對抗污染莫遲疑

布政司署
規劃環境地政科
一九九一年五月

持續發展的未來路向

一九八九年白皮書
對抗污染莫遲疑

第三次工作進度檢討報告

布政司署
規劃環境地政科
一九九六年三月

圖 3-4　1991 年至 1998 年期間，香港政府四次檢討《白皮書》，跟進各項政策及計
劃的進度及展望。（香港特別行政區政府環境保護署提供）

工程也陸續施工，然而，本港海水質素大致保持穩定，符合水質指標的總體比率約為
80%。噪音預防及管制措施也令數十萬人受惠，[4] 惟道路交通噪音問題仍然嚴重。本港需要
處置的固體廢物數量，亦隨着人口增加和經濟擴張而持續增長。[5] 學界的研究亦指出，香港仍
要面對多項重大的環境挑戰，如空氣污染、廢物處理問題等。

4　超過約 400,000 名住在建築地盤毗鄰的居民受惠。新建的道路及鐵路噪音管制措施分別為約 350,000 人及約
　　200,000 人提供保障，讓他們免受過量噪音影響。（參考香港特別行政區政府環境食物局：《立法會環境事務
　　委員會：防備環境污染工作進展》[CB（1）471/00-01]（2001 年 2 月），頁 29 至 35。）

5　1999 年都市固體廢物的總量為 520 萬公噸，較 1989 年增加 45%，構成重大的挑戰。

3. 施政報告及財政預算案環保章節演變

1972 年前，港督發表的施政報告並沒有獨立的章節談及環保問題，間中只在房屋及社會發展的段落提及垃圾棄置和空氣污染問題。1972 年至 1976 年期間，施政報告開始有段落談及空氣污染、垃圾棄置問題及清潔香港運動。1977 年起，施政報告開始有獨立環保章節，標題一般為環境污染或污染控制。1981 年至 1997 年期間，環保章節較詳細談及控制污染法例的立法進度及環境政策落實情況。1998 起，環保章節有涵蓋不同環保議題的分章，反映特區政府重視各類環境問題。2009 年至 2017 年期間，施政報告透過環保章節，提出具策略性的環保及可持續發展的政策及理念，包括優質生活、可持續發展、節約能源、應對氣候變化及大珠三角環境治理等重要議題（見表 3-1），反應政府從多角度及不同的層面應對香港面對的環境挑戰。

1993 至 1994 年度起，環境保護於財政司每年發表的財政預算案中獨立成章（見表 3-2）。1990 年代至 2000 年代，環保章節標題涵蓋放棄舊車計劃、電動汽車、環保稅及超低硫柴油等。2010 年代，環保章節標題更趨多元化，涵蓋優質城市、能源效益、綠色經濟、粵港環保合作等更廣闊的議題，反映特區政府在各方面持續投入資源，推展各項環保政策，並把握機遇解決香港面對的環境問題。

1989 年至 1999 年期間，香港政府在環保工作投入共約 200 億元，當中約 120 億港元用於污水和排水設備，約 50 億元用於堆填區及垃圾轉運站。1997 至 1998 財政年度，環保署及其他部門保護環境的工作獲撥款約共 84 億元，環保署約佔 21 億元（26%），其他部門合共約佔 74%。2016 至 2017 財政年度，環境局及轄下部門獲撥款約共 139 億元，而環保署的年度經費增至約 50 億元（見圖 3-5）。

表 3-1 施政報告環保章節標題情況表

施政報告年期	環保章節的標題
1971 年及以前	沒有獨立的章節或標題
1972 至 1976 年	開始有段落談及空氣污染、垃圾棄置及清潔香港運動，但未有獨立標題
1977 年	開始為環保設立獨立章節，標題為環境污染或污染控制
1978 至 1991 年	污染控制、環境保護、環境等
1992 至 1997 年	須優先處理的環境問題、保護環境：共同努力、愛護環境等
1998 至 2005 年	優質生活、可持續發展、優化生活環境、創造更美好的環境、更明淨的水質、更清新的空氣、減少廢物、善用能源、可持續發展、加強環保等
2006 至 2007 年	優化環境，策略目標、原則方針、公眾參與等
2008 至 2009 年	以港為家、綠色大珠三角地區優質生活圈、低碳經濟、清潔能源、建築物能源效益、廢物管理、地質公園、美化維港海岸等
2009 至 2017 年	優質生活、美好生活、環保和保育、美化維港、改善空氣質素、應對氣候變化、固體廢物處理、綠色交通工具、減少船舶排放、資源循環、生態保育等

資料來源：歷年施政報告。

表 3-2　財政預算案財政司演辭中環保章節標題情況表

財政預算案年度	財政司演辭中環保章節的標題
1993—94	開始有獨立環保章節「淨化維港」（Cleaning up the Harbour）
1997—98	放棄舊車計劃、電動車
1998—99	繼續推行放棄舊車計劃
1999—2000	燃油稅
2000—01	豁免電動汽車首次登記稅
2001—02	環保稅
2002—03	寬免水費、排污費和工商業污水附加費
2003—04	超低硫柴油稅
2004—05	延長超低硫柴油稅優惠、環保稅
2005—08	推動環保
2008—09	改善環境、較環保的柴油、環保商用車輛、環保設施
2009—10	綠色經濟、粵港環保合作、推動使用電車輛、環保建築、優質城市、美化維港、綠化都市
2010—11	推動綠色經濟、淨化海港計劃、綠色運輸試驗基金、推動使用電動車輛
2011—13	環保產業
2013—14	推動環保和保育
2014—15	宜居城市
2015—16	可持續發展
2016—17	綠色金融

資料來源：歷年政府財政預算案。

圖 3-5　2017 年環境保護署及環境局開支情況示意圖

資料來源：香港特別行政區政府環境保護署。

二、政策專項的規劃和行動計劃

1. 污染管治及廢物政策計劃藍圖

自從《白皮書》於 1989 年 6 月公布後，污染管治及廢物政策的計劃工作得以全面開展，多個計劃或藍圖先後推出。《白皮書》內列出的政策目標及方向成為控制空氣、水質、噪音及廢物政策規劃的依據。自 1990 年，按政策規劃的重點及方向，污染管治及廢物政策規劃大致可分為兩個階段：1990 年代至 2000 年代，以及 2010 年代。

1990 年代至 2000 年代計劃及藍圖

1990 年代至 2000 年代，香港政府的政策規劃重點是跟進《白皮書》就個別污染問題及廢物處理提出的政策目標，透過政策規劃落實《白皮書》的政策方向，以及制定進一步的政策規劃，跟進《白皮書》尚未完全處理的環境污染問題。在此階段，政策規劃較着重政策框架的制定，以及為個別立法或工程項目提供依據，同期港府另一項策略是透過社區宣傳及教育向大眾推廣環保（見圖 3-6）。此外，政府意識到香港的環境問題不能單靠傳統的「指令及控制」模式解決，更須加強與內地的跨境合作。

圖 3-6　1994 年，環境運動委員會舉辦慶祝綠色聖誕節的活動，出席嘉賓包括（由左至右）：歌手郭富城、環境運動委員會主席林貝聿嘉、環保署署長聶德（Stuart Reed）、環境及自然保育基金委員會主席吳光正、規劃環境地政司伊信（A.G.Eason）。（香港特別行政區政府環境保護署提供）

空氣政策規劃 1990 年代，香港的空氣污染問題主要有三方面：車輛廢氣所引致的路邊空氣污染、一般空氣質素的問題，以及發電廠、工業、輪船和建築地盤等產生的空氣污染。政府主要的行動是處理嚴重的路邊空氣污染，以及粵港兩地區域性空氣質素惡化，導致本港能見度下降的問題。[6]

港府就空氣污染的整體政策目標是：一、通過執行各項土地用途規劃措施及《空氣污染管制條例》，限制空氣污染程度，以保障市民的健康和福祉；二、盡快落實針對七項常見的空氣污染物而訂立的空氣質素指標，這七項空氣污染物分別為二氧化硫、總懸浮粒子（TSP）、可吸入的懸浮粒子（PM_{10}）、二氧化氮（NO_2）、一氧化碳（CO）、光化學氧化劑（例如臭氧 O_3）、鉛（Pb）。港府為達致上述目標，於《白皮書》公布 10 年的空氣管制行動計劃，就固定污染源、流動污染源、保護臭氧層、建築塵埃、空氣質素的監測及調查等，提出具體的行動計劃。

特區政府為減少本地車輛排放廢氣，在 1999 年 10 月的施政報告宣布一系列措施，包括：一、以石油氣的士取代柴油的士、引入超低硫柴油（即歐盟四期標準，污染程度比歐盟三期標準的柴油低 86%）；[7]二、推行資助計劃，為接近四萬輛歐盟前期重型柴油車輛安裝催化器；三、自 2001 年起規定新登記車輛必須符合歐盟三期廢氣排放標準；四、對排放黑煙車輛的罰款大幅提升，並加強執法。

1990 年至 2011 年期間，空氣改善成效顯著，尤其 1990 年至 2000 年期間，香港用電總量增加 54%，但同期排放物下降 45%，主要原因是電力公司用混合核能及天然氣等多種燃料發電。1999 年至 2005 年期間，特區政府透過加強管制、執法及宣傳教育，令路上被檢舉的排放黑煙車輛大幅下降 80%。同期可吸入懸浮粒子在路邊的濃度減少 18%，氮氧化物則減少 21%（見圖 3-7）。

水質政策規劃 港府於 1980 年頒布《水污染管制條例》後，分階段在全港共劃分為 10 個水質管制區，按當區水體的用途和性質訂立具體的水質指標，以及制定範圍廣泛的計劃，監察水質轉變趨勢和釐定行動的優先次序。1989 年 10 月，港府委託的顧問完成「污水策略研究」，向港府提供解決香港污水問題的建議，列出 9 項具體措施，包括擴大污水收集、增加污水設施、建設離岸海底排污管道、提高市民意識及加強訓練專責環保人員等。

1990 年代至 2000 年代，香港政府的首要工作是改善維多利亞港（維港）的海水水質，其間政府制定了 16 個污水收集整體計劃，同時啟動香港最大型的污水處理基建項目「策略性

---

6 在本地方面，佔本地車輛 30% 及行車里數約七成的柴油車排放大量粒子，帶來嚴重的路邊空氣污染問題。在區域性方面，本地和華南一帶的發展導致整個區域出現酸雨和煙霧的問題，需內地與香港兩地政府聯手處理。

7 於 2002 年 8 月，特區政府推出石油氣 / 電動小巴資助計劃。此外，石油氣的士資助計劃已於 2003 年底完成。2004 年，全港 99.8% 的士均為石油氣車輛。

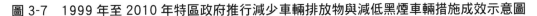

圖 3-7　1999 年至 2010 年特區政府推行減少車輛排放物與減低黑煙車輛措施成效示意圖

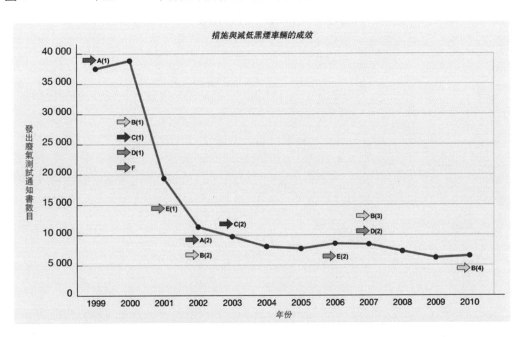

減少車輛排放物之措施

引入先進的測煙方法：
➡ A(1) – 引入為輕型貨車進行底盤式功率機煙霧測試法 (1999年9月)
➡ A(2) – 引入為重型貨車進行底盤式功率機煙霧測試法 (2002年1月)

資助更換環保車輛：
⇨ B(1) – 資助更換為石油氣的士 (2000年8月)
⇨ B(2) – 資助更換為石油氣小巴 (2002年8月)
⇨ B(3) – 資助更換歐盟前期及一期之商用車輛 (2007年4月)
⇨ B(4) – 資助更換歐盟二期之商用車輛 (2010年7月)

資助車輛安裝減少排放物器件：
➡ C(1) – 資助歐盟前期輕型車輛加裝減少排放粒子器件 (2000年9月)
➡ C(2) – 資助歐盟前期重型車輛加裝減少排放粒子器件 (2003年1月)

引入環保柴油：
➡ D(1) – 超低硫柴油 (2000年7月)
➡ D(2) – 歐盟五期柴油 (2007年12月)

收緊新登記車輛的廢氣排放標準：
➡ E(1) – 歐盟三期 (2001年10月)
➡ E(2) – 歐盟四期 (2006年10月)

懲罰黑煙車輛：
➡ F – 黑煙車輛定額罰款增至$1,000 (2000年12月)

資料來源：香港特別行政區政府環境保護署。

污水排放計劃」。該計劃建議維港兩岸產生的污水，輸往昂船洲污水處理廠經一級處理後，經由長程海底排污管排出中國南海。社會上有意見不贊同建造排污管、反對集中處理、不滿意處理等級、憂慮費用太昂貴等。港府因此聘請獨立的國際專家小組檢討項目和提出專家意見。國際專家小組經考察和商討後，支持採用排污管方案，但建議將處理級別提升至化學強化一級處理，以進一步清除污染物。2000 年，特區政府為進一步消除歧見，另聘國際專家小組進行檢討，項目再度修改並展開公眾諮詢，及後於 2001 年 3 月改名為「淨化海港計劃」，最後方案是把化學強化一級處理的污水後排放在香港水域。

「淨化海港計劃」第一期興建的設施包括一條長 23.6 公里，連接九龍、葵青、將軍澳及港島東北部的地下深層污水隧道，以及昂船洲污水處理廠。2001 年 12 月，第一期設施投入運作，計劃對改善維港中部和東部的水質有顯著作用。[8] 前期消毒設施則於 2010 年 3 月投入服務。

<u>廢物政策規劃</u>　1989 年 12 月，港府發表《廢物處置計劃》，是 1990 年代最重要的廢物政策規劃文件。計劃綜述現存的廢物收集、處置方法，以及處置場地，並提倡興建可靠的廢物處置系統，以新界偏遠地區的三個大型高科技策略性堆填區和市區的廢物轉運站網絡為主。該計劃也建議，將來興建的新焚化爐，須加入先進的污染管制設備，並須位於偏遠地區。

1990 年代，香港的廢物量一直增加。[9] 港府於 1998 年 9 月頒布《減少廢物綱要計劃》，[10] 目標是在 2007 年底前，把都市固體廢物棄置量減少 58%（1997 年的目標為減少 30%），令堆填區的使用期延長至 2019 年。2000 年至 2004 年間，固體廢物棄置量略降，[11] 但仍屬偏高，減廢措施未能達到預期效果。

2005 年，可持續發展委員會就固體廢物管理進行了社會參與過程，並於同年 2 月發表報告，建議特區政府推行經濟措施以減少廢物，並尋找其他處理廢物的方法。2005 年 12 月，特區政府公布《都市固體廢物管理政策大綱（2005—2014）》（大綱）（見圖 3-8）。大綱提出 10 年管理香港都市固體廢物的策略，重點是採用經濟措施誘導市民改變習慣。目標包括（一）每年減少都市固體廢物量 1%，直至 2014 年；（二）在 2009 年及 2014 年

---

8 至 2000 年代初，海港兩旁已完成的污水處理工程和本港其他地方按污水收集整體計劃而進行的污水處理工程，令經處理的污水量比起 1989 年增加超過 100%。

9 1990 年代，港府興建的三個策略性堆填區原先預計可供使用至 2020 年，但由於香港人口和經濟活動不斷增加，使到廢物產生的數量比預期大，港府於 1990 年代後期估計所有現存的堆填區到 2015 年便會填滿，屆時要物色合適的新堆填區用地將會非常困難。當時的堆填區佔地 270 公頃，至 2045 年，香港可能需要多 860 公頃的土地處置廢物。

10 港府於 1994 年委託顧問公司，就減少廢物進行研究及諮詢公眾。1998 年頒布的《減少廢物綱要計劃》，重點是盡量減少產生廢物，提高廢物的循環再造，推廣教育，及鼓勵私營機構參加。

11 固體廢物棄置量由 2000 年的 17,904 噸上升至 2002 年的 21,158 噸，2004 年回落至 17,503 噸，低於 1991 年達至的最高峰（約 25,000 噸）。2004 年 53% 的固體廢物是都市固體廢物，都市固體廢物人均棄置率由 2000 年每人每日 1.4 公斤下降至 2004 年的 1.35 公斤。都市廢物回收率由 2000 年的 34% 上升至 2004 年的 40%。參見《香港固體廢物監察報告：2004 年的統計數字》（香港：香港特別行政區政府，2005 年）。

前將回收率提高至 45% 及 50%;(三)在 2014 年前將都市固體廢物總棄置量減至 25% 以下。措施包括:推行廢物回收計劃、訂立新法例推行生產者責任計劃、研究徵收都市固體廢物費用、鼓勵廢物循環再造、興建環保園、特區政府採用環保採購政策、推行堆填區棄置禁令等,並建議採用先進的處理方法以減少廢物棄置量。因多項措施未能如期落實,大綱所訂的目標未能在 2014 年完成。

<u>噪音政策規劃</u>　政府從三方面入手解決噪音問題:一,在土地用途及基礎設施的規劃過程中,積極考慮環保的因素;二、實施消減噪音計劃,包括學校隔音計劃(見圖 3-9)及路面重鋪計劃;[12] 三、從 1988 年起,制定及實施全面的噪音管制法例。1990 年代實施的消減噪音計劃令數十萬學生及居民受惠。

在管制噪音源方面,港府引用《1988 年噪音管制條例》、《1984 年道路交通條例》(*Road Traffic Ordinance, 1984*)、《1986 年民航(飛機噪音)條例》(*Civil Aviation (Aircraft Noise) Ordinance, 1986*),以及其他相關法例,以解決各種環境噪音源頭的問題。受管制的噪音源包括一般建造工程噪音、撞擊式打樁噪音、工商業活動噪音、鄰里噪音、管制產品噪音、管制汽車噪音、管制防盜警報系統、管制飛機噪音等。

處理現有道路的交通噪音方面,港府於 1990 年代制定的政策是在切實可行的範圍內,於噪音過大的路段進行工程措施,即加設隔音屏障和隔音罩,並以低噪音物料重鋪路面。對不能進行工程措施或單靠工程措施不足以把噪音減至可接受水平的路段,則按個別道路的情況,研究可否採用交通管理措施。

2000 年代,全港約 110 萬市民仍受過量的交通噪音影響。2006 年 4 月,特區政府為進一步處理道路交通噪音問題,提出處理香港道路交通噪音的全面計劃,目標是為市民創造寧靜的生活環境,提升生活質素。特區政府以四管齊下的方法處理問題:(一)在規劃土地用途和設計工程項目時,採取行動預防噪音問題;(二)透過立法,避免把高噪音車輛進口香港;(三)推行各項噪音消減計劃緩減噪音問題;(四)加強教育和公眾參與。全面計劃並列出強化措施,包括擴大以低噪音物料鋪路的試驗計劃及研究低噪音鋪路物料的新設計。

2010 年代計劃及藍圖

2010 年代,特區政府因應香港環境問題源於缺乏全面政策規劃,在各方面加強工作,包括氣候變化、能源及自然保育等議題。特區政府因應國際、區域及香港的環境及社會轉變,政策規劃較着重具體藍圖的制定及持份者的角色及參與,亦反映特區政府在環境事務上更積極及直接的參與,目標是令香港邁向可持續發展城市之路(見圖 3-10)。

---

12 隨着合適的低噪音路面物料面世,路政署已逐步採用這類物料重鋪高噪音的公路路段路面,以減低對毗鄰住宅樓宇所造成的影響。這項計劃在 1999 年完成,耗資 9500 萬元,使用抑減噪音的物料改善了 11 公里道路路段,60,000 人受惠。經重鋪路面的路段所錄得的噪音聲級,下降大約 5 分貝。

圖 3-8 《都市固體廢物管理政策大綱（2005—2014）》對管理固體廢物願景示意圖

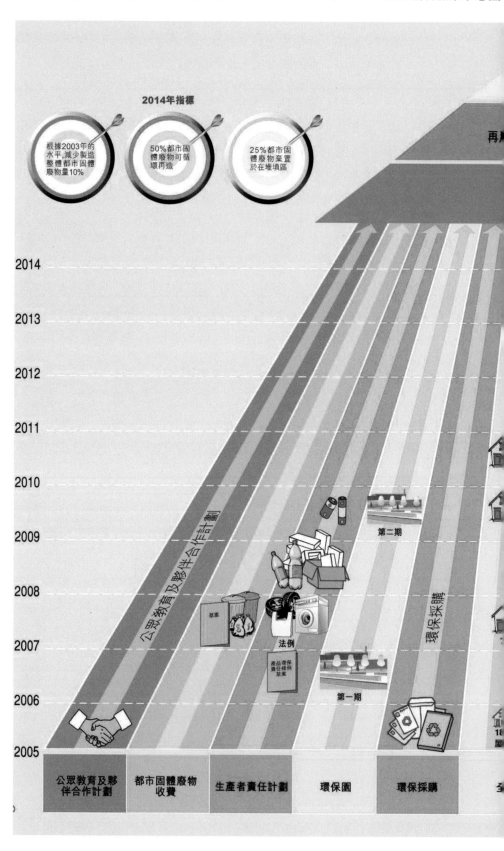

資料來源：香港特別行政區政府環境保護署。

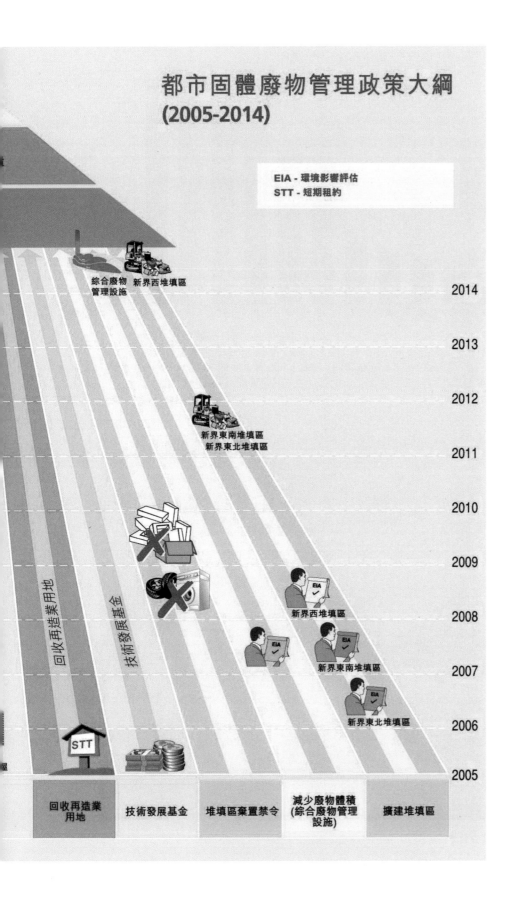

都市固體廢物管理政策大綱
(2005-2014)

EIA - 環境影響評估
STT - 短期租約

綜合廢物
管理設施　新界西堆填區

新界東南堆填區
新界東北堆填區

新界西堆填區

新界東南堆填區

新界東北堆填區

2014

2013

2012

2011

2010

2009

2008

2007

2006

2005

回收再造業用地

技術發展基金

回收再造業用地	技術發展基金	堆填區棄置禁令	減少廢物體積 (綜合廢物管理設施)	擴建堆填區

STT

圖 3-9　1987 年至 1999 年香港政府推行學校隔音計劃費用及完成工程統計圖

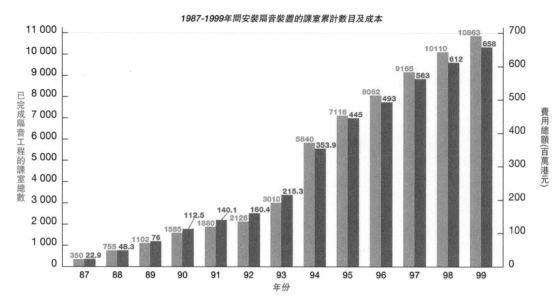

在 1987 年之前，許多學生受到飛機、道路交通和鐵路的高噪音滋擾，嚴重影響日常學習。自 1987 年起，當局逐步為受到高噪音影響的課室安裝隔音窗戶及空調系統。計劃於 1999 年完成，耗資 6.58 億，為超過 10,800 個課室安裝隔音設備，並為超過 51.4 萬名學生建立較寧靜的學習環境。（資料來源：香港特別行政區政府環境保護署）

圖 3-10　2017 年，環境局發表的《環境報告 2012—2017》，總結政府在主要環境政策方面推動香港邁向可持續發展城市之路的進度。（香港特別行政區政府環境及生態局提供）

<u>空氣政策規劃</u> 2013 年 3 月，特區政府為進一步改善香港空氣質素，發表首份《香港清新空氣藍圖》（空氣藍圖），指出政府的工作重點是減少空氣污染對居民健康的影響，空氣藍圖建議：一、改善空氣質素管理系統，採用新的空氣質素指標；二、集中處理主要排放源，以及通過交通運輸管理和城市規劃減少污染；三、規定遠洋輪船泊岸時轉用較清潔燃料，本地船隻採用更清潔船用柴油；四、為本地發電廠設訂排放上限及改善能源效益；五、規管非路面流動機械。空氣藍圖動員持份者及社會各界參與，以及加強及擴大與廣東省的合作。

2017 年 6 月，特區政府發表《香港清新空氣藍圖（2013─2017 進度報告）》，匯報各項措施的實施情況及成果。2012 年至 2016 年期間，香港以改善路邊空氣質素和減少船舶排放為重點，香港的多項空氣質素指標成下降趨勢（見圖 3-11），減幅分別為：二氧化氮 8%、可吸入懸浮粒子 19%、微細懸浮粒子（$PM_{2.5}$）21%、能見度較差的時數 41% 及二氧化硫 18%，只是臭氧仍呈上升趨勢。2012 年起，粵港兩地政府合作實施空氣污染管制措施，達成 2015 年的減排目標，並議定 2020 年的減排幅度。2016 年 12 月，特區政府環境局與國家交通運輸部轄下的海事局簽署《內地與香港船舶大氣污染防治合作協議》，共同推動設立珠三角水域船舶大氣污染排放控制區。

<u>水質政策規劃</u> 2015 年 12 月，淨化海港計劃第二期甲全面啟用，通過深層隧道收集港島餘下地區的污水並輸送到擴建的昂船洲污水處理廠集中處理。昂船洲污水處理廠每日處理污水總量高達 140 萬立方米。隨着計劃第二期甲的全面啟用，2016 年維港水質已明顯改善，維港中部的大腸桿菌（*E. coli*）水平進一步減少 90%，即低於次級接觸康樂活動分區每百毫升海水 610 個大腸桿菌的水質指標。

特區政府已於 2010 年代中完成檢討推展淨化海港計劃第二期乙，[13] 結論是淨化海港計劃第二期甲已提供足夠容量處理預測的污水量，而且設施啟用後，維港大部分水域符合水質指標，認為就符合水質指標而言，並無迫切需要推行淨化海港計劃第二期乙，特區政府會繼續監察水質情況。

淨化海港計劃第二期甲啟用後，維港水質進一步改善，促進公眾於維港及其鄰近近岸水域享樂，其中維港渡海泳於 2011 年復辦（見圖 3-12）。在香港海水水質指標整體達標率方面，2016 年，大腸桿菌及非離子化氨氮（NH_3-N）的達標率為 100%，而溶解氧（DO）及總無機氮（TIN）的達標率則分別為 93% 及 59%。此外，18 個泳灘的年度水質評級被評為「一級，良好」，另外 23 個泳灘則被評為「二級，一般」，比 1990 年代為佳。2017 年，香港的公共污水設施服務已覆蓋超過 93% 的人口。

---

13 淨化海港計劃第二期乙在昂船洲污水處理廠毗鄰設置一座額外的地下生物污水處理設施。

圖 3-11　2012 年至 2016 年香港及珠江三角洲地區的空氣質素趨勢圖

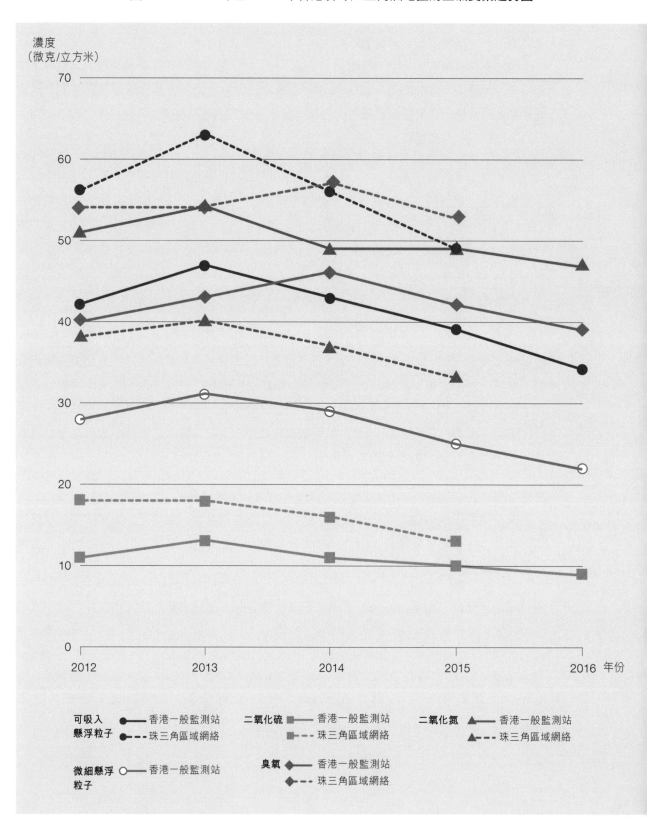

資料來源：香港特別行政區政府環境及生態局。

圖 3-12　維港渡海泳自 2011 年復辦後，一直以鯉魚門至港島東為賽道。2017 年，隨着維港水質進一步改善，渡海泳改以海港中央（尖沙咀至灣仔）為賽道，與 1979 年停辦前的賽道（尖沙咀至中環）相若。（林慧文提供）

廢物政策規劃　2010 年代，廢物問題仍迫在眉睫。[14] 特區政府為應對這挑戰，在 2013 年 5 月 20 日公布《香港資源循環藍圖 2013—2022》，目標是在 2022 年前把都市固體廢物人均棄置量減少 40%。行動計劃包括都市固體廢物按量收費、「惜食香港運動」、乾淨回收以及轉廢為能等。為推動回收業發展，特區政府在 2013 年 8 月成立由政務司司長出任主席的督導委員會，措施包括設立回收基金、擴大收集網絡，及增加提供用地等。

2014 年，廚餘已佔本港都市固體廢物總量約三分之一，特區政府為減少廚餘，公布《香港廚餘及園林廢物計劃 2014—2022》，目標是在 2022 年前，把棄置於堆填區的廚餘量減少約四成，即由每日 3600 噸減至約 2160 噸。策略包括從源頭減少廚餘、鼓勵社會把過剩食物轉贈他人、推廣廚餘分類、把廚餘轉化為可再生能源或堆肥等。同年，立法會批出撥款興建第一期資源回收中心，翌年工程展開。2015 年，特區政府的工作包括全面推行擴大塑膠購物袋收費、興建綜合廢物管理設施第一期、首兩個「綠在區區」社區回收設施投入服務等。2016 至 2017 財政年度，政府撥款 10 億成立回收基金，以及啟用污泥處理設施及廢電器電子產品處理及回收設施。

14　根據《香港資源循環藍圖 2013—2022》，1980 年代初至 2010 年代 30 年間，人口增加 36%，本地生產總值增加了兩倍，都市固體廢物增加近 80%，人均每日都市固體廢量由 0.97 公斤增加至 1.27 公斤，市民棄置廢物量較以往多三成。

<u>噪音政策規劃</u>　1990 年至 2017 年，特區政府透過規劃住宅發展及道路工程時進行噪音影響評估，令過百萬的居民受惠，但仍有 30 萬住戶受過量道路交通噪音影響。2000 年起，特區政府推展政策，在切實可行和資源許可的情況下，研究如何為交通噪音水平超逾 70 分貝的道路減低噪音影響。截至 2017 年年底，特區政府在技術上已確立可在 41 個現有路段加建隔音屏障，其中 17 個路段已完成加建工程，令 56,000 名市民受惠，亦透過低噪音路面試驗計劃在 73 個路段以低噪音物料重鋪路面，令 132,000 名市民受惠。環保署除繼續實施 2006 年推出的交通噪音全面計劃外，亦與房屋署及其他機構合作，推動為公共房屋設計及應用減音窗，減少交通噪音對住戶的影響，首批受惠者包括新蒲崗景泰苑 2400 名住戶。

2. 氣候政策的規劃及行動計劃

1991 年 8 月，港府成立一個跨部門全球氣候變遷協調小組，其中一項措施是要求環保署擬備香港的溫室效應氣體紀錄。港府於 1993 年公布的《白皮書》第二次檢討，列明當局須研究 1992 年聯合國地球高峰會的結果，及香港所須承擔的責任。2005 年，中央人民政府根據《基本法》第 153 條與特區政府商議後，決定將《聯合國氣候變化框架公約》及該公約的《京都議定書》引伸適用於香港。香港作為國家一部分，無須跟隨減排規定，[15] 然而特區政府持續透過一系列政策推動減排，包括推廣潔淨燃料和提升能源效益、發展環保高效的公共交通系統、廣植林木及研究氣候變化所帶來的影響等。2008 年，環保署委託顧問公司進行溫室氣體研究及建議長遠策略，研究範圍包括檢討及更新香港的溫室氣體排放和清除清單、評估氣候變化對香港的影響，及建議長遠策略和措施，以減低溫室氣體排放和適應氣候變化所帶來的無可避免的影響。特區政府的研究發現，香港的溫室氣體排放量於 2008 年約為 4200 萬公噸，佔全球排放量約 0.1%，而香港的人均溫室氣體排放量每年約為 6 公噸，低於大部分已發展的經濟體系，但香港仍有減排空間。

2010 年 9 月，特區政府發表《香港應對氣候變化策略及行動綱領》（見圖 3-13），闡明香港其後十年應對氣候變化的策略，並進行為期三個月的公眾諮詢。特區政府建議採取積極的策略，以應對氣候變化。特區政府為推動香港發展成為低碳社會，提出三個路向方針：促進低碳生活、發掘低碳經濟的潛力，以及定位香港成為珠江三角洲地區中最環保的城市。建議行動綱領分為兩部分：減少溫室氣體排放的工作；並為易受氣候變化影響的界別推行適應措施。

2015 年 11 月 6 日，特區政府發表《香港氣候變化報告 2015》（見圖 3-13），旨在讓公眾能夠更全面了解香港的情況。報告指出，氣候變化的挑戰可為社會帶來契機，開拓低碳之

15　根據《京都議定書》條款，中國（包括香港）不用限制溫室氣體的排放，但必須向聯合國提交向國家信息通報的有關資料。

路，提升宜居的生活環境，優化環境資源和基建設施，創造綠色就業，以及加強社會相互合作。報告亦指出，在公共房屋及運輸層面，可從設計、政策目標以至運作管理等應對氣候變化挑戰，例如繼續提升公共交通服務網絡和質素，吸引市民多用公共交通工具，減少依賴私家車。另外，在全港近一半人口居住的公共房屋，可從設計、裝置以至日常使用上致力推行節能減碳措施。

踏入 2017 年，行政長官接納由政務司司長主持的氣候變化督導委員會的建議，包括 2030 年的減碳目標及相關的具體執行措施，並於 1 月 18 日發表的施政報告中公布有關重點。1 月 20 日，特區政府公布《香港氣候行動藍圖 2030+》（氣候藍圖）（見圖 3-13）。氣候藍圖指出，氣候變化是一項跨界別、跨範疇的議題，香港作為地球村的一分子，需要積極作出回應。特區政府成立高層次的氣候變化督導委員會，統籌各政策局和部門在應對氣候變化的工作，亦鼓勵社會各階層積極參與節能減廢，投入低碳生活。

特區政府 2030 年的減排目標，是把本港的碳強度由 2005 年的水平降低 65% 至 70%，相等於絕對碳排放量減低 26% 至 36%，而人均碳排放量將減至介乎 3.3 至 3.8 公噸。措施包括：一、逐步減少燃煤發電；二、更廣泛和具規模地採用可再生能源；三、使本港基建及新舊公私營樓宇更具能源效益；四、改善公共交通並提倡以步代車；五、增強香港應對氣候變化的整體能力；六、透過風環境及園境設計等為城市降溫；七、與持份者合作，使香港長遠對氣候變化更具應變能力。此外，環境及自然保育基金預留 1000 萬元，以資助非牟利團體進行氣候變化的宣傳教育活動及示範項目。

圖 3-13
（左）2010 年《香港應對氣候變化策略及行動綱領》
（中）2015 年《香港氣候變化報告 2015》
（右）2017 年《香港氣候行動藍圖 2030+》
政府就本港應對氣候變化，2010 年開始諮詢，至 2017 年公布政策藍圖，吸納各方意見。（香港特別行政區政府環境保護署、環境及生態局提供）

特區政府採取「4Ts」策略以推行國際氣候協議《巴黎協定》，[16] 意指訂立目標（Target）、制定時間表（Timeline）、開放透明（Transparency）及共同參與（Together）。行政長官於 2017 年施政報告中指出，特區政府會在 2030 年前逐步以更潔淨能源替代大部分燃煤發電。2017 年，特區政府已與兩家電力公司簽署年期至 2033 年的《管制計劃協議》，推動電力公司作出適當投資以取代即將退役的燃煤機組，以及進一步提升能源效益、推廣節約能源和可再生能源的發展。

3. 能源政策的規劃及行動計劃

政府於能源政策的整體目標是推動提升能源效益及節約能源，鼓勵在政府和私人建築物採納能源效益措施，以及推廣使用低污染燃料，推動經濟和環境持續發展。1999 年，本港的能源最終使用總量比 1989 年上升 22%。[17] 由 1990 年至 2012 年，香港能源使用量和電力最終使用量均有增加，電力方面增加 81%，同期的本地生產總值增加 134% 及人口增加 25%。

港府於 1993 年公布的《白皮書》第二次檢討中，涵蓋能源效益和節省能源，指出能源是現代社會的命脈。1992 年聯合國地球高峰會所公布的《聯合國氣候變化框架公約》，目標是在 2000 年將溫室氣體排放回復至 1990 年水平。因此，政府認為須考慮香港的能源計劃對環境造成的後果，並在《白皮書》第二次檢討中，列出香港當時在需求管理、能源供應、樓宇、獎勵等方面採取的措施。

為制定適合香港的能源政策及法定要求，特區政府於 2000 年代進行有關再生能源在本港的潛在用途研究，亦就水冷式空調系統的使用，進行一項涵蓋全港和兩項地區層面的研究，並為特選組別的能源用戶制定能源用量指標和基準，以及在一些政府建築物推行以「能源效益表現合約」為概念的試驗計劃，從而改善建築物的能源效益，並推行多項能源效益和節約能源行動計劃。[18] 2007 年 12 月至 2008 年 3 月期間，特區政府就建築物能源效益的擬議法定要求諮詢公眾，《2011 年建築物能源效益條例》（Buildings Energy Efficiency Ordinance, 2011）於 2012 年 9 月實施，香港建築物節能政策進入新階段。

16　《巴黎協定》於 2016 年 11 月 4 日正式生效，旨在大幅減少全球溫室氣體排放，將本世紀全球氣溫升幅限制在攝氏 2 度以內，同時尋求將氣溫升幅進一步限制在攝氏 1.5 度以內的措施。

17　1988 年至 1998 年間，本港人均能源使用量由 38,365 百萬焦耳增加至 58,434 百萬焦耳。每單位本地生產總值的能源需求量增加了 26%，與 1988 年相比，1998 年的用電量和汽車用油產品的消耗量分別增加了 66% 和 70%。

18　措施包括：推出自願性質的電器能源效益標籤計劃，為政府建築物進行能源審核和能源管理，推廣採用建築物能源守則，並推廣建築物能源效益註冊計劃。特區政府又藉印製指引，舉辦研討會等活動，以推廣能源效益和進行公眾教育。又發展能源最終用途數據庫，以及在政府建築物實施再生能源試驗計劃，為車輛、貯水式電熱水器和影印機推出能源效益標籤計劃，加強市民的能源效益意識。

2015 年 5 月 14 日，特區政府公布香港首份都市節能藍圖《香港都市節能藍圖 2015～2025 ＋》（節能藍圖）。節能藍圖顧及香港有高本地生產總值、極度稠密的人口、高樓大廈林立的生活環境及亞熱帶氣候，因此需要使用大量能源。節能目標是以 2005 年作為基準年，於 2025 年之前達致將能源強度減少 40% 的目標。策略是：一、透過規管、財政資助及教育革新，鼓勵市民節約能源；二、由於建築物是最大能源使用者，故優先從建築物別入手，研究節約能源的方法；三、推行「4Ts」策略，以激勵主要持份者節能；四、由政府擔當領導角色，與建築業界建立長遠的伙伴關係，鼓勵他們節能。主要行動計劃有四方面，第一是加強規管，包括加強規管措施，以及收緊建築物守則、電器標準等；第二是經濟手段，包括提供五億港元資金，為政府建築物進行節能項目；第三方面是在社會層面建立對話平台，與公私營界別的主要能源者使用者合作，促使他們節能；第四方面是加強教育及宣傳，包括強化學校和公眾教育計劃，並鼓勵公營機構節能。

行政長官在 2015 年施政報告中宣布，特區政府的新目標是 2015 年至 2020 年間把政府建築物的用電量，在運作環境相若的基礎上減少 5%（見圖 3-14），並為主要政府建築物進行能源審核，尋求深化節能機遇和綠色建築措施。政府亦會與相關團體、公私營機構合作，加強推行低碳宜居的建築環境，減低香港整體電力需求。2017 年施政報告指出，政府已為 200 多座政府建築物完成能源審核，並會預留不少於 5 億元逐步落實節能目標。

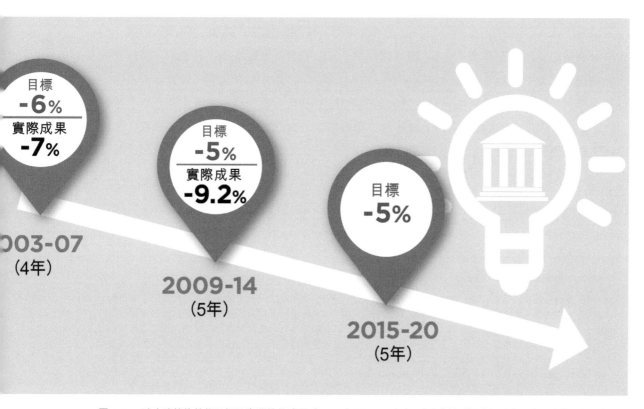

圖 3-14　政府建築物節能目標及實際節能成果（2003 年至 2020 年）。（香港特別行政區政府環境及生態局提供）

4. 自然保育政策規劃及行動計劃

港府於 1993 年發表的《白皮書》第二次檢討指出自然保育在香港的重要性，政策目的是保育、美化自然環境，措施包括保護自然保育地區和特色文物，同時找出其他應予保育的地方，並對值得保育但因重要發展計劃而無法保存的自然環境，作出彌補。

特區政府為更有效地達到自然保育的目標，經檢討自然保育政策和措施及諮詢公眾後，於 2004 年 11 月公布新自然保育政策，新的政策聲明「自然保育政策旨在顧及社會及經濟因素的考慮，以可持續的方式規管、保護和管理對維護本港生物多樣性至為重要的天然資源，使現在及將來的市民均可共享這些資源」（見圖 3-15）。

特區政府在新自然保育政策下選定了 12 個須優先加強保育的地點，[19] 並推行兩項措施，即管理協議計劃及公私營界別合作試驗計劃，以加強保育這些私人土地上具重要生態價值的地點。同時，政府按實際情況繼續實施和加強自然保育措施，包括劃定郊野公園、特別地區、海岸公園、海岸保護區及自然保育地帶，以及為重要生境和物種推行保育計劃。2011 年，中國香港世界地質公園成立，是香港自然保育政策在國際層面上的新突破（見圖 3-16）。

特區政府參考了聯合國《生物多樣性公約》（*The Convention of Biological Diversity*）及回應市民的訴求，自 2013 年開始制定生物多樣性行動計劃，2016 年初進行公眾諮詢，得到社會各界普遍支持，並於 2016 年 12 月 21 日公布香港首份城市級的《生物多樣性策略及行動計劃 2016—2021》。計劃列出 2017 年至 2022 年間採取的策略及行動，以保育本港及境外的生物多樣性，支持可持續發展，為全球及中國的生物多樣性的保育工作盡一分力。計劃提出四個主要範疇，共 67 項具體行動，[20] 包括加強保育措施、將生物多樣性主流化、增進知識及推動社會參與。特區政府成立跨部門工作小組，由環境局局長出任主席，協調各部門的工作及監察進度。政府為計劃推行的首三年（即 2017 年至 2020 年）預留 1.5 億以推展項目，而環境及自然保育基金亦預留撥款，資助有關生物多樣性的研究、教育及社區參與項目。

---

19 特區政府採納專家小組建議，以計分制度作為選定了 12 個須優先加強保育的地點的依據。

20 特區政府加強現有的保育措施，並推行新措施，包括優化郊野公園和海岸公園等保護區的管理及指定新範圍，以保育生物多樣性。特區政府也針對特別需要關注的本地物種，例如土沉香及馬蹄蟹，制定相應的保育行動計劃。至於推動生物多樣性議題主流化方面，特區政府自 2013 年開始在內部展開生物多樣性主流化工作，相關的決策局及部門會因應實際情況，在各自業務中引入對生物多樣性的考慮，例如在規劃發展或推行各項計劃及工程項目時，將生物多樣性列為考慮因素，並致力提升城市環境的生物多樣性等。在增進知識方面，政府會牽頭或委託顧問就生物多樣性事務進行研究，包括生物多樣性調查、物種評估、整理生境資料等。政府亦會整合現有資料，與合作伙伴建立資訊分享平台。此外，政府會提供撥款資助相關項目。在推動社會參與方面，政府與來自不同界別的組織合作，一同推廣保育工作，亦支持把生物多樣性的概念納入學校教育，推動大眾進行保育。

圖 3-15
特區政府於 2004 年公布新自然保育政策,選定 12 個具重要生態價值並須優先加強保育的地點,沙羅洞在生態方面的重要性排行第二。
(左上)沙羅洞豐富多樣的生境,包括風水林、次生林、農地、草地、灌木叢、沼澤和河溪;
(右上)沙羅洞發現的鳳頭鷹(*Accipiter trivirgatus*);
(左下)沙羅洞發現富保育價值的蜻蜓物種 ── 克氏小葉春蜓(*Gomphidia kelloggi*);
(右下)沙羅洞發現的螢火蟲物種 ── 邊褐端黑螢(*Abscondita terminalis*)。
(香港特別行政區政府提供)

圖 3-16　2011 年 12 月 14 日,中國香港世界地質公園舉行開幕儀式。(香港特別行政區政府提供)

截至 2017 年，計劃內的四個主要範疇均取得進展，包括：一、指定新的海岸公園，如在 2016 年 11 月 4 日，特區政府便將大小磨刀洲附近約 970 公頃的水域劃為海岸公園，以保育中華白海豚及附近海洋生態。二、籌備成立「鄉郊保育辦公室」，以統籌偏遠鄉郊地區的保育及促進可持續發展；三、成立跨部門工作小組，以定期檢視計劃的實施情況及促進政府內部展開生物多樣性主流化的工作；四、資助多項相關研究及公眾教育項目；五、於 2017 年舉辦第三屆香港生物多樣性節。

5. 城市規劃中的環境規劃及環境保護策略

1974 年至 1977 年的綜合研究中指出，城市規劃在保護環境及減少污染扮演重要的角色。處理城市規劃相關的環境問題，需要加強土地用途規管及統籌。

1985 年，港府第一次在《香港規劃標準與準則》加入「環境」一章，就城市規劃中考慮的空氣、噪音、水質、廢物管理，以及鄉村的環境和市區的園景設計等，提供詳細指引，目的是把新發展帶來的滋擾和污染減至最低。

港府於 1989 的《白皮書》強調環境規劃的重要性，並指出「嚴重的環境污染是香港經濟繁榮及人口增長的不幸副產品。香港必須優先實施的其中一項主要政策，就是要遏止環境繼續惡化，並在改善環境方面多做功夫」。[21]《白皮書》特別提出「針對污染的規劃」，目標是：一、確保所有新發展計劃在選擇地點、規劃和設計上，充分顧及對環境造成的影響，從而避免產生新的環境問題；二、在市區重建過程中，把握機會改善環境；三、在鄉郊地區已獲提供足夠服務設施前，保護這些地區免受都市化的影響。《白皮書》建議檢討《1939 年城市規劃條例》（*Town Planning Ordinance, 1939*）時考慮加入環境規劃條文，在港口及機場發展策略研究及都會規劃加強考慮環境的改善，以及全面修訂《香港規劃標準與準則》環境分章，以配合污染管制條例和改善環境規劃準則。

港府於 1990 年 8 月 31 日公布全面修改後的《香港規劃標準與準則》環境指引。指引共六章，涵蓋環境規劃原則及土地規劃中就空氣質素、噪音、水質和廢物管理事宜。指引是港府第一次提出環境規劃的詳細方法及系統化的流程，以及環境承受能力的概念。指引特別指出，要締造理想的環境，有賴在規劃的初期把環境因素納入考慮。指引列出為土地用途制定的環境準則、影響土地用途規劃的典型環境因素及建議各土地用途的間隔距離。有關準則可應用於策略性 / 全港規劃、次區域規劃及地區規劃，應用時按實際情況有一定靈活性。

21　香港政府：《白皮書：對抗污染莫遲疑》（香港：香港政府，1989），頁 36。

圖 3-17

（上）不少建於 1960 年代至 1980 年代的住宅區毗鄰交通要道，長年受交通噪音滋擾，包括圖中的美孚新邨。（攝於
2023 年 5 月 24 日，香港地方志中心拍攝）

（下）香港政府在東涌新市鎮早期規劃階段已考量適當噪音緩解措施，包括在分區計劃大綱圖加入適當的土地用途（如
商業大廈、酒店、綠化用地），將住宅用地與新道路盡量分隔，並加設隔音屏障，令居民較少受交通噪音滋擾。（攝於
2013 年 3 月 20 日，香港特別行政區政府提供）

港府於 1993 年公布的《白皮書》第二次檢討，進一步強調防患未然的重要性。自 1990 年初起，所有規劃和發展的建議均由環保署審核，而環保署署長成為城市規劃委員會的委員。

1990 年至 2017 年間，除了在主要城市規劃中加入適當的環境檢討或研究外，為回應社會就環境問題的關注，多項城市規劃的指引先後加入相關的環境及自然保育考慮因素，例如：《香港規劃標準與準則》的「自然保育及文物保護」分章、后海灣地區內發展的規劃申請指引、露天貯物及港口後勤用途的規劃申請指引等。環保署於 2017 年審核 280 多宗提交予行政會議和立法會等機構考慮的撥款及政策建議（包括城市規劃建議）的環境影響，環境規劃已成為香港城市規劃中必不可少的一環（見圖 3-17）。

6. 粵港兩地政府跨境環保合作概況

1980 年代起，粵港兩地政府鑒於兩地環境彼此攸關，開展環保交流和合作，並於 1990 年成立「粵港環境保護聯絡小組」（2000 年起更名為「粵港持續發展與環保合作小組」（合作小組）），就跨境空氣污染問題展開合作和交流。1980 年代至 2017 年間，合作層面由個別共享的地區、共同關心的個別環保課題，拓展至整個珠江三角洲，以及整個區域的可持續發展、氣候變化、能源、自然保育、循環經濟及優質生活等重要課題（見圖 3-18）。

合作小組每年召開會議，審議其下的專家小組和專家小組屬下八個專題小組的年度工作報告，並就雙方共同關心和需要解決的環境問題進行交流和磋商（見圖 3-19）。合作小組下設的專家小組，職責是擬定年度工作計劃，提出工作建議、方案及合作項目，及協調各專題項目的討論，審閱各專題工作成果及報告，並向合作小組報告。1990 年代至 2017 年間，專家小組共設八個專題小組，分別是珠江三角洲空氣質素管理及監察、[22] 林業及護理、[23] 海洋資源護理、[24] 珠江三角洲水質保護、[25] 大鵬灣及后海灣（深圳灣）區域環境管理、[26] 東

---

22 珠江三角洲空氣質素及監察專題小組的職責是提交改善區域空氣質素的建議與措施，監察區內空氣質素變化，分析防治措施的成效，同時訓練雙方有關人員，進行技術交流，及探討將新技術及措施引入區內使用的可行性等。

23 林業及護理專題小組的職責是就兩地林業發展及自然護理事宜進行磋商，交流兩地在綠化、植林、防止山火、自然保護區的管理、動植物保護、生物多樣性及生態旅遊的資料並探討合作計劃。

24 海洋資源護理專題小組的職責是就兩地漁業管理、中華白海豚保護、水產養殖和紅潮監測事項等進行交流合作。

25 珠江三角洲水質保護專題小組的職責是研究珠江三角洲水質管理方案，討論加強珠江三角洲水質保護合作的建議及具體的行動計劃。

26 大鵬灣及后海灣（深圳灣）區域環境管理專題小組的職責是審核雙方就保護大鵬灣行動計劃及保護后海灣（深圳灣）行動計劃的工作進度、研究及建議如何加強合作，以改善大鵬灣及后海灣的環境質素、交流粵港雙方對大鵬灣、后海灣（深圳灣）有影響的工程項目數據及環評報告。

江水質保護、[27] 粵港兩地企業開展節能及清潔生產及粵港海洋環境管理專題小組 [28]。

在粵港空氣質素管理方面，2002 年雙方共同發表改善珠三角空氣質量聯合聲明，2005 年建成並運行「粵港珠江三角洲區域空氣監控網絡」。其他合作包括推進落實減排措施、區域性細顆粒物聯合研究及探索開展珠三角大氣揮發性有機化合物（VOC）常規監測。區域環境空氣質量持續改善，與 2006 年相比，2016 年粵港澳珠江三角洲區域空氣監測網絡錄得二氧化硫、二氧化氮、可吸入顆粒物年均值分別下降了 74%、24% 和 38%，呈明顯下降趨勢。2016 年珠三角 PM2.5 濃度平均為 32 微克／立方米（$\mu g/m^3$）。

在水資源管理方面，廣東省為保障供港水質的安全，完成供水改造工程，統一調配東江水資源。2011 年至 2016 年間，東江幹流河源段、惠州段、東江北幹流的水質保持優，東莞段水質優良，各項指標達到相關的水質標準，符合東江水供水協議要求。

在護林方面，粵港兩地加強了林業及自然護理方面的交流合作，包括林業生態建設、野生動植物保護和貿易、執法管理、濕地保護、自然保護區建設及管理、林業災害防控技術、林業科技等多方面取得成效，促進了粵港珠三角地區的森林生態建設水平，提高了兩地民眾保護野生動植物的意識。

在保護海洋生態方面，粵港兩地海域相連，保護海洋生態環境及防止海洋污染，是粵港兩地共同的願望。透過相關專題小組的工作，雙方不斷推進海洋環境管理合作，共同制定應對策略，開展漁業管理、中華白海豚保護、水產養殖和紅潮預警監測等事項合作，共享互通監測數據和技術。雙方並設立粵港海洋環境管理專題小組，建設應對海漂垃圾通報警示系統及嚴厲打擊海上非法傾倒垃圾行為。

在開拓創新環保合作方面，粵港雙方持續開拓創新，拓展環保宣傳教育、環境監測、企業清潔生產等環保領域的合作。「粵港清潔生產伙伴」標誌計劃於 2009 年開展合作事項，顯示粵港環保上緊密合作。

2016 年，粵港兩地在 30 多年環保合作的基礎上，簽署《2016—2020 年粵港環保合作協議》，建立加強海洋環境保護合作的機制，共同制定兩地減排目標，並開展揮發性有機化合物（VOC）監測等工作。

---

27 東江水質保護專題小組的職責是監察東江及東深供水沿線的水質情況；討論加強保護及改善東江水質的策略及方案；監察保護及改善東江水質方案之成效。

28 粵港兩地企業開展節能及清潔生產專題小組的職責是共同研究制定有利於推動兩地企業節能、清潔生產的政策，推動粵港企業開展節能和清潔生產。2015 年，該專題小組升格為粵港清潔生產合作專責小組，直接向粵港合作聯席會議匯報工作。2016 年 10 月，粵港海洋環境管理專題小組成立，職責是研究粵港海洋環境問題，制定應對策略；建立通報警示系統，以加強應對跨境海上環境問題；交流經驗，促進合作，保護和改善區域海洋環境。

圖 3-18　2000 年至 2017 年跨境環保合作進程時序圖

2007年

簽署《關於推動粵港兩地企業開展節能、清潔生產及資源綜合利用的合作協議》

2000年

"粵港持續發展與環保合作小組"（"合作小組"）在廣州舉行首次會議，同意設立八個專題小組

2003年

啟用專用輸水管道，由東江太園至深圳水庫，使輸港原水的水質有更大和持久的改善。"東江水質保護專題小組"跟進各項有關保護東江水環境的工作，確保供港水質安全。

2002年

"合作小組"就華南地區空氣污染發表研究報告，確立多項改善區域性空氣質素的目標

2005年

兩地環境監測部門共同建立的區域空氣質素監測網絡正式運作

2007年

完成"后海灣（深圳灣）水污染控制聯合實施方案"第一次回顧研究

資料來源：香港特別行政區政府環境及生態局。

2015年

成立科研小組，開展《2015年減排成果回顧研究》及《確立2020年減排目標研究》

2009年

共同推出"粵港清潔生產伙伴"標誌計劃，表揚和鼓勵企業採用清潔生產技術和作業方式

2014年

同意開展粵港澳區域性PM2.5聯合研究；共同完成優化珠江三角洲區域空氣監測網絡，監測範圍擴展至粵港澳三地

2010年

成立"珠江三角洲地區空氣質素管理計劃中期回顧研究科研小組"

2016年

簽署《2016-2020年粵港環保合作協議》；在"合作小組"的框架下設立"粵港海洋環境管理專題小組"；完成"后海灣（深圳灣）水污染控制聯合實施方案"第二次回顧研究

圖 3-19　1997 年，支援粵港環境保護聯絡小組的技術小組於在深圳舉行第九次會議。（香港特別行政區政府環境保護署提供）

圖 3-20　2000 年，廣東省政府和香港特別行政區政府製作粵港環境保護聯絡小組 1990 年至 2000 年的工作回顧特刊。（香港特別行政區政府環境保護署提供）

第二節　污染防治及廢物管理

一、空氣

1. 概況

香港的室外空氣污染防治策略與社會發展息息相關，可按時序劃分為三個階段：「第一階段」為十九世紀末至 1982 年，以解決市民因環境（包括空氣）污染所衍生的投訴問題為主；「第二階段」為 1983 年至 2011 年，此階段因香港經濟發展和人口增長，令空氣污染日益嚴重，香港政府因此制定不同政策和條例，並成立環保署，以監測及改善空氣質素。「第三階段」為 2012 年起，特區政府採用以目標為本的環境管理模式以設計未來的行動策略，鼓勵大眾參與改善空氣質素。

香港第一階段最初的防治措施可追溯至十九世紀末，當時政府的注意力為處理因電廠、水泥廠和船隻的排放而引起的投訴。港府視污染問題為滋擾，由清淨局（Sanitary Department）處理，當衞生督察（Sanitary Inspector）收到投訴後會傳召被告人，並按照裁判官的命令，要求被告人減少對周邊地區造成滋擾。香港在第一階段的大部分防治措施以英國的污染防治策略為原型，例如於 1959 年制定的《1959 年保持空氣清潔條例》（*Clean Air Ordinance, 1959*）主要參考了英國的《清潔空氣法》（*Clean Air Act*）。往後港府透過成立防止空氣污染諮詢委員會和要求大型工廠進行環境影響評估等，以緩和本港空氣污染問題。此外，港府又於 1960 年代開始設立空氣監測站，以監測電廠和水泥廠的排放，並作出管制。

第二階段防治由港府於 1983 年制定《空氣污染管制條例》為開端。早於 1974 年，港府鑒於當時管制措施不足以處理社會發展帶來的污染源，聘請英國的環境資源有限公司（Environmental Resource Limited），對香港的環境進行研究。《香港環境管制》最終報告於 1977 年完成，報告建議港府參考美國環境保護的模式，重新統籌環境部門、草議相關管制法例、為重點污染物設立標準，並重視個別空氣污染物如二氧化硫和氮氧化物的監測和數據紀錄。

之後，在 1989 年，港府發表了《白皮書：對抗污染莫遲疑》，為對治空氣污染訂下了長遠規劃。香港政府府多年來亦開展不同工作，以改善和監測本港的空氣，如多次修訂了《空氣污染管制條例》、制定不同指數，如：「空氣污染指數」（Air Pollution Index）和「空氣質素指標」（Air Quality Objectives）、在不同區域成立空氣監測站等。

特區成立以後，民間的聲音亦促使特區政府加快推出管制空氣的措施。如在 1998 年，路邊

「空氣污染指數」首次達 106 的「甚高」水平，在 2003 年 11 月 3 日元朗「空氣污染指數」甚至達 175 的新紀錄。此外，特區政府用了 5 年時間來把柴油的士轉換成石油氣的士，而船舶管制則需時更長，市民因此對特區政府在改善空氣質素的力度和速度上有所不滿。此外，自 2003 年開始，部分環保團體亦批評特區政府遲遲未有開展「空氣質素指標」的檢討與更新，並對「空氣污染指數」的參考價值存疑，特區政府因此推行多項管制措施，以回應民間訴求，包括收緊工商業界使用燃油的含硫量，收緊車輛廢氣排放標準，推出石油氣車輛計劃，要求遠洋船舶在港泊岸時轉用低硫燃油，為前歐盟標準登記的柴油車輛安裝微粒過濾器或柴油催化器等。

特區政府第三階段的防治策略以目標為本，並設立完成項目的時間表，讓公眾監察。例如政府於 2012 年 1 月開始，每五年一次參考世界衛生組織（世衛）的《空氣質素指引》，修訂空氣質素指標和制定減排措施。2013 年，特區政府發表《香港清新空氣藍圖》，並訂立了「目標 —— 制定策略 —— 作出行動 —— 定期檢討」的管理結構，按照已編訂的時間表推行法規及計劃。此模式主導特區政府往後推行的計劃，如：特區政府於 2017 年因應《巴黎協定》而制定《香港氣候行動藍圖 2030+》，就同樣制定了框架和時間表，並訂立了每五年檢討工作成效和更新計劃內容。

特區政府亦在 1990 年代開始關注室內空氣質素，並展開相關研究，發現二氧化碳（CO_2）、甲醛（CH_2O）、細菌都超出當時的國際標準，因此於 2000 年實施「室內空氣質素管理計劃」，又於 2003 年推行「辦公室及公眾場所室內空氣質素檢定計劃」，以鼓勵業主或物業管理公司改善室內空氣質素。另外，1980 年代前建成的樓宇不乏使用含石棉物料。由於石棉物料在不恰當拆除時會釋出致癌的石棉纖維，因此香港政府於 1993 年及 1997 年透過修訂《空氣污染管制條例》，規管石棉相關工程。此外，為進一步消減石棉的風險及避免公眾暴露於石棉塵埃的環境，由 2014 年 4 月起，香港已全面禁止進口、轉運、供應和使用所有種類的石棉和含石棉物料。

除了關注本地的空氣質素外，香港亦與內地和國際合作，以改善本港的空氣質素。1980 年代開始，香港不少廠商到珠三角區設廠，廠房的排放令區內空氣受到污染，而污染物亦隨風飄至香港。兩地因此展開跨境合作，於 1990 年成立「粵港環境保護聯絡小組」，制定跨境空氣管理政策和減排目標，又於 2005 年建立「粵港珠江三角洲區域空氣監控網絡」，以了解及改善區內空氣質素。

在國際層面，香港於 1980 年代後期開始履行《蒙特利爾議定書》（*Montreal Protocol on Substances that Deplete the Ozone Layer*）訂明的國際責任，實施《1989 年保護臭氧層條例》（*Ozone Layer Protection Ordinance, 1989*），逐步淘汰損耗臭氧層的物質，並管制這類物質的進出口活動。2003 年，中央人民政府把《聯合國氣候變化框架公約》及《京都議

定書》引伸至適用於香港。2015 年，香港又履行《巴黎協定》的國際減排共識，透過使用潔淨燃料作交通及發電用途，推行能源效益及種植林木計劃等，以減少溫室排放。

整體來說，多年來的防治措施和政策都有助降低香港空氣污染水平，根據一般及路邊監測站的統計結果，由 1999 年至 2016 年間，二氧化硫分別下降 50% 及 74%，氮氧化物下降 31% 及 56%，一氧化碳濃度分別下降 10% 及 36%，可吸入懸浮粒子下降 35% 及 58%。二氧化氮的變化雖較波動，但在 1999 年至 2016 年間，它在一般邊監測站的濃度亦下降了約 17%。此外，粵港兩地的合作亦見成果，在 2006 年至 2017 年間，「粵港珠江三角洲區域空氣監控網絡」錄得的二氧化硫、二氧化氮及可吸入懸浮粒子的年平均值分別下降了 77%、26% 及 34%，顯示了跨境合作的重要性。

2. 管制策略及藍圖

1983 年前，港府的空氣污染管制策略未有明確的政策框架和專門法例予以支持，直到港府於 1983 年實施《空氣污染管制條例》並於 1986 年成立環保署後，始明確落實管制策略。當中以《白皮書：對抗污染莫遲疑》和《香港清新空氣藍圖》較為重要。

《白皮書：對抗污染莫遲疑》（《白皮書》）

港府於 1989 年發表《白皮書》，以解決香港整體環境污染為目標。空氣污染是其中一個重要範疇。《白皮書》就提及本港有 150 萬至 200 萬人處身於空氣污染嚴重的環境中，並建議港府立法管制固定源排放、車輛排放和石棉的應用，擴大對空氣和酸雨的監測、訂立空氣質素標準、為工地活動制定行為守則、淘汰垃圾焚化爐等，目的是限制本港空氣污染的程度。《白皮書》以十年為期，每兩年進行一次檢討，檢視並報告建議項目的進度。

《香港清新空氣藍圖》（《空氣藍圖》）

特區政府於 2013 年 3 月發布《空氣藍圖》，是特區成立後香港第一份專注於空氣污染防治工作的計劃書。有別於《白皮書》所面向的香港整體環境規劃，《空氣藍圖》是單純針對香港空氣質素而設計，不再只強調管理框架，而是進一步以健康為本，考慮香港實況，訂立新的空氣質素指標，對不同排放源的處理作出建議，例如為發電廠訂立排放上限。此外，《空氣藍圖》亦因應特區政府於 1999 萬開展與廣東省政府的區域合作，把周邊地區的減排目標納入考量，列出 2012 年至 2020 年計劃的項目和執行時間表（見圖 3-21）。

2017 年 6 月，特區政府發表《香港清新空氣藍圖（2013—2017 進度報告）》，匯報過去數年治理空氣污染的成果。該報告以 2012 年為基準年，指出在 2012 年至 2016 年間，根據一般空氣監測站的結果，二氧化硫減少 18%，二氧化氮減少 8%、可吸入懸浮粒子減少 19%。而根據路邊空氣監測站的結果，二氧化氮減少 31%，可吸入懸浮粒子減少 28%。

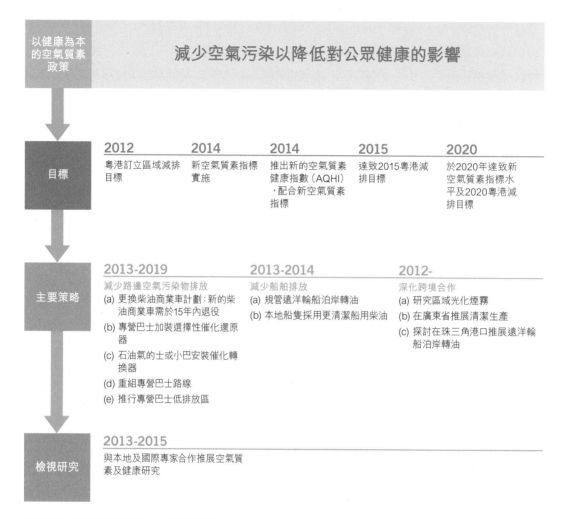

圖 3-21 《香港清新空氣藍圖》計劃項目和執行時序圖（2012—2020）

| 以健康為本的空氣質素政策 | 減少空氣污染以降低對公眾健康的影響 |

目標

| 2012 | 2014 | 2014 | 2015 | 2020 |
| 粵港訂立區域減排目標 | 新空氣質素指標實施 | 推出新的空氣質素健康指數（AQHI），配合新空氣質素指標 | 達致2015粵港減排目標 | 於2020年達致新空氣質素指標水平及2020粵港減排目標 |

主要策略

2013-2019	2013-2014	2012-
減少路邊空氣污染物排放	減少船舶排放	深化跨境合作
(a) 更換柴油商業車計劃：新的柴油商業車需於15年內退役	(a) 規管遠洋輪船泊岸轉油	(a) 研究區域光化煙霧
(b) 專營巴士加裝選擇性催化還原器	(b) 本地船隻採用更清潔船用柴油	(b) 在廣東省推展清潔生產
(c) 石油氣的士或小巴安裝催化轉換器		(c) 探討在珠三角港口推展遠洋輪船泊岸轉油
(d) 重組專營巴士路線		
(e) 推行專營巴士低排放區		

檢視研究

2013-2015
與本地及國際專家合作推展空氣質素及健康研究

資料來源：香港特別行政區政府環境及生態局。

3. 法例與相關措施

《空氣污染管制條例》制定前的相關條例

在 1930 年代前，港府僅將空氣污染視為滋擾問題，實際處理方式是找出污染源的位置，然後援引有關條例，檢控污染者對公眾構成滋擾並作出懲罰。二次大戰後，香港工業開始蓬勃發展，污染問題亦日趨加劇，港府在 1959 年 6 月 4 日頒布《保持空氣清潔條例》，嘗試對空氣質素和污染源頭作出管制和規範。《保持空氣清潔條例》亦在 1960 年、1971 年、1974 年及 1979 年，因應香港急速發展而作出修訂。

然而，《保持空氣清潔條例》只針對黑煙的排放，未能應付香港多樣的經濟活動所帶來的汽車使用量上升、工廠於毗鄰住宅地段發展等問題。港府因應 1977 年委託環境資源有限公司完成的《香港環境管制》研究報告，於 1983 年頒布《空氣污染管制條例》，擴大管制範

疇，並取代《保持空氣清潔條例》。此外，港府亦在 1986 年成立環保署，專門負責環境相關事宜。

《空氣污染管制條例》的制定、修訂及相關措施

港府在 1983 年 10 月頒布《空氣污染管制條例》，對主要空氣污染源作出管制，該條例其後亦因應社會發展需要及《白皮書》的建議，作出多次修訂，以涵蓋不同類別的污染源帶來的空氣污染（見表 3-3）。

表 3-3　1987 年至 2014 年《空氣污染管制條例》修訂情況表

年份	規例名稱	細節
1987	《空氣污染管制（火爐、烘爐及煙囪）（安裝及更改）規例》（*Air Pollution Control (Furnaces, Ovens and Chimneys) (Installation and Alteration) Regulations*）	前身為《1972 年保持空氣清潔（火爐、烘爐及煙囪）（裝置及改裝）規例》（*Air Pollution Control (Furnances, Ovens and Chimneys) (Installation and Alteration) Regulations, 1972*），規定在安裝及更改火爐、烘爐及煙囪前的二十八日，必須取得勞工處長的批准，確保設計適當
1987	《空氣污染管制（塵埃及砂礫排放）規例》（*Air Pollution Control (Dust and Grit Emission) Regulations*）	更改自 1959 年的《保持空氣清潔條例》，並加入至《空氣污染管制條例》中
1987	《空氣污染管制（修訂條例）》（*Air Pollution Control (Amentment) Ordinance*）	修訂以處理指明工序程序事宜
1987	《空氣污染管制（指明工序）規例》（*Air Pollution Control (Specified Processes) Regulations*）	制定發牌的行政規定，管制有潛在構成嚴重污染問題的指明工序
1989	《空氣污染管制（燃料限制）規例》（*Air Pollution Control (Fuel Restriction) Regulations*）	規定粉嶺／沙頭角、將軍澳、牛尾海和大埔的火爐、引擎、烘爐或工業裝置只可使用含硫量不超過 1% 的燃料；而沙田只可使用氣體燃料
1990	《空氣污染管制（燃料限制）規例》（*Air Pollution Control (Fuel Restriction) Regulations*）	規定全港使用的燃油含硫量不超過 0.5%
1990	《空氣污染管制（煙塵）（修訂）規例》（*Air Pollution Control (Fuel Restriction) Regulations*）	把「黑煙」標準由力高文圖表（Ringelmann Chart）的 2 號陰暗色收緊至 1 號[1]
1991	《空氣污染管制（修訂）條例》（*Air Pollution Control (Amendment) Ordinance*）	授權港府管制汽車排放，並禁止銷售含鉛汽油
1991	《空氣污染管制（車輛設計標準）（排放）規例》（*Air Pollution Control (Vehicle Design Standards) (Emission) Regulations*）	規定所有 2.5 公噸以下新車必須遵守嚴格的排放標準，又另訂明由 1992 年 1 月 1 日起，所有使用汽油引擎的新車均須採用無鉛汽油
1992	《道路交通（修訂）（第 3 號）條例》（*Road Traffic (Amendment) (No 3) Ordinance*）	在第 11（p）條賦權運輸署長可以「保護環境」為理由訂立規例，實施交通管制
1993	《空氣污染管制條例》（*Air Pollution Control Ordinance*）	撤銷過往一些指明工序不受牌照管制的豁免權，並且擴大管制影響環境的石棉塵，其中特別針對樓宇石棉物料的管理和清拆活動
1996	《空氣污染管制（露天焚燒）規例》（*Air Pollution Control (Open Burning) Regulation*）	禁止露天焚燒建造廢物、輪胎及可回收金屬廢料的電線，以及實施許可證，管制露天焚燒活動

（續上表）

年份	規例名稱	細節
1997	《空氣污染管制（建造工程塵埃）規例》(Air Pollution Control (Construction Dust) Regulation)	規定承建商在施工時採取措施，減少建造工程散發的塵埃
1997	《環境影響評估條例》(Environmental Impact Assessment Ordinance)	管制大型發展工程對環境造成的影響
1998	《大老山隧道（大老山隧道規例）（修訂）條例》(Tate's Cairn Tunnel (Tate's Cairn Tunnel Regulations) (Amendment) Ordinance)	訂定隧道內的一氧化碳、二氧化氮和能見度標準
1998	《空氣污染管制（車輛設計標準）（排放）規例》(Air Pollution Control (Vehicle Design Standards) (Emission)(Amendment) Regulations)	加強管制柴油私家車的廢氣排放標準及限制這類新車登記，同時加強管制 4 公噸或以下輕型柴油車輛（的士除外）的廢氣排放標準
1999	《空氣污染管制（油站）（汽體回收）規例》(Air Pollution Control (Petrol Filling Stations) (Vapour Recovery) Regulation)	規定油站安裝系統，以回收運油車卸油進地下貯油缸時所釋放的揮發性有機化合物（第 I 期汽體回收系統）
1999	《空氣污染管制（汽車燃料）修訂規例》(Air Pollution Control (Motor Vehicle Fuel) Regulation)	禁止售賣含鉛汽油
1999	《空氣污染管制（車輛設計標準）（排放）（修訂）規例》(Air Pollution Control (Vehicle Design Standards) (Emission) (Amenment) Regulations)	加強管制柴油車輛的排廢標準及引進汽油車輛的蒸發排放物標準
2001	《空氣污染管制（乾洗機）（汽體回收）規例》(Air Pollution Control (Dry-cleaning Machines) (Vapour Recovery) Regulation)	減低乾洗店排放的四氯乙烯（C_2Cl_4）
2005	《氣污染管制（汽車燃料）（修訂）規例》(Air Pollution Control (Motor Vehicle Fuel) (Amendment) Regulation)	收緊汽車燃料含硫量至 0.005%
2005	《空氣污染管制（油站）（汽體回收）（修訂）規例》(Air Pollution Control (Petrol Filling Stations) (Vapour Recovery)(Amendment) Regulation)	規定油站須安裝汽體回收系統，回收車輛加油時釋放的汽油汽體
2006	《空氣污染管制（車輛設計標準）（排放）（修訂）規例》(Air Pollution Control (Vehicle Design Standards) (Emission) (Amendment) Regulation)	新登記輕型車輛須符合歐盟 IV 期廢氣排放標準，而柴油私家車的排放標準收緊至最嚴格的加州標準
2006	《空氣污染管制（車輛減少排放物器件）（修訂）規例》(Air Pollution Control (Emission Reduction Devices for Vehicles) (Amendment) Regulation)	規定所有歐盟前期的重型柴油車輛（除長怠速車輛外）必須安裝認可減少排放物器件
2007	《空氣污染管制（揮發性有機化合物）規例》》(Air Pollution Control (Volatile Organic Compounds) Regulation)	禁止生產及輸入揮發性有機化合物含量高於訂明限制的產品，包括建築漆料、印墨和六類消費品（即噴髮膠、空氣清新劑、除蟲劑、驅蟲劑、地蠟清除劑和多用途潤滑劑）。規例亦要求某些印刷機裝置管制排放物器件
2008	《空氣污染管制（燃料限制）（修訂）規例》(Air Pollution Control (Fuel Restriction) (Amendment)Regulations)	規定工商業工序使用超低硫（0.005%）柴油

（續上表）

年份	規例名稱	細節
2008	《空氣污染管制條例》（Air Pollution Control (Amendment) Ordinance)	訂明電廠 2010 年起的排放總量上限，並容許電廠可以使用排放交易作為符合該上限的另一個方法
2009	《空氣污染管制（揮發性有機化合物）（修訂）規例》（Air Pollution Control (Volatile Organic Compounds) (Amendment) Regulation)	擴大揮發性有機化合物含量的管制範圍，涵蓋汽車修補漆料／塗料、船隻和遊樂船隻漆料／塗料、黏合劑及密封劑
2009	《空氣污染管制（指明工序）（修訂）規例》（Air Pollution Control (Specified Processes) (Amendment)Regulations)	將環境工程界別列入規例下的「合資格工程師」
2009	《空氣污染管制（汽車燃料）（修訂）規例》（Air Pollution Control (Motor Vehicle Fuel) (Amendment) Regulation)	為用作汽車燃料的生化柴油訂定規格，如果汽車燃料的生化柴油含量超過 5%，必須在銷售點張貼標籤，注明生化柴油的含量
2010	《空氣污染管制（揮發性有機化合物）（修訂）規例》（Air Pollution Control (Volatile Organic Compounds) (Amendment) Regulation)	分階段擴大揮發性有機化合物含量的管制範圍
2010	《空氣污染管制（汽車燃料）規例》（Air Pollution Control (Motor Vehicle Fuel) (Amendment) Regulation)	規管汽車生化柴油的規格及標籤要求；收緊汽車燃料標準至歐盟 V 期規定
2011	《汽車引擎空轉（定額罰款）條例》（Motor Vehicle Idling (Fixed Penalty) Ordinance)	規定司機不得於任何 60 分鐘時段內，運作停定車輛的引擎合計超過 3 分鐘
2012	《空氣污染管制（車輛設計標準）（排放）（修訂）規例》（Air Pollution Control (Vehicle Design Standards) (Emission) Regulations)	新登記車輛的廢氣排放標準由歐盟 IV 期收緊至歐盟 V 期
2013	《空氣污染管制（修訂）條例》（Air Pollution Control (Amendment) Ordinance)	於 2014 年 1 月 1 日起更新空氣質素指標
2013	《空氣污染管制（修訂）（第 2 號）條例草案》（Air Pollution Control (Amendment) (No. 2) Bill)	擴大管制範圍，在禁止進口及出售具較高健康風險的鐵石棉和青石棉及控制處理含石棉物質的規定之上，加入禁止進口、轉運、供應和使用所有種類的石棉和含石棉物料
2014	《空氣污染管制（空氣污染物排放）（受管制車輛）規例》（Air Pollution Control (Air Pollutant Emission) (Controlled Vehicles) Regulation)	新登記的柴油商業車輛，包括貨車、非專利巴士和小巴，設有 15 年的退役期限
2014	《空氣污染管制（船用輕質柴油）規例》（Air Pollution Control (Marine Light Diesel) Regulation)	規定本地銷售的船用輕質柴油含硫量不得超過 0.05%
2014	《船舶法例（排煙管制）（修訂）條例》（Shipping Legislation (Control of Smoke Emission)(Amendement) Ordinance)	任何船隻不得在香港水域內連續排放力高文圖表上的 2 號或更深暗的黑煙達 3 分鐘或以上
2015	《空氣污染管制（非道路移動機械）（排放）規例》（Air Pollution Control (Non-road Mobile Machinery) (Emission) Regulation)	非道路移動機械（獲豁免除外）須符合法定的廢氣排放標準。2015 年 12 月 1 日起，只有獲核准或豁免並貼上適當標籤的非道路移動機械，才可於指明活動或指明地點使用。

注 1： 判斷煙霧色澤的方法是將煙霧的陰暗色澤與力高文圖表或其他認可器件的陰暗色澤作一比較。加高文圖表共分為四個有不同粗幼線條交織的方格，分別代表 1 號至 4 號的陰暗色澤。此四個方格每個所代表的黑色深淺程度分為為 20%、40%、60% 及 80%。力高文圖表的 0 號為全白色，5 號為全黑色。因此，1 號陰暗色的煙霧，相等於 20% 的陰暗度。

資料來源：電子版香港法例、立法會網頁。

此外，特區政府亦推出不同的試行和優惠計劃，例如以補貼和稅務寬減的方式，鼓勵公眾與業界選用污染度較低的燃料（見表 3-4），以減少空氣污染。

表 3-4　1997 年至 2014 年特區政府就減少車輛排放所推行的試行和優惠計劃情況表

年份	計劃名稱	計劃詳情
1997	石油氣的士試驗計劃	透過計劃確定石油氣車輛在本港交通繁忙的駕駛環境中的可行性，量度有關燃料消耗量和維修保養需求的操作數據
1999	車輛黑煙管制計劃 —— 底盤式功率機測試	以底盤式功率機測試 5.5 公噸以下的柴油車輛在一般行走時所排出的廢氣情況，鼓勵車主定期維修車輛，減少排放污染物
2000	車輛黑煙管制計劃 —— 底盤式功率機測試	底盤式功率機測試推展至超過 5.5 公噸的車輛
2000	提供一次性款項資助柴油的士改用石油氣	資助額為每輛的士 4 萬元
2000	為前歐盟標準登記的柴油車輛安裝微粒過濾器提供資助	提供一次性 1300 元的資助，為前歐盟標準登記的柴油車輛（4 公噸或以下）安裝微粒過濾器或柴油催化器
2000	汽油及石油氣車輛的排廢量檢驗計劃	車輛在每年接受「宜於道路上使用」的檢查時，須同時進行廢氣排放測試，以檢定是否適合在道路上行駛
2000	另類燃料小巴試驗計劃	在 2000 年 6 月至 2001 年 1 月期間安排石油氣小巴和電動小巴在七條公共小巴路線行走，收集燃料供應量、供電和加注石油氣的頻率、最長行車距離等數據
2000	車輛黑煙管制計劃 —— 底盤式功率機測試	底盤式功率機測試範圍推廣至重型車輛
2002	資助車主將公共小巴改裝為石油氣或電動小巴	合資格的柴油公共小巴車主若將其小巴更換為石油氣公共小巴，可申請一筆過 6 萬元的資助金；若更換為電動公共小巴則可申請一筆過資助金 8 萬元；而合資格的柴油私家小巴車主，若將其小巴轉換為石油氣私家小巴，可申請豁免或退還該石油氣私家小巴的首次登記稅
2003	為重型柴油車輛安裝柴油催化器	/
2007	環保汽油私家車稅務寬減計劃	購買有《環保私家車證明書》汽油私家車，可獲 30%（上限 5 萬元）的汽車首次登記稅寬減
2008	全面寬免歐盟 V 期車用柴油的稅項	/
2010	更換歐盟 II 期柴油商業車輛為新商業車輛資助計劃	在為期 36 個月的計劃期間，車主將會獲得一筆過資助。每輛汽車的資助額視乎車輛的類別，由每輛 17,000 元至上限 203,000 元，供車主購買污染度較低的新型商業車輛，取代歐盟 II 期柴油商業車輛
2013	汽油和石油氣的士和小巴更換催化器和含氧感知器的一次性資助計劃	一項自願參與的資助計劃，預算動用一億五千萬元，資助石油氣的士和小巴的車主更換催化器和含氧感知器
2014	淘汰歐盟 IV 期以前柴油商業車輛—特惠資助計劃	計劃總花費為 114 億，用以協助車主換車，逐步淘汰歐盟 IV 期以前的柴油商業車輛

資料來源：立法會網頁、政府新聞公報。

4. 空氣質素監測和指標

空氣質素監測

香港政府的空氣質素監測活動可追溯至 1960 年代，鑒於紅磡鶴園發電廠和青洲英坭廠等固定源排放大量二氧化硫，勞工處於 1965 年於紅磡設立第一個以人手操作的監測站，量度紅磡的二氧化硫的日平均濃度。結果顯示在紅磡區大氣二氧化硫濃度快速增長。翌年，勞工處在伊利沙伯醫院增設第二個監測站，量度煙霧、二氧化硫濃度、硫酸鹽（SO_4^{2-}）化率和降塵量。

1967 年防止空氣污染諮詢委員會在兩個監測站的基礎下，提出設立分站監測網絡，使用鉛燭筒測量二氧化硫的水平。及後在 1981 年於將軍澳靈實醫院設置第一個連續監測站，連續測量空氣污染水平。其後，環境保護處（環保署前身）於 1983 年，在將軍澳、銅鑼灣、尖沙咀、中西區和觀塘設置連續監測站，及後監測站有所增減，至 2017 年時，設置的連續監測站已增至 16 個，分布於葵涌、東區、荃灣、沙田等地，監測大氣中二氧化硫、二氧化氮、臭氧和可吸入懸浮粒子濃度。監測站時有增減及遷移，但每個空氣質素管制區內至少有一個空氣質素監測站。1990 年代開始，香港監測網絡錄得大量數據，並向公眾開放，是首個公開空氣監測數據的亞洲城市。

環保署因應監測站遠離主要道路或其他明顯排放源，未能反映本港空氣質素的真實情況，於 1991 年在旺角水務署辦事處設立全球首個路邊空氣質素監測站（路邊監測站）。該署於 1998 年在銅鑼灣（見圖 3-22）及中環的主幹道旁增設兩個路邊監測站，之後又把旺角的監測站遷至距離路邊較近的位置，以反映路邊空氣的真實情況。

圖 3-22　位於銅鑼灣的路邊空氣監測站。（香港特別行政區政府提供）

空氣質素的不同指標

1987 年，環保署參考美國國家環保局的「國家環境空氣質量標準」，為空氣質素管制區制定「空氣質素指標」（Air Quality Objectives, 簡稱 AQOs），[29] 讓公眾了解香港的空氣質素，並率先制定可吸入懸浮粒子指標為每 24 小時 180 微克／立方米的濃度限值（見表 3-5）。[30] 港府於 1989 年將全港劃成八個空氣質素管制區，它們都使用相同的「空氣質素指標」。八個管制區分別為將軍澳空氣質素管制區、大嶼山空氣質素管制區、粉嶺 —— 沙頭角空氣質素管制區、牛尾海空氣質素管制區、香港島南 —— 南丫空氣質素管制區、吐露空氣質素管制區、元朗空氣質素管制區及屯門空氣質素管制區。環保署亦進一步對因固定源造成的污染頒布《發出消減空氣污染通知書技術備忘錄》，之後，又於 1993 年訂立《行車隧道空氣質素監察守則》，令香港成為全球首個訂立行車隧道內二氧化氮空氣質素標準的地方。

1997 年，特區政府就「空氣質素指標」檢討及修訂開展討論。2006 年時，世衞公布新的空氣質素指引，環保署於同年委託顧問展開檢討「空氣質素指標」的研究。可持續發展委員會亦在 2008 年及 2009 年就檢討「空氣質素指標」舉行公眾論壇和進行公眾諮詢。雖然檢討研究和公開諮詢工作皆於 2009 年完成，但特區政府一直未有作出行動，直至國家於 2012 年 2 月頒布「環境質量指數」的新規定前一個月，特區政府才宣布採納 2009 年完成的研究結果，通過《2013 年空氣污染管制（修訂）條例》（Air Pollution Control (Amendment) Ordinance, 2013），並於 2014 年 1 月起更新「空氣質素指標」（見表 3-6）。此修訂規定「空氣質素指標」須每五年至少檢討一次，以及時更新指標，保障市民健康。

1995 年，在賽馬會贊助下，環保署開始推行「空氣污染指數」（Air Pollution Index，簡稱 API）。該指數參考 1987 年的「空氣質素指標」及美國的「空氣污染指數」制定而成，根據五種空氣污染物，即二氧化氮、二氧化硫、臭氧、一氧化碳、可吸入懸浮粒子的濃度而制定四個等級，分別為「良好」（0-50）、「普通」（51-100）、「不佳」（101-200）、「惡劣」（201-500）。環保署每日都會透過媒體向市民簡報監測站過去 24 小時的空氣污染指數及翌日的指數預測，並於環保署網頁匯報。

「空氣污染指數」推出後，當指數高於 100 時，環保署會向公眾解釋污染的原因，教育署亦曾因預測指數可能超過 100 而提醒各學校按需要採取對應措施，以保障對空氣污染敏感的學童的健康。

然而，「空氣污染指數」系統亦引來不少批評的聲音，例如質疑各區空氣質素監測站的代表性，或認為應公布路邊和個別污染物的數據等。環保署往後於 1998 年推出路邊「空氣污染指數」，並公布個別監測站的指數及各污染物的濃度數據。指數亦細化為五級，分別為

29　條例不適用於以推進船隻、鐵路機車或飛機的任何火爐或引擎而排放的任何空氣污染物。

30　美國當時尚未頒布最終標準，而香港訂下的標準最終較美國公布的 150 μg/m³ 的濃度限值寬鬆。

表 3-5　1987 年訂定的空氣質素指標（AQOs）情況表

污染物	平均時間	濃度限值： 微克／立方米（µg/m³）	容許超標次數
二氧化硫	1 小時	800	3
	24 小時	350	1
	1 年	80	不適用
總懸浮粒子	24 小時	260	1
	1 年	80	不適用
可吸入懸浮粒子	24 小時	180	1
	1 年	55	不適用
二氧化氮	1 小時	300	3
	24 小時	150	1
	1 年	80	不適用
一氧化碳	1 小時	30,000	3
	8 小時	10,000	1
光化學氧化劑 （以臭氧表示）	1 小時	240	3
鉛	3 個月	1.5	0

資料來源：香港特別行政區政府環境保護署。

表 3-6　2014 年 1 月更新的空氣質素指標（AQOs）情況表

污染物	平均時間	濃度限值： 微克／立方米（µg/m³）	容許超標次數
二氧化硫	10 分鐘	500	3
	24 小時	125	3
可吸入懸浮粒子	24 小時	100	9
	1 年	50	不適用
微細懸浮粒子	24 小時	75	9
	1 年	35	不適用
二氧化氮	1 小時	200	18
	1 年	40	不適用
臭氧	8 小時	160	9
一氧化碳	1 小時	30,000	0
	8 小時	10,000	0
鉛	1 年	0.5	不適用

污染物的平均時間、濃度限值和容許超標次數均有更新，同時移除總懸浮粒子的項目，加入微細懸浮粒子的指標。
（資料來源：香港特別行政區政府環境保護署）

圖 3-23　空氣質素健康指數的宣傳物。（香港特別行政區政府環境保護署提供）

「輕微」（0-25）、「中等」（26-50）、「偏高」（51-100）、「甚高」（101-200）和「嚴重」
（201-500），並在 1999 年從每天公布一次各站的「空氣污染指數」改為每小時公布一次。

2006 年，環保署聘請顧問對「空氣污染指數」系統進行檢討。顧問報告指「空氣污染指
數」存在不少問題，包括系統不能及時反映當前空氣質素的變化，也不是建基於本地的
健康數據等。報告建議把指數修訂成「空氣質素健康指數」（Air Quality Health Index, 簡
稱 AQHI），以臭氧、二氧化氮、二氧化硫及懸浮粒子四種污染物的過去三小時移動平均
濃度，估算出短期健康風險，並參考世界衞生組織的污染物指導限值（WHO Air Quality
Guidelines），將空氣質素分為五個健康風險級別，即低、中、高、甚高和嚴重。「空氣質素
健康指數」旨在告訴市民空氣污染引發的短期健康風險，以便市民能採取預防措施。環保
署於 2013 年 12 月開始使用「空氣質素健康指數」（見圖 3-23），香港亦成為繼加拿大後，
世界第二個採用「空氣質素健康指數」的地方。

5. 污染排放管制

毒性空氣污染物

未列入 AQOs 但對公眾健康構成風險的空氣污染物統稱為毒性空氣污染物（Toxic Air
Pollutants，簡稱 TAPs）。香港對 TAPs 的關注可追溯至環保署於 1993 年委託 Eureka

Laboratories Incorporation 進行的《香港有毒空氣污染物排放清單》研究，該研究建議環保署對 TAPs 進行連續監測，以確定污染物的類別和來源。環保署於 1997 年 7 月開始在中西區和荃灣空氣監測站對八人類 TAPs 進行監測，分別為羰基化合物（Carbonyls）、二噁英（$C_4H_4O_2$）及呋喃（C_4H_4O）、六價鉻（Cr6+）、多環芳香烴（PAHs）、多氯聯苯（PCB）及揮發性有機化合物。根據監測結果，環保署於 2001 年頒布《2001 年空氣污染管制（乾洗機）（汽體回收）規例》（*Air Pollution Control (Dry-cleaning Machines) (Vapour Recovery) Regulation, 2001*），要求乾洗店更換排放四氯乙烯的乾洗機以減低市民因乾洗店排放四氯乙烯而引起潛在致癌的風險。TAPs 數據顯示，中西區的四氯乙烯濃度從 1998 年的 15.4 微克／立方米下降至 2016 年的 1.3 微克／立方米。

自 1997 年開始監測毒性空氣污染物後，環保署亦關注工地不當處理毒性污染物引致的排放問題，如於 2002 年清理迪士尼主題公園竹篙灣地盤由財利船廠遺下的大量含二噁英泥土等，避免毒性空氣污染物因累積的工業廢料造成空氣污染，影響員工和到訪主題公園的遊客。

香港是亞洲第一個對 TAPs 進行研究的地方，而多年來所收集的數據，有助對市民長期吸入致癌物質的風險作出評估。

污染排放清單

在經濟和社會發展的帶動下，香港於 1980 年代開始進入污染情況最為嚴重的時段，發電廠、工廠和運輸交通排放的污染物均對本港的空氣質素構成巨大的壓力，引起市民的不滿和投訴。社會對空氣質素的重視促使港府需要對不同污染源作出管制，減低其對社會大眾的影響。

2000 年 3 月，環保署利用香港排放源活動數據，參考美國 AP-42 排放目錄（AP-42: Compilation of Air Emissions Factors），編制並發布香港空氣污染物排放清單，目的是對不同排放源釋放到大氣中的空氣污染物作詳細分析和估計，以便當局制定解決空氣污染問題的策略。「排放清單」最初包括六個排放源（即公用發電、道路運輸、水上運輸、民用航空、其他燃料燃燒和非燃燒源）所排放的五種污染物，分別為二氧化硫、氮氧化物、懸浮粒子、一氧化碳及非甲烷揮發性有機化合物。「排放清單」往後持續修訂，如於 2003 年加入「其他燃料燃燒」，以「最終能源數據庫」資料，代替以往使用的「燃料進口留用貨量」數據；2004 年，在「非燃燒源類別」中增加可吸入懸浮粒子和揮發性有機化合物；2008 年，以電廠的可吸入懸浮粒子取代以往的總懸浮粒子排放數據等。同時，環保署亦參考歐盟、聯合國環境規劃署（United Nations Environment Programme）、政府間氣候變化專門委員會（Intergovernmental Panel on Climate Change）和美國加州空氣資源局（California Air Resources Board）的排放估算方法和修訂，以獲得較準確的估算方法。環保署亦經常因應新排放源的出現而推出特定系統和模型，如 2005 年推出「排放系數」，以計算不同車輛的排放比率，並推出模擬汽車廢氣排放的指引等。2008 年，環保署又委託顧問公司進行

船隻排放清單研究。每當排放清單有更新時，環保署都會覆算過往的排放清單，確保清單內的數據的連續性，以能有效地制定適合香港的空氣管理政策。

管制燃料

空氣污染問題主要與燃燒燃料有關。燃燒含有硫或重金屬等雜質的燃料會產生二氧化硫和金屬氧化物等污染物，高溫燃燒會產生氮氧化物，不完全燃燒則會產生一氧化碳和煙塵等污染物。1960 年代，在香港使用的燃料有很多包括硫磺等的雜質，電廠的電力生產、因應貿易需求而興起的汽船、工業工序如水泥廠和鋁製品的生產，均產生大量二氧化硫。勞工處於 1965 年、1966 年以及 1967 年錄得二氧化硫全年最高日平均值分別為 9217 微克 / 立方米、12,764 微克 / 立方米和 8292 微克 / 立方米。

由於高濃度的二氧化硫影響鄰近工廠的工人和市民，環保署成立後隨即加緊對燃料含硫量的管制。1990 年 7 月，港府實施《空氣污染管制（燃料限制）規例》，限制燃油的含硫量及黏度，顯著減低大氣中二氧化硫濃度。1990 年，二氧化硫於本港監測站錄得最高日平均值為 342 μg/m^3，至 2016 年，二氧化硫的最高日平均值大幅下降至 49 μg/m^3。

研究顯示，1990 年香港對燃油硫含量管制對公眾健康具有顯著、即時和長期的效益。2005 年世界衛生組織（世衛）發布全球空氣質素指引時，也引用到香港 1990 年對燃油硫含量的管制經驗和帶來的健康效益。在 1990 年的燃油管制規例之後，使用清潔燃料仍是減少排放的重要手段。

管制固定源的排放：電廠和水泥廠

自十九世紀末以後，發電廠排放一直是香港的一個主要空氣污染源。早於 1889 年，香港電燈有限公司（港燈）在灣仔首座燃煤發電廠排放的污染便引起附近居民的投訴。但同時本地人口及工業發展進一步帶動發電廠的燒煤活動，1921 年中華電力有限公司（中電）的鶴園發電廠更與同區的青洲英坭廠同時排出大量污染物。然而，發電廠及水泥廠的排放問題需待至 1925 年啟德機場落成後，出現污染物隨風飄至機場而影響航班升降的安全問題後始被正視。1952 年，市政局要求青洲英坭公司安裝有效的抑制煙霧器具，並在三個月內消減煙霧滋擾。青洲英坭廠於 1955 年 3 月的周年大會上表示會按民航處要求，於可能影響飛行安全的天氣下，停止一或兩台旋轉窰的生產，以降低對機場的影響。

1960 年代，香港工業發展進一步興旺，耗電量由 1947 年的 91,048 兆瓦時（MWh）增至 1957 年的 739,812 兆瓦時。發電廠排放對公眾的影響問題愈來愈嚴重和具爭議。例如，隨着啟德機場啟用，紅磡鶴園發電廠的污染物因受航空管制限制而不能從高煙囪排放，使其較難飄散，因而影響九龍附近地區的空氣質素。就着鶴園發電廠的問題，市政局於 1965 年周年辯論會議上就對此作出討論。身兼市政局議員的會德豐公司董事長馬登（John Louis Marden）於會上建議成立委員會研究空氣問題。一年後，港府成立防止空氣污染諮詢委員會，並由馬登主持，就空氣污染問題提出建議。其後，勞工處亦於紅磡設立香港第一個監

測站，就發電廠及水泥廠造成的空氣污染提供確實的數據支持。其後，鶴園發電廠同意採取一系列措施減少煙霧排放，中電亦同意於青衣電廠運作後減少鶴園發電廠的發電量。

1970 年代前，港府主要是透過與廠方協商以處理發電廠和水泥廠的排放問題。其後，港府對新建的發電廠，如 1978 年興建的港燈南丫電廠和 1982 年中電青山發電廠 A 廠，均作出管制以減低其排放。1983 年，港府制定《空氣污染管制條例》，規定發電廠要申請「指明工序牌照」，並提交「空氣污染控制計劃」以確保發電廠排放受到規範。環保署亦定期對發電廠作出評估和建議，如青山發電廠於 1980 年代末時被發現排出黃色煙霧而需要作出檢測，檢測後發現發電廠排放過量氮氧化物，環保署因而建議中電引入氮氧化物減排技術，使中電成為首間安裝低氮燃燒器的發電廠。

環保署於 1990 年開始建議中電及港燈使用煙氣脫硫技術，並採用低硫煤和在煙囪裝設污染控制裝置以減低污染。1994 年，大亞灣核電廠啟用後，香港發電廠的排放量明顯地下降，同年港府頒布《發出消減空氣污染通知書技術備忘錄》，訂明管制固定污染工序的空氣排放指標，進一步規管發電廠排放。在港府作出規管後，二氧化硫的排放量從 1990 年的 118,300 公噸下降至 1996 年的 72,799 公噸；氮氧化物的排放量由 1990 年的 136,100 公噸下降至 1996 年的 69,204 公噸；懸浮粒子的排放量亦由 1990 年的 7657 公噸下降至 1996 年的 4078 公噸。

1996 年，中電龍鼓灘發電廠投入服務，改用較乾淨的天然氣作為燃料。環保署亦於同年發表《最好的切實可行方法指引 —— 電廠》，表明自 1997 年起禁止興建新的燃煤發電機組，使後來興建的機組皆以天然氣發電。

2004 年，環保署透過《空氣污染管制條例》下「指明工序牌照」的續牌條款，在青山發電廠續牌時實施首套排放上限，並說明龍鼓灘發電廠和南丫發電廠在未來續牌時，亦會設有排放上限，藉此鼓勵發電廠使用不同方法減排。其後排放上限均逐步收緊，並在 2010 年政府頒布的《指明牌照分配排放限額第三份技術備忘錄》中，再次收緊發電廠自 2017 年起及以後對二氧化硫、氮氧化物和可吸入懸浮粒子的每年排放總量上限。上述的管制措施均減低發電廠在香港整體排放量的佔比，於 1990 年，發電廠的二氧化硫、氮氧化物和懸浮粒子的排放量分別佔全港 84.9%、71.5% 和 53.6%；而於 2016 年時發電廠的排放比例已大幅下降，只佔香港二氧化硫、氮氧化物和懸浮粒子的整體排放量 46%、29% 和 9%。

汽車排放管制

車輛排放的管制在 1970 年代由香港警務處負責測量和作出檢控，1986 年後則由環保署負責。1988 年，環保署開始實施檢舉「黑煙車」計劃，以目測的方式評估車輛排放是否過量（見圖 3-24）。但小型巴士商會反對環保署以人手評估，建議改用儀器檢測。計劃在實施一年後，環保署檢討發現由於被檢舉機會不高，而鼓勵駕車人士定期維修的宣傳亦不足，計劃成效不大。

圖 3-24　噴出黑煙的車輛令空氣受到污染。（香港特別行政區政府環境保護署提供）

1991 年 4 月，無鉛汽油開始在本港銷售，環保署於同年 5 月頒布《空氣污染管制（車輛設計標準）（排放）規例》（*Air Pollution Control (Vehicle Design Standards) (Emission) Regulations, 1991*），規定 2.5 公噸以下新車須遵守排放標準。又另訂明由 1992 年 1 月起，所有新汽油車均須採用無鉛汽油。環保署亦同步開始對部分使用柴油的公共交通工具進行更改燃料的計劃。1995 年，環保署發表《更清新的空氣：減低柴油車輛噴出廢氣的進一步建議》諮詢文件，建議 4 噸或以下的柴油車改用無鉛汽油。然而，環保署在發表諮詢文件前未有與業界討論計劃和成本增加等問題，因此未獲業界接納，更引來強烈反對，最終港府計劃推動柴油車改用無鉛汽油的議案在立法局以大比數被否決。議案被否決後，的士和公共小巴業界代表考慮到石油氣價格較汽油低，組成考察團前往日本了解液化石油氣作為的士燃料的經驗，並於 1996 年向港府提議改用石油氣作為香港的士的燃料，港府遂於同年 9 月成立跨部門工作小組，與業界緊密聯繫，並展開石油氣的士試驗計劃。計劃完成後，環保署撥款資助部分柴油的士車主改用液化石油氣，並於 2001 年 8 月規定新登記的士必須採用石油氣或汽油。

環保署除了以燃油管制的方式處理車輛黑煙排放外，又於 1997 年《1997 年大老山隧道（大老山隧道規例）（修訂）條例》（*Tate's Cairn Tunnel (Tate's Cairn Tunnel Regulations) (Amendment) Ordinance, 1997*）和《1997 年海底隧道（海底隧道規例）（修訂）條例》訂立了全球首個二氧化氮的行車隧道空氣質素標準，對隧道內通風系統的設計作出指引，以改善行車隧道空氣污染問題。

此外，環保署於 1995 年開始按照歐盟的汽車廢氣排放標準，並禁止柴油車輛使用含硫量超過 0.2% 的燃料，及後按歐盟標準逐步收緊新柴油車輛的排放上限和柴油燃料的含硫

量。[31] 2001 年，環保署規定所有油站只准發售含硫量低於 0.005% 的超低含硫柴油。後來，特區政府更資助歐盟標準前登記的柴油車輛安裝微粒過濾器及柴油催化器。環保署亦先後在 2007 年、2008 年、2010 年和 2014 年推出優惠計劃和免稅的方式，鼓勵大眾購買環保私家車和更換污染度高的車輛。此外，環保署估計當時有多達 80% 的士和 45% 小巴的催化轉換器已失效，因此推出計劃資助的士和小巴車主更換催化器及含氧感知器，減少車輛廢氣排放。2014 年時，更撥款 114 億協助車主換車，逐步淘汰歐盟 IV 期以前的柴油車輛。

船泊排放管制

船舶對空氣的影響早在 1900 年代已有紀錄。香港為貿易港口，商船往來頻繁，1910 年時，只有 8777 艘船進出香港，但在 1930 年，已增至 14,681 艘船，排出的黑煙對岸邊的居民構成滋擾，因此引起投訴，並由衛生督察提出判罰，或交由海事處負責。香港油麻地小輪公司民忠號（Man Chung）曾因於 1930 年 1 月煙囪排放煙霧造成滋擾，被海事法庭罰款五元，是第一艘被檢控的船隻。

港府早期對船隻排放的影響所知有限，直至 2005 年思匯政策研究所（思匯）分析環保署的毒性空氣污染物（Toxic air pollutants, 簡稱 TAPs）數據時發現，船舶燃燒重油時，維港及葵涌貨櫃碼頭附近地區出現被二氧化硫和重金屬鎳（Ni）與釩（V）污染的情況，特區政府才知道情況嚴重。其後，思匯在 2007 年 7 月向特區政府提出管制船舶排放以改善香港整體空氣質素，並與航運業界商討減排的可行性。2010 年 10 月，18 家航運業公司簽署《乘風約章》，提出該批公司旗下船舶在香港港口停泊時會自願採用含硫量低於 0.5% 的燃油的建議，並促請香港政府與業界合作，立法規管遠洋輪船泊岸轉油，這是全球首個由業界領頭，自願承擔環境清潔費用並要求政府立法監管的舉措。

特區政府於 2012 年 9 月推出資助計劃，鼓勵遠洋船在香港水域泊岸時轉用低硫燃油。特區政府在 2014 年起實施《空氣污染管制（船用輕質柴油）規例》（*Air Pollution Control (Marine Light Diesel) Regulation, 2014*），規定本地供應的船用輕質柴油含硫量不得超過 0.05%，又於 2015 年 7 月實施《2015 年空氣污染管制（遠洋船隻）（停泊期間所用燃料）規例》（*Air Pollution Control (Ocean Going Vessels)(Fuel at Berth) Regulation, 2015*），要求遠洋船在香港水域停泊時轉用低硫燃油。

特區政府亦將減低船舶排放的經驗分享予內地有關部門，說明船舶減排的重要性和遠洋船在特定水域停泊轉油的做法，向國家交通運輸部提出於珠江三角洲水域設立船舶大氣污染物排放控制區的建議。國家交通運輸部於 2015 年 12 月發布了《珠三角、長三角、環渤海（京津冀）水域船舶排放控制區實施方案》，為設立船舶大氣污染物排放控制區訂立了時間表。

---

31 在排放上限方面，1997 年 4 月 1 日收緊至歐盟 II 期標準；2001 年 10 月 1 日收緊至歐盟 III 期標準；2006 年 10 月 1 日收緊至歐盟 IV 期標準；2010 年 7 月 1 日收緊至歐盟 V 期標準。在含硫量方面：2001 年 1 月收緊至 0.035%；2002 年 4 月收緊至 0.005%；2007 年 12 月收緊至歐盟 V 期標準。

焚化爐排放管制

香港於 1960 年代開始使用焚化爐處理垃圾問題，後因釋出二噁英（$C_{12}H_4Cl_4O_2$）及廢氣排放等問題，於 1990 年代停用及關閉。直至焚化技術能有效降低二噁英的排放後，環保署才重新引入焚化設施，並於 2009 年撥款興建屯門污泥焚化爐，又於 2013 年預報在石鼓洲旁人工島建造新一期焚化爐。

香港二噁英的完整測量結果最早於 1998 年開始，該年二噁英在中西區及荃灣監測站的年均毒性當量濃度分別為 0.078 及 0.092 皮克毒性當量／立方米（pg I-TEQ/m³），至 2016 年，二噁英在兩站的年均值分別為 0.022 及 0.025 pg I-TEQ/m³，下降約 70%。

6. 室內空氣質素、石棉管制

室內空氣質素

與室外空氣質素相比，香港政府對室內空氣質素的關注及規管程度，相對較晚和較少。在 1993 年出版的《1989 年環境污染白皮書：第二次檢討》（《白皮書：二》），確認室內空氣污染對健康構成潛在危害，例如於室內的氡氣和吸煙釋出的污染物皆可致癌，而建築物通風不足亦影響居民呼吸，嚴重時可導致「病態建築症候群」等。《白皮書：二》推動了室內空氣污染的討論，惟未提出確實的管制方向，亦指出部分與室內空氣污染有關的疾病成因未明，需進一步深入研究。

1995 年，港府展開《辦公室及公眾場所室內空氣污染》顧問研究，1997 年 9 月完成。研究指出，32% 受訪者不滿意其工作地點的室內空氣質素，其中二氧化碳是最違反國際室內空氣質素標準的污染物。37.5% 的辦公室因通風不足，在 8 小時內的平均二氧化碳水平超逾 1000ppm（濃度值）；20% 辦公室的細菌數目高出建議的水平 1000cfu/m³（即「每立方米的菌落形成單位」）；32.5% 辦公室發現甲醛水平高於世衞指引的 100 微克／立方米（μg/m³）；90% 辦公室大廈的空調不能提供充足的新鮮空氣，遠低於美國採暖、製冷與空調工程師學會（ASHRAE）所修訂每人每秒至少有 7.5 公升鮮風供應的標準。

此外，食肆、戲院和商場的二氧化碳都出現超標情況，而食肆的甲醛、二氧化氮、臭氧和細菌也同樣超出當時的國際標準（見表 3-7）。然而，香港解決室內空氣質素問題，是透過不同部門執行相關的條例，這些法例條文是以間接方式改善室內空氣質素，例如訂立基本通風設備規定、禁止進口或銷售某些特定產品、特別指定「非吸煙區」等。

針對上述情況，顧問報告提出三項主要的建議。首先，建議政府成立一個跨部門的室內空氣質素管理小組，以協調管制室內空氣質素的發展工作；其次，建議政府推出自願性方法來處理住宅樓宇的室內空氣質素，以減少檢查及監管的困難；最後，推行公眾教育，提高大眾對室內空氣質素問題的關注。

表 3-7　1995 年環保署《辦公室及公眾場所室內空氣污染》顧問研究對公眾場所室內空氣污染物夏季研究結果統計表

污染物	室內空氣質素指標（1小時）	單位	食肆			戲院			商場		
			最高	最低	平均數	最高	最低	平均數	最高	最低	平均數
一氧化碳	30,000	μg/m³	6,739.34	905.34	3,344.87	3,487.93	938.61	1,695.87	3,180.70	766.56	1,659.50
二氧化碳	1,000	ppm	1,921.71	754.41	1,271.63	2,369.00	546.26	1,362.12	1,371.00	716.06	1,002.60
甲醛	100	μg/m³	975.18	20.86	161.73	463.95	20.86	139.36	57.15	23.98	38.84
二氧化氮	200	μg/m³	279.42	29.78	133.16	134.11	22.87	66.1	98.29	38.03	63.64
臭氧	240	μg/m³	367.25	27.48	54.36	27.48	27.48	27.48	93.32	27.48	38.46
可吸入懸浮粒子	180	μg/m³	1,070.06	53.14	323	64.74	43.16	54.97	110.66	38.4	77.89
尼古丁	6.8	μg/m³	56.23	0.95	7.4	0.95	0.95	0.95	3.18	0.95	1.95
苯	16.1	μg/m³	31.9	0.32	12.23	2.87	0.32	1.85	10.21	2.08	5.78
四氯化碳	103	μg/m³	1.26	0.63	0.69	2.52	0.63	1.26	0.79	0.63	0.65
三氯甲烷	163	μg/m³	10.74	0.21	1.86	1.24	0.21	0.66	0.83	0.21	0.47
鄰、二氯苯	1,830	μg/m³	6.61	0.6	1.26	6.61	0.6	2.04	5.56	0.6	1.69
間、二氯苯	1,830	μg/m³	3.61	0.6	0.87	6.01	0.6	1.8	3.31	0.6	1.54
對、二氯苯	1,100	μg/m³	37.88	1.8	11.6	42.09	1.8	12.14	36.98	1.65	13.88
乙苯	10,000	μg/m³	29.05	0.43	7.74	11.27	1.3	3.81	20.48	1.19	8.29
四氯乙烯	250	μg/m³	31.23	0.68	5.6	5.43	0.68	1.63	7.47	0.68	1.89
甲苯	1,092	μg/m³	451.53	4.14	104.08	8.65	6.02	7.6	232.35	9.79	85.88
三氯乙烯	770	μg/m³	3.23	0.54	1.02	1.08	0.54	0.65	13.85	0.54	2.74
鄰甲苯	4,850	μg/m³	41.62	0.43	8.63	25.58	0.43	6.42	16.69	1.63	7.55
間、對甲苯	4,850	μg/m³	82.37	2.6	22.85	69.37	1.73	17.86	54.09	3.25	18.75
細菌	1,000	cfu/m³	2,275.00	125	1,002.78	856	69	430	4,891.00	465.33	2,140.06
真菌	500	cfu/m³	200	6	77.11	44	6	26.2	1,161.00	77	376.54

注：陰影單元格的數值為超過了當時室內空氣質素指標濃度限值的污染物。
資料來源：香港特別行政區政府環境保護署。

上述三項建議均被政府採納。跨部門的室內空氣質素管理小組（小組）於 1998 年成立，而小組於 1999 年初便提交「室內空氣質素管理計劃」（「管理計劃」），當中包括制定室內空氣質素指標和室內空氣質素管理指引、設立室內空氣質素資訊中心、展開公眾教育及宣傳運動、推出自願性的「室內空氣質素檢定計劃」（「檢定計劃」）和檢討有關室內空氣質素的立法規管。1999 年 11 月，特區政府就計劃細節進行歷時兩個月的公眾諮詢，又於 2000 年 6 月開展「管理計劃」，率先於 2000 年至 2002 年間對設有機械通風及空調系統的政府樓宇量度其室內空氣質素，並把量度證明書張貼在當眼位置，以示該樓宇符合有關指標，藉此鼓勵私人機構參與「檢定計劃」。2003 年，「辦公室及公眾場所室內空氣質素檢定計劃」正式推出。此外，環保署亦於 2001 年 1 月在九龍塘設置室內空氣質素資訊中心，並設立電話查詢熱線和互聯網網頁向公眾提供有關室內空氣質素的資訊。

2011 年 3 月，審計署就特區政府在改善室內空氣質素的工作發表審計報告，指出推行已歷時 10 年的「管理計劃」必須改善推行力度。報告亦指出，室內空氣質素管理小組自 2003 年 6 月起未有再展開會議，亦未有檢討「管理計劃」的進程。此外，室內空氣質素資訊中心於

2007 年至 2010 年間，訪客數目平均每兩天只有 1 個團體到訪，個人訪客的數目則每天不足 1 人；報告亦引用環保署於 2006 年委託的顧問研究意見調查，僅有 27% 受訪者聽聞過「管理計劃」，更只有 19% 的受訪者認為加強公眾認識室內空氣質素的推廣工作已足夠，而希望透過大眾傳媒取得改善室內空氣質素相關資訊的受訪者則達至 81%。「檢定計劃」截至 2010 年，只有 136 個政府處所參加，僅佔整體的 18%；私人機構則有 559 個場所參加了計劃。

對此，特區政府為推廣檢定計劃至更廣闊層面，以及提高檢定計劃的參與率，在媒體和公共交通工具，分別播放宣傳片和張貼廣告；以及舉辦巡迴展覽及講座，宣傳良好室內空氣質素的重要及鼓勵室內場所參與檢定計劃。此外，政府特別針對潛在可參與檢定計劃的處所類別，如購物商場、會所、新建樓宇等加強推廣，包括向發展商及物業管理公司推廣提升室內空氣質素的重要，從而推動他們參與檢定計劃。另外，政府在 2015 年 4 月更新發展局及環境局在 2009 年共同發出的《綠色政府建築物》技術指引，要求所有現有的政府樓宇，不論樓面面積大小，均須致力達致「良好級」的水平。所有設有中央空調系統的新建政府樓宇，須致力達致檢定計劃的「卓越級」室內空氣質素水平。因此，2016 年獲得室內空氣質素檢定證書的處所已增至 1400 個以上。政府更在 2017 年開始籌備更新室內空氣質素指標，進一步改善香港的室內空氣質素。

石棉管制

石棉是一組天然纖維狀的硅質礦物之泛稱，最常見的三種是溫石棉（白石棉）、鐵石棉（褐石棉）及青石棉（藍石棉）。被吸入的石棉纖維可長時間積聚在人體內，可引致肺癌、間皮瘤（胸膜或腹膜癌）和因肺內組織纖維化而令肺部結疤的石棉沉着病，與石棉有關的疾病癥狀，可在人體暴露於石棉後 10 年至 40 年才出現。

由於石棉具有較高的抗拉強度和良好的耐熱和耐化學腐蝕性，故在 1980 年代中以前的香港，曾被廣泛應用在摩擦、防火、隔熱及建築物料上。常見的含石棉物料有石棉波紋水泥瓦片、含石棉通花磚、熱水管隔熱物料、電線絕緣物料及膠地板，當中以石棉波紋水泥瓦片是公眾最常見及最容易接觸到的含石棉物料。市區內於 1980 年代前所建成樓宇的簷篷及天台搭建物，以及郊區村屋的構建物，都有使用石棉波紋水泥瓦片。1982 年，房屋署表示石棉空心磚是隔熱建材中成本較低的選項，因此用作興建公共屋邨。1983 年 5 月，本港報章曾刊登國外確認石棉可致癌的研究報告，但各界別仍因考慮改用其他物料帶來的高昂成本，而傾向繼續使用石棉。同月，建築拓展署亦表示無意棄用或拆除含有石棉的物品，並表示會先研究官立小學內含石棉設備對健康的風險後再作決定。

1984 年起，房屋署停止使用含石棉建築物料，但在 1984 年前落成的舊型屋邨，部分大廈曾有採用含石棉建築物料，主要為低風險的含石棉物料，常見的物料為露台及走廊通花磚。隨着舊型屋邨逐步重建，舊型屋邨的石棉建築物料已逐部被移除。至 2000 年，仍有 33 個居屋屋苑被發現含有石棉；至 2016 年，審計署仍發現有一個公共屋邨即使在 1984 年後建成，仍有含石棉物料。

1986 年，為減少石棉對工人健康的影響，港府頒布《1986 年工廠及工業經營（石棉）特別規例》（*Factories and Industrial Undertaking (Asbestos) Special Regulation, 1986*），禁止工業環境中使用鐵石棉、青石棉和噴射含石棉物質，勞工處亦編印《管制石棉使用之工作守則》予工人。1997 年，該條例被《1997 年工廠及工業經營（石棉）規例》（*Factories and Industrial Undertakings (Asbestos) Regulation, 1997*）取代，條例加入東主在拆卸任何建築物時，需評估建築物是否含有石棉，同時要確保工人拆卸石棉時的安全。

1997 年，政府為全港資助學校校舍分階段進行石棉調查，並於 2005 年完成。有關校舍內對公眾健康構成迫切危險的含石棉物料，均已在調查計劃中拆除。餘下的含石棉物料是黑板、膠地板等狀況良好的低風險物料。當局已安排這些學校在進行大型維修工程時一併拆除含石棉物料。

就全港性石棉使用的整體管制，環保署曾於 1993 年和 1997 年修訂《空氣污染管制條例》，規管石棉相關工程。在 1997 年的修訂條例中，要求涉及石棉的工程必須由註冊石棉專業人士進行。環保署透過石棉顧問、承辦商、監管人及化驗所的註冊制度，確保含石棉物料由合資格人士，按照該《條例》、環保署的工作守則及指引的要求適當處理，以防止石棉纖維釋出及保障公眾健康。自該《條例》於 1997 年的修訂生效之後，香港已禁止輸入及銷售鐵石棉和青石棉或含有鐵石棉或青石棉的任何物質或物品。2008 年，政府又引入《2007 年有毒化學品管制條例》（*Hazardous Chemicals Control Ordinance, 2007*），透過頒發許可證進一步規管進口、出口、製造和使用對人類健康或環境有潛在危害性或不良影響的非除害劑有毒化學品（包括石棉）。2014 年 4 月 4 日起，為進一步消滅石棉的風險，香港已全面禁止進口、轉運、供應及使用所有種類的石棉和含石棉物料（見圖 3-25）。

圖 3-25　環保署印製的管制石棉單張。（香港特別行政區政府環境保護署提供）

7. 境外交流與合作

香港與內地合作

1980 年代時，國際組織如世衛開始提倡空氣防治須從宏觀空域出發，強調各地區對改善空氣質素的責任與合作需要，加上珠三角區的空氣污染物亦影響香港，為解決跨境污染問題。1983 年 1 月，廣東省環境保護局局長首次率團到香港考察交流，並於 1990 年成立「粵港環境保護聯絡小組」（聯絡小組）。同年 7 月 11 日，聯絡小組舉行了第一次會議，集中討論空氣及水質問題。1992 年，聯絡小組制定了管理后海灣環境質素行動計劃，進行為期兩年的空氣和水質聯合研究，並於 1999 年 4 月委託顧問公司開展珠江三角洲區域空氣質素研究，2002 年 4 月發表《珠江三角洲空氣質素研究最終報告》及《關於改善珠江三角洲空氣質素的聯合聲明（2002—2010 年）》，同意以 1997 年作為基準年，共同在 2010 年前分別減少二氧化硫、氮氧化物、可吸入懸浮粒子及揮發性有機化合物的排放量 40%、20%、55% 和 55%。

2003 年 12 月「粵港持續發展與環保合作小組」通過《珠江三角洲區域空氣質素管理計劃》（《管理計劃》），推出針對電廠、機動車及高污染工序的減排措施，並成立珠江三角洲空氣質素管理及監察專責小組，跟進《管理計劃》。同時，按《管理計劃》建立珠三角地區聯合空氣監測網絡，並制定《區域監測網絡質控質保手冊》及《區域空氣質素監測網絡數據使用及管理指引要點》，確保監測數據準確性及其管理和使用符合最先進的標準，又定期舉辦監測品質管理會議。2005 年 5 月 26 日，環保署與國家環境保護總局簽訂空氣污染防治交流合作安排，於同年 11 月 30 日粵港兩地政府聯合啟動「粵港珠江三角洲區域空氣監控網絡」，發布每日各監測站的區域空氣質量指數。

香港環境局與國家環境保護部於 2010 年 10 月 26 日簽訂新的《空氣污染防治合作的安排》，以訂定雙方 2011 年至 2015 年的合作範疇。同時，廣東省、香港及澳門在 2014 年 9 月簽署《粵港澳區域大氣污染聯防聯治協定書》，將澳門加入該網絡（同年起改稱「粵港澳珠江三角洲區域空氣監測網絡」），增加監測站至 23 個，並實時發布空氣質素信息，並在同年 12 月 14 日展開《粵港澳區域性 PM2.5（微細懸浮粒子）聯合研究》，研究和分析珠江三角洲細顆懸浮粒子的主要來源。

而為應對氣候變化的問題，2011 年 8 月在第 14 次「粵港合作聯席會議」上，兩地簽署了《粵港應對氣候變化合作協議》，成立「粵港應對氣候變化聯絡協調小組」，負責就兩地應對氣候變化合作進行磋商，協調粵港應對氣候變化的活動和措施，推進相關的科學研究和技術開發，並每年向「粵港合作聯席會議」報告工作進度。

此外，香港在面對特定的污染源，如船舶等經常跨區域移動的排放源管制上，與交通運輸部緊密合作，於 2016 年 12 月 23 日，簽訂《內地與香港船舶大氣污染防治合作協議》，以配合內地沿海水域實施船舶排放控制區，減低沿海地區船舶排放。

香港與國際合作

香港作為國際城市，樂於履行國際公約，如：《蒙特利爾議定書》（*Montreal Protocol on Substances that Deplete the Ozone Layer*）、《京都議定書》（*Kyoto Protocol*）等，以參與保護全球環境的工作。

1987 年 9 月在加拿大蒙特利爾，多國為挽救地球的臭氧層而簽訂《蒙特利爾議定書》，規定按照協議的時間表，逐步取締消耗臭氧層物質。

1988 年，香港以英國成員身份履行《蒙特利爾議定書》有關停止耗用和生產消耗臭氧層物質的責任。1989 年 7 月立法通過《保護臭氧層條例》，禁止生產氯氟烴（CFCs）及哈龍（CF_2ClBr）等對臭氧層造成破壞的物質，並管制其進出。於 1993 年 5 月，實施《1993 年保護臭氧層（含受管制物質產品）（禁止進口）規例》（*Ozone Layer Protection (Products Containing Scheduled Substances)(Import Banning) Regulation, 1993*）進一步禁止從非《蒙特利爾議定書》締約國進口含氯氟烴及哈龍等物質的產品。1994 年 1 月實施《1993 年保護臭氧層（受管制製冷劑）規例》（*Ozone Layer Protection(Controlled Refrigerants) Regulation, 1993*），規定維修或拆除內含超過 50 千克製冷劑的汽車空調系統或舊有冷藏系統時，需防止含氯氟烴的製冷劑外泄。《保護臭氧層條例》在 1995 年至 2009 年均按《蒙特利爾議定書》的修正案，而逐步進行修訂，主要修訂內容為新增受管制物質的類型，以減低其生產及出入口的數量。《保護臭氧層條例》實施後，環保署自 1997 起，每年都會向大眾公布就《保護臭氧層條例》作出檢控的個案與罰款總額數字。除了於 1997 年及 1998 年分別錄得 14 宗及 10 宗較多的檢控個案外，往後每年檢控個案均錄得 10 宗以下。惟於 2001 年，雖然只有六宗檢控個案，卻錄得迄今為止《保護臭氧層條例》生效以來最高的罰款總額 300,000 港元。事源於 2001 年間，一間公司向內地轉口輸入 66 桶四氯化碳（CCl_4）而被定罪。2012 年至 2017 年間，香港一共有 9 宗非法進口消耗臭氧層物質的個案遭檢控，罰款總額為 235,000 元。

1992 年，聯合國通過了《聯合國氣候變化框架公約》（《氣候變化公約》）（*United Nations Framework Convention on Climate Change*），表明人類活動已大幅增加了大氣中溫室氣體的濃度，並增強了溫室效應，這對自然生態系統產生不良影響。各國亦決議要把「大氣中溫室氣體的濃度穩定在防止氣候系統受到危險的人為干擾的水平上」。[32] 1997 年，聯合國又通過《京都議定書》，希望各國能把大氣中的溫室氣體含量穩定於一個適當的水平。

中國是《氣候變化公約》和《京都議定書》的締約國，2003 年 5 月，中央人民政府決定把《氣候變化公約》及《京都議定書》延伸適用至香港特別行政區。2008 年 6 月 6 日，特區

32　聯合國：《聯合國氣候變化框架公約》，1992 年，頁 5，https://unfccc.int/sites/default/files/convchin.pdf。

政府公布《香港特別行政區境內清潔發展機制項目的實施安排》，列明《氣候變化公約》中所提出的清潔發展機制項目的實施細則，讓香港公司與外國機構合作，減少香港的溫室氣體排放。2015 年聯合國氣候峰會中通過《巴黎協定》（Paris Agreement）以取代《京都議定書》，目的是控制全球氣溫的上升。2016 年，國家簽訂《巴黎協定》，並把它的適用範圍延至香港，於 2016 年 11 月 4 日生效。

1997 年，香港委聘顧問研究香港溫室氣體排放，並按照 2000 年顧問報告製定方法開始評估香港自 1990 年以來的溫室氣體排放清單。公布的數據顯示，在 1990 年，香港溫室氣體排放約 3.58 萬噸碳當量，到 2014 年達到 4.42 萬噸的峰值，到 2016 年下降到 4.15 萬噸。溫室氣體觀測方面，香港天文台在 2009 年 5 月開始在京士柏氣象站監測香港二氧化碳濃度，其數據顯示二氧化碳年平均濃度從 2010 年的百萬分之 398 上升到 2016 年的百萬分之 413。

為了回應國際減排的潮流，特區政府已制定了一系列措施，以減少香港的溫室氣體排放，包括：在《香港電力市場未來發展的公眾諮詢》中提出，把天然氣的用量將逐步由 21% 提高至約 50%，而從內地輸入的核電則會在 2020 年左右達至約 25%；在《香港都市節能藍圖 2015—2025+》中承諾，在 2025 年前把能源強度由 2005 年水平減少 40%；自 2010 年起推行廣泛綠化和種植活動，包括種植人造斜坡、在公共工程中加入植物、推廣及執行綠色基建項目（例如屋頂綠化、建築物垂直綠化、可透水路面，和雨水收集等），以及高空綠化等。

此外，國家簽訂的《斯德哥爾摩公約》（Stockholm Declaration）於 2004 年生效，香港亦同樣納入《斯德哥爾摩公約》的生效地區，需要採取措施限制 26 種持久性有機污染物（Persistent Organic Pollutants, POPs）的貿易、本地生產和使用。環保署於 2000 年至 2004 年以專題研究形式測量《斯德哥爾摩公約》下 12 種持久性有機污染物在大氣中的濃度，其後將它們納入本地大氣監測計劃中。此外，環保署亦對香港持久性有機污染物的污染狀況作出評估，發現於 2012 年香港人均排放的二噁英／呋喃（C_4H_4O）高於歐盟地區的人均水平，而全年排放量與瑞士及美國的報告值大致相若。而於 2013 年在大氣中錄得的二噁英濃度與法國、德國、意大利、西班牙及韓國的水平相若。為減低香港在二噁英／呋喃的排放，環保署收緊發電廠、汽車廢氣排放的上限標準。環保署數據顯示，香港的二噁英／呋喃的毒性當量濃度從 1998 年 0.080 微微克／立方米（pg I-TEQ/m^3）下降至 2016 年 0.024 微微克／立方米（pg I-TEQ/m^3），下降了 70%。

除履行協議外，香港環保署亦與其他地區展開不同形式的合作，在 2002 年 12 月 18 日與加州空氣資源局簽訂《諒解備忘錄》，又與美國加州空氣資源局、清潔亞洲城市空氣行動及亞洲都會空氣污染研究組織協辦「改善空氣質素 2002」亞洲地區工作坊等。

二、噪音

1. 概況

噪音是大氣中粒子震動所造成，一般以分貝（decibel，簡稱 dB）為量度單位。二戰後香港社會急速發展，日常建築施工、交通運輸，以至居家活動都會產生噪音，對公眾日常生活造成不同的滋擾。

1980 年代以前，港府並沒有專責部門或法例應對噪音問題，而且城市規劃亦未臻完善，以致發展項目過於密集，建築噪音、道路交通噪音、工商噪音、鄰里噪音、飛機噪音等，都對市民日常生活造成滋擾。環保署於 1986 年成立後，成為本港專責處理噪音的部門，負責確立噪音量度指標和評估方法，並透過執行 1998 年特區政府頒布的《噪音管制條例》，管制工業活動、汽車、特定機器和社區活動的噪音。

此外，土地發展政策委員會又於 1982 年通過《香港規劃標準與準則》，要求道路交通噪音水平不應超過 70 分貝。1997 年，特區政府頒布《1997 年環境影響評估條例》（*Environmental Impact Assessment Ordinance, 1997*），為指定工程項目的規劃和設計訂下了噪音標準。該等法例，都有助緩減噪音對社會的影響。

港府除了制定法例，亦從不同方面入手，以緩解噪音對市民的滋擾。在緩解道路交通噪音方面，港府在 1990 年開始，為繁忙道路加建隔音屏或隔音罩，又在新建道路上鋪設低噪音物料。2013 年起，特區政府為公營房屋加建減音露台、減音窗等，都有助減低噪音。至於困擾九龍居民多年的飛機噪音問題，亦因 1998 年機場搬往赤鱲角而消減。

公營機構亦同樣致力減低噪音，為市民創造安靜的居住環境。如在 1990 年代起，九廣鐵路便開始為鐵路沿線興建隔音屏障。1999 年，地下鐵路完成為所有列車安裝車輪減震器，以消減噪音。2007 年，兩家鐵路公司合併後，更開始為機場快綫加設隔音屏。

除了訂立法例和實行不同措施外，特區政府亦推行公民教育，傳遞鄰里互相尊重的信息，以緩解鄰里噪音。

本部分將記述港府管制噪音的法例、噪音指標及公私營機構實行的噪音緩解措施，以說明政府及私人機構歷年來應對噪音問題的努力及成效。

2. 噪音管制相關法例

環保署成立前，港府有不同部門執法處理噪音滋擾。1972 年，港府就飛機噪音實施《簡易程序治罪（香港機場噪音）（豁免）1972 年令》（*Summary Offences (Noise at Hong Kong Airport) (Exemption) Order 1972*），限制晚上 11 時至翌晨 7 時飛機升降及引擎試驗活動；同年修訂《簡易程序治罪條例》（*Summary Offences Ordinance, 1972*）處理建築噪音問題，

管制晚上 11 時至翌晨 6 時的一般噪音，及禁止在公眾假期晚上 8 時至翌晨 6 時打樁，又於 1972 年實施《1972 年簡易程序治罪（夜間工作）規例》(*Summary Offences (Night Work) Regulations,1972*)，規定晚上 11 時至翌晨 6 時其他工程必須申領建築噪音許可證。

1973 年，民航處進一步禁止飛機在午夜 12 時至翌晨 7 時升降。1976 年實施《公眾衛生及市政事務（輕微修訂）條例》(*Public Health and Urban Services (Minor Amendments) Ordinance, 1976*) 管制冷氣機噪音。1978 年，實施《1978 年簡易程序治罪（夜間工作）規例》，禁止工程在假期及晚上 7 時至翌晨 7 時使用機動設備。上述規例多以《簡易程序治罪規例》下訂立規例去應對個別噪音問題。由於《簡易程序治罪規例》的主要作用為對不當行為訂立罰則，故條文內容較含糊，亦未有界定噪音的聲浪程度。1979 年，港府又實施《1979 年道路交通（構造及使用）規例》(*Road Traffic (Construction and Maintenance of Vehicles) Regulations, 1979*)，管制汽車噪音。

1986 年，港府頒布《1986 年民航（飛機噪音）條例》(*Civil Aviation (Aircraft Noise) Ordinance, 1986*)，專門管制飛機噪音，民航處負責執行法例。1988 年，港府頒布《噪音管制條例》，管制一般建築工程、撞擊式打樁、工商業活動、鄰里活動、發出噪音的產品、個別車輛和侵擾者警報系統產生的噪音。1989 年起，《噪音管制條例》的主要規定開始分階段執行，首階段管制在夜間及公眾假期的建築工程噪音以及工商業噪音，往後政府多次修例，收緊對各類噪音的管制。

3. 噪音量度指標

道路交通噪音

1985 年，土地發展政策委員會通過於《香港規劃標準與準則》新增的環境章節，當中訂明本港的道路交通噪音標準為 70 分貝 L_{10}（1 小時），亦即聲音在量度期間（每小時）十分之一時間（即 6 分鐘）超過 70 分貝，屬於超出標準。道路交通噪音一般以 L_{10} 基數（1 小時）量度，旨在顯示受某地點持續受噪音滋擾的程度，而不是單純計算個別車輛駛過時的噪音分貝。

1998 年《環境影響評估條例》生效以後，所有主要新建道路或大型道路改建工程，必須符合根據該條例發出的《環境影響評估程序的技術備忘錄》所載的交通噪音標準。條例亦規定，範圍包括 20 公頃以上或涉及總人口超過 10 萬人的發展工程項目所進行的可行性研究，必須經過法定環評研究審核，以證明能符合交通噪音標準。

鐵路噪音

1989 年實施的《噪音管制條例》，制定了技術備忘錄，規定鐵路噪音的標準，按地區對噪音感應程度分為三個級別，在早上 7 時至晚上 11 時的標準分別為 60 分貝（A），65 分貝（A）或 70 分貝（A）。一般來說，郊區住宅的標準是 60 分貝（A），市區住宅的標準是 70 分貝（A）。晚上 11 時至早上 7 時的標準是相關的日間標準扣減 10 分貝（A）。

飛機噪音

飛機噪音是根據國際民航組織（International Civil Aviation Organization, 簡稱 ICAO）及美國聯邦航空局（Federal Aviation Administration，簡稱 FAA）訂定的指引，以「噪音預測等量線」（Noise Exposure Forecast（NEF）Contour）進行評估，等量線是計算在一段時間內某一地點所記錄聲量水平的平均值。啟德機場以 NEF30 等量線的準則評估日常飛機活動的噪音，而 1998 年啟用的赤鱲角香港國際機場則收緊至 NEF25 等量線準則進行評估。

建築工程和工商業噪音

環保署除了日常評估和測量噪音水平，亦會考慮哪些地點需要特定保護以免受噪音滋擾。1989 年實施的《噪音管制條例》，制定了相關的技術備忘錄，分別規管建築工程噪音和工商業噪音。環保署考慮到住宅、酒店、學校和醫院等處所需要特定保護以免受過量建築工程和工商業噪音滋擾，在相關技術備忘錄將該等處所訂明為「噪音感應強的地方」，例如住宅、酒店、學校和醫院。同時，環保署把擁有較高密度「噪音感應強的地方」的地區劃分為「指定範圍」，因應該區噪音源對「噪音感應強的地方」帶來的影響程度，制定一個「地區對噪音感應程度的級別」，級別愈低，可容許的噪音聲級就愈高。

環保署為了平衡工商業活動和社區享有寧靜環境的利益，把一天分為三個時段，分別為早上 7 時至晚上 7 時、晚上 7 時至晚上 11 時、晚上 11 時至翌晨 7 時。在指定限制時段內，不論是建築噪音或工商業噪音，均受到「地區對噪音感應程度的級別」，即「基準噪音聲級」所限制。環保署以「基準噪音聲級」作為標準，經考慮常用聲學原理及慣例後得出「可接受的噪音聲級」（以分貝（A）計算）來判斷噪音是否超標。以建築工程為例，環保署可根據「可接受的噪音聲級」，預測工程發出的噪音是否超標，從而決定是否發出「建築噪音許可證」。

4. 噪音緩解措施

道路交通噪音

1985 年，港府於《香港規劃標準與準則》新增環境章節，訂明本港的交通噪音標準為 70 分貝 L_{10}（1 小時），政府部門和發展商進行道路規劃時，須確保噪音感應強的地方的噪音水平符合標準。1986 年，行政局批准港府採取合理措施，紓緩新建道路交通噪音對鄰近市民的滋擾，包括興建隔音屏障及隔音罩等。1992 年，位於大老山隧道接駁道路的香港首個高架式隔音屏障落成。

踏入 1990 年代，鑒於部分道路難以興建隔音設施或重鋪低噪音路面，政府亦透過交通管理計劃及實施行人專用街道以緩解道路交通噪音，包括指定荔景山路、竹攸路、清風街天橋、德士古道天橋於晚間禁止部分類別車輛行駛（見表 3-8），以減低鄰近民居所受的交通噪音影響。另外，環保署於 2002 年 4 月曾嘗試於以試驗方式在深夜至清晨時份完全封閉東九龍走廊、荃灣德士古道天橋及葵涌道天橋，但此計劃引起貨車和的士業界的反對，擔心影響生計和造成先例，及後計劃擱置，未有成為恒常措施。

表 3-8　指定道路晚間禁止部分類別車輛行駛情況表

路段	受影響的車輛類型	禁止行駛時間
荔景山路	車身長度逾 11 米的車輛（巴士例外）	晚上 11 時至早上 7 時（1995 年 6 月 1 日生效）
竹攸路	總重量逾 23 公噸的車輛	晚上 11 時至早上 7 時（1999 年 3 月 18 日生效）
清風街天橋	總重量逾 5.5 公噸的車輛（專利巴士例外）	晚上 11 時至早上 7 時（2000 年 1 月 14 日生效）
德士古道天橋	專利巴士	午夜 12 時至早上 6 時（2005 年 7 月 4 日生效）

資料來源：香港特別行政區政府環境保護署。

1999 年，特區政府顧問完成《第三次整體運輸研究》，報告分析了 1997 年的交通流量數據，估計全港至少有 429,000 市民受到交通噪音影響，而研究的策略性環評更預計至 2016 年，全港會有 539,000 人受到交通噪音困擾，新界受影響人數更佔其中約 64%。2000 年 3 月，民主建港協進聯盟（民建聯）公布交通噪音的調查結果，受訪的 1100 名市民當中，90% 受訪者表示受到道路噪音滋擾，60% 受訪者指曾在睡夢中被噪音驚醒。

2000 年 11 月，特區政府推行一項新政策，為交通噪音量超逾 70 分貝的路段進行加設隔音屏障或隔音罩，及鋪設低噪音物料等工程措施，並通過一項動用 24.68 億元的 10 年計劃，為全港 30 條道路加設隔音屏障或隔音罩，同時研究在 72 個路段重鋪低噪音物料。環保署在實施 10 年計劃期間，考慮到形狀似一面牆的隔音屏障對樓層較高的民居效用不大，因此決定在兩旁住宅樓宇較高的路段興建造價較昂貴的隔音罩，使計劃成本上升至 31 億元。2003 年，環境運輸及工務局以「破壞景觀」為由拆除吐露港公路部分隔音屏障，被負責審批撥款的立法會工務小組質疑浪費公帑。即使在已加設隔音屏障的路段，亦有市民批評部分路段隔音屏障建設不完整，如屯門公路的隔音屏本為「全封閉式」隔音屏，但中間最接近民居一段長約四百米的公路卻不設上蓋。

2006 年 8 月，環保署公布《香港道路交通噪音的全面計劃（擬稿）》，指出本港仍有大約 110 萬人受超標交通噪音影響，提出多管齊下處理道路噪音問題，主要方法包括（一）透過完善土地規劃及環境影響評估，預防新發展項目遇上噪音問題；（二）推行各類噪音消減計劃，包括興建隔音屏障、增加應用低噪音物料鋪路等；（三）研究立法管制高噪音車輛進口本港；（四）加強公眾參與，包括教育推廣，以及強化與專業和學術團體的伙伴關係。

環保署亦在建築設計方面向建築商和政府部門提供專業意見，包括推廣在樓宇設計時加入強效減音露台和安裝減音窗，及早解決樓宇的噪音問題。2013 年落成的深水埗榮昌邨，採用了由房屋署、環境保護署和香港理工大學合作設計的第一代公營房屋減音露台，透過興建實心牆壁和吸音物料，減少居民受到西九龍走廊交通噪音的滋擾。2017 年入伙的新蒲崗景泰苑，亦採用香港房屋委員會特別設計的新式減音窗。下表簡介本港新建住宅樓宇常用的減音設施（見表 3-9）。

表 3-9 「擋音式」減音窗、「上懸式」減音窗和強效減音露台運作原理和減聲量情況表

新式減音設施	運作原理	預期減聲量
「擋音式」減音窗	由兩層窗戶組成，並以內層的趟窗對齊外層開啟的窗口，利用前者作擋板阻隔噪音傳入房間內。外層的另一側應設有固定玻璃或可打開的窗戶，並在降噪模式下須保持關閉。	大約 4-8 分貝
「上懸式」減音窗	上層為上懸式窗口用作通風用途，而下層則為固定玻璃窗僅供照明之用。 在上懸式窗口底部需安裝一塊橫向鰭片以阻隔噪音透過上懸式窗口進入房間。由於噪音可透過於上懸式窗面及橫向鰭片，以單次或多重的反射傳入室內，因此可於反射面應用吸音物料以提高減音效果。	大約 4-5.5 分貝
強效減音露台	透過露台側面安置全高牆、由護欄頂部伸出的傾斜實心嵌板和在露台門前由護欄頂部伸出的垂直隔音屏，達至更顯著的減音效果。	大約 3-7 分貝

資料來源：香港特別行政區政府環境保護署。

圖 3-26　八號幹線近大圍路段按照交通噪音水平和周遭環境，因地制宜裝設隔音罩（上圖）和隔音屏障（下圖）。（攝於 2008 年 3 月 21 日，南華早報出版有限公司提供）

自政府於 2000 年 11 月批准推行解決現有道路噪音問題政策起,截至 2017 年年底,73 個地區性路段完成重鋪低噪音路面物料,約 132,000 名市民受惠,另外 17 個路段完成加裝隔音屏障,約 56,000 名萬市民受惠(見圖 3-26)。

鐵路噪音

1980 年代,因應本港人口增長與新界開拓新市鎮,地鐵荃灣綫及港島綫分別於 1982 及 1985 年投入服務,而九廣鐵路公司(九鐵)亦於 1983 年完成電氣化及鋪設雙軌工程,惟部分露天或架空路段鄰近民居,例如位於鐵路車廠上蓋的荃灣綠楊新邨和火炭銀禧花園居民早於 1980 年代已就鐵路噪音作出投訴,其中地下鐵路公司(地鐵)因應綠楊新邨的投訴於荃灣車廠的路軌加裝潤滑器,但環保署檢測後發現地鐵噪音仍達 68 分貝,至 2017 年綠楊新邨噪音仍未得到完全解決。

1989 年,港府頒布的《噪音管制條例》,列明法例適用於兩家鐵路公司,鐵路系統的日常運作需符合法例訂明的噪音標準。鐵路公司需要視乎實際情況以及現行法例賦予的權利和職責,採取合適措施消減噪音。若環保署發現列車噪音超出標準,鐵路公司需要按照實際情況採取措施,包括定期打磨軌道及車輪、於軌道及車輪使用潤滑劑、要求列車於相關路段減慢車速等,以減低行車時的聲響。條例未有規管鐵路與住宅相隔的距離和及隔音屏障的設計,鐵路公司可按需要決定是否興建隔音屏障。同年,九鐵聘請顧問公司對噪音問題進行研究,決定透過加裝減聲器、在車頭鋪設隔音物料及在部分地點加設機油潤滑器等措施減低行車噪音。

1993 年,九鐵開展一項為期 10 年的噪音消減計劃,於九廣鐵路沿線 18 處(後增加至 27 處)興建隔音屏障,減低鐵路噪音對市民的滋擾。

1998 年,特區政府頒布《環境影響評估條例》,自此所有新建鐵路工程動工前,須通過環境影響評估,列明設計、建造期間及投入服務後均能夠有效消減噪音,以符合法例要求,方可獲環保署頒發環境許可證批准動工。1999 年,地鐵完成為所有列車安裝有助消減噪音的車輪減震器。

踏入二十一世紀,環保署一直與鐵路公司協調減低列車噪音的措施,例如九鐵在馬鞍山鐵路採用了技術上最寧靜的列車設備,包括在路軌設計、列車本身及車站月台下面裝設消減噪音措施,使列車噪音降低 10 至 15 分貝,符合 2002 年《噪音管制(修訂)條例》(*Noise Control (Amendment) Ordinance, 2002*)上限規定。2004 年,即馬鞍山鐵路通車後首年,共有 62 宗噪音投訴,首半年達 60 宗,到了後半年已大幅減至 2 宗。

2007 年兩家鐵路公司合併為香港鐵路有限公司(港鐵)後,2009 年為東涌綫/機場快綫於東涌站及青衣站附近增設隔音屏障,並於 2010 年完成火炭站附近的禾寮坑加建隔音屏障工程。截至 2015 年年底,本港已經至少有約 11 萬居民,受惠於鐵路公司自 1990 年代初開始推行的消減噪音計劃(見圖 3-27)。2016 年通車的南港島綫,港鐵亦在黃竹坑的架空路段加設隔音罩以及為列車安裝車輪減震環,旨在消減噪音。

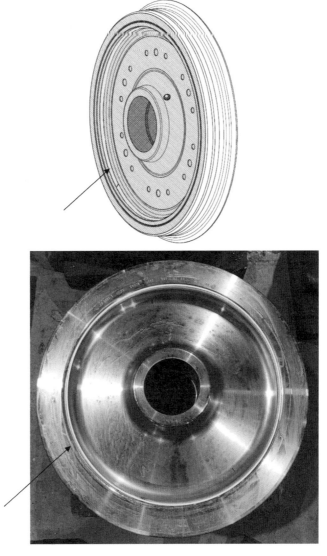

圖 3-27　地鐵車輪的減音環（黃色部分）。（香港鐵路有限公司提供）

飛機噪音

二戰後啟德機場的航班數量和客貨運量與日俱增，飛機噪音同時為周邊民居帶來滋擾。1971 年，香港大學機械工程系學者高華文在九龍城一條行人隧道內，量得飛機起飛時的噪音達到 123 分貝。1973 年，港府有意於啟德機場完成跑道擴展工程後，容許飛機通宵升降，多個社會團體均反對建議，最終港府於年內決定維持夜航禁令，然而民航處仍可批准有特別需要的航班於深夜升降。

1970 年代以降，民航處推出一系列飛機噪音消減措施，例如要求航空公司使用噪音量較低的機種；若飛機需深夜升降，需要 24 小時前向民航處申請。民航處處長指在 1978 年至 1979 年間，平均每晚有一班航班升降，但在 1980 年至 1982 年則改善為每四晚有一班航班升降。1986 年，港府實施《民航（飛機噪音）條例》，禁止未持有噪音標準合格證明書的飛機在啟德機場升降，惟仍有市民不時投訴受到飛機在市區低飛造成的噪音滋擾。

圖 3-28　1987 年，環保署人員於啟德機場測量飛機噪音。（南華早報
出版有限公司提供）

1993 年 10 月，啟德機場實施新安全飛行模式，更多航班需要越過九龍半島市區降落，港府於同年成立的跨部門小組專責處理消減噪音措施，其中 10 月 30 日起禁止航班於晚上 10 點半以後降落，而晚上 9 點後運作的航班需要嚴格依照國際民航組織所制定的噪音消減措施。1994 年 10 月，港府新修訂的《1994 年民航（飛機噪音）條例》（*Civil Aviation (Aircraft Noise) (Amendment) Ordinance, 1994*）生效，進一步管制飛機於晚間在機場地面運轉引擎以及使用輔助動力系統。

1995 年 11 月 1 日起，民航處實施「絕對禁飛時段」，除緊急事故外，凌晨 1 時至 6 時一律禁止飛機於啟德機場升降。同日，港府實施新修訂的《1995 年民航（飛機噪音）條例》（*Civil Aviation (Aircraft Noise) (Amendment) Ordinace, 1995*），禁止不符國際民航組織噪音標準的亞音速噴射客機，飛抵或飛離本港。1997 年 5 月，民航處於啟德機場安裝一套飛機噪音及航跡監察系統以監測飛機噪音，翌年改裝完成並用於年內啟用的赤鱲角香港國際機場。

1998 年香港國際機場搬遷到赤鱲角後,九龍市區的飛機噪音問題大為改善,鄰近啟德機場的 38 萬名居民每日不再受到高達 100 分貝的飛機噪音滋擾。然而,部分飛機因要配合其中一條跑道的方向而飛近沙田、荃灣和青衣,造成噪音污染。港府於新機場使用不足一個月,便收到 491 宗投訴,民航處因而依照實際情況,盡量安排深夜航班分別從西南面經海上降落以及經西博寮海峽起飛,減少飛機在晚間飛越人口稠密的市區。1999 年,機場第二條跑道啟用,啟用兩日便接獲 19 宗投訴,其中居於馬灣和深井的居民受較大滋擾。然而,由於飛機噪音以噪音預測等量線,即透過計算平均值來評估噪音程度,因此個別地點即使錄得超標噪音(如北大嶼山沙螺灣曾錄得最高紀錄 81.6 分貝),但本港的整體飛機噪音仍未超出標準。

2002 年 7 月及 2014 年 3 月,民航處先後兩次參照《國際民航公約》(*Convention on International Civil Aviation*)收緊規定,禁止不符合相關噪音規定的飛機於機場升降,然而公眾對飛機噪音的投訴未有間斷。2011 年 6 月 19 日,馬灣珀麗灣居民於機場管理局(機管局)就《香港國際機場 2030 規劃大綱》舉行的公眾論壇上,強調過去 8 年一直向民航處投訴飛機噪音,但問題並無改善。2012 年 5 月,機管局向環保署提交的機場三跑道系統工程項目簡介,被環保界人士質疑內容缺漏,無法全面反映工程可能造成的污染情況。6 月,機管局按環保署要求,就工程項目簡介補充有關海洋生態、噪音等方面資料,其中機管局表明會對日後可能易受飛機航道噪音影響的主要地方,包括馬灣、青衣、東涌等予以識別並制定相應的緩解措施。2014 年 5 月,機管局發表機場三跑道系統環評報告,指出日後第三條跑道落成後,南跑道在晚間 11 時至早上 6 時 59 分只維持備用狀態,飛機噪音將向北移,旨在改善東涌及北大嶼山一帶的噪音問題。截至 2017 年,民航處於全港設有 16 個噪音監察站,配合飛機噪音及航跡監察系統,全天候監測飛機噪音。

建築工程噪音

1977 年港府發表的環境政策綜合研究《香港環境管制》,指出建築工程是本港主要的噪音問題之一。1983 年,按地政工務科投訴組統計,每日平均接獲 20 至 30 宗有關地盤在平日夜間限制時間(下午 7 時至翌日上午 7 時)及公眾假期(包括星期日)施工的投訴,反映既有《簡易程序治罪規例》阻嚇力不足。

1986 年環保署成立時,市區建築地盤的打樁機可每天運作長達 12 小時,港府估計全港每12 位市民便有一位受到打樁噪音滋擾。1989 年,港府開始實施《噪音管制條例》主要規定,其中建築工程噪音管制分兩階段實施,自 8 月 17 日起,若無有效許可證,禁止在夜間及假日使用機動設備進行建築工程;自 11 月 17 日起,所有日間進行的撞擊式打樁工程必須申請許可證,晚間則完全禁止進行。

1990 年代起,香港政府持續加強對建築噪音的監管。1994 年,港府修訂《噪音管制條例》,涵蓋範圍由以往針對使用機動設備產生的建築噪音,首次延伸至以人手進行的建築活

動，例如敲打金屬模板、搭棚、傾倒廢物等，實質上禁止在管制時間內於住宅區進行任何非必要的建築活動，相關管制措施於 1996 年 11 月起實施。1998 年，環保署開始引用同年生效的《環境影響評估條例》，管制大型基建發展項目的日間建築噪音。1999 年 10 月 1 日起，特區政府全面禁止建築商使用高噪音的撞擊式打樁機，並要求建築商使用較寧靜的打樁設備。

2002 年，特區政府鑒於《噪音管制條例》實施以來，部分建築業界多年來不願拖慢施工進度而持續違規，將罰款視作經營成本，年內頒布新修訂的《噪音管制條例》，若任何公司屢次觸犯條例，公司董事必須承擔個人責任，只有非執行董事或沒有參與公司管理事務的董事可獲豁免，條例旨在推動業界認真衡量工程對環境造成的影響。政府與業界協商後，待建築業與工商業的《良好管理業務守則》於 2004 年完成編製，方於該年 10 月 8 日正式實施新修訂條例。

2005 年，環保署推行「優質機動設備」行政制度，向建築業界推廣寧靜、有效率、簇新和符合環保原則的建築工程機動設備，自 2008 年 4 月起，業界用於該等設備的資本開支可以從利得稅中扣除。

2014 年，環保署與香港建造商會、香港聲學學會合作組成「低噪音建築工作小組」，旨在發掘更多有助消減噪音的建築設備、建築方法及有效的紓減噪音措施，向建築業界推廣。2016 年，環保署推出「緩減建築噪音良好實務網站」，向業界推廣各種建築工程的較寧靜技術和作業手法，例如以「靜壓植樁法」取代傳統鑽樁和打樁機，以及於拆卸工程時，使用油壓夾混凝土機取代傳統油壓破碎機，以減少建築噪音。

工商業噪音

工商噪音指工商業活動如商業大樓、食肆及工廠等空調及通風系統、冷凍系統及水泵系統所產生的噪音問題。這類噪音受《噪音管制條例》管制，由環保署負責處理該等噪音投訴。環保署會根據依照與《噪音管制條例》一併實施的《管制非住用處所、非公眾地方或非建築地盤噪音技術備忘錄》評估噪音，倘若發現噪音水平超出相關的噪音規限，便會發出「消減噪音通知書」以要求負責人在指明日期前完成消減噪音的工作，否則即屬犯罪，可被罰款。

鄰里噪音

鄰里噪音的產生種類繁多，從鄰舍大聲説話、住宅附近商店叫賣、到公園內個別市民的文娛活動產生的聲浪騷擾鄰近住戶，俱可歸類為鄰里噪音。鄰里噪音受《噪音管制條例》第 4 及第 5 條管制，但由於鄰里噪音的發生時間較隨機，特區政府在這問題上主要透過公民教育教導市民，冀鄰舍間能互相尊重，減少噪音的產生。惟當噪音問題出現，相關人士又在大廈管理處等協調下仍無法解決時，環保署會向投訴人了解情況及解釋《噪音管制條例》的管制安排，並按需要轉介警方跟進。環保署處理商店叫賣噪音時，亦會根據《噪音管制條例》作出檢控（見表 3-10 及 3-11）。

表 3-10　2006 年至 2016 年環保署根據《噪音管制條例》作出檢控數字統計表

年份	2006	2007	2008	2009	2010	2011	2012	2013	2014	2015	2016
檢控數字	86	59	48	68	93	68	109	130	97	78	100

資料來源：香港特別行政區政府環境保護署。

表 3-11　2006 年至 2016 年環保署接獲噪音投訴個案及警方轉介噪音投訴個案總數統計表

年份	2006	2007	2008	2009	2010	2011	2012	2013	2014	2015	2016
數目	8755	7970	7496	7176	6827	6441	6856	6457	4978	5345	4736

資料來源：香港特別行政區政府環境保護署。

三、廢物

1. 概況

1980 年，港府頒布《廢物處置條例》，是全面管理本港廢物的法例。法例往後經不斷的修訂，建立了管理廢物的完備法律框架，從廢物產生來源至最終棄置的階段均全面監管，務求以符合環保的原則處置和棄置廢物。

1998 年至 2005 年，特區政府以《減少廢物綱要計劃》和《都市固體廢物管理政策大綱（2005—2015）》兩份重要綱領文件指導廢物處理政策，並於 2013 年制定《香港資源循環藍圖（2013—2022）》，制定未來十年的廢物管理全面策略。

特區政府以源頭減廢、全民動員和完善廢物相關基建為主要措施，旨在降低固體都市廢物產生量和棄置量，提高回收率。截至 2017 年，政府已推出全民惜食、綠在區區等活動，並批准擴建新界東南和新界東北堆填區，而環保園、T‧PARK[源‧區]、O‧PARK1、WEEE‧PARK 亦陸續落成和啟用。根據環保署數據，2017 年都市固體廢物人均棄置量為 1.45 公斤／日，回收率僅為 32%，並未達到《香港資源循環藍圖》訂定在 2017 年減至 1.0 公斤或以下的目標，距離 2022 年或以前回收佔比 55% 也相差甚遠。

本部分將從廢物處理政策藍圖、廢物管制與處置條例、生產者責任計劃、廢物處置設施與技術四部分，記述政府在應對廢物問題上對策及成效。[33]

33　廢物的定義載於《廢物處置條例》，指任何扔棄的物質或物品，按地域來源分為本地固體廢物與外來固體廢物，其中本地固體廢物按來源及就收集和處置制度上不同的安排，分為都市固體廢物、整體建築廢物和特殊廢物。本章不包括廢物處理的上游收集部分，如「倒夜香」運作、政府和民間使用垃圾桶棄置廢物等。

2. 政策藍圖

《香港廢物處理計劃》

1980 年代，香港生產總值增長逾 250%，加上同期人口激增超過 50 萬人，增幅約 11%。龐大的人口以及頻繁的建造和工業活動均棄置大量廢物，都市固體廢物量迅速增加，廢物增加幅度遠超過規劃，以致容納廢物的地方滿溢，對環境造成沉重的負擔，而港府並沒有制定任何廢物管理政策藍圖。

當時社會產生的大部分廢物集中在 13 個堆填區和 4 個舊式焚化爐處理，或未經處理便傾倒至本港水域。1984 年，堆填的廢物處置量為每天 4000 噸，焚化的處置量則為每天 2500 噸。堆填或焚化的處理工作分別是在 13 個沒有足夠污染管制裝置的舊堆填區（見圖 3-29）和位於市區的四個舊式焚化爐進行（見圖 3-30），其中焚化爐排放的可吸入顆粒物約佔大氣中的 18%，並含毒性高的污染物。1979 年至 1991 年，另有少量沒分類的廢物送往柴灣堆肥廠作堆肥處理。

1989 年，港府發表《白皮書：對抗污染莫遲疑》，闡明十年內的污染防治工作，包括就廢物範疇的污染控制規劃、執法等各方面訂立政策目標。同年 12 月，港府發布《香港廢物處理計劃》，訂定十年內發展新設施及關閉舊有廢物處理設施的工作大綱，包括興建策略性堆填區，以及將來興建的焚化爐必須設有先進污染管制設備，並位於偏遠地區。

圖 3-29　截至 2017 年本港已關閉的堆填區位置圖

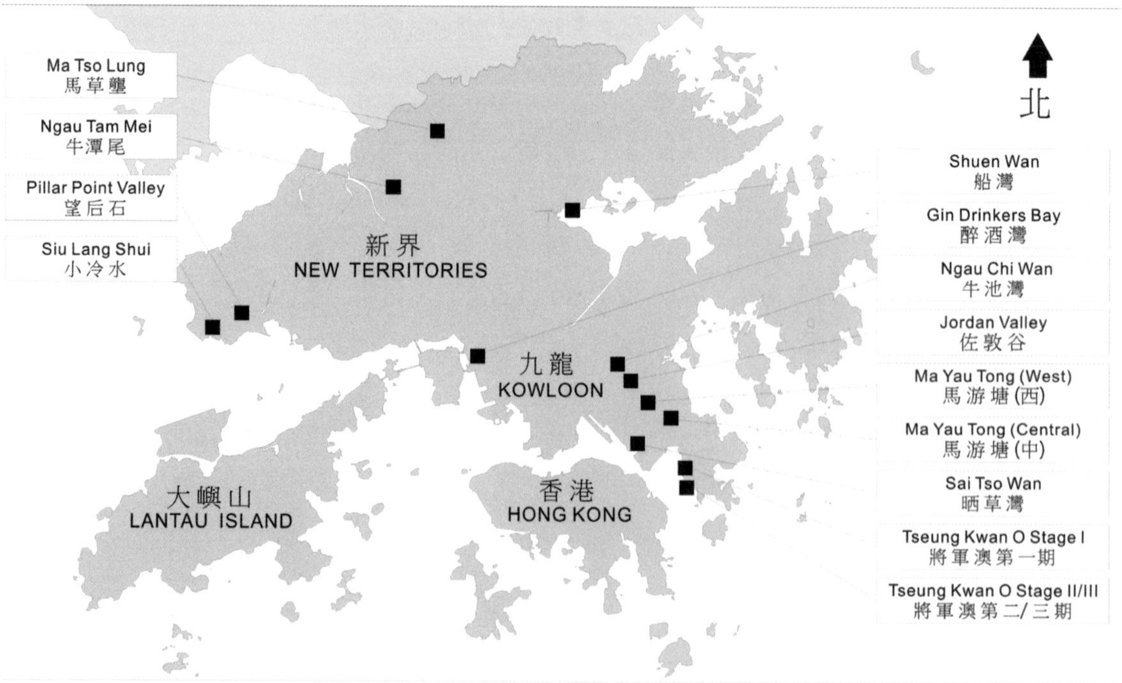
Ma Tso Lung
馬草壟
Ngau Tam Mei
牛潭尾
Pillar Point Valley
望后石
Siu Lang Shui
小冷水
北
Shuen Wan
船灣
Gin Drinkers Bay
醉酒灣
Ngau Chi Wan
牛池灣
Jordan Valley
佐敦谷
Ma Yau Tong (West)
馬游塘(西)
Ma Yau Tong (Central)
馬游塘(中)
Sai Tso Wan
晒草灣
Tseung Kwan O Stage I
將軍澳第一期
Tseung Kwan O Stage II/III
將軍澳第二/三期
新界
NEW TERRITORIES
九龍
KOWLOON
大嶼山
LANTAU ISLAND
香港
HONG KONG

資料來源：香港特別行政區政府環境保護署。

圖 3-30　已關閉的舊式焚化爐
（左上）堅尼地城焚化爐（1967 年至 1993 年運行，攝於 1981 年）；
（右上）葵涌焚化爐（1978 年至 1997 年運行，攝於 1978 年）；
（下）荔枝角焚化爐（1969 年至 1990 年運行，攝於 1974 年）。
（香港特別行政區政府提供）

在停用舊有的廢物處理設施方面，四個舊式焚化爐已於 1993 年至 1997 年先後停用，並於 1990 年代和 2000 年代之間陸續清拆。舊式堆填區於 1990 年至 1996 年亦逐步停用，並於 1996 年開始進行堆填區修復以用作康樂設施等，2006 年起逐步對公眾開放。

發展新設施方面，包括興建三個策略性堆填區（於 1993 年至 1994 年先後啟用）；全港各區合共七個的廢物轉運站（1990 年代啟用）和設於離島的七個廢物轉運設施（1998 年至 2000 年先後啟用）、一個化學廢物處理中心（1993 年啟用）和一個禽畜廢物堆肥廠（1991 年至 2010 年運作）。環保署在《2000 年環保工作報告》中指出，相對於小型廢物收集車輛直接運送廢物到堆填區，將廢物先運往轉運站再大批運往堆填區，可減少交通、噪音和氣體排放等問題。根據環保署統計，在 1999 年，這個轉運安排每天可取消出動小型廢物收集車輛約 900 次。

《減少廢物綱要計劃》

1980 年代至 1990 年代，都市固體廢物量持續增加，由 1984 年每天 4000 公噸上升至 1997 年的每天約 8700 公噸。1998 年特區政府估計在《廢物處理計劃》下興建的三個策略性堆填區，將較原先計劃的 2020 年提早 5 年（即在 2015 年）滿溢。建造新堆填區的費用相當昂貴，加上土地資源有限，尋找適當地點興建堆填區並不容易。

1997 年特區成立以後，政府改變以堆填作為管理和處置固體廢物的主要策略，在 1998 年 11 月宣布為期十年的《減少廢物綱要計劃》（《綱要計劃》），主要目的在於：（一）延長現有堆填區的使用期；（二）盡量減少產生需要棄置的廢物量；（三）提高廢物的循環再造率；（四）協助保存不能更新的地球資源；（五）向政府當局、工商界及公眾展示廢物管理的真正成本，以便檢討承擔這些成本的現行做法；（六）務求以最具效率的方式進行廢物管理工作，並盡量減少與收集、處理和棄置廢物有關的費用。這計劃的目標是在 2007 年前，將棄置於堆填區的都市固體廢物的預算數量進一步減少 40%（即由每年 457 萬公噸減至 275 萬公噸）。

為達到減少廢物的目標，1999 年 2 月 5 日特區政府成立減少廢物委員會，下設 6 個工作小組，即公營房屋、私營房屋、酒店業、政府部門、建造業及機場，每年提交《綱要計劃》的進展報告。《綱要計劃》訂定了三項減少廢物工作計劃：（一）防止廢物產生計劃，以源頭減廢為主要策略；（二）體制計劃，即成立減少廢物委員會及多個減少廢物工作小組；及（三）縮減廢物體積計劃，以焚化作為主要技術方向。防止廢物產生計劃方面，截至 2001 年年底，約有 19,510 個廢物分類回收箱放置於各屋邨、公眾地方、學校及政府大樓內。在 2001 年，政府決定在屯門第 38 區的 20 公頃工業用地預留土地，興建回收園（2005 年更名為環保園）。

體制規劃方面，1997 年環保署推出了「明智減廢」計劃，旨在宣傳及表揚參與機構在減少

廢物方面做出的努力。2002 年 4 月,政府開展為期 12 個月的廢棄流動電話電池回收再造實驗計劃。2003 年,環保署開展回收廢車胎試驗計劃以及為屯門 38 區回收園發展項目展開「環境影響評估及重新分配土地用途研究」,又委託香港明愛及聖雅各福群會推行回收舊電器及電子設備試驗計劃。2004 年,環保署推行「廢物源頭分類試驗計劃」。

縮減廢物體積計劃方面,特區政府計劃在 2001 年至 2007 年動用 76 億元,建造 2 座每年廢物處理量達 100 萬公噸的廢物分解能源回收設施,惟環保人士反對焚化設施,加上選址附近的居民反對計劃,有關的規劃工作因而受阻。政府於 2002 年 4 月,邀請本港及國際機構提交有關廢物焚化發電意向書,建議合適的技術作為管理及處置香港都市固體廢物。2002 年,環保署為以土地牌照方式,批出元朗牛潭尾堆肥廠用地,以發展有機堆肥廠,並進行招標。

特區政府先後在 2001 年和 2005 年兩次檢討《綱要計劃》。2001 年檢討後,訂立新回收目標:都市固體廢物回收率在 2004 年或之前,達到 36%,2007 年或之前,達到 40%;棄置都市固體廢物量在 2004 年控制在 340 萬公噸及以下,2007 年在 370 萬公噸或以下。在 2004 年和 2007 年的回收率分別為 40% 和 46%,棄置都市固廢量為 339 萬公噸和 335 萬公噸,均已達標。政府為取得持份者對都市固體廢物管理的意見,2003 年至 2005 年期間,委託可持續發展委員會開展社會參與過程及撰寫報告。2005 年 5 月,政府根據可持續發展委員會的調查結果發表《可持續發展策略》,勾畫出一系列處理固體廢物的目標,包括:興建專為環保工業而設的環保園、研究徵收都市固體廢物處理費、引入產品責任計劃和環保稅等財政措施,加緊推行「污者自付」原則等。2005 年 7 月,立法會環境事務委員會促請政府定出全面而具體的都市固體廢物管理計劃。

《都市固體廢物管理政策大綱(2005─2014)》

2005 年 12 月,環保署公布《都市固體廢物管理政策大綱(2005─2014)》(《大綱》),提出未來十年的廢物管理策略。《大綱》就都市固體廢物的管理訂立下列三個目標:(一)避免和減少廢物,即以 2003 年的水平為基數,每年減少本港產生的都市固體廢物量 1%,直到 2014 年;(二)廢物回收、循環再造及再用,在 2009 年或之前和 2014 年或之前,把都市固體廢物回收量分別提高至該等廢物產生量的 45% 和 50%;及(三)減少廢物體積及棄置不可循環再造的廢物,在 2014 年或之前,把棄置於堆填區的都市固體廢物總量減少至該等廢物產生量的 25% 以下。

減少廢物目標的具體行動是 2006 年 11 月開始為期 3 個月的都市固體廢物收費試驗計劃,環保署表示將繼續委託顧問調查以擬定可行方案。廢物回收、循環再造及再用方面的行動包括推行全港源頭分類計劃、生產者責任計劃、為回收及循環再造業提供短期用地及發展環保園。至於減少廢物體積及棄置不可循環再造的廢物方面,方案包括發展綜合廢物管理設施和擴大堆填區面積。

家居源頭分類計劃於 2005 年推行，2010 年年底，有 1637 個屋苑和逾 700 條鄉村參加源頭分類計劃，所涉居民佔香港人口的 80.5%。2013 年調查結果顯示，逾八成受訪者知道有源頭分類計劃。工商界別的源頭分類計劃於 2007 年推行，截至 2013 年，參與計劃的工商業樓宇數目達至 860 幢，平均每幢樓宇每年回收 29.7 公噸可循環再造物料。

特區政府為實現源頭減廢，2008 年 7 月頒布《2008 年產品環保責任條例》（*Product Eco-responsibility Ordinance, 2008*）。2015 年 4 月 1 日，塑膠購物袋收費計劃全面實施，是該條例實施後的首個強制性生產者責任計劃，雖然實施後第一年膠袋棄置量大幅下降，但隨後又有回升跡象，有相關研究指出，原因包括政府監管力度不足、膠袋回收商並非收取徵費者而無法直接受益，以及部分店舖違規派發膠袋等。

回收設施方面，《大綱》落實 2001 年計劃位於屯門第 38 區發展佔地 20 公頃的回收園（2005 年改稱環保園），建造工程於 2006 年 7 月展開，耗資 3.08 億元，2009 年啟用。2005 年至 2010 年，都市固體廢物產生量由 601 萬公噸增加 15% 至 693 萬公噸，回收率則由 43% 增至 52%，然而因數量不明的進口可循環再造物料被計算在內，造成兩個指標被高估，未能有效反映真實情況。2013 年，兩個指標回落至 549 萬公噸及 37%。

堆填區方面，按環保署統計，截至 2011 年年底，總容量達 1.39 億立方米的三個堆填區，有 7900 萬立方米的容量已被耗用，三個堆填區預計在 2014 年至 2018 年期間陸續填滿。2013 年，棄置於堆填區的固體廢物總量為 348 萬公噸（佔全港都市固體廢物的 65%），其中新界東南、新界東北和新界西處理的都市固體廢物分別為 72 萬公噸、78 萬公噸和 198 萬公噸，分別佔棄置堆填區固體廢物的 21%、22% 和 57%。2014 年 12 月，立法會財委會批准撥款 21.016 億元和 75.1 億元，分別用以擴建新界東南堆填區和新界東北堆填區，新界西堆填區擴建計劃則被公眾反對而擱置。

截至 2017 年，《大綱》其中一個目標，即在 2010 年代中期或之前啟用一項轉廢為能設施（綜合廢物管理設施）尚未達成。政府經過派員考察荷蘭、德國、日本等地，與持份者和市民在公開論壇討論和交流，及不斷檢討環境評估和選址，終於在 2015 年獲立法會財委會批准撥款 192.087 億元，選址石鼓洲興建綜合廢物管理設施第一期，預計 2025 年全面運作。

《香港資源循環藍圖 2013—2022》

2013 年 5 月，特區政府發表《香港資源循環藍圖 2013—2022》，為未來十年廢物管理闡述全面策略、具體目標、政策措施和行動時間表。藍圖的目標訂定於 2022 年或以前，減少 40% 的都市固體廢物人均棄置量，即由 2011 年的每日 1.27 公斤，至 2017 年或之前減至每日 1 公斤或以下，及至 2022 年或之前再減至 0.8 公斤或以下。

為了達成目標，藍圖提出三方面的政策及行動。第一，制定政策和立法，即透過都市固體廢物按量徵費和生產者責任計劃等減廢政策及法規；第二，全民動員參與具明確目標的全民運動，包括減少廚餘、回收飲品玻璃樽、鼓勵市民自備購物袋和設立社區環保站等；第三，投放資源以完善廢物相關基建，包括有機資源回收中心、轉廢為能的綜合廢物管理設施，以及堆填區擴建工程。

制定政策和立法方面，主要落實：（一）都市固體廢物按量徵費。2013年，可持續發展委員會推行都市固體廢物收費社會參與過程，委員會並於翌年提交報告書，涉及家居廢物和工商業廢物收費等建議。（二）落實生產者責任計劃方面，就擴大塑料購物袋、廢電器電子產品、飲品玻璃樽生產者責任進行諮詢和立法，首階段塑膠購物袋生產者責任計劃在2009年7月7日至2015年3月31日實施，2015年4月1日全面推行。《2016年促進循環再造及妥善處置（電氣設備及電子設備）（修訂）條例》（*Promotion of Recycling and Proper Disposal (Electrical Equipment and Electronic Equipment)(Amendment) Ordinance, 2016*）、《2016年促進循環再造及妥善處置（產品容器）（修訂）條例》（*Promotion of Recycling and Proper Disposal (Product Container)(Amendment) Ordinance, 2016*）亦於2016年獲立法會相繼通過；（三）加強利用綠建環評推動樓宇在建築和使用階段減廢，而特區政府亦定期檢討各部門採購產品的環保規格。

在全民動員方面，主要落實：（一）減少廚餘，2013年5月正式啟動「惜食香港運動」，旨在推動全民從源頭避免產生及減少廚餘。截至2016年10月，約620間機構和公司簽署了惜食約章，承諾減少廚餘。（二）撥款支持社區動員計劃，2015年起，環保署以公開招標方式，委聘非牟利機構營辦「綠在區區」社區回收站。首個社區環保站「綠在沙田」於2015年4月開始營運。2015年環境運動委員會與環保署合作推行乾淨回收運動，加強回收產業鏈的效果。

完善廢物相關基建方面，主要落實：（一）增建回收基建設施，於全港18區設立社區環保站（「綠在區區」）、為回收業提供穩定的泊位設施以進行出口業務、改善廢物源頭分類及收集系統；（二）增建循環再造基建設施，包括廢電器電子產品處理設施、污泥處理設施（T·PARK［源·區］）、有機資源回收中心第一、二期，並為第三期有機資源回收中心進行選址以及為綜合廢物管理設施申請撥款；（三）擴充末端處置基建設施，為擴建堆填區向立法會申請撥款。

2017年，都市固體廢物人均棄置量為1.45公斤／日，較2011年（1.27公斤／日）反彈14%，創27年新高，當中人均工商業廢物棄置量（0.59公斤／日）較2011年（0.43公斤／日）大增37%，主要原因是本地經濟顯著擴張（見表3-12）。

表 3-12　1991 年至 2017 年都市固體廢物按年產生量及棄置量統計表

年份	實際產生量 （百萬公噸）	棄置量 （百萬公噸）	回收數量 （百萬公噸）	回收率 （％）	人均產生量 （公斤／人／日）	人均棄置量 （公斤／人／日）
1991	3.31	2.70	0.61	18%	1.58	1.28
1992	3.65	2.90	0.76	21%	1.73	1.37
1993	4.88	3.08	1.80	37%	2.27	1.43
1994	4.98	3.08	1.90	38%	2.26	1.40
1995	4.74	2.84	1.90	40%	2.11	1.27
1996	4.60	2.97	1.63	35%	1.96	1.26
1997	4.73	3.17	1.56	33%	2.00	1.34
1998	4.76	3.19	1.57	33%	1.99	1.33
1999	4.90	3.38	1.52	31%	2.03	1.40
2000	5.18	3.42	1.76	34%	2.13	1.40
2001	5.33	3.39	1.94	36%	2.18	1.50
2002	5.40	3.44	1.96	36%	2.19	1.40
2003	5.83	3.45	2.38	41%	2.37	1.40
2004	5.71	3.40	2.31	40%	2.30	1.37
2005	6.01	3.42	2.59	43%	2.42	1.38
2006	6.23	3.39	2.84	45%	2.49	1.35
2007	6.16	3.35	2.81	46%	2.47	1.33
2008	6.44	3.30	3.14	49%	2.54	1.30
2009	6.45	3.27	3.18	49%	2.53	1.29
2010	6.93	3.33	3.60	52%	2.70	1.30
2011	6.3	3.28	3.02	48%[1]	2.44	1.27
2012	5.56	3.40	2.16	39%	2.13	1.30
2013	5.49	3.48	2.01	37%	2.10	1.33
2014	5.62	3.57	2.05	36%	2.13	1.35
2015	5.74	3.71	2.03	35%	2.16	1.39
2016	5.70	3.79	1.91	34%	2.13	1.41
2017	5.75	3.92	1.83	32%[2]	2.13	1.45

注 1：　2011 年都市固廢回收率下降 4%，主要由於廢塑料的產生量大幅減少。與 2010 年相比，廢塑料的出口量減少 73 萬公噸或 47%，其棄置量減少了 9 萬公噸或 13%。

注 2：　香港的回收再造業首經濟周期及市場狀況影響，近年外圍市場持續不景氣，周邊經濟體更嚴格進口管制政策，預期會持續拖累本地回收再造業的整體表現。

資料來源：環保署香港固體廢物監察報告（1991 年至 2017 年）。

3. 廢物的管制與處置條例

英佔早期，香港垃圾主要由港府聘請的承辦商用木船運載到海上傾倒。1894 年鼠疫以後，港府開展大規模清潔行動（俗稱「洗太平地」），一直進行至 1954 年，是本地公共衛生重要事件。日佔時期，當局於環境衛生的舉措主要有一年兩季的清潔運動和糞便處理。首次清潔運動於 1943 年 3 月開始，當局頒布《春季清潔法》要求市民清潔家居。糞便則交由糞務公司收集，統一管理和配給農業使用。

二戰後至 1960 年代，廢物填海是港府開闢土地的主要策略。1950 年代，港府因應九龍灣東部海岸闢為新工業區，1955 年起將觀塘垃圾池封閉以便進行填海工程，大部分港九市區的垃圾轉而傾倒至同年 9 月落成的葵涌醉酒灣堆填區集中處理。1960 年代至 1980 年代，港府為緩解香港人口激增和經濟擴張對堆填區造成的壓力，開始興建焚化爐，堅尼地城焚化爐和荔枝角焚化爐於 1967 年和 1969 年分別啟用，隨後葵涌焚化爐和梅窩焚化爐分別於 1978 及 1986 年啟用，同期港府亦興建了 12 個堆填區（見表 3-15）。

1980 年，港府頒布《廢物處置條例》，訂立各類廢物收集服務及處置設施申領牌照的規定。1987 年，港府為了杜絕業界將禽畜廢物排出河道，修訂《廢物處置條例》；隨後持續修改、更新此條例，並擴大管制廢物類別範圍。以下簡介各類廢物，即都市固體廢物（來自住宅及工商業活動所產生的固體廢物，包括廚餘）、建築廢物、特殊廢物（禽畜廢物、化學廢物、醫療廢物及疏浚產生的海泥）及進出口廢物的應對政策和成效。

都市固體廢物

特區政府成立以來，一直實施多項減廢與回收措施，然而 2011 年至 2016 年，都市固體廢物棄置率仍每年平均增長約 2.1%。2012 年，政府就推行都市固體廢物收費進行公眾諮詢，有 63% 的回應者表示支持，而政府亦注意到台北和韓國首爾推行廢物按量收費初期，廢物產生量減少、回收量增加及棄置量減少三成，因此確立為本港引入都市固體廢物收費制度的政策方向，並以此作為減廢政策的重點工具。

2013 年可持續發展委員會應特區政府邀請，進行廣泛的「都市固體廢物收費 —— 社區參與項目」。根據委員會於 2014 年建議的落實框架，並參考了不同持份者意見，環境局局長在 2017 年 3 月 20 日公布都市固體廢物收費建議，收費模式分「按戶按袋」和「按重量」兩種，持續諮詢社會各界。

特區政府為準備實施都市固體廢物收費，交由環境及自然保育基金撥款資助「藉廢物分類為都市固體廢物收費作準備的社區參與項目」，旨在提高社區對垃圾收費的認知度，讓整個社會為推行垃圾收費作好準備。社區參與項目於 2016 年 5 月 28 日推出（見圖 3-31），截至 2017 年 3 月，環境及自然保育基金已批出 30 個申請，總獲批資金逾 3300 萬元。

整體建築廢物[34]

特區政府透過建築廢物處置收費計劃為廢物產生者提供經濟誘因，促使廢物產生者減少產生廢物和把廢物篩選分類，以便再用或循環再造，從而減慢堆填區的耗用速度。

34　整體建築廢物包括由建築活動（例如清理工地、翻新、裝修、拆卸、挖土和道路工程）所產生的廢物或剩餘物料，亦包括在建築地盤以外設立的混凝土配料廠和水泥／砂漿生產廠所產生的廢棄混凝土。

圖 3-31 2016 年 5 月 28 日舉行的「都市固體廢物收費 —— 社區參與項目」啟動禮。（香港特別行政區政府提供）

2004 年 7 月 9 日，特區政府頒布《2004 年廢物處置（修訂）條例》（*Waste Disposal (Amendment) Ordinance, 2004*），為建築廢物處置收費計劃提供法定基礎，隨後《2004 年廢物處置（建築廢物處置收費）規例》（*Waste Disposal (Charges for Disposal of Construction Waste) Regulation, 2004*）於 2005 年 1 月 5 日獲立法會通過，並於 2006 年 1 月 20 日開始實施，其中規定任何人士使用廢物處置設施處置建築廢物前，必須開立帳戶，按分層方式繳納處置費用，公眾填料費（每公噸 27 元）、篩選分類費（每公噸 100 元）及堆填費（每公噸 125 元）。該收費計劃的減廢成效顯著，堆填區接收的建築廢物由 2006 年實施收費前平均約為每日 6600 公噸減至 2014 年每日 3000 公噸左右（減幅 50%）。

2015 年 12 月 21 日，環境局宣布檢討建築廢物處置收費計劃，目的是希望新計劃可以達致收回處置建築廢物全部成本，以及維持收費對減少建築廢物的成效。新計劃內容包括，公眾填料費由每公噸 27 元增加至 71 元；篩選分類費由每公噸 100 元增加至 175 元；及堆填費則由每公噸 125 元增加至 200 元。新的收費計劃於 2017 年 4 月 7 日起實施。

特殊廢物

禽畜廢物　1987 年，立法局在《廢物處置條例》加入第 IIIA 部「禽畜廢物的管制」，修訂於 1988 年 6 月生效。受管制的禽畜廢物包括固體禽畜廢物和液體禽畜廢物。1987 年的《1987 年廢物處置（修訂）條例》（*Waste Disposal (Amendment) Ordinance, 1987*）規定禁止在市區飼養禽畜，並管制在指定管制區內排放或棄置禽畜廢物。同年，環保署配合新法例，實施禽畜廢物管制計劃。1988 年港府頒布的《1998 年廢物處置（禽畜廢物）規例》

圖 3-32　1988 年至 2017 年禽畜廢物管制計劃實施後，排放至河溪污染量統計圖

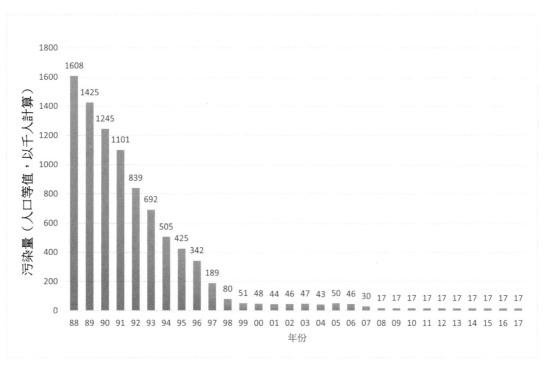

（香港地方志中心根據環境保護署資料製作）

（*Waste Disposal (Livestock Waste) Regulations, 1988*）規定，禁止在新市鎮和環境敏感區飼養禽畜，且所有的農戶必須配備相應的廢物處理系統。1994 年，港府頒布《1994 年廢物處置（修訂）條例》（*Waste Disposal (Amendment) Ordinance, 1994*），收緊管制尺度，嚴格管控飼養禽畜及禽畜廢物的排放，重罰非法棄置廢物的違例者，以及訂明不遵從廢物收集及處理發牌條件，即屬違法。

自 1987 年禽畜廢物管制計劃實施以來，禽畜廢物總量由 1987 年的 84 萬公噸，減至 1996 年年底的 17 萬公噸，而禽畜廢物污染量下降了 79%（見圖 3-32）。港府自 1996 年起提供逐戶收集禽畜廢物服務，每月收集的禽畜廢物由 2005 年最高逾 5000 公噸跌至 2017 年約 2000 公噸。

特區政府為減少飼養禽畜帶來的公共衞生及環境污染問題，分別在 2005 及 2006 年推出「家禽農場自願退還牌照計劃」及「養豬場自願退還牌照計劃」，並在 2008 年推出「家禽農場結業特惠補助金計劃」。這些計劃鼓勵禽畜飼養者自願退還其禽畜飼養牌照及終止其農場運作，以換取政府發放的特惠金。截至 2017 年，本港合共有 162 個家禽農場及 222 個豬場退還飼養禽畜牌照。

化學廢物　1991 年港府頒布《1991 年廢物處置（修訂）條例》（*Waste Disposal (Amendment) Ordinance, 1991*），管制化學廢物的包裝、標籤、儲存、收集、處置及進出口。1992 年

頒布的《1992 年廢物處置（化學廢物）（一般）規例》（*Waste Disposal（Chemical Waste）（General）Regulation, 1992*）管制所有化學廢物的處置，包括儲存、收集、運送、處置及最終棄置。1995 年頒布的《1995 年廢物處置（化學廢物處置的收費）規例》（*Waste Disposal（Charges for Disposal of Chemical Waste）Regulation, 1995*）規定凡利用化學廢物處理中心處置化學廢物均須繳費，藉此利用經濟負擔因素，誘導市民減少廢物，並透過 2007 年頒布的《2007 年廢物處置（化學廢物處置的收費）規例》（*Waste Disposal（Charges for Disposal of Chemical Waste）（Amendment）Regulation, 2007*）調整收費，把收費率訂在收回可變經營成本的 46.5%，而特區政府仍承擔 53.5% 的可變經營成本，以及整筆固定經營成本。

按法例要求，化學廢物產生者必須向環保署登記，而化學廢物收集商及處置化學廢物的設施亦需申領牌照。為配合條例，特區政府實施一套運載記錄制度，確保化學廢物由產生至最終處置的過程均受到嚴格監管。截至 2017 年，全年運載記錄達 35,800 份，已領牌的化學廢物處置設施共 29 間，已登記的化學廢物生產者共 16,522 個，其中 2132 個來自製造業，14,390 個來自服務及公用事業。

醫療廢物　2010 年，特區政府頒布《2010 年廢物處置（醫療廢物）（一般）規例》（*Waste Disposal（Clinical Waste）（General）Regulation, 2010*）和《2010 年廢物處置（醫療廢物處置的收費）規例》（*Waste Disposal（Charge for Disposal of Clinical Waste）Regulation, 2010*），藉此加強管制醫療廢物，任何人士收集或移運醫療廢物，必須領有環保署所簽發的醫療廢物收集牌照。並徵收在廢物處置設施棄置醫療廢物的費用，每 1000 公斤收費 2715 元。

截至 2017 年底，環保署共發出約 12,500 個醫療廢物產生者地點編碼。持有地點編碼的大型醫療廢物產生者有共約 610 個，包括公立及私家醫院、政府診所和相關政府部門的化驗所。其餘的地點編碼持有者均為小型醫療廢物產生者，包括私家醫科、牙科診所／醫務所、私家牙科、醫科、獸醫或病理化驗所、私家中醫診所／醫務所、安老院、護養院、私家獸醫診所／業務，以及醫學研究設施、大學和其他相關的機構。

2017 年，本港共有 8 家持牌營辦商在香港提供醫療廢物收集服務，而每一批次醫療廢物的託運需要附上運載記錄表格。年內營辦商將合共約 71,230 批次，共重 2510 噸的醫療廢物，運往化學廢物處理中心處置。

疏浚海泥　港府為落實國際海事組織於 1972 年制定的《防止傾倒廢物及其他物質污染海洋公約》（*Convention on the Prevention of Marine Pollution by Dumping of Wastes and Other Matter*，簡稱《倫敦公約》）的精神，於 1995 年 4 月 1 日頒布《1995 年海上傾倒物料條例》（*Dumping at Sea Ordinance, 1995*）。條例規定，政府可透過簽發許可證，管制船隻、飛機或海事構築物在海上棄置物質及物品和將物質及物品傾倒入海或海床下，以及相關裝載作業的運作。按環保署 2017 年的統計，獲准許傾倒入海的物料主要是疏浚海泥。

2017 年，香港有兩個卸置污染海泥的泥坑，分別位於沙洲以東和大小磨刀以南；以及四個卸置清潔海泥的卸置區，分別位於長洲以南、青衣以南、東龍洲以東和果洲群島以南。條例實施以來，獲准傾到入海的物料容量由 1993 年的 197.5 百萬立方米下降至 2017 年的 11.3 百萬立方米。

進出口廢物

1996 年 9 月以前，《廢物處置條例》並無要求廢物出入口須要得到全面的許可證管制。1996 年香港的廢物貿易額約為 200 億元，其中大部分為非危險和可循環再造的廢物，例如廢紙和金屬廢料等。

隨着全球日益關注環保，為了保障公眾健康，保護環境，以免受到有害廢物影響，國際間在 1989 年訂立了《控制危險廢物越境轉移及其處置巴塞爾公約》（*Basel Convention on the Control of Transboundary Movements of Hazardous Wastes and Their Disposal*，簡稱《巴塞爾公約》[*Basel Convention*]），並在 1995 年召開的第三次締約國會議上，議決修訂《巴塞爾公約》，禁止從已發展國家輸出有害廢物至發展中國家，以避免廢物會以不符合環境衛生的方式管理。1995 年 10 月，英國將公約擴大至適用於香港，就此港府頒布《1995 年廢物處置（修訂）條例》（*Waste Disposal（Amendment）Ordinance, 1995*），所有廢物進出口須領取許可證的管制計劃，條例於 1996 年 9 月 1 日起執行。

1997 年 7 月 1 日起，《巴塞爾公約》不再適用於本港與內地之間的廢物移運，而中國亦已於 1997 年 7 月 1 日起將上述公約擴大至適用於香港。2000 年，香港環保署與國家環境保護總局簽署《內地及香港特區兩地間廢物轉移管制合作的備忘錄》，及後於 2007 年完成修訂，並正名為《內地與香港特區兩地間廢物轉移管制合作安排》，要求兩地之間或經內地或香港港口出口到海外的廢物移運，須遵從事先知會及允許機制，同時為出口往外地而須經停兩地港口的廢物，訂定相關的申請及批核程序。2006 年 4 月，特區政府將《巴塞爾公約》納入 2004 年通過的《2004 年廢物處置（修訂）條例》，加強管制進出口廢物種類，打擊非法跨境轉運危險廢物（見圖 3-33）。

圖 3-33　廢桌上電腦與廢手提電腦屬於受《廢物處置條例》進出口許可證制度監管的「有害電子廢物」。若未經環保署發出許可證而進出口該等廢物，即屬違法。（香港特別行政區政府環境保護署提供）

4. 生產者責任計劃

生產者責任計劃是《都市固體廢物管理政策大綱（2005—2014）》內一項主要政策措施。透過落實「污染者自付」的原則和「環保責任」的理念，要求製造商、進口商、批發商、零售商和消費者須分擔回收、循環再造、處理和棄置廢棄產品的責任，以期避免和減少有關產品對環境的影響。2008 年，港府頒布《產品環保責任條例》，為生產者責任計劃提供法律基礎，並透過該條例及其附屬法例，訂明對個別產品種類的基本規管要求及運作細節。

塑膠購物袋生產者責任計劃

2007 年 5 月至 7 月，環保署就塑膠購物袋生產者責任計劃進行公眾諮詢，並於 9 月初發布了公眾諮詢的結果，近九成的受訪者同意徵收 5 角塑膠購物袋環保費。立法會環境事務委員會及外界團體亦支持環保徵費。

立法會在 2009 年 4 月 23 日通過《2009 年產品環保責任（塑膠購物袋）規例》（*Product Eco-responsibility（Plastic Shopping Bags）Regulation, 2009*），同年 4 月 30 日起該規例條文分階段實施。同年 7 月 7 日，連鎖及大型零售店實施首階段塑膠購物袋徵費計劃（見圖 3-34）。至 2010 年 7 月，由登記零售商派發的塑膠購物袋數目與徵費前相比減少了約九成，成效顯著；但其覆蓋範圍有限，在受規管零售商以外的界別，棄置於堆填區的膠袋數量增加約 6%。2011 年 5 月，特區政府就應否及如何擴大徵費計劃進行為期 3 個月的公眾諮詢。整體而言，社會支持擴大徵費計劃的涵蓋範圍，以進一步處理本港濫用膠袋的問題。截至 2015 年 3 月 31 日，首階段徵費計劃下共有 47 個登記零售商，涉及 3500 多間登記零售店，登記零售商向政府繳付徵費共約 1.72 億，共派發約 3 億 4400 萬個塑膠購物袋。

圖 3-34　2009 年 7 月 7 日，首階段塑膠購物袋環保徵費計劃開始實施。（南華早報出版有限公司提供）

2014 年 3 月 28 日，港府頒布《2014 年產品環保責任（修訂）條例》（*Product Eco-responsibility（Amendment）Ordinance, 2014*），訂明於 2015 年 4 月 1 日全面推行塑膠購物袋收費計劃。徵費計劃的涵蓋範圍擴大至 10 萬間零售店，即全港所有零售點，除豁免情況外，商戶派發膠袋每個須徵收至少五角。2017 年時，膠袋使用量（44.2 億萬個）較 2015 年計劃全面推行前減少了 16%（2014 年 52.4 億萬個），但較 2016 年增加了 9%（43 億萬個）。

2017 年棄於堆填區的膠袋量高達 29 萬噸，相等於 44 億個膠袋，按年增加 15%，亦是膠袋徵費自 2015 年 4 月 1 日全面實施以來，連續第二年上升。長春社農曆新年回收環保袋的活動，發現不少機構借派發膠袋裝宣傳單冊、紀念品等。地球之友分析，棄置量回升可能是徵費的豁免範圍太大，及市民已消化徵費兩大原因；環保署則解釋，升幅源自「非購物膠袋」，如垃圾袋、包裝袋。

廢電器電子產品生產者責任計劃

《廢電器電子產品生產者責任計劃》是繼《塑膠購物袋收費計劃》第二個強制性生產者責任計劃。2010 年的公眾諮詢結果顯示，社會普遍支持計劃。2016 年 3 月獲立法會通過的《2016 年促進循環再造及妥善處置（電氣設備及電子設備）（修訂）條例》（*Promotion of Recycling and Proper Disposal (Electrical Equipment and Electronic Equipment) (Amendment) Ordinance, 2016*），旨在規管受管制電器的循環再造和處置。

2017 年 7 月，立法會通過附屬法例《2017 年產品環保責任（受管制電器）規例》（*Product Eco-responsibility (Regulated Electrical Equipment) Regulation, 2017*），為廢電器計劃下若干運作細節訂定條文：包括銷售商須向環保署提交合資格的收集者的資料，為消費者的受管制電器提供免費除舊服務，[35] 希望進一步優化有關計劃。

玻璃飲料容器生產者責任計劃

2013 年，環保署就玻璃飲料容器生產者責任計劃開展公眾諮詢，基於社會的正面回應，確立引進玻璃飲料容器生產者責任計劃的方針。立法會於 2016 年 6 月制定有關賦權法例，即《2016 年促進循環再造及妥善處置（產品容器）（修訂）條例》，為計劃訂立法定規管框架，確保廢玻璃容器得到妥善收集及處理，善用資源，轉廢為材，並紓緩堆填區的壓力，推動建立本地的循環經濟。為落實計劃，環保署透過公開招標，委聘承辦商提供廢玻璃容器收集及處理服務。

5. 廢物處置設施與科技

環保署負責策劃和興建廢物處理及處置設施（見圖 3-35）。其中都市固體廢物經市區廢物轉運站運至新界的三大堆填區處理，其他特殊固體廢棄物由特別設施處理，包括化學廢物

---

35 受管制電器涵蓋「四電一腦」，「四電」即冷氣機、雪櫃、洗衣機、電視機；「一腦」則包括電腦、打印機、掃描器及顯示器。

圖 3-35 香港固體廢物處理設施位置圖

堆填區	●	新界西堆填區	新界東南堆填區(1)	新界東北堆填區		
廢物轉運站	■	港島東廢物轉運站(2)	港島西廢物轉運站(2)	西九龍廢物轉運站(2)	離島廢物轉運設施(2)	北大嶼山廢物轉運站(2)
		沙田廢物轉運站(3)	新界西北廢物轉運站(4)	九龍灣廢物轉運站(5)		
化學廢物處理中心	◎	化學廢物處理中心				
堆肥廠	▲	動物廢料堆肥廠	沙嶺禽畜廢物堆肥廠(6)			
環保園	◆	環保園				
有機資源回收中心	▼	有機資源回收中心(7)				
污泥處理設施	△	T‧PARK〔源‧區〕				

注：
(1) 於二〇一六年一月六日起，新界東南堆填區只接收拆建廢物。
(2) 港島東廢物轉運站、港島西廢物轉運站、西九龍廢物轉運站、離島廢物轉運設施及北大嶼山廢物轉運站的廢物會經水路運往新界西堆填區。
(3) 沙田廢物轉運站的廢物會經陸路運往新界東北堆填區。
(4) 新界西北廢物轉運站的廢物會經陸路運往新界西堆填區。
(5) 九龍灣廢物轉運站已於二〇〇五年四月停止運作，改用作廢物回收中心。
(6) 沙嶺禽畜廢物堆肥廠已於二〇一〇年十月停止運作。
(7) 位於小蠔灣的第一期有機資源回收中心於二〇一八年七月開始營運，而位於沙嶺的第二期有機資源回收中心預計可於二〇二二年開始運作。
(8) 自二〇一五年四月起，T‧PARK〔源‧區〕開始以焚化方式處置來自渠務署管理的主要污水處理廠的脫水污水污泥，其焚化後的渣滓和灰會被運到新界西堆填區棄置。

資料來源：香港特別行政區政府環境保護署。

處理中心處理化學和醫療廢物、牛潭尾動物廢料堆肥廠處理馬廄廢物、O‧PARK1 處理廚餘廢物、WEEE‧PARK 處理廢電器電子產品、T‧PARK[源‧區] 處理污泥等。

廢物轉運站

本地固體廢物經收集後，透過各區廢物轉運站運往堆填區，運輸模式分為全經海路運輸（見圖 3-36）及全經陸路運輸兩種。轉運站選址方面，多為水路通達的位置，或適當的內陸位置，包括岩洞。轉運站所產生的污水，經處理並符合排放標準後排入污水渠（見表 3-13）。空氣方面，轉運站會使用濕式洗滌系統消除氣味，而各項廢物轉運工序盡量在封閉的地方進行。轉運站內設置清洗設施，清潔垃圾車車身、廢物櫃等設備。

圖 3-36　港島西廢物轉運站。此處收集的垃圾經海路運送至堆填區。（香港特別行政區政府環境保護署提供）

表 3-13　香港廢物轉運站基本情況表

廢物轉運站	啟用時間	處理量公噸／日	被運往
九龍灣轉運站	1990 年 4 月 [1]	-	-
港島東轉運站	1992 年 11 月	1194	新界西堆填區
沙田轉運站	1994 年 10 月	1503	新界東北堆填區
港島西轉運站	1997 年 5 月	1161	新界西堆填區
西九龍轉運站	1997 年 6 月	3152	新界西堆填區
離島廢物轉運設施 [2]	1998 年至 2003 年	137	新界西堆填區
北大嶼山轉運站	1998 年 6 月	636	新界西堆填區
新界西北轉運站	2001 年 9 月	1211	新界西堆填區

備注：處理量以 2017 年環保署固體廢物監察報告為準。
注 1：　　九龍灣轉運站已於 2005 年關閉。
注 2：　　離島廢物轉運設施包括：梅窩、坪洲、喜靈洲、長洲（1998 年啟用）；榕樹灣、索罟灣（2000 年啟用）；及馬灣（2003 年啟用）。其中喜靈洲開放時間按懲教署要求。
資料來源：香港特別行政區政府環境保護署。

堆填區

截至 2017 年，本港共有 3 個策略性堆填區（見表 3-14），分別是新界西堆填區、新界東南堆填區及新界東北堆填區。三個堆填區於 1990 年代開始運作，其中新界東南和新界東北兩個堆填區於 2014 年獲批擴建。屯門所佔人口不足全港 8%，然而新界西堆填區卻承擔全港近五成的垃圾，引來部分市民反對（見圖 3-37），最終政府將擴建規模由原本計劃的 200 多公頃縮減為 100 公頃。

表 3-14　香港三大策略性堆填區基本情況表

堆填區	新界東南	新界東北	新界西
地點	將軍澳大赤沙	新界打鼓嶺	屯門稔灣
施工日期	1993 年 9 月	1994 年 7 月	1993 年 5 月
啟用日期	1994 年 9 月	1995 年 6 月	1993 年 11 月
海平面高度（米）	135	240	170
深度（米）	100	140	120
建造費（億元）	23	14	20
運作費（億元）	2.03	3.56	3.31
面積（公頃）	100	95	110
容量（立方米）	4300 萬	至少 3500 萬	6100 萬
廢物種類	建築 （自 2016 年 1 月 6 日起）	都市／建築／特殊	都市、建築、特殊
接收量 （公噸／日，2017 年）	2300	4490	8726
每日開放時間	8:00-22:00	7:00-18:00 廢物轉運站車輛 8:00-18:00 所有車輛	8:00-20:00
預計飽和年份	2015 年	2017 年	2019 年
擴建面積（公頃）	13	70	94
增加容量（立方米）	650 萬	1900 萬	7600 萬
擴建後預計飽和年份	2026 年	2032 年	2033—2034 年

資料來源：香港特別行政區政府環境保護署。

圖 3-37　2013 年 7 月 11 日，屯門居民於立法會外請願，反對政府擴建屯門堆填區。（南華早報出版有限公司提供）

表 3-15　十三個已關閉並修復堆填區情況表

堆填區	面積（公頃）	使用年份	修復年份	完成環境評審日期（年／月）	對外開放日期（年／月）	用途
醉酒灣	29	1955—1979			2009 / 10	葵涌公園（尚未對外開放）
牛潭尾	2	1973—1975	1999—2000	2005 年底	不適用	綠化區
馬草壟	2	1976—1979			2000 / 8	東華三院用作康樂用途
小冷水	12	1978—1983			不適用	綠化區
船灣	50	1973—1995	1996—1997	2003 / 4	1999 / 4	高爾夫球練習場
牛池灣	8	1976—1977	1998—1999		2010 / 9	牛池灣公園
晒草灣	9	1978—1981			2004 / 4	晒草灣遊樂場
馬游塘西	6	1979—1981	1997—1998	2003 / 12	2011 / 9	部分用地用作休憩處
馬游塘中	11	1981—1986			2011 / 1	部分用地用作休憩處
佐敦谷	11	1986—1990			2010 / 8	佐敦谷公園
將軍澳第一期	68	1978—1995			2012 / 6	濱水地帶建成海濱長廊及單車徑
將軍澳第二／三期	42	1988—1994	1997—1999		2005	頂部平台用作模型飛機／無人駕駛飛機練習場
望后石谷	38	1983—1996	2004—2006	2011 年底	2016 / 7	部分用地用作射擊場

香港地方志中心根據環保署網頁、立法會環境事務委員會文件 [CB（1）432/04-05（01）]：〈5166DR 號工程計劃 - 將軍澳堆填區修復計劃 - 驗收後的環境檢測工程補充資料〉、立法會秘書處文件 [IN37/05-06]：〈香港堆填區〉製作。

2016 年 1 月 6 日起，新界東南堆填區改為只接收建築廢物，以解決多年來將軍澳區居民受堆填區臭氣滋擾的問題，然而部分運送建築廢物到堆填區的大型泥頭車未有妥善蓋上車頂蓋，導致沙塵問題仍然影響鄰近地區。此外，新界東北堆填區於 2013 年出現污水滲漏的事故，環保署檢控堆填區承辦商並罰款 6 萬元，而環保署亦每周監測缸窰河的水質情況。

1979 年至 1996 年，全港共有 13 個舊式堆填區陸續關閉，合共佔地約 300 公頃，環保署自 1996 年起實施一項修復計劃，確保安全和減少對環境的潛在不良影響，以準備日後作有利的發展用途。截至 2017 年，除葵涌公園尚未完全開放外，已修復的堆填區已陸續發展成康樂設施（見表 3-15）。

堆肥設施及設備

沙嶺禽畜廢物堆肥廠　1991 年，沙嶺禽畜廢物堆肥廠啟用，以配合環保署在 1987 年開展的禽畜廢物管制計劃。堆肥廠設計吸納量為每日 20 公噸，基本建設費用 1400 萬元。2010 年，堆肥廠停止運作，原址將用作興建第二個由環保署管理的有機資源回收中心。

牛潭尾動物廢料堆肥廠　牛潭尾動物廢料堆肥廠（見圖 3-38）於 2008 年 4 月 29 日啟用，設計吸納量為每日 20 公噸，基本建設費用 3900 萬元，用作處理 2008 年奧運會及殘疾人奧運會馬術項目於本港舉行期間所產生的馬廄廢物。2012 年，堆肥廠完成改善工程，處理量提升至每天約 40 公噸，並試驗將馬廄廢物與其他有機廢物混合處理以改善堆肥質量，而所產生的馬糞堆肥，供本地農業生產採用。

圖 3-38　牛潭尾動物廢料堆肥廠內，用於進行生物降解過程的密封式滾筒堆肥機。（攝於 2008 年，香港特別行政區政府提供）

九龍灣廚餘試驗處理設施　2008 年 8 月，環保署耗資 1620 萬設立的九龍灣廚餘試驗處理設施投入運作，用作處理 2008 年奧運會及殘疾人奧運會馬術項目於本港舉行期間，選手村所產生的廚餘。2015 年 10 月審計署公布的審計報告指出，廚餘試驗處理設施每日平均處理量僅 0.89 公噸（2008 年 8 月至 2015 年 6 月），與環保署於 2009 年至 2010 年對外公布的預計每日處理量 4 公噸相差甚遠[36]。

化學廢物處理中心

1990 年，港府為避免不當棄置化學廢物引致不良後果，批准於青衣設立化學廢物處理中心，耗資 13 億元，1993 年 4 月啟用，每年處理 10 萬公噸化學廢物，後於 2011 年 8 月根據《醫療廢物管制計劃》，成為本港處理醫療廢物的指定設施。

36　2018 年 7 月，有機資源回收中心第一期啟用，九龍灣廚餘試驗處理設施停止運作。

截至 2017 年，該中心共有兩宗二噁英（$C_4H_4O_2$）超標排放的個案，分別在 1998 年 11 月及 1999 年 2 月發生。該中心於事故發生後，增加一套尾氣二噁英處理系統，防止超標狀況和事故，自 2006 年 7 月起，環保署每月公布中心的環境監察報告，並無發現監測結果超逾控制規限的個案。

低放射性廢物儲存設施

2005 年 7 月，位於大嶼山西南無人居住的小鴉洲的低放射性廢物儲存設施落成及開始運作（見圖 3-39），設施可儲存香港現有及未來 100 年所產生的低放射性廢物。此前，來自工業、醫療及教育機構的低放射性廢物，大部分儲存於廢棄隧道及醫院。

圖 3-39　小鴉洲低放射性廢物儲存設施。（香港特別行政區政府環境保護署提供）

環保園

環保園是香港首個專為循環再造業發展而建的設施，位於屯門第 38 區，第一期建造工程已於 2006 年 7 月展開，2008 年 1 月完成。2009 年 5 月，第一期的六幅土地全部租出。第二期建造工程於 2008 年 12 月動工及於 2010 年 3 月完成。整個環保園完成後，為業界提供總共 14 公頃的土地（見圖 3-40）。

環保署於 2010 年推出「環保園之友」計劃，以鼓勵不同的團體、機構或公司與環保園租戶建立合作伙伴關係。2010 年到 2014 年，園區回收廢料的處理量由每年最初約 9000 公噸增至 15 萬公噸，2015 年上半年的處理量更達約 9 萬噸，2017 年的處理量為 17 萬公噸。

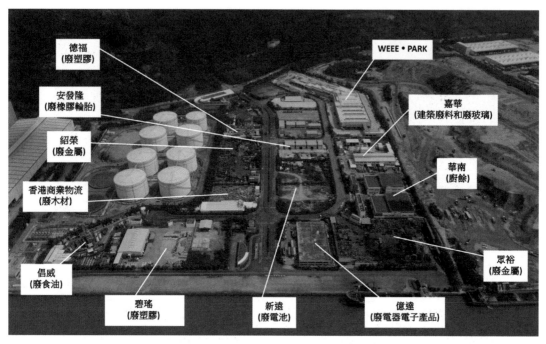

圖 3-40　屯門環保園的租戶回收再造各類資源，包括廢食油、廢金屬、廢木料、廢電器電子產品、廢塑膠、廢電池、建築廢料、廢玻璃、廢輪胎。（香港特別行政區政府環境保護署提供）

污泥處理設施（T．PARK［源．區］）

2015 年 4 月，位於屯門稔灣曾咀的污泥處理設施第一期啟用，第二期亦於 2016 年 4 月啟用。2016 年 5 月 19 日，特區政府為該設施舉行開幕典禮，並公布它的正式名稱為 T．PARK［源．區］（見圖 3-41）。該設施是香港首個轉廢為能的現代化綜合設施，每天最多可處理 2000 公噸，來自香港 11 間污水處理廠的污泥，過程可分為接收、焚化、能源回收及廢棄處理。T．PARK［源．區］啟用後，污泥不再棄置於堆填區。該設施亦有冷暖水療池、戶外足浴池、環境教育中心，並設有海水化淡廠，以製造淡水作設施用水，同時收集雨水作非飲用水用途。此設施聯同「淨化海港計劃第二期甲」在 2016 年全球水獎（Global Water Awards）年度污水處理專案類別中，獲得卓越級別殊榮。

圖 3-41　屯門稔灣曾咀 T・PARK［源・區］。（香港特別行政區政府提供）

廢電器電子產品處理及回收設施（WEEE・PARK）

2013 年，特區政府鑒於需要妥善處理本港每年產生的約 70,000 噸廢電器電子產品，於《香港資源循環藍圖（2013─2022）》提出在屯門環保園設立廢電器電子產品處理及回收設施 WEEE・PARK。2015 年 2 月 27 日，環境局獲立法會財務委員會批准撥款以發展相關設施。環保署於 2015 年 5 月透過公開招標，與由德國及本港環保業界合資組建的環保回收公司簽訂總值約 17.27 億元的設計、興建、管運合約。WEEE・PARK 於 2017 年投入服務。

廚餘處理設施（O・PARK1 有機資源回收中心）

位於大嶼山小蠔灣的 O・PARK1 是香港首個大型有機資源回收中心，每天能夠處理 200 公噸已作源頭分類的廚餘，並轉化為生物氣以作發電之用。特區政府先後於 2010 年和 2013 年招標，2014 年獲立法會批准撥款 15.89 億元後動工，2018 年全面投入運作。此外，訪客中心亦提供了結合環保、多元科技及教育元素的空間，向公眾推廣「惜食、減廢」文化及源頭減少廚餘的責任（見圖 3-42）。

圖 3-42　大嶼山小蠔灣的有機資源回收中心。（香港特別行政區政府環境保護署提供）

四、水質

1. 概況

1840 年代英佔以來，香港採用「雨污合流」渠道系統，利用雨水沖走污物，污水直接排入海港，透過潮汐稀釋及沖散污水，把污染物濃度降至可接受水平，發揮天然淨化功能。

十九世紀中葉以來，香港人口漸增，污水及衛生環境轉趨惡劣，然而港府在處理污水及衛生環境方面未有改善，導致傷寒、霍亂、天花和白喉等傳染病叢生，最終於 1894 年爆發鼠疫。1902 年，港府採納查維克報告書的建議，實行「雨污分流」以改善衛生問題，陸續在港九鋪設獨立排水渠及污水渠系統，衛生環境有明顯改善。排水及污水管道系統的獨立規劃運作，也奠定渠務發展的基礎。

二戰後，人口增長迅速，環境污染及衛生問題接踵而來。1953 年，港府開始規劃如何處理維港兩岸污水，當時的構思是把污水引流至多個指定地點，進行基本隔篩處理後，透過海底排放管排入海港。海底排放管將污水引流至遠離岸邊的水域排放，透過較深較大的水流，把污染物濃度降至可接受水平。計劃結合污水隔篩廠及海底排放管的處置概念，有效稀釋和沖散污水。1956 年，位於大角咀晏架街的全港首間污水隔篩廠落成啟用，而第一條海底排放管則建於西九龍。九龍半島東部和灣仔區的污水收集網絡於 1959 年投入服務後，污水收集網絡逐漸擴展至全港各區。

1950 年代至 1980 年代，工業發展蓬勃，工業廢水主要來自當時最興旺的紡織業、電鍍業和漂染業工廠，因此有毒化學物質及重金屬含量很高。當時香港大部分污水及廢水只需經過簡單處理，甚或未經處理便排入大海，令水中有機及無機污染物增加，海水含氧量下降，細菌含量則上升。另外禽畜業每日將大量污水和未經處理的廢物直接排放至河溪，令污染物隨水流進入大海，造成海水污染。由於水質污染，導致海洋環境急劇惡化，超越海水天然淨化功能的承載力，港府因此需為污水處理訂立不同政策，如：《1980 年水污染管制條例》、《1984 年商船（防止油污染）規例》（Merchant Shipping (Prevention of Oil Pollution) Regulations, 1984）、《1998 年廢物處置（禽畜廢物）規例》（Waste Disposal (Livestock Waste) Regulations, 1988）等，以防止工業污水、生活污水、海上油污和禽畜廢物對海岸水及河溪水的污染。

除了防止污染水源的條例外，港府又透過建立水庫系統，引入東江水等措施，讓市民有足夠飲用水。此外，政府又設立水質管制區、訂立水質指標，推動淨化海港計劃等工作，以分配水域的用途及管制水質，確保本港水質。

2. 政策方針

1970 年代，港府工作重點開始從以前被動回應整頓公眾衛生、保障市民健康，轉為更全面、更主動的防治工作，採取以長遠及可持續發展為目標的保護策略。水污染成因複雜，包括污水管失修和配套不善、污水處理設施不足，還有許多樓宇未曾接駁污水管及農場未有處理設施的情況下，便將廢水直接排入海或河溪。港府於 1980 年代，開始採用防範污染的概念，推行全面的計劃，藉以保護本港水質。

這套計劃可分為四個互相關連部分，由環保署統籌。第一，擬定環境保護計劃，防止出現新的污染問題，又透過法律途徑，於 1980 年設立「水質管制區」，並且制定管制區的水質標準，以長遠保護水質質素。

第二，同年開始從源頭立法，透過《1980 年水污染管制條例》，禁止在本港水域排放未經處理的工業及生活污水，又規定凡排出液體廢料的工廠均需領牌，排出廢料量不能超出牌照列明的污染管制標準。與此同時，修訂 1980 年實施的《廢物處置條例》，並於 1988 年實施新的《廢物處置（禽畜廢物）規例》，管控來自禽畜的有機廢物，避免污染河溪，泳灘和其他沿海水域。

第三，環保署提供有關設施，技術與服務，以收集和處理污水。1990 年訂定的「技術備忘錄」，列明各工業牌照的排放污水標準的指引。1994 年編印「以趁乾劑出法處理禽畜廢物的指南」及「禽畜廢物管制計劃 —— 濕處理及乾濕混合處理法處理禽畜廢物的指南」，以協助飼養禽畜業界等持份者。環保署又於 1989 年制定了污水排放策略，擬定「污水收集整體計劃」處理維港兩岸所有污水，按個別污水收集區劃分，詳細規劃污水基礎設施，確保可完善收集、處理和處置污水，將原本排入河溪和大海的污水引流至污水處理設施處理。

第四，進行調查、監察與教育的工作。政府公開監察數據，方便公眾更易取得環境資訊，同時加強教育公眾，傳達污染對環境帶來的影響，如在 1995 年開始推行的「學生環境保護大使計劃」，2000 年開始在中小學校推行的「香港綠色學校獎」，2002 年舉辦的「綠色領袖計劃」等，都有助向公眾及學生傳遞防止污染的信息。

3. 水污染管制相關條例

《水污染管制條例》與水質管制區

1980 年制定的《水污染管制條例》，是管制香港水污染的主要法例。法例是基於環境管理法，以管制污染物的排出量使環境質素達到既定標準。港府根據《水污染管制條例》及其附例，宣布將香港水域劃分為十個水質管制區，每區均依據其水的主要用途（如商業漁場、為社會及工業提供水源，或作康樂用途）而釐定水質標準。水質標準根據每區的環境質素而規定，目的是控制污染物的排放量符合地區環境的安全吸納或驅散能力。法例又訂明發牌制度，管制在區內排放污水，務求令區內水域達到並維持於規定的水質指標。

因應吐露港頻密出現的紅潮，港府於 1981 年 2 月行政公布吐露港為第一個水質管制區，開始監管排放入吐露港的水質，這比同年 4 月的《1981 年水污染管制條例》（Water Pollution Control Ordinance, 1981）立法生效更早。港府又於 1982 年 6 月公布香港海水水質指標。水質指標的作用是促進本港水域的保護，港府會根據各區水質情況，把不同水域作不同的用途，如泳灘、風帆練習場地，或劃為海岸公園及海岸保護區，以作保育和教育用途。水質指標的量度成分包含溶解氧（DO）、營養物（總無機氮［TIN］）、非離子化氨氮（NH_3-N）、大腸桿菌（E. coli）、細菌量、葉綠素 -a（chlorophyll-a）、透光度、酸鹼值（pH）、鹽度、可沉降物質、溫度、毒物量、美觀程度（氣味、污跡與顏色，可見物質）等，環保署會按不同管制區的用途而定出相應的標準。圖 3-43 載列 2017 年環保署的香港海水水質指標摘要。

1985 年，港府頒布《1985 年水污染管制（上訴委員會）規例》（Water Pollution Control (Appeal Board) Regulations, 1985），訂明上訴程序，讓不滿《水污染管制條例》指令或規定的人士按照程序上訴，並於 1986 年頒布《水污染管制（一般）規例》（Water Pollution Control (General) Regulations, 1986），賦予《水污染管制條例》實際效力。根據《水污染管制條例》的規定，如要將污水排往水質管制區內，必須先向環保署申領牌照。這牌照會標明污染物排出量，亦可能規定污水在排出前必須經過處理，或另定其他規定，以便達到或維持政府所公布的水質指標。違反牌照的任何條文，即屬犯罪，可處罰款200,000 元及監禁 6 個月。

1987 年 4 月 1 日「吐露港及赤門海峽水質管制區」正式成為香港首個水質管制區，受法例管制。《水污染管制（上訴委員會）規例》及《水污染管制（一般）規例》同時生效。各水質管制區的生效日期，主要包括範圍及水質指標聲明，詳見表 3-16。

圖 3-43　2017 年環保署香港海水水質指標摘要

香港海水水質指標摘要

參數	水質指標	水質指標適用的管制區 / 管制區部份
美觀程度	廢物的排放不得致使水產生令人不快的氣味或變色 應無焦油狀殘渣、浮木以及由玻璃、塑料、橡膠或任何其他物質所造成的物品。 礦物油不應可見於表面。表面活化劑不應引致有持續的泡沫 應沒有可辨的由污水衍生的碎屑 應無大小相當可能干擾船隻的自由航行或對船隻造成損害的漂浮物、淹沒物及半淹沒物 廢物的排放不得致使水中含有沉降成令人不快的沉積的物質	所有水質管制區（整個管制區）
溶解氧 (海床)	全年90%的取樣次數中，溶解氧水平不少於2毫克 / 升	除吐露港及赤門水質管制區外所有水質管制區的海洋水域
溶解氧 (水深平均)	全年90%的取樣次數中，溶解氧水平不少於4毫克 / 升	除吐露港及赤門水質管制區外所有水質管制區的海洋水域
溶解氧 (海床)	不少於2毫克 / 升 不少於3毫克 / 升 不少於4毫克 / 升	吐露港及赤門水質管制區海港分區 吐露港及赤門水質管制區緩衝分區 吐露港及赤門水質管制區海峽分區
溶解氧 (水柱剩餘部份)	不少於4毫克 / 升	吐露港及赤門水質管制區（整個管制區）
溶解氧 (所有深度)	不少於4毫克 / 升	吐露港及赤門水質管制區海峽分區
營養物	無機氮含量的全年水深平均值不超過0.1毫克 / 升	南區及牛尾海水質管制區的海洋水域
	無機氮含量的全年水深平均值不超過0.3毫克 / 升	大鵬灣、將軍澳水質管制區的海洋水域及西北部水質管制區（青山灣分區）
	無機氮含量的全年水深平均值不超過0.4毫克 / 升	東部緩衝區、西部緩衝區及維多利亞港水質管制區的海洋水域
	無機氮含量的全年水深平均值不超過0.5毫克 / 升	后海灣水質管制區（外海分區）及除青山灣分區西北水質管制區外的海洋水域
	無機氮含量的全年水深平均值不超過0.7毫克 / 升	后海灣水質管制區（內海分區）的海洋水域
非離子氨氮	全年平均值不多於0.021毫克 / 升	除吐露港及赤門水質管制區外所有水質管制區
大腸桿菌	全年幾何平均數不超過610個 / 100毫升	吐露港及赤門、南區、牛尾海、大鵬灣、后海灣、東部緩衝區及西部緩衝區水質管制區內的次級接觸康樂活動分區
	全年幾何平均數不超過610個 / 100毫升	吐露港及赤門、南區、牛尾海、將軍澳、大鵬灣、后海灣、東部緩衝區及西部緩衝區水質管制區內的魚類養殖分區
酸鹼值	水的酸鹼值應在6.5 - 8.5單位的幅度內。此外，廢物的排放不得致使自然的酸鹼值幅度擴逾0.2單位	除吐露港及赤門水質管制區外所有水質管制區的海洋水域
	廢物的排放不得致使水域的正常酸鹼值幅度的變化擴逾±0.5單位	吐露港及赤門水質管制區海港分區
	廢物的排放不得致使水域的正常酸鹼值幅度的變化擴逾±0.3單位	吐露港及赤門水質管制區緩衝分區
	廢物的排放不得致使水域的正常酸鹼值幅度的變化擴逾±0.1單位	吐露港及赤門水質管制區海峽分區
鹽度	廢物的排放不得致使自然環境鹽度水平的變化多於10%	除吐露港及赤門水質管制區外所有水質管制區（整個管制區）
	廢物的排放不得致使水域的正常鹽度幅度擴逾千分之±3	吐露港及赤門水質管制區
溫度	廢物的排放不得致使自然環境的每日溫度幅度的變化多於攝氏2.0度	除吐露港及赤門水質管制區外所有水質管制區（整個管制區）
	廢物的排放不得致使自然環境的每日溫度幅度的變化多於攝氏1.0度	吐露港及赤門水質管制區
懸浮固體	廢物的排放不得致使自然環境的懸浮固體水平升高30%，亦不得引致懸浮固體積聚，以致會對水生群落造成不良影響	除吐露港及赤門水質管制區外所有水質管制區的海洋水域
毒物	毒物水平不應達致對人類、魚類或其他水生生物產生顯著毒害效應的水平	所有水質管制區（整個管制區）
葉綠素-a	任何單一位置和深度每日5次測量的流動算術平均數不得超過20毫克 / 立方米	吐露港及赤門水質管制區海港分區
	任何單一位置和深度每日5次測量的流動算術平均數不得超過10毫克 / 立方米	吐露港及赤門水質管制區緩衝分區
	任何單一位置和深度每日5次測量的流動算術平均數不得超過6毫克 / 立方米	吐露港及赤門水質管制區海峽分區

資料來源：香港特別行政區政府環境保護署。

表 3-16 《水污染管制條例》下各管制區生效日期、主要範圍及水質指標生效日期情況表

水質管制區	相關條例	生效日期	主要範圍	水質指標生效日期
吐露港及赤門	《1982 年水污染管制（吐露港及赤門水質管制區）令》（*Water Pollution Control（Tole Harbour and Channel Water Control Zone）Order, 1982*）	1987 年 4 月	沙田、大埔和馬鞍山等新市鎮	1988 年 6 月
南區	《1988 年水污染管制（南區水質管制區）令》（*Water Pollution Control（Southern Water Control Zone）Order, 1988*）	1988 年 7 月	香港島南區（石澳、鶴咀山、大潭、赤柱、舂坎角、淺水灣、深水灣、大嶼山南部和香港島南面水域內的各個離島及竹篙灣）	1988 年 7 月
牛尾海	《1989 年水污染管制（牛尾海水質管制區）令》（*Water Pollution Control（Port Shelter Water Control Zone）Order, 1989*）	1989 年 7 月	西貢、北港、白沙灣、蠔涌、大埔仔、銀線灣、清水灣、滘西洲和橋咀	1989 年 7 月
將軍澳	《1989 年水污染管制（將軍澳水質管制區）令》（*Water Pollution Control（Junk Bay Water Control Zone）Order, 1989*）	1989 年 7 月	將軍澳、井欄樹、調景嶺、將軍澳工業村和坑口	1989 年 7 月
后海灣	《1990 年水污染管制（后海灣水質管制區）令》（*Water Pollution Control（Deep Bay Water Control Zone）Order, 1990*）	1990 年 11 月	坪輋、粉嶺與上水新市鎮、古洞、米埔、錦田、石崗、元朗、天水圍、流浮山和新田	1990 年 11 月
大鵬灣	《1990 年水污染管制（大鵬灣水質管制區）令》（*Water Pollution Control（Mirs Bay Water Control Zone）Order, 1990*）	1990 年 11 月	沙頭角、鹿頸、東平洲、吉澳、塔門、赤徑、高流灣、大浪灣、浪茄、清水灣半島南端和東龍洲部分地方	1990 年 11 月
西北部	《1992 年水污染管制（西北部水質管制區）令》（*Water Pollution Control（North Western Water Control Zone）Order, 1992*）	1992 年 2 月	屯門、青山、藍地、龍鼓上灘、踏石角、望后石、大欖涌、陰澳、赤鱲角、東涌和大澳	1992 年 2 月
東部緩衝區	《1993 年水污染管制（東部緩衝區水質管制區）令》（*Water Pollution Control（Eastern Buffer Water Control Zone）Order, 1993*）	1993 年 5 月	柴灣、筲箕灣、大廟灣和東龍洲部分地方	1993 年 5 月
西部緩衝區	《1993 年水污染管制（西部緩衝區水質管制區）令》（*Water Pollution Control（Western Buffer Water Control Zone）Order, 1993*）	1993 年 5 月	青衣島、荃灣部分（大涌道以西地方）、深井、青衣、荃灣、深井、馬灣和北大嶼山部分地方，香港仔、鴨脷洲和薄扶林	1993 年 5 月
吐露港附	《1993 年水污染管制（吐露港附水質管制區）令》（*Water Pollution Control（Tolo Harbour Supplementary Water Control Zone）Order, 1993*）	1993 年 5 月	船灣淡水湖及城門水塘的集水區	1993 年 5 月
南區附	《1993 年水污染管制（南區附水質管制區）令》（*Water Pollution Control（Southern Supplementary Water Control Zone）Order, 1993*）	1993 年 5 月	包括至大潭和石壁水塘的集水區	1993 年 5 月

（續上表）

水質管制區	相關條例	生效日期	主要範圍	水質指標生效日期
維多利亞港（第一期）	《1994 年水污染管制（維多利亞港（第一期）水質管制區）令》（Water Pollution Control (Victoria Harbour (Phase One) Water Control Zone) Order, 1994）	1994 年10 月	荃灣東和葵涌、馬游塘和觀塘	1994 年10 月
維多利亞港（第二期）	《1995 年水污染管制（維多利亞港（第二期）水質管制區）令》（Water Pollution Control (Victoria Harbour(Phase Two) Order, 1995）	1995 年7 月	深水埗、油麻地、尖沙咀、旺角、九龍城和黃大仙	1995 年7 月
維多利亞港（第三期）	《1996 年水污染管制（維多利亞港（第三期）水質管制區）令》（Water Pollution Control (Victoria Harbour (Phase Three) Order, 1996）	1996 年2 月	堅尼地城、石塘咀、西營盤、上環、中區、灣仔、跑馬地、銅鑼灣、北角和鰂魚涌	1996 年2 月
南區第二附	《1999 年水污染管制（南區第二附水質管制區）令》（Water Pollution Control (Second Southern Supplementary Water Control Zone) Order, 1999）	1999 年9 月	南蒲台及大嶼海峽的沿岸水域	1999 年9 月
西北部附	《1999 年水污染管制（西北部附水質管制區）令》（Water Pollution Control (North Western Supplementary Water Control Zone) Order, 1999）	1999 年9 月	大澳水域及大嶼山西面海面	1999 年9 月

資料來源：電子版香港法例、環境保護署網頁。

1990 年，港府對《水污染管制條例》作出重大修訂，撤銷一些原獲准排污的污染製造者的豁免條款，禁止他們在新法例實施後繼續排污，以及將地下水及集水區納入新條例的保護範圍。《水污染管制（一般）規例》也因應修訂，以發牌制度取代有關污水或污物的豁免制度，違規者可處監禁 6 個月並處罰款 400,000 元。如將任何有毒或有害物質排放入公用污水渠或公用排水渠，初犯者可罰款 400,000 元及監禁 1 年，重犯者可罰款 1,000,000 元及監禁 2 年。

同年，當局根據水污染管制條例發出一項《技術備忘錄：排放入排水及污水系統、內陸及海岸水域的流出物的標準》，訂明排往污水渠，排水渠，內陸水域和沿岸水域的污水禁止含有有機及有毒化學物質、放射性物質、可燃或有毒溶劑、污泥及懸浮物質或固體等，並制定排放標準，及按排水量訂定各污染物（物理、化學、溶解樣生化需氧量、化學需氧量[COD]、重金屬、氰化物 [Cyanides] 等）的排放上限。該備忘錄為排水內的污染物含量訂立了國際認可分析方法，使不同工業在擬定適當的廢水處理計劃時有所依循。

1993 年實施的《1993 年水污染管制（修訂）條例》（Water Pollution Control (Amendment) Ordinance, 1993），規定物業業主將污水渠接駁公共污水收集系統；並確保私營公共污水處理設施妥善運作；若未能符合政府的有關規定，政府有權執行必要的改善工程，然後向業主追討所需費用。1993 年，港府在已訂立的 10 個水質管制區外，加入了兩個管制區附

水質管制區，分別為《1993 年水污染管制（吐露港附水質管制區）令》（*Water Pollution Control（Tolo Harbour Supplementary Water Control Zone）Order, 1993*）及《1993 年水污染管制（南區附水質管制區）令》（*Water Pollution Control (Southern Supplementary Water Control Zone) Order, 1993*），以強化管理及保護區內水塘的集水區域。

1994 年實施的《1994 年水污染管制（排污設備）規例》（*Water Pollution Control (Sewerage) Regulation, 1994*），實施污水收集規例，規定私人樓宇的污水必須適當引入公共污水管和污水渠，並確保私人污水處理設施良好地運作及獲得妥善維修。港府又修訂 1986 年實施的《1986 年水污染管制（一般）規例》，環保署即獲授權監管，提高執法效率。

1999 年，特區政府再增加《水污染管制（南區第二附水質管制區）令》（*Water Pollution Control (Second Southern Supplementary Water Control Zone) Order, 1999*）及《水污染管制（西北部附水質管制區）令》（*Water Pollution Control (North Western Supplementary Water Control Zone) Order, 1999*），以擴大受保護的海岸帶。在《水污染管制條例》下，10 個水質管制區和 4 個附水質管制區已覆蓋全香港水域，按照水質指標實施管理，管制水污染源頭和保障受納水體的水質（見圖 3-44）。

圖 3-44　2017 年香港水質管制區分布圖

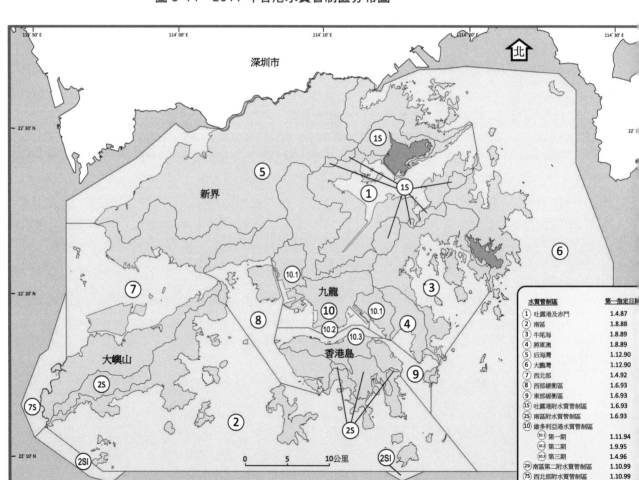

資料來源：香港特別行政區政府環境保護署。

防止禽畜廢物造成污染的廢物處理條例

英佔以來，禽畜業是河流溪澗主要污染源頭，每年產生大量未經處理污水，污染香港河流溪澗，並流出大海污染海水水質。

1980 年的《廢物處置條例》訂立各類廢物收集服務及處置設施申領牌照的規定。條例內容包括禁止在市區內飼養禽畜，管制在限制區內飼養禽畜，管制在指定管制區內排放或擺放禽畜廢物，並設立制度，規定有關人士提交全面的廢物收集及處理方案。

1987 年，港府制定《廢物處置（修訂）條例》，旨在擴大市區禁養及收緊指定管制區的監管範圍及對廢物的管制規定，闡明家禽只限於雞、鴨、鵝、鴿及鵪鶉，並對在指定管制區飼養場內外儲存及收集禽畜廢物的容器作出管制，以確保禽畜廢物得到妥善處理。

1988 年《廢物處置（禽畜廢物）規例》生效，規定在市區及新市鎮的範圍，均禁止飼養禽畜，並逐步加強管制，使管制範圍擴展至包括在其他地區儲存及處理禽畜廢物，以免危害市民健康或污染環境。環保署於 1994 年根據《廢物處理條例》第 35 條出版《禽畜廢物管理工作守則》，就收集、儲存、處理、運輸及處置禽畜廢物事宜提供詳盡的技術指導，協助農民了解和遵守新的管制計劃。經修訂後的禽畜廢物管制計劃的實施，進一步解決了禽畜廢物污染內陸水域的問題。

1994 年《廢物處置（修訂）條例》進一步收緊管制尺度，嚴格管控飼養禽畜及禽畜廢物的排放，凡非法棄置廢物或不遵從廢物收集及處理發牌條件，即屬違法，如在禽畜廢物禁制區或禽畜廢物限制區內違反相關規定，根據《廢物處置條例》最高可被罰款 100,000 元。

防止及管制海上污染條例

為保護海洋環境，香港有義務履行國際海事組織於 1972 年制定的《防止傾倒廢物及其他物質污染海洋公約》（*Convention on the Prevention of Marine Pollution by Dumping of Wastes and Other Matter*，簡稱《倫敦公約》）及《1974 年英國傾物入海法（海外屬土）1975 年令》（*The Dumping at Sea Act 1974 (Overseas Territories) Order 1975*）。根據條例所賦予的權力，港府可透過簽發許可證以管制船隻把物質及物品傾倒入海中和海床。

1975 年，本港實施《1975 年商船（油污染）條例》（*Merchant Shipping (Oil Pollution) Ordinance, 1975*），規定所有貨船必須購買油污染責任保險。1978 年，本港制定《1978 年船舶及港口管理條例》（*Shipping and Port Control Ordinance, 1978*）禁止陸上及海上的油污污染海洋，並管制在船舶或港口傾倒廢物入海和亂拋垃圾。

1984 年，本港實施《1984 年商船（防止油污染）規例》（*Merchant Shipping (Prevention of Oil Pollution) Regulation, 1984*），按海洋污染國際公約所制定，管制船舶對廢物及食物廢棄物的排放，又要求船舶備有廢物管理計劃，廢物記錄簿，以記下特殊排放的項目，以防止及管制船舶引起的油污染。

1987 年，本港制定《1987 年商船（控制散裝有毒液體物質污染）規例》（*Merchant Shipping（Control of Pollution by Noxious Liquid Substances in Bulk）Regulations, 1987*），將以上有關防止海洋污染國際公約的措施，延伸至禁止船舶排放有毒液體入海。

1990 年，本港頒布《1990 年商船（防止及控制污染）條例》（*Merchant Shipping（Prevention and Control of Pollution）Ordinance, 1990*），防止及管制船舶引起的污染。

1995 年，本港制定《海上傾倒物料條例》以落實《倫敦公約》。條例目的是管制船隻、飛機或海事構築物在海上棄置物質及物品，又或將物質及物品傾倒入海或至海床下，條例亦就相關的裝載作業作出規定，表明若要在海上棄置或傾倒物質及物品，必須持有由獲條例授權的監督簽發的許可證，強制作業者需裝置自動實時監察系統，以便署方監測。執法人員也會經常在香港水域巡邏，以防止非法傾倒物料入海行為。

4. 水質保護管理

飲用水

香港飲用水主要來自本地集水和東江供水。1863 年，薄扶林水塘建成，是香港第一個水塘。至 1930 年代，大潭水塘、黃泥涌水塘、九龍水塘、城門水塘等亦先後落成。二十世紀初期，港府已正式定期抽取食水樣本化驗，以了解食水水質狀況，尤其是食水中微生物含量，以保障市民健康，初期化驗樣本只包括薄扶林、大潭及九龍水塘等主要供水系統，政府並定期向外公布各水塘水質的化驗結果。1921 年以後，水塘水質化驗由每年四次改為每月一次，1924 年以後每月的例行水質化驗，更將抽樣範圍伸展至濾水池、街喉及水龍頭，而抽樣地點擴充至港九各地。

太平洋戰爭後，水務署逐漸確立一套綜合食水水質管理系統，包括一套全面的水質監測計劃，監察從水源到用戶水龍頭的水質，監測點包括：東江水接收點（上水木湖抽水站）、集水區、水塘、濾水廠、供水網絡和用戶水龍頭抽取食水樣本，送至水務化驗室測試和分析，確保食水水質符合香港食水標準。

1960 年代以來，東江水逐步成為香港最大的飲用水來源。廣東省當局自從 1960 年與香港簽訂第一份供水協議後，高度重視東江水源生態環境、東江支流水質的保護，致力維持輸港水質符合國家《地表水環境質量標準》。1980 年代以來，木湖抽水站是香港接收東江水的第一站。水務署在木湖抽水站接收東江水後，會定期進行水質物理、化學、細菌學和輻射學等分析。東江水供港初期，水質普遍良好。1980 年代，由於東江沿線及東深供水系統流域的工業化和城市化，東江水水質不斷下降。1999 年，審計署分析了 1989 年至 1998 年期間木湖抽水站的水質測試數據，發現平均有 62% 的溶解氧含量、12% 的總磷量、83% 的總氮量、2% 的酸鹼值及 40% 的總錳量測試數據，未能符合 1983 年和 1988 年所定國家標準值。1998 年，特區政府與廣東省達成興建一條新密封式輸水管道工程協議，以長遠解決東深供水系統被污染風險，以改善東江水水質。工程於 2003 年完工後，東江水水質受到加強的保護。

1990 年代以來，香港政府採用世衞制定的《飲用水水質準則》，監測食水水質，包括 1993 年、2004 年及 2011 年制定的準則／暫定準則值。2011 年，水務署在木湖抽水站和船灣淡水湖、城門水塘及大欖涌水塘範圍，安裝了在線實時量度水質（包括氨氮 [NH_4-N]、溶解氧、酸鹼度等）的嚴密監察系統，確保包括東江供水在內的原水水質達到國家《地表水環境質量標準》及香港水質按世衞訂定的水質參數。所有原水都輸送至濾水廠進行食水處理，處理程序包括除掉沉澱物，隔走幼細的微粒，加入氯氣（Cl_2）和氟化物（F），以殺菌及保護牙齒等。至 2017 年，本港共設有 20 間濾水廠供應經嚴格處理的食水。

截至 2017 年，香港共有 17 個食水水塘，集水區的總面積約為 30,000 公頃，約佔全港三分一的土地面積（見圖 3-45）。除了下城門水塘，其餘 16 個水塘的集水區範圍均與郊野公園範圍重疊，水資源受到《1975 年水務設施條例》（*Waterworks Ordinance, 1975*）及《1976 年郊野公園條例》（*Country Parks Ordinance, 1976*）保護。集水區內發展及土地用途有嚴格管制或限制。水塘存水含有藻類，水務署為避免藻類大量繁殖，造成水體污染，定期在水塘投放魚苗，以維持一定數量的魚類攝食水藻，確保生態平衡、水質優良。

圖 3-45　2017 年香港集水區及水塘分布圖

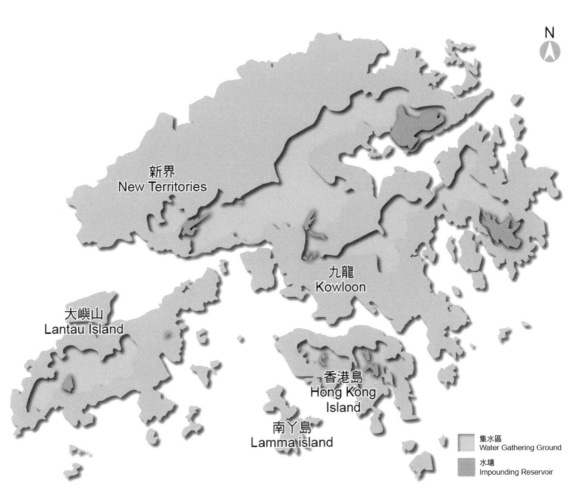

資料來源：香港特別行政區政府水務署。

海岸水

香港污水來源主要有三方面：禽畜的排泄物、工業污水及家居污水。由於城市發展、商業及工業活動主要集中在維多利亞港兩岸，1990 年代初，每天有約 180 萬立方米污水排入海港，污染維多利亞港的水質。要達到保護海岸水質的目標，需有適當的規劃、管理和工程措施，以控制污染源、減少和處理廢水。

1841 年的「雨污合流」及 1902 年的「雨污分流」渠道系統，是香港於英佔早期管理污水主要策略。及後，港府於 1980 年制定《水污染管制條例》，1987 年開展「污水收集整體計劃」，1989 年制定「策略性污水排放計劃」（2001 年正式改稱「淨化海港計劃」），逐步改善香港水質。

1994 年，「淨化海港計劃」第一期工程展開。工程包括建造一座位於昂船洲的化學強化一級污水處理廠、於昂船洲西南面建造一條長 1.7 公里的排放隧道及擴散器管道、全面提升七個初級污水處理廠處理污水的能力，以及建造一個 23.6 公里的污水隧道網絡收集來自九龍、青衣、葵涌、將軍澳及港島東部地區的污水，再輸往昂船洲的污水處理廠。昂船洲化學強化一級污水處理廠也於 1997 年竣工並投入服務，該處理廠可去除污水內 70% 有機污染物（以生化需氧量計算），80% 懸浮固體（SS），每日能截取 600 噸污水污泥和有關污染物，維港海水嚴重污染的情況亦開始受到控制。

2001 年 12 月，「淨化海港計劃」第一期工程完成，昂船洲污水處理廠每天可處理 140 萬立方米污水（約 75% 維港集水區的污水），污水經處理後才排放到海港的西部。「淨化海港計劃」第一期令維港海水溶解氧平均增加約 10%。此外，海港一帶的主要污染物亦普遍下降：非離子氨含量下降 31%、無機氮及正磷酸鹽（M3PO4）（營養物，過量能誘發紅潮）總量分別下降了 16% 及 36%、腸桿菌整體含量下降約 50%。

「淨化海港計劃」第二期甲的工程範圍包括下列主要組成部分：（1）改善北角、灣仔東、中環、沙灣、數碼港、香港仔、華富和鴨脷洲的八個現有初級污水處理廠；（2）擴建昂船洲污水廠，提高現時昂船洲污水處理廠化學處理污水的能力，提升負荷量至每日 245 萬立方米，並增加消毒設施；及（3）建造全長約 21 公里的深層污水隧道，把來自初級污水處理廠的污水輸送往昂船洲污水處理廠進行進一步處理。

淨化海港計劃第二期甲的第一步是在昂船洲污水處理廠加建消毒設施。消毒設施的工程於 2008 年 4 月展開，並已在 2009 年 12 月竣工。前期消毒設施先透過加氯程序（加入次氯酸鈉 [NaClO] 溶液），消除污水內 99% 或以上的大腸桿菌，然後再為污水進行脫氯（Cl）程序（加入亞硫酸氫鈉 [NaHSO₃]），把污水內的殘餘氯去除後才排放。前期消毒設施於 2010 年 3 月投入服務後，維港西部的大腸桿菌水平顯著下降，所有刊憲泳灘亦自此符合大腸桿菌水質指標。在 1990 年代中期至 2003 年年初，因水質欠佳而關閉，位於荃灣的七個刊憲泳灘亦已全數逐步重開。

第二期中其他主體工程於 2009 年 7 月展開，並於 2015 年 12 月竣工及啟用（見圖 3-46）。主要工程包括建造長約 21 公里的深層污水隧道，把餘下 25% 源自港島北部和西南部的污水轉送到新擴建的昂船洲污水處理廠作化學強化一級處理，令污水不再流入維港。兩期工程歷經時 20 年建造，總費用高達 258 億元，另外，第一期及第二期甲營運成本分別為每年 3.2 及 4.2 億元。

在「淨化海港計劃」實施後，香港的公共污水收集網絡從 2001 年至 2017 年間，累增 34%，總長度約 1770 公里，覆蓋全港近 94% 人口。與此同時，污水處理量增加 17% 至 10.07 億立方米，而同期人口增長則約 10%。淨化海港計劃的設施投入運作後，維港水質管制區的水質達標率在 2002 年至 2017 年間穩步維持在 80% 以上（見圖 3-47 及 3-48）。基於水質的改善，因水質問題而在 1978 年起停辦的維港渡海泳於 2011 年復辦，並於 2017 年回復採用 40 年前以尖沙咀為起點的海港中央賽道。

特區政府於 2010/2011 年度檢討推展「淨化海港計劃」第二期乙的迫切性，第二期乙工程擬在現有的昂船洲污水處理廠毗鄰設置地下生物污水處理設施。環保署亦就相關工程展開研究，結果顯示淨化海港計劃第二期甲已提供足夠容量處理預測的污水量，而且設施啟用後，維多利亞港大部分水域已符合水質指標。因此，研究報告指出，目前並無迫切需要推行第二期乙。第二期乙時間表將取決於水質轉變趨勢、預計人口和污水流量的增長，以及社會對此項目的共識（預計 108 億元的建築費及每年七億元的營運費），確保公帑用得其所。

圖 3-46　2015 年 12 月 19 日，「淨化海港計劃第二期甲」於昂船洲污水處理廠舉行啟用典禮。（香港特別行政區政府提供）

圖 3-47　1997 年至 2020 年淨化海港計劃實施後維港水質改善狀況統計圖

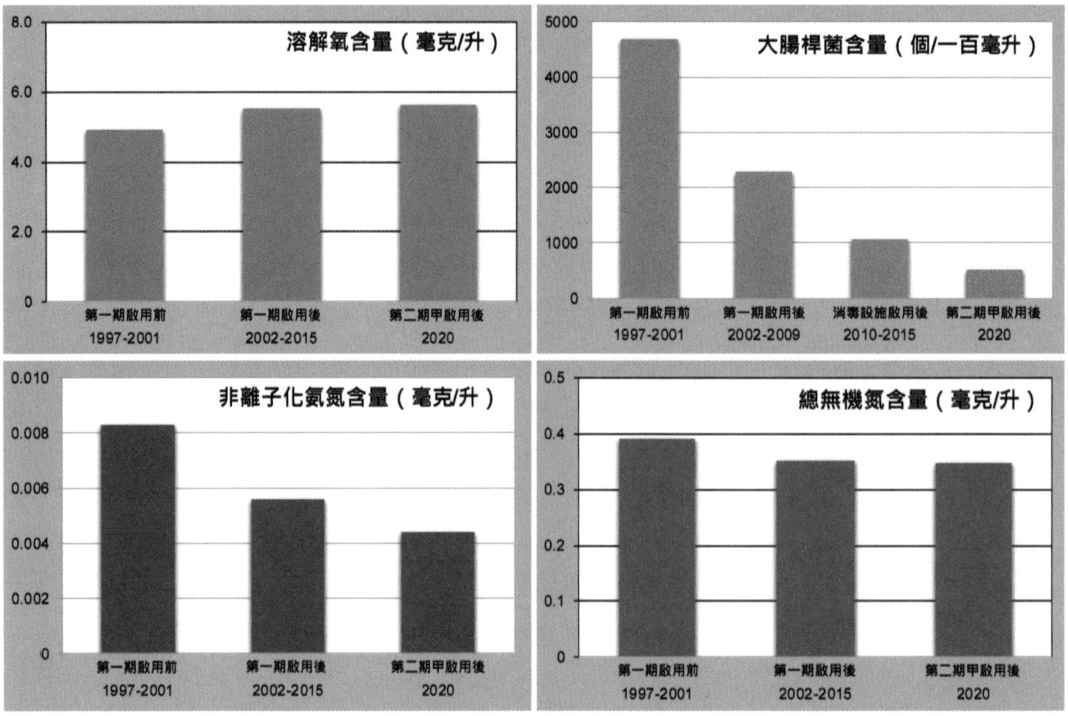

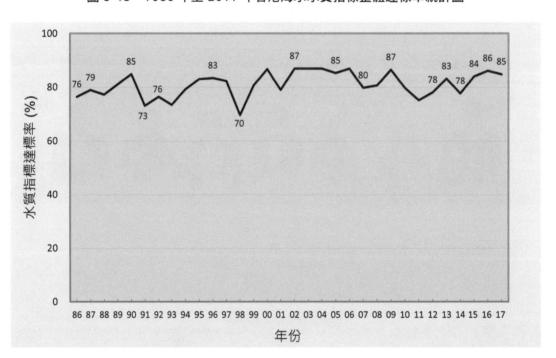

資料來源：香港特別行政區政府環境保護署。

圖 3-48　1986 年至 2017 年香港海水水質指標整體達標率統計圖

資料來源：香港特別行政區政府環境保護署。

河流溪澗水

跟世界其他地方相比，香港並沒有流量大、水深而緩流的大河，只有短而流量小的河流。然而，香港天然河流溪澗眾多，總長度超過 2500 公里，大部分位於鄉郊地區山坡。這些天然河溪是各種野生動植物的生境，不但具備重要生態功能，在景觀方面價值也非常高。許多河溪都位於集水區內，溪水直接流進水塘供應市民飲用，有些河溪則作灌溉用途，特別在新界一些尚有農民耕作的地區更為常見。此外，河溪也有保育水生生物、為市民提供水上康樂活動及將雨水排入大海等功能。

1980 年代，因本地飼養家禽和家畜的農戶眾多，再加上不少鄉村沒有公共污水渠，禽畜廢物和人類的糞便都為河溪帶來污染。1987 年，香港河溪水質整體達標率只有 48%，港府因而訂立條例和計劃，以改善河溪水質。

<u>禽畜廢物污染</u>　英佔以來，禽畜飼養是新界居民一個重要經濟作業。1980 年代中期，本地飼養的雞隻多達 670 萬隻，而豬隻則有 56 萬頭，來自禽畜的有機廢物不但污染河溪，也污染排出口的泳灘和其他沿海水域。

1987 年，港府引進「禽畜廢物管制計劃」，並於 1994 年修訂。這項計劃是消減及管制禽畜飼養所產生的污染的重要措施，管制地區分為以下三類：

（1）管制區——在區內飼養禽畜，必須領有漁護處處長（現漁護署署長）簽發的飼養禽畜牌照，及須遵守《廢物處置（禽畜廢物）規例》；
（2）禁制區——嚴禁在區內飼養禽畜；及
（3）限制區——不准在區內成立新禽畜農場；區內只容許領有漁護處處長（現漁護署署長）簽發飼養禽畜牌照或獲得環保署署長簽發授權書的現有禽畜農場存在；現有禽畜農場亦須遵守《廢物處置（禽畜廢物）規例》。

同年，港府也印發《禽畜廢物管理工作守則》、《以趁乾剷出法處理禽畜廢物的指南》、《滲水系統指南》及《濕處理及乾濕混合處理法處理禽畜廢物的指南》等小冊子，為農戶提供處理禽畜廢物及廢物排放的指引。環保署又設立私營農場廢物處理示範裝置，免費提供禽畜廢物收集服務。港府也為裝設廢物處理設施的農戶提供資助，農戶亦可選擇結業。決定繼續經營的農戶若不妥善處理廢物，最高可被罰款 50,000 元。

禽畜廢物管制計劃生效後，各區劃定多個禽畜飼養禁制區，由 1988 年 6 月 24 日開始全面禁止在禁制區範圍內飼養禽畜。計劃實施以後，本港的禽畜農場的污染量大幅度下降。計劃下不少禽畜農戶結束其高污染的農場，有些繼續經營的農戶則在排污前自行處理禽畜廢物，以符合排污標準。在 1990 年代中期以前，本地河溪已達到污染物排放標準，即懸浮固體含量不超過 50 毫克／公升、五天生化需氧量（BOD_5）不超過 50 毫克／公升。有關計劃

實施後，禽畜農場排放污染量已減少 90%。此類污染主要來自新界西北部，即禽畜農場高度密集的區域。

2006 年，特區政府再度推出「豬農自願退還牌照計劃」，鼓勵豬農參與，並推出特惠補助金計劃。結果共有 222 個豬農退還牌照，而有 43 個豬場繼續營運。為減少人類接觸活家禽的機會，以更有效地預防人類感染禽流感，特區政府在 2006 年計劃在上水石湖墟興建中央家禽屠宰中心，並分別在 2004 及 2008 年向家禽農戶和從事活家禽供應鏈相關業務的人士推出自願退還牌照 / 租約計劃及退還牌照 / 租約安排。結果共有 162 個家禽農戶自願退還牌照。而自 2008 年起，共有 30 個家禽 / 家畜農場維持運作，最高飼養量為 74,640 頭活豬和約 130 萬隻活雞。漁農自然護理署在 2007 年制定了一套「豬隻飼養工作守則」，提升豬農飼養豬隻效能及農場管理水平，並定期巡查農場，確保豬農執行工作守則。禽畜廢物受到有效監管，本港眾多河溪和泳灘的水質漸漸改善。

鄉村生活污水污染　香港有數百個鄉村未有公共污水渠道，生活污水只靠低效率的化糞池處理，或直接排放到附近河溪。水質管制區的公布及《水污染管制條例》在 1980 年制定後，港府致力改善全港污水基本設施，並於 1987 年開始逐步實施 16 個污水收集整體計劃（見圖 3-49），並把 16 個污水收集區連結至「淨化海港計劃」的污水處理系統。計劃能大幅度消減區域河溪污染，令河溪水質從 1987 年至 2017 年間得到明顯改善（見圖 3-50）。

圖 3-49　十六個污水收集區分布圖

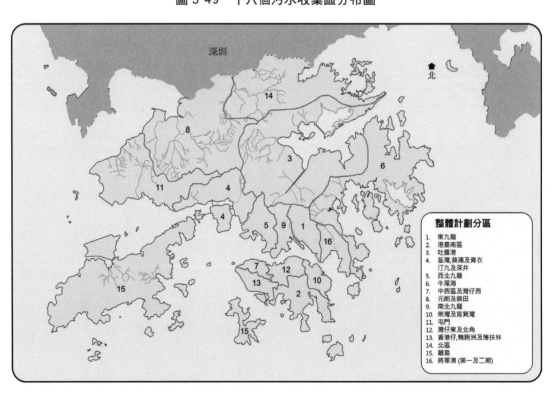

資料來源：香港特別行政區政府環境保護署。

圖 3-50　1987 年至 2017 年本港整體河溪水質狀況統計圖

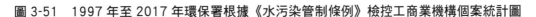

資料來源：立法會秘書處研究及資訊部資料研究組。

工商業污水

1960 年代起，香港紡織業、電子工業、塑膠、五金等行業發展蓬勃。1970 年代，本港廠商流行為外國品牌代工生產，紡織、製衣、玩具、塑膠、鐘錶、印刷、電子等行業發展至高峰，但製造業在生產過程中產生含不同污染物的污水，例如五金及電子業的污水含有重金屬及有機溶劑、紡織製衣業的污水含有漂染化學品等等。當時亦有不少工業大廈的工業廢水及商業樓宇污水非法接駁雨水管道，使廢水排入河流或直接進入香港海域，令本港水質受到污染。

1980 年制定的《水污染管制條例》規定，除流入污水渠的家居污水或流入雨水渠的未經污染的水外，任何污水的排放都必須向環保署申領污水排放牌照。每個牌照均注明排污條款與章則，包括污水的預先處理程序，污水的性質、化學及微生物指標等，目的是管制污水不會損壞污水渠及污染內陸或沿岸海水。環保署同時發放「污水排放標準技術備忘錄」，向業界提供污水排放標準的詳情。環保署又會巡查所有排污設施，甚至要求物業業主將廢水管接駁至公共污水管道，以確保業界遵守排污牌照的條款與章則。

1993 年，港府修訂《水污染管制條例》，規定現有處所須接駁新污水渠，環保署又獲授權執行污染管制及檢控工作，對非法排放工商業污水的公司作出檢控，檢控數目自 2000 年開始減少，到 2017 年時，只有 27 宗（見圖 3-51）。

圖 3-51　1997 年至 2017 年環保署根據《水污染管制條例》檢控工商業機構個案統計圖

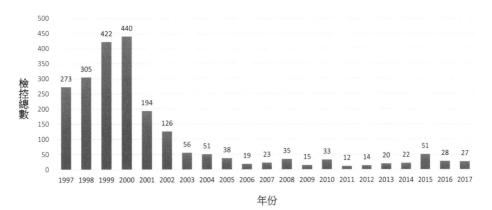

資料來源：香港特別行政區政府環境保護署。

污染者自付原則

1992 年 6 月，聯合國在巴西里約熱內盧召開的地球高峰會上，首次對「污染者自付原則」作出討論，並獲出席會議的各國代表通過。根據這項原則，香港於 1995 年 4 月 1 日年起開始向所有供水用戶徵收排污費，並向被認為排放污水較多的商業機構額外徵收工商業污水附加費。徵收排污費的目的，是收回收集和處理含有或高於住宅污水濃度廢水的費用；而徵收工商業污水附加費則旨在收回處理污染程度超出住宅廢水的工商業污水的額外費用。透過徵收排污費，港府亦希望市民及商界能更多關注和減輕水污染問題。在 1995 年引入排污費前，污水收集和處理的成本全數由政府收入支付，市民及持份者無法知悉污水處理服務所需的成本。

自從引入排污費後，排放廢水者須按排放的水質及水量支付污水處理服務的成本。在訂定收費時，港府考慮到市民用水的基本需要，也顧及各階層市民的生活狀況，故收費目的只在收回操作和維修污水設施的成本。由 1995 年至 2008 年的 13 年間，排污費一直維持在每立方米供水 1.2 元的水平，而每個住宅用戶每 4 個月用水期的首 12 立方米用水，都可免收排污費。在《2007 年污水處理服務（排污費）（修訂）規例》(*Sewage Services (Sewage Charge) Regulation, 2007*) 於 2007 年生效後，排污費收費率以每年 9.3% 的增幅逐步調整至 2017 年的每立方米供水 2.92 元。

在工商業方面，有關費用分為排污費和工商業污水附加費兩種。在收取排污費時，因某些行業（如：成衣漂染、針織布漂染、紗線漂染、汽水及碳酸化飲品工業、啤酒及麥芽酒釀造、餐館業、製冰業等）在製造過程中的用水並非全部變成廢水排放到公共污水渠，所以該些行業排污費是根據供水量的 70% 來計算。其他行業則按照供水量的 100% 來計算。要繳付工商業污水附加費的行業可分三類：一、該行業（如：成衣漂染、針織布漂染、紡織製網及印花、棉紡、洗衣、藥物、巧克力和糖果、麵包製品、屠宰、調製及醃製肉類等）排放廢水的污染程度超出住宅用戶水平，因此需根據污水的化學需氧量數值繳交工商業污水附加費，如啤酒及麥芽酒釀造為 $4.51/ 立方米，餐館業為 $3.05/ 立方米。二、該行業（針織布漂染、梭織布漂染、針織外衣、汽水及碳酸化飲品工業、啤酒及麥芽酒釀造、蒸餾、精餾及混合酒精、餐館業）在製造過程中的用水，並非全部變成廢水排放到公共污水渠，這些行業的工商業污水附加費根據供水量的 80% 來計算。三、其他行業則按照供水量的 100% 來計算。

在 1995 年至 2008 年的 13 年間，排污費的收費率一直維持在每立方米供水 1.2 元水平；特區政府於 2007 年修例，由 2008 年 4 月 1 日起連續增加排污費 10 年，每年增幅 9.3%；2017 年 4 月 1 日，每立方米增至 2.92 元。但在 2015/16 年度，排污費只能回收成本 58.8%。根據渠務署 2017 至 2018 年度的《污水處理服務經營帳目》，排污費及工商業污水附加費在 2017 年的收入為 1,392,900,000 元，而開支卻為 2,295,700,000 元，政府只能收回約六成的成本，並需補貼 2.4 億元的虧損。值得留意的是工商業污水附加費的成本回收率，由 2011 年的 99% 高位大幅下跌至 64%，政府表示部分是由於新建污水處理設施令成本增加（見圖 3-52）。

圖 3-52　2008 年至 2018 年污水處理服務虧損及成本回收率統計圖

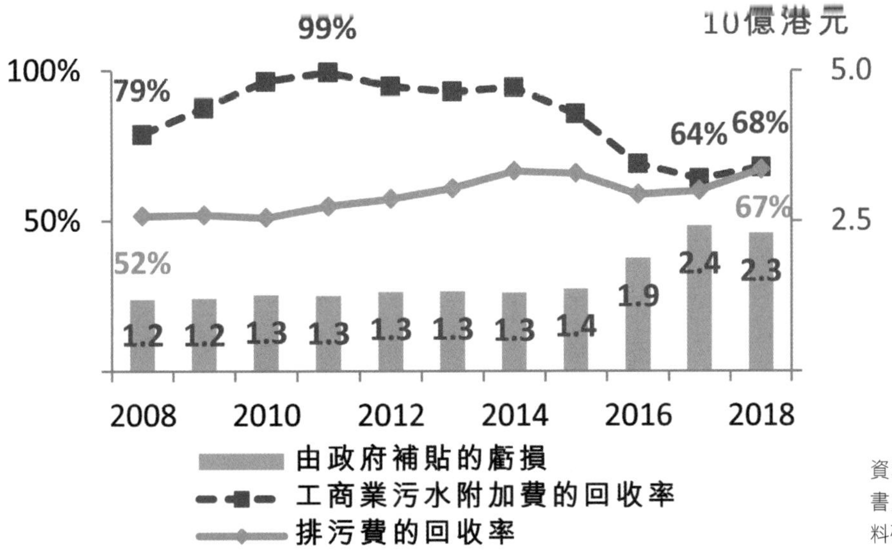

資料來源：立法會秘書處研究及資訊部資料研究組。

第三節　環境影響評估

1970 年代至 2017 年期間，香港政府透過環境規劃、行政程序和環境影響評估制度（環評制度），促使各項新發展計劃的設計及實施更符合環保原則，落實防患未然的政策方針，避免新發展計劃造成嚴重環境問題，並建立一套與國際看齊的環評制度。環評制度按發展性質，大致可分為土地用途層面的環境規劃、針對發展策略的策略環評及處理個別工程項目的項目環評，它們可透過行政或法定方式落實。環評制度涵蓋政府及私人的發展策略、規劃及大型工程項目，以及相關的環境指標。雖然環評制度曾多次面對司法覆核，然而大部分發展計劃都順利開展，並採用合適的措施保護環境及減少對市民的影響。政府透過環評機制建立的生態補償制度，平衡發展與環境的需要，達致可持續發展的目的。

一、環境規劃及策略環評實踐情況

1970 年代初，香港社會開始關注環境污染問題。為確保可能導致環境污染的計劃能及早加入適當的環境保護措施，港府於 1970 年代末開始建立系統化的環境影響評估（環評）制度（見表 3-17），檢視大型工程項目對環境的影響（項目環評）。1980 年代初，港府開始在城市規劃階段儘早考慮相關的環境問題（環境規劃），更於 1980 年代中把環評程序應用於大型發展策略或規劃（策略環評）。1997 年，港府頒布《環境影響評估條例》（《環評條例》），於 1998 年 4 月起執行（見圖 3-53），目標是讓香港邁向可持續發展，亦開始透過環評機制建立生態補償制度。

表 3-17　香港環境規劃及環境影響評估制度主要進程情況表

年份	主要事項
1977	港府綜合環境研究報告建議制定《環境影響聲明書條例》
1979	港府開始建立環評程序,並開始在大型工程進行環評
1983	港府開始採用環評試用程序
1985	港府在《香港規劃標準與準則》加入環境規劃章節
1986	港府發出行政通告,工務工程須進行環境評審,是環評程序的雛形
1988	港府修訂 1986 年的行政通告,把環評程序納入工務計劃,包括大型發展計劃
1989	港府在《白皮書:對抗污染莫遲疑》內公布環境規劃的政策目標
1990	港府全面修訂《香港規劃標準與準則》的環境章節,加強環境規劃
1992	港府規定提交行政局的政策及發展建議文件須有環境影響章節
1992	港府透過行政通告,規定政府的環評報告可供公眾查閱,並開始工務工程的環境監察與審核計劃
1994	港督於施政報告提出就環評立法
1998	《環境影響評估條例》生效

資料來源:香港特別行政區政府環境保護署《香港環境影響評估條例總覽:1998 年 4 月—2001 年 12 月》、環保署年報。

圖 3-53　自 1998 年 4 月起,環境規劃及環境影響評估制度執行流程圖

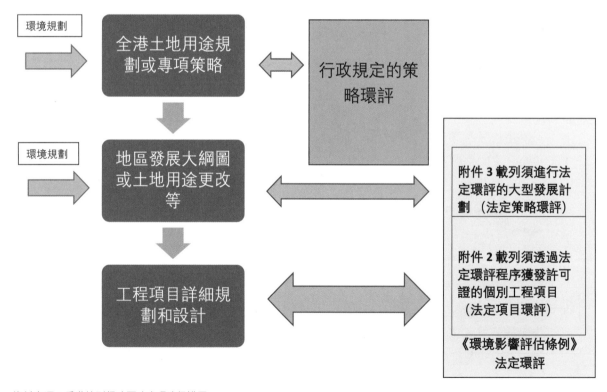

資料來源:香港特別行政區政府環境保護署。

1. 環境規劃在土地用途管理的實踐情況

自 1970 年代起，香港人口增長對環境造成壓力，面對的環境挑戰包括空氣污染、污水、噪音和廢物，而經濟活動及人口增長的速度，亦超過環境基建的承載能力。港府為防範環境問題惡化或新的環境問題產生，於 1983 年至 1984 年間提出環境規劃概念，即是在區域發展策略、發展大綱圖、分區計劃大綱圖、發展總圖及土地用途更改時，及早考慮相關的環境問題及適當的措施。將軍澳及天水圍新市鎮的發展計劃，及更改荃灣及青衣工業土地用途（見圖 3-54），便是早於 1980 年代中期的一些環境規劃例子。

1985 年，港府在《香港規劃標準與準則》加入環境規劃章節（見圖 3-55），以便在土地用途規劃時考慮環境因素。環境規劃考慮三方面的環境功能：資源的可持續使用、吸收污染物的能力及環境上協調的土地用途布局。環境規劃的應用範疇包括：全港及區域土地用途規劃、《城市規劃條例》下的分區計劃大綱圖、城市規劃委員會審議的發展申請，及各類重大設施的選址研究。

房屋規劃是環境規劃的重要應用範圍，在規劃房屋發展的初期，將適當的環境研究加入工程研究中，以便及早考慮解決環境問題的方法。環境規劃主要面對的環境問題包括：交通噪音、車輛廢氣、與工業區毗鄰所承受的環境污染問題，以及排污設備及污水處理設施。1990 年代，天水圍預留區屋苑發展計劃佔地約 220 公頃，提供約 37,000 個住宅單位，港府在工程研究中加入合適的環境研究（見圖 3-56）。此外，九龍及新界約 80 公頃前軍事用

圖 3-54　1980 年代初，荃灣多層工業大廈附近土地用途更改為住宅用途，是香港應用環境規劃的首批土地用途更改個案，透過適當的緩解措施，減少工業污染對住宅發展的影響。（香港特別行政區政府環境保護署提供）

圖 3-55　《香港規劃標準與準則》（左）的環保章節《香港環境規劃指引》（右）提倡規劃及發展項目考慮環境因素。（香港特別行政區政府環境保護署提供）

圖 3-56　1980 年代，港府於天水圍新市鎮規劃及設計階段已考慮環境因素，避免產生環境問題。港府於 1987 年開始填平后海灣附近土地拓展新市鎮，到了 2017 年人口已達 29 萬左右。左圖攝於 1980 年代，右圖攝於 2017 年。（香港特別行政區政府提供）

地上的房屋發展，也採用了這研究方法，以確定相關的環境問題及緩解方法。這些個案成為房屋規劃中考慮環境因素的重要參考個案，為日後在土地用途的環境規劃奠定基礎。

環保署評審及提供環境技術意見的計劃（分區計劃大綱圖、發展藍圖等），在 1998 年及 2017 年分別為 145 宗及 97 宗，而經環保署評審及提供環境技術意見的各種地區規劃或房屋建議，由 1998 年的 1141 宗增至 2017 年的 1546 宗，顯示環境因素在 1998 年至 2017 年期間，已成為土地用途規劃及管理中的重要考慮。

2. 策略環評在香港的演進、實踐情況及主要個案

策略性環境評估（策略環評）是有系統的程序，用以在決策初期評審擬議政策（Policy）、規劃（Plan）及計劃（Programme）所造成的環境影響，從而避免或減少產生環境問題及找出環保方案。香港的策略環評可分為兩類：

（一）行政規定的策略環評：港府於 1988 年修訂 1986 年發出的行政通告，規定新發展計劃及主要的土地用途計劃須進行環評。1992 年起實施新的行政規定，提交行政局的政策及發展建議文件須加入環境影響章節（見圖 3-57）。此行政規定促進策略環評在香港的更廣泛應用。

一九九二年的施政報告
提交行政局的文件

「⋯⋯ 由即時起採取一項行動，就是在提交行政局的文件中，加入一項環境影響評估。一直以來，只有大型發展計劃才須遵守這項規則。由現在開始，我要把這個做法擴大至所有可能令環境付出龐大代價或獲得重大裨益的政策建議。」

圖 3-57　1992 年港督彭定康（Chris Patten）在施政報告提出，港府各部門須按照新的行政規定，於提交行政局的政策及發展建議文件加入環境影響評估相關章節。（香港特別行政區政府環境保護署提供）

（二）法例規定的策略環評：自《環評條例》於 1998 年 4 月 1 日生效後，條例附表 3（見表 3-18）所列載的大型土地發展計劃，須進行法定環境影響評估，國際上一般會視此類大型計劃的環評為策略環評[37]。

香港的策略環評與個別項目環評在評估的性質及特點都有分別（見表 3-19）。

37　除本港有如上看法外，國際研究環評效益報告（1996）、國際影響評估學會及世界銀行等，都界定策略環評為有系統的程序，以評估政策、規劃及計劃對環境的影響或後果，而土地用途規劃及相關的研究都屬於策略環評。歐盟亦認為策略環評的法定指令中，包括土地用途規劃及大型發展計劃。國際環評專家馬斯頓（Peter Marsden）亦認香港《環評條例》附件 3 的項目在國際上屬於法定策略環評。

表 3-18 《環評條例》附件 3 中列出須進行法定環境影響評估的大型工地發展計劃情況表

香港法例規定的策略性環境評估 《環評條例》附件 3 須有法定環境影響評估報告的大型發展計劃
研究範圍包括 20 公頃以上或涉及總人口超過 100,000 人的市區發展工程項目的工程技術可行性研究
研究範圍包括現有人口或新人口超過 100,000 人的重建工程項目的工程技術可行性研究

資源來源：香港特別行政區政府環境保護署資料。

表 3-19 策略環評與個別項目環評比較情況表

評估特點	策略環評	項目環評
環評的性質	評估政策（Policy）、規劃（Plan）或計劃（Programme）對環境的影響	評估個別工程項目（Project）對環境的影響
替代代案的考慮	可考慮較廣泛類別的替化代方案	可考慮的替代方案相對有限
解決問題的空間	較多空間	較少空間
研究過程	較反覆及多個階段的過程	有既定的程序及明確的開始及終結
規定的性質	一般是按行政規定，部分策略環評於 1998 年 4 月後屬法定要求（即《環評條例》附件 3 所列載的發展計劃的環評）	1998 年 4 月後是法定要求（即《環評條例》附件 2 的指定工程項目的環評）

資源來源：《香港策略環境影響評估手冊》（2004 年）及思匯政策研究所《策略性環境評估的角色：以生物多樣性作為香港決策層面的主要考慮》（2013 年）。

2004 年，為推動策略環評在香港的實施，環保署發布《香港策略性環境評估手冊》。手冊總結香港 1990 年代至 2000 年初策略環評的實際經驗及國際上最佳的作業方法及經驗。其中一項策略環評的最佳作業方法是過程中，充分考慮持份者的意見，及反覆修改方案，令最後的建議達至更佳的環境效果（見圖 3-58）。

圖 3-58　左圖為《香港策略性環境評估手冊》；
右圖為手冊建議的一般策略環境評估程序。
（香港特別行政區政府環境保護署提供）

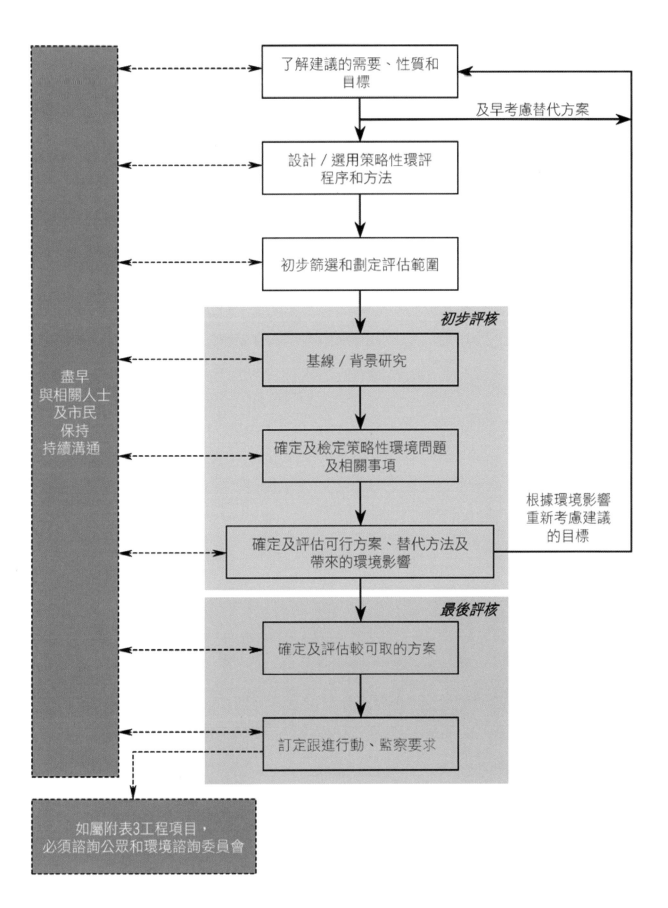

1980 年代至 2017 年期間，按行政規定而完成的策略環評共 17 項（見表 3-20），應用範圍包括全港土地用途規劃、運輸政策和策略及策略性的建議和方案。

表 3-20　1989 年至 2017 年香港政府按行政規定完成的策略性環評情況表

行政規定的策略性環評	完成年份	性質	主要成果
《港口及機場發展策略》	1989	策略性交通、運輸及經濟發展	38 萬人不再受啟德機場的飛機噪音滋擾
將軍澳新市鎮擴充發展可行性研究	1989	佔地 70 公頃、容納 40 萬人的土地用途規劃	城市設計加入通風走廊
北大嶼山發展研究	1992	佔地 750 公頃、容納 25 萬人的土地用途規劃	把新住宅及學校規劃在飛機噪音影響範圍以外
鐵路發展研究	1993	專項交通運輸策略	考慮了約 90 個鐵路發展方案，有助推動較環保的鐵路運輸
西北新界（元朗）發展大綱研究	1994	佔地 14,800 公頃、容納約 100 萬人的土地用途規劃	預防性措施以保護作為國際重要濕地的米埔地區
貨物運輸研究	1994	約每天 200 萬貨車車程的交通運輸策略	加緊對貨車排放管制
《全港發展策略檢討》	1996	2011 年全港 810 萬人口的全港土地用途規劃	建議設立全港性陸地及海上的保育區
第三次整體運輸研究	1999	4 個不同情景的全港性交通運輸策略	為應付環境挑戰，建議以鐵路為主的運輸策略
策略增長區研究 — 新界西北及新界東北	1999	大型土地用途規劃	環保城市設計將新發展區與鐵路結合
第二次鐵路發展研究	2000	專項交通運輸策略	鐵路在公共交通的比例將會上升至 60%
可持續發展研究 — 環境基線研究	2000	可持續發展策略下的環境研究	採納「自然資源資產」概念並予以評估，包括自然、生態、污染物吸納能力及文化遺產資源，以了解香港的環境基本狀況
擴大現存堆填區範圍和物色堆填區新選址	2003	策略性廢物設施研究	找出新策略性堆填區初步選址
全港廣泛使用水冷式空調系統研究	2005	策略性節能設施研究	建議廣泛採用區域性供冷，以減少溫室氣體排放
《香港 2030：規劃遠景與策略》	2007	全港性土地及可持續發展策略	加強以鐵路為主的環保及低碳新市鎮建設
邊境禁區土地規劃研究	2010	大型土地用途規劃	高生態價值的地區規劃為自然保育區
優化土地供應策略 — 維港以外填海及發展岩洞	2013	大型土地用途規劃	選取較具環境效益的岩洞及填海方案
《鐵路發展策略 2000》檢討及修訂	2014	專項交通運輸策略	確定新鐵路網絡對空氣質素的累積效益

資源來源：環保署策略環境評估知識中心網站。

1998 年至 2017 年期間，在《環評條例》下獲批准的策略環評報告共有 23 個（見表 3-21），涉及研究範圍約共 3440 公頃的發展區。

表 3-21　1998 年至 2017 年按法例規定完成的策略性環評情況表

法例規定的策略環評（《環評條例》附表 3 下須完成法定的環評報告）	完成年份	研究範圍
白石角發展	1998 年 8 月	約 117 公頃
荃灣海灣進一步填海工程─第 35 區，工程、規劃及環境研究	1998 年 11 月	約 31 公頃
安達臣道發展計劃	1999 年 3 月	約 50 公頃
彩雲道及佐敦谷發展計劃	1999 年 4 月	約 36 公頃
鋼線灣發展工程	1999 年 4 月	約 20 公頃
屯門第 54 區有潛質發展的房屋用地規劃及發展研究	1999 年 9 月	約 27 公頃
大嶼山北岸發展可行性研究	2000 年 4 月	約 290 公頃
中環填海工程第三期研究，實地勘測，設計與建築	2001 年 8 月	約 25 公頃
灣仔發展計劃第二期綜合可行性研究	2008 年 12 月	約 168 公頃
東南九龍發展修訂計劃的整體可行性研究	2001 年 9 月	約 413 公頃
油塘灣綜合發展工程可行性研究	2002 年 4 月	約 20 公頃
深井發展 ─ 規劃及工程可行性研究	2002 年 5 月	約 20 公頃
沙田區馬鞍山白石及利安住宅發展可行性研究	2002 年 12 月	約 60 公頃
將軍澳進一步發展可行性研究	2005 年 12 月	約 20 公頃
和生圍綜合發展	2008 年 7 月	約 21 公頃
灣仔發展計劃第二期及中環灣仔繞道	2008 年 12 月	約 90 公頃
啟德發展計劃	2009 年 3 月	約 328 公頃
落馬洲河套地區發展	2013 年 10 月	約 88 公頃
新界東北新發展區	2013 年 10 月	約 614 公頃
西九文化區	2013 年 11 月	約 40 公頃
安達臣道石礦場發展	2014 年 7 月	約 50 公頃
東涌新市鎮擴展	2016 年 4 月	約 200 公頃
洪水橋新發展區	2016 年 12 月	約 714 公頃

資源來源：環境保護署策略環境評估知識中心網站及環境影響評估條例登記冊。

香港第一個完成策略環評的大型發展計劃個案是港府於 1989 制定的《港口及機場發展策略》，為香港逐步開展策略環評奠定了基礎（見圖 3-59）。

1996 年完成的《全港發展策略檢討》的策略環評，是第一個加入環境可持續性全面考慮的策略，制定以 2011 年本港發展情況為依據的長遠發展策略。檢討的首要目的，是盡量減低市民所受的環境影響和改善環境問題。策略環評鑒定個別地區的環境承受能力，提出可採取的措施，並指出須從整個珠江三角洲的層面看環境可持續性的問題。評估結果顯示，高增長及低增長方案均可能產生嚴重的環境問題，包括污水收集、水質、廢物處理、貨車所造成的污染及噪音等問題，須從可持續發展的角度更深入及全面研究解決辦法（見圖 3-60）。策略環評亦建議保護陸地及海上具生態價值的地方（見圖 3-61）。

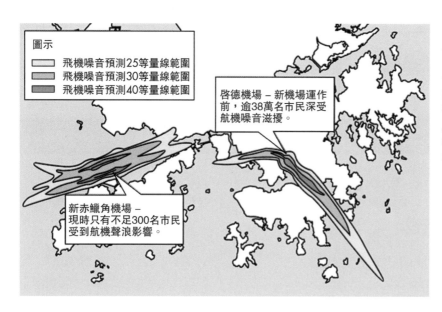

圖示

飛機噪音預測25等量線範圍
飛機噪音預測30等量線範圍
飛機噪音預測40等量線範圍

啓德機場－新機場運作前，逾38萬名市民深受航機噪音滋擾。

新赤鱲角機場－現時只有不足300名市民受到航機聲浪影響。

圖 3-59　港口及機場發展策略的策略環評分析了新、舊機場的飛機噪音情況，最終選取的策略方案（新赤鱲角國際機場）令38萬名居住啟德附近的居民受惠。（香港特別行政區政府環境保護署提供）

圖 3-60　《全港發展策略檢討》策略環評研究程序示意圖

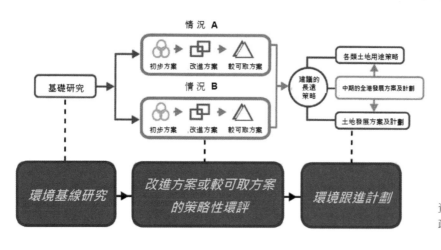

資料來源：香港特別行政區政府環境保護署。

圖 3-61　《全港發展策略檢討》策略環評建議的陸上及海上保育區分布圖

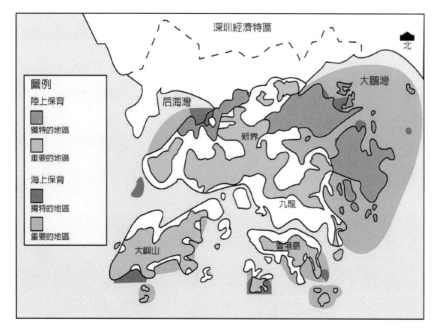

資料來源：香港特別行政區政府環境保護署。

2000 年至 2017 年期間，最重要的個案是 2007 年 6 月完成的《香港 2030：規劃遠景與策略》策略環評（見圖 3-62）。這規劃研究是為香港於 2030 年以前的土地用途制定規劃綱領。特區政府透過策略環評，在制定未來發展策略時，充分考慮環境因素和各項環保基礎設施的承受能力，及探討不同方案的環境影響。評估結果顯示，在採取適當改善措施的前提下，最可取的發展方案不會令香港環境惡化，但須關注累積的環境影響，及個別的發展計劃須進行詳細環境評估。

圖 3-62　左圖為《香港 2030：規劃遠景與策略 - 策略性環境評估行政摘要》；下圖為該策略文件內的策略環評，策略文件建議將環境考慮加入在發展方案內，這些方案包括多項鐵路及環保新市鎮的建議，有助香港邁向可持續發展。（香港特別行政區政府規劃署提供）

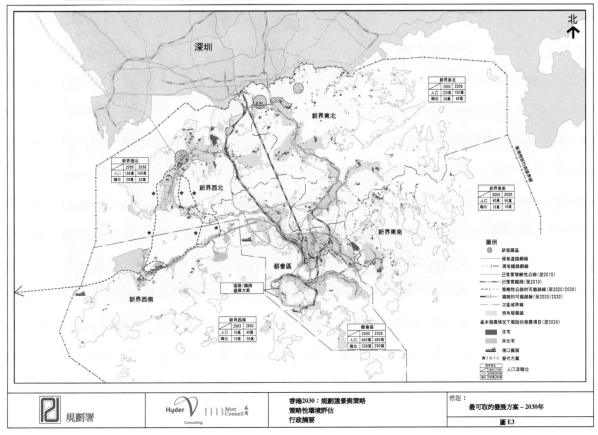

策略環評在香港的實踐，有助制定政策及計劃時及早考慮環境影響因素，避免產生嚴重環境問題及確定環保方案。策略環評着重考慮整體環境利益、累積環境影響及替代方案，把可持續發展的原則納入政策、規劃及計劃，確保發展的可持續性。策略環評可在個別工程項目開展前，先在政策或規劃層面測試各個替代方案。策略環評可正面帶動工程項目以環保的方式在地區進行，並有助監察整體發展的累積影響。

二、《環境影響評估條例》

1. 條例背景

1977 年，港府聘請英國環境資源有限公司（Environmental Resources Limited）進行綜合環境研究，報告建議就發展項目的環境影響聲明書立法。1979 年，港府開始制定一套有關環評的行政程序，到了 1983 年環境保護處採納一套試用的環評程序。

1979 年，青山踏石角發電廠 A 廠及南丫島發電廠（見圖 3-63）成為香港首批進行環評的大型發展項目，先後由港府環境保護組及 1981 年成立的環境保護處審閱相關的環評報告，兩間發電廠均於 1982 年投入運作。

圖 3-63　南丫島發電廠屬於香港首批大型發展項目，此項目於 1970 年代末進行環境影響評估，並於 1982 年落成。（香港電燈公司提供）

1979 年至 1980 年代中，23 項工程項目完成環評。港府於 1986 年頒布「大型發展項目環境評審」的首個行政通告，列出環評程序的行政規定，並於 1988 年修訂該行政通告，加強環評程序。1000 年 2 月，港府發出應用於私人發展項目的環評行政程序指引。

1986 年至 1992 年期間，完成的環評約有 80 項。1992 年至 1994 年期間，已完成或持續進行的環評項目有 239 項。1993 年，因環評預計工程可能造成環境影響，港府取消在大鵬灣擬議挖掘四億立方米填料的項目，使香港其中一個重要的海洋生境得以保存。

1990 年代，環評程序有三項重大發展：一、環評程序正式成為港府進行決策時採用的規劃工具；二、1992 年起，港府規定環評報告必須公開讓市民查閱；三、1992 年起，環境監察及審核制度正式實施。

同期，香港的環評工作逐步得到國際認可。1994 年，香港環保署與加拿大環評局（Canadian Environmental Assessment Agency）在香港舉行首次環境評估工作坊。同年 6 月，香港環保署獲邀出席在加拿大魁北克省舉行的第一屆環評國際峰會（World Summit on Environmental Assessment）。1996 年，香港環保署獲邀在葡萄牙舉行的國際評估大會（Annual Meeting of International Association for Impact Assessment）中，主持環評跟進工作坊。1994 年至 1996 期間，香港環保署獲邀參與一項由加拿大政府資助的國際環境影響評估效益研究，與美國、加拿大、荷蘭、法國、英國、澳洲、北歐各國及聯合國等國家和國際組織的環境部門成為合作伙伴。

1990 年代中，環評開始應用於跨境工程，深圳河治理工程第一期是第一個跨境環評項目（見圖 3-64）。1995 年 5 月，港府和深圳市人民政府合力完成治理深圳河第一期工程的環評報告。第一期工程包括在落馬洲和料壆加寬和挖深兩段約長 3.2 公里的新河段，以代替舊有的河曲。為落實環評報告建議的環保措施，香港和深圳政府銳意實施周全的環境監察及審核計劃，令深圳河治理工程，成為中國境內首個工程採用「戒備」、「行動」、「目標」三個環境水平作出相應行動的機制，以達致保護環境的目標。第一期工程完工後，除了改善水道，羅湖橋橋底的河水臭味亦得到顯著改善（見圖 3-65）。

踏入 1990 年代，香港已建立一套環評行政程序，但並不是法定程序，應用在不同項目時亦難以保持一致的執行辦法，同時沒有制度確保環評建議的緩解措施可以妥善實施，例如 1994 年完成重建的香港大球場，在設計階段沒有妥善處理噪音問題，導致附近民居受噪音滋擾多年。1993 年，港府於環境《白皮書》第二次檢討報告書中，建議立例規定大型發展工程必須進行環評。1994 年，港督彭定康（Chris Patten）於施政報告中，正式提出就環評立法。1996 年 1 月 31 日，港府把《環境影響評估條例草案》提交立法會，並指出《環評條例》是港府避免環境受到破壞的一項重要措施，能保障社會的福祉。1997 年 2 月 5 日，港府頒布《環評條例》，1998 年 4 月 1 日生效（見圖 3-66）。

圖 3-64　北京大學與香港顧問公司 Axis Environmental Consultant Ltd 合力完成內地與香港的第一個跨境環評報告。（香港特別行政區政府環境保護署提供）

圖 3-65　2003 年的深圳河，其時首兩期深圳河治理工程已告完成。（Martin Chan/*South China Morning Post* via Getty Images）

圖 3-66　左圖為環保署 2002 年出版的《香港環境影響評估條例總覽（1998 年 4 月至 2001 年 12 月）》，回顧《環評條例》生效後的情況和成效；右圖為根據《環境影響評估條例》第 16 條的規定發出《環境影響評估程序的技術備忘錄》，以指引的形式協助環保署署長根據《環評條例》的某些條文作出決定。（香港特別行政區政府環境保護署提供）

2. 條例內容

《環評條例》使香港的環評程序具法律效力，旨在保障市民的健康，以及保護和維護生態系統，使後代受惠。為達致此目標，條例規定有可能影響環境的工程項目，必須進行環評，以及根據該等評估實施有效的環境保護措施，藉此預防、消減及管制工程項目對環境造成的影響。

自 1998 年 4 月 1 日實施的《環評條例》，共 9 部 34 條及 4 個附件。條例旨在「就評估某些工程項目及提議對環境的影響、就保護環境和就附帶事宜訂定條文」[38]。

《環評條例》的特點是透過有法律效力的許可證，列明工程項目必須執行的緩解措施。條例亦明確指定需要進行環評的工程項目和必須依循的環評程序。《環評條例》下設有獨立上訴委員會，以便裁決申請人提出的上訴個案。條例賦予環保署的人員執法權力。

38　環境影響評估條例（499 章），https://www.elegislation.gov.hk/hk/cap499!zh-Hant-HK。

《環評條例》規定，被列為指定工程項目的發展工程，須按法定程序進行環評研究或向環保署署長申請批准直接申領環境許可證。須有環境許可證的指定工程項目列載於條例附件 2，共 2 部分 18 類。第一部分是工程項目的建造及營運，共 17 類 87 項。而第二部分是解除運作的工程項目，共 17 項。條例下的指定工程項目，一般都以項目規模大小或距離遠近的準則，來界定哪些發展計劃或工程項目屬於條例下指定工程。條例附件 2 的指定工程項目，須獲發環境許可證才可建造及營辦或解除運作，並須遵守環境許可證的條款，否則便屬違法。[39] 透過環境許可證可規管的事項，列於條例附件 4，共 17 項，進行法定環評研究前，工程倡議人須向環保署提交工程項目簡介，環保署須於 45 日內發出《環評研究概要》（《研究概要》）。環評報告完成後，須經環保署及相關的部門審閱才可公開環評報告。工程倡議人須就工程項目簡介及環評報告，刊登廣告讓公眾及環境諮詢委員會（環諮會）查閱及提出意見。環保署亦成立法定的登記冊，讓公眾查閱不同工程項目的申請情況及項目簡介，以及環保署接獲和批准的環評報告（見圖 3-67）。

圖 3-67　《環境影響評估條例》下的主要流程及公眾參與流程圖

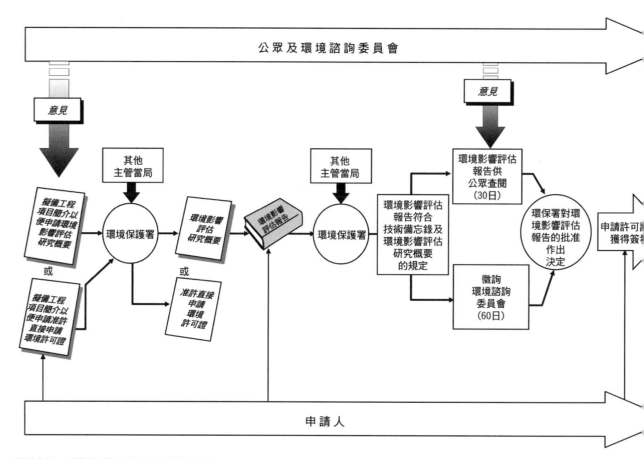

資料來源：香港特別行政區政府環境保護署。

39　首次定罪的最高罰款是 200 萬元及監禁 6 個月，第二次定罪的最高罰款是 500 萬元及監禁 2 年。

香港志 — 自然 · 環境保護與生態保育

根據《環評條例》，負責環境事務的政策局局長如果信納工程項目倡議人將相連的工程項目分開背後目的是規避條例的施行，在諮詢環保署署長後，可透過書面形式指明該等相連項目為指定工程項目。為增加條例的靈活性，條例給予負責環境事務的政策局局長權力，透過在憲報刊登的命令，加入或刪去指定工程項目。為確保環境不受指定工程破壞，條例賦權環保署署長在負責環境事務的政策局局長同意下，可暫時吊銷、更改或取消環境許可證。假若工程項目的環境影響可能大於發出環境許可證所預期的損害時，條例賦予行政長官會同行政會議權力，可暫時吊銷、更改或取消有關的環境許可證。此外，條例賦予行政長官會同行政會議權力，透過在憲報刊登的命令，以公眾利益為前提下，豁免某些工程項目須遵守的條文，以及規定須符合的條件，如在 2007 年，特區政府就曾發出指令，在有條件下豁免深圳灣公路大橋部分工程須跟據《環評條例》取得許可證的要求。

為確保《環評條例》有效率及有效地運作，條例規定：

（一）環保署對所有申請個案須於法例指定時間內回覆，否則該申請會被視作已獲得批准或符合法例要求。條例亦規定公眾及環諮會可以提供意見的時限；

（二）環保署在條例下，須制定及公布涵蓋環評的原則、程序、指引、規定和準則的技術備忘錄，使法例的要求更透明及更客觀；

（三）如工程項目的環境影響，已在登記冊內的環評報告中獲得充分評估，或該項目不會有不良的環境影響，可向環保署申請准許直接申請環境許可證。

3. 環境評估技術備忘錄：評估程序與準則及個別典型評估課題

1997 年 5 月 16 日，《環境影響評估程序技術備忘錄》（技術備忘錄）在憲報刊登及提交立法局會議席上省覽，1998 年 4 月 1 日實施。備忘錄成為《環評條例》下進行環評程序時的重要參考準則。條例規定，環保署署長就條例下的申請事宜作出決定時，須以所有適用的技術備忘錄為指引。

技術備忘錄包含 12 個章節和 22 個附件，詳列環評過程中每一步驟所需依遵的程序，包括每份文件所需擬備的內容和審閱用的指引。技術備忘錄特別列出評估各項環境因素時的原則、程序、指引、規定及準則。

技術備忘錄規定工程項目簡介的內容、環評研究的典型目標及環評報告的主要基本內容。法定環評研究的方法涵蓋四個主要範疇：一，須充分描述環境的特徵，能確定和預測環境影響；二，影響預測的方法須適用於要待處理的課題，並須曾在類似的情況成功使用或在國際上獲得認可，而且能確定項目可能對環境的影響；三，影響的評價須按照技術備忘錄所載的準則，並盡可能以定量的方法評價環境影響；四，建議緩解的方法，須以防產生影響為優先考慮。

典型的法定環評報告，一般包涵空氣影響評估、水質影響評估、噪音影響評估、廢物管理影響評估，生態影響評估，以及環境監察及審核。

空氣影響評估的主要準則包括：一、根據《空氣污染管制條例》訂定的空氣質素指標；二、計算建築塵埃時，需計算總懸浮粒子最高允許濃度；三、氣味最高允許值；四、計算其他相關的空氣污染物，須符合國際的標準或準則。2014 年 1 月 1 日落實的新空氣質素指標，亦適用於《環評條例》。空氣評估須考慮排放特色、研究地區、現狀及氣象情況。預測及評估空氣質素的方法要求，須就最差的氣象個案，識別研究範圍內受影響最高的地區，及識別源頭所造成的影響。

噪音影響評估的準則包括：一、按《噪音管制條例》頒布的相關技術備忘錄所示的準則；二、技術備忘錄列出的噪音標準。交通噪音和建築噪音是一般噪音影響評估常遇到的問題。香港常用的交通噪音評估方法是以英國交通部「計算路面交通噪音」的程序為基礎。[40] 建築噪音評估須根據標準聲學原理及按《噪音管制條例》頒布的有關備忘錄，包括《管制撞擊式打樁工程噪音技術備忘錄》、《管制建築工程噪音（撞擊式打樁除外）技術備忘錄》及《管制指定範圍的建築工程噪音技術備忘錄》。一般的直接噪音緩解措施包括：改變土地用途安排、處理噪音源、興建隔音屏障／隔音罩、修改建築設計及鋪設低噪音物料路面等。

水污染影響評估的一般準則是：一、保障水生環境免受污染，包括水質、水文、水生環境底部沉積物及生態環境；二、須符合污水排入受污染影響較大水域（混合區）可接受的準則；三、廢水排放須符合《水污染管制條例》所發出的技術備忘錄的規定。對水質有較大影響的項目可用定量評估法，其中傾倒廢物入海須符合《海上傾倒物料條例》規定，而雨水徑流則須符合管制擴散污染的準則，至於評估水體中有毒物質的準則是不應對生態及人體健康構成威脅。評估評價水污染的影響，亦須根據受納水體的同化能力及水質指標。

由工程項目引起的廢物管理影響評估，須包括廢物種類及數量、處置方案及相關的影響。在評估處置各類廢物的方案時，可考慮減少廢物的措施包括：一、透過改變設計方法，以避免或減少產生廢物；二、採取更好的工地管理方法，以減少廢物相互污染，及提倡將廢物分類；三、循環再用其他建造工程中的廢料；四、將廢物轉往其他建造工地或公共傾卸場，作其他有益用途；五、在建造階段中，盡可能採用循環再用物料等。

---

40 道路交通噪音的計算單位，是交通量最高一小時當中有 10% 的時間超逾既定噪音水平的聲級（L10（1hr））dB（A）。作出預測時，一般須根據道路工程項目啟用後或對噪音感應強的地方或用途入伙後首 15 年內的設定交通情況或估計的最高交通量（以適用者為準），同時須考慮將來（包括已承諾及已計劃）與現有的道路工程及土地用途。

生態影響評估的主要指引及準則，是須盡可能存護在生態上有重要性的地方及／或生境。任何可能對生態上有重要性的地方造成不良生態影響的工程，通常不予批准，除非：一、有需要進行該工程；二、已證實沒有其他切實可行及合理的替代方法，以及三、將會在工程場地之內及／或工程場地之外採取足夠的緩解措施。一個工程項目是否需要進行生態評估，需要考慮的因素包括：一、工程地點是否位於被認為具保育價值的地點內；二、是否侵佔或影響重要生境，以及三、是否可能存有具保育價值的物種。評估工程項目對生態影響，需要考慮的一般準則涵蓋：一、項目對生態影響的重大程度，準則包括生境質素、物種、生境面積／物種數量、可逆轉性等；二、工程地點生境的重要性，準則包括天然性、生態面積的大小、多樣化、稀有程度、生態連繫等；三、工程地點生境內物種的重要性。至於緩解生態影響措施方面，執行的優先次序一般為：一、避免；二、抑減，以及三、彌償。

典型環評報告涵蓋環境監察及審核計劃兩大範疇。環境許可證上可施加規定，要求工程項目進行環境影響監察，以核證預測結果、措施的效用等。一般而言，下列情況下須實施全面的環境監察及審核：一、項目可能損害人群的健康或福祉或生態系統；二、工程項目處於具自然保育價值的地區；三、緩解措施要一段長時間才可確立效用；四、涉及未經證實的技術；五、涉及不確定因素；六、工程項目的時間編排可能更改，並因此引起重大的環境影響等。

4. 條例實踐情況

1998 年 8 月，環保署批准白石角發展計劃的環評報告，是第一個根據《環評條例》獲批准的環評報告。此發展區佔地約 117 公頃，包括共約 22 公頃的科學園第一至三期，以及房屋、教育及其他用途的發展（見圖 3-68）。

1999 年 8 月，環保署完成就《環評條例》運作的第一次檢討。2000 年，因應九廣東鐵落馬洲支線上訴案的裁決，環保署再次檢討《環評條例》的運作，於 2001 年 12 月發布《香港環境影響評估條例總覽 1998 年 4 月—2001 年 12 月》，交代《環評條例》實施後首 3 年的運作情況。主要結論是《環評條例》基本上運作良好，通過法定環評程序的工程項目，涵蓋逾 93 公里公路及道路、75 公里鐵路、355 公頃工地平整及發展工程，以及 164 公頃機場解除運作工程。約 100 萬人受到各類環保措施的保障（見表 3-22、見圖 3-69 及 3-70），免受環境惡化影響。檢討結果亦顯示，特區政府須採取改善措施，方便持份者參與環評程序，及讓進行環評的人士更了解《環評條例》的要求。

圖 3-68　環保署署長於 1999 年批准大埔白石角發展計劃（包括科學園）的環評報告，是 1998 年《環評條例》生效以後獲批的首份報告。

（上）2000 年白石角進行填海造地的情況；

（下）2021 年科學園的航拍照片。

（上圖為香港特別行政區政府環境保護署提供、下圖為南華早報出版有限公司提供）

九廣鐵路東鐵
紅磡至尖沙咀支線

▬ ▬ ▬ 原定計劃

▬▬▬▬ 修訂計劃

圖 3-69　九鐵尖沙咀支線因應環評結果修改路線，避免影響訊號山。（香港特別行政區政府環境
保護署提供）

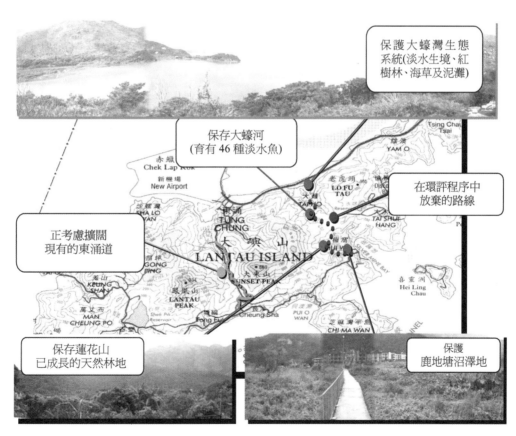

圖 3-70　大嶼山南北通道的環評顯示工程對生態環境有顯著影響，項目最終改由擴闊東涌道取代。（香港特
別行政區政府環境保護署提供）

表 3-22　1998 年 4 月 1 日至 2001 年 12 月 31 日在《環評條例》下為保護環境而避免的問題，或所採取環保設計的成效情況表

透過九廣東鐵尖沙咀支線（紅磡站至尖東站一段）的環評研究，修改鐵路走線，以保留訊號山於 1907 年興建的訊號塔。
約有 560,000 名現有及未來的居民受惠於九廣西鐵第一期（屯門站至南昌站）環評程序提出的消減噪音特別設計。
按照啟德機場北停機坪解除運作項目的環評建議，實施清理計劃以清除有毒化學物，預計日後該處超過 100,000 名居民受惠。
把全面的環保措施納入迪士尼樂園發展計劃，包括設置 4350 立方米人工魚礁以建設海洋生境，以及保存豬籠草等數種稀有及受保護的植物物種。
港燈南丫島發電廠新建機組由燃煤改為燃氣，減少空氣污染。
數碼港採取了環保設計，包括興建隔音屏障、污水處理廠，估計現有 6000 名及未來 23,000 名居民受惠。
九廣西鐵第一期採用電氣化鐵路系統，避免相當於每日行駛 2500 架次巴士所帶來的空氣污染。
按照大嶼山芝麻灣半島附近長沙灣魚類養殖區環評建議，裝設淤泥屏障，以保護 22 公頃的魚類養殖區。
全港興建總長度 11 公里的路旁隔音屏障，使 120,000 人受惠。
全港各區合共劃設 29 至 67 米闊的緩衝區以減低噪音，使合共 14 公頃地區受到保護。
在部分住宅發展項目採用平台設計，把噪音源頭與噪音感應強的地方分隔，使 12,000 名居民受惠。
為避免噪音影響，在西鐵第一期沿線興建 13.5 公里高架橋，其中 7 公里建有隔音屏障、8.4 公里岩石隧道、2.3 公里地面路線、3.0 公里隨掘隨填隧道，以及 3.1 公里地面圍封構築物。
全港各區合共鋪砌 6.5 公頃的草面物料及 3.0 公頃的濕泥物料、修復 13.5 公頃魚塘、重新開拓 12 公頃濕地，及沿 4 公里長排水道重新栽種 1500 棵樹，以補償排水道工程項目對生態環境造成的破壞。
南丫島築建 31,000 平方米堆石海堤，以便在發電廠擴建工程進行期間保護南丫島對開軟珊瑚及柳珊瑚的生長。
在各個緊貼抓斗挖泥工程的範圍裝設淤泥屏障，以防止泥水濺進周圍水域。

資料來源：香港特別行政區政府環境保護署《香港環境影響評估條例總覽 1998 年 4 月—2001 年 12 月》。

2000 年起，環保署就條例的運作，推出包括七項要素的持續改善策略，包括：一、為積極推動公眾參與，自 2000 年 1 月 1 日起，工程項目倡議人向環保署提出的申請，須附上中英文版本的工程項目簡介；二、設立《環評條例》網上協助平台；三、製作更多指南；四、製作《環評條例》工程項目網上範本；五、成立《環評條例》用戶聯絡小組以加強溝通及交流經驗；六、讓公眾以電子方式提交意見；七、設立網上環評關注小組，讓有興趣的人士獲取最新消息。

2000 年 6 月 1 日至 23 日，香港環境影響評估學會為推動在國際上的環評合作交流，舉辦「第 20 屆國際影響評估協會年度會議」，環保署全力支持，逾 600 名來自 80 個國家或地區的代表出席。同年，環保署一名助理署長獲選為國際影響評估協會會長，並於 2002 年在荷蘭主持國際影響評估協會（International Association for Impact Assessment）周年大會。

超過 75 個國家和地區的 600 多名代表出席該大會，會上更促成了中國環保產業協會與國際影響評估協會簽訂合作備忘錄。2004 年，環保署的環評工作被公務員事務局選入《香港公務員隊伍卓越成就選輯》。

自《環評條例》生效以來，環保署多次審視香港實踐環評的經驗，認為《環評條例》下有清晰的準則和嚴謹的程序，有效地評估指定工程項目的環境影響。2010 年代，因應受到司法覆核的個案，環保署於 2011 及 2015 年分別檢討環評制度及機制，包括與其他先進地方的環評制度的比較，結論是香港的環評制度與其他地方相若，但在實踐過程中帶出兩個普遍關注的課題，分別是環保署在環評程序的諮詢角色及評估不同的方案所遇到的困難。環保署為改善政府工程項目的環評程序，推行兩項改善方法：

（一）環保署會以不影響它在《環評條例》下的法定職能為原則的情況下，加強在整個環評程序中的諮詢角色，積極向工務部門／工程代理提供意見；

（二）若指定工程項目會對環境造成不良影響，有關的《研究概要》會注明必須考慮其他方案。負責的決策局／政府部門會在規劃階段初期，與各有關方面協商，研究各方案的可行性，然後選定最切實可行的方案，以便進行環評研究時詳加考慮。

1998 年 4 月至 2017 年 6 月期間，獲批准的環評報告有 211 份，獲發出的環境許可證有 512 宗（見表 3-23）。

香港的環評研究一般都是由項目倡議人委託環境顧問公司進行。為推動香港環評的專業發展，香港環境影響評估學會於 1996 年成立，成員包括在顧問公司、私人機構、學術機構、政府機構及非政府機構就業的專業人士，由 1996 年數十名成員增至 2010 年代約 500 名成員。環保署亦有存放環評顧問公司的名冊，方便項目倡議人就環評事宜與顧問公司聯絡。

表 3-23　1998 年 4 月至 2017 年 6 月《環境影響評估條例》生效下，主要申請數目統計表

申請種類	（a）接獲申請	（b）獲批准或發出	（c）被申請人撤回	（d）不獲批准或未能符合《環評條例》的規定
申請批准環評報告	258	211	32	7
申請環境許可證	539	512	20	2
申請准許直接申請環境許可證	254	229	19	6

注：（b）＋（c）＋（d）三欄相加總數不等於（a）欄，是由於環保署仍在審閱相關申請而未作決定，因此未有將部分環評報告及環境許可證計算於表內。

資料來源：香港特別行政區政府環境保護署。

國際及本地環評學者及專家亦有研究香港環評制度，普遍認為香港環評制度是有效及與其他先進地方的環評制度相若，但在公眾參與、策略環評、跨境環評、生態評估等，需繼續改善及與時並進。

三、環境評估個案

1. 上訴個案概述：落馬洲支線

《環評條例》訂明，若工程項目申請人或環境許可證持有人不服環保署署長的決定，例如拒絕批准環評報告或不發出環境許可證，可向環境影響評估上訴委員會提出上訴。1998 年至 2017 年期間，該上訴委員會只處理一個上訴個案，就是落馬州支線。落馬洲支線（支線）是九廣鐵路公司（九鐵）從上水伸延至落馬洲對岸深圳福田口岸的鐵路，全長 7.4 公里。在 1993 年 5 月，港府於《鐵路發展策略》首次提出興建支線的建議。1998 年，支線的可行性研究報告從工程及環保兩方面，探討連接九鐵及深圳市地鐵兩個系統的可行路線。

支線屬於《環評條例》下的指定工程項目，擬議的路線穿越塱原濕地（見圖 3-71），九鐵於 1999 年至 2000 年進行法定環評研究，於 2000 年 4 月按條例要求提交環評報告。環評報告於 2000 年 6 月至 7 月進行法定的公眾諮詢，收到 225 份公眾意見。諮詢結果顯示，公眾對其他可行路線及成功實行生態補償計劃內容的不確定因素表示關注，環諮會亦提出多項關注。10 月 16 日，環評報告在條例下不獲批准，環境許可證亦不獲簽發。九鐵根據《環評條例》有關條文對決定提出上訴。

上訴委員會的聆訊於 2001 年 4 月開始，並於 2001 年 7 月作出裁決，維持環保署署長不批准環評報告及不發環境許可證的決定。上訴委員會確認興建支線是政府的政策，考慮所有呈堂證據後，認為支線的可行方案只有三個：原來的高架橋建議、在原路線鑽挖隧道及興建北環線。但上訴委員會認為興建北環線牽涉政府政策的重大改變，不在上訴考慮之列。

在考慮上訴委員會判決的建議後，九鐵決定在塱原地底興建隧道，以避免對生態、視覺及景觀造成負面影響，並有利於擬建的古洞北新發展區的規劃。九鐵於 2001 年 9 月提交新的工程項目簡介，於同年 10 月 15 日獲發新的研究概要。新的環評報告評估了支線對塱原的潛在水文影響、生態影響（尤其在落馬洲）、漁業、空氣質素、施工及運作噪音、水質、廢物、受污染土地、文化遺產、景觀和視覺等影響。報告結論指出，支線工程在採取環評報告建議的措施的情況下，將不會構成不能克服的環境影響。經公眾諮詢後，環保署於 2002 年 3 月，批准環評報告及簽發環境許可證。

支線工程於 2003 年 1 月開展，2007 年 8 月通車。九鐵按環境許可證的規定，成立由不同持份者組成的環境委員會，監察項目相關的生態管理及補償措施的落實情況並提供意見。2007 年至 2017 年期間，共開了 20 次會議。

圖 3-71　塱原濕地。（攝於 2001 年 9 月 6 日，香港特別行政區政府提供）

2. 司法覆核個案

1990 年代至 2017 年，與《環評條例》有關的五個司法覆核，大部分個案的爭議都涉及對研究概要和技術備忘錄中的要求的釋義。

永久航空煤油設備

2001 年，機場管理局建議在屯門第 38 區建造一個永久航空燃油設備[41]，此項目環評於 2002 年 8 在《環評條例》下獲得環保署批准，並於同年獲環保署發出環境許可證。一間鄰近鋼鐵廠的經營者質疑環保署署長的決定，於 2002 年 11 月提出司法覆核，認為環評報告未能符合技術備忘錄及研究概要的要求。

此案的主要爭議，是有關該份環評報告是否妥善量化風險評估，即是風險評估是否涵蓋在瞬間或幾乎瞬間之下完全流失儲存罐內的物質所可能造成的災難性事故。終審法庭推翻原

41　自赤鱲角新香港國際機場投入運作至 2000 年初，航空煤油經沙洲對開的航空煤油臨時設備輸往香港國際機場。該設備位於沙洲及龍鼓洲海岸公園的範圍內，而且未能滿足機場未來短期以至長遠運作期內對航空煤油的預期需求。此外，香港機場管理局在規劃新機場期間承諾建立永久航空煤油設備後，停止以沙洲設備作為日常輸送用途，改為應急備用設施。機場管理局經研究後鑒定屯門第 38 區的填海地為興建永久航空煤油設備最佳地點。

訟法庭和上訴法庭的裁決，裁定《技術備忘錄》和《研究概要》的含意，是由法庭處理的法律問題，終審法庭也採取一個以目的為本的釋義方式[42]。終審法庭亦裁定，在環評報告中就涉及爭議的情景欠缺量化風險評估，可能會影響報告的結果和結論，環保署署長沒有權力批准該環評報告。終審法庭於 2006 年 7 月裁定環保署署長於 2002 年發出該環境許可證的決定無效，同月永久航空燃油設備的建設工程因應法庭裁決而暫停。2006 年 12 月 22 日，機場管理局提交新的環評報告，新報告因應法庭裁決及對條例的演繹作出修改，同時就工程場地及鄰近環境的改變（包括新增敏感受體）作出修訂。

2007 年 5 月 30 日，環保署批准該環評報告，並於同日發出環境許可證。航空煤油設備於 2010 年 12 月投入服務，一直為香港國際機場提供航空燃油供應服務。

港珠澳大橋

港珠澳大橋香港連接路環評報告及港珠澳大橋香港口岸環評報告，均按《環評條例》要求，於 2009 年 8 月至 9 月期間供公眾查閱，分別收到 1362 份及 1353 份意見書，並在同年 10 月獲得環保署批准。

2010 年 1 月 22 日，一名市民就港珠澳大橋港方工程的空氣質素影響評估，提出司法覆核。申請人質疑環保署署長沒有權力批准有關港珠澳大橋指定工程項目的環評報告，原因是該報告不符合技術備忘錄和研究概要的要求。主要爭議是該等工程項目對空氣質素的影響，是否已在環評報告中恰當地予以評估。

2011 年 4 月 18 日，原訟法庭頒下判詞，不接納申請人提出的七項質疑當中的六項，但指出考慮《環評條例》目的後，認為指定工程的環評報告除了評估實施工程後對整體環境的累積影響外，還應包括就工程的獨立影響作出評估（即比對不進行工程情況下對環境的影響），以及提出相關的緩解措施，以讓環保署考慮有關的影響是否已減至最低。因此，環保署署長為該等工程項目批准環評報告及發出環境許可證的決定，遭到撤銷。因裁決涉及《環評條例》的重要法律觀點，以及對《環評條例》執行原則有重大影響，環保署就裁決提出上訴。上訴法庭於 2011 年 9 月 27 日裁定環保署上訴得直，上訴法庭認為，在《技術備忘錄》和《研究概要》的真正解釋下，「獨立」分析並不需要，環保署署長是恰當地基於當時的空氣質素目標發出環境許可證，以及環保署署長需要什麼資料來作出有根據的決定，是一項專業判斷的問題。港珠澳大橋香港連接路於 2012 年 5 月動工（見圖 3-72）。

---

42 即於考慮一個工程項目對環境是否有潛在影響時，如果採納的預測方法忽略了可能情況的後果，其中可能會導致人命傷亡，則除非該等情況的起因是已被預期或預料到的，否則該考慮屬有欠完善。

圖 3-72　上圖為港珠澳大橋香港口岸 2013 年施工情況（版權屬香港特別行政區政府；資料來源：香港地理數據站）；下圖為 2018 年落成啟用的港珠澳大橋。（香港特別行政區政府提供）

綜合廢物管理設施

環保署基建規劃組是綜合廢物管理設施的倡議人，於 2011 年建議在石鼓洲附近的人工島嶼上，興建及運作每日處理 3000 公噸都市固體廢物的綜合廢物管理設施第一期[43]，根據《環評條例》向環保署環境評估科提出申請。環評報告在 2011 年 11 月至 12 月期間供公眾查閱，收到 268 份意見書，而報告於 2012 年 1 月獲得批准及工程獲環保署署長簽發環境許可證。

2012 年 4 月，一名長洲居民就環保署及城市規劃委員會有關該項目的決定提出司法覆核，質疑環保署署長的決定違法，指出報告並不符合技術備忘錄和研究概要的規定，以及因為環保署署長同時身兼申請人及審批人，違反自然公正原則，指出行政長官會同行政會議就石鼓洲分區計劃大綱圖的決定建基於錯誤的事實。

2013 年 7 月 26 日，原訟法庭頒下判詞，認為環評報告符合《技術備忘錄》和《研究概要》的規定，法庭已考慮到環保署內的人手及職務架構，事實上沒有出現角色衝突，裁定司法覆核申請人敗訴。上訴法庭於 2014 年 9 月 2 日駁回上訴。

就環保署署長的角色，司法覆核申請人上訴至終審法庭，爭議在於環保署署長是否可在以主管當局的身份授予批准的同時，成為指明的申請人。終審法庭於 2015 年 12 月 18 日頒下判詞，裁定在《環評條例》的真正解釋下，環保署在作為項目倡議人的情況下，仍可成為尋求環保署批准的申請人。環境評估科和基建規劃組的職能清晰地分開，立法機關明確地預想到環保署署長，作為廢物處置的主管當局及廢物處置設施的倡議者，可能會根據《環評條例》申請環境許可證，因此上訴被駁回。2017 年，環保署完成綜合廢物管理設施第一期工程公開招標程序，批出設計、建造和營運合約（見圖 3-73）。

發展大埔龍尾泳灘

大埔龍尾灘工程項目包括建造及運作大埔龍尾人造泳灘（擬建泳灘發展），泳灘亦會提供遊客休憩與康樂的設施，該項目的環評報告在 2007 年 11 月至 12 月期間供公眾查閱，收到 93 份意見書，於 2008 年 11 月在《環評條例》下獲得批准，及在 2010 年 4 月獲發環境許可證。

43　為了全面地處理這個迫在眉睫的廢物問題，特區政府根據 2011 年 1 月的最新發展，檢討了於 2005 年發表的《都市固體廢物管理政策大綱（2005-2014）》，為了確保香港能夠繼續妥善地處理固體廢物，其中一項行動是以興建先進廢物管理設施，包括一所每日能夠處理 3000 公噸都市固體廢物的綜合廢物管理設施，確保以不間斷及更加可持續的方法管理固體廢物。發展綜合廢物管理設施第一期工程於 2015 年獲得立法會撥款及於 2017 年進行招標。

圖 3-73　石鼓洲 I．PARK 綜合廢物管理設施構思圖。設計目標是達致嚴格的環保要求，使設施融入大自然環境及成為離島一個地標。（香港特別行政區政府環境及生態局提供）

2012 年，一名公眾人士不滿特區政府沒有理會龍尾出現罕見的海洋生物管海馬（*Hippocampus kuda*），要求環保署及行政長官會同行政會議按《環評條例》取消相關的許可證，並於 2013 年提出司法覆核。質疑的事項包括環保署署長不行使其在《環評條例》第 14（1）條下的權力，暫停或取消就該工程項目發出的環境許可證的決定，以及未有強制執行在技術備忘錄下就管海馬的特定生態影響評估，使環評報告中關於龍尾灘並不適合成為保護重要物種棲息地的聲明變得具誤導性、錯誤或不全面。

法庭於 2014 年 8 月 12 日頒下判詞，裁定司法覆核申請人敗訴。法庭着眼於技術備忘錄的解釋，認為若龍尾存在着相當大量的管海馬，土木工程拓展署（泳灘項目倡議人）才需要提供關於管海馬的生態影響評估報告。根據該案的實情，法庭認為已在龍尾進行過一般生態調查的漁護署有權行使其專業判斷，而署方的專業結論指該地區並不存在相當大量的管海馬，以及整體生態環境並沒有因泳灘工程而出現重大改變。另外就管海馬進行特定生態影響評估

並非強制要求，法庭亦認為根據在龍尾進行的一般生態調查結果而發出的聲明，不存在誤導或不全面的情況，亦將上訴駁回。龍尾泳灘工程於 2016 年 10 月復工。

擴建香港國際機場成為三跑道系統

機場管理局第三條跑道項目環評報告，在 2014 年 6 月至 7 月期間供公眾查閱，收到 29,133 份意見書，於 2014 年 11 月 7 日在《環評條例》下獲得批准，並獲發環境許可證。一名東涌居民及另一名公眾人士因不滿環保署署長的決定，同年提出司法覆核。涉及的爭議包括：一、條例的目的；二、「Tameside 責任」（即必須採取合理步驟以取得所需的相關資料，在掌握充分資料的情況下作出有關決定）是否適用於環評；三、評估內就珠江三角洲空域的假設是否成立；四、是否需要嚴格遵從《技術備忘錄》及《研究概要》；五、《技術備忘錄》及《研究概要》是否規定環評報告必須考慮和訂立在建造期間於工地範圍以外，就中華白海豚的生態影響的補償措施。司法覆核申請人亦質疑環保署未考慮累積環境影響和其他可行方案。

法庭於 2016 年 12 月 22 日頒下判詞，認為公眾利益已包涵在法定程序的時間表內；《環評條例》已詳細列明諮詢程序及明文責任；及就確切遵從技術備忘錄及研究概要規定的問題，須視乎嚴重程度、是否純屬技術性質、會否構成重大環境影響及專業判斷等。法庭亦認為，噪音影響評估主要是為了明瞭第三跑道系統可能產生的噪音影響，而相關航道位置及方向的假設已列在環評報告中。同時，環評報告已建議一系列工程興建期間的工地緩解措施，包括曾考慮工地範圍以外的補償措施，但實際情況不可行。法庭指環評報告在評估噪音與空氣質素、以及對中華白海豚影響時，沒有不足。法庭判兩位司法覆核申請人敗訴，香港國際機場三跑道系統建造工程可以繼續進行。

3. 沒有受到司法覆核的重大環評個案概述

新發展區

《環評條例》自 1998 年 4 月 1 日生效後，23 項新發展區完成環評研究，經公眾諮詢後獲得環保署批准，計劃得以推展。其中 3 個較重大的新發展區是古洞北和粉嶺北新發展區、東涌新市鎮擴展、以及洪水橋新發展區。

古洞北和粉嶺北新發展區　2013 年 7 月，特區政府公布經修訂的古洞北和粉嶺北新發展區的建議發展大綱圖，發展成為 174,900 人口的社區。相關的環評報告於 2013 年 7 月至 8 月期間供公眾查閱，收到 941 份意見書，於 2013 年 10 月在《環評條例》下獲得批准。環評報告的主要建議包括把塱原核心區指定為「自然生態公園」、建設綠色生活空間、採用鐵路為主的發展方式、在新發展區減少道路交通、回收利用經處理後的污水及節約用水，以及減少排放污染物到后海灣等（見圖 3-74）。

圖 3-74　新界古洞北新發展區透過在《環評條例》下的環評研究，在規劃階段充分考慮環境因素。（香港特別行政區政府土木工程拓展署提供）

<u>東涌新市鎮擴展</u>　東涌新市鎮擴展佔地 250 公頃，為約 144,000 人提供住屋。相關的環評報告在 2015 年 12 月至 2016 年 1 月供公眾查閱期間，收到 2306 份意見書，於 2016 年 4 月在《環評條例》下獲得批准。環評報告建議把東涌谷多個部分指定為「自然保育區」，將部分的東涌河段闢為河畔公園，以及為鄉村提供公共污水處理設施。

<u>洪水橋新發展區</u>　洪水橋新發展區約有 714 公頃，預計容納 218,000 人。相關的環評報告在 2016 年 9 月至 10 月供公眾查閱期間，收到 13 份意見書，於 2016 年 12 月在《環評條例》下獲得批准。環評報告建議把鷺鳥林保留作「綠化地帶」，並開發生態走廊，鷺鳥林附近的建築活動會安排在 3 月至 8 月繁殖季節以外的時間進行。其他環保措施包括：重用經處理的污水、採納綠色建築設計、提供環保運輸服務等。

主要鐵路發展

1998 年至 2017 年期間，17 項鐵路相關的環評報告在《環評條例》下獲得批准，相關的工程獲發環境許可證，工程得以開展，較大的項目包括九龍南環線（西鐵綫南昌站至尖東站一段）、西港島綫、南港島綫、九廣東鐵尖沙咀支線（紅磡站至尖東站一段）、沙田至中環綫、廣深港高速鐵路香港段等，總長度超過 60 公里。

九龍南環線　九龍南環線貫通尖東站及南昌站，總長度約為 3.7 公里，相關的環評報告在 2005 年 1 月至 2 月供公眾查閱期間，收到一份意見書，於 2005 年 3 月在《環評條例》下獲得批准。九龍南環線沿廣東道一段的隧道採用較以往環保的鑽挖式建築方法興建，以減低對附近環境的影響及對沿路兩旁的酒店、商業及住宅大廈的滋擾。

西港島綫　西港島綫長約 3 公里，工程項目包括一條長約 3 公里的地下鐵路，從上環經西營盤和香港大學伸延至堅尼地城。相關的環評報告在 2008 年 10 月至 11 月供公眾查閱期間，收到 273 份意見書，於 2008 年 12 月在《環評條例》下獲得批准。為了建造地下鐵路設施及減少環境影響，其中一項重要措施是把建造西港島綫所掘出的廢料，經由四條主要豎井送至地面，然後經西區公共貨物裝卸區的躉船轉運站運走。工程亦採用低噪音建造方法及隔音罩。

廣深港高速鐵路香港段　廣深港高速鐵路香港段長約 26 公里，相關的環評報告在 2009 年 7 月至 8 月供公眾查閱期間，收到 53 份意見書，於 2009 年 9 月在《環評條例》下獲得批准。在環評研究中，工程項目的各個走線和施工方案於制定時，已盡量避開各種重要環境資源，例如米埔和內后海灣拉姆薩爾濕地、郊野公園、法定古蹟和已評級的歷史建築等（見圖 3-75）。

圖 3-75　廣深港高速鐵路香港段路線圖

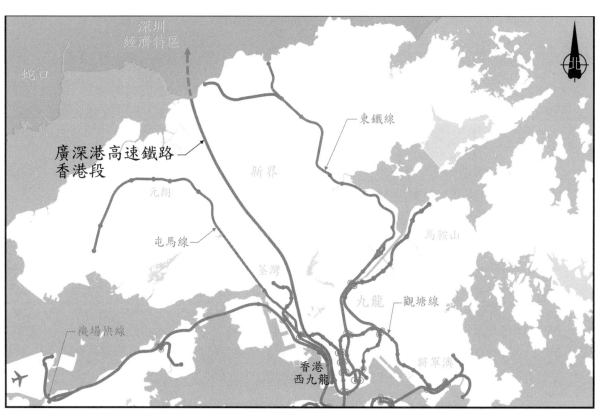

廣深港高速鐵路香港段工程於 2010 年展開，2018 年啟用。（香港特別行政區政府路政署提供）

主要道路發展

1998 年至 2017 年期間，35 項道路相關的環評報告在《環評條例》下獲得批准（不包括受司法覆核的兩份港珠澳大橋環評報告），相關的工程獲發環境許可證，工程得以開展，包括深港西部通道、中環灣仔繞道、中九龍幹線等。

深港西部通道　深港西部通道為一條三線雙程的高架橋結構高速公路，亦是本港第四條跨境行車通道，其中香港水域的公路長約 3.2 公里，連接后海灣與深圳。相關的環評報告在 2002 年 9 月至 10 月供公眾查閱期間，收到一份意見書，項目於 2002 年 11 月在《環評條例》下獲得批准。后海灣是本港的生態敏感地區之一，環評報告建議實施紓緩措施，包括選擇較少環境影響的着陸點及運作期間修復泥灘等，將環境影響降至可接受的環境標準範圍內。特區政府亦訂立環境監測與審核計劃，以確保紓緩措施全面實施。

中環灣仔繞道　中環及灣仔繞道和東區走廊連接路是港島北一條主幹道路，長約 4.5 公里，而隧道長約 3.5 公里。相關的環評報告在 2001 年 7 月至 8 月供公眾查閱期間，收到一份意見書，於 2001 年 8 月在《環評條例》下獲得批准。為紓緩環境影響，環評報告建議實行建築塵埃控制措施、建築噪音緩解措施、裝設隧道內的汽車廢氣靜化系統、隔音罩及隔音屏等。

中九龍幹線　中九龍幹線是一條連接九龍灣與油麻地的主幹道路，旨在紓緩九龍的現有東西行幹道的擠塞情況。中九龍幹線全長約 4.7 公里，其中 3.9 公里為隧道，能減少對地面環境和民居影響。中九龍幹線可提高部分現有走廊的平均行車速度高達 70%。相關的環評報告在 2013 年 3 月至 4 月供公眾查閱期間，收到 680 份意見書，項目於 2013 年 7 月在《環評條例》下獲得批准。環評結果顯示主要的環境影響已減至最低。

主要電力設施

1998 年至 2017 年期間，14 項電力相關的環評報告在《環評條例》下獲得批准，相關的工程獲發環境許可證。除大型海上風力發電場尚待特區政府其他部門審批外，其他工程已經開展，包括燃氣電廠及燃煤機組加裝排放物控制工程，這些工程的發電容量共約 3000 兆瓦。燃氣發電比燃煤發電大幅減少污染物及溫室氣體排放。

港燈南丫島擴建 1800 兆瓦燃氣發電廠　港燈於南丫島興建的 1800 兆瓦燃氣發電廠的環評報告，於 1999 年 5 月在《環評條例》下獲得批准，在 1999 年 3 月至 4 月供公眾查閱期間並沒有從公眾人士收到意見書，成為第一個在《環評條例》下獲批准的能源項目。為符合粵港兩地政府共同改善珠江三角洲空氣質素的政策，香港電燈有限公司於南丫發電廠的第四及五號機組加裝兩台煙氣脫硫裝置，以減低煙氣中的二氧化硫。相關的環評報告於 2006 年 3 月在《環評條例》下獲得批准，供公眾查閱期間沒有從公眾人士收到意見書。燃氣發電機 L9 於 2006 投入運作，2005 年至 2017 年期間，南丫島電廠的氮氧化物排放量減少

56%。燃氣發電機 L10 機組於 2020 年投入運作,再減少約 30% 氮氧化物的排放量。

中電龍鼓灘發電廠燃氣供應項目　　中電的龍鼓灘發電廠於 1996 年投產後,一直使用天然氣發電。自 1996 年起,中電便從海南島附近的崖城進口天然氣,然而崖城的天然氣在 2000 年代中的供應已接近枯竭。特區政府於 2008 年 8 月 28 日與國家能源局簽訂了一份諒解備忘錄,內地會由 2008 年起的 20 年向香港持續供應天然氣。為從內地輸入替代天然氣,中電於龍鼓灘發電廠建造和營運兩個天然氣接收站及兩條相關的海底天然氣管道。相關的環評報告於 2010 年 4 月在《環評條例》下獲得批准,在 2010 年 2 月至 3 月供公眾查閱期間沒有從公眾人士收到意見書。中華電力於 2013 起經西氣東輸二線管道接收天然氣(見圖 3-76)。此外,中電於龍鼓灘發電廠增設兩台 600 兆瓦燃氣發電機組的環評報告,在 2016 年 4 月至 5 月供公眾查閱期間,收到 51 份意見書,項目於 2016 年 6 月在《環評條例》下獲得批准。2012 年至 2017 年期間,中華電力電廠的氮氧化物排放量減少約 35%。燃氣發電機 D1 機組於 2020 年投入運作,再減少約 46% 氮氧化物的排放量。

圖 3-76　位於龍鼓灘發電廠的天然氣接收站,於 2013 年起接收西氣東輸二線供港天然氣。(中華電力有限公司提供)

策略污水設施及策略排洪系統

1998 年至 2017 年期間,30 項污水及雨水排放相關的環評報告在《環評條例》下獲得批准,相關的工程獲發環境許可證,工程得以開展,較大的項目包括淨化海港計劃第一期及第二期甲及香港島北區排水系統。

淨化海港計劃第一期的設施於 2001 年底啟用後，[44] 維多利亞港東部和中部的水質得到大幅改善。特區政府於 2004 年就淨化海港計劃第二期進行了為期五個月的公眾諮詢後，決定把淨化海港計劃第二期工程分兩個階段進行，即第二期甲和第二期乙，[45, 46] 並加快進行第二期甲的部分消毒設施，儘早改善荃灣泳灘的水質。前期消毒設施的環評報告，在 2007 年 8 月至 9 月供公眾查閱期間，收到兩份意見書，於 2007 年 11 月在《環評條例》下獲得批准。而淨化海港計劃第二期甲的環評報告，在 2008 年 8 月至 9 月供公眾查閱期間，收到一份意見書，項目於 2008 年 10 月在《環評條例》下獲得批准，第二期甲的工程於 2015 年完成（見圖 3-77）。

港島北部排水項目環評報告於 2006 年 4 月在《環評條例》下獲得批准，在 2006 年 2 月至 3 月供公眾查閱期間並沒有從公眾人士收到意見書。項目會設一條總長度為 10.5 公里的雨水排放隧道於香港島北部，[47] 部分段落位於薄扶林，龍虎山，大潭及香港仔郊野公園內，

圖 3-77 「淨化海港計劃」第一期及第二期甲範圍示意圖

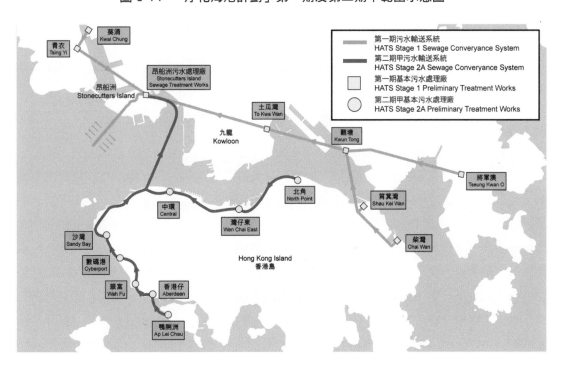

資料來源：香港特別行政區政府渠務署。

---

44 第一期每日收集和處理來自荃灣、葵青、將軍澳，以及九龍和港島東北部市區約 140 萬立方米污水。但來自港島北部和西部每日約達 450,000 立方米的污水只經過隔濾和去除砂礫處理後排入維港，因此對水質造成負面影響。

45 第二期甲會建造深層隧道，把香港島北部和西部的八個初級污水處理廠所處理過的污水，輸送至昂船洲污水處理廠。八個現有的初級污水處理廠亦會加以改善。同時，將會擴建昂船洲污水處理廠，為整個淨化海港計劃集水區的所有污水，集中進行化學加強一級處理和消毒。

46 第二期乙工程擬於昂船洲污水處理廠旁建造一個生物污水處理廠，用作處理整個淨化海港計劃的污水。

47 流經香港島北部集水區的溢流當時被一系列位於市區的排水管道及暗渠所收截，並最終經由數個沿港島北岸的出水口排放於維多利亞港。因排水系統已經超出其負荷，故水浸及危害性的徑流可能發生。

透過 35 個豎井及連接隧道導引高地徑流至主隧道，然後排放至數碼港北面的水域。在選擇雨水隧道定線的過程中，已考慮到避免或抑減各種影響環境的因素，最後定線是對周邊環境影響最為輕微。環評結果顯示，經施行適當的緩解措施後，仍會有不可避免的短暫剩餘影響，但有關影響只限於施工期間及局部地區。

四、環評生態補償

特區政府的生態補償政策，是為因工程而喪失的重要物種及生境，在其他地方（工程場地內或工程場地外）提供同樣物種及生境的方法彌償。工程場地外的緩解措施須連同其他替代方法一併考慮，考慮因素包括：一、須用盡所有可行的設計措施，及所有實際可行的工程場地內的生態緩解措施，盡量減少生態損失或損毀；二、須量化及評價當實行工程場地內的生態緩解措施後的生態剩餘影響，並證實有需要緩解的情況是由有關的工程引致；三、工程場地外的緩解措施須盡可能以同類生境彌償為原則，即所用以緩解剩餘生態影響的彌償措施與擬保護的生境或物種直接有關，而緩解措施須彌償同類的物種或同樣大小的生境，或是透過該措施達致同類的生態功能及容納量，以彌償有關的生態影響。此外，工程場地外的緩解措施須只在香港境內實行，且技術上切實可行。

1. 天水圍新市鎮
天水圍新市鎮環評報告是在《環評條例》1998 年生效前獲得批准，但此環評報告是香港首個遵從 1997 年已制定的技術備忘錄內的生態補償政策而制定。天水圍新市鎮位於后海灣畔，預期新市鎮建成後，人口會由初期 15 萬人增至最終 32.5 萬人。米埔是后海灣的一部分，在 1995 年根據《拉姆薩爾公約》（Ramsar Convention），獲確認為國際重要濕地。環評報告顯示，新市鎮發展工程會破壞毗鄰米埔《拉姆薩爾公約》劃定地區的 17.5 公頃濕地。為補償濕地的損失，環評建議在米埔與天水圍新市鎮之間，建造另一片面積達 18.5 公頃的人工濕地，使香港政府既能滿足房屋發展的需要，又能保護米埔。這個案證明環評有助解決生態保育問題。其後這片人工濕地更成為香港首個濕地公園，2006 年 5 月開幕（見圖 3-78）。

2. 落馬州支線
《環評條例》在 1998 年 4 月生效後，多個主要項目均有生態補償措施，如：因興建落馬州支線車站對落馬洲附近的濕地保育區造成影響，環評報告逐建議為受影響的 23.6 公頃漁塘提供補償措施，包括提早提高車站工程滋擾區以外魚塘的生態價值及提高其餘 27.1 公頃魚塘的生態價值。

3. 新界東北新發展區
新界東北新發展區規劃的環評研究已詳細評估項目下部分基建工程的不同替代方案，以維護塱原的保育價值，其中包括透過項目的規劃避免在塱原進行發展。特區政府為維護塱原長遠的生態價值，把最高生態價值的區域（約 37 公頃）規劃為「其他指定用途（自然公園）」。

圖 3-78　香港濕地公園是天水圍新市鎮環評報告的建議項目，旨在兼顧發展新市鎮與保護環境的需要。（攝於 2017 年 5 月，香港特別行政區政府提供）

4. 機場三跑道系統工程

香港機場管理局為了將擴建香港國際機場成為三跑道系統工程項目的生態影響減至最少，於 2014 年公布的環評報告提出的建議措施包括將拓地範圍減少至 650 公頃、採用非傳統施工方法等。為補償 672 公頃海床的生境損失，報告建議設立一個約 2400 公頃的新海岸公園，並採取多項環境提升措施，以保護和增加北大嶼山水域的海洋生態與漁業資源，香港機場管理局亦會成立環保提升基金。

5. 綜合廢物管理設施

特區政府為緩解興建綜合廢物管理設施第一期可能對環境造成的影響，包括永久失去 31 公頃重要的江豚生境，2012 公布的環評報告建議多項措施，包括按照《海岸公園條例》所規定的法定程序，在石鼓洲和索罟群島之間的海域內，劃出約 700 公頃的合適範圍作為海岸公園。政府亦會實施海洋生態改善措施，例如放置人工魚礁和釋放魚苗，成為落實綜合廢物管理設施第一期的跟進工作重要部分。

第四節　可持續發展

香港自 2000 年發布《二十一世紀可持續發展研究》以來，先後於 2001 年成立可持續發展組（2007 年重組為可持續發展科）以提供技術支援，2003 年成立可持續發展委員會和可持續發展基金，旨在加深市民對可持續發展的認識，並向特區政府提供意見，在不同領域下制定政策時將可持續發展的概念加入。截止 2017 年年底，可持續發展委員會已推動 7 輪社會參與，可持續發展基金處理 12 輪申請，共批出 67 個資助項目，撥款約 6900 萬元。要達致香港未來的可持續發展，社會各界必須攜手合作，以確保當代以及後代都能享有優質的生活。

一、香港二十一世紀可持續發展研究

1. 研究背景

1987 年，世界環境及發展委員會（World Commission on Environment and Development, WCED）在聯合國發表《我們的共同未來》（Our Common Future）報告，第一次完整解釋「可持續發展」的概念，指能滿足當代的需要，同時不損害後代能滿足其需要的發展模式。1992年在巴西里約熱內盧舉行的聯合國地球高峰會上，國際社會通過了《二十一世紀議程》，此項可持續發展的全球行動計劃把環境、經濟及社會各方面受關注的問題納入同一架構處理。

1990 年代中期，港府認為應對香港未來發展，不單要考慮經濟因素，更應顧及環境及社會因素，同時回應國際環保浪潮。政務司委員會在 1995 年 10 月及 1996 年 6 月分別通過顧問研究及可持續發展研究綱要初稿後，港府於 1996 年 7 月 3 日就進行《二十一世紀可持續發展研究》的建議諮詢立法局環境事務委員會，以期建立機制，使港府由制定以至實施各項政策和計劃，都可以全面貫徹可持續發展的原則。7 月 19 日，立法局財務委員會批准撥款 4000萬元，並於 1997 年 9 月，由規劃署委託香港環境資源管理顧問有限公司（Environmental Resources Management Consultants Hong Kong Limited）負責進行，研究期間先後於 1998年 4 月至 6 月和 1999 年 10 月至 2000 年 1 月進行兩次公眾諮詢，最終於 2000 年 8 月完成研究（見圖 3-79）。研究制定了建立可持續發展系統的工作，包括為適用於香港的「可持續發展」擬定定義和指導性準則，並述明概括原則，然後針對特定範疇訂立指標。

圖 3-79　1998 年 4 月 2 日，規劃署舉辦的「二十一世紀可持續發展」全港巡迴展覽開幕。（香港特別行政區政府提供）

2. 研究目標

研究旨在建立一套有系統的程序，透過一系列用作預測日後影響的可持續發展指標，使香港的決策者了解策略性發展決策的長遠影響，該研究是特區政府將「可持續發展」概念正式納入日常管治工作的第一步。研究的目標如下：

（一）加深公眾對可持續發展概念的意識和了解；

（二）改善政府制定政策的過程，藉以確保政府未來的所有重要政策或建議，均會全面考慮到政策對社會、經濟及環境等方面影響。在這方面，研究建議：

（i）利用電腦輔助工具去協助制定政策的早期階段，以便進行可持續發展影響的評估；以及

（ii）推行各種可行方案來改善現行制度架構，以便將評估社會、經濟及環境方面的機制納入現時的制定政策過程。[48]

3. 在香港進行的可持續發展的定義

香港推行的「可持續發展」，意指在社會大眾和特區政府群策群力下，均衡滿足現今一代及子孫後代在社會、經濟及環境方面的需要，從而令香港在本地、國家及國際層面上，同時達致經濟繁榮、社會進步及環境美好的目標。這個定義可為政府制定各項政策和策略提供指引，同時又讓每個市民知道如何參與其中。

為進一步加強市民了解和認識可持續發展概念對將來的重要性，特區政府歷年來推行一系列加深公眾認知計劃，舉辦多元化的活動，包括巡迴展覽、示範／討論會，在大專院校和中學舉辦研討會、工作坊、公開論壇等。特區政府已就可持續發展研究進行兩個階段的公眾諮詢工作，以引發市民討論，增進對可持續發展概念的理解。

4. 指導準則和可持續發展指標

可持續發展系統的首部分是開發一套決策支援工具（電腦輔助評審工具），用作處理及評審策略層面決策能否達到一系列要求，包括：（一）足以應付現時人口的社會需求；（二）更有效率地善用資源，令處理廢物的速度足以抵消人口增長的速度，及公眾需求不斷提升對環境和自然資源所帶來的壓力；（三）留備充足的天然資源滿足市民和下一代的需要。

48　香港特別行政區立法會：〈立法會規劃地政及工程事務委員會與環境事務委員會聯席會議 - 二十一世紀可持續發展研究〉（立法會 CB（1）868/99-00（01）號文件），香港特別行政區立法會網頁，2000 年 1 月發布，2023 年 6 月 12 日瀏覽，https://www.legco.gov.hk/yr99-00/chinese/panels/ea/papers/a868c01.pdf。

顧問於 1998 年 4 月至 6 月期間進行第一階段公眾諮詢，旨在提高公眾人士對可持續發展的了解及認識，並收集意見，以便為在香港推行的可持續發展制定定義。特區政府在公眾諮詢期間收集了 200 多項建議，最終採納 39 項，涵蓋八個方面：經濟、健康與衞生、自然資源、社會及基礎建設、生物多樣性、消閒及文化活動、環境質素及交通運輸。當局就各個範疇的指標提出指導性準則，並定期檢討和更新各項指標，以符合社會及環境的轉變。

5. 體制檢討和安排

可持續發展系統的第二部分是一系列組織架構建議，研究認為特區政府要在政策上成功推行可持續發展概念，必須改善組織架構，加強問責制度，促使在決策過程作出更周全考慮，並確保採用有效率的方法，長期朝着「可持續發展」目標邁進。研究針對實施機制做出以下列建議：

（一）政府設立可持續發展科，提供資源支援日常運作；
（二）設立可持續發展委員會，作為政府以外的策略性組織，成為政府與大眾之間的橋樑，促使政府的各項工作充分顧及大眾的意願；
（三）確保特區政府能夠及早評估主要政策及計劃對「可持續發展」的影響；
（四）讓立法會循不同途徑參與可持續發展政策的制定工作，包括：委任立法會議員加入有關的政策顧問小組；或委任立法會議員為可持續發展委員會的成員，讓官員與議員建立更積極和具建設性的合作關係。

二、執行機構及相關措施

1998 年 4 月，特區政府向臨時立法會簡介「香港二十一世紀可持續發展研究」（下稱「可持續發展研究」）的內容，並就按照香港的情況界定「可持續發展」一詞的涵義徵詢臨時立法會的意見。其後，行政長官董建華在 1999 年施政報告宣布將會成立可持續發展科，監察政策對可持續發展的影響，以及為建議成立的可持續發展委員會提供分析及支援服務。特區政府同時預留一億元，資助公眾推行各項推動可持續發展計劃。

1. 可持續發展委員會

可持續發展委員會（委員會）是一個特區政府以外的策略性組織，作為政府與市民之間的橋樑，促使政府各項工作均顧及市民意願。2001 年施政報告中，行政長官董建華表示已完成研究外國類似機構的運作形式和表現，現正諮詢各主要團體。政務司司長於 2002 年 10 月 9 日答覆立法會質詢，以及在 10 月 23 日有關「地區廿一世紀議程」及「可持續發展」的議案辯論中，告知議員「政府會在短期內公布有關可持續發展委員會的安排」。2003 年，行政長官董建華在施政報告中述明，特區政府正「促使可持續發展融入政府和社會，及成

立可持續發展委員會」。

委員會職權範圍是：（一）就推動可持續發展的優先範疇，向政府提供意見；（二）就為香
港籌劃一套融合經濟、社會和環境因素的可持續發展策略提供意見；（三）透過包括可持續
發展基金的撥款在內的不同渠道，鼓勵社區參與，以推動香港的可持續發展；以及（四）增
進大眾對可持續發展原則的認識和了解。

委員會成員由行政長官委任，包括來自環境保育、社會服務、工商等界別有豐富專業知識
和經驗的人士，以及政府高層官員，讓社會各界就香港的可持續發展事務交流意見。委員
會設有可持續發展策略工作小組和教育及宣傳工作小組，以便委員在推動可持續發展時，
可以專注範圍更廣的問題。小組主席由委員出任，以便統籌個別特定的任務。

策略工作小組的主要職責包括統籌本港可持續發展策略制定的過程，並作出定期匯報以及落實
一套委員會認可的諮詢計劃。教育及宣傳工作小組的主要職責包括統籌推動公眾認識和參與可
持續發展的措施，促進與社區內相關機構合作，以及評審可持續發展基金接獲的資助申請。

2. 可持續發展科
2001 年 4 月立法會財務委員會通過撥款成立持續發展組，隸屬政務司司長辦公室轄下行政
署，監察各決策局和部門，確保可持續發展的原則已納入制定的重要新政策內。

持續發展組職權範圍包括：（一）設立一個評估可持續發展影響的制度，以確保各項可持續
發展原則能夠融入政府的主要政策建議和計劃；（二）充分參考海外地區推動可持續發展的
經驗，並小心研究可持續發展委員會與其他有關法定和諮詢組織的關係；（三）為政府將會
委任組成的可持續發展委員會提供支援，並與該委員會攜手推動社會各界合力實踐可持續
發展的概念；以及（四）把可持續發展研究在引發各界討論和教育計劃方面的動力，延續
下去。2001 年 12 月開始，特區政府內部推行可持續發展評估制度（電腦輔助評審工具），
各政策局和部門均須就有可能對香港經濟、環境及社會帶來持久影響的新策略性措施或重
大計劃，進行可持續發展評估。

2007 年 7 月 1 日，持續發展組更名為可持續發展科，劃入新成立的環境局，由環境局副秘
書長擔任主管，並由首席助理秘書長協助。

3. 可持續發展委員會推動社會參與的過程
委員會鑒於可持續發展關鍵因素在於持份者參與，就此設計及實施一個由下而上、公開、
涵蓋面廣泛及由持份者為本的參與模式，就可持續發展議題收集公眾意見，為香港建立整
體可持續發展策略。委員會的社會參與過程分以下五個階段：（一）找出試點範疇；（二）
擬備誠邀回應文件；（三）讓社會人士廣泛參與；（四）向特區政府提出策略報告；（五）政
府行動。

三、《香港首個可持續發展策略》

1. 試點範疇的討論

委員會其中一項職權是,就如何為香港籌劃一套融合經濟、社會及環境因素的可持續發展策略提供意見。2003 年 11 月,委員會召開了工作坊,並邀請了委員會內的特區政府主要官員建議試點範疇,隨後於 12 月定出「首輪」參與過程的三個試點範疇,包括固體廢物管理、可再生能源和都市生活空間三個議題,並於 2004 年 2 月成立了三個支援小組進行討論。2004年 7 月,委員會發表「誠邀回應」文件《可持續發展 — 為我們的未來作出抉擇》,提供一系列的渠道,鼓勵各界回應該文件提出的議題。同年 7 月至 12 月,委員會舉辦了 4 個公眾論壇、11 個公開工作坊、一個青年論壇和一個可持續發展策略峰會收集意見(見圖 3-80)。

在固體廢物管理方面,持份者同意以堆填設施作為主要廢物處理設施並不是一個可持續發展方案,並認同香港需要一個整體廢物管理策略,為廢物處理定出優先次序。回應者普遍支持「用者自付」的廢物處理收費方式,其中亦有意見強調收費機制必須公平,並且應循序漸進地執行。很多持份者亦贊成採納強制的生產者責任制。此外,高溫或堆肥處理設施須符合嚴謹的環境標準這一點備受各界關注,但採用這些先進設施把廢物體積減至最小的倡議則受到支持。

圖 3-80　2004 年一個「固體廢物管理」公開工作坊舉行情況。(香港特別行政區政府環境及生態局提供)

可再生能源方面，回應者支持採用太陽能或風力再生能源設施，而且普遍認為「轉廢為能」屬可再生能源。另一方面，很多回應者認為特區政府應大力推動有關節約能源的公民教育，並視之為可持續發展策略的一環。

都市生活空間方面，持份者同意市區的破舊樓宇應進行重建，而發展市區應考慮有關人口增長和結構改變的議題。就新界地區可如何發展以善用土地資源，持份者則意見不一；但大部分人士贊同平衡發展，讓不同類型的發展共存，並保存鄉郊特色，同時希望特區政府就可持續發展的建築設計制定全面政策。

2005 年 2 月委員會提交《為我們的未來作出抉擇 —— 首個可持續發展策略社會參與過程報告》，匯報參與社會過程的成果，並提出各項建議，供特區政府考慮。

2.《香港首個可持續發展策略》的發布

特區政府亦以這一輪社會參與過程的成果為基礎，就上述三個試點範疇制定了《香港首個可持續發展策略》（《首個策略》），並於 2005 年 5 月 24 日公布。政府認為香港推出《首個策略》，標誌着在確保全港市民以及未來後代能夠享受更佳的生活質素，建立平台方面邁出第一步。委員會成員則表示，政府發表《首個策略》，是推動香港成為世界級可持續發展城市的一個重要里程碑。

固體廢物管理方面，環保署採納委員會的建議目標，並於 2005 年 12 月 15 日公布《都市固體廢物管理政策大綱》，為香港制定一套十年的管理都市固體廢物的整體策略。2008 年 7 月，立法會通過《產品環保責任條例草案》，其中首個生產者責任計劃 —— 塑膠購物袋環保徵費計劃於 2009 年 7 月 7 日正式實施。

推行可再生能源的方向，特區政府在 2005 年發出有關《政府工程和裝置採用能源效益和可再生能源科技》的工務技術通告，規定所有工程部門在政府工程項目和裝置中，盡可能採用具能源效益的設備和可再生能源科技。機電署於 2007 年 12 月修訂《可再生能源發電系統與電網接駁的技術指引》，為發電容量在 2000 千瓦至 1 兆瓦之間的可再生能源系統與電網接駁的技術事宜提供指引。2008 年後政府與本港兩家電力公司簽訂的新《管制計劃協議》訂有條款，鼓勵電力公司更廣泛使用可再生能源，以及採用更多可提高能源效益和節省能源的措施。

建立可持續都市生活空間方面，特區政府於 2006 年將旨在改善戶外空氣流通的可持續發展城市設計指引納入《香港規劃標準與準則》。2016 年 10 月規劃署發表《宜居高密度城市的規劃及城市設計》專題報告，概述了多個主要策略方針及措施，並交由相關政策局／政府部門根據優先次序及公眾參與的結果制定進一步行動計劃。

四、可持續發展委員會推行的公眾參與

1. 香港可持續發展人口政策的討論

委員會於 2006 年 6 月發表題為《為可持續發展提升人口潛能》的誠邀回應文件。委員會委聘香港理工大學公共政策研究所，就為時 4 個月的社會參與過程所搜集的公眾意見，進行獨立分析和匯報。持份者最關注的事項集中於四個主題，包括生活質素、生育率下降、人力資源和人口高齡化。生活質素方面，持份者大多希望擁有優美怡人、更高水平並適合家庭享用的生活環境和設施，這樣的環境長遠亦有助香港吸引和挽留人才。持份者十分支持「靈活人生」的概念，希望於進修、工作和康樂三方面取得更佳平衡，並可以更靈活地配合個人生活方式。

2007 年 6 月，委員會根據社會參與過程所得成果，向特區政府提交《人口政策社會參與過程報告》，為香港的可持續發展人口政策提出 24 項建議，涵蓋鼓勵生育、推廣健康積極的晚年生活、提升和培育人力資源、更有成效地提供福利服務以及改善生活質素等範疇。12月，特區政府接納可持續發展委員會提出的所有原則和目標，並交由同年 10 月成立的人口政策督導委員會作進一步探討。人口政策督導委員會主要負責研究本港未來 30 年人口結構對社會和經濟的主要影響，以協助特區政府制定策略及實際措施達到香港人口政策的目標。2012 年 12 月，特區政府重組人口政策督導委員會，加入了不同背景的非官方成員，以確保政府在政策討論過程可受惠於專業人士及專家的參與（見圖 3-81）。2017 年的施政報告提出，由政務司司長出任主席的人力資源規劃委員會將於明年年初開始運作。該委員會將整合多方資源和力量，協力制定、檢視、統籌及推動宏觀的人力資源政策，以配合香港的短、中、長期發展需要，讓市民能夠把握未來更多向上流動的機會。

圖 3-81　2015 年 3 月 17 日，人口政策督導委員會舉行第一次人口政策座談會。（香港特別行政區政府提供）

2.「未來空氣今日靠你」（2007 — 2008）

委員會在 2007 年提交的人口政策社會參與過程報告，總結出確保市民日後享有優質生活的相關原則，其中一項原則捉出「政府與社會大眾應攜手改善空氣質素……」，從而達致「為本港市民提供美好的生活環境，同時為吸引和挽留人才打造更佳條件」[49] 的目標。與持份者廣泛討論和進行研究後，委員會於 2007 年 6 月發表《清新空氣　再現藍天 — 就在你手》的誠邀回應文件，邀請社會各界就「高度空氣污染日子」、「道路收費」和「用電需求管理」三個議題發表意見。委員會委託香港大學社會科學研究中心，就為期四個月的社會參與過程所收集的意見，作獨立整理和分析。2007 年 12 月 17 日，可持續發展委員會舉辦「空氣質素高峰會」，讓社會各界總結收集到的意見（見圖 3-82）。2008 年 2 月，委員會發表《可持續發展委員會就更佳空氣質素社會參與過程發表的報告》，總結社會參與過程的結果並向特區政府提出了 23 項建議，包括採用路邊空氣污染的量度結果作為改善空氣質素的目標；以顏色識別系統標示高度空氣污染的日子並對外公布，以便市民採取適當的行動，例如改用公共交通工具以減少排放空氣污染物；採取措施推廣用電需求管理，以節約能源；制定法例以減少揮發性有機化合物的排放；繼續與廣東省當局對話，以解決跨境污染物排放的問題；以及就空氣污染和其對健康的影響進行研究等。

圖 3-82　2007 年 12 月 17 日，可持續發展委員會主辦的「空氣質素高峰會」舉行開幕儀式。（香港特別行政區政府提供）

49　可持續發展委員會：《人口政策社會參與過程報告（2007 年 6 月）》（香港：可持續發展委員會，2007），頁 8。

2008 年 10 月,環境局接納委員會提出的各項建議並作出回應,表示當局已展開有關「空氣污染指數」系統(1995 年推行,1999 年開始為所有監測站編製每小時空氣污染指數)的檢討工作,「空氣污染指數」幅度介乎 0-500,分為 5 個等級(輕微 0-25、中等 26-50、偏高 51-100、甚高 101-200、嚴重 21-500),高於 100,即反映高健康風險。檢討工作於 2012 年完成。2013 年 12 月,環保署改用「空氣質素健康指數」,把空氣質素分為低、中、高、甚高和嚴重五個級別,讓市民知悉空氣質素可引發的健康風險。

3.「優化建築設計締造可持續建築環境」(2009—2010)

2003 年至 2004 年,委員會於首個社會參與過程中把都市生活空間列為三大議題之一,隨後特區政府於 2005 年發表了《首個策略》。在都市生活空間議題上,《首個策略》的其中一個目標是檢討規管可持續建築設計等的指引,同時需要特別注意影響觀景廊或阻礙空氣流通的建築物。

2009 年 6 月,委員會與特區政府鑒於公眾日漸關注與建築物相關的環境議題,例如體積龐大和遮蔽景觀的建築物、屏風效應及熱島效應等,推出第四次以「優化建築設計 締造可持續建築環境」為題的社會參與過程,旨在實踐《首個策略》的目標,締造優質及可持續建築環境。是次社會參與過程的核心議題分別為:(一)有關樓宇間距、樓宇後移及綠化面積的可持續建築設計指引;(二)總樓面面積寬免;(三)建築物能源效益。這三項議題均反映踏入二十一世紀以來公眾所關注的範疇。

委員會鑒於是次處理的議題,是委員會歷次社會參與過程中最具技術性和最複雜的,故安排委員會與其轄下的可持續發展策略工作小組及締造可持續建築環境支援小組舉行聯席工作會議,讓委員會在決策上更有效吸納專業意見。委員會委託香港理工大學公共政策研究所作為獨立匯報機構,就收集所得意見編製報告,報告指出:(一)公眾普遍普遍關注樓宇高度和體積對環境的影響,同時支持特區政府就建築間距、樓宇後移和綠化面積作出規定及訂立措施提升能源效益,為本港建立一個具質素和可持續的建築環境;(二)較多意見支持為必要設施和公用通道的總樓面面積提供寬免;但反對為完善生活設施(例如康樂設施、住客會所)、停車場和綠化設施提供寬免;(三)公眾普遍認為對規管建築發展的問題要作整體考慮,顧及社區和區內環境的長遠需要,不應採取「一刀切」的方法;(四)對於建築規管制度,公眾普遍支持特區政府應進行全面檢討。

2010 年 6 月,委員會總結持份者意見,發表《優化建築設計締造可持續建築環境社會參與過程報告書》。2010 年 10 月,發展局就報告書的建議逐項進行回應。行政長官曾蔭權於 2010 年 10 月 13 日的施政報告中宣布,特區政府會為締造優質及可持續建築環境推出一系列新措施。屋宇署、地政總署和規劃署於 2011 年 1 月向業界發出及修訂了共 15 份作業備考,訂明包括在新的私人發展項目中,就環保及完善生活設施給予總樓面面積寬免,同時就實施可持續建築設計,包括涵蓋建築物間距、樓宇後移及綠化覆蓋率等提供詳細規定及指引。

4.「紓緩氣候變化：從樓宇節能減排開始」（2011—2012）

環境局在 2010 年第四季進行公眾諮詢，就香港未來十年應對氣候變化的策略及行動綱領收集公眾及持份者意見。諮詢文件建議 2020 年香港的碳強度需要由 2005 年水平減少 50% 至 60%。

2011 年 3 月，日本福島核事故令全球反思應否追求以核能作為主要能源之一。踏入二十一世紀，能源日益匱乏，加上價格急升，國際社會意識到必須用更有效的方法使用能源和管理能源需求。就此，可持續發展委員會於 2011 年 8 月發布《紓緩氣候變化：從樓宇節能減排開始 —— 誠邀回應文件》，就電力需求管理達致減低碳強度的困難、誘因和行動計劃等幾方面，促進意見交流，務求透過提倡低碳生活、建築物能源效益及綠色經濟，從氣候變化的根源着手，處理問題。委員會透過不同渠道收集意見，公眾普遍贊成特區政府以全面及有系統的方式制定應對氣候變化的措施，優化現行的規例和標準，並在適當的時候提供支援和協助，以鼓勵實行樓宇節能減排。公眾亦期望從更宏觀的角度，把香港進一步發展成高能源效益及可持續發展的低碳城市。

委員會參考了獨立匯報機構嶺南大學服務研習處的報告書，於 2012 年 3 月 29 日發布《紓緩氣候變化：從樓宇節能減排開始社會參與過程報告書》（見圖 3-83）。報告表示，市民希望特區政府能以身作則，實踐節約能源，提高能源效益及加強教育和宣傳，以展示節能減排在財務上或其他方面的好處。委員會亦認同是次社會參與過程的重要信息為社會上不同界別需一同協力減低碳排放。委員會就制度優化和促使行為改變兩大範疇，提出共 30 項有關節能減排的建議。2012 年 6 月 7 日，特區政府認同委員會的建議目標，同意要加強公眾教育和宣傳、提供更多與用電有關的資訊、推動碳審計、持續提升能源效益及推廣綠色建築。

圖 3-83　2012 年 3 月 29 日，可持續發展委員會主席陳智思（左）和「紓緩氣候變化：從樓宇節能減排開始」支援小組召集人黃錦星（右）公布委員會的社會參與過程報告書。（香港特別行政區政府提供）

早於 2009 年，特區政府已透過環境及自然保育基金，推出兩項分別針對能源及碳審計和能源效益項目的計劃。兩項計劃合共撥款 4.5 億元，資助 1082 宗項目，令 6400 幢建築物受惠，估計每年可為香港節省約 1.8 億度電及減少排放 126,000 公噸二氧化碳，兩項計劃於 2012 年結束。2012 年 2 月，特區政府按照《建築物能源效益條例》，刊憲頒布《屋宇裝備裝置能源效益實務守則》（《建築物能源效益守則》）和《建築物能源審核實務守則》（《能源審核守則》），即時生效。同年 9 月 21 日，《建築物能源效益條例》全面實施，特區政府預計新建築物在該條例全面實施後首十年，可節省 28 億度電，有助減少排放 196 萬公噸二氧化碳，當局會每三年檢討兩份守則。2013 年 1 月，推動綠色建築督導委員會成立擔當中央協調的角色，統籌各政策局和部門的工作，全面推動香港的綠色建築。2015 年《香港都市節能藍圖概覽 2015~2025+》中指出，政府建築物的用電量在 2020 年或之前以減少 5% 目標（以 2014 年用電量為基礎計算）。

5.「減廢 —— 收費・點計？」（2013 年至 2014 年）

1980 年至 2010 年的 30 年間，香港的都市固體廢物總量增加近 80%，但同期人口增幅為 36%。2012 年 1 月至 4 月期間，環保署就香港應否推行都市固體廢物收費進行了第一階段的公眾諮詢。特區政府根據諮詢結果，確立了都市固體廢物按量收費為政策大方向。特區政府鑒於落實此制度對香港可持續發展有深遠影響，邀請可持續發展委員會開展第二階段的社會參與過程。

特區政府於 2013 年 5 月發表《香港資源循環藍圖 2013—2022》，透過政策及法規、社會動員及投資基建設施三大範疇，提出多項措施，以達至「惜物、減廢」的目標。2013 年 9 月 25 日，可持續發展委員會發布開展《減廢 —— 收費・點計？ —— 誠邀回應文件》，鼓勵持份者和市民討論如何推行都市固體廢物收費的可行方案，包括收費機制、收費計劃的涵蓋範圍、收費水平和回收。

為期四個月的公眾參與結束後，香港大學社會科學研究中心記錄和分析所有收集到的意見。其中，按住戶的家居廢物收費及按體積收費相對獲得較多的支持；對於按住戶的家居廢物收費，最普遍選擇為合適的收費水平是每月港幣 30 元至 44 元（假設一戶三人家庭），對於工商業廢物，最普遍選擇的收費水平是每公噸港幣 400 元至 499 元。有接近三分之二居住在沒有物業管理樓宇或處所的家居廢物產生者認為，可接受或十分接受每次棄置廢物都須於容許時段內到附近的指定地點進行，惟亦有意見關注時間上的不便。此外，亦有意見支持可回收物品不用收費、向實施收費後大幅減少廢物的住戶提供獎勵、提供不同大小的預繳垃圾袋供住戶選擇及廢物產生者責任收費等。

2014 年 12 月 16 日，可持續發展委員會向特區政府提交《可持續發展委員會都市固體廢物收費社會參與過程報告書》，環境局歡迎報告，認為方案進取務實，切合當前環境，特區政府會仔細研究和積極跟進。2015 年施政報告指出，環境局正參考可持續發展委員會提

出的建議和試點計劃的經驗，研究落實都市固體廢物按量收費的具體安排，並會在同年匯報框架建議。2016 年施政報告指出，政府正積極引入都市固體廢物按量收費制度，推動減廢。除草擬法例外，「環境及自然保育基金」亦已預留 5000 萬元資助社區參與項目，為實行收費制度作準備。此外，特區政府正檢討「建築廢物處置收費計劃」，並探討長遠發展方向，包括與都市固體廢物收費銜接。特區政府已提出方案，盡快把收費調升至收回成本水平，並提交立法建議。2017 年，環境局公布了優化都市固體廢物收費的落實安排[50]。

6.「推廣可持續使用生物資源」（2016 年至 2017 年）

可持續使用生物資源是可持續發展的主要元素之一，香港雖是彈丸之地，但按比例而言卻耗用大量生物資源，香港亦是魚翅貿易的主要樞紐。儘管香港的消費模式在生物多樣化方面對全球構成壓力，但公眾對可持續消費的意識普遍不高。2016 年 7 月 26 日，可持續發展委員會發表有關《推廣可持續使用生物資源的公眾參與文件》（見圖 3-84），確立了三個關鍵議題：（一）如何促進消費者作明智的選擇；（二）推動企業和公營機構採取最佳實踐模式；（三）舉辦教育及宣傳活動，讓公眾及持份者展開深入而有系統的討論。

圖 3-84　2016 年 7 月 26 日，可持續發展委員會發布《推廣可持續使用生物資源的公眾參與文件》。委員會出席的代表包括主席李國章（中）、委員會屬下可持續發展策略工作小組主席譚鳳儀（左）、委員會屬下推廣生物資源的可持續使用支援小組召集人黃煥忠（右）。（香港特別行政區政府環境及生態局提供）

50　特區政府於 2018 年 10 月提交了《《2018 年廢物處置（都市固體廢物收費）（修訂）條例草案》》（《條例草案》），隨後 11 月成立法案委員會審議《條例草案》，審議期間部分委員對收費計劃在現階段的可行性有所保留，直至 2020 年 6 月決定終止審議《條例草案》。因 2019 新冠疫情，立法會延期至 2021 年 12 月 31 日才換屆，故該法案被重新審議，立法會於 2020 年 10 月成立新的法案委員會，繼續《條例草案》的審議工作，2021 年 8 月 26 日立法會通過有關條例，並設 18 個月的準備期。

可持續發展委員會於 2016 年 7 月 26 日至 11 月 15 日舉行三個多月的公眾參與，並委聘香港大學社會科學研究中心為獨立分析及匯報機構，結果顯示公眾對於可持續使用生物資源的意識水平明顯很低。有意見指出，可持續發展產品缺乏利潤是限制相關產品供應市場的因素，而大多數消費者認為環保標籤、相關資訊及可持續產品消費者指南有助於他們購買可持續產品。機構／公司代表普遍認為，更高的社會認知、可持續產品及供應商資訊平台、獎勵計劃和約章計劃，都是促使他們採購更多可持續產品的重要因素。另有意見提及財政誘因、宣傳教育、公眾獎勵計劃、香港的環保標籤系統、特定銷售區和良好產品包裝對提升可持續產品的需求都有正面作用。

可持續發展委員會於 2017 年 6 月 2 日向特區政府提交報告，就推廣可持續使用生物資源提出 20 項建議，當中包括需要制定誘導行為改變的長遠策略，促使社會以更可持續的模式使用生物資源。同日，環境局發表聲明對報告表示歡迎，並就該委員會的建議作詳細回應。政府表示會以身作則，包括透過編訂和採用環保採購指引等，以社區參與及促進獲取知識作為主要策略，努力推動社會進行範式轉移，邁向更持續使用生物資源。

五、香港可持續發展的教育和推廣

1. 可持續發展基金

2003 年 5 月 14 日，特區政府於立法會環境事務委員會和規劃地政及工程事務委員會聯席會議徵詢議員意見，議員普遍支持成立可持續發展基金，用以資助那些能加深市民認識可持續發展概念，以及鼓勵市民在香港實踐可持續發展原則的計劃。2003 年 6 月 13 日，行政署署長在立法會財務委員會會議上提交文件，要求撥款 1 億元成立基金並獲得財委會批准。

截至 2017 年 4 月 26 日，基金共處理 12 輪申請，批准 67 個項目，資助額共約 6900 萬元，當中 61 個項目已經完成，6 個項目仍在進行（見圖 3-85）。

2. 宣傳及社區教育

環境局可持續發展科推動多項工作，提高公眾對可持續發展的認識，包括（一）可持續發展學校外展計劃，至 2017 年共有約 186,000 人次的師生參加。在 2016／2017 學年，共有 81 間學校參與外展計劃下的 70 次話劇表演、21 場講座和 11 個工作坊；（二）可持續發展學校獎勵計劃，始於 2007 年，共有 214 間學校（按次數計）獲可持續發展學校獎；（三）可持續發展大使計劃，始於 2013 年，截至 2017 年，計劃培訓了 397 名來自 27 間學校的可持續發展大使；及（四）高等院校學生推動可持續發展獎，始於 2016 年，2016 年參賽的 19 個隊伍中，有 5 個獲獎。

圖 3-85　長春社於 2005 年獲得可持續發展基金撥款資助，在塱原展開「塱原可持續發展計劃」，以可持續發展概念為原則，整合塱原及其附近一帶村落的環境、社區和經濟三方面發展。圖為一位農友在塱原以有機生產方式種植，西洋菜。（攝於 2006 年 5 月 30 日，香港特別行政區政府提供）

第四章
環境監測與
環境質量

1981 年環境保護處成立，隨即展開有系統的長期環境監測工作。最早起步的監測工作是廢物監察（1981 年），接着是空氣監測（1983 年）、海水監測（1986 年）和河水監測（1986 年）。噪音監測則起步較晚，民航處在 1998 年開始了沿赤鱲角香港國際機場升降航道進行的定點監測。

環境監測工作有以下的作用和目的：搜集數據分析當前的環境狀況、審視環境長期變動趨勢、評估環境指數是否符合法定指標、提供制定環境保護政策和檢討成效的依據、提供有用的環境數據給科研機構、綠色團體和市民，滿足他們工作和生活所需（例如即時空氣質素健康指數、每周公布的泳灘等級）等。

環境監測的工作有其不可替代的重要性，它憑藉專門的技術和設備來監測自然環境，並通過數據來分析環境質量，在污染發生的早期便加以對治，又或對污染的情況作出預警，讓有關部門能盡早識別問題所在，並制定有關政策，進而能更有效保護環境。

香港環境監測系統的設計，充分參考了先進國家的經驗（例如美國國家環境保護局）。隨着監測資源的增加和環境管理的需要，監測站數目、監測參數都有秩序地增加。本港的監測計劃亦參考了國際標準（例如歐洲、美國、世界衛生組織），因此符合監測頻率、樣本採樣、數據處理等質量要求。

環境保護署（環保署）會整理和分析每年的監測數據，然後出版有關空氣、廢物、海水及河水的監測年報，供公眾人士參考。2000 年後的監察年報，大部分都能夠在網上下載。2003 年，環保署在網上成立「環境保護互動中心」（EPIC），為市民和科研機構提供原始數據。此外，漁農處（今漁農自然護理署，簡稱漁護署）自 1975 年起，已展開紅潮（赤潮）監測計劃。現時在 26 個魚類養殖區亦提供即時的海水水質數據供養魚戶參考。

1980 年代以來，經過 30 多年的發展，香港的環境監測取得了不少突破，如香港進行泳灘流行病學研究期間，已發展出一套適合香港氣候的泳灘水質評級制度，被英國廣播公司評為地區典範。總體來說，香港的環境監測屬比較成熟和先進的級別。

參照 1980 年代至 2017 年的監測數據，香港的空氣、海水、河水、噪音和廢物環境，在 30 多年來持續改善，主要空氣污染物水平和懸浮粒子的水平達標；海水水質漸入佳境，出現紅潮的次數大幅減少；河溪水質整體改善，包括早期污染嚴重的新界西北部河溪；交通、飛機和道路噪音對居民的影響減緩。然而，廢物處理方面，工商業廢物人均棄置率、廚餘棄置量的情況則仍有待改善。

香港地方細小，行政組織比較簡單，環境監測工作主要集中在環保署和漁護署兩個部門。與其他幅員廣大的國家例如美國和歐盟不同，在美國，因應各州的行政邊界和不同水體的自然邊界，美國聯邦政府機構需要協調和制定指引，指導水質監測工作。類似情況亦出現在歐盟。

港府在環境監測上的另一特色，就是需與鄰近省市合作，共同處理跨境污染問題。早於 1990 年，香港和廣東省兩地政府已成立了「粵港環境保護聯絡小組」，就共同關注的環境問題進行交流，商討合作解決兩地的空氣及海水污染問題。1999 年 10 月，香港環保署與廣東省環境保護局聯手進行第一次區域空氣質素研究。2003 年，兩地政府同意建立由 16 個空氣監測站組成的區域空氣監測網絡，並於 2005 年正式運作，就區內空氣質素提供準確數據。這個監測網絡是中國第一個跨境區域性空氣監測系統，也是全國首個採用國際標準的空氣監測網絡。

第一節　空氣監測

香港的空氣監測分為常規監測和個案特殊監測兩類。1980 年代以來，空氣質素在過去 30 年持續改善。主要空氣污染物二氧化硫（SO_2）、一氧化碳（CO）和鉛（Pb）的水平都遠低於空氣質素指標，懸浮粒子的水平也都能達標。二氧化氮（NO_2）的水平雖然有所下降，但仍然未能符合空氣質素指標。

除個別污染物例如臭氧（O_3）外，郊區的空氣質素一般較市區和新市鎮為佳。市區及新市鎮的空氣質素大致相若。就分區而言，舊區包括荃灣、葵涌、觀塘、深水埗等的空氣質素較其他分區為差，主要反映在可吸入懸浮粒子及二氧化氮方面。

一、常規監測

1. 監測概況

香港是一個繁忙都市，地少人多，陸地面積只有 1106 平方公里，居住了 740 萬人。居民日常的交通需求大，加上老舊的交通工具和狹窄繁忙的街道，在人口密集的市區引起嚴重的路邊空氣污染問題。發電廠和工商業的排放，造成整體空氣污染。香港亦是一個繁忙的港口，容易受到船隻排放的高污染廢氣影響。香港、澳門及珠三角處於同一個大氣區域，相互影響，因工業化和經濟活動的增加而導致的高排放，造成區域性空氣污染。

空氣污染除了造成直接經濟損失外，亦會對公眾健康構成威脅，帶來龐大的社會成本開支。自 1980 年代開始，環保署實施一套全面的空氣監測計劃，以評估香港的空氣污染情況，並提供數據協助政府制定空氣污染管制策略。

港府對空氣質素的監測可追溯至 1965 年，當年勞工處在紅磡設立一個以人手操作的監測站；1966 年，又在伊利沙伯醫院增設第二個監測站。1983 年時，環保署展開更全面的監測計劃，分別在五個不同地點（中西區、銅鑼灣、尖沙咀、觀塘及將軍澳）設立空氣監測站。隨着新市鎮發展和人口增加，及累積的監測經驗，監測站數目有所增減，直至 2017 年監測

站數目已經陸續增加到 16 個（見圖 4-1）。當中包括 13 個一般監測站（設於中西區、東區、將軍澳、觀塘、深水埗、葵涌、沙田、荃灣、屯門、元朗、大埔、東涌和塔門），量度市區、新市鎮及郊區的整體大氣主要污染物濃度（見圖 4-2），和三個路邊監測站（設於旺角、中環及銅鑼灣繁忙道路旁），監測因交通引起的污染情況（見圖 4-3）。中西區及荃灣監測站更附設收集毒性空氣污染物（Toxic Air Pollutants, TAPs）樣本的監測設施。

為了準確反映人口稠密地區的空氣質素，環保署參考美國環境保護局（Environmental Protection Agency，簡稱 EPA）的指引，並考慮香港高樓大廈林立的獨特情況，小心選擇 16 個監測站的位置和採樣高度。一般監測站的採樣高度離地面 11 米至 27.5 米不等，位於香港基準以上 21 米至 82 米。至於路邊監測站，因為其特殊監察目的，採樣高度為離地面 3 米至 5.4 米，即位於香港基準以上 6.5 米至 10.9 米（見表 4-1）。[1]

圖 4-1　2017 年的空氣質素監測站分布位置圖

● 一般空氣質素監測站

■ 配備毒性空氣污染物監測設施
　的一般空氣質素監測站

▲ 路邊空氣質素監測站

資料來源：香港特別行政區政府環境保護署。

1　香港基準是指「香港主水平基準面」，是香港測量土地的基礎高度，大約在香港平均海面下 1.3 米。在標示任何地方（例如山峰，建築物）的高度時，都是從「香港主水平基準面」起計。例如獅子山高度為「香港主水平基準面」495 米。

圖 4-2　位於荃灣的一般空氣監測站。（香港特別行政區政府環境保護署提供）

圖 4-3　位於交通繁忙路段的中環路邊空氣監測站。（攝於 2023 年，香港地方志中心拍攝）

表 4-1　固定網絡監測站地點及資料情況表

監測站	土地用途分類	採樣高度		開始運作日期
		香港基準以上	地面以上	
中西區 （西營盤社區綜合大樓）	市區	82 米	16 米 （5 樓）	1983 年 11 月[1]
東區 （西灣河消防局）	市區	28 米	15 米 （4 樓）	1999 年 1 月
觀塘 （裕華大廈）	市區	37 米	25 米 （7 樓）	1983 年 7 月[2]
深水埗 （深水埗警署）	市區	21 米	17 米 （4 樓）	1984 年 7 月
葵涌 （葵涌警署）	市區	19 米	13 米 （2 樓）	1988 年 7 月[3]
荃灣 （雅麗珊社區中心）	市區	21 米	17 米 （4 樓）	1988 年 8 月
將軍澳[4] （將軍澳體育館）	市區	23 米	16 米 （2 樓）	2016 年 3 月
元朗 （元朗民政事務處大廈）	新市鎮	31 米	25 米 （6 樓）	1995 年 7 月
屯門 （屯門公共圖書館）	新市鎮	31 米	27 米 （4 樓）	2013 年 12 月
東涌 （東涌健康中心）	新市鎮	34.5 米	27.5 米 （4 樓）	1999 年 4 月
大埔 （大埔政府合署）	新市鎮	31 米	28 米 （6 樓）	1990 年 2 月
沙田 （沙田官立中學）	新市鎮	31 米	25 米 （6 樓）	1991 年 7 月
塔門	郊區	26 米	11 米 （3 樓）	1998 年 4 月
銅鑼灣	路邊	6.5 米[5]/ 7 米[6]	3 米[5]/ 3.5 米[6]	1998 年 1 月
中環	路邊	8.5 米	4.5 米	1998 年 10 月
旺角	路邊	8.5 米[5]/ 10.9 米[6]	3 米[5]/ 5.4 米[6]	1991 年 4 月[7]

注 1：　中西區監測站於 2009 年 10 月遷往現址
注 2：　觀塘監測站於 2012 年 4 月遷往現址
注 3：　葵涌監測站於 1999 年 1 月遷往現址
注 4：　將軍澳監測站最早於 1983 年開始運作，1993 年關閉。2016 年，新的將軍澳監測站開始運作，本表所記錄的為新將軍澳監測站情況。
注 5：　氣態污染物採樣高度
注 6：　粒子採樣高度
注 7：　旺角監測站於 2001 年 1 月遷往現址
資料來源：香港特別行政區政府環境保護署。

受監測的污染物分為三大類，分別是氣態污染物、懸浮粒子及毒性空氣污染物。氣態污染物包括二氧化硫、氮氧化物（NOx）、二氧化氮、臭氧及一氧化碳，懸浮粒子包括總懸浮粒子（TSP）、可吸入懸浮粒子（RSP，又稱 PM_{10}）及鉛。自 2014 年開始，以微細懸浮粒子（FSP，又稱 $PM_{2.5}$）取代了總懸浮粒子。毒性空氣污染物則包括揮發性有機化合物（VOCs）（如：苯（C_6H_6）、全氯乙烯（C_2Cl_4）及 1,3- 丁二烯（C_4H_6））、二噁英（$C_4H_4O_2$）及呋喃（C_4H_4O）（如 2,3,7,8- 四氯二苯并二噁英（$C_{12}H_4Cl_4O_2$）及 2,3,7,8- 四氯二苯并呋喃（$C_{12}H_4Cl_4O$））、羰基化合物（carbonyls）（如甲醛（CH_2O））、多環芳香烴（PAHs）（如：苯并芘（$C_{20}H_{12}$））及六價鉻（$Cr6^+$）。

一般而言，氣態污染物，可吸入及微細懸浮粒子的濃度可透過自動分析儀連續測定。監測站亦定期採用人手操作的高流量採樣器採集可吸入懸浮粒子的樣本，並以重量法測定其濃度。鉛的濃度則會在樣本隨後的元素成分分析中，由政府化驗所使用電感耦合等離子體原子發射光譜法（ICP-AES）測定。此外，每個監測站亦會按情況所需，持續量度某些氣象參數，包括溫度、太陽輻射量、風速及風向等。至於用以測定空氣污染物的方法則包括化學發光法、紫外光吸收法等（見表 4-2 和 4-3）。

監測網絡測量大氣中可吸入懸浮粒子、二氧化硫、二氧化氮、臭氧和一氧化碳濃度的方法程序，自 1995 年 8 月起已得到《香港實驗所認可計劃》的認證，而微細懸浮粒子的測量方法程序亦於 2016 年 8 月起得到《香港實驗所認可計劃》的認證。

此外，香港政府亦和廣東省政府合作，在珠江三角洲設立了一個區域空氣監測網絡，於 2005 年 11 月正式運作，是國家第一個跨境區域空氣監測系統，也是國家首個採用國際標準的空氣監測網絡。這網絡共有 16 個監測點，分別位於深圳、東莞、廣州、佛山、肇慶、江門、中山、珠海、惠州、從化、番禺、惠陽、順德，香港的塔門、荃灣和東涌，就區內的二氧化硫、氮氧化物、二氧化氮、臭氧、可吸入懸浮粒子等空氣污染物進行監測，並每天在互聯網上向粵港兩地市民發布空氣質量指數。

監測計劃取得的數據，都會用來評估空氣質素達標的情況。只是除了空氣污染物外，氣象的變化亦會影響空氣質素。短期方面，如幾個月到一年，即使空氣污染物的排放量在此期間並沒有多大的改變，空氣質素仍會受天氣和氣象的變化影響，例如強烈的太陽輻射會促進光化學煙霧的形成，或更多的降雨會有助清除空氣中的污染物。長期來說，空氣質素主要是受排放量影響。因此，較科學的方法是觀察年度污染物平均濃度在過去多年間的長期趨勢變化。

環保署將各區空氣質素監測站按所在位置的土地用途分為四類，即市區、新市鎮、郊區及路邊（見表 4-4），結合所錄得的污染物全年平均濃度來分析各類空氣污染物在香港各區的長期趨勢。

表 4-2 空氣污染物濃度測定方法情況表

污染物	測定方法
二氧化硫（SO_2）	紫外光熒光法 光學微分光譜吸收法
一氧化氮（NO）、二氧化氮（NO_2）、氮氧化物（NOx）	化學發光法 光學微分光譜吸收法
臭氧（O_3）	紫外光吸收法 光學微分光譜吸收法
一氧化碳（CO）	非分散紅外光吸收法 連同氣體過濾對比法
可吸入懸浮粒子（PM_{10}）	重量法 振動微量天平 β 射線衰減法
微細懸浮粒子（$PM_{2.5}$）	重量法 振動微量天平 β 射線衰減法
鉛（Pb）	電感耦合等離子體原子發射光譜法（ICP-AES）

資料來源：香港特別行政區政府環境保護署。

表 4-3 毒性空氣污染物採樣及分析方法情況表

毒性空氣污染物	採樣及分析方法	採樣時間表
苯（C_6H_6）	美國環境保護局方法 TO-14A	每月兩次
全氯乙烯（C_2C_{14}）	美國環境保護局方法 TO-14A	每月兩次
1,3- 丁二烯（C_4H_6）	美國環境保護局方法 TO-14A	每月兩次
甲醛（CH_2O）	美國環境保護局方法 TO-11A	每月一次
苯并芘（$C_{20}H_{12}$）	美國環境保護局方法 TO-13	每月一次
二噁英（$C_4H_4O_2$）、 呋喃（C_4H_4O）	美國環境保護局方法 TO-9A	每月一次
六價鉻（$Cr6^+$）	加州空氣資源部（CARB）方法 SOP MLD 039	每月一次

資料來源：香港特別行政區政府環境保護署。

表 4-4 土地用途分類情況表

土地用途類別	土地用途特點	空氣質素監測站
市區	人口稠密的住宅區，夾雜一些商業及 / 或工業區	中西區、東區、葵涌、觀塘、 深水埗、荃灣及將軍澳
新市鎮	主要為住宅區	沙田、大埔、東涌、元朗及屯門
郊區	郊區	塔門（背景監測站）
路邊	夾雜住宅 / 商業區的市區路旁，交通繁忙， 四周高樓林立	銅鑼灣、中環及旺角

資料來源：香港特別行政區政府環境保護署。

2. 空氣質素監測結果、趨勢和達標情況

港府根據《1983 年空氣污染管制條例》（*Air Pollution Control Ordinance, 1983*），於 1987 年制定「空氣質素指標」（Air Quality Objectives，簡稱 AQO），該指標訂定七種主要空氣污染物的上限水平，作為保障本港市民健康的標準。這七種主要空氣污染物為：二氧化硫、二氧化氮、臭氧、一氧化碳、可吸入懸浮粒子、微細懸浮粒子、鉛（Pb）。特區政府經檢討舊有指標後，於 2014 年 1 月 1 日落實一套新的空氣質素指標。新指標同樣包括七種主要空氣污染物，但將舊有的總懸浮粒子剔除，而加入了微細懸浮粒子。

香港空氣質素指標大致可分為短期及長期兩類。短期指標會訂立每小時或每天的平均濃度，適用於對人體健康有短期影響的污染物，例如二氧化硫、二氧化氮等。長期指標則會訂立全年的算術平均值，適用於對人體健康有長期影響的污染物。有些污染物會同時訂立短期和長期的指標。

在 2000 年至 2013 年，對屬於短期空氣質素指標的污染物，除了提供該污染物在年度內是否超標的資料外，環保署亦提供了該污染物符合短期指標時間的百分比。這些數據有利於了解本港空氣超標的程度和嚴重性。

氣態污染物 —— 二氧化硫（SO_2）

短時間吸入高濃度的二氧化硫可以導致呼吸系統功能受損，也會令呼吸系統疾病或心臟病患者的病情惡化。而長期吸入較低濃度的二氧化硫，亦有可能增加人們患上慢性呼吸系統疾病的機會。因此，二氧化硫包括短期和長期的空氣質素指標。

自 1990 年，香港政府實施一系列燃料管制措施，大量減少了二氧化硫的排放。這些措施包括不同條例的實施，引入超低硫柴油、管制車輛和船隻燃料質素等（見表 4-5）。

表 4-5　1990 年起香港政府實施燃料管制條例和措施情況表

年份	條例	措施
1990	《空氣污染管制（燃料限制）規例》（*Air Pollution Control (Fuel Restriction) Regulations*）	減低工業燃料的含硫量
1995	《空氣污染管制（車輛燃料）規例》（*Air Pollution Control (Motor Vehicle Fuel) Regulation*）	管制車輛燃料質素
2000		引入超低硫柴油
2007		引入歐盟五期柴油
2014	《空氣污染管制（船用輕質柴油）規例》（*Air Pollution Control (Marine Light Diesel) Regulation*）	改善船用柴油質素
2015	《空氣污染管制（遠洋船隻）（停泊期間所用燃料）規例》（*Air Pollution Control (Ocean Going Vessels)(Fuel at Berth) Regulation*）	管制船隻停泊時所用燃料質素

資料來源：香港特別行政區政府環境保護署網頁。

図 4-4　1990 年至 2017 年二氧化硫全年平均值長期趨勢統計圖

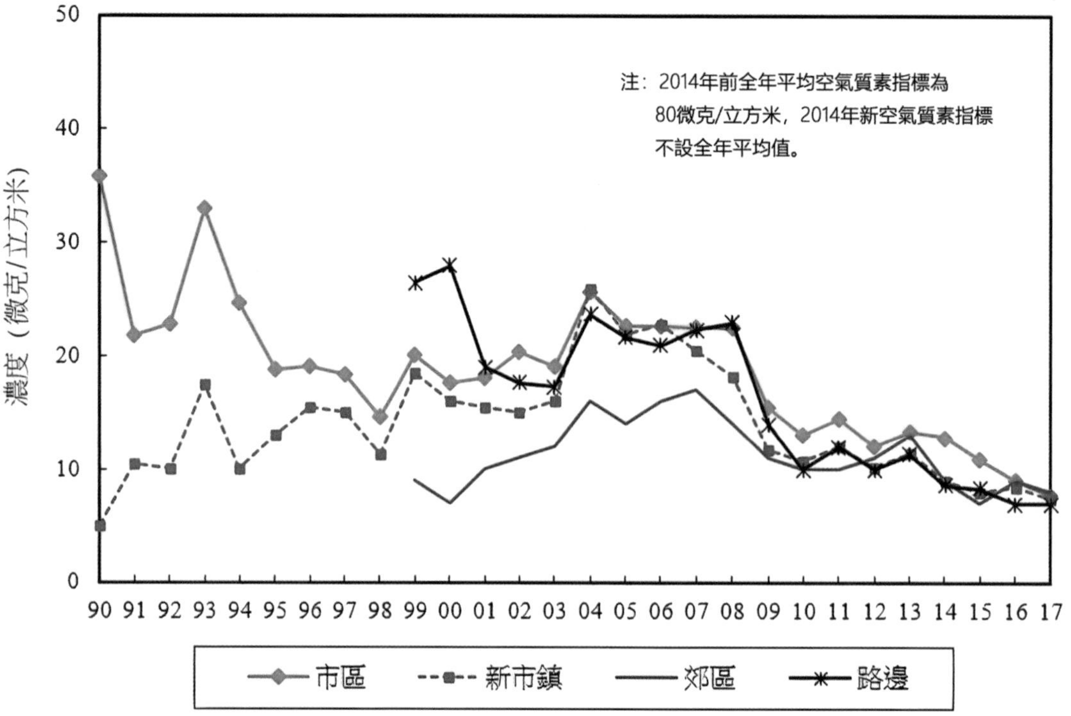

注： 2014年前全年平均空氣質素指標為
80微克/立方米，2014年新空氣質素指標
不設全年平均值。

（縱軸）濃度（微克/立方米）

50
40
30
20
10
0

90 91 92 93 94 95 96 97 98 99 00 01 02 03 04 05 06 07 08 09 10 11 12 13 14 15 16 17

—◆— 市區　--■-- 新市鎮　—— 郊區　—✳— 路邊

資料來源：香港特別行政區政府環境保護署。

在區域方面，粵港兩地政府一直致力共同推行多項減排措施，以減少珠三角區域的二氧化硫排放，如要求電廠安裝脫硫裝置、逐步淘汰珠三角高污染工業設施，引入更低含硫量的燃料等。

1988 年至 1994 年間在工業區監測站（例如葵涌、觀塘）不時錄得二氧化硫超標的情況，主要是短期的指標，即每小時或每日的平均濃度。但是自從香港政府實施上述管制措施後，大氣中二氧化硫的濃度開始下降，大氣中的二氧化硫全年平均濃度由 1990 年的 25 微克／立方米（μg/m^3）下降至 2017 年的 8 微克／立方米（見圖 4-4）。由 1995 年開始，二氧化硫的水平一直符合短期和長期空氣質素指標的標準（舊標準為一小時 800 微克／立方米，24 小時 350 微克／立方米及一年 80 微克／立方米，新標準為 10 分鐘 500 微克／立方米及 24 小時 125 微克／立方米），不再影響香港的空氣質素。

在 2017 年，不論是市區、新市鎮、郊區或路邊，二氧化硫濃度相差不大。

氣態污染物 —— 氮氧化物（NOx）及二氧化氮（NO₂）
各類含氮的氧化物統稱為氮氧化物。空氣污染物中常見的氮氧化物包括一氧化氮和二氧化氮，而一氧化氮可轉化為二氧化氮。長期吸入二氧化氮，可降低呼吸系統抵抗疾病的能力，並可使慢性呼吸系統疾病患者的病情惡化。因此，二氧化氮被收納為空氣質素指標，並且有短期和長期兩種指標。

圖 4-5　1990 年至 2017 年二氧化氮全年平均值長期趨勢統計圖

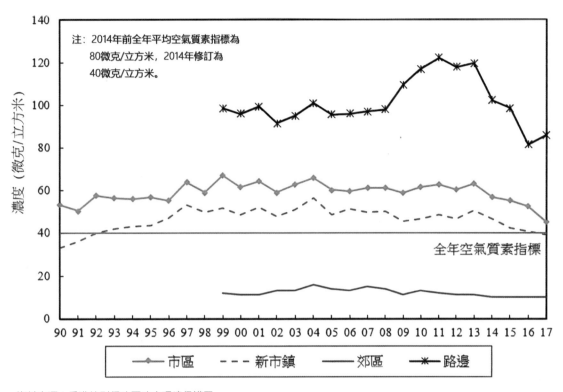

資料來源：香港特別行政區政府環境保護署。

1990 年至 2004 年期間，本港大氣中的全年平均二氧化氮濃度呈緩慢上升趨勢，但自 2005 年起已轉趨平穩（見圖 4-5）。而市區空氣的二氧化氮濃度持續高於新市鎮和郊區所量度的濃度。

為減低路邊空氣污染，特區政府分別在 2000 年和 2002 年推出資助計劃，鼓勵車主以石油氣的士取代柴油的士，及以石油氣小巴或電動小巴取代柴油小巴。由 2012 年 6 月起，特區政府分階段收緊首次登記車輛排放標準至歐盟五期（電單車及機動三輪車除外）。路邊全年平均二氧化氮濃度亦由 1999 年至 2011 年的上升趨勢轉趨平穩，並由 2011 年的最高水平開始下降。相比 1999 年，2017 年路邊的二氧化氮濃度已較 1999 年水平減少 13%。

雖然本港大氣和路邊空氣中的二氧化氮濃度有下降趨勢，但達標率一直以來都不理想，特別是路邊監測站的空氣質素，這是因為汽車廢氣是二氧化氮的一個主要來源。自 1991 年設立旺角路邊監測站及 1998 年加入中環及銅鑼灣路邊監測站以來，每年都有不達標的情況出現。2004 年至 2017 年三個路邊監測站的全年平均二氧化氮濃度均超出空氣質素指標水平。在其他年份，無論是每小時、每日或全年平均二氧化氮濃度，都錄得超標情況（舊標準為一小時 300 微克／立方米，24 小時 150 微克／立方米及一年 80 微克／立方米，新標準為一小時 200 微克／立方米及一年 40 微克／立方米）。

至於一般監測站，除了 1988 年觀塘監測站的二氧化氮濃度超出全年平均值指標外，所有其他年份的結果都符合空氣質素指標的全年平均值水平。然而在短期指標方面，卻在不同監測站中有不達標的情況出現，雖然超標情況未算嚴重。在錄得超標的監測站數據中，符合指標的時間百分比率全部都高於 98%。

2014 年實施的新空氣質素指標大幅度收緊二氧化氮的全年平均值，由 80 微克／立方米下降至 40 微克／立方米。因此，一般監測站二氧化氮全年平均值在 2014 年及其後的達標情況出現逆轉，大部分未能達到新的空氣質素指標要求。

氣態污染物 —— 臭氧（O_3）

臭氧是一種強烈的氧化劑。即使低濃度的臭氧也能刺激眼睛、鼻和咽喉。在高水平時，它更可增加人體呼吸系統感染疾病的機會，亦可令哮喘病等呼吸系統疾病患者的病情惡化。臭氧只有短期空氣質素指標（舊標準為一小時 240 微克／立方米，新標準為八小時 160 微克／立方米）。

環保署自 1989 年開始在一般監測站監測臭氧的每小時平均濃度，並在 1998 年於郊區塔門設立特別用來量度背景臭氧濃度的監測站。監測結果顯示。整體而言，香港的全年平均臭氧濃度自 1989 年以來大致呈現緩慢上升趨勢（見圖 4-6）。在塔門監測站所錄得的臭氧水平，都持續較市區高出約兩倍。

圖 4-6　1990 年至 2017 年臭氧全年平均值長期趨勢統計圖

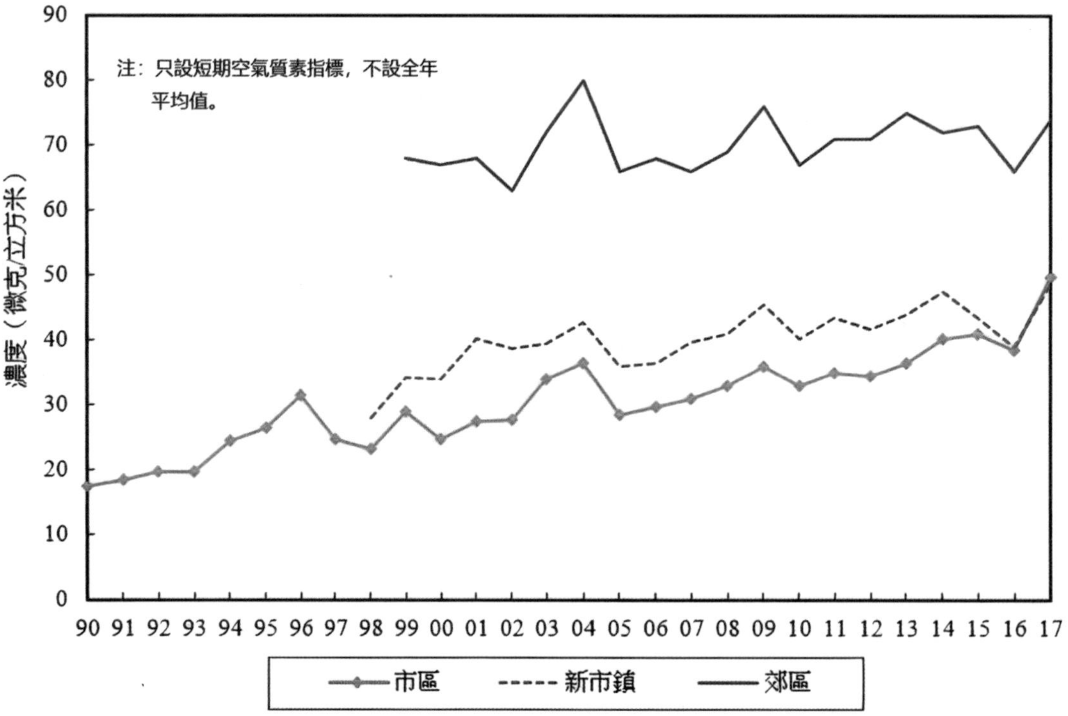

注：只設短期空氣質素指標，不設全年平均值。

資料來源：香港特別行政區政府環境保護署。

1989 年至 1998 年期間在一般監測站錄得的每小時臭氧平均濃度都符合空氣質素指標，只有在 1990 年出現一次超標情況。但自 1999 年開始至 2017 年，卻持續出現超標。

除一般監測站外，環保署亦自 2012 年開始在三個路邊監測站量度臭氧濃度。2012 年至 2017 年的數據顯示路邊監測站的臭氧濃度符合空氣質素指標。在交通繁忙地區，由於車輛排放的一氧化氮與臭氧產生化學反應，把臭氧消耗，因此，交通繁忙地區的臭氧水平，通常較車流量少的地區的臭氧水平為低。

臭氧濃度上升的趨勢值得關注，需要香港政府和內地政府合作解決這一區域性問題。

氣態污染物 —— 一氧化碳（CO）

一氧化碳一旦進入人體血管，可令輸送到身體各器官及組織的氧氣量減少，嚴重時會出現中毒的典型症狀。一氧化碳對心臟病患者的健康威脅較大。一氧化碳只有短期空氣質素指標（新舊標準皆為一小時 30,000 微克 / 立方米，八小時 10,000 微克 / 立方米）。

自 1991 年開始有監測站數據以來，香港一氧化碳的濃度一直保持平穩和在十分低的水平。即使在接近車輛廢氣排放源的路邊，雖然一氧化碳的濃度比其他地方為高，但也遠低於空氣質素指標的水平，並一直符合香港空氣質素指標，不再影響香港的空氣質素。

懸浮粒子 —— 可吸入懸浮粒子（RSP，又稱 PM_{10}）

可吸入懸浮粒子可深入人體肺部，造成呼吸系統問題。高濃度的可吸入懸浮粒子會對人體健康，特別是肺功能造成慢性或急性影響。可吸入懸浮粒子有短期和長期的空氣質素指標（舊標準為 24 小時 180 微克 / 立方米及一年 55 微克 / 立方米，新標準為 24 小時 100 微克 / 立方米及一年 50 微克 / 立方米）。

在一般監測站錄得的可吸入懸浮粒子全年平均濃度自 1989 年以來大致呈下降趨勢（見圖 4-7），但卻在 2002 年至 2004 年期間反彈至較高水平，這是由於區域性的可吸入懸浮粒子濃度增加而致。但之後可吸入懸浮粒子濃度持續下降，反映了區域性的可吸入懸浮粒子水平在自 2004 年後已有所下降。

一般監測站錄得的可吸入懸浮粒子全年平均值自 2009 年開始大致都能達標。至於反映短期指標的每天平均值，在 1989 年（開始有數據）至 2017 年期間，監測結果顯示其中 12 年沒有超標的情況。而在有超標的年份，符合指標的時間百分比率都高於 99%。

路邊監測站的位置接近作為主要排放源的車輛，錄得的可吸入懸浮粒子濃度較一般監測站為高。自 1999 年有三個路邊監測站數據以來，監察結果顯示可吸入懸浮粒子全年平均值大致呈下降趨勢。這是因為特區政府自 2005 年實施了一系列針對汽車燃料和車輛廢氣管制措施。2017 年路邊的可吸入懸浮粒子全年平均值較 1999 年大幅減少 57%，並從 2015 年

圖 4-7 1990 年至 2017 年可吸入懸浮粒子全年平均值長期趨勢統計圖

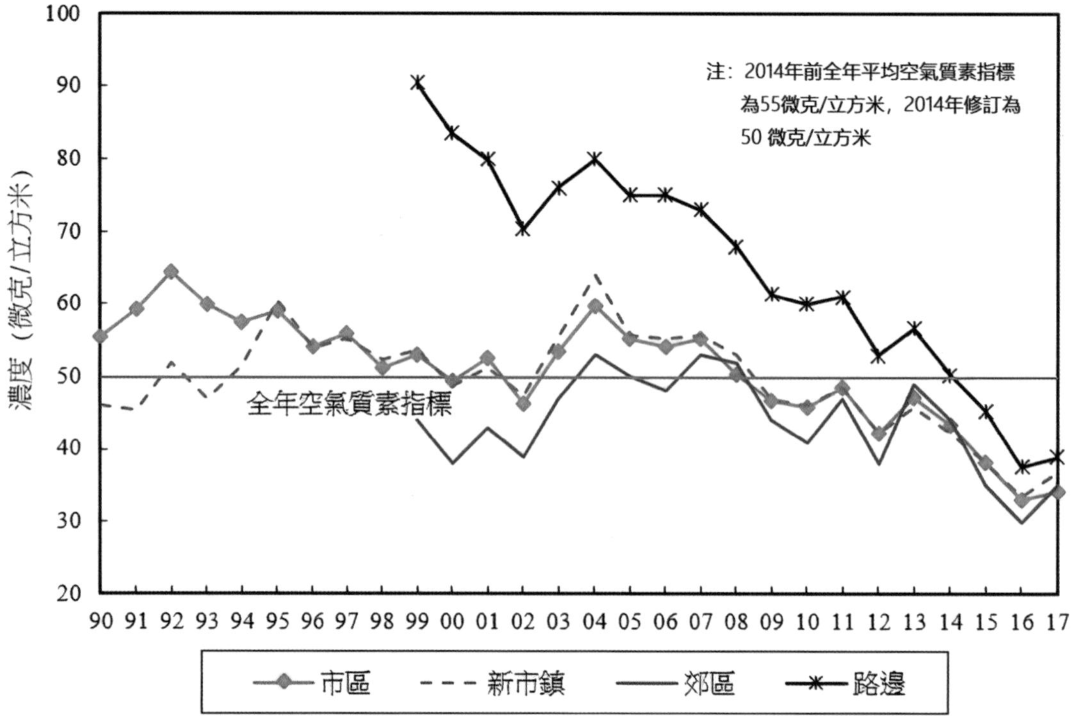

注：2014年前全年平均空氣質素指標
為55微克/立方米，2014年修訂為
50 微克/立方米

資料來源：香港特別行政區政府環境保護署。

起達到全年空氣質素指標。但反映短期指標的每天平均值，期間則只有五年沒有超標的
情況。

2014 年實施的新空氣質素指標將可吸入懸浮粒子的每天平均值由 180 微克 / 立方米收緊
至 100 微克 / 立方米，亦將全年平均值由 55 微克 / 立方米收緊至 50 微克 / 立方米。這些
改變對達標情況沒有太大影響。在 2017 年，無論一般監測站或路邊監測站的監測結果都完
全符合空氣質素指標要求。

新空氣質素指標亦增加了微細懸浮粒子指標。在 2014 年至 2017 年間，一般監測站的監測
結果都能符合全年平均值的指標。而在 2016 年至 2017 年一般監測站及路邊監測站的監測
結果都能符合每天平均值的指標。

總懸浮粒子的達標情況大致跟隨可吸入懸浮粒子的趨勢。2014 年實施的新空氣質素指標已
將總懸浮粒子剔除。

懸浮粒子 —— 微細懸浮粒子（FSP，又稱 $PM_{2.5}$）

微細懸浮粒子為空氣中氣動直徑 2.5 微米或以下的懸浮粒子，是可吸入懸浮粒子中較微細的
部分。微細懸浮粒子由於體積小，可以深入滲透到肺部的最深處，因此對人體健康影響更

大。此外，微細懸浮粒子亦會使大氣能見度變差。

環保署自 2011 年起，開始在所有監測站測量微細懸浮粒子的濃度。在 2011 年至 2017 年間，整體大氣中的全年平均微細懸浮粒子濃度呈下降趨勢，反映了區域性的微細懸浮粒子水平在過去數年已有所下降。

自 2013 年起，路邊的全年平均微細懸浮粒子水平也有明顯改善。在 2017 年，路邊監測站錄得的微細懸浮粒子年平均值較 2011 年減少 32%。

2014 年新空氣質素指標亦增加了微細懸浮粒子指標（標準為 24 小時 75 微克 / 立方米及一年 35 微克 / 立方米）。在 2014 年至 2017 年間，一般監測站及路邊監測站的監測結果都能符合全年平均值的指標。而在 2016 年至 2017 年一般監測站及路邊監測站的監測結果亦能符合每天平均值的指標。

懸浮粒子 —— 鉛（Pb）

鉛是唯一被納入空氣質素指標的毒性重金屬空氣污染物。含鉛汽油是鉛的主要來源。各石油公司在 1980 年代自願採取措施，降低汽油中的含鉛量，而港府在 1992 年 4 月引進無鉛汽油，更於 1999 年 4 月起禁止售賣及供應含鉛汽油，大氣中鉛的全年平均濃度自 1980 年的 1.5 微克 / 立方米下降至非常低的水平。2017 年整體全年平均值介乎 0.017 微克 / 立方米（中西區，東涌及將軍澳）至 0.019 微克 / 立方米（觀塘，元朗及旺角）之間，遠低於全年空氣質素指標的 0.5 微克 / 立方米。

自香港空氣質素指標在 1987 年實施以來，大氣中鉛的濃度一直符合空氣質素指標，不再影響香港的空氣質素。

其他：毒性空氣污染物

自 1997 年 7 月起，中西區及荃灣監測站開始定期監測兩類毒性空氣污染物，分別為重金屬及有機物質。在環保署其他常設監測站採集到的高量總懸浮粒子及可吸入懸浮粒子，亦會進行化學分析，得出包括有毒空氣污染物的數據，例如金屬和一些多環芳香烴。

香港的毒性空氣污染物主要來源包括車輛廢氣、工業（如乾洗、電鍍、油漆製造）及焚化爐。隨着香港工業規模縮減，政府加強車輛廢氣管制及舊式垃圾焚化爐相繼關閉和清拆，2017 年的監測結果顯示，毒性空氣污染物（除甲醛外）的濃度都比 1998 年大幅下降（見表 4-6）。

甲醛是一種羰基化合物，可以直接來自污染源（例如焚燒過程），亦可以間接透過光化學反應所產生。甲醛也是一種可引致癌症的毒性污染物，自 1997 年起，大氣中的甲醛濃度呈明顯上升趨勢。環保署在 2003 年完成的一項評估香港毒性空氣污染物狀況研究指出，甲醛的

表 4-6　1998 年和 2017 年毒性空氣污染物濃度統計表

毒性空氣污染物	濃度單位	平均濃度[1]			
		荃灣		中西區	
		1998	2017	1998	2017
重金屬					
六價鉻（Cr6+）	納克／立方米（ng/m^3）	0.33	0.11	0.52	0.11
鉛[2]	納克／立方米（ng/m^3）	68	18	61	17
有機性物質					
苯[3,4]（C_6H_6）	微克／立方米（ug/m^3）	2.6	1.01	2.1	0.82
苯并芘（$C_{20}H_{12}$）	納克／立方米（ng/m^3）	0.41	0.09	0.29	0.06
1,3- 丁二烯[3,4]（C_4H_6）	微克／立方米（ug/m^3）	0.2	0.09	0.2	0.05
甲醛[3,4]（CH_2O）	微克／立方米（ug/m^3）	4.47	4.39	5.28	6.4[6]
全氯乙烯[3,4]（C_2C_{14}）	微克／立方米（ug/m^3）	1.6	0.43	3.5	0.51
二噁英[5]（$C_4H_4O_2$）	微微克／立方米（pg I-TEQ/m^3）	0.097	0.025	0.080	0.035

注 1：　當毒性空氣污染物濃度低於方法測定限值時，以該限值的一半值計算平均濃度。

注 2：　鉛的數據，是可吸入懸浮粒子元素成分分析中相關的全年平均濃度。

注 3：　由於荃灣站受到所在的雅麗珊社區中心及鄰近建築物進行的裝修工程影響，該站羰基化合物（甲醛）及有機揮發性化合物（苯，1,3- 丁二烯及全氯乙烯）的測量從 2015 年 1 月起暫時轉往葵涌站進行。從 2017 年 9 月下旬至 12 月上旬，葵涌站苯的測量受到鄰近葵翠邨建築工程影響，因此該時段內的苯數據並沒有公布。

注 4：　在 2015 年至 2017 年，中西區站甲醛的測量先後受到西營盤港鐵站及西營盤社區綜合大樓建築工程影響，以上年份的甲醛數據並沒有公布。而從 2017 年 10 月下旬至 12 月底，中西區站的揮發性有機化合物（包括苯，1,3- 丁二烯及全氯乙烯）的測量受到該站外的重鋪天台工程影響。因此，以上受影響時段內的數據並沒有公布。

注 5：　二噁英的一般水平在上表以 2,3,7,8- 四氯二苯并二噁英的毒性當量（I-TEQ）來表示，其計算方法是以北大西洋公約組織（North Atlantic Treaty Organization, 簡稱 NATO）所訂立的國際毒性當量因數（International Toxicity Equivalency Factor, 簡稱 I-TEF）為依據。

注 6：　顯示的是 2014 年數據。

資料來源：香港特別行政區政府環境保護署。

上升趨勢可能是因為香港引入了無鉛汽油和大幅減低汽油中苯的含量，而加入了甲基第三丁基醚（Methyl Tert-Butyl Ether, 簡稱 MTBE）作為燃料添加劑所引致，但這是否真正原因尚待進一步研究確定。

3.「空氣污染指數」及「空氣質素健康指數」

環保署在 1995 年 6 月推出「空氣污染指數」（Air Pollution Index，簡稱 API），令市民大眾掌握空氣污染情況。在 1998 年 6 月環保署將「空氣污染指數」細分為「一般空氣污染指數」和「路邊空氣污染指數」兩類。指數根據五種空氣污染物（二氧化氮、二氧化硫、臭氧、一氧化碳、可吸入懸浮粒子）的濃度轉化為一個由 0 至 500 的數字，並按空氣污染可能對人體健康造成的影響程度而劃分為輕微、中等、偏高、甚高和嚴重五級（見表 4-7）。空氣污染指數以 100 為分界線，指數高於 100 屬甚高和嚴重級別，表示該日空氣污染嚴重。

表 4-7　香港空氣污染指數級別情況表

指數級別	指數值	可能對健康的影響
輕微	0-25	預料沒有影響。
中等	26-50	預料對公眾沒有影響。
偏高	51-100	預料不會有急性的健康影響，但如果長時間在這空氣污染水平，可能引致慢性不良影響。
甚高	101-200	患有心臟或呼吸系統疾病的人的健康狀況會輕微轉壞，而一般人士或會稍感不適。
嚴重	201-500	患有心臟或呼吸系統疾病的人的病徵會明顯轉壞，而一般人士普遍也會感到不適，包括眼睛不適、氣喘、痰多、喉痛等等。

資料來源：香港特別行政區政府環境保護署。

在 1999 年至 2012 年間，每年空氣污染指數超過 100 的天數呈上升趨勢，在 2011 年，空氣污染指數超過 100 的日子更接近 180 天（見圖 4-8）。2013 年 12 月，環保署以「空氣質素健康指數」（Air Quality Health Index，簡稱 AQHI）取代舊有的「空氣污染指數」。「空氣質素健康指數」告訴大眾由空氣污染引發的短期健康風險，以便作出預防措施，保障健康。「空氣質素健康指數」是以四種空氣污染物，即臭氧、二氧化氮、二氧化硫和粒子（可吸入懸浮粒子／微細懸浮粒子）的三小時移動平均濃度所引起的累積健康風險作為計算基礎。每種污染物的風險系數均來自本地的健康研究。「空氣質素健康指數」以 1 至 10 級及 10+ 級通報，並分為低、中、高、甚高和嚴重五個健康風險級別（見圖 4-9）。「空氣質素健康指數」實施後，路邊監測站曾於 2015 年錄得甚高和嚴重級別的總時數比率為 3.7%，有關比率之後出現回落。2017 年 6 月底時，甚高和嚴重級別的總時數比率為 1%（見圖 4-10）。

圖 4-8　1990 年至 2017 年空氣污染指數超過 100 的天數統計圖

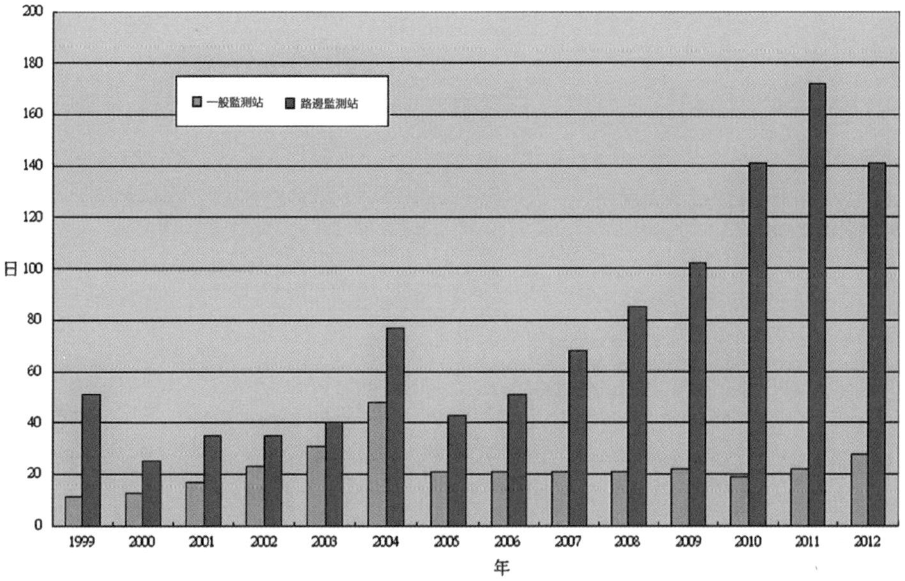

資料來源：香港特別行政區政府環境保護署。

圖 4-9　空氣質素健康指數級別對市民健康的影響解說圖

建議採取的預防措施

| 健康風險級別 | 空氣質素健康指數 | 易受空氣污染影響的人士 | | 戶外工作僱員* | 一般市民 |
		心臟病或呼吸系統疾病患者#	兒童及長者		
低	1 - 3	可如常活動。	可如常活動。	可如常活動。	可如常活動。
中	4 - 6	一般可如常活動，但個別出現症狀的人士應考慮**減少**戶外體力消耗。	可如常活動。	可如常活動。	可如常活動。
高	7	心臟病或呼吸系統疾病患者應**減少**戶外體力消耗，以及**減少**在戶外逗留的時間，特別在交通繁忙地方。 這類人士在參與體育活動前應諮詢醫生意見，在體能活動期間應多作歇息。	兒童及長者應**減少**戶外體力消耗，以及**減少**在戶外逗留的時間，特別在交通繁忙地方。	可如常活動。	可如常活動。
甚高	8 - 10	心臟病或呼吸系統疾病患者應**盡量減少**戶外體力消耗，以及**盡量減少**在戶外逗留的時間，特別在交通繁忙地方。	兒童及長者應**盡量減少**戶外體力消耗，以及**盡量減少**在戶外逗留的時間，特別在交通繁忙地方。	從事重體力勞動戶外工作僱員的僱主應評估戶外工作的風險，並採取適當的預防措施保障僱員的健康，例如**減少**戶外體力消耗，以及**減少**在戶外逗留的時間，特別在交通繁忙地方。	一般市民應**減少**戶外體力消耗，以及**減少**在戶外逗留的時間，特別在交通繁忙地方。
嚴重	10+	心臟病或呼吸系統疾病患者應**避免**戶外體力消耗，以及**避免**在戶外逗留，特別在交通繁忙地方。	兒童及長者應**避免**戶外體力消耗，以及**避免**在戶外逗留，特別在交通繁忙地方。	所有戶外工作僱員的僱主應評估戶外工作的風險，並採取適當的預防措施保障僱員的健康，例如**減少**戶外體力消耗，以及**減少**在戶外逗留的時間，特別在交通繁忙地方。	一般市民應**盡量減少**戶外體力消耗，以及**盡量減少**在戶外逗留的時間，特別在交通繁忙地方。

資料來源：香港特別行政區政府環境保護署。

圖 4-10　2014 年至 2017 年「空氣質素健康指數」甚高和嚴重級別總時數所佔百分比統計圖

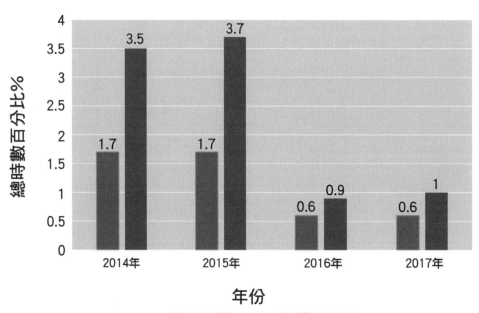

資料來源：香港特別行政區政府環境保護署。

香港志 — 自然 · 環境保護與生態保育

二、個案式特殊監測

1. 電力公司在發電廠周邊的空氣質素監測

發電過程會產生很多的空氣污染物，港府透過《1983 年空氣污染管制條例》管制發電廠的氣體排放。香港兩間發電廠，即香港電燈有限公司（港燈）及中華電力有限公司（中電）需要根據《1987 年空氣污染管制（指明工序）規例》（*Air Pollution Control (Specified Processes) Regulations, 1987*）下發出的「指明工序」牌照，設立空氣監測站以評估所屬發電廠附近大氣中的二氧化硫及二氧化氮濃度。自 1997 年開始，公眾可以在環保署及兩間電力公司的網站審閱監測數據。由於監測站所錄到的污染物濃度亦可能受其他污染源的影響，所以這些監測數據只能作參考之用。

自監測計劃在 1990 年代開始以來，監測站的位置和數量會因應技術因素（例如監測結果、鄰近是否有環保署新設的監測站）時有變更及增減。在 2017 年，港燈共設有六個監測站，位於山頂、春礴角、域多利道、薄扶林、長洲及鴨脷洲。而中電則設有五個監測站，位於屯門診所，天水圍，蝴蝶邨，龍鼓灘及流浮山（見圖 4-11）。

兩所電力公司設置的監測站很少和環保署的監測站重複。唯一例外是 2014 年環保署在屯門設立了新的監測站，地點和中電的屯門診所監測站比較接近。

監測結果顯示二氧化硫的濃度和環保署一般監測站所量度的大致相約，全年平均數值一般介乎 10-30 微克 / 立方米。無論是短期或長期的空氣質素指標，都沒有出現超標情況。

圖 4-11　2017 年電力公司主要發電廠及監測站位置圖

資料來源：香港特別行政區政府環境保護署。

中電的龍鼓灘發電廠及青山發電廠規模龐大，並且處於同一區域，對屯門區的二氧化氮濃度有較大影響。全年平均二氧化氮濃度雖然能夠符合舊的空氣質素指標，但在短期空氣質素指標方面卻經常出現超標情況（見表 4-8）。

屯門和元朗監測站與發電廠的距離不一樣，監測數據難以作直接比較。但除了 2006 年至 2011 年外，中電和環保署的監測站數據並沒有明顯和持續的高低分別。短期二氧化氮空氣質素指標超標情況，亦普遍在環保署的其他區域監測站出現。2014 年採用了新的空氣質素指標後，二氧化氮全年平均濃度由 80 微克 / 立方米收緊至 40 微克 / 立方米，因此持續出現超標情況。

2006 年至 2011 年持續高企的二氧化氮全年平均濃度可能是因為龍鼓灘發電廠發電機組陸續投產所致。而《空氣污染管制條例》於 2008 年經修訂後以技術備忘錄訂明和收緊 2010 年及以後發電廠的排放上限，亦可能是導致 2011 年以後二氧化氮濃度下降的原因。

表 4-8　1997 年至 2017 年不同監測站的二氧化氮全年平均濃度數據比較統計表

單位：微克 / 立方米

年份	中華電力有限公司屯門監測站	環保署		中華電力有限公司屯門監測站超標情況	
		元朗監測站	屯門監測站	短期空氣質素指標	長期空氣質素指標
1997	53	61		否	否
1998	49	54		否	否
1999	51	60		是	否
2000	53	57		否	否
2001	49	61		否	否
2002	54	56		是	否
2003	60	60		是	否
2004	55	67		否	否
2005	57	58	尚未設立	否	否
2006	70	58		是	否
2007	76	55		是	否
2008	71	56		是	否
2009	70	52		是	否
2010	68	54		是	否
2011	72	54		是	否
2012	45	49		否	否
2013	63	54		是	否
2014	55	52	53	是	是
2015	57	45	48	是	是
2016	35	46	51	是	否
2017	41	41	46	是	是

資料來源：香港特別行政區政府環境保護署、中華電力有限公司。

2. 溫室氣體排放源調查

人類活動特別是燃燒化石燃料（例如煤、天然氣、煤氣等）、砍伐森林和畜牧產業等令大氣中的溫室氣體特別是二氧化碳濃度增加，導致全球氣溫上升。氣候變化影響全球。環保署自1990年開始每年調查和編制溫室氣體排放源清單。編制工作是根據「政府間氣候變化專門委員會」的《1996年國家溫室氣體清單編制指南修訂版》、《2006年國家溫室氣體清單編制指南》和《國家溫室氣體清單優良作法》進行。

香港溫室氣體主要來源是發電廠、運輸業和廢物處理（見表4-9）。香港排放的溫室氣體主要成分是二氧化碳，佔總體80%以上，其次是甲烷（CH_4），其餘有氧化亞氮（N_2O）、氫氟烴（HFCs）、全氟化碳（PFCs）、六氟化硫（SF）等。

溫室氣體排放量最低的年份是1999至2001的三年（見圖4-12）。在這三年期間，發電及能源工業和廢物處理產生的溫室氣體量都是最低。由2002年起，排放總量展示上升趨勢，而在2014年達到最高後開始回落。人均碳排放量的趨勢大致和總排放量的趨勢相同，在4.9公噸／年至7.5公噸／年之間。不過，反映碳排放量和經濟活動關係的碳強度（碳排放量除以本地生產總值）卻顯示持續下降的趨勢，由1992年的0.037公斤／港元下降至2017年的0.014公斤／港元。

圖4-12　1990年至2017年人均碳排放及碳強度統計圖

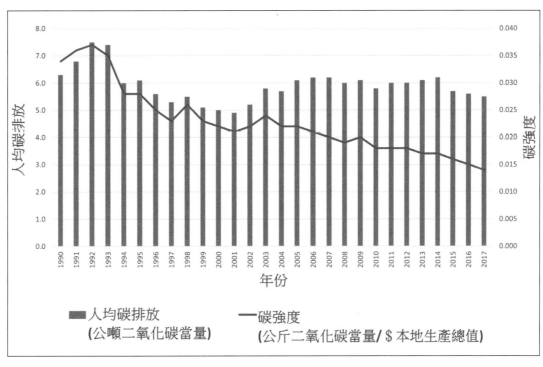

資料來源：香港特別行政區政府環境保護署。

表 4-9　1990 年至 2017 年溫室氣體排放量統計表

年份	溫室氣體排放量（千公噸二氧化碳當量） （Kilotonnes CO$_2$-e）						
	能源			廢棄物	工業過程及 產品使用	農業，林業 及其他土地利用	總數
	發電及其他 能源工業	運輸	其他燃料 耗用[1]				
1990	22,900	6160	4840	1550	215	139	35,800
1991	25,600	6720	4510	1600	638	121	39,200
1992	29,200	7110	4720	1660	651	99	43,500
1993	29,700	7210	4320	1750	724	86	43,800
1994	21,900	7520	4240	1770	830	76	36,400
1995	23,000	7430	4040	1940	935	84	37,400
1996	21,800	7410	3810	1900	952	84	35,900
1997	20,000	7540	3750	2000	1050	74	34,500
1998	22,100	7670	3560	1550	978	68	36,000
1999	20,100	7710	3540	1110	1020	82	33,500
2000	21,200	7270	2530	1120	978	75	33,200
2001	21,600	7090	2340	1260	862	82	33,200
2002	23,500	7530	2100	1490	503	79	35,100
2003	26,500	7610	2140	1800	540	72	38,700
2004	26,400	7600	2110	2000	634	65	38,800
2005	28,600	7490	2070	2230	857	72	41,300
2006	28,700	7650	2250	2160	1380	72	42,300
2007	29,600	7470	2200	2180	1340	50	42,800
2008	28,000	7450	2320	2160	1560	29	41,500
2009	29,100	7390	2210	2210	1370	25	42,300
2010	27,400	7360	2280	2200	1580	32	40,800
2011	29,600	7150	2140	2290	1350	32	42,500
2012	29,400	7090	2290	2340	1640	29	42,800
2013	30,300	7240	1990	2530	1690	31	43,800
2014	31,200	7290	1890	2500	1630	30	44,600
2015	27,700	7410	1920	2400	1710	30	41,200
2016	28,000	7410	1910	2450	1650	30	41,400
2017	26,700	7360	1920	2800	1720	30	40,500

注 1：　　包括在商業、工業及住宅中耗用的燃料。
資料來源：香港特別行政區政府環境保護署。

3. 室內氡氣（Rn）監測調查

香港位於花崗岩地帶，花崗岩佔陸地基岩範圍約 35%，是很好的建築材料，在香港被廣泛用於製造混凝土。氡氣（Rn）是一種無色、無味及無嗅的放射性氣體，當岩石（特別是花崗岩）裏的天然放射性物質鈾 -238（238U）發生放射性衰變，就會產生氡氣。由於香港的建築物多以含有花崗岩的混凝土興建，因此有機會釋放氡氣。氡氣在衰變過程中會放出放射性微粒，如被人吸入會積聚於肺部，並繼續釋放輻射影響肺部。吸入過量氡氣會增加患肺癌的機會。

環保署早在 1988 年進行第一次室內氡氣監測，在 99 個室內地點及 15 個室外地點安裝了阿爾法（α）徑跡探測器量度氡氣濃度。監測結果顯示，花崗岩地質上的室內平均氡氣濃度為 323 貝克／立方米（Bq/m^3，放射性強度單位），比較在非花崗岩地質上的 196 貝克／立方米高大約兩倍。而位於花崗岩地質上的室外氡氣濃度（40-152 貝克／立方米）亦較位於非花崗岩地質上的（30-143 貝克／立方米）為高。至於第三高室內平均氡氣濃度，是在位為於非花崗岩地質的多層大廈中錄得，可見含有花崗岩的建築材料亦會導致高的氡氣濃度。

有見於這次監測的結果，環保署在 1992 年 12 月至 1993 年 8 月進行了另一次大規模的全港性室內氡氣監測。在不同類型的處所安裝了 1100 個阿爾法徑跡探測器。樓宇類型包括住宅、學校、辦公室、工廠、醫院及公眾地方。為確保探測器安裝在正確的位置，安裝工作均由受過訓練的技術人員負責。

環保署其後收回 831 個探測器進行分析和計算，發現所有樓宇的平均氡氣濃度為 98 貝克／立方米，而住宅樓宇的平均氡氣濃度為 86 貝克／立方米（見表 4-10）。不過值得關注的是，如果以當時國際上被廣為接納的 200 貝克／立方米作為指標，有 8% 的住宅樓宇和 10% 的非住宅樓宇會超過這指標。

表 4-10　不同樓宇類型的平均氡氣濃度統計表

樓宇類型 （括號內為回收監測器數目）	氡氣濃度 （Bq／立方米）
住宅（212）	86
學校（193）	83
辦公室（115）	140[1]
工廠（138）	115[1]
公眾地方（159）	106[1]
醫院（14）	42
全部樓宇（831）	98

注 1：　　監測包括樓宇通風系統停用的時段（例如辦公室樓宇），會令氡氣積聚，導致氡氣濃度偏高。
資料來源：香港特別行政區政府環境保護署。

這次監測亦探討可能影響室內氡氣濃度的不同因素，包括樓宇年齡、地質、地板和牆壁的物料及室內通風情況等。

氡氣濃度受到室內通風情況影響最大。監測結果顯示經常打開窗戶的樓宇平均氡氣濃度只是經常關閉窗戶的 70%，而最高氡氣濃度可以相差接近三倍。如果牆壁鋪上牆紙或磁磚可以減少氡氣濃度達 25% 至 50%，而地台鋪上膠地板或紙皮石亦可以減少氡氣濃度 15% 至 25%。樓宇是否處於花崗岩地質對氡氣濃度影響沒有估計中那樣大，雖然有些這類樓宇的地牢和地下都錄得較高的氡氣濃度。此外，氡氣亦可以來自建築材料中的混凝土，有些非花崗岩地質的樓宇高層亦錄得高氡氣濃度。新樓宇氡氣濃度比舊的樓宇一般較高。

在 1995 年至 1996 年，環保署在 172 幢樓宇進行另一次的室內氡氣監測。監測結果顯示只有兩棟位於公眾地方的樓宇的氡氣濃度超過建議的 200 貝克／立方米水平。2003 年起，環保署推行自願參與的「辦公室及公眾場所室內空氣質素檢定計劃」，參與的處所或樓宇的業主或管理公司需要聘請認可的證書簽發機構，量度包括氡氣在內的整套室內空氣質素指標的參數。

第二節　海水監測

香港的海域面積達 1649 平方公里，比土地面積 1106 平方公里更大。香港非常依賴其海域作為康樂、魚類養殖、提供冷卻用水和沖廁水、航運及收納污水排放等用途。香港沿岸水域也是多種海洋生物包括浮游生物、珊瑚、海豚和江豚等的棲息地。自 1986 年開始，環保署實施一套全面的海水水質監測計劃，在常設監測站作定期的長期監測，以評估海洋環境狀況、水質長期變化和水質是否達標。

1980 年代中期以來，香港海水水質漸入佳境。自 2010 年以來，41 個憲報公布泳灘全部符合水質指標。海水水質方面，肯德爾季度測試（Seasonal Kendall）的結果顯示四個主要水質指標中，非離子化氨氮（NH_3-N）和大腸桿菌（*E. coli*）在所有水質管制區都錄得長期（1986 年至 2017 年）下降趨勢。[2] 至於溶解氧（DO）和總無機氮（TIN）則沒有一致的長期上升或下降趨勢。香港水域出現紅潮的次數也由 1980 年代的高峰大幅回落。

英國廣播公司（British Broadcasting Corporation，簡稱 BBC）在 2003 年 10 月 31 日的一

2　肯德爾季度測試（Seasonal Kendall test）方法是一套常用於分析環境數據的工具。它特別適合分析定點監測站的長期數據，從而得出單調長期趨勢是向上、向下或平穩的結果。

篇有關亞洲泳灘水質的報道指出，香港早已在 17 年前（即 1986 年）開始推行世界衛生組織（World Health Organization，簡稱 WHO）提倡的泳灘水質評級制度，成為亞洲典範。希望其他國家能夠借鑒香港的經驗，改善泳灘水質監測和減低健康風險。

一、常規海水及海底沉積物監測

1. 監測概況

在 1986 年監測計劃開始時，香港設有 92 個海水水質監測站，其中 77 個設於開放水域，每月採樣一次，其餘 15 個設於避風港（又稱避風塘）內，每兩月採樣一次。此外，亦有 19 個海床沉積物監測站，每年採樣兩次。

其後，因應累積的監測經驗，環保署增設了位於南面和東面水域邊界的監測站，但亦同時減少了一些近岸監測站。隨着新避風港（土瓜灣、喜靈洲、白沙灣）落成，新監測站也同步增加。至 2017 年，海水水質監測站增加至 94 個，其中 76 個設於開放水域，其餘 18 個設於避風港內。海床沉積物監測站則增加至 60 個，其中 45 個設於開放水域，15 個設於避風港內。採樣頻率保持和 1986 年一樣。[3]

監測站遍布香港水域。在市區近岸的水域有較密集的監測站，一般相距一至二公里。接近水域邊界的邊陲監測站相距較遠，約為五至十公里。

日常海水水質監測工作會在環保署的海水水質監測船「林蘊盈博士號」上進行（見圖 4-13）。[4] 該船自 1993 年開始投入服務，配有精準的差分全球定位系統，確保監測船每次均可駛到監測站一米範圍內採樣。船上配備有電腦控制的多瓶式環形採樣器，與一部多參數溫鹽深水質剖面儀相連，可以同時採取水樣本及收集水質物理及化學數據（見圖 4-14）。每個監測站均採集三個不同水深的樣本，即水面以下一米、水面與海床之間中位，及海床之上一米。海底沉積物則用「範文」沉積物抓斗，在海床表面十厘米處進行採樣。海水和沉積物樣本由環保署內水質科學實驗室、環境微生物實驗室和政府化驗所進行分析。所分析的物理、化學和生物參數由早期的 41 項（海水 23 項和沉積物 18 項），增加到 2017 年的 84 項（海水 23 項和沉積物 61 項）（見表 4-11 及 4-12）。

---

3 美國全國水質監測網絡（A National Water Quality Monitoring Network for US Coastal Waters and Tributaries）要求水環境物理化學指標每月監測一次，沉積物指標每年監測一次。歐盟頒布的 2000/60/EC 指令要求近岸水環境監測的物理化學監測頻率為最少每三月一次，浮游植物最少每半年一次。香港的海水監測計劃都能達到這些要求。

4 林蘊盈博士早在 1980 年代已經在環保署工作，是最早期設計水質監察系統的先驅者和研究浮游植物及紅潮的專家，她因病在 1990 年逝世。為紀念她對水質監測工作的貢獻，新的監測船以她的名字命名。

圖 4-13　海水水質監測船「林蘊盈博士號」。（香港特別行政區政府環境保護署提供）

圖 4-14　海水水質監測船「林蘊盈博士號」上的電腦控制多瓶式海水採樣器。（香港特別行政區政府環境保護署提供）

表 4-11　監測海水水質參數項目情況表

類別	參數
物理性質	水溫、鹽度、溶解氧（DO）、混濁度、酸鹼值、透明度、懸浮固體（SS）、揮發性固體總量（TVS）
有機成分	五天生化需氧量（BOD_5）
營養鹽和無機成分	氨氮（NH_4-N）、非離子化氨氮（NH_3-N）、亞硝酸鹽氮（NH_2-N）、硝酸鹽氮（NO_3-N）、無機氮（TIN）、凱氏氮（TKN）、總氮（TN）、正磷酸鹽磷（PO_4-P）、總磷（TP）、硅（二氧化硅（SiO_2））
生物和微生物測項	葉綠素 -a（chlorophyll-a）、大腸桿菌（*E. coli*）、糞大腸菌群（Faecal Coliforms）、浮游植物

資料來源：香港特別行政區政府環境保護署。

表 4-12　監測沉積物質素參數項目情況表

類別	參數
物理性質	粒度分布、電化勢（Electrochemical Potential, Eh）、固體總量（TS）、揮發性固體總量乾濕重比例
有機成分	化學需氧量（COD）、總碳（TC）
營養鹽和無機成分	氨氮（NH_4-N）、凱氏氮（TKN）、總磷（TP）、硫化物（Sulphides）、氰化物（Cyanides）
金屬和準金屬	鋁、砷、鋇、硼、鎘、鉻、銅、鐵、鉛、錳、汞、鎳、銀、釩、鋅
痕量有機物	總多氯聯苯（PCBs）－18 種同質物、多環芳香烴（PAHs）－共 16 種

資料來源：香港特別行政區政府環境保護署。

化驗分析的技術標準，主要參考美國環境保護局、美國公共衛生協會（American Public Health Association, APHA）或美國材料和試驗協會（American Society for Testing and Materials International, ASTM）的標準方法。

1996 年環保署展開了一項為期七個月的遙測海水水質監測系統試驗，研究遙測技術在香港水域應用的可行性。監測儀器設於固定的海面浮標上，可持續測量海水水質，將數據以電子方式傳送回陸上的數據中心。試驗結果顯示，雖然遙測系統可實現遠距離無人持續監測和產生準確的數據，但在實際操作上還有很多問題。首先，系統安裝和維修費用相對為高，如果在全部採樣點裝設，費用會極其高昂。其次，設備容易受附着的海洋污染和生物影響而導致失靈。由於設備長期留在海上，容易遭人為破壞、盜取或被暴風巨浪衝擊。考慮遙測技術的實用性和成本效益未如理想，因此環保署一直未有使用遙測技術進行日常的海水水質監測工作，但會不時留意新技術的發展，待技術成熟時可隨即應用。

多年來收集的大量水質監測數據，環保署利用肯德爾季度測試方法分析長期變化趨勢。

香港的后海灣與大鵬灣和內地水體相連，特區政府亦和廣東省政府合作，自 2000 年開始制定和實施《后海灣（深圳灣）水污染控制聯合實施方案》和《大鵬灣水質區域控制策略》，監察和改善后海灣及大鵬灣的水質。

根據《1980 年水污染管制條例》（*Water Pollution Control Ordinance, 1980*）的規定，任何人要將污水排往水質管制區內，必須先向環保署申領牌照。牌照會標明污染物排出量和標準，以便達到或維持港府所公布的水質指標。自 1990 年開始，環保署每年發出數以千計的牌照，其中包括排放量巨大的設施，例如渠務署污水處理廠和發電廠。牌照內訂明監測的要求，牌照持有人須根據要求對排放水進行定期監測並呈交結果。除了作執法用途，這類監測結果亦有利於政府評估有關水質管制區的水質情況。環保署人員亦會不定期巡查這類設施和抽取排放水樣本作監測。

2. 海水水質監測結果、趨勢和達標情況

根據《水污染管制條例》，香港共分為十個水質管制區，每一個水質管制區均有一套水質指標。水質指標包括各項物理、化學及生物參數，整體來說，包括：細菌量、溶解氧、總無機氮、非離子化氨氮、透光度、酸鹼值、鹽度、大腸桿菌、可沉降物質、毒物量等。

在眾多參數中，四個較為重要的水質指標參數為溶解氧、總無機氮、非離子化氨氮及大腸桿菌。海水中的溶解氧是海洋生物賴以生存的氧氣來源；總無機氮是海水中藻類生長所需的主要營養鹽，是引致出現紅潮的主要因素；非離子化氨氮對海洋生物有一定的毒性；而大腸桿菌則反映海水中的細菌含量及受糞便污染程度。香港海水水質指標整體達標率，亦是根據全部海水監測站錄得這四個參數所計算得出。

隨着環境保護法規的完善化及防污基礎建設投入服務，香港整體海水水質在過去 30 年有所改善（見圖 4-15）。在 1986 年，全港海水水質整體達標率為 76%。而在 2017 年，達標率為 85%。

而四個重要水質指標中，大腸桿菌的達標率最為理想（見圖 4-16），不過監測的水域只包括有次級康樂活動的分區（即吐露港及赤門、南區、牛尾海和大鵬灣四個水質管制區）。除了本地污染源的影響外，溶解氧和總無機氮容易受天氣及區域性水流影響，達標率未如理想，特別是總無機氮。在 2017 年，大腸桿菌及非離子化氨氮的達標率都達到了 100%，溶解氧的達標率為 93.4%，但總無機氮的達標率只有 55.1%。

香港位處珠江三角洲的東部，東部水域受海洋性水流的影響較大，而西部水域則受珠江流域的影響較大。所以一般來說，東部水域的水質會較好，而西部水域的水質則較差（見圖 4-17）。

圖 4-15　1986 年至 2017 年全港海水水質整體達標率統計圖

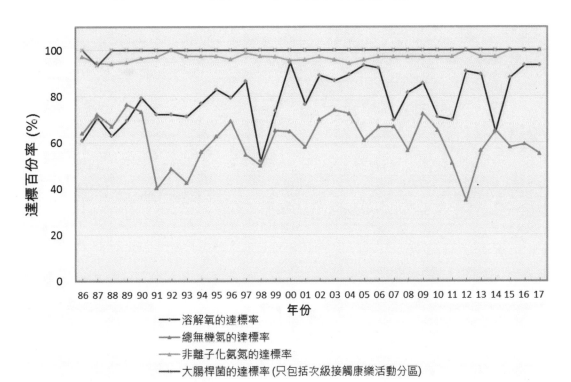

資料來源：香港特別行政區政府環境保護署。

圖 4-16　1986 年至 2017 年四個重要水質指標達標率統計圖

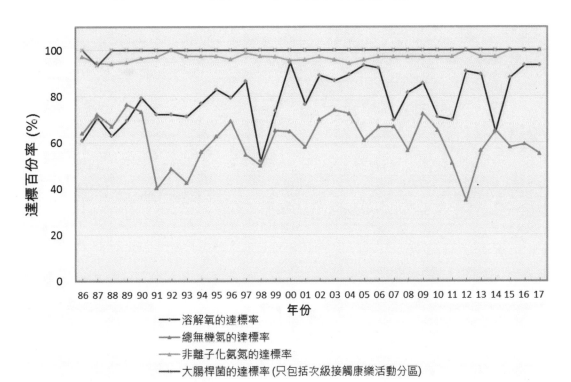

　　溶解氧的達標率
　　總無機氮的達標率
　　非離子化氨氮的達標率
　　大腸桿菌的達標率 (只包括次級接觸康樂活動分區)

資料來源：香港特別行政區政府環境保護署。

圖 4-17　1986 年至 2017 年本港各水質管制區主要水質指標的整體達標率統計圖

資料來源：香港特別行政區政府環境保護署。

東部水域

東部水域包括大鵬灣、牛尾海和吐露港及赤門水質管制區。

因為遠離市區中心，腹地內沒有大型市鎮和禽畜農場，大鵬灣和牛尾海水質優良，主要水質指標整體達標率在 1990 年後一直維持在 75% 至 100% 範圍內，其中非離子化氨氮及大

腸桿菌的達標率都能一直維持在 100%。

吐露港是一個半封閉型的淺水水體，只有一個狹窄出口，與大鵬灣的水流交換率低，水體循環能力薄弱，污染物很難隨潮汐帶出港外。在夏季，吐露港內經常出現海水溫度和鹽度分層現象，阻礙水體混和，容易導致海底缺氧情況。此外，吐露港的腹地有沙田、大埔等人口眾多的新市鎮，亦有未敷設污水收集系統的舊式村落和禽畜農場。種種因素令溶解氧達標率一直偏低，甚至有年度達標率為零的情況，因此主要水質指標整體達標率一般只能維持在 50% 至 80% 之間。

自港府於 1980 年代中期推行「吐露港行動計劃」，包括實施禽畜廢物管制、改善污水處理設施、將沙田污水處理廠及大埔污水處理廠處理後的污水經啟德河排放到維多利亞港、以及積極為集水區內的鄉村鋪設污水管道，吐露港的水質近 30 年來已得到穩定的改善（見圖 4-18）。

吐露港亦是香港出現紅潮最多的水域，1986 年至 2017 年間共發生紅潮超過 300 宗。

圖 4-18　1986 年至 2017 年「吐露港行動計劃」和水質改善關係統計圖

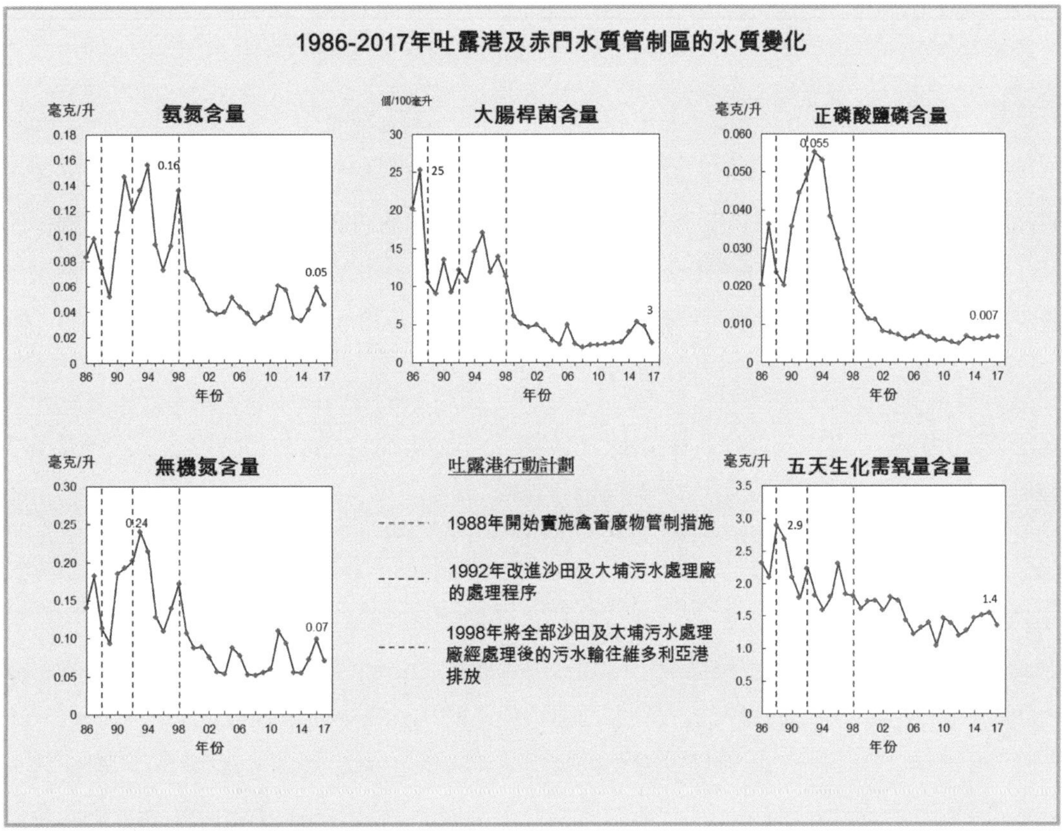

資料來源：香港特別行政區政府環境保護署。

中部水域

中部水域包括維多利亞港、西部緩衝區、東部緩衝區及將軍澳四個水質管制區。

維多利亞港面對兩岸密集人口的污水排放及珠江流域的影響，對水質構成重大壓力。在 2001 年以前，維多利亞港兩岸未經處理的住宅及工商業污水直接排入維多利亞港內，嚴重影響港內水質。整體水質指標達標率徘徊在 45% 至 90% 之間，尤其是溶解氧的達標率偏低，例如在 2001 年只有 10%。

為改善維多利亞港的污染問題，特區政府推出「淨化海港計劃」。「淨化海港計劃」第一期收集和處理九龍及部分香港島的污水，在 2001 年年底開始投入服務。第二期甲收集和處理餘下源自港島北部和西南部的污水，於 2015 年年底啟用。維多利亞港水質自始獲得持續改善。主要水質指標整體達標率由在 1991 年錄得最低的 45%，提升至 2017 年的 83%。溶解氧的達標率亦大幅改善，自第二期甲於 2015 年年底啟用後，2015 年至 2017 年達標率都維持在 100%。

自「淨化海港計劃」第一期啟用後，維多利亞港東部的大腸桿菌水平有顯著的改善（見圖 4-19）。由於水質欠佳而自 1979 年起停辦的渡海泳，也在 2011 年在維多利亞港東部復辦。隨着 2015 年年底「淨化海港計劃」第二期甲全面啟用，維多利亞港中部的大腸桿菌水平亦大幅下降。2016 年時，大腸桿菌及非離子氨氮的達標率為 100%，2017 年的渡海泳賽道已遷回至維多利亞港中部舉行。

自「淨化海港計劃」第一期於 2001 年年底實施以後，東部緩衝區及將軍澳水質管制區的水質指標整體達標率均達到 100%。這是因為所有從將軍澳、九龍半島以及港島東（柴灣）所產生的污水均輸往昂船洲污水處理廠處理，因而令這兩個管制區的水質得以明顯改善，溶解氧含量上升，營養物及細菌含量下降。

由於「淨化海港計劃」第一期將維多利亞港 75% 的污水集中到昂船洲污水處理廠處理和排放，西部緩衝區水質管制區的水質在第二期甲於 2015 年啟用後才錄得持續改善。水質指標整體達標率在 2016 年和 2017 年都達到 100%。

儘管如此，在水質持續改善過程中，在 2011 年仍然錄得一次達標率大幅度逆轉。維多利亞港的整體水質指標達標率由 2010 年的 77% 下降至 2011 年的 50%。這是因為區內所有監測站均未能符合溶解氧的水質指標，再加上大部分監測站亦未能符合總無機氮的水質指標所致。不過，低溶解氧的情況亦同時在西部緩衝區和西北部水質管制區出現。根據香港天文台 2011 年的天氣紀錄，該年 8 月份的天氣異常酷熱，平均氣溫是自 1884 年有紀錄以來最高氣溫的三個 8 月份之一。考慮到其他因素例如污染源、污水處理運作情況等未有改變，海水中溶解氧偏低可能因酷熱天氣所致，而令達標率轉差。

357

圖 4-19　1990 年至 2017 年維多利亞港內大腸桿菌水平統計圖

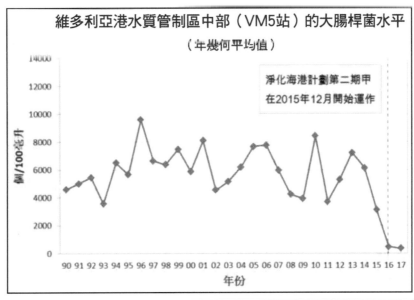

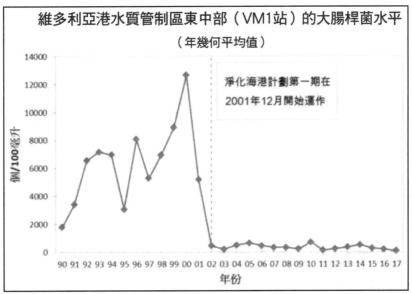

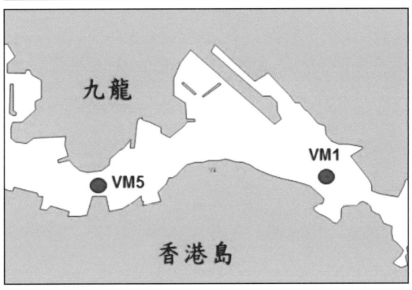

資料來源：香港特別行政區政府環境保護署。

西部水域

西部水域包括后海灣水質管制區及西北部水質管制區。這兩個水質管制區位於香港西面，均受到珠江流域和深圳河排放所影響。后海灣水質管制區有極具生態價值的米埔和拉姆薩爾濕地，並設有蠔養殖區。西北部水質管制區也包括大嶼山、屯門、沙洲及龍鼓洲一帶中華白海豚常常出現的水域。

接近珠江口的后海灣主要水質指標整體達標率偏低，一直徘徊在 20% 至 60%。而總無機氮方面，除 1991 年和 1995 年是 20% 達標外，其他年份都是零達標。雖然后海灣的總無機氮水平仍然偏高，但透過《后海灣（深圳灣）水污染控制聯合實施方案》與深圳方面合作減少污染量，以及在 2005 年至 2008 年間實施的家禽及養豬農場自願退還牌照計劃，后海灣的水質自 2000 年代中期開始已有改善跡象。主要水質指標整體達標率在 1990 年代為 20% 至 40%，而 2008 年至 2017 年則為 40% 至 60%。

西北部水質管制區的主要水質指標整體達標率一直未能改善，主要和總無機氮的水平有關。可能是與珠江流域的較高背景水平，以及與源自新界西北地區及大嶼山的排放及雨水徑流有關。

南部水域

南區水質管制區是南部水域唯一的水質管制區。南區水域面向南中國海，由港島南部伸展至大嶼山。珠江流域對這水域的中部和西部有季節性影響。南區水域有很多康樂活動設施，例如泳灘。相關的大腸桿菌達標率一直維持 100% 。非離子化氨氮及溶解氧的達標率亦非常高，分別長年保持在 100% 及 80% 至 100% 之間。但因為總無機氮背景水平受珠江流域排放和南中國海的影響，而且南區總無機氮的水質指標要求比其他水域嚴格，即全年水深平均值不超過 0.1 毫克／升（mg/L）（其他水域為 0.3 至 0.7 毫克／升），總無機氮的達標率非常低，因此亦拖低主要水質指標整體達標率在 60% 至 80% 之間。

避風港

避風港是船隻在惡劣天氣下的庇護處，設有防波堤。防波堤令避風港和開放水域之間的水循環受到限制，因此容易受到源自陸上的污染源，以及停泊在避塘港的船隻排放而影響水質。

避風港的實益用途主要是船隻停泊，因此沒有訂立細菌水質指標。避風港監測站的水質指標達標情況，是以溶解氧、總無機氮及非離子化氨氮的水平來衡量。

雖然在 2017 年，非離子化氨氮的水質指標於所有避風港均全部達標，但由於水循環受到限制和避風港的使用率高，大部分避風港不能完全符合溶解氧和總無機氮的水質指標。但總括而言，隨着避風港水上人口陸續移居岸上及雨水徑流污染情況的改善，香港所有避風港

圖 4-20　1990 年至 2017 年觀塘避風港溶解氧全年深度平均值統計圖

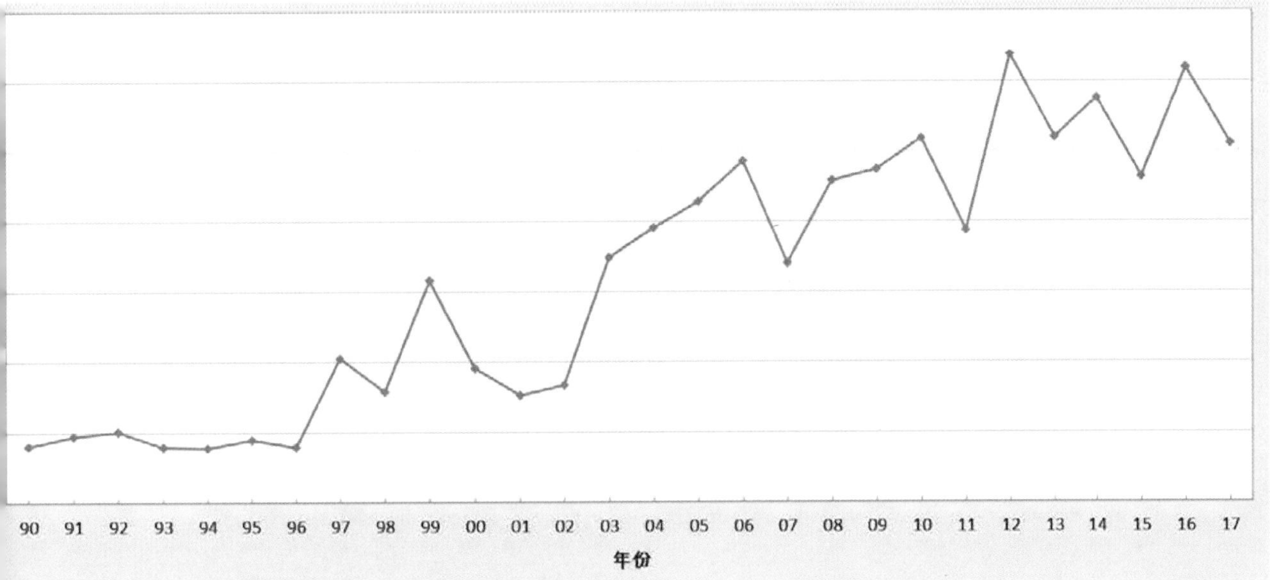

資料來源：香港特別行政區政府環境保護署。

的整體水質已有所改善。位於市區的觀塘避風港，更受惠於「吐露港行動計劃」，得到沙田及大埔污水廠經處理後污水的排入，增加了沖刷效應，水深平均溶解氧從 1990 年代低於 1 毫克 / 升提升到 2017 年的大約 5 毫克 / 升（見圖 4-20）。

3. 浮游植物監測

浮游植物（藻類）廣泛生活在海水環境的表層，可以進行光合作用，依靠陽光、二氧化碳、礦物質和營養物而生長。當海水中營養物，例如磷、氮等大量增加，再加上有利的環境情況（包括水溫、陽光、水流和風速），浮游植物會迅速大量繁殖，當他們聚集的密度達至一定程度，會引致水體跟隨其體內的光合色素變色，這種自然現象普遍稱為紅潮。過量生長藻類的內源呼吸，在夜晚會耗去海水中大量的溶解氧，此外藻類死亡後，其腐解過程也會消耗溶解氧，導致海水含氧量大幅下降，引致魚類死亡。

1980 年代本港紅潮發生數目顯著增加，根據漁護署的資料，在 1975 年至 2017 年間香港共錄得 932 次紅潮，其中 1988 年更錄得最高的 88 次（見圖 4-21）。環保署遂展開了浮游植物監測計劃。在 2017 年，浮游植物監測計劃已擴展至全港所有水域，共有 25 個監測站，每月會收集樣本，分析香港水域內浮游植物群落的組成及數量的變化。漁農自然護理署亦在全港的 26 個魚類養殖區及五個離岸抽樣站，定期抽取樣本進行分析，偵察有害藻類及紅潮的出現。

圖 4-21　1975 年至 2017 年紅潮在香港水域發生次數統計圖

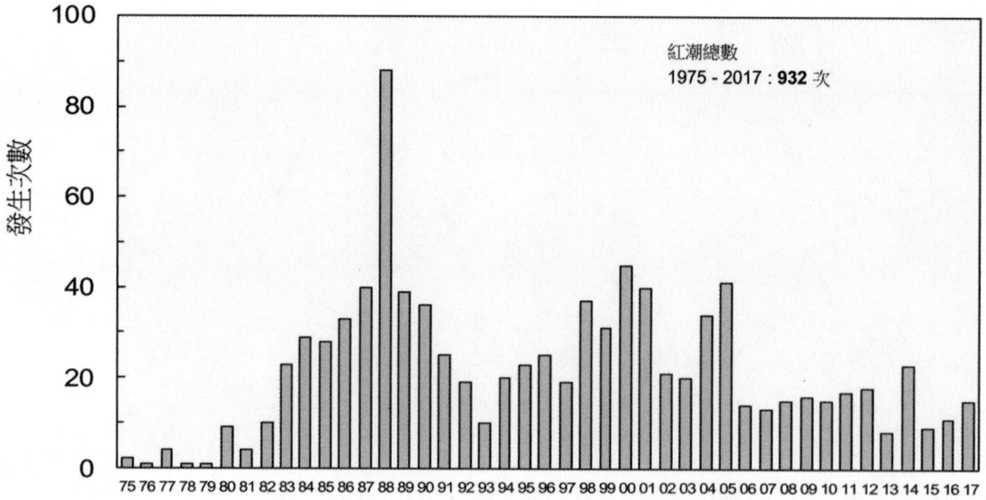

資料來源：香港特別行政區政府環境保護署。

監測結果顯示，香港水域內的浮游植物，無論是種類還是數量都以矽藻（diatoms）（又稱硅藻）為主，佔物種數量一半以上。其餘為甲藻（dinoflagellates）（約佔三分之一）和其他次要藻類。監測結果和內地科研機構對南海區域的監測結果吻合。矽藻優勢種包括中肋骨條藻（*Skeletonema costatum*）、角毛藻（*Chaetoceros* spp.）和海鏈藻（*Thalassiosira* spp.）。而甲藻勢種主要是裸甲藻（*Gymnodinium* spp.）。而其他次要藻類種類繁多，也包括一些有毒的藻類。有毒藻類可導致魚類貝類死亡。例如，米氏凱倫藻（*Karenia mikimotoi*）能製造刺激魚鰓的毒素，從而影響魚類呼吸，有機會導致牠們窒息死亡。1983年 10 月，吐露港發現由米氏凱倫藻（*Karenia mikimotoi*）引發的紅潮，是本地首個官方記錄的有毒紅潮。2016 年 1 月，西貢北部和吐露港東部的養魚區亦受該藻類形成的有毒紅潮影響，估計造成近 3000 萬元的經濟損失。

吐露港、大鵬灣和南區水域的浮游植物總密度，一般比其他水域為高。在 932 次紅潮中，有大約 70% 發生在這三個水域內，而以吐露港為最高。

吐露港集水區內沙田及大埔新市鎮在 1980 年代急速發展，營養物亦隨之增加，加上吐露港水體的天然限制，令吐露港成為出現紅潮次數最多的水域。有見及此，港府於 1980 年代後期開始推行「吐露港行動計劃」，改善吐露港水質。隨着計劃的推行，吐露港出現紅潮的次數亦顯著減少，由 1988 年最高峰的 43 次，下降至近年（2013 年至 2017 年）每年大約5 次（見圖 4-22）。整體來說，在過往 10 年（2008 年至 2017 年），香港水域發生紅潮次數保持每年大約 10 至 20 宗，比 1980 年代高峰期大幅減少。

圖 4-22　1986 年至 2017 年吐露港出現紅潮次數統計圖

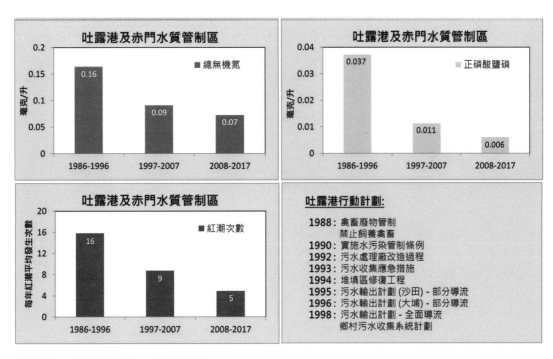

資料來源：香港特別行政區政府環境保護署。

4. 海底沉積物監測

海底沉積物是許多污染物的最終積聚點，所以其濃度或含量能反映海洋環境過去和長期的健康狀況。在 1960 至 1980 年代，因區內工業廢水排放，中部水域包括維多利亞港和荃灣海灣的海底沉積物內，重金屬及微量有機污染物含量偏高，特別是銅和銀。隨着有關的環保法例（包括《1980 年水污染管制條例》及《1992 年廢物處置（化學廢物）（一般）規例》[*Waste Disposal (Chemical Waste) (General) Regulation, 1992*]）相繼實施，及相關的工業廠房遷到內地，這些污染物的排放量已大幅下降。

然而，積聚在海底的污染物不容易分解。在水流較急的水域，自然沖刷會緩慢清除海底泥土及其沉積物內的污染物。例如維多利亞港內西環監測站在 2017 年錄得的總重金屬水平（包括鎘、鉻、銅、汞、鎳、鉛、銀和鋅的總和）為 387 毫克 / 千克（mg/kg），比 1999 年錄得的 522 毫克 / 千克明顯下降。

但在水流緩慢的水域，污染物會長期存在環境中。除了有特別目的（例如疏浚航道、填海工程），政府也不會主動挖掘和移除受污染的沉積物。監測數據顯示這些水域沉積物內污染物的濃度無明顯的變化趨勢。

就微量有機污染物（例如多氯聯苯及多環芳香烴）而言，本港海底沉積物的水平普遍較低。西環監測站記錄得的微量有機污染物，例如多氯聯苯水平較其他監測站高，可能與往昔工

圖 4-23　2002 年至 2017 年西環監測站多氯聯苯水平統計圖

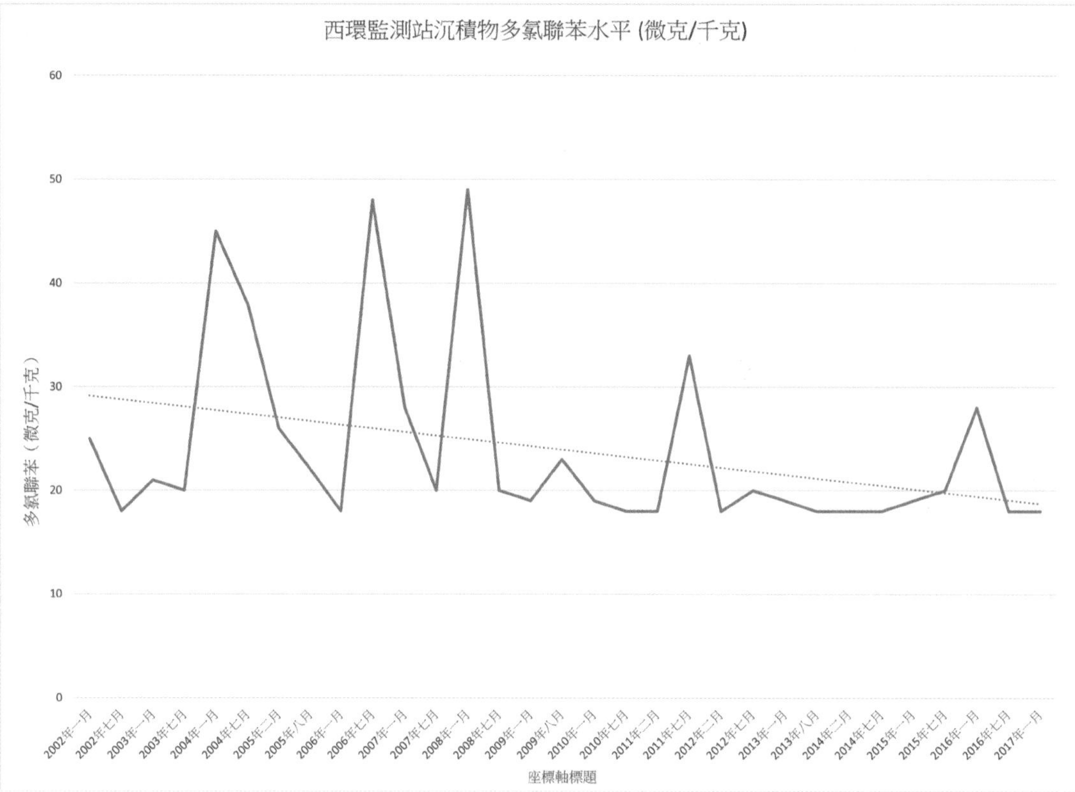

西環監測站沉積物多氯聯苯水平 (微克/千克)

座標軸標題

資料來源：香港特別行政區政府環境保護署。

業排放及於 1993 年已停止運作和於 2007 年拆除的堅尼地城焚化設施有關。不過，西環監測站位於沖刷力強的維多利亞港內，自 2002 年起，西環監測站的沉積物內多氯聯苯水平也有緩慢下降的趨勢（見圖 4-23）。

避風港內沉積物方面，受到過往工業排放的影響，維多利亞港內避風港的沉積物普遍受到重金屬污染。

二、泳灘水質監測

1. 監測概況

香港擁有眾多優良的泳灘。在夏季，這些泳灘吸引數以百萬計的本地居民及遊客前往，享受悠閒時光。在 2017 年，香港共有 41 個憲報公布泳灘（即政府透過憲報公布並由政府管理的泳灘）分布在港島南、西貢、荃灣、屯門及離島各區。

1986 年之前，泳灘水質監測工作由多個政府部門負責，包括市政總署，區域市政總署和工務局轄下的土木工程署。自 1986 年開始，所有泳灘監測工作集中到環保署。環保署亦實施

一套全面的泳灘水質監測計劃和評級制度，目的是監察泳灘水質以保障泳客的健康。

監測範圍包括憲報公布泳灘和非憲報公布的泳灘。在 3 月至 10 月的泳季期間，環保署每月最少三次在憲報公布泳灘收集水樣本，供化驗室分析大腸桿菌含量，亦會同時量度海水的溶解氧、酸鹼值、鹽度、溫度和混濁度。在非泳季的日子，監測會改為每月一次。包括在監測計劃內的憲報公布泳灘由 1986 年的 39 個增加到 2017 年的 41 個。在 2017 年，亦有三個非憲報公布泳灘包括在監測計劃內。

香港採用雙評級制度，即「全年級別」和「每周等級」。此雙評級制度是根據海水中的大腸桿菌含量來評定。在 1987 年，環保署參考了世界衛生組織有關康樂用途水質安全評估的指引，進行了有關泳灘的流行病學研究，評估大腸桿菌含量和與游泳有關的疾病發病率的關係和風險。根據研究的結果，泳灘水質「全年級別」分為「良好」、「一般」、「欠佳」和「極差」四級。如果泳灘水質「全年級別」是「良好」或「一般」，即表示泳灘達到水質指標（見表 4-13）。達標與否的分界線是每百毫升海水所含大腸桿菌數量幾何平均值是否超過 180。

香港降雨量大。大雨會將泳灘腹地的污染物沖進泳灘範圍內，因此個別泳灘的水質在暴雨後會偶然短暫轉差。泳灘水質的「每周等級」，為市民提供最新和及時的泳灘水質資訊。環保署通過每周發放的新聞稿和其他電子資訊渠道，向公眾發出最新的泳灘水質資訊，方便打算前往泳灘遊樂的市民，掌握目的地泳灘最新情況，以作出合適決定。

表 4-13　泳灘級別制度情況表

泳灘的全年級別制度			
級別	每百毫升大腸桿菌數量[1]	輕微疾病率[2]（每千名泳客感染個案）	符合水質指標
良好	≦ 24	不能驗出	符合
一般	25 - 180	≦ 10	符合
欠佳	181 - 610	11 - 15	不符合
極差	> 610	> 15	不符合

註 1：以 3 月至 10 月泳季期間收集到的所有數據計算出的大腸桿菌幾何平均值
註 2：皮膚及腸胃病

泳灘的每周等級制度			
等級	泳灘水質	每百毫升大腸桿菌數量[3]	輕微疾病率[4]（每千名泳客感染個案）
一級	良好	≦ 24	不能驗出
二級	一般	25 - 180	≦ 10
三級	欠佳	181 - 610	11 - 15
四級	極差	> 610 或最近　次讀數 > 1600	> 15

註 3：除另有闡釋外，大腸桿菌數量是最近五次水樣本的大腸桿菌幾何平均值
註 4：皮膚及腸胃病

資料來源：香港特別行政區政府環境保護署。

香港採用大腸桿菌作為泳灘分級制度指標，有別於世界衛生組織建議的腸球菌（enterococci）。這是因為 1987 年進行的泳灘流行病學研究證明，大腸桿菌比腸球菌和泳灘引起的胃腸道疾病有更好相關性和更適合香港情況。在 2010 年環保署進行了一次檢討，在 2010 年至 2013 年四個泳季，同時監測泳灘水樣本的大腸桿菌及腸球菌，結果顯示大腸桿菌仍然更適合用作香港泳灘分級制度的指標。

2. 監測結果、趨勢和達標情況

在 1980 年代後期，因為很多泳灘的腹地未有敷設污水管道，或污水管道錯駁，令腹地的污水直接流入泳灘而令泳灘受到污染。這樣的情況，在西北部、荃灣和港島南區的泳灘特別明顯。所以這些地區的泳灘水質普遍較差，「全年級別」達「欠佳」或「極差」的級別。這包括青山灣、新咖啡灣、舊咖啡灣、蝴蝶灣、黃金泳灘、加多利灣、釣魚灣、汀九、赤柱正灘、石澳後灘、淺水灣、中灣等。

在 1980 年代後期，香港標誌性的淺水灣泳灘水質欠佳，差不多面臨被封閉的地步。為此，環保署和渠務署採取一連串補救措施，包括鋪設污水管道把泳灘腹地的污水引離、修復有泄漏問題的淺水灣深海排污管、及裝設旱季節流器阻截受污染的地表徑流進入泳灘。採取了這些措施後，淺水灣泳灘的水質由 1988 年的「欠佳」改善至 1990 年的「良好」級別。

位於屯門青山公路旁的泳灘非常受市民歡迎，這些泳灘俗稱「19 咪」等。但由於污染嚴重，青山灣泳灘早在 1981 年封閉，其旁的舊咖啡灣泳灘亦於 1986 年封閉。經過環保署和渠務署多年努力鋪設污水管道和嚴厲執行《水污染管制條例》，這一帶泳灘水質得到改善並符合水質指標。舊咖啡灣泳灘在 1996 年重新開放，而青山灣泳灘則待其泳灘工程在 2005 年竣工後亦重新開放。

俗稱「11 咪」、「12 咪」、「13 咪」等一帶的泳灘，位於荃灣青山公路旁，包括釣魚灣、汀九、近水灣、麗都灣、更生灣、海美灣及雙仙灣，亦曾因水質污染，在 1995 年至 2003 年相繼封閉。2001 年，特區政府推出「淨化海港計劃」，該計劃的第一期將維多利亞港 75% 的污水集中到昂船洲污水處理廠處理和排放，由於計劃的第一期並不包括消毒設施，因此不能去除污水中的大腸桿菌，而污水又集中在荃灣泳灘的維港西部排放，令該區的大腸桿菌數量飆升，荃灣泳灘的水質亦因此受到影響。要改善該區水質，特區政府除了需要完善泳灘腹地的污水收集系統外，也要等待昂船洲污水處理廠的前期消毒設施於 2010 年 3 月的全面啟用。之後，青山公路旁的泳灘才能陸續在 2011 年至 2014 年間重新開放。

位於西貢及離島的泳灘水質普遍良好和穩定。

隨着有關環保法規完善化和執行，及污水設施投入服務，泳灘水質得以持續改善。自 2010 年以來，所有 41 個憲報公布泳灘都符合水質指標，即屬於「良好」或「一般」的級別（見圖 4-24）。

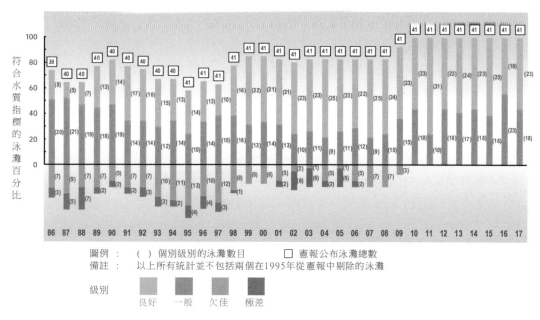

圖 4-24　1986 年至 2017 年刊憲泳灘水質全年級別統計圖

圖例：　( ) 個別級別的泳灘數目　□ 憲報公布泳灘總數
備註：　以上所有統計並不包括兩個在1995年從憲報中剔除的泳灘

級別　良好　一般　欠佳　極差

資料來源：香港特別行政區政府環境保護署。

三、個案式特殊監測

1. 有毒物質監測計劃

有些化學物品，例如二噁英、殺蟲劑、重金屬等，能長期存在於海水環境中，並可以在食物鏈累積，對海洋生物，和進食受污染海產的市民構成危害。環保署在 1999 年至 2003 年間進行了「有毒物質污染研究」。研究結論指出，雖然香港海洋環境並無廣泛受到有毒化學物的嚴重污染，但必須密切監察潛在風險。

「有毒物質監測計劃」在 2004 年正式展開。監測計劃以三年為一周期。每一周期的首兩年集中監測海洋環境，包括海水、沉積物、海洋生物中的有毒物質，而第三年則監察潛在污染源和河溪及雨水渠排放。計劃至今已完成三個周期（分別於 2004 年、2007 年及 2010 年開始）。

在 2004 年，受監測的有毒化學物包括海水中 12 項，沉積物中 19 項，和海洋生物體內的 9 項。全港的海水和沉積物採樣點共有十個，並在五個水域收集海洋生物樣本（包括魚類、蝦、貽貝等）。受監測的持久性有機污染物有二噁英／呋喃、多氯聯苯、多環芳香烴、滴滴涕（$C_{14}H_9Cl_5$）、三丁基錫（TBT）等，而重金屬則包括鎘、銅、鋅、汞等。

受監測的化學物數目隨着新的科學證據和國際《斯德哥爾摩公約》（*Stockholm Convention on Persistent Organic Pollutants*）的要求有所增加。在 2010 年以後，受監測的化學物總

數已達到 40 多項。

監測結果顯示香港海洋環境的有毒物質水平較珠江口一帶水域為低，和日本、美國及澳洲等其他地方近岸水域的水平大致相若。總體來說，香港海水、沉積物和海洋生物中的有毒物質水平符合本港及國際間（例如美國、加拿大、歐盟、澳洲、日本等）有關海洋生物和人類健康的標準，並未構成重大關注。

2. 生物指標監測計劃

「生物指標監測計劃」的目的，是監測指標生物種類對水質污染的生物反應，可以彌補化學及物理污染參數之不足。透過對本港不同水域的監測，亦可以比較不同水域的生物效應、生物受損狀況，和評估水域的整體生態狀況。環保署在 2001 年至 2003 年就透過「生物指標系統監測海洋污染」計劃，委託顧問就本港水體中的生物指標進行研究。該研究建議特區政府在實施其他水質監測計劃的同時，進行生物指標監測，從而使水質管理工作更加有效。

環保署在 2004 年展開「生物指標監測計劃」，監測計劃以三年為一周期。該計劃包括六個監測區，分別代表本港不同污染程度的水域，被監測的生物包括魚類（長鰭籃子魚，*Siganus canaliculatus*，又稱泥鯭；及短吻鰏，*Leiognathus brevirostris*，又稱油力），翡翠貽貝（*Perna viridis*，俗稱青口）和疣荔枝螺（*Reishia clavigera*）。在這些不同的生物組織層面上，監測多種生物指標，例如翡翠貽貝的溶酶體膜完整性、重金屬含量；魚類的肝酵素、肥滿度指數、生殖腺指數、魚鰭腐蝕度、表皮過度增生；螺的動物性畸變；底棲生物的多樣性指數、及對數常態分布等。污染物含量化驗由政府化驗所和受政府認可的商營化驗室進行，而底棲生物的分布和多樣性監測則委託香港的大學進行。

魚類如果長期生活在受化學物（例如重金屬、多環芳香烴、多氯聯苯、滴滴涕等）污染的水域，會減低對一些疾病的免疫能力。監測結果顯示，受監測的泥鯭和油力大都沒有出現與污染相關的疾病，如：魚鰭腐蝕或表皮過度增生等，說明魚類受化學物污染的情況並不嚴重。

翡翠貽貝的監測結果顯示，不同水域的翡翠貽貝溶酶體膜完整性有差異。在吐露港和大鵬灣內灣採集的樣本顯示完整性較好，而在馬灣、索罟灣和尖沙咀所收集到的完整性較低。至於重金屬含量，不同水域的樣本大體上無顯著變化。然而在靠近市區水域，如尖沙咀所採集的翡翠貽貝體內微量有機化學物（如多氯聯苯和多環芳香烴）的含量比一些較偏遠地區（如白沙灣和榕樹灣）所採集的樣本為高。從食物安全角度來看，監測結果顯示翡翠貽貝體內一般有毒重金屬（如鎘、鉻和鉛）的含量均低於香港貝類食物的限量。鎳的含量亦遠低於美國食品及藥物管理局所定的標準。至於多氯聯苯的含量亦遠低於中國內地魚類和貝類食物安全標準。

含三丁基錫的船底防污油於 1960 和 1970 年代廣泛應用於香港造船業。三丁基錫是一種可以擾亂內分泌功能的化學物，會令腹足類動物出現性畸變，即是雌性的生殖系統出現雄性

特徵的異常現象。本地的疣荔枝螺是一種小型食肉性腹足類動物，在生物指標監測計劃中用作監測二丁基錫污染程度的指標生物。根據「有毒物質監測計劃」監測結果顯示，香港水域中的三丁基錫含量不高，並沒有對該物種造成嚴重影響。但整體而言，在船艇活動頻繁的水域例如青衣、蝴蝶灣等沿岸的疣荔枝螺出現性畸變情況一般較多，採自清水灣和西貢的疣荔枝螺出現性畸變的情況則較少。由於三丁基錫自 2017 年已被禁止使用，其對環境的影響預期將逐漸消退。

第三節　河水監測

1980 年代，香港整體河溪水質普遍欠佳，主要是受到禽畜農場的排放，以及未完善的公共污水管道網絡的影響，情況以新界西北部的河溪（包括元朗河、錦田河、梧桐河、雙魚河）最為嚴重。經過多年的努力，截至 2017 年，河溪水質整體得到改善，整體達標率達到 90%。

一、監測概況

環保署自 1986 年起進行常規河溪水質監測計劃。監測計劃範圍包括流經市區的主要河道，和一些位於新界的細小河溪。河溪水質監測計劃之目的在於評估污染狀況及長期變化趨勢、為制定香港水污染管制策略提供科學依據、評估重要水質指標的達標率和編纂河水水質指數。

香港的河溪一般長度較短，流量較少，多位於水塘集水區內，作為飲用水的來源之一。位於水塘集水區以外的河溪，其主要實益用途包括供水生生物棲息、為市民提供景觀、防洪和疏導雨水等。位於新界東的城門主河道，是經常用作次級接觸康樂活動（secondary contact recreation）的河道。

在 1986 年監測計劃開始時，香港共設有 47 個監測站，涵蓋 14 條河溪。至 2017 年，監測站已增加到 82 個，涵蓋 30 條河溪。大型河道的監測站比較多，例如城門河及其支流共有 10 個監測站，而一些細小河溪則只有一個監測站。大部分河流監測站的位置在河流中下游。

監測工作包括每月定期到各監測站進行實地量度水質，和收集水樣本作實驗室分析（見圖 4-25）。樣本分析達 40 多項物理、化學及生物參數，包括有機物、營養物、金屬、大腸桿菌等（見表 4-14）。一般物理參數，包括水溫、溶解氧、酸鹼值、電導性和混濁度，會利用多功能水質測量儀即場量度。收集到的水樣本則由環保署內部化驗室和政府化驗所進行分析。化驗分析的技術標準，主要參考美國公共衛生協會（American Public Health Association, APHA）或美國材料和試驗協會（American Society for Testing and Materials International, ASTM）的標準方法。

圖 4-25　工作人員在採集河水樣本。（香港特別行政區政府環境保護署提供）

表 4-14　監測河水水質參數項目情況表

類別	參數
物理化學參數	水溫、溶解氧（DO）、酸鹼值（pH）、傳導性、混濁度、流量
固體成分	懸浮固體（SS）、總固體量（TS）、總揮發性固體總量（TVS）
有機物總量	五天生化需氧量（BOD_5）、化學需氧量（COD）、總有機碳量（TOC）
大腸細菌	大腸桿菌（*E.Coli*）、糞大腸菌群（Faecal Coliforms）
營養物	氨氮（NH_4-N）、亞硝酸鹽氮（NO_2-N）、硝酸鹽氮（NO_3-N）、凱氏氮（TKN）、正磷酸鹽磷（PO_4-P）、總磷（TP）量、活性硅酸鹽（molybdate-reactive silica）
金屬	鋁、銻、砷、鋇、鈹、硼、鎘、鉻、銅、鐵、鉛、錳、汞、鉬、鎳、銀、鉈、釩、鋅
工商業污染物	氰化物總量（CN）、氟化物（F）、陰離子洗滌劑總量（total anionic surfactants）、油脂
含硫物	游離硫化氫（free H_2S）、硫化物（S）
植物色素	葉綠素 -*a*、脫鎂色素（pheo-pigment）

資料來源：香港特別行政區政府環境保護署。

根據 1980 年制定的《水污染管制條例》，香港共分為 10 個水質管制區，每一水質管制區內的河溪均有一套法定水質指標。因應河溪水體的不同實益用途，同一條河溪上游和下游間、或者主幹流和支流間的法定水質指標也可不同，這情況出現在城門河、林村河、元朗河（山貝河）、梅窩河和屯門河。在眾多法定水質指標參數中，酸鹼值、懸浮固體、溶解氧、五天生化需氧量和化學需氧量較為重要。評估河溪的水質指標達標率也是利用這五個主要參數的達標率來計算。

河溪的一個重要實益用途是保育水生生物,所以香港也採用一套「水質指數」來反映河溪的生態健康狀況。水質指數以溶解氧、五天生化需氧量和氨氮水平這三項參數作為評估基礎,將河溪分為「極佳」、「良好」、「普通」、「惡劣」和「極劣」五個等級(見表 4-15)。

環保署亦分析河水的大腸桿菌含量。由於所有溫血動物的糞便都含有大腸桿菌,因此水體的大腸桿菌含量是常見指標,用以偵測及評估糞便污染程度,尤其是禽畜農場的排放。

表 4-15 河溪水質指數評分及評級方法情況表

水質指數評分			
水質指數得分	溶解氧 (飽和百分率)	五天生化需氧量 (毫克/升)	氨氮 (毫克/升)
1	91-110	<3	<0.5
2	71-90 111-120	3.1-6.0	0.5-1.0
3	51-70 121-130	6.1-9.0	1.1-2.0
4	31-50	9.1-15.0	2.1-5.0
5	<30 或 >130	>15.0	>5.0

三項參數的權數相等,參數的總和為每月的水質指數,每個監測站的全年水質指數為 12 個月得分的平均值。水質指數介乎 3 至 15 不等,反映不同的水質狀況和評級。

水質指數評級	
水質指數	評級
3.0-4.5	極佳
4.6-7.5	良好
7.6-10.5	普通
10.6-13.5	惡劣
13.6-15.0	極劣

資料來源:香港特別行政區政府環境保護署。

二、河溪水質監測結果、趨勢和達標情況

全港河溪的整體達標率是所有監測站達標率的全年平均值。設有多於一個監測站的河溪達標率是各監測站達標率的平均值,完全達標以 100% 顯示。

在 1987 年香港河溪水質整體達標率只有 48%。在過去 30 年間,達標率一直上升,在 2017 年達標率已經達到 90%(見圖 4-26 及 4-27)。河溪水質改善,是有賴各項污染管制法規和策略的實施,其中包括《水污染管制條例》、由《1980 年廢物處置條例》(*Waste Disposal Ordinance, 1980*)引進的禽畜廢物管制計劃,以及根據污水收集整體計劃把排污網絡伸延至新界更多村落的措施。

圖 4-26　1987 年至 2017 年香港河溪水質整體達標率統計圖

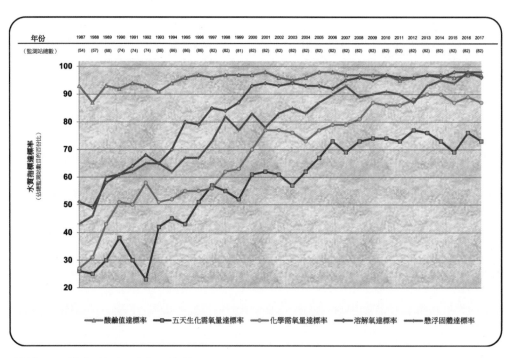

資料來源：香港特別行政區政府環境保護署。

圖 4-27　1987 年至 2017 年香港河溪水質的五個代表性參數達標率統計圖

資料來源：香港特別行政區政府環境保護署。

香港志 — 自然‧環境保護與生態保育

2017 年有 87% 監測站的「水質指數」被評為「極佳」或「良好」等級，相比 1987 年只有 26% 的監測站水質達到該兩項評級，反映河溪水質於過去 30 年間已大為改善，河道的污染物量已大幅減少。大部分被評為「良好」或「極佳」的監測站位於大嶼山、新界東部、新界西南部及九龍區。2017 年只有 6% 的監測站水質被評為「惡劣」，但沒有被評為「極劣」的監測站。相比 1987 年，有 22% 的監測站水質被評為「惡劣」，32% 的監測站水質被評為「極劣」。大部分被評為「惡劣」的監測站位於新界北部及西部（見圖 4-28）。

2017 年有 24% 的監測站錄得「低」或「稍低」的大腸桿菌含量（即等於或不多於每百毫升 1000 個的全年幾何平均值）；而 40% 的監測站則錄得「高」或「極高」的大腸桿菌含量（即高於每百毫升 10,000 個的全年幾何平均值）（見圖 4-29）。

大腸桿菌含量屬「極高」的監測站多數位於新界西部（如元朗河和錦田河），主要是受到禽畜農場的排放、未設置公共污水管道的鄉村徑流以及舊區錯誤接駁污水管道的影響。

圖 4-28　1987 年至 2017 年河溪「水質指數」評級統計圖

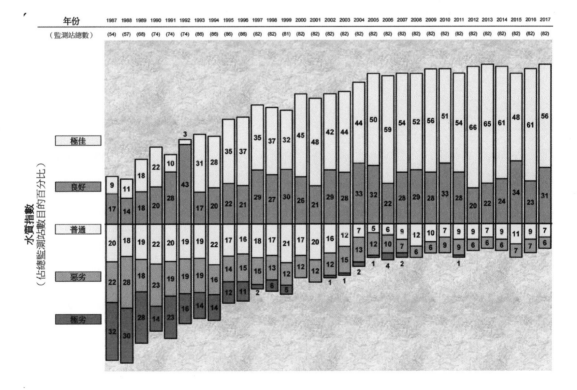

資料來源：香港特別行政區政府環境保護署。

図 4-29　1987 年至 2017 年河溪大腸桿菌含量統計圖

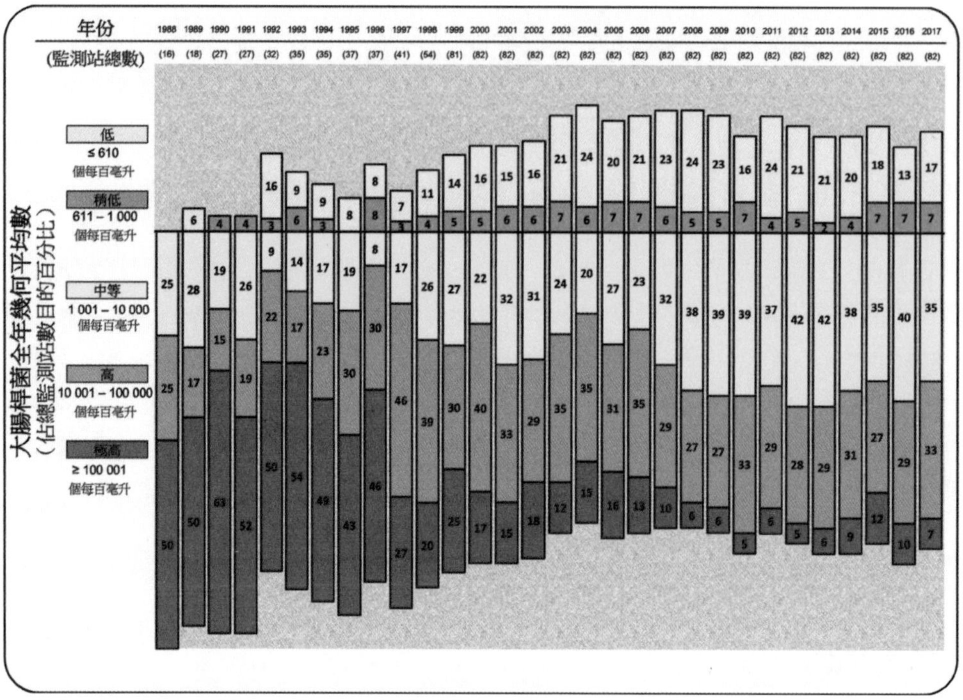

資料來源：香港特別行政區政府環境保護署。

1. 新界東部河溪

新界東部有十條河溪受到監測，其中六條位於吐露港及赤門水質管制區，即沙田區的城門河、大埔區的林村河、大埔河、大埔滘溪、山寮溪及洞梓溪；三條是位於牛尾海水質管制區的蠔涌河、沙角尾溪及大涌口溪；一條是位於將軍澳水質管制區的井欄樹溪。

新界東部河溪的水質良好。2017 年該區水質指標整體達標率為 95%。區內有四條河溪於 2017 年完全（即 100%）達到水質指標，分別是位於吐露港及赤門水質管制區的大埔河、大埔滘溪、山寮溪及洞梓溪（見圖 4-30）。

城門河是一條擁有三條主要支流並流經人口密集的沙田市區的大型河道，河道上共設立了 10 個監測點。其水質於過去 30 年來有顯著改善。城門河的水質指標整體達標率由 1987 年的 44% 提升到 2017 年的 93%。林村河是一條流經大埔市區，並匯合大埔河後流入吐露港的主要河道。林村河水質一向良好，30 年來整體達標率都高於 80%。在 2017 年，林村河的水質指標整體達標率為 95%。

蠔涌河是位於西貢區的一條大型河道。在 1980 年代受到禽畜廢物和漂染業污水嚴重污染，河水顏色會隨着漂染廠的排放污水顏色經常改變，並發出惡臭。在環保署加強禽畜廢物管制及地政署收回其中最大型漂染廠土地後，河水水質才得以陸續改善，達標率由 1987 年的 52% 提升到 1997 年的 91%，並且在 2007 年達到 100%。

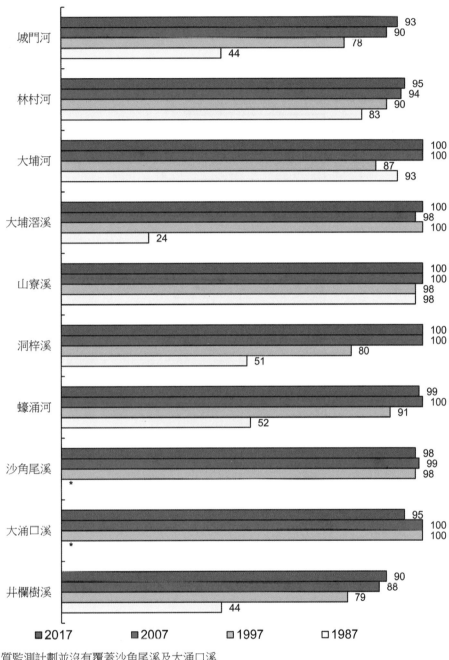

圖 4-30　1987 年至 2017 年新界東部河溪整體達標率統計圖

城門河　93　90　78　44

林村河　95　94　90　83

大埔河　100　100　87　93

大埔滘溪　100　98　100　24

山寮溪　100　100　98　98

洞梓溪　100　100　80　51

蠔涌河　99　100　91　52

沙角尾溪　98　99　98　*

大涌口溪　95　100　100　*

井欄樹溪　90　88　79　44

■ 2017　■ 2007　■ 1997　□ 1987

* 1987年河溪水質監測計劃並沒有覆蓋沙角尾溪及大涌口溪

資料來源：香港特別行政區政府環境保護署。

2. 新界西北部河溪

新界西北部共 13 條位於后海灣水質管制區的河溪受到監測，這些河溪分別流入深圳河或直接流入后海灣（深圳灣）。其中梧桐河、雙魚河和平原河位於北區，元朗河、錦田河、天水圍明渠及錦繡花園明渠位於元朗區，其餘六條小溪位於流浮山一帶。

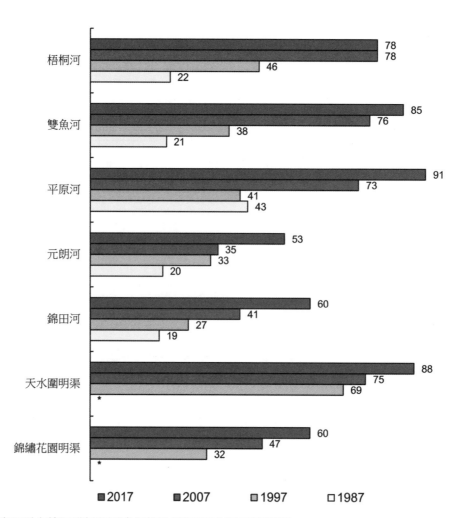

圖 4-31　1987 年至 2017 年新界西北部（北部及元朗）河溪整體達標率統計圖

■2017　■2007　□1997　□1987

* 1987年河溪水質監測計劃並沒有覆蓋天水圍明渠及錦繡花園明渠

資料來源：香港特別行政區政府環境保護署。

新界西北部河溪於過去 30 年來的水質指標達標率有很大幅度的改善。整體達標率從 1987 年的 25%，1997 年的 55%，2007 年的 70%，上升到 2017 年的 80%。儘管如此，部分河溪例如元朗河、錦田河及錦繡花園明渠 2017 年達標率仍然只在 53% 至 60% 之間（見圖 4-31）。

至於流浮山一帶的六條小溪多年來都能保持良好水質。在 2017 年，除上白泥溪的水質指標整體達標率為 98% 外，其餘五條小溪達標率均為 100%。

3. 大嶼山河溪

環保署在大嶼山設有八個監測站，定期監測兩條河流：五個位於大嶼山東南部的梅窩河（南區水質管制區），三個位於西北部的東涌河（西北部水質管制區）。

梅窩河及東涌河的水質一般令人滿意。除了在 1980 年代梅窩河受禽畜廢物排放及未設置公共污水管道的鄉村徑流污染而影響達標率偏低外，過去 30 年的整體達標率均維持 90% 以上。

4. 新界西南部及九龍區河溪

新界西南部及九龍區範圍包括屯門至維多利亞港的東端一帶。五條受監測河溪包括屯門區的屯門河（西北部水質管制區）、深井附近的排棉角溪（西部緩衝區水質管制區）、荃灣附近的三疊潭溪、葵涌的九華徑溪以及位於九龍市區的啟德河（維多利亞港水質管制區）。

過去 30 年，這些市區河溪及水道的水質均有大幅度的改善。達標率最低的的啟德河在 2017 年也錄得 85% 的達標率。其中屯門河是流經屯門市區的一條大型河道。在 1980 年代受禽畜廢物排放及雨水徑流污染，加上污水收集系統未臻完善，1987 年的水質指標整體達標率只有 35%。屯門河水質於過去 30 年顯著改善，達標率穩步上升到 2017 年的 91%（見圖 4-32）。

圖 4-32　1987 年至 2017 年新界西南部及九龍區河溪整體達標率統計圖

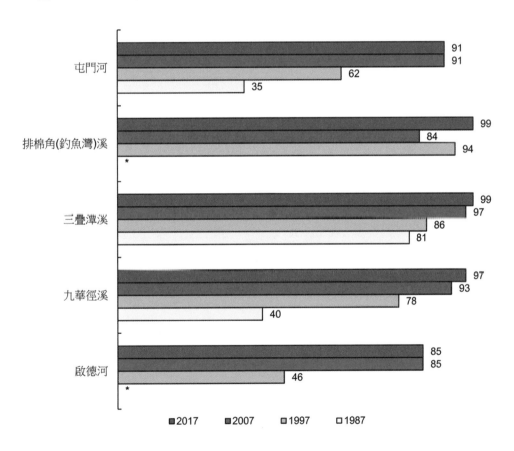

* 1987 年河溪水質監測計劃並沒有覆蓋排棉角溪及啟德河

資料來源：香港特別行政區政府環境保護署。

噪音監測於 1990 年代起步，在各類環境監測中，發展時間較晚，持續性和全面性亦不及其他監測。香港的噪音監測，主要分為道路交通噪音、飛機噪音和鐵路噪音，在特區政府近年重視管制之下，受過量噪音影響的人口不斷減少。

香港在三類噪音監測中，以道路交通噪音發展較為成熟。2000 年香港已開始編製交通噪音分布圖，是少數最早進行此工作的地區之一，更早於歐盟通過其相關《2002/49/EC 指引》的時間。香港垂直面監測密度為 3 米乘 3 米，亦遠遠超過歐盟指引要求的 10 米乘 10 米。三維道路交通噪音分布圖已廣泛用於新道路規劃和個別住宅發展項目，以評估是否有交通噪音超標的情況。

一、道路交通噪音

1. 監測概況

香港地勢多為山陵起伏，較為平坦的已發展區域只佔全港面積大約四分之一。繁忙狹窄的街道，貼近民居的高架公路，聳立 50 層、60 層高的高樓大廈，人口、車輛數目及道路網絡的增長，令交通噪音成為香港市民面對的一大問題。

從城市規劃角度來說，1982 年，土地發展政策委員會發表了《香港規劃標準與準則》，要求住宅樓宇的可接受交通噪音水平不應超過 70 分貝 L_{10}（1 小時）[5]。但是香港很多住宅樓宇和道路早在「香港規劃標準與準則」實行前已存在。很多居住在繁忙道路旁樓宇的市民，要面對超過 70 分貝 L_{10}（1 小時）的交通噪音。

香港道路網絡發達，道路長度接近 2000 公里，要設立長期噪音監測站量度噪音水平非常困難。歐盟《2002/49/EC 指引》建議製作交通噪音分布圖來評估交通噪音的嚴重程度。自 2000 年開始，環保署製作「香港道路交通噪音分布圖」，監察香港共 18 區的交通噪音情況，和估計受過量噪音影響的人口數目。製作「香港道路交通噪音分布圖」可以讓政府當局準確地掌握受過量噪音影響的人口、找出受噪音影響最嚴重的地區、制定可行的交通噪音消減計劃及檢視其成效。

5　準確來說，可接受交通噪音水平是 70 分貝 L_{10}（1 小時），即是在交通最繁忙的一小時時段內，只有 10% 的時間容許交通噪音水平超過 70 分貝（A），而其餘時間需低過 70 分貝（A）。

由於電腦數據處理能力的限制，計劃在 2000 年開始時，只能製作二維噪音分布圖。製作過程主要依賴地理信息系統（Geographic Information System，簡稱 GIS）將從不同渠道收集的資料，例如地形、山勢、超過十萬幢樓宇、近 2000 公里道路、各類型隔音屏障、路面種類、車輛類型、流量、車速、人口等等，整理和標準化，再用聲學軟件運算製成噪音分布圖。圖中噪音水平以顏色顯示（綠、青、黃、橙、紅、紫），綠色表示噪音水平低，噪音水平按顏色逐漸提高，紫色表示噪音水平甚高，讓公眾容易掌握交通噪音情況（見圖 4-33）。

2000 年的二維交通噪音分布圖只能顯示離地面四米高的交通噪音水平，在香港高樓林立的環境，顯然並不足夠。隨着電腦運算能力的大幅提高、三維地理信息系統和三維電腦繪圖技術更趨成熟、及更先進的聲學模擬軟件，環保署改善了舊的系統，製造出特別適合香港情況的立體三維交通噪音分布圖，讓市民更能掌握高層及低層噪音水平的分別（見圖 4-34）。

環保署每五年更新一次道路交通噪音分布圖，符合歐盟《2002/49/EC 指引》要求。直至 2017 年，共完成四份交通噪音分布圖，年份分別是 2000 年、2005 年、2010 年和 2014 年。

圖 4-34　2017 年的三維道路交通噪音分布圖

資料來源：香港特別行政區政府環境保護署。

圖 4-33　2014 年香港各區道路交通噪音分布圖

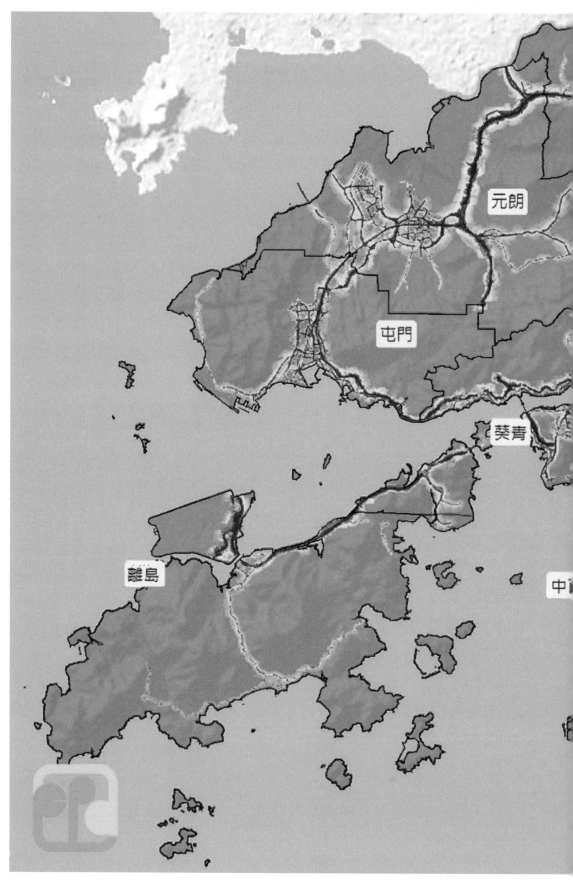

資料來源：香港特別行政區政府環境保護署。

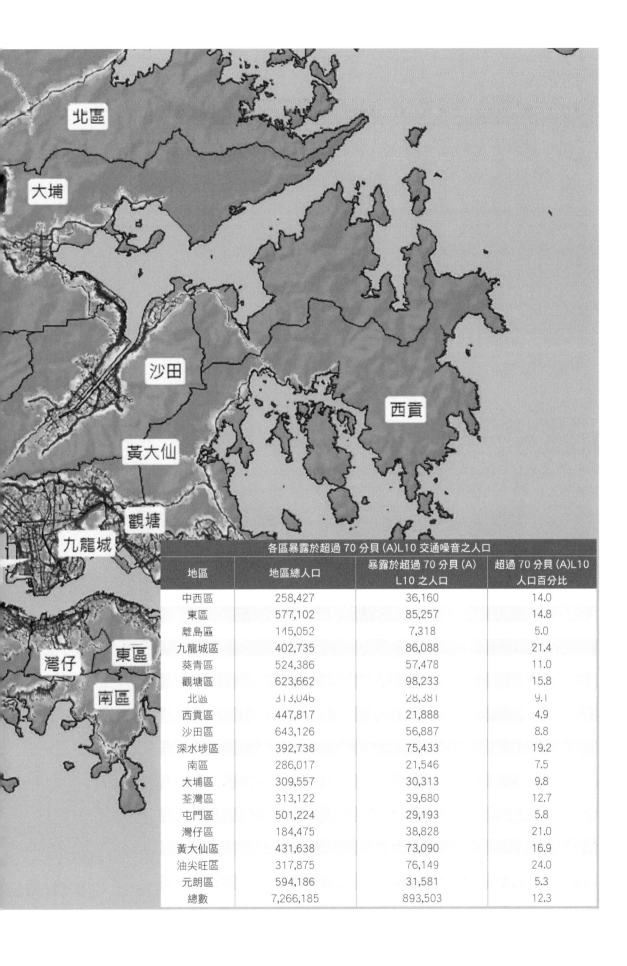

各區暴露於超過 70 分貝 (A)L10 交通噪音之人口			
地區	地區總人口	暴露於超過 70 分貝 (A)L10 之人口	超過 70 分貝 (A)L10 人口百分比
中西區	258,427	36,160	14.0
東區	577,102	85,257	14.8
離島區	145,052	7,318	5.0
九龍城區	402,735	86,088	21.4
葵青區	524,386	57,478	11.0
觀塘區	623,662	98,233	15.8
北區	313,046	28,381	9.1
西貢區	447,817	21,888	4.9
沙田區	643,126	56,887	8.8
深水埗區	392,738	75,433	19.2
南區	286,017	21,546	7.5
大埔區	309,557	30,313	9.8
荃灣區	313,122	39,680	12.7
屯門區	501,224	29,193	5.8
灣仔區	184,475	38,828	21.0
黃大仙區	431,638	73,090	16.9
油尖旺區	317,875	76,149	24.0
元朗區	594,186	31,581	5.3
總數	7,266,185	893,503	12.3

2. 監測結果和趨勢

根據道路交通噪音分布圖的計算結果，在 2000 年約有 110 多萬市民受過量道路交通噪音影響。在隨後十多年中，雖然人口增長了 68 萬，道路長度增加了 200 公里，汽車數量增加了 19 萬輛，但透過噪音規劃及適當的噪音消減計劃（例如加建隔音屏障、鋪設低噪音路面等），受過量交通噪音影響的人數減少了約 25 萬人（見圖 4-35）。

就各分區而言，2000 年油尖旺區受交通噪音影響的超標人口百分比為各分區最高，達到 37%。其次為九龍城，深水埗，荃灣，灣仔及觀塘，超標百分比都在 20% 以上。這些數據顯示舊區當年規劃嚴重不足，住宅和道路沒有適當的緩衝距離，令交通噪音問題非常嚴重。但透過道路噪音消減計劃（例如加建隔音屏障、鋪設低噪音路面等），這些地區超標人口百分比在 2014 年都大為降低。油尖旺區雖然仍為各區最高，但百分比已經降至 24%。其餘上述各區也錄得下降情況。

圖 4-35　2000 年至 2014 年受過量道路交通噪音影響人口情況統計圖

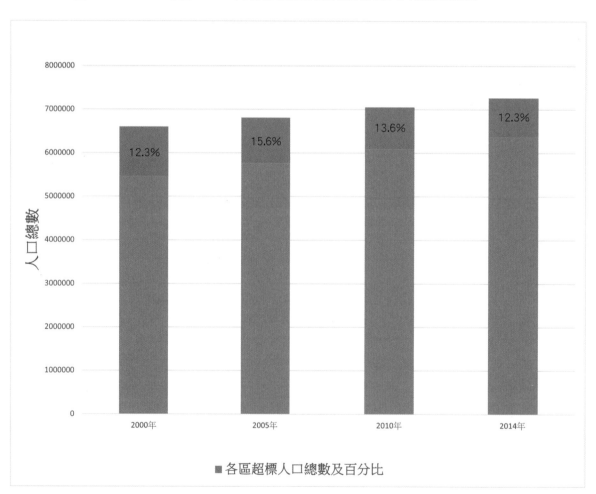

資料來源：香港特別行政區政府環境保護署。

西貢區則因為總人口上升了三成多，所以受過量噪音影響的人口也上升，但百分比則下降。離島區在 2000 年的超標百分比接近零，但在 2014 年則升為 5%。這是因為離島區包括東涌新市鎮，2000 年後增加的人口，部分受北大嶼山高速公路的噪音影響。南區亦錄得輕微升幅。除此以外，其餘各區超標百分比和受影響的人口數目都錄得下降（見表 4-16 及圖 4-36）。

表 4-16　2000 年至 2014 年若干年份各區受過量道路交通噪音影響人口長期趨勢統計表

分區	2000		2005		2010		2014	
	超標人口	佔人口百分比（%）	超標人口	佔人口百分比（%）	超標人口	佔人口百分比（%）	超標人口	佔人口百分比（%）
中西區	40,807	15.7	38,666	15.3	33,123	13.2	36,160	14.0
東區	93,928	15.4	100,584	17.0	87,593	15.0	85,257	14.8
離島	35	<0.0	1878	1.6	1124	0.8	7318	5.0
九龍城	99,237	26.4	84,095	23.0	82,420	22.2	86,088	21.4
葵青	83,594	17.8	73,181	14.3	67,846	13.3	57,478	11.0
觀塘	116,671	21.2	111,273	19.1	104,705	16.9	98,233	15.8
北區	42,737	14.4	48,958	17.5	46,705	15.4	28,381	9.1
西貢	18,722	5.7	21,814	5.6	26,244	6.0	21,888	4.9
沙田	96,517	15.5	96,166	15.7	68,195	10.9	56,887	8.8
深水埗	90,246	26.1	85,353	23.5	75,052	19.8	75,433	19.2
南區	17,854	6.2	20,809	7.5	20,717	7.5	21,546	7.5
大埔	53,782	17.4	44,214	14.9	26,128	8.7	30,313	9.8
荃灣	71,059	26.1	56,314	19.7	56,126	18.5	39,680	12.7
屯門	53,809	11.2	51,183	10.3	43,343	8.9	29,193	5.8
灣仔	40,893	24.9	34,055	21.6	33,595	21.9	38,828	21.0
黃大仙	73,521	17.0	72,707	17.0	74,593	17.8	73,090	16.9
油尖旺	102,725	37.1	71,339	25.4	75,233	24.1	76,149	24.0
元朗	44,114	9.9	35,075	6.8	35,455	6.1	31,581	5.3
各區總數	1,140,251	17.3	1,047,664	15.4	958,197	13.6	893,503	12.3

資料來源：香港特別行政區政府環境保護署。

圖 4-36　2000 年和 2014 年各區受過量道路交通噪音影響人口比較統計圖

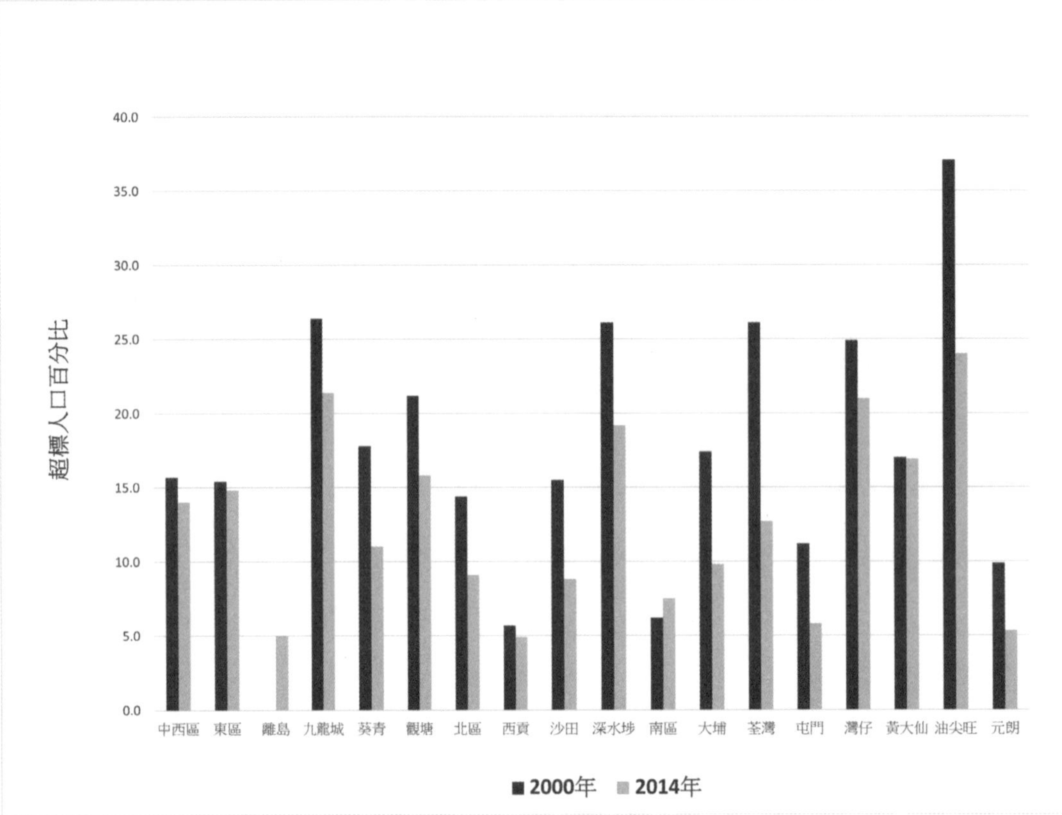

資料來源：香港特別行政區政府環境保護署。

二、飛機噪音

1. 監測概況

對年紀較大的香港居民來說，舊啟德機場震耳欲聾的飛機升降噪音記憶猶新。1998 年隨着新赤鱲角香港國際機場啟用，九龍（特別是九龍城）一帶的 38 萬居民，免除了嚴重的飛機噪音滋擾，但原來不受飛機噪音影響的地區，也開始受到飛機噪音的影響。在制定新機場總綱計劃過程中，機場管理局連同有關的政府部門已對飛機噪音在機場範圍以外地區所造成的影響進行評估。根據《香港規劃標準及準則》，赤鱲角香港國際機場採用了噪音預測等量線（Noise Exposure Forecast（NEF）Contour）[6] 為量度和評估飛機噪音的準則，並把等量線的標準訂為 25，這準則較啟德機場所採用的飛機噪音預測 30 等量線更為嚴格，並和很多先進國家所採用的國際標準相若。

6　飛機噪音預測（NEF）等量線的評估方法，是綜合了在日間及晚上經過的飛機的飛行時間長短，噪音的峰值水平，音調特色及飛機升降次數所計算出的數字，來制成等量線。

圖 4-37　2017 年飛機噪音監察站位置圖

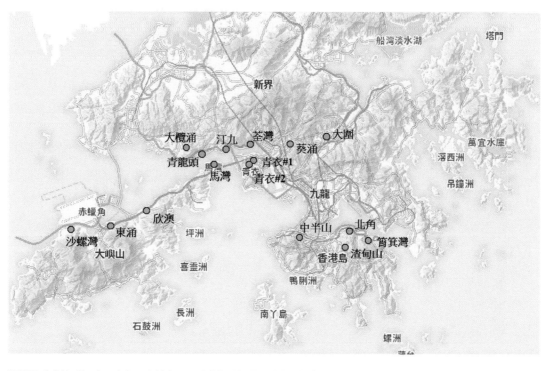

版權屬香港特別行政區政府；資料來源：香港特別行政區政府民航處。

香港民航處在赤鱲角香港國際機場飛機升降航道上設立了電腦化飛機噪音及航跡監察系統，監察飛機運作所產生的噪音。監察系統由戶外噪音監察站和一台電腦組成。監察站設於進出機場的航線沿途或附近，而該台電腦則把噪音數據與民航處雷達系統所記錄的飛機航跡聯繫起來。監察系統在 1998 年開始運作時只設有六個監察站（葵涌、大圍、沙螺灣、汀九、馬灣及東涌）。隨後數年監察站數目陸續增加，在 2002 年達到 16 個。現時該等監察站分別位於沙螺灣、東涌、欣澳、馬灣、青衣（兩個監察站）、大欖涌、青龍頭、汀九、荃灣、葵涌、大圍、中半山、北角、渣甸山及筲箕灣（見圖 4-37）。監察系統符合《國際民用航空公約》附件 16 第一卷第三部分的要求。

2. 監測結果和趨勢

在 16 個監察站中，有九個監察站多年來大部分數據都能達到低於 70 分貝（Ａ）的要求。這九個監察站位於葵涌、大圍、筲箕灣、北角、中半山、大欖涌、青衣 1、青衣 2 及渣甸山。在 2017 年，這九個監察站有超過 99% 的數據能夠達到這個要求。數據中的百分比是根據有關期內飛機進出總架次所編製。

其餘七個監察站中，沙螺灣錄得的噪音水平最高，其次為青龍頭。下列兩個表分別列出這七個監察站錄得 70 分貝（Ａ）至 74.9 分貝（Ａ），及 75 分貝（Ａ）或以上噪音水平的百分比（見表 4-17 及 4-18）。

表 4-17　飛機噪音水平錄得 70 分貝（Ａ）至 74.9 分貝（Ａ）的百分比統計表

年份	監察站						
	青龍頭	沙螺灣	汀九	馬灣	荃灣	欣澳	東涌
1998	未設立	9.8%	0.1%	0.0%	未設立	未設立	8.1%
1999	3.8%	12.6%	2.8%	0.4%	1.5%	未設立	9.0%
2000	5.7%	11.0%	5.8%	7.1%	2.9%	2.4%	5.9%
2001	9.9%	13.1%	6.7%	7.6%	4.1%	6.1%	5.2%
2002	12.2%	14.8%	5.9%	6.1%	3.3%	6.6%	4.8%
2003	13.9%	13.4%	3.4%	10.8%	1.6%	8.2%	10.5%
2004	11.6%	10.1%	5.5%	12.6%	4.2%	6.7%	4.8%
2005	8.3%	9.3%	6.1%	8.1%	3.0%	5.9%	2.6%
2006	9.3%	3.6%	6.4%	7.2%	2.8%	5.6%	1.5%
2007	8.9%	6.2%	7.1%	6.6%	2.8%	5.7%	0.5%
2008	10.0%	5.7%	7.6%	5.9%	1.9%	4.7%	1.1%
2009	7.4%	5.4%	4.7%	6.0%	1.7%	5.1%	0.8%
2010	8.3%	8.1%	5.5%	6.0%	1.9%	5.7%	1.2%
2011	8.1%	7.0%	5.6%	5.8%	1.3%	5.0%	1.9%
2012	7.6%	6.3%	5.0%	4.9%	1.1%	3.9%	1.7%
2013	7.7%	5.9%	5.6%	4.6%	1.6%	3.1%	1.5%
2014	7.9%	6.5%	6.2%	4.0%	1.7%	2.6%	1.5%
2015	8.9%	8.2%	7.3%	3.7%	4.2%	2.1%	1.8%
2016	7.9%	9.6%	5.2%	3.7%	4.3%	1.9%	1.4%
2017	8.5%	10.7%	4.6%	3.7%	4.1%	2.6%	1.1%

資料來源：香港特別行政區政府民航處。

影響飛機噪音水平的因素有很多，例如不同飛機種類、進出航道、是否採取噪音消減的起飛及降落程序等等。監測數據顯示赤鱲角香港國際機場投入服務早期，噪音水平較高，但在特區政府陸續推行一系列的飛機噪音消減措施後（包括限制高噪音機種、使用噪音消減起飛程序、選擇避免人口稠密地區的飛行航道等），噪音水平一直下降。以噪音水平最高的沙螺灣為例，超過 75 分貝（Ａ）的百分比在 2005 年以後一直維持低於 3%。

2016 年，香港機場在第三條跑道工程正式啟動，當這跑道投入服務後，噪音水平或有改變，需要密切留意和監測。

表 4-18　飛機噪音水平錄得等於及大於（≧）75 分貝（A）的百分比統計表

年份	監察站						
	青龍頭	沙螺灣	汀九	馬灣	荃灣	欣澳	東涌
1998	未設立	4.5%	0.0%	0.0%	未設立	未設立	0.8%
1999	0.3%	5.4%	0.1%	0.1%	0.0%	未設立	1.7%
2000	0.3%	3.9%	0.3%	2.0%	0.1%	1.3%	0.6%
2001	0.6%	4.3%	0.4%	1.8%	0.2%	0.8%	0.7%
2002	1.2%	8.0%	0.5%	1.5%	0.1%	1.0%	0.9%
2003	2.3%	9.7%	0.5%	3.0%	0.2%	1.3%	0.3%
2004	0.8%	4.4%	0.4%	3.6%	0.1%	1.0%	0.3%
2005	0.7%	2.9%	0.3%	2.1%	0.1%	1.0%	0.2%
2006	0.8%	1.0%	0.3%	1.9%	0.1%	0.8%	0.2%
2007	0.7%	2.1%	0.3%	1.8%	0.1%	0.8%	0.1%
2008	0.9%	2.1%	0.5%	1.7%	0.1%	0.5%	0.2%
2009	0.5%	1.7%	0.2%	1.4%	0.0%	0.5%	0.1%
2010	0.5%	2.1%	0.2%	1.2%	0.0%	0.7%	0.1%
2011	0.4%	1.6%	0.2%	1.3%	0.0%	0.5%	0.2%
2012	0.5%	1.1%	0.2%	0.9%	0.0%	0.3%	0.2%
2013	0.6%	1.0%	0.2%	0.8%	0.0%	0.2%	0.1%
2014	0.5%	1.3%	0.2%	0.7%	0.0%	0.2%	0.2%
2015	0.5%	1.5%	0.2%	0.6%	0.1%	0.2%	0.1%
2016	0.7%	2.0%	0.1%	0.7%	0.2%	0.1%	0.1%
2017	0.8%	2.6%	0.1%	0.5%	0.3%	0.1%	0.0%

資料來源：香港特別行政區政府民航處。

三、鐵路噪音

1. 監測概況

香港鐵路網絡發達，每天運載數以百萬計乘客，總長度超過 200 公里。早期興建的路段荃灣綫和觀塘綫建於 1970 年代，東鐵綫前身九廣鐵路更早在 1910 年通車。早年城市規劃不足，而且列車大部分都在地面上行駛，容易造成過量噪音問題。

本港的鐵路網絡由香港鐵路有限公司（港鐵公司）營運，但港鐵公司並沒有設立長期定點監察鐵路噪音的監測站，當市民向政府投訴鐵路噪音時，環保署會進行調查和量度噪音水

平。鐵路的行車噪音受《1988年噪音管制條例》（*Noise Control Ordinance, 1988*）管制。《噪音管制條例》的法定噪音上限是根據「噪音感應強的地方」所在地區的類別（例如郊區或市區）和區內噪音源對其帶來的影響程度，及日間和晚上不同時段而釐定，法定噪音上限是以30分鐘等效連續聲級（Leq 30min）計算，範圍在50分貝（A）至70分貝（A）之間。在調查噪音投訴個案中，量度到的噪音水平如果超出法定標準，環保署會按實際情況考慮向港鐵公司發出消減噪音通知書，要求港鐵公司作出改善。然而，由於港鐵公司的東鐵綫、荃灣綫、觀塘綫及港島綫均在《噪音管制條例》生效前已建成，要為這些鐵路加建減音設施存在一定的實際困難和限制。

至於新建鐵路計劃和鐵路附近的物業發展規劃則受《香港規劃標準與準則》和《1997年環境影響評估條例》（*Environmental Impact Assessment Ordinance, 1997*）規管，以避免過去鐵路所造成的噪音問題。鐵路公司在過去30年共向環保署提交了30份有關新鐵路工程的環境影響評估報告。在進行環境影響評估的時候需要找出鐵路沿線可能受噪音影響的地方，量度基線噪音水平，再評估鐵路通車後的行車噪音情況。如果評估結果超過法定噪音上限，便需要進行噪音消減措施。

《環境影響評估條例》亦要求鐵路公司在鐵路通車後，繼續進行環境監測審核工作，以確定受噪音影響地方的噪音水平沒有超出法定上限。

2. 監測結果和趨勢

早期興建的鐵路以觀塘綫和東鐵綫噪音問題較為嚴重，收到的噪音投訴亦較多。港鐵公司在實際可行和不影響運輸服務的情況下採取了一系列噪音消減措施，當中包括定期打磨軌道及車輪、維修列車及路軌、使用軌道及車輪潤滑劑，調校行車模式及在可行的情況下減慢車速、在車輪加裝減音裝置、在所有可供焊接的路軌接口上焊接以減低車輪在軌道上行走時所產生的聲量、以及興建隔音屏障等，減少鐵路運作發出的噪音。

為減低鐵路行車噪音，在規劃新鐵路線的時候，會優先考慮將鐵路放在地下或隧道中。眾多新落成的鐵路線中，只有馬鞍山綫及南港島綫的列車有較長路段在接近民居的地面上行駛。

馬鞍山綫在2004年通車，當時使用四卡列車行駛，但在2017年增加到八卡列車。根據《環境影響評估條例》的環境監測審核要求，港鐵公司進行了針對八卡列車行駛的噪音監測。監測工作在兩個對噪音感應強的地點進行，為期十個月。南港島綫在2016年通車，在運行初期，港鐵公司在22個對噪音感應強的地點，進行了八個月的噪音監測工作，並得出滿意的結果（見表4-19）。

這顯示在鐵路規劃和設計的時候，充分考慮噪音影響，並採取合適的緩解措施，包括裝置隔音屏障，是可以避免對沿線居民造成噪音滋擾問題。

表 4-19　馬鞍山綫及南港島綫行車噪音監測結果情況表

馬鞍山綫				
監測站數目	地區對噪音感應程度的級別	法定噪音上限 Leq(30min), dB(A)（以 30 分鐘等效連續聲級計算）	監測結果 Leq(30min), dB(A)（以 30 分鐘等效連續聲級計算）	是否符合法定標準
2	B	日間：65	49 - 62	是
		夜間：55	40 - 55	是
南港島綫				
監測站數目	地區對噪音感應程度的級別	法定噪音上限 Leq(30min), dB(A)（以 30 分鐘等效連續聲級計算）	監測結果 Leq(30min), dB(A)（以 30 分鐘等效連續聲級計算）	是否符合法定標準
11	B	日間：65	51 - 60	是
		夜間：55	47 - 55	是
11	C	日間：70	52 - 63	是
		夜間：60	50 - 60	是

資料來源：香港特別行政區政府環境保護署、香港鐵路有限公司。

第五節　廢物監察

香港的廢物監察分為都市固體廢物、整體建築廢物、特殊廢物三類。由 1980 年代以來，棄置於堆填區的建築廢物量大幅減少，延長了堆填區的操作壽命。但另一方面，都市固體廢物內的工商業廢物人均棄置率近年回升，而且廚餘的棄置量持續上升，都值得關注；而在近年環境教育方面，相對空氣、水質和噪音而言，廢物處理是一個較受重視的議題。

一、監察概況

香港每天產生多種廢物，這些廢物以不同方式處置。環保署定期監察和統計每種廢物的數量，監察的資料包括廢物的成分、運往各處理設施的數量及回收再造的數量。監察計劃可提供數據協助政府制定廢物管理策略和及早規劃新的廢物處理設施。

廢物監察計劃（The Waste Arisings Monitoring Programme）在 1981 年開始。環境保護處 / 環保署從不同渠道收集數據，進行分析和統計（見表 4-20）。

由於監察計劃涉及大量統計數據，環保署在 2014 年成立統計組，由專業統計師負責數據分析和統計，並編寫 2013 年及其後的廢物監察報告。

表 4-20　廢物監察計劃數據來源情況表

資料來源	數據來源
環保署	廢物處理設施的廢物接收紀錄； 堆填區及廢物轉運站進行的按年廢物成分統計調查結果； 由環保署有關的專責小組所提供的統計數字（例如特殊廢物的數量）。
其他部門	市政總署、區域市政總署、食物環境衞生署（每區廢物收集量）、土木工程拓展署（公眾填料收集量、疏浚泥漿及挖掘物料棄置量）及政府統計處（綜合全年本地生產總值數字及人口數字）所提供的統計數字。
本地回收行業	廢物回收統計調查結果。

資料來源：香港特別行政區政府環境保護署。

二、廢物分類

根據廢物來源及就收集和處置制度上不同的安排，廢物（也稱為固體廢物）被劃分為三個主要類別，包括都市固體廢物、整體建築廢物及特殊廢物（見圖 4-38）。都市固體廢物包括三個類別：家居廢物、商業廢物及工業廢物（見表 4-21）。

圖 4-38　廢物分類架構圖

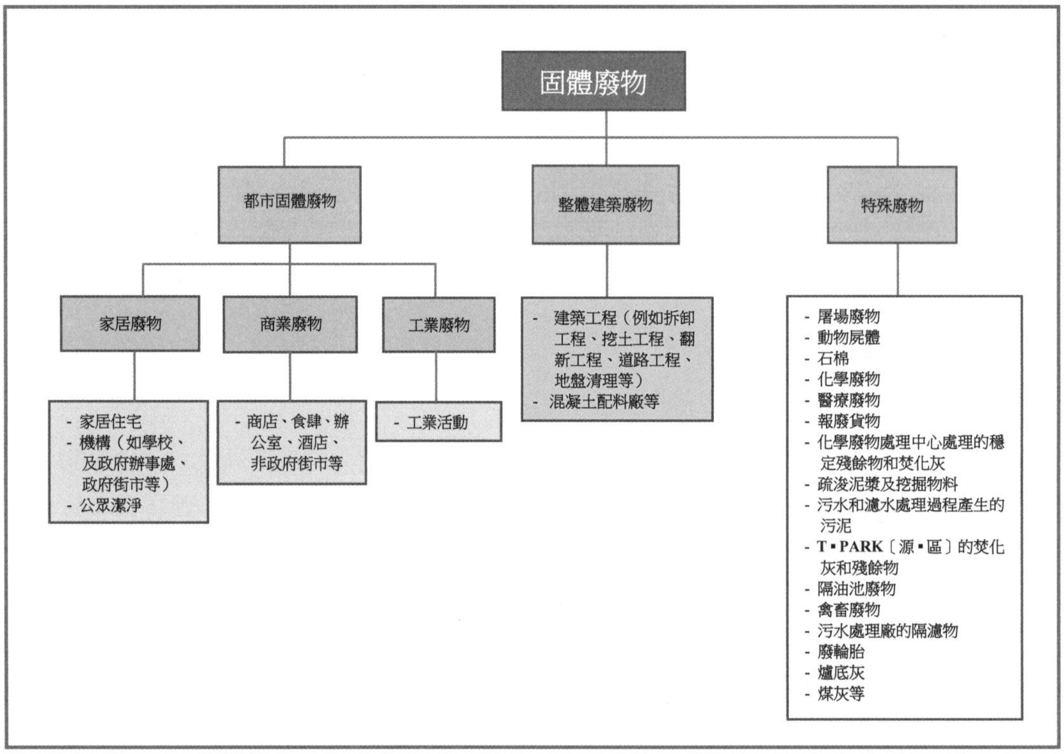

資料來源：香港特別行政區政府環境保護署。

表 4-21　都市固體廢物分類情況表

家居廢物	指住宅廢物、公共事務機構（例如：學校及政府辦公室）日常活動所產生的廢物及公眾潔淨服務所收集的廢物。公眾潔淨服務所收集的廢物包括食物環境衛生署收集的污物和垃圾、海事處收集的海上垃圾以及漁農自然護理署在郊野公園收集的廢物。
商業廢物	指在商店、食肆、酒店、辦公室及私人屋苑的街市等從事商業活動的地點所產生的廢物。這類廢物主要由私營廢物收集商收集。
工業廢物	指工業活動產生的廢物，但不包括建築廢物及化學廢物。工業廢物通常由私營廢物收集商收集。

資料來源：香港特別行政區政府環境保護署。

都市固體廢物也包括小部分體積龐大的物品如家具及家電用品等，它們可以源自家居或工商業機構。這些物品被稱為體積龐大的廢物，不能以傳統的壓縮垃圾車處理，一般會被分開收集。

整體建築廢物包括由建築活動（例如清理工地、翻新、裝修、拆卸、挖土和道路工程）所產生的廢物或剩餘物料，亦包括在建築地盤以外設立的混凝土配料廠和水泥／砂漿生產廠所產生的廢棄混凝土。這些整體建築廢物會被揀選分類為惰性物料（又稱公眾填料）和拆建廢物（主要為非惰性廢物）。惰性物料（例如碎料、瓦礫、泥土和混凝土）可在建築地盤重用，或作填海工程用途。至於拆建廢物則會被運往堆填區棄置。

特殊廢物是指需要特別處置的廢物，包括屠場廢物、動物屍體、石棉、化學廢物、醫療廢物、報廢貨物、化學廢物處理中心處理的穩定殘餘物和焚化灰、疏浚泥漿及挖掘物料、污水和濾水處理過程產生的污泥、污泥焚化設施（T・PARK［源・區］）的焚化灰和殘餘物、隔油池廢物、禽畜廢物、污水處理廠的隔濾物、廢輪胎、爐底灰及煤灰等。

廢物監察計劃亦會因應需要，就個別廢物種類收集更詳盡資料例如成分、來源區域或行業等。

三、監察結果

一般而言，廢物處理方法主要包括棄置和循環回收兩種方式。在廢物監察中論述的各類型廢物棄置量，重點是量的監察，因為處理或棄置方法會因廢物類別和時代的不同，而送到不同的處理設施處理和棄置。在廢物回收方面，除了公眾填料是在本地用作填海或建築用途外，絕大部分的都市固體廢物都會回收作出口用途。

三類主要廢物棄置量的長期趨勢各有不同，整體而言，都市固體廢物的棄置量呈上升趨勢，而建築廢物及特殊廢物則呈下降趨勢（見圖 4-39）。

圖 4-39　1986 年至 2017 年三類主要廢物棄置量統計圖

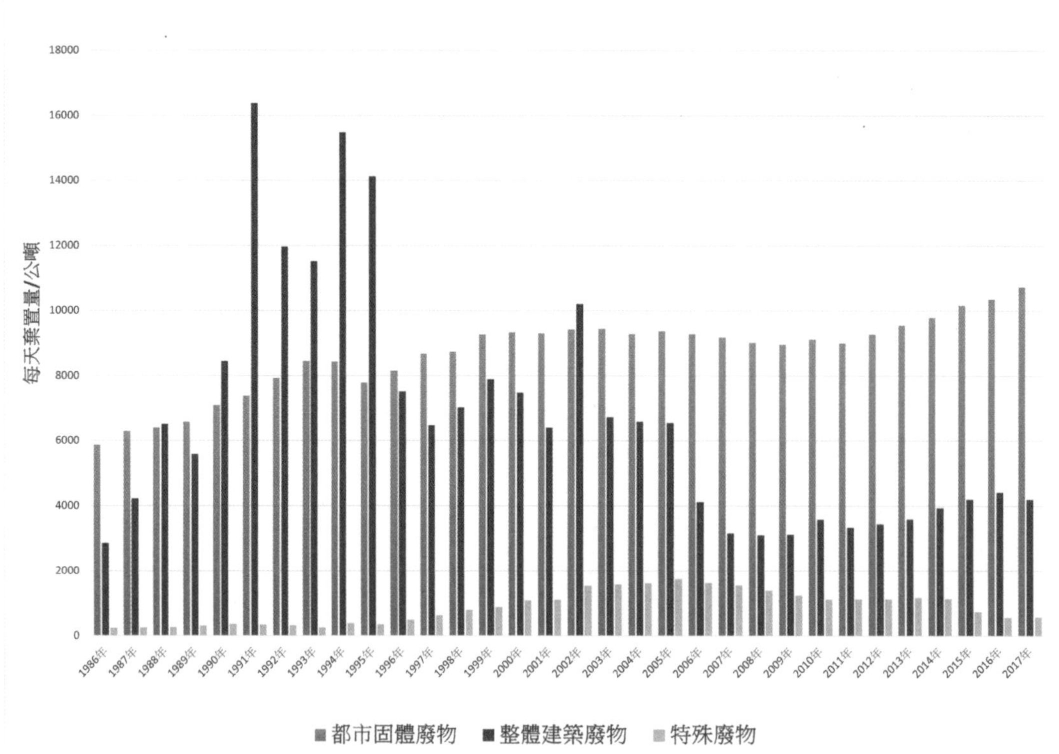

資料來源：香港特別行政區政府環境保護署。

1. 都市固體廢物

隨着香港人口增長，都市固體廢物的棄置量亦呈上升趨勢。家居廢物從 1986 年的 4420 公噸／日增加到 2001 年高峰的 7500 公噸／日。此後，隨着市民的減廢意識提高，家居廢物棄置量開始回落至 2017 年的 6400 公噸／日。工商業廢物棄置量則持續增加，由 1986 年的 1500 公噸／日上升到 2017 年的 4300 公噸／日，以增幅而言更高於家居廢物（見圖 4-40）。這現象亦反映在人均棄置率的改變，家居廢物人均棄置率從 1986 年的每人每日 0.8 公斤，上升至 2000 年高峰的每人每日 1.13 公斤，然後開始回落至 2017 年的每人每日 0.87 公斤。但包括工商業廢物在內的都市固體廢物人均棄置率卻由 1998 年的每人每日 1.33 公斤上升至 2017 年的每人每日 1.45 公斤（見圖 4-41）。

都市固體廢物成分內值得注意的是「容易腐爛廢物」。容易腐爛廢物的棄置量長期呈上升趨勢，棄置量由 1990 年代初期的約 2000 公噸／日持續增加到 2017 年的 4260 公噸／日，佔都市固體廢物棄置量的 40%，是最大的廢物分類。容易腐爛廢物 66% 來自家居廢物，其餘來自工商業廢物，成分主要是廚餘，佔 86%。

要減少廢物棄置量，除了減少生產廢物外，亦可以增加廢物的循環回收量。以重量計，回收量最高的都市固體廢物是紙料（高於 40%）、含鐵金屬（高於 40%）和塑料（約 5%）。

圖 4-40　1986 年至 2017 年都市固體廢物棄置量統計圖

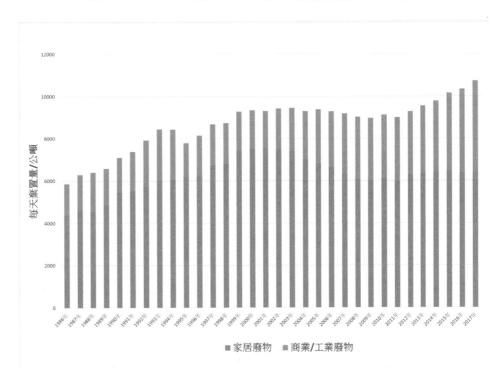

資料來源：香港特別行政區政府環境保護署。

圖 4-41　1986 年至 2017 年都市固體廢物人均棄置率統計圖

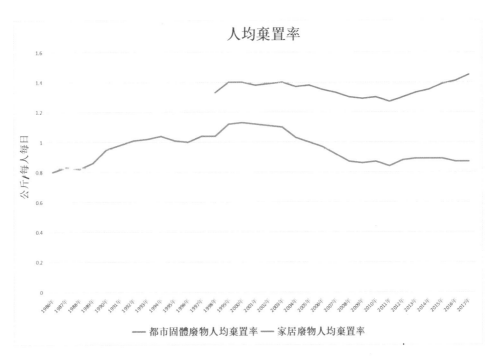

注：都市固體廢物人均棄置率中的工商業廢物部分，在 1998 年以前是以僱員數目來計算。1998 年以後則以全港
　　人口來計算。故此這圖表沒有顯示 1997 及之前的都市固體廢物人均棄置率。
資料來源：香港特別行政區政府環境保護署。

絕大部分（超過 95%）回收的廢物都是出口到外地循環再造。在香港本地循環再造的廢物主要是紙料和橡膠輪胎，但自 2007 年開始紙料再造業也趨式微，而塑料、玻璃、廚餘和橡膠輪胎成為本地循環再造的主要類別。

在 2008 年至 2011 年間，都市固體廢物的循環回收量都保持在每年三百萬公噸以上，因此大幅減少需要棄置的廢物。但在 2012 年後，循環回收量大約只能保持在每年 200 萬公噸的水平（見圖 4-42）。與其他本地行業一樣，香港的回收再造業亦受經濟周期及市場狀況影響。2012 年至 2017 年間外圍市場持續不景氣，拖累本地回收再造業的整體表現。此外，香港周邊經濟體近年更嚴格執行廢物進口管制政策，不符合進口標準的回收物料均不能出口到當地循環再造。

循環回收廢物可以創造財富。根據政府統計處提供的資料，回收廢物的出口總值每年都達到數十億港元。而在 2010 年的回收高峰期，出口總值更達 86 億港元（見圖 4-43）。

香港的廢物棄置量與經濟活動和人口變動有直接關係。在 1999 年，環保署將 1979 年至 1999 年的廢物棄置量和本地生產總值作統計學分析。分析顯示 1979 年至 1999 年期間，家居廢物棄置量和本地生產總值幾乎呈直線關係。相對來說，工商業廢物和本地生產總值的線性相關性則較弱（見圖 4-44）。由於家居廢物佔都市固體廢物比重大，所以都市固體廢物和本地生產總值的線性相關性亦很強。

圖 4-42　1986 年至 2017 年都市固體廢物年度棄置和回收量統計圖

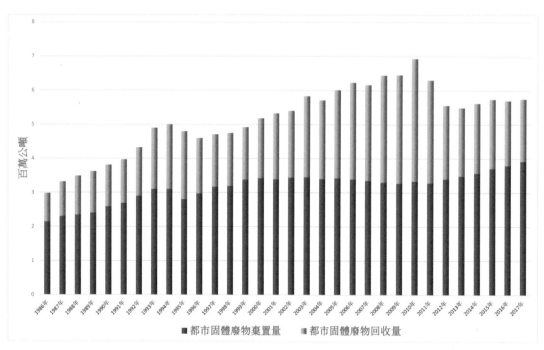

資料來源：香港特別行政區政府環境保護署。

圖 4-43　1986 年至 2017 年都市固體廢物回收率及出口總值統計圖

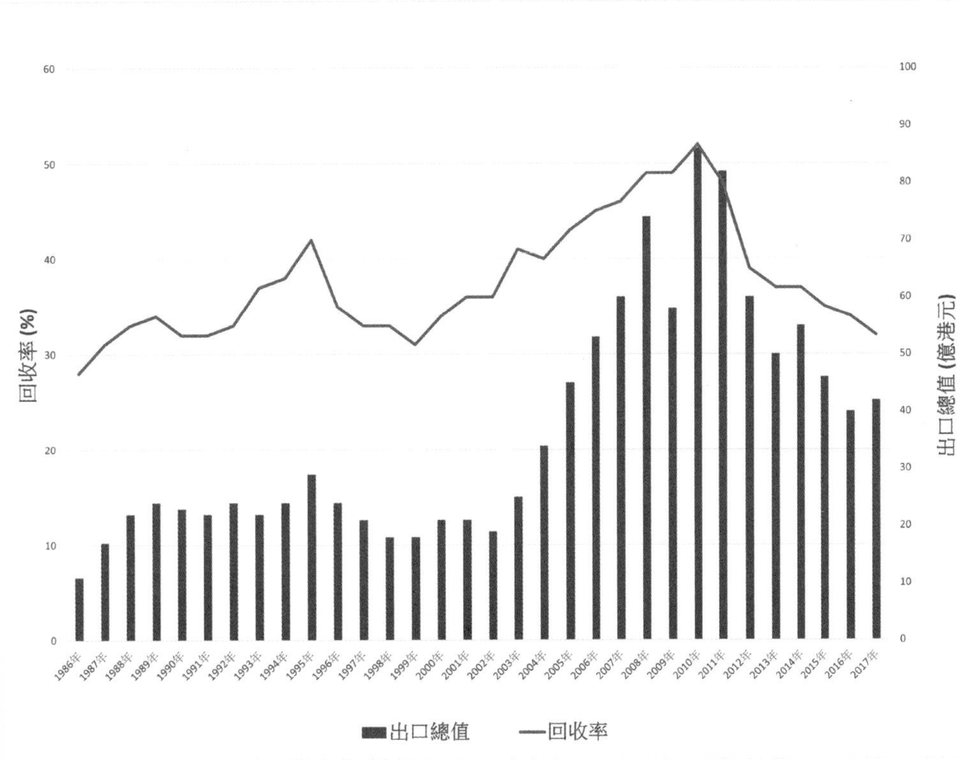

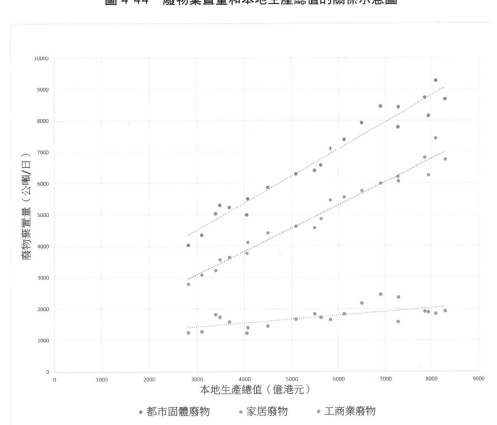

資料來源：香港特別行政區政府環境保護署。

圖 4-44　廢物棄置量和本地生產總值的關係示意圖

資料來源：香港特別行政區政府環境保護署。

新市鎮的發展帶來人口增加和工商業轉移。根據固體廢物來源區域的資料顯示，在過去 30 年，市中心的香港島和九龍半島的都市固體廢物量保持平穩。但位於新界新市鎮的都市固體廢物量則有明顯上升趨勢。

香港島的都市固體廢物棄置量在 1989 年和 2017 年分別為 1500 公噸／日和 1800 公噸／日。其中家居廢物棄置量由 1989 年的 1290 公噸／日微降至 2017 年的 1250 公噸／日，不過同期工商業廢物棄置量則由 210 公噸／日升至 540 公噸／日。工商業廢物棄置量增加主要在傳統的商業區，包括中西區及灣仔。

九龍半島（包括油尖旺、深水埗、九龍城、黃大仙及觀塘）的都市固體廢物棄置量在 1989 年和 2017 年分別為 2690 公噸／日和 2810 公噸／日。其中的家居廢物和工商業廢物棄置量也沒有太大變化。

新界（包括葵青、荃灣、屯門、元朗、北區、大埔、沙田和西貢）的都市固體廢物棄置量由 1989 年的 2330 公噸／日持續上升至 2017 年的 5750 公噸／日。其中家居廢物棄置量由 1540 公噸／日增加至 3030 公噸／日，而工商業廢物棄置量則更由 780 公噸／日大幅增加至 2720 公噸／日。在眾多新市鎮中，沙田、元朗及屯門的增幅最大，反映這些地區人口增加和工商業蓬勃發展。荃灣區則變化不大。

香港島和九龍半島的都市固體廢物棄置量能夠保持平穩，除了人口和工商業活動的因素外，亦可能和比較成熟的廢物回收系統有關。

2. 整體建築廢物

香港人口增加，建築業蓬勃發展帶來整體建築廢物的處理問題。整體建築廢物可分為惰性建築廢物和非惰性建築廢物兩大類，處理方法各有不同。惰性建築廢物適合回收再用，例如可用於填海、地盤平整或填土工程，而非惰性建築廢物則需要棄置在堆填區。在 1991 年至 1995 年間，每日需要堆填的建築廢物超過一萬公噸，數量比同期的都市固體廢物為多。如果沒有適時的建築工程回收再用，會對堆填區構成極大的壓力。

有見及此，港府採取了一系列措施，以處理建築廢物，包括提供建築廢物傾卸設施、放寬「傾瀉泥土牌照」上的條件等（見表 4-22）。

在採取了上述措施後，循環再用的惰性建築廢物由 1994 年的 8400 公噸／日增加至 1995 年的 18,300 公噸／日；而需要運往堆填區棄置的建築廢物亦開始減少。其後港府繼續發展公眾填料接收設施，所以在 2006 年至 2017 年間需棄置在堆填區的建築廢物，維持在大約 4000 公噸／日的低水平（見圖 4-45）。在 2017 年，有四個公眾填料接收設施在運作，包括將軍澳第 137 區填料庫、屯門第 38 區填料庫、柴灣公眾填料躉船轉運站及梅窩臨時公眾填料接收設施。

雖然廢物監察計劃也有搜集建築廢物來源區域的資料，但從區域分布角度米說，沒有明顯的趨勢。

表 4-22　1992 年至 1995 年處理建築廢物措施及效果情況表

年度	措施	效果
1992	放寬「傾瀉泥土牌照」上的條件，令填海及填土工程可以接收任何大小的惰性建築廢物，只要不含有機及可漂浮的成分。	可接受體積較大的惰性建築廢物。
1992	紅磡灣傾卸區投入服務，接收惰性建築廢物。	提供位於市區的建築廢物傾卸設施，方便循環再用惰性建築廢物。
1995	位於新界東南堆填區的建築廢物再造設施投入服務。	提供篩選設施，增加惰性建築廢物回收率。
1995	屯門傾卸區投入服務，接收惰性建築廢物。	提供位於新界的建築廢物傾卸設施。
1995	位於香港島愛秩序灣建築廢物躉船轉運站投入服務。	由於香港島沒有傾卸區，香港島產生的惰性建築廢物可經碼頭轉運往其他傾卸區。

圖 4-45　1986 年至 2017 年建築廢物棄置量及公眾填料循環再用量統計圖

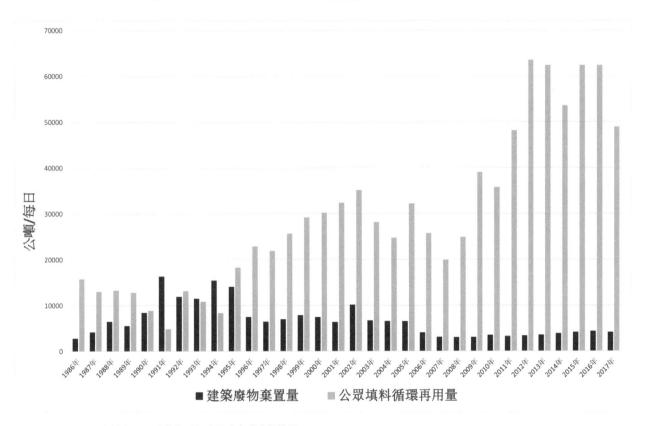

資料來源：香港特別行政區政府環境保護署。

3. 特殊廢物

不少特殊廢物都會棄置在堆填區，對堆填區構成壓力（見表 4-23），因此，政府也會按這些廢物的特性，作出特別處理，如：運到化學廢物處理中心，於「源·區」焚化等，以減輕堆填區的壓力（見表 4-24）。

表 4-23　2017 年於堆填區棄置特殊廢物種類及棄置量統計表

特殊廢物種類	平均每日棄置量（公噸／日）
屠場廢物	12
動物屍體及狗場廢物	4
石棉廢物	4
石棉廢物以外的化學廢物	7
醫療廢物（及其包裝物料）	1
報廢貨物	36
脫水的疏浚物料	7
脫水污泥	98
脫水的濾水污泥	56
焚化灰和穩定的渣宰	152
禽畜廢物	65
污水處理廠的隔濾物	62
廢輪胎	73
堆填區小計	575

資料來源：香港特別行政區政府環境保護署。

表 4-24　2017 年特殊廢物處理方法和處理量（非堆填區）情況表

特殊廢物種類	處理方法	平均每日處理量（公噸／日）
石棉以外的化學廢物	化學廢物處理中心	41
醫療廢物	化學廢物處理中心	6
隔油池廢物	西九龍廢物轉運站	471
馬廄廢物	動物廢料堆肥廠	26
疏浚泥漿和挖掘物料	海上傾倒	23,288
脫水污水污泥	於 T·PARK［源·區］焚化	1058
爐底灰	製成混凝土儲存在煤灰湖內	120
煤灰	製成混凝土儲存在煤灰湖內	1156

資料來源：香港特別行政區政府環境保護署。

在各類特殊廢物中，污水處理廠在污水處理過程中產生的污泥佔最大比重，其餘為隔油池廢物和禽畜廢物。污水污泥在 1995 年開始，由海洋傾倒改為在堆填區棄置，棄置量亦隨着更多污水處理廠投入服務而增加。「淨化海港計劃」第一期在 2001 年底投入服務後，污水污泥棄置量由 2001 年的 400 公噸／日急增至 2002 年的 780 公噸／日。

在堆填區棄置的特殊廢物量在 2005 年達到高峰，達到 1740 公噸／日（見圖 4-46）。在該年度，污水污泥佔 900 公噸／日，隔油池廢物佔 400 噸／日，而禽畜廢物佔 160 噸／日。及後特區政府大力推行更符合環保原則的禽畜廢物處理方法，例如原址堆肥、好氧處理、趁乾剷出法等，和在 2010 年在西九龍廢物轉運站增設隔油池廢物處理設施後，禽畜廢物和隔油池廢物的棄置量得以減少。2015 年 4 月，T‧PARK［源‧區］投入服務，以焚化方式處置污水污泥，因此棄置於堆填區的脫水污泥量相比 2014 年累計減少 88%。在 2017 年，T‧PARK［源‧區］平均每日以焚化方式處置 1058 公噸的脫水污水污泥。因此需要在堆填區棄置的特殊廢物總量在 2015 年後大幅減少至 600 公噸／日。

疏浚泥漿和挖掘物料的產生量年度間的差異非常大（見圖 4-47），隨着當時香港建築工程量和工程類別而改變。這類廢物會在指定的海上傾卸區傾倒，不會對堆填區造成壓力。在 1980 年代，海上傾卸區位於大鵬灣、九針群島以東和長洲以南。這些傾卸區先後關閉，在 2017 年仍在運作的海上傾卸區位於沙洲以東。

圖 4-46　1986 年至 2017 年於堆填區處理的特殊廢物棄置量統計圖

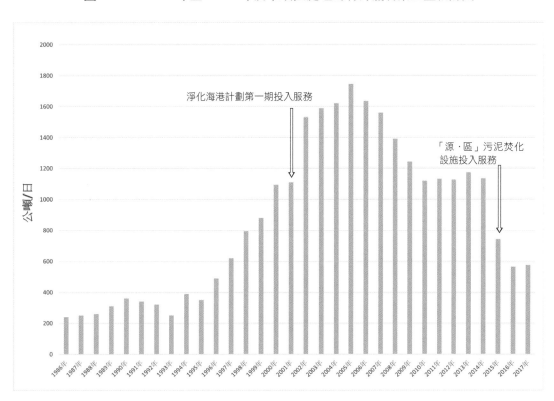

資料來源：香港特別行政區政府環境保護署。

圖 4-47 1987 年至 2017 年疏浚泥漿和挖掘物料棄置量統計圖

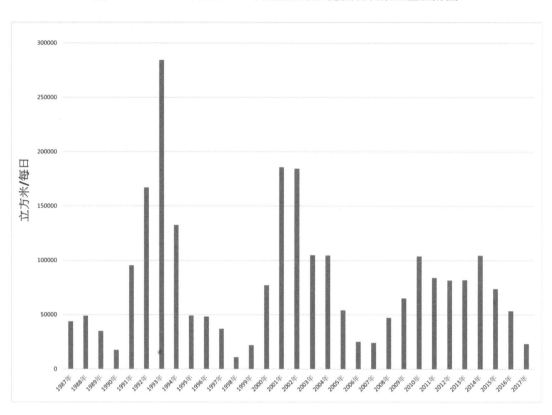

資料來源：香港特別行政區政府環境保護署。

第五章
環境教育

1960 年代以來，香港跟隨國際大勢，推行環境教育。1948 年，在巴黎舉行的國際自然保護聯盟會議中，有學者提出「環境教育」一詞（Environment Education），視之為整合自然科學與社會科學的教育方法，主要內容包括自然環境研究、戶外教育。[1] 1969 年，第一期 *Environmental Education*（《環境教育》）期刊於美國出版，首次對環境教育提出基本定義：「環境教育，旨在培育對生物、物理環境，及其相關問題有所了解的公民，並培養他們對解決環境問題的洞察力及動力。」[2]

在其後 1972 年《斯德哥爾摩宣言》、1975 年《貝爾格萊德憲章》，都對環境教育作出不同的定義。總括而言，推行環境教育的目的，除了鼓勵民眾探討生態原則和了解環境問題，亦包括提高民眾環保意識，培養其對自然的欣賞和環境的尊重，實踐環保生活；協助其獲得相關技能，讓他們抱有動力和承擔，捍衛環境公義。透過上述種種方法，解決環境問題。1992 年，在巴西里約熱內盧舉行的聯合國環境與發展會議上通過了《二十一世紀議程》，再次確認環境教育的重要性。國際社會對環境教育的重視，促進香港推動環境教育，1960 年代以來，政府及非政府組織，以正規和非正規方式推行環境教育。前者是指政府、諮詢及法定機構在教育系統內推行的課程，後者是指正規課程以外的多元化教育活動，如：講座、展覽、考察、工作坊、出版普及讀物等，執行者包括政府及非政府組織。

正規教育方面，1990 年代在港府推動下，環境教育正式納入本地中小學的課程。1992 年，港府編訂了《學校環境教育指引》，該指引肯定環境教育重要性，並建議學校以跨學科形式推行環境教育，讓學生從多角度認識環境問題。在小學層面，環境教育元素於 1996 年起加入小學常識科，小學生可學習人類活動對環境的影響，及可持續發展重要性等課程內容。在中學層面，根據 1992 年指引，學生可從生物、化學、地理、綜合科學、通識等學科中學習與環境相關的知識，如自然災害、生物多樣性、水資源、空氣污染等。2009 年，港府推行新高中課程，其中地理科及生物科都有與環境相關內容。而新高中通識科的「科學、科技與環境」學習範疇內，亦有「公共衞生」及「能源科技與環境」兩個與環境有關的單元。

在大學層面，有學者早於 1970 年代已開展本地環境問題的研究，主要有關污染監察。踏入 1990 年代，港府的研究資助局（RGC）、環境及自然保育基金（ECF）；及私人的裘槎基金會亦撥款資助環境研究。與環境相關本科課程亦於 1990 年代冒起，如：1994/1995 學年，香港中文大學開辦的「環境科學」學士學位課程，是首個由大學教育資助委員會資助

1　J.F. Disinger, "What Research Says: Environmental Education's Definitional Problem", *School Science and Mathematics*, Vol. 8, no. 1 (1985): p. 60.

2　"Environmental education is aimed at producing a citizenry that is knowledgeable concerning the biophysical environment and its associated problems, aware of how to help solve these problems, and motivated to work toward their solution" J.F. Disinger, "What Research Says: Environmental Education's Definitional Problem", *School Science and Mathematics*, Vol. 8, no. 1 (1985): p. 62.

開辦的環境科學本科課程。其後，各大專院校紛紛開辦與環境相關的副學士、本科學士和研究生課程，不少冠以「環境」之名，例如「環境管理」、「環境工程」、「環境科技」等。

非正規教育方面，政府部門和相關單位，如香港環境教育小組、環境保護運動委員、康樂文化事務署等，會透過不同的計劃和獎項，在校園推動及支援環境教育。除了針對學校，港府亦有針對普羅大眾的教育工作。如在 1960 年代和 1970 年代，推廣清潔香港主題的一系列宣傳活動，創作了「平安小姐」、「垃圾蟲」、「清潔龍」等宣傳標誌。1980 年代開始，環境保護署（環保署）製作了如《地球先生病了》等宣傳短片，香港電台亦拍攝了不少宣傳環保的節目，如《山水傳奇》、《香港生態遊》等，向公眾介紹本地獨有生態。

除了上述由政府推動的工作，環保團體（環團）在推動非正規環境教育上亦功不可沒。環團指關注環保、民間自發組成的組織，包括國際性環團在香港成立的分會，也有本地居民創辦的本土環團。由於不受政府規管，環團舉辦活動的形式一般較為多元，主要有教育設施和社區教育活動兩大類，前者一般為常規性教育項目，後者一般為周期性或短期性教育項目。

教育設施方面，不少環團成立了教育中心。例如 1986 年，由世界自然（香港）基金會管理的米埔濕地保護區成立野生生物教育中心；1987 年，該會又成立元洲仔自然環境保護研究中心；1988 年，長春社成立本港首間環境教育中心，名為「香港環境中心」；1989 年，綠色力量開始籌辦綠田園有機農場；2005 年，環保協進會成立鳳園蝴蝶保育區。

社區教育活動方面，環團按各自工作重點和關注議題，推動不同類型活動。如長春社早於 1970 年代已推動環境清潔，教育市民清潔海灘。長春社和香港地球之友亦於 1993 年起推動植樹，教導市民防止水土流失的知識。隨着 1990 年代本地生態旅遊興起，世界自然（香港）基金會亦於 1992 年起舉辦「米埔環保行」，讓市民認識米埔自然保護區的自然景觀和濕地保育工作。此外，2000 年以後的環團重點活動有「塱原收成節」、「新界魚塘節」、「永續荔枝窩－農業復耕及鄉村社區營造計劃」等。另一方面，環團亦向市民推廣環保生活習慣，如長春社於 1978 年時舉辦「反浪費日」嘉年華，推廣廢物重用；香港地球之友在 1990 年代將三色回收箱引入公共屋邨；綠色學生聯會（綠領行動前身）於 2006 年提倡「無膠袋日」；世界自然（香港）基金會於 2009 年起每年舉辦「地球一小時」；環保觸覺於 2010 年起舉辦「無冷氣夜」等。

此外，長春社早於 1973 年便出版環保雜誌《協調》，香港地球之友於 1992 年出版《學前環保教育教材套》，成為了本港最早的學前環保教育教材。之後，不同的環保刊物便陸續出版，如：綠色力量的《綠田園》、香港觀鳥會的《香港鳥類圖鑑》等。

透過政府和非政府組織半個世紀以來的環境教育，本地居民不論是環境意識，還是對環境議題的認知和實踐力度，均有普遍的提升。

第一節 政府部門及相關組織推行的環境教育

一、正規課程的環境教育

1970年代前，香港經濟急速發展，不過環保意識薄弱，帶來了種種污染問題，如污水、廢物、噪音、黑煙等。1972年，聯合國在瑞典斯德哥爾摩召開了首次聯合國人類環境會議（United Nations Conference on the Human Enviornment），促請各國政府和國際組織在處理環境問題時採取公平行動，保護非再生資源和野生生物，發展環境教育和研究，並發表了《斯德哥爾摩宣言》（Stockholm Declaration）。

1970年代後期，本地大學學者順應世界潮流，率先關注本地水質、土壤及空氣等污染問題，並進行相關科研工作。1980年代以來，港府編訂與環境教育有關的指引，在幼稚園、小學、中學層面推動環境教育，建議幼稚園至中學在不同的領域及科目內加入環境教育元素，同時又對這些指引作出不定期的修訂和更新，確保學生在不同學習階段，亦能接受環境教育，以達致可持續教育的目標（見表5-1）。

中小學教學內容遵循教育局的指示，很大程度上取決於課程綱領，環境教育扮演着較次要和附屬的角色。[3]1992年，香港課程發展議會編訂《學校環境教育指引》（《指引》），並於1999年修訂，是香港推行環境教育的里程碑，亦反映特區政府肯定環境教育的重要性。[4]《指引》建議學校通過正規及非正規課程發展環境教育，並以跨課程形式推行。學校可利用不同學科的課堂（如生物、地理、經濟及公共事務）、公民教育課、班主任課；以及課外活動，包括工作坊、學校集會、展覽、出版、參觀、考察、比賽、遊戲、話劇、獎勵計劃、社區保育計劃、回收運動及綠化項目等，讓學生學習與環保相關的知識，從多角度認識環境問題，培養他們對環境的關注。

香港中小學課程有八個學習領域（見圖5-1），「科學教育」為其中之一。2002年《科學教育學習領域課程指引（小一至中三）》把科學教育劃分為六個學習範疇，包括「科學探究」、「生命與生活」、「物料世界」、「能量與變化」、「地球與太空」、以及「科學、科技、社會

3　教育局是香港特區政府決策局之一，專責香港教育政策。港府於1865年成立教育司署，專責教育事務。1980年根據《麥健時報告書》，教育司署改組為教育科（屬布政司署之政策科）及教育署（負責執行及落實政策）。1983年，港府把社會事務科（後更名為衛生福利科）轄下勞工事務撥歸教育科管轄，教育科除了有關教育事務以外，亦兼顧人力培訓及勞工事務，教育科後來改名為教育統籌科。1997年教育統籌科升格為教育統籌局。2003年局署合併，把轄下的教育署及教育統籌局合併為新的教育統籌局。2007年教育統籌局改名教育局。

4　香港課程發展議會是一個諮詢組織，主要就不同學習階段的課程發展事宜，向香港特別行政區政府提供意見。

表 5-1　1981 年至 2017 年香港政府推出與環境教育相關的課程發展指引情況表

1981	教育署《小學教育和學前服務白皮書》
1984	課程發展委員會《幼稚園課程指引》
1987	課程發展委員會《幼兒班活動指引》
1992	課程發展議會《學校環境教育指引》
1993	課程發展議會《幼稚園課程指引》
1996	課程發展議會《學前教育課程指引》
1998	課程發展議會《中學科學科課程綱要》（中一至中三）
1999	課程發展議會《學校環境教育指引》（修訂）
2002	課程發展議會《科學教育學習領域課程指引（小一至中三）》 課程發展議會《個人、社會及人文教育學習領域課程指引（小一至中三）》
2006	課程發展議會《學前教育課程指引》
2007	課程發展議會與香港考試及評核局《通識教育科課程及評估指引（中四至中六）》
2010	香港學校叮持續發展教育
2011	課程發展議會《小學常識課程指引（小一至小六）》（2011）
2015	課程發展議會與香港考試及評核局《通識教育科課程及評估指引（中四至中六）》（更新）
2017	課程發展議會《幼稚園教育課程指引》 課程發展議會《小學常識科課程指引（小一至小六）》 課程發展議會《科學教育學習領域課程指引（小一至中六）》 課程發展議會《個人、社會及人文教育學習領域課程指引（小一至中六）》

資料來源：香港課程發展議會、教育署。

與環境」，其中「科學、科技、社會與環境」範疇的日的是讓小學畢業生建立對自然及科技世界的興趣，學習關心大自然和周圍環境，並對生物和環境有初步的認識。完成初中課程後，學生會明白到人類活動對環境的影響，並願意為保護環境承擔責任。高中畢業後，學生確認人類活動會影響環境，並願意保護環境。2017 年《科學教育學習領域課程指引（小一至中六）》更新版延伸到高中，科學科目也涵蓋環境課題。該指引也致力推動科學、科技、工程及數學（Science, Technology, Engineering and Mathematics，簡稱 STEM）教育，讓學生完成中六課程後，明白經濟活動對環境的影響，並學習實踐可持續發展。

另一學習領域「個人、社會及人文教育」（見圖 5-1），着重幫助學生理解個人和社群在文化世界和物質世界中的位置，其中「地方與環境」和「資源與經濟活動」是此學習領域六個學習範疇的兩個，教學內容能讓學生了解資源是稀有的，人與環境的關係是相互影響的（見表 5-2）；從而讓學牛重視自然環境，善用資源。

圖 5-1　香港學校課程中八個學習領域示意圖

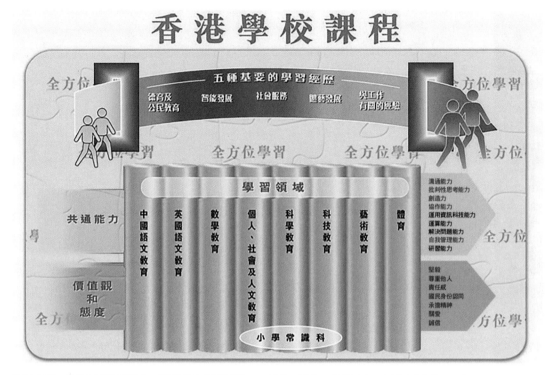

資料來源：香港課程發展議會：《基礎教育課程指引 —— 聚焦、深化、持續（小一至小六）》（2002）。

表 5-2　個人、社會及人文教育學習領域與環境有關的範疇、副範疇及相關角度情況表

範疇	副範疇	角度
地方與環境	・ 地方與環境的本質 ・ 形態與作用 ・ 人與環境的相互關係 ・ 保育和可持續發展	人與空間和環境的關係
資源與經濟活動	・ 資源的運用 ・ 生產及消費 ・ 政府在經濟的角色 ・ 經濟體系之間的相互依存	物質世界中的人

資料來源：《個人、社會及人文教育學習領域課程指引（小一至小三）》（2002）、《個人、社會及人文教育學習領域課程指引（小一至中六）》（2017）。

1. 幼兒教育與課程

1984 年，教育署為三歲零八個月至六歲的幼稚園學童制定《幼稚園課程指引》，闡明幼稚園是學前教育的重要一環，並建議以日常經驗為教材，用遊戲和活動等方式，讓學童從體驗中學習及認識社會環境，欣賞大自然景象，認識人與自然的關係，並關注生活環境。1987 年課程發展委員會為三歲幼兒制定《幼兒班活動指引》。1993 年課程發展議會簡化合併兩課程指引，修訂新的《幼稚園課程指引》。1996 年發布的《學前教育課程指引》，強調培養兒童樂於接觸和關懷周圍環境的態度，注意個人衛生和社區環境的清潔，學習愛護動、植物，並欣賞大自然。2006 年《學前教育課程指引》也強調培養幼兒從小熱愛環

境、尊重不同文化、關心和保護自然環境的態度。2017年《幼兒園教育課程指引》列出六大學習範疇，包括「體能與健康」、「語文」、「幼兒數學」、「大自然與生活」、「個人與群體」和「藝術與創意」。其中的「大自然與生活」範疇提出學童要懂得欣賞、尊重、熱愛自然，實踐環保生活。總體而言，香港幼兒的環境教育不單是環境知識的傳遞，更強調要培養學童對環境的正確態度、行為和經驗。

2. 小學教育與課程

1996年，本地小學開設常識科，而環境教育元素被整合至常識科內的「健康生活」、「生活環境」、「自然世界」和「科學技術」四個主要教學領域內。《小學常識課程指引（小一至小六）》（2011）其中一個學習目標是讓學生了解科學和科技對人類社會和環境的負面影響，培養保護環境的態度和責任，並關注香港和國家的環境問題。「人與環境」為小學常識科的六個學習範疇之一（見圖5-2），學習目標是讓學生認識人類活動對自然環境造成的影響。《小學常識課程指引（小一至小六）》在2017年更新，維持六個學習範疇，並優化STEM教育，培養小學生對自然及科技的好奇心和興趣，了解科學與科技發展對社會的影響，進而懂得珍惜和愛護大自然與環境。

圖 5-2　小學常識科的六個學習範疇示意圖

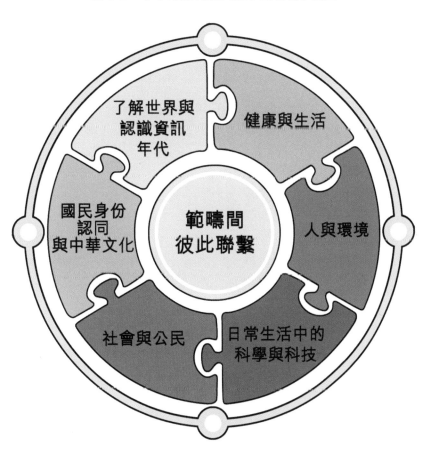

注：小學常識科有六個學習範疇，人與環境為其中之一。
資料來源：香港課程發展議會：《小學常識科課程指引（小一至小六）》（2017）。

近二十年，香港教育工作者透過學校課程推廣可持續發展的概念。教育局課程發展處於 2002 年製作了《小學環境教育教師手冊 — 可持續發展教育》，鼓勵學生在小學階段，接受可持續教育，並以校本形式推行。老師可根據可持續發展所涵蓋的三大領域（即環境、社會和經濟）選擇議題，以環保作切入點，按照學生的能力及生活體驗，探討個人、家庭、校園、社區、社會、國家以至世界不同層面，與可持續發展有關的議題。老師也可具體地教授可持續發展的概念，與學生探討綠色消費、低碳生活、企業社會責任等議題。當中有小學更把可持續發展的議題引入常識科，利用可持續教育作全方位學習的焦點。

3. 中學教育與課程

傳統科目

環境教育在香港中學不是必修科目，也不是公開考試的獨立科目。教育局一向主張香港中學採取跨課程方式來推行環境教育，因此環境教育在中學課程沒有正式角色，老師通常會利用科學、社會和通識教育等學科，教授與環境教育有關的主題和內容。在生物、化學、物理等理科學科中教導與環境有關的題目時，會側重於污染物成分結構對生物和非生物的影響，而在地理、經濟與公共事務、社會等人文社會科中，教導與環境有關的題目時，則會關注人與環境之間的相互關係，並強調可持續發展和環境保護的重要性。學校在環境教育的實施方式上擁有一定自主權，一般會透過通識教育或其他形式，如透過「其他學習經歷」（Other Learning Experience, 簡稱 OLE），讓未修讀過上述學科的學生接受環境教育。

在初中課程，環境教育主要通過生活與社會科、地理科和綜合科學科推行。三科均以可持續發展為重點概念；生活與社會科的相關單元會介紹資源與經濟活動的關係；地理科以自然災害、水和能源為基礎，以開展環境教育；綜合科學科則以生物多樣性、水資源、污染以及空氣作為重點課題。

2009 年，高中課程實施改革，修訂後的新高中中學四至六年級地理課程教學大綱加入本地、區域性和全球性環境概念，例如保護海岸地貌、全球氣候逆境、雨林砍伐、工業搬遷帶來的污染等課題，並以問題為本方法教學。[5] 高中生物科中，「生物與環境」為四個必修課之一，內容包括分析科學和科技發展對生活、社會和環境的影響；選修部分則有「應用生態學」，內容包括人類對環境的影響、污染控制、物種和生境保育等，也包括可持續發展、全球暖化、漁農業資源管理等全球性議題。

5　新高中課程（簡稱三三四、大學三改四），是香港教育界於 2009 年開始實施的教育改革，改變過去殖民地時期源於英國的三二二三學制的三年初中、兩年高中、兩年預科及三年大學本科課程，採取三三四學制，成為三年初中、三年高中及四年大學本科課程，推行更靈活、連貫和多元化的高中課程。三三四新高中課程其中一個焦點是促進全人發展，增設通識教育科，並列之為新高中課程中的必修科。額外的一年中學教育，有助提升學生的語文及數學能力，擴闊他們的知識基礎。於 2012 年開始的香港中學文憑考試（Hong Kong Diploma of Secondary Education（HKDSE）Examination），為六年制中學的公開畢業考試，由一個考試取代之前兩個（香港中學會考和香港高級程度會考）的考試，方便香港與國際主流的其他學制接軌（包括中國內地及美國）。

通識科目

1992 年，香港高級補充程度會考（高考）設立通識教育科，為大學預科課程之一部分，是必修必考科目，旨在為中六及中七學生提供傳統科目以外的課程，以加強他們的批判思考能力，培養正確價值觀，並擴闊他們的視野。高考通識教育科三個學習範圍中，有一個與環境有關的「科學、科技與環境」範圍，這個學習範圍下，設有「環境教育、科學技術與社會」學習單元，可提供一系列與環境教育相關的課題，以補充主流科目之不足。

2005 年，教育統籌局（今教育局）推出三年新高中學制，並修改通識教育科。修改後的通識教育科仍然保留「科學、科技與環境」這個學習範圍，但重點改為探討科技發展與社會發展的關係，讓學生理解科學與科技如何與環境產生互動，以及自然環境與社會如何互相影響。當中的兩個學習單元「公共衛生」和「能源資源與環境」皆與環境有關。另一個學習範圍「社會與文化」，則探討全球化對人類的影響，探索的議題包括：科學與科技在什麼程度上可以促進公共衛生的發展？可持續發展為何成為當代的重要議題？科學與科技可以如何配合可持續發展等？課程可讓學生明白科學與科技如何對社會和環境帶來新的挑戰，加強學生對全球環境改變的覺察。

4. 專上教育與課程

本港八間政府資助的大學均有開辦與環境相關的學位課程，包括大學本科課程和研究院課程，其他非教資會資助的大學也有辦環境課程，大學附屬的學院和其他專上院校亦提供與環境相關的副學士文憑和證書課程。

副學士及文憑課程

2000 年開始，特區政府提倡院校開辦副學士課程，於是不同的副學士、高級文憑、文憑和證書課程紛紛出現，其中有十多個課程與環境相關，如香港大學專業進修學院就開辦了地球與環境科學、環境管理等副學士課程；香港浸會大學國際學院則開辦了環境保育學、地理及資源管理等副學士課程。學生可在這些課程中，學習到環境科學、生態學、自然保育和生態旅遊等方面的知識。職業訓練局（Vocational training Council，簡稱 VTC）旗下的香港專業教育學院（Hong Kong Institute of Vocational Education，簡稱 IVE）一直為本港學生提供職業技術訓練課程。在 2010 年之前，學院開辦過與污水處理廠運作、廢物管理相關的文憑或證書課程。近十年來，與樹木管理有關的課程較受歡迎，香港浸會大學國際學院開辦了樹木管理副學士課程；而香港專業教育學院則開辦了保育及樹木管理高級文憑課程。

大學本科課程

主修科目　1970 年以前，本地大學環境教育附屬於自然科學或地理學，以講授動物學、植物學、土壤科學和地質學為主。其後，大學的主流環境課程以生物學、生態學、地理學等科為基礎。環境專科於 1990 年代以後才出現，主要教授環境科學和環境工程。

1994 / 1995 學年，香港中文大學理學院因應社會對環境保護和保育人才的需求日增，生物化學系、生物系及化學系聯合開辦環境科學學士課程，成為香港首個由大學教育資助委員會資助開設的環境科學本科課程，至 2017 年，畢業生已超過 600 人。1998 年，香港城市大學開辦本港首個環境科學與管理本科課程，培養具環境科學背景及管理專長的企業人才，至 2017 年，畢業生已超過 650 人。香港大學於 2009 年開設環境科學本科課程，特點為重視實習及研究，並提供海外考察或交流的機會。香港科技大學於 2010 年開設「環境管理及科技」本科課程，是香港首個環境管理及科技理學士課程。2017 年香港城市大學再辦環境科學與工程課程，不單獲得香港工程師學會（The Hong Kong Institution of Engineers，簡稱 HKIE）認可，也提供海外交流及實習的機會。

近十年，全球環境問題加劇，氣候變化、生物多樣性衰退、跨國污染、能源和糧食危機日益嚴重，各院校分別加推多項環境學及相關本科課程，如環境工程、地球科學、資源管理、可持續發展、城市研究等，以滿足教學與研究的需要。這些課程強調跨學科精神，又着重理論與觀測的結合，讓學生可全面地理解環境問題。近年來，社會科學學院和文學院也開始以跨學科形式開辦與環境有關的課程。八大院校共提供近 40 個與環境相關的學士學位課程，如果算上農業和園藝相關課程，數目則遠超此數（見表 5-3）。

通識教育科目　2012 年前，三年制本科課程強調學科專業化，三年制大學幾乎沒有探索通識教育的空間。2012 年，香港的大學課程改為四年制。由該年開始，所有大學都開始重視通識教育，以培訓本科生批判思維及文化意識。

2012 年，香港中文大學推出全新的通識教育基礎課程，其中一部分為「與自然對話」[6]，旨在為大學一年級本科生必修科目，讓同學透過經典文學，反省人類關注的環境課題。各學系又提供近 25 門環境相關課，作為通識教育選修科目。此外，中文大學各成員書院亦有提供通識教育課程，有些與環境有關（見表 5-4）。

香港大學也於 2012 年革新及重組通識教育課程，集合十個學院的力量，為學生提供跨學科的共同核心課程，涵蓋四個探究領域（科學技術和大數據、藝術與人文、全球問題以及中國文化、國家與社會），其中十二門課與環境教育有關（見表 5-4）。此外，香港大學又在每學期提供不帶學分的不同通識課程，利用動態和互動的教學方法，每學年策劃約 100 場講座、研討會、論壇、實地考察、表演和公共活動，強調體驗式學習和跨文化互動。當中與環境教育相關的課程包括：永續耕種體驗、氣候災變與綠能革命等。

6　另一部分為「與人文對話」。

表 5-3　近十年來香港各大學開辦與環境相關的本科課程舉隅情況表

大學	環境相關的本科課程
教資會資助大學	
香港大學	・理學士（生態學和生物多樣性） ・理學士（環境科學） ・理學士（地球系統科學） ・工學士（工程科學）（可選修環境工程或能源工程學課程） ・社會科學學士（地理學） ・文學士（城市研究）
香港中文大學	・理學士（環境科學） ・理學士（地球科學） ・工程學士（能源與環境工程） ・社會科學學士（地理與資源管理學）
香港科技大學	・理學士（環境科學） ・理學士（環境管理及科技） ・工學士（化學與環境工程學） ・工學士（土木與環境工程學）
香港城市大學	・理學士（環境科學與管理） ・理學士（應用化學）（三年級學生可選修環境化學課程） ・工學士（環境科學工程學） ・工學士（能源科學及工程學）
香港浸會大學	・社會科學學士（地理學） ・社會科學學士（環境與資源管理） ・理學士（應用生物）
香港理工大學	・理學士（應用生物兼生物科技） ・工學士（環境工程與可持續發展）
香港教育大學	・理學士（綜合環境管理） ・社會科學學士（全球及環境研究）
自資大學／學院	
香港公開大學[7]	・理學士（環境學） ・理學士（環境科學及綠色管理） ・工學士（土木與環境工程）

資料來源：綜合各大學網站及年報。

除港大和中大外，香港科技大學也提供超過 20 門與環境有關的通識課程，大部分為基礎或入門級。以傳承博雅教育傳統為目標的嶺南大學，則開辦近 10 門與環境相關的通識課，而浸會大學、教育大學和公開大學亦提供多項與環境有關的通識教育課程（見表 5-4）。

7　2021 年改名香港都會大學。

表 5-4　2012 年以來，香港各大學開辦與環境相關的通識教育科目範例情況表

大學	環境相關的通識教育科目
香港大學	共同核心課程 CCCH9002 21 世紀的中國城市 CCCH9015 香港人口、社會與可持續發展 CCCH9033 可持續城市發展與香港 CCGL9016 養活世界 CCGL9040 能源未來、全球化和可持續性 CCGL9059 萬變世界中的水 CCHU9048 城市：都市主義和建築環境的歷史 CCST9013 我們的生活環境 CCST9016 能源：其演變和環境影響 CCST9019 了解氣候變化 CCST9023 海洋：科學與社會 CCST9034 生活在危險的世界 大學通識體驗課（不帶學分）（每年更新，科目編號表示開辦年份） GE2011-13 樂活 LOHAS 365 GE2011-14 如果中華沒有白海豚 GE2012-04 菇式生活 GE2012-32 可持續發展中的健康與環境保護 GE2013-05 我要做城市農夫 GE2013-09 廣州古樹遊 GE2013-24 一切從耕種開始 GE2014-04 城市菜園 DIY GE2014-35 城市農業的可持續設計 GE2014-46 鳥眼看世界 GE2015-08 建立自己的微型花園 GE2015-11 影‧攝‧自然 GE2015-38/39/40 香港大學屋頂農業項目 GE2015-44 自然生活體驗營 GE2015-58 氣候災變與綠能革命 GE2016-24 香港有機農業 —— 城鄉體驗 GE2016-25 讓我們走向綠色！ GE2016-54 蠔遊香港 GE2017-15 海下灣浮潛生態遊 GE2017-16 荔枝窩農村永續兩日一夜 GE2017-17 永續耕種體驗 GE2017-22 城市農場到餐桌的體驗 GE2017-23 素食午餐及健康及體恤飲食分享 GE2017-41 米埔濕地之美攝影工作坊 GE2017-43 夜間生態步行 GE2017-58 種植食用香草園 GE2017-59 可持續時裝

（續上表）

大學	環境相關的通識教育科目
香港中文大學	**大學通識教育基礎課程** UGFN1001 與自然對話 **大學通識教育四範圍**[8]（選修課） UGEB2113 自然保育在香港 UGEB2114 氣候、能源與生命 UGEB2123 環境危機 ── 中國與世界 UGEB2161 全球化時代的資源問題 UGEB2182 香港環境的挑戰 UGEB2222 自然災害 UGEB2240 世界自然奇觀 UGEB2296 農業科技：體驗與再思 UGEB2350 植物創富及添趣 UGEB2381 化學：可持續未來 UGEB2650 氣象學概論 UGEB3630 海洋探秘 UGEC2009 氣候變化全球法律應對措施 UGEC2033 人口問題挑戰 UGEC2171 可持續發展 UGEC2192 生態旅遊探索 UGEC2210 糧食與饑餓 UGEC2226 解讀非洲：環境、社會與展望 UGEC2231 城市解碼 UGEC2253 可持續發展治理和管理創新 UGEC2354 全球的可持續性 UGEC2710 環境主義與環境教育 UGEC2775 未來設計：建築環境的可持續性 UGEC2950 環境危機、生存與文化 **書院通識科** GECC3130 迎向未來的希望：綠色及可持續的香港 GESC1160 香港環境問題 GESC2131 現代城市剖析 GEYS1010 創新社會責任及持續發展
香港科技大學	SUST1000 可持續發展導論 LIFS1030/OCES1030 環境科學 PHYS1003 能源和相關環境問題 ENVR1030 環境與健康 ENVR1040 環境與社會 - 綜合透視 ENVR1050 可持續公民 ENVR1070 大思考：環境問題的系統思考 ENVR1080 精明的消費者 - 揭開產品標籤背後的隱藏故事 CIVL1140 環境質量控制與改善 CIVL1150/ENVR1150 氣候變化影響和極端天氣事件

8　這四個範圍是：（一）中華文化傳承、（二）自然、科學與科技、（三）社會與文化，及（四）自我與人文。

（續上表）

大學	環境相關的通識教育科目
香港科技大學	CIVL1170/ENVR1170 大歷史、可持續發展和氣候變化 CENG1700 環境工程導論 MECH1902 可持續世界中的能源系統 ENVR2020 城市空氣污染 ENVR2050 可持續發展思維 ENVR2060 從垃圾到寶藏：管理廢物到資源 ENVR2070 為變暖星球打造的智能建築 ECON2310/ENVR2310/SOSC2310 環境與健康經濟學導論 SOSC2170 環境、可持續性和商業：設計方法 SOSC2330 環境政治與政策 SOSC3260 可持續發展科學：政策問題和觀點
香港浸會大學	GTSU2005 社區可持續發展和商業 GTSU2006 環境原則與當代環境問題 GTSU2007 滅貧及為可持續發展的社會而奮鬥 GTSU2015 可持續城市的綠色能源創新
嶺南大學	CLA9026 通過藝術和創意媒體欣賞自然 CLD9007 生態、環境與社會 CLD9012 自然災害：科學與社會 CLD9017 生態學：環境問題科學 CLD9018 香港自然史 CLD9025 氣候變化與人類健康 CLD9026 食品：健康、技術和環境 CLD9027 藍色星球 CLE9029 文化與生態
香港教育大學	GEH1012 香港海洋漫遊 GEH1019 認識城市 GEH1022 基礎環境科學 GEH1024 香港自然與城市景觀的探索 GEH1052 自然災害與全球危機後的災後重建 GEH2037 都市固體廢物管理
香港公開大學	S109F 環境與健康

資料來源：綜合各大學通識教育網站。

研究院課程

2000 年以來，各大學大力推動自負盈虧的修課式研究生（主要是碩士）課程，與環境相關的課程超過 40 個（見表 5-5），反映社會和市場的需求。

香港大學因應 1989 年港府發表《白皮書：對抗污染莫遲疑》，於 1989 / 1990 學年起開辦環境管理理學碩士課程，以滿足香港社會對環境管理人才的需求。這是港大首個跨學院、跨學科的授課式碩士課程，亦為全港首個授課式環境碩士課程。內容涵蓋環境科學、環境工程、法律、政策等，以香港與內地發展為核心，兼顧國際環境議題。歷年來港大生物科學學院、公民社會與治理研究中心、土木工程系、機械工程系等，皆有開辦與環境相關的理學碩士課程，如：環境工程、能源工程、可持續環境設計等。課程自開辦至 2017 年，畢業生人數接近 1000 名。

由中文大學開辦，與環境有關的理學碩士課程包括：地球與環境科學、地理信息科學等；而與環境相關的社會科學碩士課程則有：地理與資源管理學、都市設計等。

此外，科技大學和理工大學開辦的理學碩士課重點是環境管理和工程，城市大學和浸會大學則分別專攻能源工程及環境公共衛生（見表 5-5）。

早期修課式理學碩士環境課程，多集中污染控制及環境科技，但隨着本科課程有更多相關學科和新興領域的出現，環境碩士課程的重點也出現顯著的改變，主要圍繞環境管理、可持續發展、能源管理、地球與環境科學、海洋資源管理、環境及能源工程、城市規劃及設計、地理信息科學、環境與公共衛生管理等課題。

除修課式碩士課程外，香港各大學亦提供接近 30 個跟環境議題有關的研究式（碩士、博士）課程（見表 5-5），包括環境科學、生態學、地理學、地球科學、海洋科學、環境化學、環境管理、能源、資源管理等。以上各不同修課式碩士課程為本地及內地培訓不少人才，滿足社會和市場在環境工作的需要。

表 5-5　過去三十年，香港各大學開辦與環境相關的研究院課程範例情況表

大學	研究院課程
授課式課程	
香港大學	・理學碩士（環境管理） ・理學碩士（環境工程） ・理學碩士（能源工程） ・理學碩士（可持續環境設計） ・理學碩士（城市規劃） ・理學碩士（保育） ・城市設計碩士 ・園境建築學碩士 ・深造文憑（園境建築學）
香港中文大學	・理學碩士（地球與環境科學） ・理學碩士（地理信息科學） ・理學碩士（環境信息、健康與公共管理） ・理學碩士（都市設計） ・建築學碩士 ・社會科學碩士（可持續旅遊） ・社會科學碩士（地理與資源管理學） ・社會科學碩士（都市設計） ・能源與環境法碩士
香港科技大學	・理學碩士／深造文憑（環境科學） ・理學碩士／深造文憑（環境科學及管理） ・理學碩士／深造文憑（環境工程及管理） ・理學碩士（環境健康與安全）

（續上表）

大學	研究院課程
香港城市大學	· 理學碩士（能源及環境） · 都市設計與規劃學碩士
香港浸會大學	· 理學碩士（環境與公共衛生管理） · 理學碩士（分析化學）
香港理工大學	· 理學碩士（空氣／噪音環保管理） · 理學碩士（環境管理及工程） · 理學碩士（可持續城市發展學） · 理學碩士（城市信息學及智慧城市）
香港教育大學	· 教育碩士（科學及環境研究領域）
嶺南大學	· 城市與治理碩士（環境與可持續發展專修）
研究式課程	
香港大學	· 哲學碩士／哲學博士（生態學／環境科學） · 哲學碩士／哲學博士（地理學） · 哲學碩士／哲學博士（地球科學）
香港中文大學	· 哲學碩士 - 哲學博士（環境科學） · 哲學碩士 - 哲學博士（地球與大氣科學） · 哲學碩士 - 哲學博士（地球系統與地球信息科學） · 哲學碩士 - 哲學博士（地理與資源管理學）
香港科技大學	· 哲學碩士／哲學博士（生物學） · 哲學碩士／哲學博士（海洋環境科學） · 哲學碩士／哲學博士（大氣環境科學）
香港城市大學	· 哲學碩士／哲學博士（環境化學） · 哲學碩士／哲學博士（能源及環境）
香港浸會大學	· 哲學碩士／哲學博士（環境科學） · 哲學碩士／哲學博士（地理學）
香港理工大學	· 哲學碩士／哲學博士（清潔能源） · 哲學碩士／哲學博士（能源材料與器材）
香港教育大學	· 教育博士（科學教育及可持續發展教育領域）
嶺南大學	· 哲學碩士／哲學博士（環境科學）
香港公開大學	· 哲學碩士／哲學博士（生態學／環境科學） · 哲學碩士／哲學博士（資源管理） · 工學博士（環境工程／清潔生產／能源管理）

資料來源：各大學網站及年報。

5. 環境研究

政府提供的環境研究資金

香港的大學均重視研究，多個學科領域都處於世界領先位置，當中環境研究一直是學術界熱門領域之一，題材多樣，取決於院系及指導教授的研究興趣。從 1970 年代起，本地大學學者相繼展開環境研究，起初主要研究範圍為污染監測。後來，隨着精密和自動化設備的出現，研究項目變得更加專門，學者也使用不同的方式（如：生態、化學、分子、工程等）

展開研究，研究範圍包括環境指標、污染治理、環境毒理學與健康、環境生物技術、自然保育、環境可持續性等；而研究的對象涉及水、空氣、陸地、海洋、濕地、城市生態系統（包括垃圾堆填區）等。研究方向亦從監測轉到機理研究。除了院校外，也有非學術機構，包括政府部門（如環保署、漁農自然護理署（漁護署）、渠務署等）、政府資助機構（如香港生產力促進局）和非政府組織參與環境研究。

大專院校研究經費來自不同的研究資金，分別有研究資助局（Research Grant Council，簡稱 RGC）[9] 及私人的裘槎基金會（The Croucher Foundation）[10] 的撥款。研究資助局成立於 1991 年，除了直接撥款支持大學的小型項目和中央撥款以採購主要研究設備外，還負責審閱各種學術研究計劃的申請。[11] 研究經費大概可分為「角逐研究用途補助金」（Competitive Earmarked Research Grant，簡稱 CERG）及「中央撥款」（Central Allocation，簡稱 CA）。這兩個研究金於 2008 年分別易名為「優配研究金」（General Research Fund，簡稱 GRF）及「協作研究金」（Collaborative Research Fund，簡稱 CRF）。在 1990 年初期（1991 年至 1995 年），與環境有關的個人「優配研究金」（GRF）獲得的資助佔總撥款比例約為百分之五（見表 5-6）。大多數獲得資助的環境研究項目來自生物科學、物理學、土木工程和社會科學四個學科領域。主要研究課題為：水污染、廢水生物技術、廢棄地生態和修復、環境毒理學、空氣污染、室內空氣污染和環境建模。1991 年起，研究資助局資助了無數研究項目，大大推動了環境知識的前沿發展。2000 年以後，撥款規模大幅增加；2009 年至 2012 年，研究資助局先後獲政府撥款 160 億港元，又把投資所賺取的收益用作經常性資金，用以資助研究項目及活動。2017/18 學年，撥予成功申請優配研究金（GRF）的項目近 9 億港元，是 1995/96 年度的 4.5 倍。研究資助局亦鼓勵協作研究，並推出協作研究金（CRF），以支持不同院校間展開合作研究。從 1998 年到 2017 年的 20 年間，共有 11 個環保項目獲 CRF 資助，其中 7 個與海水污染有關，撥款總額接近 4,400 萬港元（見表 5-7）。

除此以外，研究資助局還會透過「卓越學科領域計劃」（Area of Excellence, 簡稱 AoE）和「主題研究計劃」（Theme-based Research Scheme）來資助大學研究。前者於 1998 年設立，旨在協助大學加強及發揮香港在研究方面的優勢。首批卓越學科領域撥款 1999 年出

---

9 研究資助局（RGC）成立於 1991 年 1 月，是一個在大學及理工教育資助委員會（UPGC）主持下運作的半自主非法定諮詢組織，取代當時教資會轄下的研究小組委員會。成員由香港特別行政區行政長官委任，他們需就香港高等教育機構在學術研究方面的需要向港府提供建議，並為教資會資助大專院校的研究項目分配經費。經費主要分為個人優配研究金及 1997 年開始運作的協作研究金（之前只用於科研設備採購）。

10 香港裘槎基金會是一個獨立的私人慈善基金會，致力推動香港教育、學習和研究，提升本地的自然科學、科技和醫學水平，是支持科技研究的主要經費來源之一。經費主要通過獎學金、科研者獎、科學交流（包括裘槎資深科研院、中港聯合實驗室研究資助、國際會議及學術活動贊助）等渠道發放。

11 至 2017 年，研資局提供不同的資助計劃，包括優配研究金、傑出青年學者計劃、協作研究金、主題研究計劃、合作研究計劃和木地自資學位界別競逐的研究資助計劃。

表 5-6 1991 年至 1995 年研究資助局授予大專院校個人優配（GRF）項目中，與環境研究有關的資助統計表

年度	所有領域申請項目	資助環境領域項目	資助環境研究的金額（百萬港元）	資助總額（百萬港元）	環境研究金額的百分比
1991/92	137	9	3.655	63.79	5.73
1992/93	172	10	4.476	79.41	5.64
1993/94	193	8	4.344	99.99	4.34
1994/95	371	16	8.771	192.86	4.55
1995/96	454	18	9.124	205.55	4.44
共計	1327	61	30.370	641.59	4.73

資料來源：*Research Grants Council of Hong Kong Annual Report 1995*。

表 5-7 1998 年至 2017 年研究資助局授予資助大專院校協作研究（CRF）中，與環境研究有關的資助統計表

年度	協作院校	小組協作研究項目	資助金額（百萬港元）
1998/99	香港大學／香港城市大學	亞熱帶沿海水域藻華和赤潮的動態：監測、建模和預測	4.30
1999/2000	香港城市大學／香港科技大學	香港沿岸水域重要毒物研究：風險評估方法	4.75
2000/01	香港城市大學／香港科技大學	中國南方區域氣候預測	3.70
2002/03	香港大學／香港科技大學／香港城市大學	亞熱帶沿海水域藻華和赤潮的動態：監測、建模和預測	1.50
2003/04	香港浸會大學／香港中文大學／香港大學	東南中國電子垃圾回收中持久性有毒物質的來源、命運、環境和健康影響	3.80
2003/04	香港城市大學／香港浸會大學／香港科技大學／香港大學	香港沿岸水域內分泌干擾物和赤潮毒素的研究：風險評估方法	1.50
2007/08	香港浸會大學／香港理工大學／香港科技大學／香港大學	珠三角地區淡水和海水魚類汞污染及其健康風險評估	3.70
2008/09	香港城市大學／香港大學	藻類毒素：分析和生物測定檢測方法的發展以及海洋食物網中環境轉移的評估	3.20
2008/09	香港浸會大學／香港中文大學／香港大學	關於受體結合、胚胎和性腺生理學的內分泌干擾物的環境篩選、計算和生物學表徵	4.50
2012/13	香港大學／香港城市大學／香港浸會大學／香港中文大學／香港科技大學	香港沿岸禁拖網前後底棲海洋生態系統的生態及生物多樣性	7.30
2015/16	香港城市大學／香港中文大學／香港科技大學	底棲和附生有毒藻類（BETA）：對香港水域珊瑚生態系統的新威脅	5.57
共計			43.82

資料來源：大學教育資助委員會網頁。

爐，每兩年資助 3 至 4 個項目，每個項目的資助額可達數千萬元。截至 2017 年，共有兩個資助項目與環境相關：一、2003/04 年度，由城市大學統籌，其他大學參與協作的「海洋環境研究及創新科技中心」項目，獲資助 4500 萬元。二、2016/17 年，由香港中文大學統籌，其他大學參與協作的「植物與環境互作基因組研究中心：可持續農業與糧食安全」項目，共獲資助 7500 多萬元。

主題研究計劃於 2011 年由研究資助局設立，旨在資助對香港長遠發展具策略重要性的研究課題。該計劃每年資助 7 至 8 個項目，每個項目的資助額可達 2000 至 5000 萬元不等。計劃共分四個研究主題，其中一個為建設可持續發展的環境，其下有五個領域都與環境有關，分別是「水污染及水處理」、「可持續建築環境」、「空氣質素」、「食物生產及食物安全」、「能源效率、節約、轉化及採集」，所有這些計劃均開放給所有本地環境科學、技術及管理學者專家申請。首輪主題研究計劃於 2011/12 年度展開，至 2017/18 年共 11 個環境相關項目獲得撥款，多環繞節能技術工程，也有研究污染治理等項目，每項的撥款都以千萬元計（見表 5-8）。

表 5-8　2011/12 年度至 2017/18 年度研究資助局通過主題研究計劃（Theme-based Research Scheme）授予大專院校環境相關研究資助統計表

年度	協作院校*	主題研究計劃	資助金額（百萬港元）
2011/12	香港大學／香港城市大學／香港浸會大學／香港理工大學／香港科技大學	透過跨學科及多學院的協同努力迎接有機光伏打電池及發光二極管面臨的挑戰	57.407
2012/13	香港大學／香港理工大學	「可持續」照明技術：從模塊到系統	21.724
2012/13	香港科技大學／香港大學	低本高效、綠色環保的 LED 晶片系統	30.565
2013/14	香港中文大學／香港理工大學／香港科技大學	智能化太陽能技術 - 採集、存儲和應用	60.33
2014/15	香港大學／香港理工大學／香港科技大學	可容納大量可再生能源的可持續電力輸送結構	47.12
2015/16	香港科技大學／香港中文大學／香港理工大學	智慧型城市供水系統	33.225
2015/16	香港科技大學／香港大學／香港城市大學	香港泥石流流動機理及風險控制	33.225
2016/17	香港科技大學／香港城市大學／香港中文大學／香港大學／香港理工大學	香港及鄰近海域富營養化，缺氧及生態後果的診斷和預測：物理 - 生物地球化學 - 污染耦合研究	36
2016/17	香港大學／香港科技大學／香港理工大學	高效濃縮分離和污泥精煉協同新技術實現城市水污染控制和資源回收	32
2017/18	香港科技大學／香港中文大學／香港大學／香港理工大學	用於可再生能源供電站及電動汽車的電燃料儲能技術基礎研究	45
2017/18	香港理工大學／香港中文大學／香港大學／香港科技大學	亞熱帶城市群區域大氣光化學污染：從微環境到城市 - 陸地 - 海洋的相互作用	30

資料來源：大學教育資助委員會網頁。

1994 年，港府成立環境及自然保育基金（Environment and Conservation Fund，簡稱環保基金或 ECF），旨在支持學校和非牟利機構推動環保教育和社區參與，作為政府對環境保護及自然保育的一項長遠承擔。環保基金針對學校、家庭及社區，透過講座、工作坊、教材套、參觀、旅行和社區探索等方式，向學生、家長、教師及公眾人士推廣及加強環保意識，培養綠色生活習慣。

由 1994 年至 2012 年間，環保基金先後獲政府注資 17.35 億元，並於 2013 年再獲 50 億元作為種子基金，聯同吳氏會德豐環保基金，資助環保項目及活動。環保基金自成立以來，已資助 5000 多個項目，撥款近 30 億港元。撥款項目覆蓋多方面，其中一方面為為環保研究、技術示範和會議。如在 2017 年，香港理工大學利用藍綠設施增強水資源韌性的研究（Enhancing water resilience with blue-green infrastructure: A pilot-scale study on bioretention systems for stormwater harvesting in new development areas）及有關建築廢料分類和回收機械人的研究（Construction waste sorting and recycling robot），就分別獲得約 250 萬及 200 萬的撥款。

1999 年 7 月，立法會財務委員會（財委會）過過撥款 50 億元，成立「創新及科技基金」（Innovation and Technology Fund，簡稱 ITF），該基金由創新科技署管理，旨在提升本地經濟活動的增值力、生產力及競爭力。2015 年，財委會再向基金注資 50 億元，以支持基金運作。創新及科技基金下設不同計劃，分別為：支持研究及發展、推動科技應用、培育科技人才等。在支持研究及發展的範疇內，又設有創新及科技支援計劃、內地與香港聯合資助計劃、粵港科技合作資助計劃、伙伴研究計劃等，都以推動科研為主（見表 5-9）。

表 5-9　2006 年至 2014 年「創新及科技基金（ITF）」撥款支持各大專院校推行與環境相關的研究項目舉隅情況表

計劃	項目開始日期	申請機構 / 院校	項目名稱	獲批撥款（港元）
創新及科技支援計劃	11/2007	香港理工大學	發展高強度環保羽毛塑膠複合材料	874,639
	7/2014	香港大學	用於光電子器件的新型和綠色環保的透明電極	1,399,982
粵港科技合作資助計劃	3/2006	香港中文大學	一種新型的環保汽車：混合動力，全方位及智能化	11,414,406
	3/2006	香港科技大學	新型高效節能蒸發式冷凝器應用在分體式空調機技術開發	2,000,999
	3/2007	香港中文大學	珠江三角洲地區漁業災害監測和預警信息系統開發	1,999,873
	6/2009	香港城市大學	高效多功能、綠色立體式城市污水處理整合技術與示範工程	442,740
	3/2009	香港理工大學	高性價比太陽電池製造及光伏發電應用	1,421,088
	5/2012	香港中文大學	粵港澳水質水量遙感監測系統關鍵技術及示範	8,016,677

資料來源：創新及科技基金網頁。

其他相關資金

資助本港大學與不同機構展開研究，除了政府提供的資金外，還有來自其他組織的財政支助，包括香港國際機場環保基金、香港海洋公園保育基金，以及私人性質的香港裘槎基金。

香港機場管理局在擴建第三條跑道時，為符合環評要求，承諾會訂立並執行海洋生態及漁業提升策略。2016 年 3 月，香港機場管理局分別成立改善海洋生態基金（Marine Ecology Enhancement Fund，簡稱 MEEF）及漁業提升基金（Fisheries Enhancement Fund，簡稱 FEF），分別資助非政府組織、研究單位及漁業界展開各項保育研究，以提升香港水域及珠江河口的海洋環境。在 2017/2018 年度，改善海洋生態基金資助和漁業提升基金分別資助了以下的大專院校研究項目（見表 5-10）：

表 5-10　2017/2018 年度改善海洋生態基金（MEEF）資助，與環境研究有關的大專院校項目情況表

項目名稱	目的	受資助機構	資助金額
香港西部水域八放珊瑚（Guaiagorgia）的生殖生物學研究	旨在了解八放珊瑚物種（Guaiagorgia）研究中較少人認識的生殖生物學，並了解該物種的豐富度及繁殖策略。期望評估八放珊瑚物種的生態重要性及成為優勢種的原因。	香港中文大學	499,650
利用「環境 DNA」探測香港西面水域隱藏動物的生物多樣性	利用高通量定序方法，為在香港西面水域海裏生物殘留的環境 DNA 做測序，所得數據將與該區已知的生物名錄做比較，從而找出隱藏的生物多樣性。	香港教育大學	1,383,000
利用影像解剖識別及記錄在香港水域擱淺的中華白海豚因人類活動所造成的傷害和死亡的研究	利用影像解剖技術識別及記錄擱淺的中華白海豚因人類活動而造成的損傷及死亡，並以這些額外的資訊為傳統解剖提供協助。此外，本項目亦會建立全球首個一站式鯨豚類擱淺數據資料庫，有系統地比較擱淺鯨豚身上的損傷及人類活動，為管理香港水域及制定相關政策提供科學根據和基礎。	東華學院	1,002,120
珠江口中華白海豚的保育生態學——第二階段：種群參數、社群結構及棲息地需求	旨在為從香港至珠江口西部的整個珠江口地區建立一個保育中華白海豚的良好生態框架。項目透過研究珠江口中、東、西部的中華白海豚，結合和對比整個珠江口地區的結果，以確定在珠江口和鄰近海域中華白海豚群體於複雜的海岸生境中的構成。	Cetacea Research Institute Limited	847,000

資料來源：香港機場管理局擴建香港國際機場成為三跑道系統網頁。

1995 年，香港海洋公園保育基金（保育基金）正式註冊為慈善信託基金，宗旨是提倡促進及參與亞洲區內務實有效的野生生態保育工作，並重點保育中華白海豚、大熊貓，以及牠們的棲息地。基金註冊後，隨即開展一連串香港水域中華白海豚及江豚的研究，並於 2000 年開始，支援內地大熊貓的保育的工作。

保育基金自 2005 年以來，已資助了約 500 個國際性及本地的研究項目，金額高達 9000

表 5-11 1991 年至 2000 年香港裘槎基金會資助的環境研究項目情況表

年份	首席研究員所屬院校	項目名稱	獲批撥款（港元）
1991—1995	香港大學	道路交通造成的空氣污染：一項旨在實現香港可持續空氣質量的研究	499,000
	香港大學	使用厭氧工藝去除工業廢水中的有機污染物和營養物	419,000
	香港大學	香港的城市土壤	494,905
	香港中文大學	珠三角潮汐河網水污染控制環境決策支持系統	1,057,692
	香港中文大學	應用靛藍和硫磺黑降解微生物菌株解決環境和工業問題	482,602
	香港中文大學	油和油分散劑對香港水域海洋浮游生物的影響	1,302,000
	香港科技大學	廢水處理生物技術：游離和固定化微藻在去除廢水無機營養物中的應用	629,000
	香港科技大學	紅樹林沼澤作為天然濕地系統處理污水的應用研究（與中山大學合作）	362,000
	香港科技大學	香港／珠江三角洲海洋污染遙感研究（與廈門大學、南海海洋研究所、青島海洋大學合作）	4,390,000
	香港科技大學	活性炭吸附固定床反應器處理廢水的研究	558,000
	香港科技大學	計算機系統用於選擇淨化被有機成分污染的水的最低成本處理技術	445,000
	香港城市大學	香港空氣能見度持續偏低的調查	736,780
	香港浸會大學	將污水淤泥和粉煤灰再利用用於人造土壤生產	594,000
1996—2000	香港大學	遙感和地理信息系統在模擬珠江三角洲可持續發展的應用（與廣東省科學院廣州地理研究所合作）	1,740,000
	香港科技大學	南海及沿岸之生態系統網絡（ECONET）（香港部分）（與中國科學院海洋研究所、中國國家海洋局第二海洋研究所及南海環境監測中心分院、中山大學合作）	1,500,000
共計			15,209,979

資料來源：《裘槎基金會年報》（1991 年至 2000 年）。

萬。在本地的保育研究方面，基金會資助的項目包括：2006/07 年度香港中文大學開展的
「沙洲與龍鼓洲海岸公園作為中華白海豚保護區的效用」、2007/08 年度香港大學開展的
「在珊瑚農場培育人工魚礁品種以幫助香港珊瑚礁的生態修復」、2008/09 年度香港觀鳥會
開展的「中國沿岸水鳥普查」、2009/10 年度香港城市大學開展的「從實驗室回歸野外：
人工繁殖幼年（鷺）重回野外」等。

香港裘槎基金會於 1979 年由已故商人裘槎先生創辦，是一個私人基金會，旨在提升香港自
然科學、科技及醫學的水平。[12] 1991 年至 1995 年間，基金會資助了 110 個研究項目，總

<hr>

12 裘槎基金會的工作主要分為以下範疇：資助有潛質的香港年輕科學家及醫生於海外供讀博士學位或進行博士後
研究；讓香港的科研者專心發展其科研潛能並進行創新的研究工作；資助舉辦研討會及合作研究，促進香港與
海外科學家交流溝通；資助舉辦學術活動及促進香港中學生及本科生對科學知識的了解。

額超過 7600 萬港元。在 1993 年至 1994 年，基金會把資助分配給任職時間不超過 10 年的年輕學者，並決定自 1996/97 年度起，停止常規性研究資助計劃，並把資源轉移至其他更有需要的地方。在 1991 年至 2000 年間，裘槎基金會共資助了 15 個環境項目，總額超過 1500 萬港元（見表 5-11）。

此外，裘槎基金會也贊助資深科研團主辦的短期課程和學術會議，並邀請具國際地位和經驗豐富的著名科學家出任主講嘉賓，如：2000 年，資助科研團隊於浸會大學主講「廢棄土地的修復和管理：現代方法」；2006 年，資助科研團隊於科技大學主講「可持續城市水資源管理的前沿戰略和技術」；2011 及 2017 年，分別資助科研團隊於中文大學主講「熱帶和亞熱帶地區的城市氣候學」及「智慧城市城市科學與城市信息學的整合」等。

環境研究中心

1986 年，香港大學嘉道理農業研究中心啟用，位於新界石崗，專門進行農業及環境相關課題的研究。2017 年，香港浸會大學成立生物資源與農業究研所，旨在以有機農業培養市民可持續生活態度、保育本地生物資源及生物多樣性，並推動香港農業發展。

本港多所大學都設有專注海洋科學研究的單位，旨在配合教研工作的推動。香港中文大學海洋研究所成立於 1970 年，原隸屬生物系，是香港第一所海洋科學高級研究中心。中心於 2001 年因建立香港科學園而進行重置搬遷，2002 年更名為李福善海洋科學研究中心。該中心於 1990 年代前專注於海水養殖及魚類生理的研究，2000 年後側重於海洋及珊瑚生態的研究。香港大學理學院於 1990 年設立太古海洋實驗室，實驗室位於香港唯一的海岸保護區鶴咀半島上。1994 年，該研究所擴建為太古海洋科學研究所，2007 年改組為香港大學理學院屬下的學部。研究重點是淺水海洋生態系統、生物多樣性和保育。香港科技大學海岸海洋實驗室於 2002 年成立，目的是建立一個跨學科的平台，以促進海洋科學的研究與教育。初期研究重點是沿海海洋研究，但近年已轉向海洋學和海洋技術的研究。2010 年，香港城市大學成立海洋污染國家重點實驗室，目的是透過研發跨學科的創新方案，以解決對環境和公共健康構成威脅的海洋污染問題。實驗室共有超過 40 位來自不同院校的科研人員，他們對污染監察的創新科技、生態安全與環境風險評估、生態系統響應與生態修復三方面進行重點研究。該實驗室亦參與及推動內地監管環境質量及保護海洋生態的工作。

6. 環境國際會議及研討會

除學術課程外，各大專院校也經常為從事環境工作的學者、專業人士、技術人員及研究生，舉辦會議、研討會、座談會、論壇、技術會議和工作坊等。近十年來，香港大專院校每年平均舉辦兩場以環境為主題的國際會議或大型研討會，更有許多座談會和論壇（見表 5-12 及 5-13），專題講座更不計其數。這些講座和論壇以社會和國際關注的議題為主，其中以與環境污染及可持續發展有關的題目較受關注，此外，固體廢物管理、能源問題、城市問題、綠色企業運營、水資源與海洋資源的開發和保護等也很受注目（見圖 5-3 及 5-4）。

表 5-12　1983 年至 2017 年香港大專院校舉辦的國際環境會議／大型研討會例子情況表

年份	主辦院校	主題
環境管理、污染與控制		
1983	香港中文大學	固體廢物處置的生態影響國際會議，1983 年 12 月 19-21 日
1985	香港中文大學	用於肥料、食品、飼料和燃料的有機廢物回收國際研討會，1985 年 8 月 28-30 日
1986	香港浸會學院	國際環境污染與毒理學研討會，1986 年 9 月 9-11 日
1990	香港科技大學及香港浸會學院	《環境》90 環境科學與技術研討會，1990 年 9 月 17-18 日
1993	香港浸會學院	廢物處理和回收的環境生物技術國際會議，1993 年 1 月 12-14 日
1995	香港城市大學	海洋污染和生態毒理學國際會議，1995 年 1 月 22-25 日
1996	香港科技大學	亞太海岸環境科學與管理研討會，1996 年 6 月 25-28 日
1998	香港城市大學	第二屆海洋污染與生態毒理學國際會議，1998 年 6 月 10-14 日
	香港中文大學	使用地理信息系統對地理和環境系統進行建模，1998 年 6 月 22-25 日
	香港浸會大學	環境污染、毒理學和健康國際會議，1998 年 9 月 23-25 日
1999	香港科技大學	沿海水質原位、實時和遙感測量國際研討會，1999 年 6 月 7-8 日
	香港理工大學	城市污染控制技術國際會議，1999 年 10 月 13-15 日
	香港浸會大學	第三屆熱帶環境化學和地球化學國際會議，1999 年 11 月 24-26 日
2000	香港科技大學	亞太可持續能源與環境技術會議，2000 年 12 月 3-6 日
2001	香港城市大學	第三屆海洋污染與生態毒理學國際會議，2001 年 6 月 10-14 日
2002	香港科技大學	人口稠密城市地區創造性水和廢水處理技術國際專業會議，2002 年 9 月 18-20 日
2003	香港公開大學	南中國海有害藻華防治國際會議，2003 年 11 月 5-7 日
	香港城市大學	第十二屆國際生物指標研討會：環境管理的生物指標，2003 年 12 月 2-5 日
2004	香港浸會大學	環境和公共衛生管理國際會議：持久性有毒物質，2004 年 3 月 17-19 日
	香港城市大學	第四屆海洋污染與生態毒理學國際會議，2004 年 6 月 1-5 日
2006	香港公開大學	第三屆南中國海有害藻華防治國際會議，2006 年 6 月 16-23 日
	香港科技大學	香港科技大學海洋生態系統對比國際會議，2006 年 10 月 23-25 日
	香港浸會大學	環境與公共衛生管理國際會議：水產養殖與環境，2006 年 12 月 7-9 日
2007	香港城市大學	第五屆海洋污染與生態毒理學國際會議，2007 年 6 月 3-6 日
	香港公開大學	加強跨境環境合作國際會議，2007 年 6 月 14-17 日
2008	香港公開大學	2008 年第 13 屆國際有害藻類會議，2008 年 11 月 3-7 日
2009	香港公開大學	第四屆南中國海有害藻華防治國際會議，2009 年 11 月 30 日 -12 月 3 日
2010	香港公開大學	南中國海水資源與水質管理國際會議暨水資源與水質管理論壇，2010 年 10 月 26-29 日

（續上表）

年份	主辦院校	主題
2011	香港浸會大學	2011 年固體廢物國際會議 ── 邁向可持續資源管理，2011 年 5 月 3-7 日
2013	香港浸會大學	2013 年固體廢物國際會議：技術與管理創新，2013 年 5 月 5-8 日
2014	香港城市大學	水資源與環境保護國際會議（WREP2014），2014 年 6 月 7-8 日
2014	香港教育學院及香港浸會大學	生物廢物資源化 ── 以廚餘為重點國際會議，2014 年 12 月 1-3 日
2015	香港浸會大學嘉漢林業珠三角環境應用研究中心	固體廢物國際會議：可持續資源管理知識轉移，2015 年 5 月 20-23 日
2016	香港教育大學	固體廢物管理科學與社會發展協同國際會議，2016 年 9 月 29-30 日
2016	香港浸會大學嘉漢林業珠三角環境應用研究中心	亞太廢物轉化生物技術國際會議，2016 年 12 月 6-8 日
2017	香港理工大學	第二屆生物廢物資源化國際會議，2017 年 5 月 25-28 日

能源、氣候變化和可持續發展

年份	主辦院校	主題
2002	香港中文大學	香港 ── 內地重塑可持續發展環境評估工具區域會議，2002 年 12 月 8-13 日
2004	香港公開大學	跨境環境管理研討會 ── 環境可持續性夥伴關係，2004 年 11 月 9-12 日
2014	香港教育學院	環境可持續城市國際研討會，2014 年 4 月 3 日 為亞洲建設會議 ── 綠色未來的能源效率技術和應用，2014 年 5 月 7-8 日
2015	香港理工大學及英國機械工程師學會香港分會	綠色航空公司設計與發展國際研討會，2015 年 11 月 28 日
2016	香港公開大學	第一屆創新科技及可持續發展科學研究大會，2016 年 8 月 24-27 日

生態、生物多樣性和自然保育

年份	主辦院校	主題
1993	香港科技大學	亞太紅樹林生態系統研討會，1993 年 9 月 1-3 日
1996	香港浸會大學	退化地修復與管理國際會議，1996 年 12 月 3-6 日
2005	香港中文大學	IUCN/WCPAEA 第五屆東亞保護區會議，2005 年 6 月 21-25 日
2006	香港中文大學	亞太珊瑚礁研討會 ── 珊瑚礁：合作與協作以達更好保育，2006 年 6 月 18-24 日
2011	香港科技大學	中國海域碳循環國際研討會，2011 年 12 月 9-11 日
2015	香港大學	2015 年海洋生態系統生物多樣性、生態學和保護國際會議，2015 年 6 月 1-3 日
2016	香港大學	海岸帶可持續發展生態海岸線設計國際研討會，2016 年 11 月 16 日

資料來源：綜合各大學及環保署網站。

表 5-13　1988 年至 2017 年香港大專院校舉辦的環境研討會／論壇例子情況表

年份	主辦機構	主題
1998	香港科技大學	研究會議：用新型生物傳感器檢測香港的水質，1998 年 6 月 15-16 日
1999	香港公開大學	中國內地 —— 香港區域環境影響評估研討會，1999 年 5 月 5-7 日
	香港理工大學	減少廢物 —— 香港可持續廢物管理策略研討會，1999 年 11 月 12 日
2000	香港中文大學	粵港跨境水污染防治工作坊，2000 年 3 月 5-6 日
	香港浸會大學	生物固體管理和利用論壇，2000 年 9 月 8 日
2001	香港城市大學	環境科學進展工作坊，2001 年 6 月 18-29 日
2011	香港中文大學	中國環境保護四十年研討會，2013 年 1 月 3 日
2013	香港聲學學會及香港理工大學	應用創新建築設計減噪的研究、評估和發展 —— 最新趨勢聯合研討會，2013 年 5 月 24 日
	香港城市大學	未來可持續能源研討會 —— 如何做出最佳選擇，2013 年 10 月 18 日
2014	香港中文大學	可持續發展的環境科學與技術，2014 年 1 月 25 日
	香港中文大學	環境及氣候論壇系列：都市固體廢物收費論壇，2014 年 4 月 25 日
	香港園藝專業學會、園藝交流基金會及香港中文大學	香港都市綠化研討會，2014 年 7 月 12 日
2015	香港綠色策略聯盟、香港廢物管理學會及香港理工大學	香港廚餘管理論壇：挑戰與機遇，2015 年 1 月 24 日
	香港公開大學、香港工程師學會、香港環保產業協會及香港經濟民生聯盟	國家水十條論壇，2015 年 7 月 18 日
	香港理工大學	「發展與保護：工程是解決方案嗎」研討會，2015 年 12 月 5 日
2016	香港地球之友及香港中文大學	COP21 及《巴黎協定》講座，2016 年 1 月 21 日
	香港地球之友、香港公開大學及低碳亞洲有限公司	地球日高峰會 —— 從巴黎協議到後碳城市，2016 年 4 月 22 日
	香港浸會大學嘉漢林業珠三角環境應用研究中心	市政污水處理廠規劃、設計、施工、調試、運營和維護證書課程，2016 年 5 月 11 日 6 月 22 日
	香港工程師學會、英國機械工程師學會香港分會、香港城市大學及香港經濟民生聯盟	新能源論壇，2016 年 7 月 9 日
	香港地球之友、低碳亞洲有限公司及香港公開大學	可再生能源論壇，2016 年 8 月 15 日
	香港公開大學	能源與環境科學研究研討會，2016 年 8 月 25 日

（續上表）

年份	主辦機構	主題
2017	香港城市大學、香港綠色策略聯盟及香港工程師學會	香港 2030+：邁向超越 2030 年的規劃願景和策略，2017 年 2 月 25 日
	香港浸會大學嘉漢林業珠三角環境應用研究中心	2017 回收商論壇 —— 回收業務的管理與創新，2017 年 5 月 29 日
	香港公開大學、韓國浦項工科大學先進核子工程部、香港工程師學會、香港核學會及香港城市大學	第二屆能源與環境科學研究研討會，2017 年 6 月 6 日 發展核能 —— 安全的未來，2017 年 12 月 22 日

注：2013 年前會議未詳盡列出。

資料來源：綜合各大學網站。

圖 5-3　2015 年 10 月 28 日，第十屆國際環保博覽開幕儀式於赤鱲角亞洲國際博覽館舉行。（香港特別行政區政府提供）

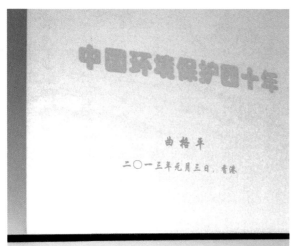

圖 5-4　2013 年，國家環境保護局首任局長曲格平應邀來港出席香港中文大學賽馬會地球保源行動啟動儀式暨中國環境保護四十年研討會，出席者包括本地專家、學者、環保人士和學生。（朱利民提供）

二、正規課程以外的環境教育

1. 學校對外合作

除正規課程外，學校亦舉辦以校為本、以行動為導向的環保活動，進一步提升環境教育的水平，喚起學生保護環境的意識。香港各政府部門、非政府組織和綠色團體，在提供環境教學資源、服務和設施，支援學校的環保活動各方面都作出了不少貢獻。1994 年香港環境教育小組成立，成員包括教育署、[13] 環保署、漁農處、市政總署[14]、康樂及文化事務署（康文署）等政府部門的代表、以及多個非政府組織，如世界自然（香港）基金會、嘉道理農場暨植物園（嘉道理農場）、海洋公園、綠色力量、長春社的代表等。香港環境教育小組透過與各有關機構協作和交流，改革和支援現有課程，推行及發展本港的環境教育，提供環境教育資源、設施及活動示例，編製學習資料冊，積極協助學校進一步推廣環境教育，並推動「綠色學校」運動，讓學生以自然環境為教室和教材，培育熱愛大自然的態度。

13　2003 年教育署及教育統籌局合併為新的教育統籌局，2007 年更名教育局。

14　市政總署（1985 年前稱市政事務署），是香港市政局的執行部門。服務範圍十分廣泛，由文藝、康樂、體育，以至環境衛生、社會福利等。1999 年市政局解散，原負責的食物環境衛生及康樂文化決策的部門分別由新成立的環境食物局及原有的民政事務局接管；而執行服務的部門經整合後由康樂及文化事務署和食物環境衛生署取代。

綠色學校運動

自 1995 年起，多個政府部門積極推動綠色學校運動，環境保護運動委員會更成為主要推手，於全港學校展開了各種各樣的環保活動計劃，透過獎項、獎勵計劃、經驗交流推廣環境教育。此外，可持續發展委員會於 2003 年成立，以可持續發展為藍本，在學校、商界和社區積極促進環境教育，讓公眾了解可持續發展的意義及重要性。

綠色學校運動的主要項目有「香港環境卓越大獎（學校界別）」、[15]「香港綠色學校獎」、[16]「學校廢物分類及回收計劃」、[17]「可持續發展學校外展計劃」、[18]「可持續發展學校獎勵計劃」、[19]「綠化校園資助計劃」和「咪嘥嘢校園計劃」（見表 5-14），鼓勵學校制定實現綠色學校的環境政策，培養學校各持份者環境友好態度和綠色生活方式。

由環境運動委員會、環保署及中華總商會等機構合辦的「香港環境卓越大獎」原為商界而設，為香港最具公信力的環保獎項之一，於 2009 年開始增設學校界別，亦深受學校歡迎（見表 5-15）。

表 5-14 **1990 年至 2015 年由政府部門成立或舉辦，跟環境教育有關的活動和計劃個案情況表**

組織／計劃	成立／推行年份	職權範圍、宗旨、對象、活動
環境運動委員會	1990	在社區推行環保教育，以提高公眾的環保意識，鼓勵社群為環境出一分力。委員會成員由特區行政長官委任，包括教育局、環保署等相關政府部門代表。自成立以來，環境運動委員會為社會不同人士舉辦多項環保活動。不少活動是為中小學生而設，旨在培養他們保護環境的責任感及鼓勵積極改善環境。
環境及自然保育基金	1994	2013 年時獲立法會撥款逾 65 億元，用作支持與環保和自然保育有關的教育、研究等項目及活動。學校等非牟利機構均合資格申請。
學校層面		
香港綠色學校獎	2000	由環境保護運動委員會、環保署及教育署合辦，分幼兒學校、小學和中學組別。小學及中學組的五項評審範疇分別為學校環境建設、環境管理、環境教育、環境教育的成效和學校成員參與環保活動，至 2017 年，已有超過 840 所學校參加。

---

15 香港環境卓越大獎於 2008 年推出，由環境運動委員會、環境保護署及香港主要商會舉辦，旨在表揚環境管理工作上有卓越表現之企業及機構，鼓勵機構實施環境管理，履行環境管理承諾。是項獎勵只限「香港綠色學校獎」中獲取冠、亞、季軍或取得綠色學校名銜之中學參加，故參加學校多在環保方面已具有一定成就。

16 香港綠色學校獎 2000 年開始舉辦，是廣受學校歡迎的認證計劃，計劃積極推動學校可持續發展教育，於 2020 年被納入香港環境卓越大獎。

17 環境運動委員會由 2000 年起推行學校廢物分類及回收計劃，旨在讓學生明白廢物分類和回收的概念及珍惜資源的重要，鼓勵節約資源。

18 可持續發展學校外展計劃始於 2002 年，旨在以可持續發展有關的課題，不同類型的學校活動，結合多種學習模式，多元化地向中學生推廣可持續發展的概念和實踐。計劃在 2021/22 學年正式擴展至小學。

19 可持續發展學校獎勵計劃始於 2007 年，向中學生推廣可持續發展的概念，並鼓勵他們在日常生活中實踐可持續發展的原則。計劃設有「可持續發展學校參與獎」和「可持續發展社區項目獎」。

（續上表）

組織／計劃	成立／推行年份	職權範圍、宗旨、對象、活動
學校廢物分類及回收計劃	2000	由環境保護運動委員會、環保署及教育局合辦，旨在培養中、小學生減廢回收的習慣，鼓勵學校將廢紙、金屬及塑膠分類回收。計劃又設宣傳推廣大獎及最佳回收角設計大獎。
綠化校園資助計劃	2000	康文署舉辦，通過資助校園綠化計劃，提升學校綠化校園的意識，培養學生對種植的興趣。並頒發綠化校園工程獎予優異學校。
可持續發展學校外展計劃	2002	由可持續發展委員會和環境局合辦，目的是讓中學生掌握及認識可持續發展的概念及重要性。計劃圍繞可持續發展有關的課題，如低碳生活、減廢走塑、氣候變化和自然資源等，舉辦學校講座、工作坊、實地考察和互動話劇等活動，結合研習、討論、分享、角色扮演、匯報等互動學習模式，向學生推廣可持續發展的概念。計劃更在 2021 年擴展至小學。
可持續發展學校獎勵計劃	2007	由可持續發展委員會和環境局合辦，目的是向中學生推廣可持續發展的概念，鼓勵他們在日常生活中實踐可持續發展的原則，並將有關信息宣揚至家人和社區。計劃設有「可持續發展學校參與獎」和「可持續發展社區項目獎」，分別表揚學校在校內以及在社區推廣可持續發展方面的努力及貢獻。獎項包括「可持續發展學校參與獎」、「可持續發展社區項目獎」、「最傑出表現獎」及「積極推動可持續發展榮譽大獎」。
咪嘥嘢校園計劃	2014	由環境運動委員會、惜食香港運動督導委員會及環保署合辦，旨在喚起學界中小學及幼兒園對減廢，尤其是廚餘問題的關注。透過學校舉辦活動及制定學界良好作業守則，鼓勵師生、家長以至公眾在行為上作出改變。又出版「咪嘥嘢校園」網上平台及電子通訊，為全港師生及公眾，免費提供教學資源，包括課程教材、教育短片、活動指引及互動遊戲等。
學生層面		
學生環境保護大使計劃	1995	由環境運動委員會、環保署及教育署合辦，旨在培養學生成為學校的環保大使，在校內舉辦不同的校本活動，如：減少廢物、生態旅遊、有機種植、堆肥、環保講座等，培養中小學生保護環境的責任感及領導才能，鼓勵他們以積極行動改善環境。又舉辦學生環境保護領袖計劃及教師培訓工作坊，鼓勵師生進行環保活動，實踐綠色校園。
學界環境保護獎勵計劃	1995	由環境保護運動委員會、環保署、教育局和港鐵公司合辦，旨在培養學生對環境的關注和責任感，鼓勵他們在環保方面發揮創意。比賽形式包括攝影、繪畫、海報設計、漫畫設計等，歡迎全港中小學參與。1997 年起，地鐵公司（2007 年起稱港鐵公司）成為計劃的合辦和主要贊助機構。
可持續發展大使計劃	2013	提供平台讓中學生向社會宣揚可持續發展的信息。透過一系列訓練，讓曾協助籌辦推廣可持續發展活動的中學生成為可持續發展大使及可持續發展大使領袖。至 2017 年，已登記的大使有 370 名。
學生環境保護領袖計劃	2015	培養大專學生對地球負責任，參加的大專生接受一連串訓練後，可參與不同中學的「綠色社區行動」，協助這些中學設計及舉辦不同議題的活動，包括工作坊、研討會及野外考察等。

資料來源：環境運動委員會、環境及自然保育基金、環保署、教育局、可持續發展委員會等網站。

表 5-15　2009 年至 2017 年「香港環境卓越大獎」得獎學校名單情況表

	小學		中學	
	金獎／冠軍	銀獎／亞軍	金獎／冠軍	銀獎／亞軍
2009	聖文德天主教小學	大埔舊墟公立學校（寶湖道）	仁濟醫院第二中學	伊利沙伯中學舊生會中學
2010	香港培正小學	佛教榮茵學校	中華基督教會譚李麗芬紀念中學	漢華中學
2011	馬鞍山靈糧小學	佛教榮茵學校	東華三院郭一葦中學	聖公會李福慶中學
2012	大埔循道衛理小學	佛教榮茵學校	聖言中學	基督教宣道會宣基中學
2013	浸信會沙田圍呂明才小學	佛教榮茵學校	聖士提反女子中學	基督教宣道會宣基中學
2014	佛教黃焯菴小學	堅尼地小學	皇仁舊生會中學	中華基金中學
2015	天主教善導小學	潮陽百欣小學	五育中學	宣道會陳朱素華紀念中學
2016	佛教榮茵學校	浸信會沙田圍呂明才小學	仁濟醫院第二中學	民生書院
2017	優才（楊殷有娣）書院（小學部）	保良局世德小學	嶺南鍾榮光博士紀念中學	中華基金中學

注：僅列金獎／冠軍和銀獎／亞軍。
資料來源：香港環境卓越大獎網站。

其他政府部門推行的學校環境活動

康文署每年均舉辦連串活動，以加強大眾綠化環境的意識，其中一部分直接面向在校學生，如：2000 年推出的「綠化校園資助計劃」，通過比賽形式，鼓勵中、小學和幼稚園學生在校園種植花木，以提升綠化意識，並培養他們種植的興趣和技能。參加的學校由最初300 多間，2015 年增至 850 間。康文署會頒發「綠化校園工程獎」，以表揚綠化校園表現優異的學校。2001 年再推出「一人一花計劃」，向幼稚園、小學、中學及特殊學校的學生推廣綠化意識，以及培養他們對種植的興趣和對社區的關懷。康文署每年選取主題花卉，舉辦栽種技巧的講座，並向參加者派發一株主題花苗，以供他們在家或學校栽種。2011—2015 的五年間，每年均有超過 1100 間學校和 360,000 名學生參加這計劃。

渠務署 2010 年出版教育教材套《防洪淨流》，以配合新高中通識教育科課程的實施。目的是讓學生了解渠務署在雨水排放和污水處理兩個主要工作範疇的成果。渠務署也製作輔助教學材料，包括電視節目和網絡短片《水浸問題》、《河道治理工程》、《鄉村防洪計劃》和《除污淨流》，單張《污水收集整體計劃》及簡報訊《屯門污水收集系統》，並安排實地導賞團及考察團，供學校團體參觀污水處理廠、地下蓄洪池、雨水排放隧道和排水繞道等設施。

2011 年漁護署主辦「郊野公園教育活動計劃」，讓公眾認識香港的郊野公園、生物多樣性、生態特徵和自然護理，從而提高市民愛護自然環境的意識。計劃有一系列適合學生的

圖 5-5　教育局與漁護署共同製作的《郊野遊蹤》教材套。（圖片版權屬香港特別行政區政府教育局；由漁農自然護理署提供）

郊野研習活動，其中包括生態導賞團、野外專題研習、定點導賞、工作坊及巡迴展覽等。另外，教育局與漁護署合作在 2017/18 學年推行「郊野遊蹤」，以配合幼稚園教育計劃及課程發展議會《幼稚園教育課程指引》（2017）的「大自然與生活」學習目的，透過與大自然互動和探索，帶幼兒走出課室到野外學習，培養他們的好奇心和探索精神，讓他們懂得尊重、欣賞和珍惜自然環境（見圖 5-5）。

其他課外活動

學校透過組織學生的課外活動，或參與環保署、漁農署、渠務署、教育局（前教育署）、環境運動委員會、生產力促進局和職業訓練局等政府部門舉辦的各項活動，推動環保教育。此外，中學可通過地理學會和環境學會等組織一些課外活動，補充教學的需要。教育局課程發展處與一些機構合辦郊野研習館和自然教育中心，如：於 1978 年成立的西貢郊野學習館（已於 2004 年關閉）、1995 年的嗇色園主辦的可觀自然教育中心暨天文館、1996 年的明愛陳震夏郊野學園；2007 年創辦，以幼稚園和私立小學模式辦學的自然童趣園和鄉師自然學校等。這些中心或學校為不同年齡的本地學童，包括修讀高中生物科及地理科學生提供戶外住宿課程，讓高中生可考察草坡、溪澗、林地、紅樹林、岩岸生態等自然生態，從而培養對大自然尊重和愛護的心態。

根據新高中課程，除核心及選修科目（包括應用學習課程）外，還有「其他學習經歷」（OLE）[20]，目的是協助學生在課後時間關注社會議題及參與社會服務，並透過不同活動，如：參觀、考察、交流、出席講座、工作坊等，培養學生的責任感和承擔精神。環境保護是「其他學習經歷」其中的一個範圍，學校會在課後為學生安排活動，如：清潔沙灘、參與學界環境保護大使計劃、參加環保及社區美化活動、參觀米埔自然保護區、到回收園考察、濕地公園實習等等，提高學生的環保意識及參與度。

2. 大眾環境教育

主要活動及計劃

社區環境教育活動概況　　香港政府一直透過舉辦不同的宣傳推廣活動，藉此推動環境教育，喚醒民眾的環保意識，令市民關心環境，保護環境，亦鼓勵綠色和環保的生活模式。這些活動包括論壇、展覽、工作坊、比賽、攤位遊戲、電腦遊戲、戲劇等；宣傳途徑包括電影、海報、傳單、小冊子和報紙雜誌專欄等。活動主題圍繞都市固體廢物回收、循環再造、環保訓練、污染控制及樹木養護等。此等活動讓市民了解環境問題、成因和潛在的解決方法，帶來軟教育的效果（見表 5-16）。

此外，政府亦曾舉辦多項全港性環境教育活動，以提高市民環保意識。如：1990 年 11 月，環境運動委員會舉辦首屆香港環保節，為期兩周，以「盡在三用」為題：物盡其用、循環再用、廢物利用。此後環保節每年舉辦一屆，環保署亦參與籌辦活動，透過舉辦一連串全港性環保活動，教導市民減廢、回收、保護水資源、空氣清新等課題，藉此鼓勵公眾積極參與綠色活動，並響應政府的環境保護措施。環保節自 1990 年起每年舉辦一屆，至 2008 年 9 月為止。

清潔運動　　港府早於 1948 年已開展地區清潔運動，1965 年至 1969 年期間首次使用「平安小姐」作為標誌宣傳清潔運動，呼籲市民注意家居清潔、個人衛生及防治蚊患（見圖 5-6）。1970 年代舉行全港性的清潔香港運動，以改善市容，更製作了一系列「垃圾蟲」清潔運動公益廣告（見圖 5-7），又有「清潔小姐」為清潔香港形象標誌。1990 年代，港府改用形象正義的「清潔龍」；2016 年食物環境衛生署選用「清潔龍」阿德為清潔香港大使，並為阿德設立社交媒體個人網頁、電視宣傳短片和海報。

20　其他學習經歷共有五個範疇，包括德育及公民教育、社會服務、與工作有關的經驗、藝術發展和體育發展。

表 5-16　1965 年至 2013 年香港政府推動的環境教育／宣傳活動情況表

活動／項目	成立／推行年份	內容
地區清潔運動	1965 至 1969 年	地區清潔運動推出「平安小姐」為宣傳人物，呼籲公眾注意家居清潔、個人衛生及防治蚊患等。
清潔香港運動	1970 至 1980 年	清潔香港運動，是全港性的公眾教育和宣傳活動，以「垃圾蟲」作為象徵標誌，港府通過不同渠道，包括電視宣傳短片、電台聲帶、多種語言小冊子、報章報道、比賽、海報及橫額和巡迴展覽等，宣傳清潔環境信息。還定期在郊野、沙灘、海面等舉辦大型清掃活動。
驚嚇系列電視公益廣告	1989	《搶救環境 立即行動》、《挽救環境 立即行動》及《噪音危害》電視廣告，其中有盛宴上切開的海鮮，竟然滲出污泥和垃圾的畫面，警惕市民不要再污染海洋，否則自受其苦。信息清晰明確，感染力強。
「清潔龍」吉祥物	1990 年代	香港市政局於 1990 年代推出吉祥物「清潔龍」，其後變身為「清潔龍阿德」，是食物環境衛生署 2016 年推出的虛擬清潔香港大使。
「地球先生」短片	1992	環保宣傳卡通片地球先生生病了，表達保護環境，救救地球，人人有責。
自備購物袋	1993	港府和環保團體舉辦減用膠袋活動，包括每月第一個星期二的「無膠袋日」，鼓勵市民養成自備購物袋的習慣。港府亦製作了「積極減用購物膠袋」的宣傳短片，在電視、電台和主要公共交通工具上播放，為日後膠袋徵費計劃鋪路。
減用膠袋行動	1994	源頭減量為固體廢物管理主要策略之一，大型連鎖店自願性減發膠袋，減少濫用購物袋的情況。
三色廢物分類回收	1998	環境保護運動委員會亦透過「家居廢物源頭分類計劃」推廣，向屋苑免費派發三色回收桶，培養市民廢物回收習慣，並以「藍廢紙、黃鋁罐、啡膠樽」為宣傳口號。環保署又通過不同的渠道，包括展覽、論壇、工作坊、表彰計劃、廣播、海報及廣告，向公眾推廣減廢及回收計劃。
都市固體廢物收費計劃	2005	為紓緩垃圾堆填區的壓力，及按「污染者自付」原則，對產生的廢物按量徵費，改變大眾以為丟棄垃圾零成本的觀念。
歲晚回收大行動	2006	農曆新年乃消費和廢物產量特別多的節日，年近歲晚，市民都有進行大掃除的習慣，產生大量廢物。環保署以「綠色除舊歲，環保迎新年」為主題，鼓勵屋苑加強廢物回收活動，以方便居民回收可重用和可循環再造的物料，轉交回收商或慈善機構。
惜食香港運動	2013	環境局開展的惜食香港運動，委任「大嘥鬼」作宣傳代表，教人惜物惜食，減少浪費。
國際性活動		
世界環境日	1987	定於每年的 6 月 5 日，是聯合國提醒全球關心環境狀況和人類活動帶來的危害。各國政府、企業在這天舉行紀念活動，推廣環保，培養綠色價值觀、珍惜資源、惜物減廢、惜食減廚餘等，來強調保護和改善環境的迫切性。香港非牟利機構「環保促進會」於 2013 年把 6 月 5 日建立為「香港綠色日」，推動及鼓勵本土綠色生活。
世界地球日	1990	定於每年 4 月 22 日的一項國際性的環境保護活動，本地綠色團體、私人機構和政府部門都會一同響應關注地球環境。參與團體透過舉辦座談會、巡迴展覽、遊行、文化表演、清潔環境等提高市民對氣候變化的認識，鼓勵市民過綠色低碳生活。

資料來源：綜合不同網站資料。

圖 5-6　1965 年至 1969 年，港府在連串地區清潔運動中有「平安小姐」作為宣傳人物，呼籲市民注意個人衛生、家居清潔及防止蚊患等。（政府檔案處歷史檔案館提供）

圖 5-7　「垃圾蟲」是 1970 年代清潔香港運動的象徵標誌，出現在海報及橫額、電視宣傳短片、報章報道和宣傳小冊子等（左）。香港市政局於 1990 年代推出吉祥物「清潔龍」，2016 年後變身「清潔龍阿德」，是食物環境衛生署推出的虛擬清潔香港大使（右）。（香港特別行政區政府提供（左）、相片轉載自食物環境衛生署，並根據香港特別行政區政府批出的特許複製。版權所有（右））。

電視廣告及節目　1989 年，環保署製作電視公益廣告驚嚇系列《搶救環境　立即行動》及《挽救環境　立即行動》，用誇張但現實的手法，宣傳若不停止海水和噪音污染活動，市民將會自食其果。1992 年又製作《地球先生生病了》短片，講述「地球先生」故事，用卡通動畫教育下一代環境保護的重要性。

渠務署亦製作網上短片，以提高學生及公眾對署方在污水處理及防洪工作的認識。也有短片供電視播放，作宣傳教育用途。

香港電台屬下的電視部及教育電視部，不時製作跟自然及環保相關的電視節目，其中《山水傳奇》系列於 1998 年啟播，至 2016 年共七輯（見表 5-17）。紀錄片探究自然生態，介紹本地郊野風光，傳達對本地自然環境的情感，內容包括生態環境以至人文風俗。香港電台又製作共 54 集的短視頻系列《香港生態遊》（2006 年至 2007 年），由生態導賞員帶領觀眾遊覽香港不同的生物棲息地，如溪流、山丘、水塘、海灘和紅樹林等，欣賞本地自然生態及文化遺產。另有亞洲電視的《環保多面體》（2004 年）及《環保新動力》（2010 年）；有線電視兒童台《小白的世界》（1998 年）、《Green City 環保城市模型設計比賽「砌」作特輯》（2008 年）、《小發明・大環保》（2008 年）三個環保特輯。

此外，香港電台電視部於 1978 年開始播放的時事節目《鏗鏘集》亦有談及環保的題材；香港電視廣播有限公司的「檔案系列」、[21]《新聞透視》、亞洲電視的《時事追擊》、[22] 以及 NowTV 的《經緯線》（2016 年首播），皆有拍攝以環保題材的新聞紀錄片，對本地環境教育的補充材料。

表 5-17　1998 年至 2016 年香港電台電視部製作紀錄片《山水傳奇》內容情況表

輯	年份	集數	標題	簡介／概要／內容
1	1998	6	旭日初升	由鳳凰山觀日，寶蓮寺鐘聲帶出山中種茶人的閒雅與出海捕漁者的忙碌。
			香港特色動物	介紹香港樹蛙、中華白海豚及蝙蝠等別具本土特色的動物。
			小島風情	香港有 260 個面積超過 500 平方米的島嶼，如果洲群島和東坪洲等，仍能保存大自然的生態及景色。
			海角家園	香港四面環海，海洋資源豐富，例如鶴咀及大浪灣等地的岸邊及海底，是單齒螺、藤壺及海葵等生物的家園。
			竹林山水間	介紹香港竹林的分布，物種和用途。
			植物與地質	植物方面，介紹香港現存的風水林及植林；地質方面，介紹港九與新界的岩石有逾二億年的差距及特色。

21　香港電視廣播有限公司（簡稱無綫電視）新聞節目，自 1987 年 3 月 10 日開始播出，由於首播是星期二，所以命名為《星期二檔案》。隨後因為播出日子變動而改名，成為《星期一檔案》、《星期二檔案》、《星期日檔案》等，或統稱《星期（某天）檔案》／《星期某天檔案》。

22　亞洲電視新聞及公共事務部於 1988 年至 2016 年播出的新聞節目，以探討時事議題為主，報道香港的社會、政治及經濟問題，為亞洲電視最長壽的公共事務節目。

（續上表）

輯	年份	集數	標題	簡介／概要／內容
2	1999	5	西貢無戰士	西貢山光水色自成一格，背後卻隱藏着二次大戰轟烈的傳奇。
			林的傳說	香港現存百多個風水林，林中植物種類繁多，蟲鳥棲息其間，形態色彩美麗怡人。
			印塘傳說	香港的印塘海被小島包圍，形成天然的避風港，素有「中國有蘇杭，香港有印塘」的美譽。本集介紹印塘的美麗景色。
			尋寶貝	三面環海及擁有眾多海島的香港，海灘是一個貝殼寶藏。
			孤島明燈	橫瀾島上有座屹立逾一個世紀的燈塔，全自動化運作後，與無人孤島一同見證歷史的變遷。
3	2001	8	靜默的競賽	沙頭角鴉洲島是小白鷺棲息之地，但薇甘菊任意繁衍，動植物之間展開了生存競賽。
			山河歲月	介紹位處大嶼山東北角的陰澳，那兒人跡罕至，但景色優美。
			劣地重新	新界大欖一帶受風化和採泥破壞，寸草不生。本集介紹劣地變回青綠山林的過程。
			野猴子	介紹野猴的生態及行為。
			小昆蟲在大樹林	香港屬亞熱帶地區，次生樹林孕育了不少昆蟲，牠們蛻變繁殖，並發展出各種順應自然的求生術。
			別有洞天	香港有不少戰時興建的山洞，有英軍興建的、也有日本侵略香港時開鑿的，背後有許多動人的故事。
			浪淘沙	香港有好幾個連島沙洲，被海流沖擊、經過千萬年沉積而成獨特海岸地貌。
			迷失世界	介紹香港最原始的「荒涼地帶」：烏蛟騰、亞媽笏及鎖羅盆，這三個地方在數百年前人氣極盛，現在房屋古道都已湮沒在雜草樹叢中。
4	2004	6	看山是山	大嶼山有全港第二高的鳳凰山、第三大東山、第五蓮花山和第七二東山，形成了氣勢險峻的山脈，不同人有不同的認識和體驗，本集介紹不同人物對大嶼山的種種情懷。
			人文風景—滘西州	本集介紹滘西州地理及景物背後的歷史文化和宗教活動。
			馬鞍山之春	本集介紹新界馬鞍山郊野公園，帶領觀眾離開石屎森林，進入自然廣闊之地。
			濕地多美	本集介紹本港濕地生態與濕地動植物。
			看水是水	香港郊野公園成立，讓溪澗上游保有良好的生態，但當水流到下游，河溪就被人類改變，面目全非。淡水的歷程由山頂到出海，短短十多公里，當中的故事卻相當豐富，值得娓娓道來。
			海之邊，沙泥之上	介紹本港的海岸沙坪和海灘生物。
5	2005—2006	8	蝙蝠之迷	本集介紹蝙蝠的種類和生活習性、及牠們在自然生態上所扮演的角色。
			香港哇哇叫	本集介紹香港不同物種的蛙類，了解牠們的特徵和生活習性。
			昆蟲記	介紹本港：千姿百態的昆蟲世界。
			飛舞的色彩—蝴蝶	跟隨香港鱗翅目學會的觀蝶活動，欣賞蝴蝶的各種美態，以及求偶、產卵、集體越冬遷徙的盛況。
			我為蘭狂	蘭花極具觀賞價值，吸引不法之徒過度採摘。本集介紹嘉道理農場植物部對全港野生蘭花進行考察的工作，以及它們對野生蘭花保育的工作。
			水中花	本集介紹香港珊瑚概況，特別是在東北面海域形成獨特石珊瑚群落的扁腦珊瑚。
			我樹之間	本集訪問幾位與樹結緣的朋友，談及他們對樹木的感覺和喜愛原因，並講述人類對樹林造成的傷害。
			捕蛇者說	本集訪問兩位愛蛇者，講述如何受捕蛇專家的薰陶而着迷於蛇，並談及對蛇的感受和日常工作情況。

（續上表）

輯	年份	集數	標題	簡介／概要／內容
6	2009—2010	10		介紹十個擁有豐富動植物的香港郊野地方，讓觀眾在欣賞自然美景之餘，進一步認識當中的生態環境和價值。
			隱世桃源	蓮麻坑
			香港南極	蒲台島
			空中花園	沙羅洞
			天然瑰寶	東平洲
			鳥語流水間	南涌
			生態樂土	荔枝窩
			流動的風景	石散頭
			暖化的啟示	大帽山
			海洋之窗	龍尾灘
			大海之秀作	西貢大浪灣
7	2016	10		追尋香港郊野風光，探究自然生態，表達一份對本土山水的情。
			誰令青山變改	香港地質
			香港盛開	香港開花植物
			億年之鱟	活化石「馬蹄蟹」
			有一個遺忘的國度	荔枝窩復耕計劃
			菇芳共賞	香港大型真菌
			蜂言蜂語	香港的蜜蜂
			聽海下的聲音	海下灣生物多樣性
			百年樹木	榕樹
			愛螢說	香港螢火蟲
			宛在水中央	香港濕地

資料來源：香港電台網站。

世界地球日和世界環境日　每年 4 月 22 日的世界地球日（Earth Day），[23] 及 6 月 5 日的世界環境日（World Environment Day）[24]，都是國際性的環境保護活動，以回應地球是我們唯一家園的素求。香港自 1990 年及 1987 年起，分別響應世界地球日和世界環境日。本地綠色團體、私人機構和政府部門會一同舉辦座談會、巡迴展覽、遊行、文化表演、清潔環境等，以表達到地球環境的關注。

針對廢物問題的公眾教育　環保署特別關注廢物問題，自 1993 年起，便推動「自備購物袋」活動，1994 年又發起「減用膠袋行動」，藉此對公眾進行宣傳和教育工作，推動源頭減廢。1998 年起，環保署推行廢物分類回收，以藍黃啡三色桶收集廢紙、鋁罐和膠樽，算是早期的社區環保宣傳教育。2005 年又建議都市固體廢物收費計劃，公布固體廢物處置的財務信息和丟棄垃圾的成本，讓市民了解垃圾管理的最佳選項，可說是給大眾環境教育上了一課。2013 年為配合《香港資源循環藍圖 2035》，環境局展開「惜食香港運動」，推動社區關注香港廚餘問題，減少剩食廚餘。「大嘥鬼」作為宣傳標誌，並有社交平台專頁，宣傳惜物、減廢和慳電（見圖 5-8）。為推動廢物源頭分類及回收，由 2015 年起，環保署委

23　最早的地球日是 1970 年在美國舉行，1990 年代活動從美國走向世界，成為全球環境保護宣傳日和環保主義者的節日。

24　世界環境日定於每年的 6 月 5 日，1974 年首次舉辦，是聯合國鼓勵全球政府、企業和民眾提高環保意識和採取環保行動的平台。

聘非牟利組織在全港營辦回收環保站和回收便利點「綠在區區」,透過不同的回收計劃和教育活動,建立回收網絡,以積分計劃,鼓勵市民循環再用。至 2017 年,已有五個回收環保站投入服務(見表 5-18 及圖 5-9)。此外,環保署推動的「家居廢物源頭分類計劃」、「歲晚回收大行動」,民政事務署舉辦的「社區舊衣回收箱計劃」等,都有助鼓勵市民減廢回收,建設環保社區。

圖 5-8 「大嘥鬼」是香港環境局於 2013 年展開的《惜食香港》運動的宣傳代表。它眼闊肚窄,代表揮霍無度,浪費食物及濫用資源。(香港特別行政區政府環境保護署提供)

表 5-18 「綠在區區」回收環保站情況表

回收環保站	營辦團體	地址	投入服務年份
綠在沙田	基督教家庭服務中心	沙田石門	2015
綠在東區	保良局	港島筲箕灣	2015
綠在觀塘	基督教家庭服務中心	九龍九龍灣	2017
綠在元朗	匡智會	新界天水圍	2017
綠在深水埗	保良局	九龍深水埗	2017

資料來源:環保署網站。

圖 5-9 「綠在區區」設計和建造,多採用環保建築物料,並利用舊貨櫃組裝建成,配合綠化產生不同的活動空間,並定期舉辦工作坊、嘉年華和其他跟環境教育有關的活動,成街坊聚腳點。「綠在東區」(左)和「綠在沙田」(右)是最早營運的兩個場地。(香港特別行政區政府發展局提供(左),香港特別行政區政府提供(右))

園藝及種植活動　康文署經常舉辦不同的園藝及種植活動，如：香港花卉展覽、社區種植日、綠化義工計劃、社區園圃計劃等，以培養市民關愛大自然的意識（見表 5-19）。

表 5-19　1968 年起康文署每年舉辦加強大眾綠化環境意識活動情況表

活動名稱	推出年份	內容／詳情
香港花卉展覽	1968	前市政局於 1968 年至 1986 年間，於香港大會堂舉行「市政局花卉展覽」，而區域市政局亦於新界舉行「北區花卉展覽」。兩個市政局於 1987 年起改為聯合舉辦「香港花卉展覽」，於沙田公園舉行，跟着就輪流在沙田公園及維多利亞公園進行；直至 2000 年，改由康文署每年固定在維多利亞公園舉行。展覽為康文署推廣園藝和綠化意識的重點項目，每年吸引數十萬本港市民和世界各地的園藝愛好者參與。
社區種植日	1998	安排園藝工作人員講解有趣有用的栽種方法，並即場移植花苗，供市民帶返家中或辦公室中栽種，為綠化都市出一分力。
綠化義工計劃	2003	鼓勵市民大眾參與綠化活動，並在全港 18 區招募市民擔任綠化義工，培訓後協助綠化活動。
社區園圃計劃	2004	特區政府會在不同地區物色社區苗圃，參加者可帶同親友參加為期 8 星期的種植活動。活動以研習班形式進行，旨在鼓勵大眾參與綠化和種植活動，透過體驗種植的樂趣來培養綠化環保的意識。此計劃為規劃署在 2016 年 10 月出版《香港的康樂及社區農耕規劃》的重要部分。

資料來源：康文署網站。

環境教育相關基金

港府亦於 1994 年成立環保基金，並注資近 70 億，目的是長期和持續支援社區環保行動。環保基金資助的範疇包括：1. 社區減少廢物、2. 環保教育和社區參與、3. 環保研究、技術示範和會議、4. 藉廢物分類為都市固體廢物收費作準備的社區參與、5. 屋苑廚餘循環再造，及 6. 學校現場派飯（見表 5-20）。[25]

1998 年 1 月，特區政府撥款 50 億元，設立優質教育基金（Quality Education Fund，簡稱 QEF），用以資助各項有助推動香港優質教育的計劃，幼稚園、小學、中學及特殊教育機構都可獲得資助。優質教育基金訂立了不少優先主題計劃，以供學校申請，「環境教育」及「綠色校園」正是其中兩項。「綠色校園」和「環境保育」這兩個主題計劃在 2012 年合併成「可持續發展教育」，目的是強調可持續發展在環境教育中的重要性。其他牽涉環保元素

25　環保基金資助環保研究、技術示範和會議的情況，可參本節「環境研究」部分。

表 5-20　2017／18 年度環保基金主要資助項目情況表

範疇	項目／屋苑／學校名稱	受助機構	受助金額
社區減少廢物	「糧友行動」—— 油尖旺計劃	民社服務中心有限公司	2,209,336
	塑膠回收棧	環保協進會有限公司	3,855,432
	中西區及半山居民廢料回收計劃	中西區半山業主聯會	6,136,014
	迷失的寶藏 —— 發泡膠回收行動	荃灣區青少年發展協會	3,808,956.60
環保教育和社區參與	發掘水口	世界自然（香港）基金會	1,594,689
	2038 地球人計劃之可持續消費之旅	消費者委員會	2,621,281
	「共築可持續遠足山徑」無痕山林教育計劃	綠惜地球有限公司	1,567,130
	氣候變化影片拍攝及中學生與公眾參與活動	世界綠色組織	1,414,440
藉廢物分類為都市固體廢物收費作準備的社區參與	廢物收費社區教育計劃	安榮社會服務中心有限公司	1,204,276
	都市固體廢物收費社區參與項目 —— 葵涌單幢式樓宇都市固體廢物收費試點計劃	香港基督少年軍	1,228,153
	回收減廢齊做到（荃威花園）	荃灣居民服務社	908,006
	身心靈綠色之旅	香港聖公會福利協會有限公司	1,150,045
屋苑廚餘循環再造	日出康城 —— 首都	N／A	294,098.00
	盈翠半島	N／A	300,000
	兆麟苑	N／A	1,188,080
學校現場派飯	東華三院冼次雲小學	N／A	1,878,512

資源來源：環保基金網站。

的項目則分散在 STEM、環境教育等校本課程和「主題網絡計劃」內。[26] 有學校透過開設苗圃、農莊、中草藥園、教育徑，設立昆蟲館、天台花園、魚菜共生等設施和生態導賞、節能減排等體驗活動，設計校本課程，推動 STEM 及環境教育，亦有學校到台灣考察（見表 5-21）。受資助機構包括幼稚園、小學、中學、大專院校和非政府組織。從申請優質教育基金的數目和課題來看，幼兒園和中小學都熱衷在學校開展環保和園藝活動，這有助推動學生認識及關心環境。

26　「主題網絡計劃」是教育發展基金資助的「專業發展學校計劃」的延續，該計劃提供機會，讓具豐富教學實踐經驗及分享文化的學校就特定的教學主題，與其他參與計劃的學校建立網絡，並透過不同的交流活動，促進學校間的協作及專業交流。

表 5-21　1999 年至 2017 年教育局通過優質教育基金資助中小學，開展以學校為本的環境
教育、綠色校園及可持續發展教育項目情況表

受資助機構／受惠界別	開始年份	計劃名稱／內容
小學		
香港中文大學校友會聯會張煊昌學校	1999	種植小盆栽 ── 綠化校園計劃
保良局陳南昌夫人小學下午校	1999	綠化校園
救世軍田家炳學校	1999	園圃
培基小學	1999	綠色校園
鴨脷洲街坊學校	1999	校園苗圃種植計劃
樂善堂梁銶琚學校	1999	綠色引力計劃
伊利沙伯中學舊生會小學分校	1999	環境教育：動物的認識和愛護
仁濟醫院羅陳楚思小學	1999	環保綠化遍校園
聖愛德華天主教小學	1999	校園魚池
石籬天主教小學	1999	資訊科技與環保
九龍城浸信會禧年小學	1999	園藝活動小組（團體輔導計劃）
三水同鄉會禤景榮學校	2000	美化校園齊創建
可立小學（嗇色園主辦）	2000	綠化校園學習計劃
聖公會李兆強小學	2000	環保小精英
大埔崇德黃建常紀念學校	2000	植物教育徑
柏立基教育學院校友會李一諤紀念學校	2000	綠化環保齊參與
保良局陸慶濤小學	2000	環保先鋒由我創
東華三院姚達之紀念小學	2000	綠化平台花園
東華三院譚兆小學	2000	美麗新世界 ── 環保親子花園
沙田循道衞理小學	2000	環保教育徑（資訊科技應用篇）
香港中文大學校友會聯會張煊昌學校	2000	可持續發展的資訊科技教育實踐計劃
東華三院譚兆小學	2000	美麗新世界 ── 環保親子花園
上水宣道小學	2000	綠色三重奏
杯澳公立學校	2000	貝澳的海貝
浸信會呂明才小學	2000	綠色校園齊共創
浸信會沙田圍呂明才小學	2000	校園藝術環境發展計劃
嘉諾撒培德小學下午校	2000	綠色力量，伴我成長
馬鞍山聖若瑟小學	2000	親親大自然 ── 齊來學種植（聯校方濟園圃計劃）
浸信會呂明才小學	2001	發掘學習空間 ── 推動環保教育
保良局黃永樹小學	2001	綠色教室（多用途溫室）
東莞學校（上水）	2001	田園小學 ── 建立戶外教學實踐基地及資源中心
屯門學校	2001	綠色校園
浸信會天虹小學	2001	京港綠色小學交流
庇理羅士女子中學	2001	環境教育的理論和實踐：改善學校空氣質素計劃

（續上表）

受資助機構／受惠界別	開始年份	計劃名稱／內容
保良局方王錦全小學	2002	健康樹苗計劃 ── 健康校園課程統整及專題研習計劃
順德聯誼總會翁祐中學	2002	「綠色生命樹」環境教育課程發展及專題研習計劃
浸信會天虹小學	2003	環保公民面面觀
聖公會主恩小學	2004	綠「恩」教室樂趣多
新界婦孺福利會梁省德學校（將軍澳）	2005	綠「識」遊蹤之校園自然教育徑
寶覺學校	2005	互動自然教室
浸信會天虹小學	2006	小小生態探險家計劃
浸信宣道會呂明才小學	2007	觸「景」生「情」
保良局朱正賢小學	2007	綠一點·樂多點
中華基督教會基真小學	2007	自然教室（從常識科看有機種植計劃）
南丫北段公立小學	2007	中草藥園計劃
保良局志豪小學	2007	志在樂田
中華基督教會基慈小學	2008	能源可再生 未來可創新
大埔舊墟公立學校	2009	社區為本位藝術與環境保護教育計劃 ── 專注大埔區環境情況的跨課程專題
順德聯誼總會何日東小學（上午校）	2010	綠色英語小記者交流計劃
佛教林金殿紀念小學	2011	運用「校園電視台」宣傳環保教育及提升學生兩文三語能力
佛教陳榮根紀念學校	2011	運用校園電視台提升學生國民身份認同及環保教育
保良局世德小學	2011	世德綠校園
英華小學	2011	環球小先鋒 ── 北極熊開心回家之旅
大坑東宣道小學	2012	減少廚餘學珍惜 物盡其用齊耕種
培僑小學	2014	現代農夫
打鼓嶺嶺英公立學校	2014	芳香藥草園教育計劃 ── 向小學生推廣環境保護及生命教育
港澳信義會小學	2014	環保考察計劃
陳瑞祺（喇沙）小學	2015	「綠色創意工程師」資優計劃
基督教香港信義會葵盛信義學校	2015	環保樂園在葵信
寶血會思源學校	2015	思源農莊
培僑小學	2015	現代農夫 2
青松侯寶垣小學	2015	熱愛生命熱愛地球
聖公會基德小學上午校	2015	透過台北四天學習活動推動環保教育
東莞學校（上水）	2015	台南高雄四天自然生態及可持續發展之旅
神召會康樂中學	2015	台灣四天地理保育與文化探索之旅
聖公會榮真小學	2016	綠色創新大使
九龍婦女福利會李炳紀念學校	2016	環寶遊
葛量洪校友會黃埔學校	2016	葛小農莊

（續上表）

受資助機構 / 受惠界別	開始年份	計劃名稱 / 內容
聖公會基愛學校	2017	綠色生活建校園
沙頭角中心學校	2017	小眼睛大發現 —— 台北環保及文化學習之旅
九龍婦女福利會李炳紀念學校	2017	種籽爸媽計劃
中學		
浸信會永隆中學	1999	綠色中學
聖言中學	1999	學生參與改善及美化校園計劃
東華三院李嘉誠中學	1999	蝶變計劃在嘉誠
東華三院盧幹庭紀念中學	1999	美化平台花園計劃 —— 設計與科技科正規課程與課外活動的結合
博愛醫院陳楷紀念中學	1999	綠色生活新紀元之「給師生多一點綠」
明愛屯門馬登基金中學	1999	環保我做到
仁愛堂田家炳中學	1999	和大自然有個約會
佛教何南金中學	1999	植苗計劃：從自尊感到學業行為
沙田循道衞理中學	1999	綠化校園計劃
威靈頓教育機構張沛松紀念中學	1999	水耕法溫室
嘉諾撒書院	2000	環保探索旅程
香港三育中學	2000	海陸空環保戰士（建設美好家園）
天主教鳴遠中學	2000	「從園藝體會生活真諦」計劃
中華基督教會銘賢書院	2000	保護環境，促進健康
大埔三育中學	2000	環保校園
聖士提反女子中學	2000	生物科與環境保育的相關課題計劃 —— 生物科優質教學的工具和技能
伊利沙伯中學舊生會中學	2001	可持續發展課程發展 —— 小區及全校參與
聖貞德中學	2001	礁岩生態在校園
王肇枝中學	2001	綠色校園計劃
沙田蘇浙公學	2001	綠色校園展新姿
中華基督教會蒙民偉書院	2001	校園小生態（蝴蝶溫室）
粉嶺救恩書院	2001	綠化校園
宣道會陳朱素華紀念中學	2003	環保家居工作間 —— 校本課程設計（科技教育）
宣道會陳朱素華紀念中學	2004	「環境監察先鋒」—— 校本科學增潤課程
十八鄉鄉事委員會公益社中學	2004	淡水一族
文理書院	2007	大自然的旋律變奏
十八鄉鄉事委員會公益社中學	2007	智能植物園 —— 跨學科學習園地
馬陳端喜紀念中學	2007	生態教室
伊利沙伯舊生會中學	2007	為提升科學素養能力而設的可持續發展教育項目
福建中學（小西灣）	2008	建立交流網絡 共創和諧環境
香港道教聯合會圓玄學院第二中學	2008	「青蔥生活」環保教育先導計劃
佛教何南金中學	2008	「展環保、興科教」齊優化

（續上表）

受資助機構 / 受惠界別	開始年份	計劃名稱 / 內容
靈糧堂怡文中學	2008	與大自然同行
深培中學	2009	建立生態昆蟲館促進校內、校外對生態自然昆蟲知識交流學習
香港培正中學	2009	培正自然教育徑
崇真書院	2009	崇真伊甸園
東涌天主教學校（中學部）	2012	健康體適能測試及訓練暨環保發電中心
保良局唐乃勤初中書院	2013	優化校園環境教育研習區
中華基金中學	2014	水陸齊發電、運動生能源
東華三院黃鳳翎中學	2014	電子化展覽館以推動環保教育及電子科技教學的先導計劃
佛教葉紀南紀念中學	2015	廢物處理專題獎勵計劃
保良局第一張永慶中學	2015	自然環境保育及撰寫英文研習報告
聖公會白約翰會督中學	2015	昆蟲小專家
聖公會白約翰會督中學	2015	地理資訊科技互動教室
佛教慧因法師紀念中學	2015	蘭花無菌繁殖科技推廣計劃

資料來源：優質教育基金網站。

除了政府的環保育基金和優質教育基金外，還有來自其他組織的財政支助，包括香港國際機場環保基金、香港賽馬會慈善信託基金和香港海洋公園保育基金等。

香港賽馬會慈善信託基金成立於 1993 年，致力與政府、非政府組織及社區機構攜手，資助社區項目，受資助社區項目覆蓋十個範疇，環保是其中之一。基金自成立以來，共捐助十多個與環保相關的項目（見表 5-22），基金又與中文大學合作，於 2013 年 12 月成立全球第一所以氣候變化為主題的博物館 ——「賽馬會氣候變化博物館」，[27] 館內放有不少與氣候變化有關的展品和多媒體互動展覽，向公眾、學生和老師提供可持續發展最新的趨勢，提升公眾對氣候變化的關注。

從 2009 年起，香港海洋公園保育基金、香港海洋公園學院及香港城市大學生物及化學系合作，舉辦「馬蹄蟹校園保母計劃」，學生於校內飼養瀕危、有「活化石」之稱的海鱟（馬蹄蟹），待其長大後放歸野外，學習對待野生生物的正確態度，並協助保育瀕危物種工作；已有近三千名學生參與此計劃。2013 年海洋公園又邀請全港中、小學生一同參與「同心護海洋－向零海洋垃圾進發」學生創作比賽，關注海洋垃圾的問題，運用創意保護海洋，替海洋發聲，參與環保。

---

27 香港中文大學於 2012 年獲香港賽馬會慈善信託基金資助推出「香港中文大學賽馬會地球保源行動」，於 2013 年 12 月再獲香港賽馬會慈善信託基金捐助，成立全球第一所以氣候變化為主題的「賽馬會氣候變化博物館」。

表 5-22　2001 年至 2017 年香港賽馬會慈善信託基金主要贊助的環保教育項目情況表

推出年份	計劃名稱	內容
2001	香港賽馬會綠孩兒計劃	跟本地三大連鎖超級市場及約 150 間小學攜手推行，鼓勵小學生減少使用塑膠袋。
2003	學校廢物分類及回收計劃	贊助學校廢物分類及回收計劃，資助學校購買回收桶。
2008	環保計劃	提倡關注保護環境及可持續發展，包括在賽馬會滘西洲公眾高爾夫球場改用再生能源系統，改裝太陽能電池高球車，並購入太陽能及柴油混能環保船，往來西貢至高球場。計劃旨在提醒公眾，氣候變化對市民健康的影響。
2009	聖雅各福群會升級再造中心	香港首個一站式環保創意中心，於 2009 年開始，透過商界、設計師、機構會員共同協作，擴大升級再造計劃規模，提供升級再造的整體解決方案，包括提供設施配套和支援。中心定期舉辦導賞團、教育工作坊和展覽，讓公眾了解升級再造，從而提高環保意識。
2009	WATERMAN 香港近海水質預報及管理系統	撥捐予香港大學研發「WATERMAN」香港近海水質預報及管理系統，提供水質監測數據及預測，讓工程師、漁民及公眾按情況作出相應行動措施。系統更可提供資料、案例、研究數據等，以供市民參考。
2010	匡智賽馬會玻璃樽回收計劃	全港首個結合環保推廣和傷健培訓的項目，一方面收集玻璃樽作環保磚再造，另一方面為智障學員提供職業培訓，推動社會共融。計劃於 2019 年圓滿結束後，環保署會接手將計劃延續及擴展至全港 18 區。
2012	香港中文大學賽馬會地球保源行動	一個為期五年的社區參與計劃，透過舉辦公眾教育活動，及推出「綠色社群—賽馬會減碳伙伴計劃」，與學校和非政府機構結成減碳伙伴，透過不同的行動，減少碳排放量，促進社區環境保育及可持續發展工作。並編製《結伴減碳 —— 地球保源教材套》，以配合常識、綜合人文、公民教育及通識教育等科目，鼓勵學生推動和實踐環保。
2012	賽馬會長者綠色生活項目	在黃大仙區向長者推廣環保資訊，實踐綠色生活。
2013	賽馬會氣候變化博物館	賽馬會慈善信託基金捐款設立，館內極地廊的主要展品由知名探險家及環保人士李樂詩博士捐贈，展示全球暖化和氣候變化等環境問題，以及這些問題帶來的影響。
2014	源頭減廢綠孩兒計劃	新界校長會聯同綠領行動攜手，於新界區的幼稚園及小學展開為期三年的環保教育活動，包括到校講座，向學生介紹香港都市固體廢物問題，解釋源頭減廢，以及如何養成減廢的習慣等。
2014	「賞花，惜花！」賽馬會花卉重新栽種計劃	計劃鼓勵學校、環保團體及非政府機構把每年香港花卉展覽結束後，將會場餘下的盆栽送往非政府機構或學校重新栽種，以提高公眾的環保意識。
2015	樂耕園 — 賽馬會長者綠色生活項目	賽馬會贊助樂耕園，將綠色生活推展至九龍城和深水埗兩區，向長者推廣節能減碳，鼓勵他們參與耕種和社區義工服務，從而享受健康積極的美好生活。內容覆蓋有機耕種活動、環保教育項目及綠色長者大使計劃。
2017	減廢計劃	賽馬會慈善信託基金支持賽馬會氣候變化博物館，推行全港首項以學校為本的「減廢計劃」，通過模擬垃圾徵費、環保教育、行為改變等不同方式，提升學校對廢物危機和可持續廢物管理的認知，幫助學生建立「惜物減廢」的觀念及生活習慣，合力減低香港的廢物棄置量。

資料來源：綜合香港賽馬會、香港中文大學、聖雅各福群會等網頁。

香港國際機場環保基金由香港機場管理局於 2011 年成立,旨在資助在本港推廣環保、綠色生活及可持續生活方式的項目、活動及計劃。基金成立首七年共撥款 1400 萬元,資助 15 個項目,包括廚餘回收、自然保育研究,例如 2015/2016 年度的「將香港國際機場的廚餘轉化為具附加價值的化學品」,目的是透過創新科技,把香港國際機場的廚餘轉化為具附加價值並可於市場出售的化學品,從而促進可持續發展。該項目的申請機構為香港理工大學,共獲撥款 1,574,350。又如 2016/2017 年度的「香港國際機場 X 惜食堂─香港惜食共饗計劃」,目的是向香港國際機場內和附近及大嶼山的食肆回收可食用的剩餘食物,然後製成飯餐,再派發予需要食物援助的人士。惜食堂也會提升東涌社區廚房設施,向東涌區內有需要人士提供包裝食物及熱飯餐。該項目的申請機構為小寶慈善基金有限公司,共獲撥款 1,550,300 元。

環境教育中心 / 設施

全港共設三所環境資源中心,位於灣仔、荃灣和粉嶺,皆由環保署負責運作,它們分別於 1993 年、1997 年和 2003 年對外開放。[28] 中心內設有圖書資料庫、環保資訊廊、活動室,並提供各種環境教育展覽及活動。環保署和香港大學又於 2008 年合辦龍虎山環境教育中心,中心定期舉辦不同類型的環保教育活動,如生態導賞團及工作坊等。環保署總部內亦設有訪客中心,於 1994 年對外開放,重點介紹環保署打擊香港環境污染的工作。另外,位於屯門,隸屬環保署的環保園訪客中心亦於 2007 年成立。它是香港首間以廢物為主題的大型資源教育中心,透過教育及宣傳,讓公眾認識不同的廢物處理方法和學習如何減少廢物。2016 年落成使用的 T‧Park[源‧區] 是香港首個污泥處理設施,通過公眾展覽館及觀賞走廊,利用一系列的創新和互動展品,介紹污泥處理的過程。

漁護署轄下有 24 個郊野公園和 22 個特別地區、五個海岸公園及一個海岸保護區,加上世界級地質公園,形成一系列戶外環境教育場所。郊野公園遊客中心、西貢獅子會自然教育中心、林邊生物多樣性自然教育中心及城門標本林,皆為學校、機構及公眾提供各類自然教育、野外研習和自然導賞的活動,是實踐其他學習體驗的戶外學習平台。另外,佔地 61 公頃,以推廣自然為本旅遊及自然教育為目的的香港濕地公園於 2006 年 5 月 20 日正式開放。公園內有佔地 10,000 平方米的訪客中心,中心內有展覽廊展示濕地的功能和價值。公園的戶外濕地保護區有多種不同的生境,包括淡水沼澤、紅樹林、蘆葦床、泥灘和灌木叢,反映香港豐富多樣的濕地生態系統(見圖 5-10)。公園又為學校、公眾及遊客舉辦導賞團、講座及工作坊等活動。在 2016 至 2017 年度年內,公園錄得約 49 萬名入場人次,並為超過 20,000 名師生提供約 870 次導賞活動。

---

28 荃灣環境資源中心 2016 年 2 月已停止服務,粉嶺環境資源中心於 2020 年底關閉。

圖 5-10　香港濕地公園佔地 61 公頃，內設一個佔地 10,000 平方米的訪客中心，戶外的濕地保護區有多種不同的生境，包括淡水沼澤、蘆葦床、紅樹林、泥灘和灌木叢，反映香港豐富多樣的濕地生態系統。（攝於 2017 年 5 月，香港特別行政區政府提供）

由漁農處（於 2000 年改稱漁護署）於 1981 年起委託世界自然（香港）基金會管理的米埔自然保護區，亦設有訪客中心和野生生物教育中心，中心安排自然導賞團講解米埔自然保護區內的環境及生態，是最佳實地考察的學習中心。中心每年組織接近 400 個中小學校參觀活動。

因應香港在 1.4 億年前曾發生極度猛烈的火山爆發，並在西貢一帶形成獨特的六角形岩柱群，漁護署於 2009 年成立地質公園遊客中心，旨在介紹香港地質環境，提高市民對地球科學的興趣及對需要保護地質環境的意識。遊客中心位於西貢蕉坑獅子會自然教育中心內，中心內有從香港不同地方採集的岩石、講述本港地質歷史的展版、手工製作的立體地貌微型模型等，遊客可藉此認識香港地質演變。漁護署又於 2014 年在西貢市海濱公園成立火山探知館，讓市民和遊客可以認識本港的地質歷史及火山活動的相關知識。館內亦介紹了香港地質公景的地點，並提供導賞活動。

康文署的環境教育設施，主要是博物館、公園及其附屬溫室和觀鳥園。香港科學館於 1990 年 11 月向公眾開放，館內有與環境相關的常設展覽，包括生物多樣性展廳、賽馬會環保廊和地球科學廳。科學館特別為學校設計了一系列不同程度（從幼稚園到中學）的趣味習作及學習活動，以助學生學習展覽中的科學知識。此外，康文署管理超過 1500 個公園和花園，其中九龍公園、維多利亞公園、大埔海濱公園、屯門公園等，都是本地大型公園（面積達超過 10 公頃），連同香港公園和香港動植物公園，都是學習動、植物知識的理想戶外場所。2004 年，康文署在九龍公園設立綠化教育資源中心，專責推廣綠化信息，目的是提高市民在綠化及環保方面的知識。

圖 5-11　零碳天地鳥瞰圖。（建造業零碳天地提供）

2012 年落成的建造業議會零碳天地是香港第一座零碳建築物（見圖 5-11），整座建築物都以環保方式建築，又採用具能源效益的科技，以節能減排、淨零碳排放為運作目標。[29] 零碳天地內有可持續發展展覽，透過互動遊戲向公眾展示智慧生態城市的藍圖及元素，如：低碳經濟、可再生能源、綠色建築設計、建材升級再造、環保用水等，又經常舉辦工作坊及導賞團，推廣低碳生活及綠色建築。零碳天地內有香港首個都市原生林，廣植 40 個原生樹種，吸引雀鳥及其他生物，形成生物多樣性豐富的城市森林。建造業議會又定期舉辦環境管理課程，以增進有關人士對環境管理的認識。

科普出版

1950 年代末至 1990 年代末，市政局和臨時市政局出版《香港動植物及礦物叢書》系列（見表 5-23），介紹本地生物物種和地質資源，開創同類叢書的先河，為學者、研究人員、學生和大自然愛好者提供具參考價值的實用工具書。1997 年香港回歸後，其他政府部門亦着力出版自然教育科普讀物，其中漁護署更與郊野公園之友會合作，出版了過百本與自然環境、本地生態等課題有關的書籍。

29　建造業議會於 2007 年 2 月 1 日成立，與建造業訓練局於 2008 年 1 月 1 日合併，為半官方機構，重點工作是促進行業採用建造業標準、推廣良好作業方式和制定表現指標。

表 5-23 1959 年至 1998 年市政局《香港動植物及礦物叢書》出版情況表

出版年份[1]	中文書名[2]	英文書名	作者
1959	《香港毒蛇圖解指南》	*Illustrated Guide to the Venomous Snakes of Hong Kong*	盧文（J. D. Romer）
1969	《香港樹木》	*Hong Kong Trees*	市政事務署
1971	《香港灌木》	*Hong Kong Shrubs*	市政事務署
1974	《香港草本及藤本》	*Hong Kong Herbs and Vines*	杜詩雅（S. L. Thrower）
1977	《香港樹木（第二卷）》	*Hong Kong Trees Volume II*	杜詩雅（S. L. Thrower）
1977	《香港菌類》	*Hong Kong Fungi*	顧雅論（D. A. Griffiths）
1978	《香港淡水植物》	*Hong Kong Freshwater Plants*	韓國章（I. J. Hodgkiss）
1978	《香港昆蟲（卷一）》	*Hong Kong Insects*	張偉權、許狄利（D. S. Hill）
1978	《香港礦物》	*Hong Kong Minerals*	彭琪崙
1979	《紅脖遊蛇 —— 香港的一種毒蛇》	*The red-necked keelback : a venomous snake of Hong Kong*	盧文（J. D. Romer）
1980	《香港蘭花》	*Hong Kong Orchids*	白理桃（Gloria D'Almada Barretto）、楊俊成（J. L Young Saye）
1981	《香港淡水魚類》	*Hong Kong Freshwater Fishes*	文錫禧、韓國章（I. J. Hodgkiss）
1981	《香港裸鰓類動物》	*Hong Kong Nudibranchs*	約翰・柯爾（John Orr）
1981	《香港食用植物》	*Hong Kong Food Plants*	許霖慶、徐是雄
1981	《香港有毒植物》	*Hong Kong Poisonous Plants*	何孟恆
1981	《香港動物原色圖鑑》	*Colour Guide to Hong Kong Animals*	許狄思（D. S. Hill）、費嘉倫（Karen Phillipps）
1982	《香港昆蟲（卷二）》	*Hong Kong Insects Volume II*	許狄思（D. S. Hill）
1982	《香港金魚》	*Goldfish in Hong Kong*	文錫禧
1983	《香港禾草與莎草》	*Grasses & Sedges of Hong Kong*	顧雅綸（D. A. Griffiths）
1983	《香港海藻》	*Hong Kong Seaweeds*	韓國章（I. J. Hodgkiss）、李國仁
1983	《香港攀援狀植物》	*Hong Kong Climbing Plants*	杜詩雅（S. L. Thrower）
1984	《香港的果實和種子》	*Hong Kong Fruits & Seeds*	葛嘉福（T. Crawford Godfrey）
1984	《香港灌木（第二卷）》	*Hong Kong Shrubs Volume II*	杜詩雅（S. L. Thrower）
1984	《香港草本植物（第二卷）》	*Hong Kong Herbs Volume II*	杜詩雅（S. L. Thrower）
1985	《香港竹譜》	*Hong Kong Bamboos*	畢培曦、賈良智、馮學琳、胡秀英

（續上表）

出版年份 [1]	中文書名 [2]	英文書名	作者
1985	《香港海產貝類》	*Hong Kong Seashells*	約翰·柯爾（John Orr）
1986	《香港的兩棲類和爬行類》	*Hong Kong Amphibians and Reptiles*	卜遜（Stephen J.Karsen）、劉惠寧、施嘉天（Anthony Bogadek）
1986	《香港岩石》	*Hong Kong Rocks*	歐達敦（M. J Atherton）、潘納德（A. D. Burnett）
1988	《香港樹木彙編》	*Hong Kong Trees Omnibus Volume*	杜詩雅（S. L. Thrower）
1988	《香港地衣》	*Hong Kong Lichens*	杜詩雅（S. L. Thrower）
1991	不詳／不適用	*Hong Kong Plant Diseases*	蘇美靈
1994	不詳／不適用	*Hong Kong Ferns*	蘇美靈
1998	《香港市區冠軍樹》 [3]	不詳／不適用	詹志勇

注1： 「出版年份」指該書首個版本的出版，本表不收入再版、修訂版和翻譯版。
注2： 大部分著作先以英文出版，後譯為中文版，中文書名採自中譯版。
注3： 《香港市區冠軍樹》由臨時區域市政局出版。
資料來源：市政局出版《香港動植物及礦物叢書》、香港大學圖書館網站。

第二節　非政府組織推行的環境教育

一、相關非政府組織的背景

香港的環境教育工作，除了由政府及相關組織外，環保團體（環團）亦有重要推動角色。相對於政府部門和學校，環團的組成結構、工作模式較具彈性，部分議題亦能更深入貼地。基於英佔歷史背景，二戰結束後初期，本地環團的主要持份者，以外籍人士為核心，包括長春社、香港觀鳥會、嘉道理農場等。這些組織未必一開始擁有環團身份，例如嘉道理農場前身是援助農村、農民的組織，香港觀鳥會也是較後時期才積極介入環境保育議題。1969 年成立的長春社，早期專注青年環境工作，是香港推動環境教育的先鋒環團。

1960 年代以前，香港社會未有清晰的環境教育概念，關注層面主要是影響民生的衛生、水源、疾病傳播、居住環境等事項。1950 年代至 1970 年代的鄉郊地區，經常出現直接焚燒塑膠垃圾等行為，居民對空氣污染未有充分認識，港府亦欠缺完整的環境教育及監控制度。長春社在此期間成立，早期主要關注河流、海洋、空氣環境污染及噪音問題，以出版書籍及小冊子、舉辦講座、研討會及課程等方式，開展環境教育工作，並推動青年參與環保議題。

踏入 1980 年代，社會日趨繁榮，環境污染日益嚴重，關注環境議題的民間組織增加，國際及本土環團陸續在本地成立（見表 5-24）。世界自然（香港）基金會於 1981 年成立，為首個在香港成立分會的國際環保組織。香港地球之友及綠色力量亦相繼於 1983 年和 1988 年由一群熱心關注環境的香港市民義務成立，透過舉辦各項環境保護和教育工作，向市民灌輸可持續發展的概念，提高社會大眾環保意識。1988 年，長春社成立香港環境中心，為香港首個開放給公眾的環境資源中心。城市的急劇發展，衍生全球暖化、能源危機等問題。環團也因應這些議題展開各類教育工作，以普羅大眾為教育對象，以生活題材入手，例如節能減碳、水資源教育、源頭減廢、廢物管理等。隨着市民對環保問題的認識增加，環團除了關注廢物、污染、省水省電等傳統議題外，地區生態保育也逐漸成為焦點。

踏入 1990 年代後期，地區性或規模較小的環團開始湧現，例如大埔環保會、坪洲綠衡者、環保觸覺、綠領行動、生態巴士等。此時，社會關注焦點也變得多元，例如鄉郊農業、動物權益等。

一般而言，傳統環團兼採不同議題、關注全港事務，小型環團則專注單一議題或個別地區。1970 年代以來環團開展的教育工作，為正規教育以外提供較彈性、趣味和深入社區的活動模式。形式方面，大部分環境教育工作，不停留於課堂層面，而會融入實地行動或考察等，例如設立環境教育中心及設施、清潔海灘、生態旅遊、觀鳥比賽、有機耕種等等。

環團不隸屬於政府，但公帑是許多教育活動的重要資金來源，尤其是港府於 1994 年成立的環境及自然保育基金（環保基金），成為不少環團教育工作的主要資金來源，獲批金額的多寡，直接影響環團的編制與工作規模。隨着社會對鄉郊生境、規劃保育地區的關注增加，基金在 2013 年起，透過「自然保育管理協議計劃」，資助環團等非政府組織，在本地生態熱點推行保育、管理及教育工作，地點包括鳳園、塱原、大浪西灣、荔枝窩及沙羅洞等。

不論環團是大或小，每年均有大量教育項目得到環保基金資助而得以開展。而塱原（2005 年起）、鳳園（2005 年起）、大浪西灣（2017 年起）等地的生態保育及教育工作，亦在「自然保育管理協議計劃」取得營運資金。此外，部分大型非政府團體或企業，例如賽馬會、銀行、地產發展商，亦透過不同形式，資助各項環境教育工作。個別環團亦舉辦一些收費項目，以達至收支平衡，部分受歡迎的課程、活動，例如深受親子歡迎的農耕體驗活動，甚至可為機構帶來不俗的收入。

表 5-24　香港主要環團情況表

中文名稱	成立年份	簡介
嘉道理農場暨植物園	1956	前身為「嘉道理農業輔助會」，由本港富商嘉道理家族的兩兄弟賀理士（Horace Kadoorie）和羅蘭士（Lawrence Kadoorie）在 1951 年創立。1956 年，該會於林村白牛石興建實驗農場，示範高效及可創造盈利的耕種和畜牧方法等。從 1960 年起透過植林、防治山火等工作，該會已轉型為主題植物園，園內設有多個景區及活動場所，供遊人參觀及舉辦環境教育活動之用。
香港觀鳥會	1957	是一個以欣賞及保育香港鳥類及其自然生態為宗旨的民間團體，主要由觀鳥愛好者組成。早期工作主要為收集鳥類紀錄和推廣觀鳥活動，其後逐步開展生境管理、環境監察、政策倡議及教育工作，目的為啟發及鼓勵公眾認識、欣賞及保育野生雀鳥及其生境。
長春社	1969	由香港旅遊協會職員潘恩（John Pain）和香港大學動物學教授碧克（Agnes Black）創辦，早年名為「香港保護自然景物協會」，1971 年改名為長春社。1970 年代初，長春社設立了教育委員會、植樹委員會、海洋污染委員會等，推動了不少環境議題。1988 年成立本港首個環境中心。
世界自然（香港）基金會	1981	首個在香港成立分會的非政府國際環保組織，前稱「世界野生生物香港基金會」，馮秉芬及郭志權分別當選首任會長及主席。工作始於管理米埔自然保護區，並於西貢海下、大埔元洲仔等不同地點，設立戶外教室。
香港地球之友	1983	創辦人為大律師司徒蓮（Linda Siddall），致力透過推動政府、企業和公眾，共建可持續發展的環保政策、營商方式和生活形態，以保護香港及鄰近地區的環境為目標。組織的首個關注議題為反對核電，後擴展至其他全球和本地環境議題。
綠色力量	1988	由周兆祥、陳冠中、梁燕城等一群關注環境保護的跨界別專業人士義務創立，以推廣綠色生活和價值觀為中心，創辦初年不標榜為「環保團體」。自成立以來致力推動環境教育，引領市民認識、了解及關心本地環境議題及生態保育，繼而身體力行，參與保護環境；並從本地角度出發，連繫及關注全球環境問題。
綠田園基金	1989	由一群關心現代農業，關心人類環境的人士所組成，創辦人為周兆祥，在粉嶺鶴藪村後的山谷裏建立了全港首個有機教育農場，開展本地的綠色生活教育工作，推廣有機飲食及生活文化，讓參加者體驗自然生活。
綠領行動	1993	原名為「綠色學生聯會」，初期由大學生及不同專業的在職青年義務組成，並於 2007 年改名為「綠領行動」。組織透過持續的教育、倡議及監察行動，從政府、商界及市民層面研究及提供可行方案，改善環境問題，推動社會實踐綠色生活。
綠色和平	1997	綠色和平是國際環保組織，於 1997 年設立香港辦公室，為該組織的全球第 33 個辦公室。機構的工作包括科學研究、政策倡議及宣傳行動，揭示全球環境問題並提出相應解決方案，致力守護本港環境，同時參與和支持全球環保工作。
環保協進會	1997	由邱榮光創立，以促進自然保育、愛護環境、增強社區參與為目標。該會前身為「大埔環保協進會」及「大埔環保會」，初期僅為小型地區性環團，其後工作範疇及區域不斷擴大，關注議題亦不再限於大埔，2013 年易名為「環保協進會」。
香港鄉郊基金	2011	由鍾逸傑和梁振英倡議成立，宗旨為保育鄉郊和生態環境，守護自然景觀、物種多樣性及自然資產。該組織亦嘗試建立一個媒介，促進支持鄉郊保育人士間的交流，並就不同環保項目提供資助。該會最主要的項目皆於荔枝窩開展，包括荔枝窩自然管理協議、永續荔枝窩計劃等。該基金由 2011 年開始聯同專家團體與荔枝窩村民緊密接觸，積極探求方法活化並保育鄉村文化及生態環境，亦曾參與大浪西灣、沙羅洞等地的保育行動。

資料來源：上述環保團體官方網站。

二、環境教育中心及設施

香港地型多變、海岸線曲折，當中蘊藏不少重要物種及生境，是良好教材或教室，因此在一些備受關注的生態熱點，環團會設立環境教育中心，例如被《拉姆薩爾公約》（Ramsar Convention）列為「國際重要濕地」的米埔和后海灣、新界東部和東北部的地質公園、蝴蝶物種繁多的鳳園等，都有環境教育中心。此外，為配合公眾對環境教育的需求，環團亦於市區設立環境資源中心，為市民提供便利的環境教育服務。以下介紹香港主要的環境教育中心或設施。

1. 米埔自然保護區野生生物教育中心（1986）

自 1983 年起由漁農處委託世界自然（香港）基金會負責管理米埔自然保護區，該保護區的濕地佔地 2700 公頃，包括了基圍、紅樹林、潮間帶泥灘及蘆葦叢等生境，為野生生物提供棲息地，更是水鳥遷徙的重要中途站。每年秋冬，成千上萬的候鳥飛來棲息；春夏之際則是基圍蝦和昆蟲活躍時刻。這裏孕育 2050 種野生生物物種，包括 400 種鳥類，其中 35 種屬瀕危物種。米埔自然保護區於 1986 年成立野生生物教育中心，開始舉辦導賞團推廣保育信息，導賞路線包括參觀基圍、浮橋、野生動物的棲息地及觀鳥屋，讓公眾體驗濕地的生物多樣性和美態。中心每年接待的中小學校參觀團接近 400 個，在 2009 / 2010 年度，更有超過 20,000 名師生參與米埔的教育項目（見圖 5-12）。保護區又於 1991 年成立了斯科特野外研習中心（Peter Scott Field Studies Centre），為學生和市民提供更完善的設施進行導賞活動。

圖 5-12　世界自然（香港）基金會為中、小學生舉辦米埔自然保護區的導賞和考察。（世界自然（香港）基金會提供）

2. 元洲仔自然環境保護研究中心（1987）

元洲仔自然環境保護研究中心於 1987 年由世界自然（香港）基金會成立，用作推廣可持續發展的教育活動。中心原址為前政務司鍾逸傑爵士官邸，於二十世紀初建成，1983 年被列入為法定古蹟。中心內有展覽、工作坊和一個種有 140 種本地原生和外來植物物種的英式花園，學生和參觀者可在這裏參加各種環境教育活動，包括生態及海岸考察、導賞活動等，以認識四周自然景觀和低碳可持續生活模式。

3. 香港環境中心（1988）

長春社於 1988 年在其辦公室中成立了「香港環境中心」，是本港首間開放予公眾使用的社區教育及環境資源中心，該中心目的是建立完善的環保資訊系統，以加強大眾對環境問題的理解、提高社會各界參與環保決策的意識，並支持一切有關環境現況及解決方法的學習、調查及研究。中心工作包括資料搜集、出版、研究和舉辦研討會及工作坊等。香港環境中心的出現，推動特區政府日後於各區成立環境資源中心。該中心早年的營運經費得到「亞洲全人發展伙伴」的贊助，2006 年改組為「長春社文化古蹟資源中心」。

4. 綠田園有機農場（1989）

來自綠色力量的環保人士於 1989 年開始籌辦有機農場，他們在粉嶺鶴藪村後的山谷裏建立了名為綠田園的全港首個有機教育農場，由 1990 年代開始引進天然、無污染、健康和環保的有機耕種模式，推廣對環境影響較低的自然生產及綠色生活方式，並發展適合本地情況的綠色教育活動，讓參加者享受田園之樂。農場多年來經過的逐步擴展，至今面積約有 3.3 公頃。

5. 嘉道理農場暨植物園（1995）

嘉道理農場暨植物園於 1995 年成立，前身為 1956 年嘉道理農業輔助會於林村白牛石闢建的實驗農場。嘉道理農場佔地 148 公頃，具備山脊、溪流、山谷等地境，是香港市民郊遊及認識生態的理想地方。早於 1970 年代和 1980 年代，此處已是學校旅行熱門之選；轉型後，中心經常舉辦各類動物、植物及農業的展覽，動物展覽項目有「猛禽之家」、「翟克誠野生動物護理中心」、「爬行動物花園」、「鸚鵡護理中心」、「兩棲及爬行動物屋」、「淡水生物屋」；植物展覽有「蘭花谷」、「蝴蝶園」、「蕨類植物小徑」以及多個展覽溫室。農業方面則有「生機園」、「一斗田」、「森林果園」等示範農田。嘉道理農場於從 2000 年起，每年訪客達 10 萬以上。園區舉辦的活動包括：導賞團、動物護理員講座、環境藝術計劃、有機農墟、工作坊等。

6. 可觀自然教育中心暨天文館（1995）

嗇色園於 1995 年成立可觀自然教育中心暨天文館，該館位於荃灣曹公潭，主要推行郊野研習及天文教育，提供與生物及地理科相關的知識，有助學生了解大自然和諧共存之道。館內的教室配備了先進的多媒體設備及電子化實驗器材，教導學生對大自然作出深入的觀察。中心發展緊接本港課程及教改趨勢，能配合學生需要及為老師提供支援，又透過編製

生物、地理郊野研習課程，培養本港中、小、幼同學的「環境素養」，讓他們在日常生活中，考慮保育環境及可持續發展的考慮因素，並學會和諧共融、珍惜節約。

7. 明愛陳震夏郊野學園（1996）

明愛陳震夏郊野學園由香港明愛於 1996 年創辦，學園位於長洲，是一間以資助中學模式運作的郊野學園，旨在使學生親身了解自然環境及學習野外考察的技巧，藉此促進學生對環境的認知和對可持續發展的醒覺及關注。學園為教師及學生提供自然科學及地理科的實地考察課程，為了配合發展理念，學園內配備了一系列先進器材及實驗室，令學生能更有效地學習。

8. 荃灣金色有機園圃（2003）

綠田園基金於 2003 年得到安老事務委員會及香港賽馬會慈善信託基金的贊助，在荃灣建立了社區園圃。園圃設立目的是在市區內推行以長者為中心的社區農業活動，為長者提供一個環保活動空間，藉園圃生產的有機作物，鼓勵長者多吃健康蔬菜，並讓有耕種經驗的長者將自己農耕的知識與家人一起應用和分享。園圃藉此向社區推廣有機耕種的概念，讓大眾更認識這種環保及安全的農業方式。

9. 海下灣海洋生物中心（2003）

2003 年，世界自然（香港）基金會成立海下灣海洋生物中心，2008 年完成最後階段施工，並舉行正式開幕典禮，成為亞洲首個海上教室。海下灣海岸公園為香港首批成立的海岸公園之一，記錄了超過 60 種珊瑚和 120 種魚類。中心設有「透明號」玻璃底船，參觀人士可乘坐以近距離欣賞珊瑚生態，該船底經特別設計，在監察珊瑚時不會對珊瑚造成破壞（見圖 5-13）。中心設有一個展覽室、容量達 2000 公升的水族箱，以及兩個多用途活動室，可進行不同的教育活動。市民及學生可以在這裏欣賞海洋生物，並了解污染、城市發展和過度捕撈等人類活動，如何影響海洋生態系統。

圖 5-13　賽馬會滙豐世界自然（香港）基金會海下灣海洋生物中心設有香港第一艘特製的玻璃底船，定期為學校和制服團體舉辦參觀及教育活動。訪客可乘坐玻璃底船觀賞充滿色彩的珊瑚群落，也可參與清潔海灘和其他保育活動。（世界自然（香港）基金會提供）

10. 鳳園蝴蝶保育區（2005）

鳳園蝴蝶保育區由環保協進會於 2005 年設立，在河谷地型、風水林及果園等因素配合下，鳳園孕育著豐富而多樣化的生態環境。早於 1980 年，鳳園約 42 公頃的土地已被列入「具特殊科學價值地點」，極具保育價值。據統計資料顯示，鳳園的蝴蝶物種超過 200 種，佔全港蝴蝶物種的九成。環保協進會 2005 年開始獲得特區政府資助，展開「鳳園蝴蝶保育區管理協議計劃」，持續進行生態監察工作，搜集及記錄區內蝴蝶、雀鳥以及其他生態物種的資料，同時負責保育區的管理工作。保育區內設有教育中心、展覽室、有機生態中草藥園、有機田園、生態池等設施，為學校及團體等提供鳳園生態及文化導賞等服務。

11. 樂耕園相關環境教育設施（2006）

樂耕園於 2006 年註冊為慈善機構及環保團體，其後在富山邨設立多個環境教育設施，包括「環保教育及訓練中心」、「低碳節能之家示範中心」及「賽馬會社區種植園」，目的是推動環境保育、減碳節能和有機種植，讓社區人士實踐綠色生活。低碳節能之家示範中心以節能低碳的示範住宅形式，展示節能及節水裝置，包括 LED 燈、高新科技玻璃塗層、節能拖板及電器、外置時間制等，倡導低碳生活方式，讓市民了解在家中如何節能減碳，為黃大仙區內外街坊推介家居節能減碳的方案。

12. 大澳文化生態綜合資源中心（2006）

香港基督教女青年會大澳社區工作辦事處於 2006 年獲得民政事務總署「伙伴倡自強」計劃的支持，以社會企業的運作模式成立「大澳文化生態綜合資源中心」，展示大澳的文化和生態兩大特色。中心為當地居民提供培訓，讓他們擔任生態旅遊導賞員，並舉辦織漁網、觀察白海豚等體驗活動，公眾透過村民的示範和講解，可明白更多當地的傳統文化和生態環境。有關工作能促進村民就業和保育傳統當地文化和生態，推動大澳社區的可持續發展。

13. 大埔地質教育中心（2009）

大埔地質教育中心於 2009 年由環保協進會成立，位處大埔三門仔，是香港首個民間地質教育中心，目的是支援香港申獲聯合國教科文世界地質公園。中心原址是香港基督徒福音廣播團基培堂，是昔日村民聚會、幼稚園辦學的地方。中心內展示了關於三門仔一帶的地質、人文、歷史、生態等資訊，還有不同年份的岩石標本，供遊人參考。中心亦持續舉辦導賞團、義工培訓、清潔海灘等工作，更提供導賞訓練給西貢、鴨洲、長洲的漁民。2009 年後亦有其他民間團體於香港地質公園中，陸續成立以地質、自然與文化為主題的環境教育中心。

14. 聖雅各福群會升級再造中心（2009）

由聖雅各福群會成立的環保創意中心，位於灣仔石水渠街該會辦公大樓內，於 2009 年開始，透過商界、設計師、機構會員共同協作，擴大升級再造計劃規模，提供升級再造的整體解決方案，包括提供設施配套和支援，並定期舉辦導賞團、教育工作坊和展覽，讓公眾

了解升級再造，從而提高環保意識。

15. 香港螢火蟲館（2010）

成立於 2010 年，位於南大嶼山芝麻灣半島大浪村，是一個以螢火蟲為主題的教育展覽館暨研究中心。中心免費開放予公眾參觀，並為訪客提供螢火蟲保育資訊。中心內設有「日夜逆轉室」、展板、顯微鏡、生態箱等，公眾於館內可透過參觀、互動遊戲、講座、工作坊等內容，增加對螢火蟲的認識，近距離欣賞螢火蟲的姿態和發光方式，了解螢火蟲的生態及牠們的生境。香港螢火蟲館亦是支持大浪村螢火蟲保育工作的研究基地，主要為該地珍稀的雌光螢（*Rhagophthalmus motschulskyi*）進行保育工作，並重點復育香港近乎絕跡的稀有螢火蟲黃緣螢（*Aquatica ficta*）。

16. 鹽光保育中心（2011）

成立於 2011 年，位於西貢鹽田梓，由村民自發成立，是香港早期少數全村信奉天主教的客家村落。中心設施包括聖若瑟小堂、文物陳列室及鹽場。中心成立目的旨在保存和推廣鹽田梓村的文化，推動村內生態保育，使更多人認識小島鄉情，自然保育、簡樸生活等價值。中心定期舉辦生態導賞活動，遊客可遊覽島上的生態研習點和歷史文化景點，又可參與海鹽製作坊和簡樸生活體驗工作坊等，市民可藉此活動明白傳統行業對大自然的依賴，以及實踐可持續生活的方式。

17. 樂活生活館（2011）

樂活生活館是由環保協進會於 2011 年設立的地區性環境教育單位，位於柴灣青年廣場，為公眾、中小學生、團體及機構提供展覽、工作坊等活動，讓參加者體驗如何在衣、食、住、行各方面，實踐環境保育的責任，以及學習環保節能的生活態度，並關注環境變化的問題。

18. 塑膠回收棧（2012）

環保協進會於 2012 年在大埔設立「塑膠回收棧」，主力收集街坊轉交的塑膠。回收棧成立的目的是幫助區內居民養成為廢物分類及回收的習慣，增加整個廢物源頭分類回收計劃的效率，宣傳環保意識，增加對廢料（以塑膠物料為主）的回收力度。回收棧採取會員制度，會員回收重量達指定數目後，就能換取不同的日用品。

19. 登「綠」長洲環境教育中心（2013）

環保協進會於 2013 年在長洲成立「登「『綠』長洲環境教育中心」，透過綠色生活工作坊和展覽，生態、地質和傳統文化導賞，節能減碳和塑膠回收等工作，展示當地文化及自然環境特色，使公眾學習、欣賞和尊重大自然，負起自身對環境及社會的責任。中心舉辦的導賞活動地點包括連島沙洲、東灣泳灘、南部及北部的樹林、趣石林等，期間導賞員更會講述海濱植物、雀鳥及昆蟲生態，讓參觀者了解更多長洲的自然知識。

20. 南丫島戶外及環保活動中心（2013）

香港基督教青年會於南丫島索罟灣設立戶外及環保活動中心，佔地 43 公頃的戶外生態營地原為棄置石礦場，於 2013 年完成活化工作後開幕。中心附近範圍有叢林、海岸、湖泊及池塘等生態環境，適合生態研究及地理考察。中心設施包括露營區、綜合活動室、營地遊樂區、營火區、人工湖和遠足徑等，為大眾提供多元化的營會、戶外歷奇及康樂活動，讓大眾與大自然共處，並認識自然生態，學習基本野外求生技巧，加深對自然生態的保育意識。營地同時採用太陽能熱水設施、污水處理設備等環保措施，並提供有機耕種體驗，藉此推廣生態及環境保育的信息。

21. 綠匯學苑（2015）

嘉道理農場於 2015 年 11 月設立綠匯學苑，透過特區政府的「活化歷史建築伙伴計劃」，將建於 1899 年的舊大埔警署歷史建築群活化而成（見圖 5-14）。學苑目的是保存古蹟以及推廣永續生活。學苑內設有「慧食堂」，食物由新鮮、低碳、適時種植及公平貿易所得食材烹煮而成，藉此與參觀者分享低碳飲食及永續生活的概念。學苑每年開展不同類型教育活動，包括文物展覽、古蹟導賞、低碳飲食工作坊、本地茶園體驗營、人人市集等。

圖 5-14　2010 年嘉道理農場透過特區政府的「活化歷史建築伙伴計劃」，將舊大埔警署歷史建築群活化成綠匯學苑，保存古蹟價值以及推廣永續生活。（嘉道理農場暨植物園提供）

三、社區環境教育活動

本部分按香港環境教育的主要議題，分類介紹非政府組織在社區開展的環境教育活動，包括郊野環境的保護行動、自然主題的學習活動和環保生活習慣的培養。

1. 郊野環境的保護行動

社會普遍較接受由政府監導和管理，於市區推行的環保宣傳和教育活動，無論 1970 年代的「垃圾蟲」，還是 1990 年代的「清潔龍」，都是經由官方提出的宣傳形象。相對來說，環團對於郊外環境教育工作，着力較深，不少環團近年都有舉辦植樹、清潔海岸、郊野等活動，而公民科學調查的活動亦日趨普及。

植樹活動

山火每年均導致大量樹木及綠化地帶受損，栽種樹苗是直接改善環境的方法之一。無論在市區和野外，植樹推廣亦是其中重要的教育推廣方式。長春社和香港地球之友於 1993 年開始推廣民間的植樹行動，當中香港地球之友於開首 6 年間已組織 7000 多名義工種植近 14 萬棵樹苗。嘉道理農場於 2005 年至 2008 年舉辦社區植樹計劃，鼓勵社區參與在香港山坡植樹，同時宣傳本土樹木的價值，期間種植逾 36,000 棵樹苗。

除了較為傳統的植樹活動教育方式，香港地球之友亦以競賽形式吸引市民參與植樹活動，於 2005 年首辦了「綠野先鋒」比賽，超過 100 隊共 400 多位參加者在元朗大欖郊野公園一個貧瘠的山坡合力栽種 10,000 棵樹苗，每人背起最少 12 棵樹苗在限定時間內徒步往植樹區栽種（見圖 5-15）。後來該活動更名為「酷森林」，由專業註冊樹藝師指導企業參加者和市民植樹方法和技巧，以及認識樹木物種、樹藝知識和生物多樣性的重要性。活動鼓勵市民認識和參與植樹工作，加快達致碳中和、吸收二氧化碳、為城市降溫，並提升生物多樣性的目標。至 2017 年，超過 9000 名參加者成功登山參與這項植樹活動，在各大郊野公園共種植了 83,000 棵樹苗。

圖 5-15　香港地球之友於 2005 年首辦了「綠野先鋒」比賽，以競賽形式吸引市民參與植樹活動。（攝於 2005 年，香港地球之友提供）

清潔海岸和郊野活動

長春社早於 1970 年已進行清潔海灘的初步調查，並於 1972 年舉辦鄉村清潔運動，及與市政局合辦包括清潔海灘的「保持香港清潔運動」，成功將清潔環境概念引入香港的公眾活動中。1992 年香港地球之友響應國際海灘清潔日（International Coastal Cleanup Day），在香港扶輪社青年組織的協助下於赤柱清潔海灘，全球其他逾 26 個國家亦一同響應活動，有關活動的成果亦已記錄在國際清潔檔案內。1986 年，美國海洋保育協會（Ocean Conservancy）創辦國際海岸清潔運動（International Coastal Cleanup），旨在鼓勵市民清潔他們居住地區附近的海灘和水道的廢物，環保促進會於 2008 年起成為香港「國際海岸清潔運動」的統籌機構，負責安排義工於海灘進行清潔活動。1993 年起，澳洲籍人士伊恩基南（Ian Kiernan）發起清潔悉尼市的行動，此行動後來演變為「世界清潔日」（World Cleanup Day），於每年九月第三個周末舉行。同年，本港的綠色力量成為「世界清潔日」的香港區主辦機構，初時只針對港人因慶祝節日而產生的廢物和廚餘問題，到後來發展至針對郊野垃圾的問題。綠色力量每年都會動員市民清潔香港的郊野。

其後，思匯政策研究所、香港清潔和環保促進會等，亦分別以聯絡機構身份參加國際海岸清潔運動，它們每年都安排義工進行海灘和海底清潔活動。自從香港參與此項國際運動後，參與人數及清理的海洋垃圾量不斷增加，1994 年時，300 名義工從香港海灘和海底收集到 1780 公斤垃圾，至 2017 年時，義工已增至 87,349 名，收集到的垃圾亦增至 557.8 萬公斤。另外，亦有團體關注山野垃圾問題，例如生態巴士從 2013 年起舉辦「無痕山林」訓練，指導公眾學習各種在野外減少破壞環境的技巧，並沿途清理山野上的垃圾。

公民科學調查

公民科學是指義工與科學家合作，擴大科學調查數據收集的範圍，以取得更具代表性的研究歷程與成果。這類型環境教育活動能提升市民的環保意識和知識，如：香港觀鳥會於 1957 年成立後，便致力推動民間鳥類研究工作，收集義務觀鳥者在全港各地的野外鳥類紀錄，並持續更新香港鳥類清單，為香港公民科學調查活動的先驅。2016 年起，香港觀鳥會招募市民參與全港麻雀普查，了解本地樹麻雀（*Passer montanus*）的分布狀況，將雀鳥調查工作普及化之餘，也提高了公眾對於市區自然環境變化的關注度。

香港亦陸續有環團推動其他野生物種的公民科學調查工作，例如 1997 年香港響應了全球首次的「珊瑚礁普查」工作，當時共有 40 名義務潛水員參與，經訓練後，他們分別記錄了香港不同地點的珊瑚及其他指標物種的狀況（見圖 5-16）。至 2017 年，參與「珊瑚礁普查」的義工已增加至 760 人，在 33 個普查地點進行調查工作。綠色力量由 2008 年開始組織市民參與成為「蝴蝶普查員」，義工經常到本地多個蝴蝶熱點進行普查工作，記錄蝴蝶物種數目及相關生態數據，並持續監察蝴蝶物種及蝴蝶熱點的環境變化，以完善香港蝴蝶資料庫及找出更多未受保護的蝴蝶熱點。自 2014 年起，環保團體 Bloom Association 招募義工潛水員進行 114°E 珊瑚魚普查，拍攝魚類在水底生態照片，同時記錄其出沒地點和數量，2017 年時，已記錄了逾 300 種魚類。

圖 5-16　香港珊瑚礁普查基金每年舉辦珊瑚礁普查活動，記錄香港不同地點的珊瑚及其他指標物種的狀況。（攝於 2018 年 12 月，香港特別行政區政府提供）

2014 年 6 月，世界自然（香港）基金會發起「育養海岸」計劃，培訓 2000 名義工在本港 34 個海岸或海底地點，進行海洋垃圾和生態的公民科學調查，記錄調查地點的海洋垃圾及物種數據並進行分析，引起社會各界對海洋垃圾問題的廣泛關注。2015 年該會展開了香港濕地生物多樣性普查，在 450 位「公民科學家」努力下，將米埔的野生動物物種記錄更新，並錄得逾 2050 種野生動物，為長期監察生態及生境管理工作提供參考。

2016 年，大潭篤基金會舉辦本港第一屆「Bioblitz 生態速查」，由 50 位專家帶同 300 位學生於香港島大潭具特殊科學價值地點進行連續 30 小時的生態調查，於活動中共錄得 578 種生物。活動能吸引參與學生關注身邊的自然環境，以及了解香港專家的相關保育和研究工作。該會於同年發布《香港學校生態速查指引》及鼓勵使用 iNaturalist 手機應用程式，把在調查期間拍攝的物種照片上傳至平台的公開資料庫，供香港甚至海外專家辨認及確認物種。有關活動不單降低了公眾參與的門檻，又提升了參加者學習興趣，有助拓展公民科學的參與範圍及模式。

2. 自然主題的學習活動

除了讓公眾透過實際身體力行的行動保護郊野環境以外，環團亦舉辦不同主題和形式的自然教育活動，讓市民欣賞及了解大自然及生物多樣性，認識人與自然的關係，並培養保護環境的意識。

生態旅遊及郊野的自然教育

世界自然（香港）基金會於 1992 年起舉辦「米埔環保行」活動（後更名為「步走大自然」），透過漫步米埔，讓公眾每年都有機會深入了解米埔自然保護區和濕地保育的工作，並欣賞米埔的自然風光和豐富物種。1994 年起，綠色力量開始在香港島的港島徑舉辦環島行，透過綠色行山體驗，推廣「無痕行山」的理念，並為機構的環境教育工作籌募經費。

2000 年後，因市民開始接受生態旅遊的理念，以致郊野活動變得更受歡迎。加上 2003 年 SARS 期間，市民的外遊受到限制，而市民也對健康的關注大幅提升，所以本地的生態旅遊得到快速發展。在此期間，生態教育及資源中心、自然足印、自然脈絡、生態協會、生態巴士等多個着重戶外教育活動的組織相繼成立，皆以推廣自然環境教育、發展可持續性的生態旅遊和無痕山林等生態旅遊為工作重點，並舉辦各種生態導賞訓練課程、環境教育工作坊、講座、戶外考察等。除了環保組織以外，香港亦出現了專業推廣及實踐生態旅遊概念的企業，例如旅行家，以及由該會於 2005 年成立的香港生態旅遊專業培訓中心，它們都致力發展專業的環境生態培訓課程及活動，培養大眾欣賞大自然和了解環境生態保育的重要。

2005 年起，長春社開展「綠遊香港」計劃，透過義務導賞員培訓、公眾導賞、嘉年華等活動，間接教導市民環保意識（見圖 5-17）。截至 2017 年，該計劃開發了 10 條位於香港島及南丫島的生態文物徑，並在該兩島推動市民參與保育活動，例如清理薇甘菊和清潔海岸等。2007 年 1 月，生態教育及資源中心聯同西貢之友舉辦「第一屆香港麻鷹節」，透過展

圖 5-17　自 2005 年起，長春社與港燈合作，開展「綠遊香港」計劃，透過義務導賞員培訓、公眾導賞、嘉年華等活動對市民進行環保教育。（港燈提供）

覽及攤位遊戲等活動，增加公眾對於麻鷹及其他猛禽的認識，並促進社區生態保育意識，至 2017 年時，已舉辦了 11 屆麻鷹節活動。

市區生態環境教育

長春社於 1992 年發起「生命樹」保護樹木教育計劃，在九龍公園等市區公園中舉辦體驗、遊戲、藝術等活動，培養小孩的惜樹文化；於 2000 年起舉辦「與鳥共舞」年度活動，以不同類型的鳥類教育活動，協助參加者認識常見的雀鳥，引發他們對鳥類、甚至大自然的興趣。多年來，香港觀鳥會在不同地區推動各類型觀鳥活動，又定期開辦《觀鳥訓練證書課程》，並於 2002 年建立以長者為主要成員的「紅耳鵯俱樂部」，透過定期在市區公園舉行觀鳥訓練、導賞等活動，向公眾推廣觀鳥的樂趣及保育野生雀鳥的重要性。2006 年至 2017 年期間，香港觀鳥會與香港公園合辦「香港公園綠色大搜索」，參加活動的小學生需要找尋「鳥蹤」及觀察各種自然生態痕跡，活動目的旨在提高青少年欣賞和認識雀鳥的興趣，並加深他們對大自然、香港生物多樣性的保育意識。

另外，長春社亦關注市區古樹、石牆樹的保育，曾於 2006 年出版關注石牆樹的宣傳資料，並舉辦「都市樹木管理課程」。長春社又透過不同活動，教育市民認識市區常見生物，包括雀鳥、昆蟲、兩棲及爬行類動物等等，從而教導市民看待自然界物種的應有態度。

鄉郊環境教育

1960 年代至 1970 年代，新界陸續發展新市鎮。由於早年鄉郊土地仍然充沛，「護鄉」、「復耕」等概念尚未流行。2000 年前後，市區居民開始重視鄉郊及本土農業的保育。香港觀鳥會與長春社於 2005 年起在塱原展開「塱原自然保育管理計劃」，除管理工作外，亦舉辦圍繞濕地生態、雀鳥和農耕主題的學生及公眾教育活動。這兩個環團於 2008 年起舉辦「塱原生態導賞員基礎訓練證書課程」，培訓公眾導賞員帶領市民參觀塱原濕地，並推廣保育信息，又於 2009 年起合辦「塱原收成節」，以當地食材、稻草工藝坊、土窰體驗、生態導賞等方式進行環境教育工作（見圖 5-18）。截至 2017 年 1 月，塱原收成節已舉辦了 11 屆。

2012 年起，香港觀鳥會在新界西北部魚塘開展「香港魚塘生態保育計劃」，並於當年 11 月舉辦首屆「新界漁塘節」，透過公眾生態導賞團、展覽及教育園地等，帶出人鳥魚共融，生態平衡的重要性，截至 2017 年，已舉行了三屆活動。

長春社、香港大學嘉道理研究所、綠田園基金、鄉郊基金亦於 2013 年起合作舉辦「永續荔枝窩 —— 農業復耕及鄉村社區營造計劃」，希望把荔枝窩發展成為一個具示範作用的活化鄉村，從而推動當地的復耕及社區活化工作。在計劃中，長春社負責推動環境教育工作，它通過生態導賞、農耕體驗、講座、野外研習等，讓公眾能深入認識荔枝窩的生物多樣性、鄉郊保育和永續發展等議題。

另外，環保協進會亦積極推動鄉郊環境教育的工作，例如 2008 年及 2010 年分別推動「綠

圖 5-18　長春社及香港觀鳥會於 2009 年起舉辦「塱原收成節」，以當地食材、稻草工藝坊、土窰體驗、生態導賞等方式進行環境教育工作。（長春社提供）

色鄉郊行動」及「環保鄉村運動」；2012 年更在大埔林村設立「傳統智慧樂活館」，以傳統文化演繹節能減碳的重要性，又在鳳園、三門仔、長洲等環境教育中心的工作中，加入鄉郊或漁區文化的元素。

3. 環保生活習慣的培養

二十世紀末全球急速的經濟發展，衍生出廢物管理、全球暖化、能源危機等國際議題。香港作為大都會，社會亦因應這些議題，展開不同類型的教育工作。與政策倡議不同，環境教育對象主要是群眾，因此有關策略也多從生活題材入手，以下介紹部分案例。

減廢回收推廣

長春社早於 1978 年的香港環境節中舉辦「反浪費日」嘉年華活動，以攤位遊戲、廢物利用展覽、燈謎、圖畫比賽等活動，教育市民反浪費及廢物利用的知識，為首個同類型的大型公眾教育活動。活動吸引了數十間學校及團體等約 2000 至 3000 名少年及兒童參與。長春社在活動中推廣「反浪費約章」，鼓勵市民回收重用，避免購買過度包裝的產品，減少使用非必要的即棄用品，以及減少能源和食用浪費等。長春社又於 1988 年及 1989 年分別展開「慎用膠袋運動」和「減少垃圾運動」，內容包括研討會及創作比賽等。

香港地球之友於 1990 年代起推行廢紙、膠袋、鋁罐等回收項目，先在 1993 年起，在公共屋邨引入三色回收箱，教育市民使用回收設施，引進回收和減少製造廢物的觀念，並安排回收公司回收廢棄物。該會又於 2001 年起推行「舊衣回收計劃」，在屋苑等地方設置回收點收集舊衣物、鞋履、手袋等，然後免費分享給有需要的人士，或轉售到需要舊衣物的地方。該會其後亦陸續發起發泡膠飯盒、碳粉匣等減廢及回收項目。2005 年，綠色力量、香港地球之友和長春社與香港房屋委員會合辦「綠樂無窮在屋邨」活動，在重點屋村推行各類環保教育活動，例如源頭廢物分類回收計劃、減用膠袋有獎勵行動和綠屋邨大使培訓計劃等，透過回收計劃、減廢挑戰、工作坊、嘉年華、環保大使招募等活動，提高市民在生活上的環保意識，並協助市民減少廢物產生和實踐低碳生活（見圖 5-19）。

圖 5-19　綠色力量、香港地球之友和長春社與香港房屋委員會合辦「綠樂無窮在屋邨」活動，在重點屋村推行各類環保教育活動。（香港地球之友提供）

綠領行動亦積極推廣減廢方面的社區教育，它們主要關注當下的社會狀況，尤其現代社會濫用膠袋問題。該會於 2006 年提倡「無膠袋日」，2007 年提倡「街市減用膠袋計劃」，2009 年呼籲商場的「減少雨傘膠袋大行動」，2010 年號召「報紙不要袋」，2015 年推出《一個麵包袋夠晒數》約章，都切合當時的社會狀況。

2016 年成立的綠惜地球，主力推動廢物管理的倡導和教育工作，於成立當年起便推動籌辦綠色賽事，協助運動賽事的主辦單位推行減廢及回收，透過有系統地擺放垃圾桶及回收桶，培訓義工在場站崗並向每位參加者作出提示，成功回收大部分膠樽，並即日運往回收中心處理。綠惜地球發起的「綠瓶子承諾」於 2017 年獲 50 多個單位共 100 多個項目響應，承諾在工作間或舉辦活動時，不提供即棄膠樽水。2016 年起亦有關注環保的市民於元朗自發開展「不是垃圾站」活動，透過開設街站，把可重用的廢物回收或給予街坊，又把真正的垃圾運往堆填區，以達至資源共享、源頭減廢，及推動公眾環保教育的目的。該自發性活動亦逐漸發展至香港多個不同地區。

節能減碳

長春社於 1991 年舉行「善用大廈能源」研討會暨展覽，為環團早期推動以氣候變化、節約能源為主題的活動。香港地球之友於 2001 年創辦第一屆太陽能車大賽，目的是推廣可再生能源的概念及應用，比賽以有趣的形式吸引公眾參與，從而推動社會採用及發展可再生能源。自然足印於 2004 年起開始舉辦「無冷氣日」，鼓勵學校在 6 月 1 日關掉所有課室的冷氣至少半天；環保觸覺於 2010 年起舉辦「無冷氣夜」，呼籲市民在 10 月 7 日晚上，若室外氣溫低於攝氏 27 度，就關掉冷氣，希望透過有關活動，增加參加者對溫室效應和可再生能源的認識。

香港地球之友於 2006 年推出「知慳惜電」節能比賽，鼓勵社會節約用電，至 2017 年時，共有 2 萬多個單位參加，合共節省超過 3.4 億度電，減少超過 24 萬噸二氧化碳的排放。2007 年至 2014 年嘉道理農場與環保協進會合辦「噸噸愛地球」活動，鼓勵市民節約能源，實踐低碳生活。活動鼓勵市民利用網上計算機設立個人的減排方案，而在 2011 年時，活動已有 550,000 港人回應，他們承諾實行節能減碳，而活動累計的二氧化碳減排量達 94,418 噸；而該系列的社區活動由中環開始，逐步擴展至大埔、北區、將軍澳、黃大仙、荃青等地區，每區約 10,000 家庭參與節能減排，其中包括 7 個青少年制服團隊以及多個專業團體。

2007 年世界自然（香港）基金會推出針對香港情況而設計的碳足印計算器，讓市民可量化自己因排放溫室氣體而形成的碳足印，進而有系統地尋找合理方式減少碳足印。2009 年世界自然（香港）基金會於香港首度舉辦「地球一小時」，鼓勵市民、機構和企業於每年 3 月最後一個星期六晚上熄燈一小時，同時呼籲各界在熄燈一小時後，繼續於日常生活中實踐可持續生活模式。首年舉辦共有 290 萬名香港市民參與，至 2017 時，已有近 300 間學校、超過 5600 間機構及大廈響應該活動（見圖 5-20）。

圖 5-20　2009 年世界自然（香港）基金會於香港首度舉辦「地球一小時」，鼓勵市民、機構和企業於每年 3 月最後一個星期六晚上熄燈一小時，並於日常生活中實踐可持續生活模式。（攝於 2009 年，世界自然（香港）基金會提供）

環保飲食

綠色生活教育基金（Club-O）由 2004 年成立起，推動大眾實踐綠色飲食，除了主張素食、慢食，也鼓勵採用有機、適時種植、低碳足印、天然無添加、整全的食材來烹調食物，並以感恩愉悅心情享用食物，減少由飲食消費產生的環境影響。多年來，綠色生活教育基金透過「蔬乎里」蔬食廚房，舉辦各項素食廚藝活動及課程，推廣「食物是最好醫藥」理念。此外，該基金亦舉辦健康素食講座、素食餐盒等活動，向大眾推廣環保飲食。

綠色學生聯會於 2006 進行的廚餘調查發現，有 87% 的市民經常吃剩食物，每年製造的食物渣滓逾 115 萬噸，因此，該會於 2007 年起推行「有衣食運動」，鼓勵市民主動要求餐廳減少食物分量、多與朋友分享食物或把剩餘食物帶回家，以減少產生的剩食，降低堆填區的壓力。其後亦於 2013 年推動「校園零廚餘計劃」，2014 年又與環保署等合辦「惜食香港」運動，鼓勵政府、商界、個人及家庭減少廚餘，並把未能避免的廚餘作分類回收，以加強實踐資源循環及幫助實現碳中和的目標。

2007 年世界自然（香港）基金會推出專為香港編製的海鮮選擇指引，為市民提供香港常見海鮮的資訊，該指引清楚列明哪些魚類的養殖及捕撈方式合乎可持續原則，以及哪些物種因捕撈或養殖方法不當而受生存威脅，協助市民選擇食用環保海鮮，減少生態足印。2010 年起世界自然（香港）基金會發起「無翅宴會菜單選擇行動」，邀請本港餐飲業界於宴會菜單中增加無翅選擇，當年已有 17 間酒店及中式酒樓率先加入，共同鼓勵消費者減少食用魚翅，支持鯊魚保育。

人與自然關係的建立

2000 年後，香港有社會人士提倡心靈教育，作為環境教育的新興方向。2004 年起，綠色生活教育基金從養生、郊遊、身心療癒等方向入手，推動大眾實踐綠色生活理念，關注身心靈健康、回歸大自然。2011 年起，嘉道理農場亦多次舉辦「自然靜心」系列和其他自然體驗活動，讓參加者於寧靜清幽的環境中，利用身體的感官，去欣賞大自然，感受與大自然和諧的關係。2017 年，香港森林浴成立，藉森林浴課程和活動等，協助參加者與自然建立深刻、充滿療癒力量的關係。

四、其他教育及活動

除了設立環境教育中心、舉辦不同類型的環境教育活動以外，非政府組織亦積極以不同的媒介宣傳、推廣、教導市民環保理念，冀望增進公眾的環保意識和知識。1973 年，長春社的《協調》（*SOS Environmnt*）雜誌創刊，1979 年長春社出版的《環境名詞索引》，都是香港早期具代表性的環境教育刊物及資料整理成果。1988 年長春社的《綠色警覺》季刊和香港地球之友的《一個地球》季刊創刊，後者更是本地首本用再造紙印刷的雜誌。綠色力量亦分別於 1989 年和 1994 年起出版《綠田園》月刊及《綠田野》雙月刊，讓市民更了解環保團體的工作，並把環保信息和政策倡導的工作向大眾傳播。

香港地球之友於 1989 年開始便着手編製《學前環保教育教材套》，教材套於 1992 年正式出版，並免費派送給幼稚園。《學前環保教育教材套》的內容分空氣、水、聲音、廢物、植物、動物和能源七個部分，並建議了不少生動活潑的教學方法，如講故事、遊戲、角色扮演、科學實驗等，供老師教學之用。1996 年，香港地球之友再出版《學前環保教育教材套（修訂本）》。

不同機構亦透過出版關於生態保育、環境教育的書籍，推動本地環境教育，嘉道理農場的著作包括有：《香港植物誌：蕨類植物門》（2004 年）、《樂活在家》（2009 年）、《香港野生蘭花》（2011 年）等；香港觀鳥會數十年來亦出版大量雀鳥書籍，例如《香港鳥類圖鑑》及《觀鳥手冊》，程度由初學入門至專門兼備，鼓勵不同程度、社會不同階層的人加入觀鳥行列。其中《香港及華南鳥類》一書，為觀鳥界之經典著作，由 1977 年出版後不斷更新增訂，書中的雀鳥資料內容豐富，2017 年 3 月時，更位列政府新聞處十大暢銷刊物之一。

環保協進會鳳園蝴蝶保育區於 2010 年代出版不同類型的環保書籍或小冊子，包括《共建蝴蝶樂土》（2013 年）、《鳳園蝴蝶效應》（2013 年）、《香港觀蝶手冊進階篇》（2015 年）等。綠色力量亦由 2006 年起，出版《從河而米》和《河去何從》系列、以香港河溪保育為主題的書籍。郊野公園之友會自 1992 年成立後，亦大力推動自然保育和康樂教育的工作，並與漁護署合作策劃和出版 100 多本與大自然相關題材的書籍，包括物種圖鑑、生態介紹、地區研究、野外指南及康樂活動手冊等。

2000 年後，以香港自然環境為主題的環團相繼成立，並紛紛出版與環境相關的專業著作。野外動向於 2000 年起出版同名雜誌及環境教育叢書系列，包括各種動植物的自然圖鑒、攝影圖片畫冊及其他環境主題書籍，探討全球及本地生態和文化，啟發市民進行戶外探索、了解自然生態和參與深度旅遊（見圖 5-21）。香港自然探索學會亦於 2004 年成立，該會集合了香港自然環境的專家，對地質、河溪、人文地理、昆蟲、植物、海岸環境進行觀察、研究、普查、探索及景觀拍攝等工作，並分門別類用文字及圖片作出記錄及報道，然後出版專書發表所得成果，如：《香港魚類自然百態》（2013）、《香港兩棲爬行類眾生相》（2015）等。該會於 2006 年創刊《郊野探索》雜誌，旨在提升香港市民對自然環境的認知與了解。

另外，不少環團都於網上開設平台，支持自然知識的提升及交流，例如可觀自然教育中心暨天文館於 2012 年創建《香港生物多樣性訊息系統》資源庫，以推行生物科教育和環保教育。成立於 2004 年及 2006 年的香港兩棲及爬蟲協會論壇和香港自然生態論壇等團體，也都聚集了大量自然生態愛好者，他們可在網上互相交流野外觀察的經驗，相關的研究成果及知識等，從而推動生態保育的普及化。

圖 5-21　野外動向於 2000 年起出版同名雜誌及環境教育叢書系列，包括各種動植物的自然圖鑒、攝影圖片畫冊及其他環境主題書籍。（野外動向提供）

第六章
生態事件與
環保運動

生態事件，是指對生態環境和人類在內的生物產生負面影響的事件，由人類活動直接或間接引發，而影響深遠的生態事件，一般稱為生態災難或環境災難。[1] 香港主要生態事件，包括外來物種入侵、漏油及海岸污染、土地污染、非法破壞鄉郊，以及非純自然因素引發的紅潮、山火和珊瑚白化等。

十九世紀中葉以來，隨着經貿往來和人口流動日趨頻繁，外來物種陸續進入香港。香港的外來物種入侵，大多屬於後發影響事件，因外來物種需時適應本地環境，才能對原生物種構成威脅。至太平洋戰爭前夕，本港已有薇甘菊、恆河猴、熱帶大頭家蟻、莫三比克口孵非鯽、非洲蝸牛等外來物種引入或發現的記載。二戰後，外來入侵性的動植物種遍布各個水陸生境，對原生物種產生長遠持久的影響。

二戰後，隨着經濟增張和城市發展加速，生態事件亦趨向多元和頻發，包括 1970 年代和 1980 年代的大型漏油事件；1980 年代和 1990 年代的大規模山火、紅潮和珊瑚白化；2000 年後的土地污染、破壞鄉郊、海陸廢物傾倒事件。上述生態事件中，以養殖漁民為受影響較大的本地社群，在各宗大型紅潮和漏油事件中，受到直接財產損失。香港的生態事件，除了 1996 年的八仙嶺山火，未有造成人命傷亡。而大部分生態事件，由人為活動直接導致，包括刻意和意外行為，而紅潮、珊瑚白化事件的人為因素相對間接。

環保運動，又稱環境保護運動，泛指保護自然環境、生態、物種免受經濟和城市開發影響的相關事件。環保運動屬於社會運動，由獨立於政治權力和經濟資本的社會力量發動。常見運動形式包括體制以內手法如推動立法和提出司法覆核，體制以外手法如媒體倡議和街頭活動。[2]

1962 年，美國海洋生態學者雷切爾·卡森（Rachel Carson）出版《寂靜的春天》（*Silent Spring*），作品描述化學農藥對美國鄉郊的生態影響，引發了美國以至全球先進國家地區的環保運動。香港環保運動始於 1970 年代，主要事件包括反對啟德機場夜航、南丫島興建煉油廠、大生圍興建住宅項目事件。此時期的環保運動，亦受到國際潮流的影響。1970 年代和 1980 年代全球環運兩個重大議題是反對化工和核能，同期香港的主要環保運動亦有類似訴求，包括反對南丫島興建煉油廠、要求青衣油庫遷離及反對興建化學廢物處理中心、反對大亞灣核電廠運動。此外，房地產開發項目亦是重要的環保運動主題，包括反對大生圍、沙羅洞、南生圍等房地產項目的連串事件。隨着香港進入政權交接的過渡時期，部分

香港志 — 自然·環境保護與生態保育

1　純由自然力量引發的相關事件，一般歸入自然災害。生態事件不等於環境事件，後者亦包括自然災害，有關環境事件的定義，參見中華人民共和國生態環境部「突發環境事件應急監測技術規範」（2021 年 12 月 16 日），連結：https://www.mee.gov.cn/ywgz/fgbz/bz/bzwb/other/qt/202202/W020220228602950839263.pdf。

2　上述對環保運動的定義，綜合以下資料來源：On Kwok Lai, "Greening of Hong Kong? - Forms of Manifestation of Environmental Movements" in Chiu, Stephen Wing Kai. *The Dynamics of Social Movements in Hong Kong*. Hong Kong: Hong Kong University Press, 2000；何明修：《綠色民主 - 台灣環境運動的研究》（頁 xi）；《續修臺北市志卷三·政事志 - 衛生與環保篇》，頁 213 至 214；John McCormick, *Reclaiming Paradise: The Global Environmental Movement*（Bloomington: Indiana University Press, 1989），p.ix -x。

環保運動亦披上政治色彩，涉及中英兩國外交、內地與香港關係，當中以反對大亞灣核電廠運動、反對策略性污水排放計劃方案為代表。

二十世紀香港的環保運動大多達成組織者的目標，包括反對啟德機場夜航、反對南丫島興建煉油廠、反對沙羅洞房地產開發、要求搬遷青衣油庫、策略性污水排放計劃修訂排放方案等，而在反對大生圍、南生圍、維多利亞港大規模發展或填海的運動中，亦取得不同程度的成果。在1970 年代至 1990 年代的各場主要運動中，以大型環保團體（如：長春社、香港觀鳥會、香港地球之友）為骨幹，同時亦包括個別社會精英，如學術界和法律界的參與。2000 年，香港環境保護署（環保署）拒絕九廣鐵路（九鐵）落馬洲支線高架橋方案的環評報告，落馬洲支線最終改為隧道方案，塱原濕地得以保育，此事件被廣泛視為香港環保運動的重要里程碑。

踏入二十一世紀，香港環保運動湧現反對全港性大型基建的訴求，以反對興建港珠澳大橋、反對香港國際機場興建第三條跑道、反對「三堆一爐」項目（堆填區和焚化爐）的事件為代表。相對 2000 年以前，此時期運動組織者和策略亦趨向多元化，個別地區人士和小型環團扮演更重要的角色，社交媒體倡議和司法覆核成為主要的抗爭手段。

在反對灣仔北填海工程及中環填海計劃、反對龍尾灘發展人工泳灘、反對港珠澳大橋、反對興建機場第三條跑道等事件，運動人士均採用司法覆核。環保運動的發展，亦與本地社會運動的發展息息進關，滲透更多環保以外議題。然而，2000 年以後環保運動的成果，不及二十世紀的運動。2010 年代的數場主要運動，如反對龍尾灘發展人工泳灘、反對興建港珠澳大橋、反對興建機場三跑、反對「三堆一爐」項目，組織者皆未能達成目標。

第一節　生態事件

一、外來物種入侵[3]

外來入侵物種指一些非本地原生、但在本地自然環境中建立種群，並對自然生態、社會或經濟帶來負面影響的物種。受全球化趨勢影響，外來入侵物種在世界不少地區帶來一系列問題，包括破壞生態平衡、影響漁農業及帶來經濟損失。香港有為數不少的非原生或外來物種，本節選取 19 個於過去與目前對香港生態和社會有影響或有潛在影響、或引入後迄今已發展出不可忽略的種群數量的外來入侵物種，其中不乏一些被國際自然保護聯盟（International Union for Conservation of Nature and Natural Resources, IUCN）物種

3　本節標題中有＊號者，表示中華人民共和國環保總局（現生態環境部）及中國科學院《中國外來入侵物種名單》內所列並於本港發現的物種。

存續委員會入侵物種專家小組（Species Survival Commission Invasive Species Specialist Group，該小組下稱「IUCN/ISSG」）列為世界百大外來入侵種。

全球各地都嘗試控制入侵物種的影響，香港也不例外。本港漁農自然護理署（漁護署）通過風險評估機制，採取以預防、及早發現與快速反應為主的應對策略，輔以適當的控制和管理措施來應對外來入侵物種，期望減低他們所帶來的危害。此外，本地環保團體亦有參與防治工作，如在個別地區移除薇甘菊，同時透過講座和工作坊等活動，提升大眾對外來入侵物種的防治意識。

1. 入侵動物

哺乳動物

<u>恆河猴</u> 即普通獼猴，學名 *Macaca mulatta*（見圖 6-1），靈長目猴科。在香港金山郊野公園一帶棲息的野生普通獼猴並不是香港原生獼猴的後代，而是在第一次世界大戰期間引入，目的是將九龍水塘集水區內有毒的牛眼馬錢（*Strychnos angustiflora*）吃掉，以保障食水安全。1950 年代起，由於人為過度餵飼，香港獼猴數量迅速增加，其行為有時具侵略性，帶來的滋擾亦由郊野公園蔓延至附近民居。1999 年，漁農處根據《野生動物保護條例》制定《1999 年禁止餵飼野生動物公告》，禁止市民在獅子山、金山及城門郊野公園等劃定範圍餵飼野生猴子。2007 年起署方為野生猴子實施大規模避孕和絕育措施，使得猴子出生率明顯下跌，群落數目亦從 2008 年至 2016 年間銳減超過 23%，並在 2014 年至 2016 年間維持約 1650 隻。

圖 6-1 恆河猴（*Macaca mulatta*），1910 年代引入本港，初期集中於九龍水塘活動，現時主要分布於金山、獅子山及城門郊野公園。（香港特別行政區政府漁農自然護理署提供）

家鼠 學名 *Mus musculus*（見圖 6-2），又名鼷鼠或小鼠，嚙齒目鼠科，雜食性且繁殖力極強，被 IUCN/ISSG 列為世界百大外來入侵種。家鼠原產印度次大陸，引入香港時間不明，但已發展為香港上要的二種城市嚙齒動物之一。1894 年香港鼠疫大流行，導致 2000人以上死亡，對民眾健康構成嚴重威脅。自此以後，港府重新制定衛生政策，並執行衛生法例，防止鼠疫再次爆發。自 2000 年起，食環署防治蟲鼠事務諮詢組開始定期進行全港鼠患參考指數調查，以監察鼠患情況。

圖 6-2 家鼠（*Mus musculus*），原產於印度次大陸。本港鼠蹤常見於食肆、貨倉和垃圾收集站等處所，亦不時影響鄰近民居。（相片轉載自食物環境衛生署，並根據香港特別行政區政府批出的特許複製。版權所有。）

紅頰獴* 學名 *Herpestes javanicus*（見圖 6-3），食肉目獴科，被 IUCN/ISSG 列為世界百大外來入侵種。該物種原產於印尼爪哇，普遍認為是人類刻意引入農田以防治鼠害。1989 年，本港首次在米埔自然保護區發現紅頰獴，可能來自香港附近地區，或被人蓄意放生而在本港形成群落。紅頰獴會對本地的脊椎動物，包括一些哺乳動物、鳥類、爬行動物和兩棲動物造成危害。此外，紅頰獴可傳播人類和動物疾病，包括狂犬病和人類鈎端螺旋體病。

圖 6-3 紅頰獴（*Herpestes javanicus*），原產於印尼爪哇，1989 年在香港首次發現。（香港特別行政區政府漁農自然護理署提供）

軟體動物

<u>非洲蝸牛</u>* 　學名 *Achatina fulica*（見圖 6-4），柄眼目瑪瑙螺科，雌雄同體，異體交配，繁殖力強，生長迅速，被 IUCN/ISSG 列為世界百大外來入侵種，2003 年被列入《中國第一批外來入侵物種名單》。原產於非洲東部，可作為人類的食物、寵物以及動物飼料。本港最早發現時間為 1941 年，其後因日軍侵略，問題未被重視，在之後的十年內，該物種已蔓延到九龍新界多個地方，使得農作物、蔬菜減產，成為生態系統的潛在威脅。

圖 6-4　非洲蝸牛
（*Achatina fulica*），原產於非洲東部，在香港最早發現時間是 1941 年。（長春社提供）

<u>福壽螺</u>* 　學名 *Pomacea canaliculata*（見圖 6-5），主扭舌目蘋果螺科，雌雄異體，繁殖速度快，雌性交配後，產下粉色卵塊，被 IUCN/ISSG 列為世界百大外來入侵種，2003 年被列入《中國第一批外來入侵物種名單》。原產於南美洲，1981 年作為高蛋白食品引入廣東省，由於口味不佳，市場不好，而被大量遺棄或逃逸，並很快從農田擴散到天然濕地。現廣泛分布於香港新界各淡水棲息地，喜食水生植物嫩芽，也捕食本地淡水螺的卵，因而對本地水生植物造成很大破壞，對濕地的生物多樣性造成嚴重威脅。目前仍未找到根治福壽螺的方案，只能透過人手清除，減低對生態的影響。

圖 6-5　正在產卵的福壽螺
（*Pomacea canaliculata*），粉紅色卵團是主要的辨認特徵。（長春社提供）

魚類

莫桑比克口孵非鯽　學名 *Orcochromis mossambicus*（見圖 6-6），慈鯛目慈鯛科，香港常稱其「金山鯽」，被 IUCN/ISSG 列為世界百大外來入侵種，原產於非洲，因外貌似鯽而被稱為「非洲鯽」。1940 年代，本港社會以養殖為目的，分別於 1940 年從新加坡及 1948 年從泰國引入非洲鯽，養殖逃逸或人為放生的後代已在香港野外建立野化群體。此魚的適應力極強，且生長迅速，與原生魚類競爭食物和生境，因而對原生物種及生態有很大影響。截至 2017 年，香港還未有該物種對原生魚類及棲息地生物多樣性影響的具體研究。

圖 6-6　莫桑比克口孵非鯽（*Oreochromis mossambicus*），常見於本地河溪，適應力極強。（香港特別行政區政府漁農自然護理署提供）

食蚊魚　學名 *Gambusia affinis*（見圖 6-7），鱂形目花鱂科，體形細小，環境適應性強且具攻擊性，被 IUCN/ISSG 列為世界百大外來入侵種，2016 年該種被列入《中國自然生態系統外來入侵物種名單（第四批）》。原產於北美東部、中美洲和西印度群島，為控制蚊子和瘧疾於 1940 年代被引入香港，目前廣泛分布於本港淡水水體中。2010 年香港大學的一項研究發現，該物種會捕食浮游動物、原生魚類以及兩棲類的卵和幼體，因而有可能影響原生物種。截至 2017 年，本港主要透過避免人為引入和擴散，以減少該物種對生態造成的影響。

圖 6-7　食蚊魚（*Gambusia affinis*），常見於本地溪流靜水區表層。（香港特別行政區政府漁農自然護理署提供）

昆蟲

<u>入侵紅火蟻</u> 學名 *Solenopsis invicta*（見圖 6-8），膜翅目蟻科，社會性昆蟲，極具破壞力的入侵生物，被 IUCN/ISSG 列為世界百大外來入侵種，2010 年被列入《中國第二批外來入侵物種名單》。入侵紅火蟻原產於南美洲，現入侵至各大洲，危害農作物，捕食無脊椎及脊椎動物，破壞生態多樣性。2005 年 1 月，本港首次在天水圍香港濕地公園發現入侵紅火蟻，特區政府高度重視，漁護署當時成立特別專責組應付入侵紅火蟻問題。

圖 6-8　入侵紅火蟻（*Solenopsis invicta*），原產於南美洲，2005 年首次在香港發現。（2005 年 1 月 27 日拍攝，南華早報出版有限公司提供）

<u>熱帶大頭家蟻</u>　學名 *Pheidole megacephala*，又名褐大頭蟻，膜翅目蟻科，多蟻后社會蟻種，雜食性，環境適應性強，極具侵害性種類，被 IUCN/ISSG 列為世界百大外來入侵種。原產於非洲南部，現已分布於所有熱帶潮濕地區。早在 1928 年，香港便有熱帶大頭家蟻的紀錄，之後在香港多區均發現該物種自然種群。研究顯示熱帶大頭家蟻能夠取代當地的無脊椎動物，尤其是螞蟻，從而影響當地的生物多樣性。漁護署 2014 年的一份報告指出，香港的入侵蟻類如熱帶大頭家蟻和入侵紅火蟻對本地的生態影響還需更多研究。

其他動物

<u>巴西龜</u> ＊　學名 *Trachemys scripta elegans*（見圖 6-9），龜鱉目澤龜科，食性雜。原產於美國中南部，沿密西西比河至墨西哥灣周圍地區，因而又名密西西比紅耳龜，被 IUCN/ISSG

列為世界百大外來入侵種，2014 年被列入《中國外來入侵物種名單（第三批）》。1980 年代因寵物貿易引入香港。由於巴西龜適應能力和繁殖能力強，在本地甚少大敵，有機會對本地的原生物種構成威脅。截至 2017 年，特區政府主要以控制人為放生為應對措施。

圖 6-9　巴西龜（*Trachemys scripta elegans*），原產於美國中南部，1980 年代引入香港。（香港特別行政區政府漁農自然護理署提供）

美國牛蛙 *　學名 *Lithobates catesbeianus*（見圖 6-10），無尾目赤蛙科。原產於美國東部，體大粗壯，食性廣泛且食量大。成蛙對入侵當地的無尾目動物的棲息地具有優勢，有機會影響水生群落結構。2003 年被列入《中國第一批外來入侵物種名單》。美國牛蛙仍未在香港建立野外種群，而根據本港的進口許可證制度，美國牛蛙可合法輸入本港作為食物或寵物。

圖 6-10　美國牛蛙（*Lithobates catesbeianus*），原產於美國東部。（香港兩棲及爬蟲協會提供）

松材線蟲 *　學名 *Bursaphelenchus xylophilus*，滑刃目寄生滑刃科，松屬植物寄生蟲，毀滅性蟲害，2010 年被列入《中國第二批外來入侵物種名單》。原產於北美洲。1970 年代末，松材線蟲被意外引入香港，開始感染本地原生松樹。1980 年代初，香港大量的原生松樹馬尾松因感染松材線蟲而出現大規模死亡。為控制蟲害，港府停止種植馬尾松，並燒毀和砍伐受松材線蟲感染的松樹。採取這些措施後，松材線蟲病沒有在香港爆發。

2. 入侵植物

菊類植物

薇甘菊 *　學名 *Mikania micrantha*（見圖 6-11），菊目菊科，以攀援、覆蓋、纏繞的方式絞殺其他植物，同時通過化感物質來抑制其他植物的生長，因此也被稱為「植物殺手」或「樹林癌症」，被 IUCN/ISSG 列為世界百大外來入侵種，2003 年被列入《中國第一批外來入侵物種名單》。原產於中南美洲，早在 1884 年本港已錄得薇甘菊出現並在本港開始蔓延。1980 年代起，本港農業式微，該物種在荒廢農地的蔓延情況尤為嚴重。2006 年，漁護署資助研究項目指出，薇甘菊對喬木和灌木造成的危害最大，薇甘菊對天然林木可能造成的影響應被高度重視。漁護署定期監察郊野公園、特別地區和具特殊科學價值地點，一旦發現其生長便會盡快安排清除，以保護本地的生物多樣性。各政府部門會按其職責範圍採取適當的植物護理措施。

圖 6-11　薇甘菊（*Mikania micrantha*），香港最具代表性的外來入侵植物物種。（攝於 2002 年 11 月 6 日，香港特別行政區政府漁農自然護理署提供）

馬纓丹[*] 學名 *Lantana camara*（見圖 6-12），又名如意草，唇形目馬鞭草科。原產於美洲中部及南部，2010 年被列入《中國第二批外來入侵物種名單》。十九世紀後期，馬纓丹經國際園藝貿易引入香港，及後廣泛分布於香港各區。《香港有毒植物圖鑑》中記載馬纓丹的葉和未成熟果實皆有毒性，進食可能對肝造成毒性和導致肝內膽汁滯留。

圖 6-12 馬纓丹（*Lantana camara*），原產於美洲中部及南部，市區和郊野皆十分常見。（香港特別行政區政府漁農自然護理署提供）

飛機草[*] 學名 *Eupatorium odoratum* L.（見圖 6-13），又名香澤蘭、暹羅草，菊目菊科，原產於中美洲，被 IUCN/ISSG 列為世界百大外來入侵種，是熱帶及亞熱帶地區的惡性入侵雜草。1934 年在雲南南部被發現，其後蔓延至中國內陸及沿海多省等地，包括香港。該物種繁殖能力強，分泌化感物質，嚴重影響生長地區的生物多樣性和農作物生長。2003 年被列入《中國第一批外來入侵物種名單》。

圖 6-13 飛機草（*Eupatorium odoratum* L.），原產於中美洲，繁殖力強。（香港特別行政區政府漁農自然護理署提供）

禾本科植物

互花米草[*]　學名 *Sporobolus alterniflorus*（見圖 6-14），禾本目禾本科，根系發達，耐鹽耐淹，抗風浪，生於潮間帶。種子可通過風浪傳播，單株一年內可繁殖幾十甚至上百株。原產於美國東南部海岸。1979 年開始，為抵禦颱風、保灘護岸，中國內地逐漸在沿海淺灘廣泛種植互花米草，但因其入侵紅樹林的生境，可以完全改變鳥類賴以生存的環境，並威脅海岸生態系統，於 2003 年被列入《中國第一批外來入侵物種名單》。2009 年的漁護署的統計顯示，由於自然擴散，本港后海灣白泥地區泥灘互花米草分布面積為 246 平方米，已被特區政府和環保團體安排人工清除，但需要持續管理保護，以防其死灰復燃。

圖 6-14　互花米草（*Sporobolus alterniflorus*），生於潮間帶，是本地紅樹林的主要入侵種。（香港特別行政區政府教育局提供）

石茅[*]　學名 *Sorghum halepense*，中文異名：假高粱、約翰遜草，禾本目禾本科，根莖發達。2003 年被列入《中國第一批外來入侵物種名單》。原產於地中海地區，其種子常混在進出口作物種子中引進和擴散，現廣布於世界熱帶和亞熱帶地區。二十世紀初在香港和廣東北部發現該物種，石茅有機會使作物減產，還可與同屬其他物種雜交，影響本地物種的遺傳多樣性，一般可用除草劑防治。

其他植物

鳳眼藍[*]　學名 *Eichhornia crassipes*（見圖 6-15），粉狀胚乳目雨久花科，繁殖迅速，被 IUCN/ISSG 列為世界百大外來入侵種，2003 年被列入《中國第一批外來入侵物種名單》。原產於南美洲巴西東北部，作為飼料、觀賞植物和污水防治植物被各國引入，引入本港時間不詳。鳳眼藍會破壞水生生態系統，威脅本地物種多樣性，可通過人手清除來進行控制。

圖 6-15　鳳眼藍（*Eichhornia crassipes*），原產於南美洲巴西，是本地豬隻常用飼料之一，俗名豬姆蓮、大水萍。（香港特別行政區政府漁農自然護理署提供）

無瓣海桑 學名為 *Sonneratia apetala*（見圖 6-16），桃金孃目千屈菜科原產於孟加拉、印度、緬甸和斯里蘭卡。無瓣海桑生長迅速，且易形成樹群，侵佔原生紅樹林及其他泥灘生物的生存空間，減少候鳥的覓食範圍。1993 年，深圳的福田紅樹林自然保護區引入種植無瓣海桑，到了 2000 年，於本港米埔后海灣被首次發現。2001 年 5 月，濕地諮詢委員會一致同意採取預防措施，從米埔后海灣拉姆薩爾濕地移除該入侵物種，儘管無瓣海桑對本土紅樹林群落的潛在影響當時仍然未知。根據漁護署人員在 2005 年至 2006 年的實地調查，在后海灣共發現 437 株無瓣海桑。漁護署其後每年都派員清理，從 2010 年到 2016 年，合共在后海灣一帶清理逾 10,000 棵無瓣海桑，涉及土地面積達 11 公頃。

圖 6-16 （由上至下）無瓣海桑（*Sonneratia apetala*）的葉、花與果。（香港特別行政區政府漁農自然護理署提供）

二、污染事件

1. 漏油及海岸污染事件

二戰後，本港逐漸發展成全球最繁忙和最高效率的國際貨櫃港，海上交通繁忙，惟 1960 年代至 1990 年代曾發生多宗嚴重海上漏油事故，危害海洋生境和漁業養殖區。隨着國際間監管海上污染的公約相繼生效，加上港府頒布相關法例加強管制，並致力提升航道安全，自特區成立以後，香港未再發生嚴重的海上漏油事故。每年，海事處均會與多個政府部門及油公司合作，舉行防治溢油污染聯合演習以及海上有毒有害物質泄漏應變演習，測試各部門和油公司處理香港水域內發生污染事故時的應變能力。

Columbia Trader 擱淺漏油事件（1968 年）

1968 年 8 月 7 日早上 6 時 30 分，美國貨船 Columbia Trader 於橫瀾島附近擱淺，船身受損漏出燃油，油污於港島南部水域漂流。海事處、市政事務署及消防處等部門派員於海面投放乳化劑清理油污，並封閉石澳、石澳後灘及大浪灣三個泳灘，將受污染的海沙挖走。8 日，愛護動物協會作出呼籲，若市民發現意外現場附近雀鳥染上油污，請協助送交協會救治。11 日，該船在太古船塢派員協助下成功浮起，被拖往將軍澳海面作進一步調查。據海事處估計，事故泄漏燃油至少 150 噸。

Eastgate 與 Circea 相撞漏油事件（1973 年）

1973 年 3 月 30 日凌晨 2 時 39 分，英國油輪 Eastgate 與法國貨船 Circea 於藍塘海峽近橫瀾島相撞，兩船起火，其中 Eastgate 斷開兩截並發生爆炸（見圖 6-17）。消防處、海事處、警方等派員搶救，火警於下午 5 時撲滅。事故造成 3 死 12 傷，泄漏近 2000 噸航空燃料。消防處表示，由於航空燃料易燃及易揮發，故泄漏的燃油大部分於火警期間被燃燒或揮發，故當局於附近海域未有發現大片油污。4 月 9 日，蜆殼公司協助 Eastgate 於觀塘油庫排走船上餘下的 17,000 噸燃料。

圖 6-17 意外後起火的英國油輪 Eastgate。（南華早報出版有限公司提供）

鴨脷洲油庫漏油事件（1973年）

1973年11月8日晚上9時30分，香港蜆殼有限公司（蜆殼公司）在鴨脷洲的油庫（見圖6-18）其中一個油缸，於運油船注入燃油期間，底部出現裂縫，泄漏達4916噸重質柴油。翌日，港島西南部沿岸及東博寮海峽大片海面受到污染，蜆殼公司、海事處及消防處等派員清理。10日，油污漂流至南丫島索罟灣，漁民發現養魚區內開始出現死魚（見圖6-19）。12日，漁農處收集土壤及海水樣本化驗，並派出漁業研究船聖瑪利角號（Cape St. Mary）測量油污。13日，港督委任鴨脷洲油庫燃油外泄事件調查委員會。22日，蜆殼公司公布，除索罟灣外，其他海域油污已經清理完成，並邀請英國專家來港調查漏油對海洋生物的影響，翌日漁農處另委任日本專家調查。12月11日，索罟灣漁民代表與蜆殼公司於離島理民府簽署賠償協議。蜆殼公司按漏油當日（11月8日）市價向每戶養魚戶賠償養殖魚類的損失，另按戶賠償為期半年的生活補助費以及按每個受污染魚籠賠償清潔費用，款項合計達400萬元。

1973年12月13日，鴨脷洲油庫燃油外泄事件調查委員會向港督提交調查報告，指出油庫管理人員未有按照指引如常關閉油缸水閘，加上油缸底部防滲岩層厚度不一，無法阻擋泄漏的燃油，建議油公司將來應加強審批同類建設之建築材料與方法。1974年春季，索罟灣養魚業恢復正常作業。根據本港及國際專家探討意外對水質、漁業、野生魚類、浮游生物、無脊椎動物等方面影響的研究結果，發現受影響海岸出現雀鯛科（Pomacentridae）、二齒魨（*Diodon liturosus*）等小型底棲魚類的死亡；浮游生物群落在意外之初出現即時死亡，但未產生長遠影響。無脊椎動物方面，漏油意外令附近沙灘小型底棲動物全數死亡；而雙殼綱（bivalvia）、腹足綱（gastropoda）、星蟲動物門（sipuncula）和蟹類物種亦出現大量死亡，但除對單齒螺（*Monodonta labio*）和漁舟蜒螺（*Nerita albicilla*）外，未對其他物種產生長遠影響。

圖6-18　1986年香港仔及鴨脷洲鳥瞰圖，左下方可見鴨脷洲蜆殼公司油庫與毗鄰的港燈發電廠，兩者均於1980年代末遷走，原址發展成私人屋苑海怡半島。（南華早報出版有限公司提供）

圖 6-19　索罟灣一帶海面被漏油污染。（攝於 1973 年 11 月 13 日，南華早報出版有限公司提供）

Oriental Financier 漏油事件（1976 年）

1976 年 2 月 18 日，金山輪船公司貨船 Oriental Financier 駛經鯉魚門海峽期間船底觸及海床受損，泄漏大量燃油，油污遍及將軍澳及藍塘海峽一帶，海事處等部門派員清理。翌日，海事處宣布油污受控，Oriental Financier 先後前往黃埔船塢卸貨及青衣船塢維修。20 日，將軍澳田下灣漁民召開記者會，投訴油污及清理油污的乳化劑造成田下灣養魚區近320 擔養殖魚類及居民飼養的雞鴨死亡。

Adrian Maersk 漏油事件（1977 年）

1977 年 9 月 19 日，丹麥註冊貨櫃船 Adrian Maersk 於南丫島北角附近擱淺，船底受損裂縫泄漏大量燃油，油污飄流至索罟灣一帶，影響養魚區內逾 100 個漁場，海鮮供應暫停。海事處派員清理油污，漁農處協助登記漁民損失（見圖 6-20）。10 月 14 日晚上，貨櫃船在打撈隊伍協助下成功浮起，拖離現場接受當局調查。按估計，事故泄漏燃油達 1000 噸，造成索罟灣養魚區內 1813 擔海魚、597,825 擔魚苗死亡。1978 年 1 月，船公司馬士基（Maersk）向受影響漁民發放賠償金合共逾 500 萬元。

圖 6-20　上圖為擱淺的 Adrian Maersk，海面上可見油污，攝於 1977 年 9 月 19 日；下圖為漁農處人員點算索罟灣漁民損失，攝於 1977 年 9 月 22 日。（南華早報出版有限公司提供）

淺水灣泳灘漏油事件（1982 年）

1982 年 7 月 21 日早上，淺水灣泳灘出現大片源頭不明油污。當局封閉泳灘部分位置，派員抽取海水樣本化驗以及於海面投放乳化劑清除油污，未有接獲泳客感到不適的報告（見圖 6-21）。當局調查後發現漏油來自附近拆卸中的淺水灣酒店地盤，地盤內連接兩個油缸的管道出現裂縫，使汽油泄漏至海灘。24 日，泳灘大部分範圍重開。1983 年 1 月 27 日，負責清拆工程的承辦商被法庭判罰款 50,000 元。據估計，事故泄漏燃油合共達 2000 噸。

圖 6-21　市政總署派員於淺水灣設置隔油帶及投放乳化劑清理油污，攝於 1982 年 7 月 21 日。（南華早報出版有限公司提供）

Frota Durban 漏油事件（1985 年）

1985 年 7 月 20 日，巴西註冊貨輪 Frota Durban 於南丫島以東的銀洲擱淺，船身受損泄漏燃油。翌日，油污擴散至港島南面水域，11 個受到漏油污染的泳灘懸掛紅旗，海事處與市政總署等部門派人投放乳化劑清理油污及移走受污染的海沙。20 日，海洋公園暫停由深水灣抽取海水供應園內水族設施，以保護園內海洋生物。8 月 21 日，貨輪駛離本港。港府事後入稟控告船公司，索償近 500 萬元的清理油污費用。據估計，事故泄漏燃油合共達 60 噸。本港學者單錦城事後調查發現，意外除了令近岸石灘的單齒螺大量死亡外，對附近海域海洋生物的數量和多樣性影響極少。

National Pride 漏油事件（1996 年）

1996 年 7 月 6 日，聯合船塢內正在維修的菲律賓貨輪 National Pride 油缸漏油，油污擴散至陰澳（今欣澳）、馬灣、深井及汲水門一帶，荃灣區內四個泳灘需要封閉，海事處及區域市政總署派員清理。9 日，漁農處派員前往馬灣魚類養殖區，評估養魚戶損失及收集魚產化驗，同日海事處公布票控 National Pride 船長。7 月 19 日，漁農處舉辦馬灣漁產試食活動，未發現魚產樣本受到漏油污染的跡象。月內，聯合船塢及船主與馬灣養魚戶達成協議，向養魚戶賠償近 325 萬元。10 月 30 日，海事處票控涉事船長的案件於荃灣裁判法院開審，海事處於庭上透露花費 8 日處理油污，涉及費用達 110 萬元。11 月 20 日，船長被法庭判罰 1000 元。

強颱風「韋森特」襲港後清理貨櫃船膠粒行動（2012 年）

2012 年 7 月 23 日，強颱風「韋森特」襲港期間，中海集裝箱運輸股份有限公司一艘貨船有七個貨櫃被強風吹至墮海，其中六個裝有袋裝的聚丙烯膠粒，共 150 噸。翌日海事處接獲通報，未有對外公布事件。7 月 25 日，大嶼山愉景灣居民發現三白灣海灘有近 200 袋來源不明的聚丙烯膠粒被沖上岸，居民聯同愉景灣地區環保團體 DB Green 及國際環保組織海洋守護者協會香港分會（Sea Shephard Hong Kong）義工自發清理，同日 DB Green 向當局報告事件。翌日起，食物環境衞生署、海事處、康樂及文化事務署、漁護署及環保署合作派員處理岸上及海面發現的膠粒，而水警亦協助尋找失蹤貨櫃（見圖 6-22）。

8 月 4 日，DB Green 發起周末一連兩日於愉景灣清理膠粒行動，另有其他環保團體及政黨前往梅窩、南丫島等地進行同類活動。8 月 7 日，DB Green、海洋守護者協會香港分會、海洋公園、海洋公園保育基金、世界自然（香港）基金會及 Ecovision Asia 展開「清理膠粒行動」聯合行動，各組織帶領義工分頭前往大嶼山、長洲、南丫島、蒲台島、港島南區沿岸等地點進行清理工作。9 月 7 日，海事處於喜靈洲對開海面發現第六個墮海並裝有膠粒的貨櫃殘骸。9 月 12 日，特區政府公布，在各部門及社會各界參與下，墮海膠粒大致清理完成，而當局進行的化驗結果顯示，膠粒對本港水質、海洋生態，以至魚類或食物的安全

圖 6-22　市民於南丫島石排灣義務清理沖上岸的膠粒，攝於 2012 年 8 月 6 日。上圖為市民收集所得的膠粒。下圖可見經收集整理的膠粒放滿沙灘。(David Wong / *South China Morning Post* via Getty Images)

的風險並不高。[4]

2012 年 11 月，特區政府因應此次事件，成立由環境局統籌的海岸清潔跨部門工作小組，加強協調部門之間的工作，並支持開展針對香港水域海上垃圾源頭、分布和流向的研究。2014 年 4 月 8 日，特區政府公布肇事單位同意向政府支付一筆款項，用作補償當局處理事故的開支，協議詳情保密不予公開。

2015 年 4 月，環保署公布《香港海上垃圾的源頭及去向調查》研究報告，調查發現來自本地的垃圾佔海上垃圾的 95%，而十大海上垃圾均包括各種塑膠和發泡膠物品。報告結論認為，海上垃圾從整體而言並未對本港構成嚴重問題（按重量計算，佔本港都市固體廢物 0.5%），並建議當局透過教育、執法、避免產生及清除垃圾，以及加強政府和社區伙伴關係改善海上垃圾問題。

2016 年 10 月 28 日，世界自然（香港）基金會發表《育養海岸──守護海洋的日子》調查報告，總結「育養海岸」計劃[5]自 2014 年開展以來所取得的成果。該計劃旨在延續 2012 年強颱風「韋森特」襲港後清理貨櫃船膠粒行動後社會各界保育海洋的精神，是全港唯一同時就海岸、沿岸水域及海底進行海洋垃圾及生態調查的保育計劃，兩年來合計前往 34 個地點進行 130 次調查及清理活動，收集及分析六個主要生境（紅樹林、泥灘、沙灘、岩岸、沿岸水域及珊瑚群落）的海洋垃圾及生態數據。調查結果顯示，在海岸線、海面和海底發現的海洋垃圾當中，有 60% 至 80% 為塑膠製品，對香港海洋環境構成嚴重威脅。報告建議特區政府、環保團體及社會合力從「減少製造垃圾」、「防止垃圾進入海洋」、「清理海洋環境」三方面着手解決本港的海洋垃圾問題。

根據環保署統計，2013 年 1 月至 2017 年 7 月期間，特區政府和社會各界舉辦的海岸清理活動逾 500 次。

珠江河口海洋垃圾污染香港水域事件（2016 年）

2016 年 7 月 7 日，環保署公布自 6 月 20 日起接獲報告，本港南部的泳灘和海岸接連發現大批海上垃圾，為夏季一般垃圾量的 6 至 10 倍。海洋守護者協會香港分會懷疑，海上垃圾來自香港以南外伶仃島的露天垃圾場。7 月 8 日，珠海市萬山區管理委員會公布，針對近日香港媒體報道外伶仃島疑為垃圾源頭之一，已初步查明該島與事件無關。

4　然而，世界自然（香港）基金會指出，聚丙烯膠粒本身並無毒性，不過未被清理的膠粒會繼續吸收持久性有機污染物（POPs），包括致癌物質多氯聯苯、農藥如 DDTs 等。若雀鳥和海洋生物誤認膠粒為魚卵而進食，會增加死亡風險；牠們吸收的有毒物質更會進入食物鏈，進一步危害區內中華白海豚和綠海龜等物種，以至人類健康等，詳見〈雪球效應〉，世界自然（香港）基金會網站，https://www.wwf.org.hk/news/?8400/The-Snowball-Effect#、〈爭時間清膠粒 勝糾纏責任〉，世界自然（香港）基金會網站，https://www.wwf.org.hk/?7581/cleaning-up-pellets-sounds-better-than-arguing-over-spillage-responsibilities。

5　計劃由世界自然（香港）基金會主辦，合作伙伴包括 Eco Marine、EcoVision 的 Hong Kong Cleanup、環保促進會、生態教育及資源中心、香港海洋公園保育基金及無塑海洋，並得到環境及自然保育基金和環境運動委員會支持。

7月10日，行政長官梁振英向本港傳媒表示，特區政府估計近日由於華南地區大雨、暴雨和洪水的影響，導致有很多內地的家居垃圾沖到本港水域，稍後會與廣東省政府透過粵港環保合作機制跟進。8月15日，香港漁民團體聯會（漁民聯會）向漁護署反映，本地流動漁民在萬山群島一帶水域作業時，發現有大型貨船懷疑在海上傾倒以薄膜塑料及布料為主的工業垃圾，同時在拖網捕撈期間撈起大量垃圾，影響漁獲。8月27日，漁民聯會伙同世界自然（香港）基金會召開記者會，指出近半個月來漁民發現桂山島、萬山群島的海上垃圾問題持續，情況甚至蔓延至大嶼山附近水域，部分漁船更因海面有大量垃圾而無法航行。世界自然（香港）基金會指出，大部分海上垃圾為塑膠廢料，需要長時間降解，同時會吸附海水中的有毒化學物質。魚類進食該等廢料後，會經由食物鏈累積及傳遞，危害人類健康，而海洋生物亦可能因誤食廢料或被廢料纏繞窒息而導致死亡。10月，粵港兩地政府在粵港持續發展與環保合作工作小組的框架下，成立粵港海洋環境管理專題小組，就區域內各項海洋環境事宜加強交流和溝通，工作包括就海上垃圾事宜成立通報警示機制，以及打擊海上非法傾倒垃圾活動。

12月14日，環境局局長黃錦星於立法會會議上，表示特區政府獲廣東省環保廳告悉，已經扣押涉嫌在珠海萬山群島一帶水域違法傾倒垃圾的船隻和人員，打擊非法傾倒垃圾初步取得成效。

2017年5月，特區政府開始試行運作海上垃圾通報警示系統，實時監控香港和廣東省珠江流域13個城市的雨量數據，預測粵港兩地可能出現大量海上垃圾的地區，以便粵港兩地政府適時調配資源作出跟進。

2. 土地／河流污染事件

上水皮革廠污染事件（1970年代）

1950年代起，上水及粉嶺鄰近九廣鐵路沿線興建了不少皮革廠。這些工廠未經當局批准於農地上設廠，且將未經處理的污水排入梧桐河。踏入1960年代，上水的鄉紳和居民開始擔心河流污染情況，認為會影響居民灌溉農地及取用生活用水。1967年3月，新界民政署完成對皮革廠的調查，錄得總數為24家，而調查期間曾徵詢港府不同部門對遷移廠房的意見，其中漁農處指出皮革廠附近河水驗出的硫化氫（H₂S）會影響附近農作物生長，而水務局則指出河水的生化需氧量（Biochemical oxygen demand）猶如未經處理的污水。1967年4月20日，港府考慮到上水一帶的皮革廠對梧桐河及附近支流造成污染，決定遷走該批牛皮廠。

1968年1月19日，水務局局長莫而芹（E. Wilmot Morgan）致函布政司祈濟時（Michael Gass），指出梧桐河抽水站負責抽取河水輸往船灣淡水湖，但區內近30家皮革廠是集水區水質污染的主要源頭。同時，水務局計劃於石湖墟興建污水處理廠，主力處理生活污水，即使將來興建排污管道連接皮革廠，亦無法解決皮革廠臭味滋擾附近的住宅區和農地的問題，再次建議港府遷走皮革廠。11月20日，上水鄉事委員會舉行村代表大會，席間議決

要求港府當局派員調查梧桐河上游有人漂染牛皮污染河水一事，確保鄉民食水和農業灌溉用水衞牛。

1969 年 12 月至 1971 年 2 月，新界民政署派員調查大埔理民府管轄範圍內營運的皮革廠，結果表明總數為 49 家，其中 46 家位於上水，3 家位於粉嶺軍地，佔用近 19 英畝土地，合共聘用約 800 人。

1971 年 1 月 11 日，保護自然景物協會（現長春社）致函理民府，要求港府研究如何妥善處理上水一帶皮革廠帶來的污染問題。2 月 4 日，港府首席助理輔政司召開跨部門會議討論皮革廠事宜，會上有官員匯報抽取的河水水辦驗出有毒化學物質砷（As）以及鉻（Cr），參會官員議決當局應盡快執行地契條款關閉皮革廠。3 月 31 日，港府向上水一帶皮革廠發出通告，要求將土地還原為農地，以 1971 年 12 月 31 日為限，否則土地將歸港府所有。11 月 15 日，當局公布指出有意於收地限期後繼續經營業務的廠商，可向荃灣理民府申請位於葵涌的厭惡性行業用地興建新廠房。

1972 年 1 月 26 日，港府根據《官地權（重收及轉歸補救）條例》[Crown Rights (Re-entry and Vesting Remedies) Ordinance] 收回皮革廠一帶違例使用的 124 幅農業地段，其後皮革廠商提出有權向港督會同行政局或最高法院提出上訴，當局將收地限期延長 6 個月。3 月 31 日，11 家皮革廠向當局提交乙種換地權益書，換取葵涌 26A 區被劃為厭惡性行業用地的土地，重建永久廠房。至於無法提出乙種換地權益書的廠商，則可按照港府提出的法理要求，於徙置工廠大廈從事其他指定業務。

1972 年至 1973 年港府財政年度，港府已收到 51 家皮革廠提交乙種換地權益書。港府考慮遷廠對業務及工人生計造成的影響，暫准廠商在上水原址繼續營業，直至葵涌新廠房落成為止。1973 年 2 月，大埔理民府、市政事務署在上水皮革廠區展開清理工作，並收回四家牛皮廠的官地牌照。

1973 年至 1974 年港府財政年度，55 家牛皮廠分別組成 5 家財團，在當局於葵涌撥出的五幅厭惡性行業用地興建永久廠房。港府訂下廠商最後遷離上水現址的期限為 1976 年 7 月 31 日。

1975 年 7 月，皮革廠商向港府請願，要求延遲遷往葵涌，原因包括近年經濟不景、葵涌租金過高、獲分配的土地遠離水源等，不利廠房日常運作，惟當局拒絕。

1976 年 7 月 31 日，皮革廠商按照與港府簽訂的清拆協議，停止運作廠房並開始遷離廠址（見圖 6-23）。9 月，市政事務署完成清理鄰近石上河的工作，包括清理河床污泥及河道堆積的固體廢物，協助河流恢復天然的自淨功能（見圖 6-24）。11 月，港府完成清拆皮革廠，以及清理土地。皮革廠土地及後興建粉嶺／上水新市鎮首個公共屋邨彩園邨，1982 年 3 月入伙。

圖 6-23 皮革廠搬遷期間，工人將皮革裝上貨車運走。（攝於 1976 年 7 月 31 日，南華早報出版有限公司提供）

圖 6-24 （左）受附近農地及皮革廠廢料污染的石上河，攝於 1976 年 7 月；（右）市政事務署派員清理石上河，攝於 1976 年 8 月 31 日。（南華早報出版有限公司提供）

啟德機場油污清理工程（1998 年至 2010 年）

1998 年 7 月 6 日，啟德機場正式關閉，同日赤鱲角香港國際機場啟用。當局需要拆遷現存啟德機場設施、清理受污染土地和平整土地，以便將騰出的土地按照九龍東南發展計劃（2007 年起改稱「啟德發展計劃」），興建住宅區、商業區、道路幹線、鐵路和都會公園等。

9 月 4 日，環保署根據《環境影響評估條例》（《環評條例》）有條件批准「啟德機場北停機坪清拆」工程項目環評報告。報告載列的現場勘察結果顯示，過往啟德機場北停機坪設有燃油儲存設施以及飛機保養工場，不曾出現航空燃油系統漏油的情況，均會對停機坪的土地造成污染，污染物包括總石油碳氫化合物（Total Petroleum Hydrocarbons）、苯（C_6H_6）、甲苯（C_7H_8）、乙苯（$C_6H_5CH_2CH_3$）及二甲苯（C_8H_{10}）等均超出安全標準，並發現部分地點的甲烷（CH_4）濃度達到可引發爆炸濃度。9 月 29 日，拓展署（2004 年 7 月起，與土木工程署合併為土木工程拓展署）批出工程合約。工程同時採用泥土抽氣法和空氣噴注法於原地處理受污染土壤，搭建總長度約 20 公里的管道和 3000 個井點，穿過受污染泥土和地下水，將揮發性高的燃油部分帶入催化器內。經催化器處理的污染物會轉化為水、二氧化碳及其他無害物質。2002 年，北停機坪已確定受污染土地（總計約 12 公頃）的清理工作全部完成，處理污泥總量約 30 萬立方米。這次除污工程是本港進行的同類型工程中規模最大。

2007 年 12 月 19 日，環保署根據《環評條例》有條件批准「遷拆舊啟德機場北面停機坪以外範圍」工程項目環評報告。工程項目範圍包括拆除機場南停機坪、前政府飛行服務隊大樓及機場運油碼頭的燃料供應系統，以及為機場南停機坪、鄰近啟德隧道的北停機坪部分範圍及政府飛行服務隊前停機坪的土地進行挖掘除污工作。報告載列的實地勘察化驗結果顯示，南停機坪及前政府飛行服務隊停機坪的土地受到金屬、總石油碳氫化合物及揮發性有機化合物（Volatile Organic Compounds），而北停機坪部分範圍則受到半揮發性有機化合物（Semi-Volatile Organic Compounds）污染，估計受污染泥土的總量達 1.8 萬立方米，而機場跑道範圍則未有發現污染情況。2008 年 4 月 30 日，土木工程拓展署批出工程合約，2010 年竣工。

竹篙灣財利船廠清拆及污染泥土清理工程（1999 至 2005 年）

1999 年 11 月 2 日，特區政府宣布與華特迪士尼公司（The Walt Disney Company）達成協議，以私人協約方式，將大嶼山竹篙灣一幅面積約 126 公頃的用地批給主題樂園公司興建迪士尼主題公園，其中包括竹篙灣東北岸財利船廠所在的 19 公頃土地。月內，政府估算清拆財利船廠費用為 2200 萬元。

2000 年 2 月，負責香港迪士尼樂園主題公園及大嶼山北岸發展計劃環境影響評估的顧問公司，在船廠外圍抽取泥土樣本化驗。同年 12 月，土木工程署根據與船廠簽訂的勘察協議，

入內抽取泥土和地下水樣本。兩次化驗的結果均發現樣本含有總石油碳氫化合物和金屬，惟無樣本顯示超標，亦未發現周邊環境受到嚴重污染。

2001 年 4 月，船廠透過自願歸還方式將土地交還特區政府，當局向船廠提供 15 億收地賠償，土木工程署派員入內勘探。9 月 2 日，土木工程署公布，廠內 25 幢建築物發現石棉，主要集中在船廠的波浪形水泥瓦頂及電掣箱上，以及部分喉管的隔熱物料，清除石棉工程於年底展開。

2001 年 12 月 14 日，土木工程署向環保署提交清拆財利船廠的環評報告。報告指出廠內有約 8.7 萬立方米受污染的淤泥，其中約 5.7 萬立方米泥土受到金屬、總石油碳氫化合物及半揮發性有機化合物所污染，餘下 3 萬立方米泥土除了發現上述污染物，同時受到二噁英污染。這是本港首次發現受到二噁英污染的泥土。

2002 年 2 月 21 日，土木工程署公布預算 3.5 億元的清理工程方案，包括首次在本港採用熱力解吸法處理受污染泥土。署方跟從環評報告建議，只受金屬污染的泥土，會在船廠原址以混凝土凝固法來處理；受總石油碳氫化合物／半揮發性有機化合物污染的泥土，會運送到倒扣灣以生物堆積法處理；受二噁英及金屬污染的泥土，於倒扣灣廠房以熱力解吸法處理，繼而再以混凝土凝固法來處理。熱力解吸法產生的殘餘物，會運往青衣化學廢物處理中心焚化。3 月，當局將工程預算費用上調至 4.5 億元。

2002 年 3 月 26 日，環境諮詢委員會（環諮會）有條件地確認土木工程署清拆竹篙灣財利船廠的環境影響評估報告，條件包括熱力解吸廠的作業程序需經環保署同意，並每月至少檢測一次廠房的二噁英水平等。4 月 24 日，環保署署長無條件批准環評報告，並就清拆工作向土木工程署發出環境許可證。8 月 6 日，土木工程署與承建商簽訂竹篙灣發展計劃第二組基礎設施的建造工程合約，涉及工程包括拆卸財利船廠、平整約 20 公頃土地、建造約 3.9 公里道路及相關排水及排污工程等。

2004 年 11 月 25 日起，土木工程署運送經過倒扣灣熱力解吸廠處理的首批含二噁英剩餘物到青衣化學廢物處理中心焚化。2005 年 3 月 22 日，署方完成運送所有剩餘物。8 月 16 日，位於船廠原址的迪欣湖活動中心啟用。

三、非法破壞鄉郊事件

1. 非法挖掘東涌河事件（2003 年）

東涌河具有重要的生態價值，棲息於此的原生淡水魚超過 25 種，包括稀有種北江光唇魚（*Acrossocheilus beijiangensis*）、菲律賓枝牙鰕虎魚（*Stiphodon atropurpureum*）及弓背青鱂（*Oryzias curvinotus*）等。北江光唇魚主要在廣東省珠江流域出沒，在香港分布狹窄，

東涌河是其中一條有其棲息紀錄的河流。北江光唇魚因生性喜愛含溶解氧量高的河溪淡水生境，所以可作為河流的生態和水質指標。此外，不少魚類也於東涌河進行繁殖，如日本鰻鱺（*Anguilla japonica*）和花鰻鱺（*Anguilla marmorata*）等。

2003 年 10 月 29 日，漁護署接獲投訴，指東涌河河床大石被人搬走。翌日，漁護署派員到場視察，發現東涌河介乎石榴埔與石門甲之間，一段長約 300 米河段的巨礫被移走，植物遭剷除，河床和河岸的土層亦被挖掉（見圖 6-25）。

圖 6-25　東涌河石門甲至石榴埔村段石塊被非法挖掘後的情況。（攝於 2003 年 12 月 3 日，南華早報出版有限公司提供）

受工程影響的河道原本闊約 10 至 12 米，工程開展後，河闊只剩 1 至 2 米，1000 噸的卵石、巨礫被挖走，其中約 400 噸被運至竹篙灣興建人工湖。此外，河道旁的灌木草叢亦被剷平，並改建成一條寬 5 至 15 米的行車通道。

事件涉及在政府土地上非法進行挖掘及建造通道，受到傳媒廣泛報道。特區政府多個部門相繼介入調查，並要求東涌鄉事委員會對東涌河進行修復工程。政府當局亦組成跨部門小組，以監測工程進度，並邀請環保團體和專家，從生態保育的角度，對工程給予意見。小組成員包括環境運輸及工務局、漁護署、環保署、渠務署、民政事務總署和離島地政處、世界自然（香港）基金會、長春社、香港地球之友、綠色力量、綠色大嶼山協會、嘉道理農場暨植物園等。

修復工程在 2004 年 2 月展開，小組以未受污染影響的石門甲河段作為參考，因該河段植被豐富、水量充足，孕育着不少魚類及甲殼類動物，如：擬平鰍（*Liniparhomaloptera disparis*）、麥氏擬腹吸鰍（*Pseudogastromyzon myersi*），以及罕見的北江光唇魚，具參考價值。工程先以首 10 米的河段作試驗，修復成果滿意後，再以 50 米為一段施工。工程於同年 4 月完成，在完成後一個月，受破壞的河段已出現一些蜉蝣和雙翅目昆蟲的幼蟲及淡水魚。7 月時，曾消失的北江光唇魚也從其他河段回歸，而不同物種也陸續於受影響河段出現。漁護署會繼續監察河道情況，以確定生態的復原程度（見圖 6-26）。

2004 年 6 月，廉政公署落案起訴 8 人，包括東涌鄉事委員會正、副主席、秘書、委員及工程公司負責人，控告他們收受利益，串謀詐騙政府，訛稱東涌河發生水患，需要挖走石塊。又控告他們涉嫌盜竊東涌河石塊。各人於 2005 年 5 月被判入獄 11 個月至 24 個月，並罰款 10,000 元不等。

圖 6-26　復原後的東涌河石門甲至石榴埔村段，反映截至 2017 年東涌河受影響河段的狀況。（2017 年拍攝，羅家輝提供）

2. 大埔林村社山村非法堆填泥頭事件（2003 年至 2005 年）

2003 年年中起，大埔林村社山村附近的常耕及荒廢農地範圍，有村民發現有人為節省前往堆填區的成本及時間，安排泥頭車於農地範圍傾倒廢物，持續達半年，使廢置電器、泥頭及鐵枝等建築廢料堆積，形成 10 米高、面積達 10 公頃的泥頭山，破壞鄉郊生態環境及污染附近河道，影響衞生（見圖 6-27）。村民曾向特區政府多個部門投訴，均獲回覆以該地段為私人土地而不受理。環保團體綠色力量調查發現，該批被非法棄置的建築廢料除來自私人發展項目外，亦包括多個政府工務工程地盤，質疑政府對處置工程廢料監管不力。

2004 年 1 月，屋宇署及土力工程處稱曾派員視察該幅農地，認為泥頭山有構造上的危險，屋宇署遂運用《建築物條例》的權力，派員進行削坡工程以策安全，並向業主追收相關費用。2005 年 2 月，規劃署為堵塞制度漏洞避免同類事件發生，在《法定圖則註釋總表》「農業」地帶的注釋加入條文，規定在「農業」地帶的土地，在未取得城市規劃委員會（城規會）批准前不得進行填土工程，至於一般務農活動則不受此限。

發展商分別於 2004 年及 2013 年向城規會申請改變土地用途，擬將農地發展為住宅項目，遭環保團體質疑為「先破壞、後發展」，認為特區政府如果批准有關申請將成為不良先例，可能引起其他土地業權人及發展商仿傚。截至 2017 年，相關發展計劃未獲特區政府批准（見圖 6-28）。

圖 6-27　社山村農地遭堆填建築廢料。（攝於 2004 年，長春社提供）

圖 6-28　多年來社山村建築廢料仍未清理，雜草叢生，攝於 2016 年。（鄧栢良攝，香港 01 有限公司提供）

3. 非法砍伐土沉香（*Aquilaria sinensis*）及羅漢松（*Podocarpus macrophyllus*）（2000 年代至 2010 年代）

土沉香（*Aquilaria sinensis*）及羅漢松（*Podocarpus macrophyllus*）為本港原生樹種。任何人未經許可，於政府土地砍伐土沉香及羅漢松會觸犯《林區及郊區條例》，最高可被判罰款 2.5 萬元及監禁 1 年。土沉香同時載列於《瀕危野生動植物種國際貿易公約》附錄 II，受到本港《保護瀕危動植物物種條例》保護，亦為國家二級保護野生植物。土沉香受損或受真菌感染後，受損位置會結香，可供用作中藥或香料，香樹木材亦能製作工藝品或宗教用品，而羅漢松則可用作風水樹或製作盆景。

2000 年起，隨着內地對土沉香和羅漢松的需求漸增，導致市場價格持續上升，不法之徒開始於本港進行非法砍伐活動，並透過非法途徑將木材運返內地出售圖利。非法砍伐地點遍及全港，包括郊野公園、鄉郊私人土地，以至嘉道理農場和香港中文大學校園。漁護署和警方不時採取聯合行動打擊違法砍伐行為，漁護署亦會為被切割或砍伐的土沉香塗上抗真菌樹漆處理傷口，以免樹幹再次結香招來不法之徒覬覦，而羅漢松會在環境情況許可下物色合適地點重新種植。警方一般會以盜竊、刑事損壞、管有攻擊性武器等刑事罪行檢控非法砍伐林木人士，並與內地執法單位加強合作。

漁護署於 2002 年展開全港性風水林調查，在一年多內調查全港 116 個風水林，於其中 89 個風水林發現土沉香。2005 年，警方聯同嘉道理農場、漁護署等，開展全港首個羅漢松普

查行動。2007 年 11 月 16 日，當局公布羅漢松普查結果，估計全港剩下不多於 3000 棵羅漢松，同時發現自 2000 年以來，非法砍伐羅漢松地點，由西貢東岸逐漸擴展至港島東南部。違法人士砍伐林木數量和當局檢控數字顯示有整體上升的趨勢。

2009 年，非法砍伐羅漢松和土沉香個案合共 18 宗，到了 2014 年大幅增加至 145 宗，歷年來涉及土沉香的佔八成或以上（見圖 6-29）。2015 年 2 月 1 日，保育人士與關注土沉香的大嶼山鄉民，共同成立土沉香生態及文化保育協會，聯同漁護署、警方、大學學者等，開展各項保育土沉香工作和公眾教育活動。同年，警方展開「狩獵者」行動，與漁護署、地政總署和保育團體合作，加強執法工作，並鼓勵市民舉報不法行為，同時組織市民協助護理受損土沉香。2016 年 8 月 25 日，漁護署、環境局、警方及海關共同成立的野生動植物罪行專責小組舉行首次會議，跨部門協調打擊涉及野生動植物罪行。同年，漁護署亦成立特別專責小組處理保護土沉香工作，使用紅外線感應自動監察儀監察野外非法砍伐情況，又為個別重要的土沉香安裝樹木保護圍欄（見圖 6-30）。

2016 年 12 月，環境局公布本港首份《生物多樣性策略及行動計劃》，當中列明漁護署和警方會加強執法，打擊非法竊取或採集野生植物，並致力提升公眾對有關罪行的意識和警覺性。特區政府同時將土沉香列為五個優先保護物種之一，漁護署將會制定《土沉香物種行動計劃》。2017 年，本港有 53 宗非法砍伐土沉香個案，相較 2014 年的 134 宗及 2015年的 120 宗，有所下降。由 2009 年至 2017 年，漁護署已在郊野公園栽種了約 9 萬棵土沉香樹苗，以助土沉香於本地郊野公園繁衍。

圖 6-29　大嶼山東涌至沙螺灣路段被砍伐的土沉香。（攝於 2014 年，郭平、土沉香生態及文化保育協會提供）

圖 6-30 漁護署為個別土沉香安裝樹木保護圍欄,保護它們免受破壞或砍伐。(香港特別行政區政府漁農自然護理署提供)

4. 天水圍泥頭山事件(2016 年)

2016 年 3 月 5 日,天水圍嘉湖山莊景湖居對面,天水圍濕地公園南面的一幅私人土地出現泥頭山,該土地為元朗 DD126 地段 48 號及 65 號兩幅地皮,居民目測泥頭山約有兩個足球場大,近四層樓高。附近居民懷疑有人違例發展及傾倒泥頭,並向傳媒投訴,事件因此引起公眾關注(見圖 6-31)。

早於 2004 年,居民已發現該處出現倒泥活動,並且愈堆愈多,後來沙丘長滿植物,傾倒的泥頭被遮蓋起來。2007 年,元朗區議員李月民發現問題嚴重,向政府部門反映,當時規

劃署指該土地位處「屏山發展審批地區」，1993 年「屏山發展審地區草圖」刊憲時，該幅
土地已用作存放泥沙，繼續用作存放泥沙屬《城規條例》下的「現有用途」，並沒有違規。
2016 年初，該處的植物被移除，沙丘重現，根據地政總署的航拍照片估計，泥沙堆放的最
大面積約為一公頃，最高高度約為 24 米，但元朗地政處指該地段屬舊批農地，除建屋外，
契約並無土地用途限制，故填泥並無違反地契條款。

然而，規劃署發現泥頭山周邊的私人土地有違例填土情況，違反《城規條例》，於是向業主
和工程負責人提出兩項檢控，有關人士最終被罰 120,000 元。規劃署又根據《城規條例》
發出「恢復原狀通知書」，要求有關人士移走填土物及在土地上種草。

屋宇署及土木工程拓展署於 3 月 8 日評定泥頭山的土質鬆散，有潛在倒塌危險，因此發出
危險斜坡修葺令，勒令業主在一周內展開噴漿工程及加設保護層。此外，環保署視察後，
發現該處的工程並沒有按《空氣污染管制（建造工程塵埃）規例》要求的措施進行，防止
散發塵埃，於是向工程負責人提出 9 宗檢控，最終被罰款 37,000 元。同時，環保署也發現
有非法擺放建築物的情況，因此按《廢物處置條例》向工程負責人提出 6 項檢控，有關人
士被罰款 10,000 至 50,000 元。

3 月 24 日，業主開始噴漿工程，但進展緩慢，多名區議員亦批評特區政府執法不力，並否
定噴漿做法，認為清除泥頭才是合理做法。4 月 7 日，數輛推泥機於現場把山頂泥頭剷至
山腳位置，令泥頭山範圍擴大約 5 米。

5 月 27 日的元朗區議會地區管理委員會會議上，區議員李月民引述地政總署專員，指出泥
頭山東面已擴展至鄰近丫髻山山腳，該處正出現新堆泥。雖然規劃署自 3 月起，已向業主
發出至少 27 份「恢復原狀通知書」，要求在 3 個月內移除填土物及在相關地段種草，但效
果並不明顯。發展局於 7 月時，證實其中 3 份通知書收到覆核申請，復原命令因此要暫緩
執行，當區區議員料覆核過程至少 3 個月。

2016 年 8 月中，發展局完成兩宗覆核，決定維持原判，泥頭山部分區域須恢復原狀，並交
由規劃署跟進。2017 年 1 月時，泥頭山頂部被平整為平地，高度較之前減半，有工人在平
地周圍鋪上草皮，又將場地分隔成多條類似高爾夫球練習場發球道，疑把泥頭山改建為高
爾夫球練習場，現場亦加設了燒烤設施。元朗地政處已立時向該地段的業主發警告信，要
求拆去場內違規建築物，而屋宇署亦控告業主在未經批准下加設構築物，但都未能令泥頭
山消失（見圖 6-32）。[6]

6　2017 年 9 月，泥頭山業主向城規會申請把泥頭山合法化，並在諮詢期完結前，重新營運高球場，吸引了不同
　　團體在泥頭山上舉辦活動，其中更包括政府部門。雖然屋宇署多次巡查高球場，並檢控場內的違規構築物，
　　但十項違例構築中，只有一項入罪，負責人被罰款。2018 年 6 月，該處更加設小黃鴨及吹氣水池，以吸引
　　遊客。

圖 6-31　天水圍泥頭山一攝。（攝於 2016 年 3 月 8 日，南華早報出版有限公司提供）

圖 6-32　涉事土地建成高爾夫球練習場及燒烤場。（攝於 2017 年 7 月，李月民提供）

四、生態現象

1. 紅潮

紅潮（又稱赤潮）是本港海域常見的自然現象，出現與否取決於自然因素（如光照、水溫、鹽份、營養份、微量元素、水流等）及人為因素（排入海中的有機物和營養物多寡）。當水中特定的單細胞藻類在有利其生長環境下大量繁殖，藻類含有的色素會引致海水變色，造成紅潮。當部分有害的藻類大量繁殖時有機會引致有害藻華，這些有害藻類會分泌毒素、消耗水中氧氣，或產生黏液堵塞海洋生物的呼吸系統，有機會導致海洋生物死亡。人類接觸到藻類產生的毒素或進食積聚藻類毒素的海產，亦有機會導致健康受損。

圖 6-33　1975 年 1 月 1 日至 2017 年 7 月 1 日本港曾出現紅潮地點分布圖

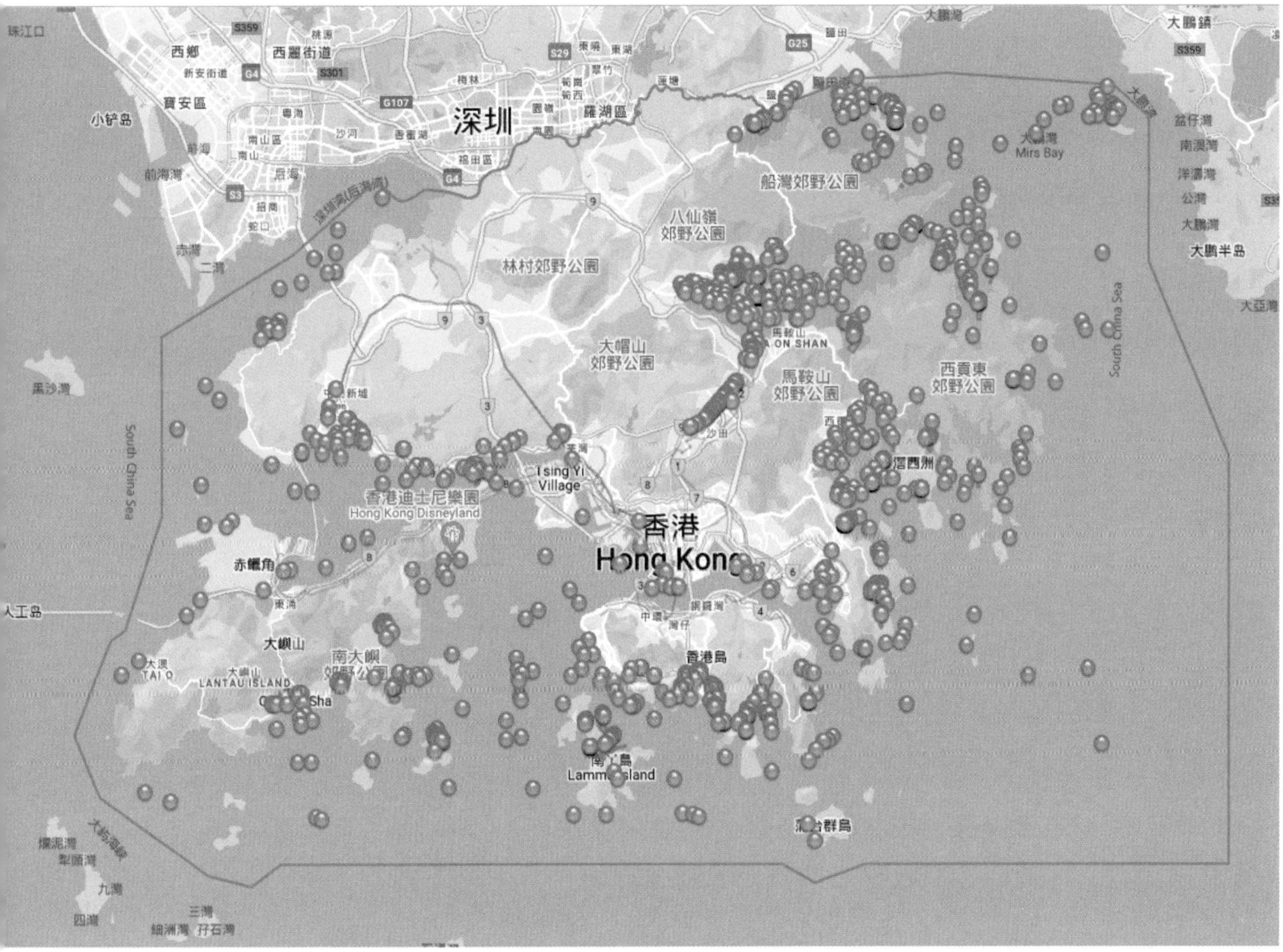

注 1：　　地圖上橙點顯示該地曾出現紅潮，惟不能反映該地於統計年期內出現紅潮次數多寡。

注 2：　　漁護署沒有記錄 1975 年 1 月 1 日以前出現的紅潮。

（香港特別行政區政府漁農自然護理署提供）

1971 年 6 月 19 日紅潮

1971 年 6 月 19 日，港府接報香港島南面淺水灣、深水灣、聖士提反灣及春砍角四個泳灘出現紅潮。6 月 20 日，市政總署於淺水灣、南灣、中灣、春砍角、大嶼山銀礦灣、南丫島蘆鬚城等全港 13 個出現紅潮的泳灘懸掛紅旗，表示該處受紅潮影響不宜游泳。6 月 24 日，香港中文大學海洋科學研究所公布，本港海水溫度在颱風法尼黛（Freda）環流影響下升高，加上海面平靜，富含營養的海水流向海表面，造成浮游生物夜光藻（*Noctiluca scintillans*）在本港南部水域積聚並大量繁殖而引發紅潮，惟未有危及人類健康及造成魚類死亡。6 月 26 日，市政總署公布紅潮已消退。此為本港官方首個紅潮的紀錄。

1980 年 4 月 18 日紅潮

1980 年 4 月 18 日，新界東北吉澳海、印洲塘、大灘海出現由海洋原甲藻（*Prorocentrum micans*）引發的紅潮，影響新界東北水域內的養魚區，至 4 月 23 日消退。4 月 27 及 28 日，吐露港及赤門海峽一帶以及西貢滘西魚類養殖區，先後出現不明物種藻類引發的紅潮，到了 4 月 30 日消退。漁農處估計，4 月兩次紅潮導致合共 35 噸養殖海魚死亡，養魚業界損失逾 100 萬元。

1982 年 3 月 15 日紅潮

1982 年 3 月 15 日，西貢牛尾海近大符角及垃圾洲海灣出現由裸甲藻（*Gymnodinium* sp.）引發的紅潮，翌日消退。漁農處統計約 1.4 噸養殖海魚受侵襲死亡，造成約 10 萬元經濟損失。

1983 年 10 月 18 日紅潮

1983 年 10 月 17 日，環境保護處（環保署前身）人員於大埔吐露港發現紅潮，收集魚類樣本後交由市政總署化驗。10 月 18 日，漁農處確認吐露港一帶出現紅潮。11 月 14 日，環保處公布調查結果，驗出每公斤魚類組織所含毒素為 1200mu（鼠單位）[7]，未達危害人類健康程度，是本港官方記錄的首個有毒紅潮，由米氏凱倫藻（*Karenia mikimotoi*）引發，紅潮於 10 月 19 日消退。年內，港府制定紅潮應急計劃，由港府各相關部門組成聯絡和監測網絡，同年漁農處開始有系統地報告和記錄本港出現的紅潮。

1987 年 7 月 28 日紅潮

1987 年 7 月 28 日，西貢十四鄉榕樹澳海魚養殖區漁民報告區內出現紅潮，漁農處派員到場調查，經化驗後確定紅潮由圓鱗異囊藻（*Heterocapsa circularisquama*）引發，並無

---

7 鼠單位為國際通用表示麻痺性貝毒毒素的毒力的單位。1 鼠單位定義為 24 小時內可引致 1 隻小鼠死亡的毒素劑量。

毒性，翌日紅潮消退。漁農處派員調查，發現超濃密的紅潮突然死亡使海水缺氧，導致近120噸活魚死亡，94戶漁民合共損失近350萬元。翌年6月，漁農處公布與香港大學成功開發一個電腦程式，以榕樹凹為試點，透過輸入光照、水溫、風速等環境數據預測養魚區內海水含氧量變化，協助漁民防避引致魚類死亡的缺氧情況。

1988年4月和5月紅潮

1988年4月19日起，漁農處收到市民報告，吐露港出現紅潮，經化驗後確定由多紋膝溝藻（*Gonyaulax polygramma*）引發，並無毒性。5月5日凌晨，吐露港鹽田仔漁民發現區內出現大量死魚，估計總數達35噸。5月10日，紅潮全數消散。5月19日，港島南區沿岸出現由夜光藻引發的紅潮，市政總署於深水灣、淺水灣、春坎角、赤柱正灘、大浪灣、石澳及南丫島洪聖爺灣七個泳灘懸掛紅旗，勸籲市民不要游泳。翌日，南丫島蘆鬚城泳灘，索罟灣及長洲沿岸亦出現紅潮。5月22日，紅潮全數消散。1988年，漁農處全年錄得紅潮88宗，截至2017年仍為紅潮紀錄最多的一年。

1989年3月17日紅潮

1989年3月17日，漁農處接報將軍澳田下灣養魚區出現紅潮，派員抽取海水水辦化驗，確定紅潮由鏈狀亞歷山大藻（*Alexandrium catenella*）引發。處方因應這種藻類會導致貝類積聚毒素，因此從田下灣及沒有出現紅潮的吉澳及南丫島養魚區收集魚類及貝類進行貝類毒素化驗，3月22日紅潮消退。3月23日，漁農處公布化驗結果，三處水域的貝類樣本均驗出麻痺性貝毒（paralytic shellfish poisoning）並超出世界衛生組織標準，其中田下灣的樣本毒素最高，超標1.5倍，市民若大量進食會危害健康，因此處方宣布收集全港養魚區附生的貝類予以銷毀。漁農處公布各養魚區未有魚類因紅潮致死，可如常推出市面發售，而醫務衛生署亦沒有接獲市民在該段時間進食海產後中毒的個案。這是本港自1983年10月以來再度出現有毒紅潮，亦是本港首次發現由鏈狀亞歷山大藻引發的紅潮。

1998年3月和4月紅潮

1998年3月18日起，新界東北印州塘、吉澳海一帶出現指溝凱倫藻（*Karenia digitata*）引發的紅潮，3月23日擴散至西貢糧船灣及滘西魚類養殖區，3月31日消退。4月2日至5日，本港出現第二波指溝凱倫藻引發的紅潮，影響範圍包括榕樹凹魚類養殖區、吉澳及澳背塘魚類養殖區、大頭洲及雞籠灣魚類養殖區。4月9日，本港出現第三波指溝凱倫藻引發的紅潮，影響範圍包括港島南面水域、南丫島、長洲、大嶼山、深灣及塔門魚類養殖區、鹽田仔東西及榕樹凹魚類養殖區。4月14日，養漁業界指全港26個養魚區當中有23個受到紅潮影響，估計全港死魚量達1500噸，合共損失2.5億元，而特區政府則估計損失約8000萬元。4月16日，特區政府公布，本港水域除南丫島外，已完成清理死魚工作，紅潮於18日消退（見圖6-34）。

圖 6-34　左圖為 1998 年 4 月 12 日，長洲漁民清理紅潮造成的死魚；右圖為 1998 年 4 月 13 日，淺水灣泳灘出現紅潮。（南華早報出版有限公司提供）

2016 年 1 月紅潮

2016 年 1 月 1 日，漁護署接獲漁民報告老虎笏魚類養殖區出現紅潮。1 月 8 日，漁護署公布調查結果，紅潮主要由米氏凱倫藻組成，當中亦發現少量微疣凱倫藻（*Karenia papilionacea*）。截至 1 月 10 日，漁護署已先後接獲深灣魚類養殖區、鹽田仔及鹽田仔東魚類養殖區、赤門海峽、海下灣至大灘海一帶出現紅潮的報告。1 月 11 日，漁業代表估計紅潮已對養魚業造成近 3000 萬元損失。1 月 29 日，漁護署公布塔門及澳肯塘魚類養殖區亦出現紅潮。2 月 9 日，影響吐露港至大灘海一帶的紅潮消退。

2. 山火

本港的山火主要於秋冬兩季發生。山火可以由自然或人為因素引發，而本港大部分發生的山火都是人為因素造成，例如掃墓人士未有完全熄滅冥鏹香燭、郊遊人士於非指定地方煮食或燒烤，以及務農人士在山邊田野焚燒雜草和垃圾期間火勢失控等。

1973 年 12 月 24 日大欖植林區山火

1973 年 12 月 24 日下午 4 時 30 分左右，大欖植林區近大欖涌水塘發生山火，漁農處派出近 100 人參與滅火工作，26 日下午近 1 時撲滅。漁農處估算山火範圍面積逾 245 公頃，燒毀共 70 多萬株松樹，未有造成人命傷亡。

1979 年 11 月 18 日大欖植林區山火

1979 年 11 月 18 日中午，大欖植林區發生山火，現場風大加上風向不定，火勢蔓延，消防於下午 5 時將火警升為三級，19 日下午 5 時宣告撲滅山火，火場面積達 500 公頃，焚毀近 265,000 棵林木，未有造成人命傷亡。

1986 年 1 月 8 日城門郊野公園山火

1986 年 1 月 8 日早上，城門郊野公園近波蘿壩發生山火，由於天氣乾燥、風勢強烈，火勢向大帽山及大欖方向蔓延，消防一度將火警升為三級，9 日晚上宣告撲滅山火。漁農處公布火場面積達 740 公頃，焚毀城門和大帽山兩個郊野公園合共近 282,500 棵林木，未有造成人命傷亡，是本港自 1979 年以來最嚴重山火。11 日起，漁農處封閉城門、大帽山、大欖三個郊野公園及大埔滘自然護理區，以保護郊野公園及保障遊客安全，2 月 18 日重開。

1996 年 2 月 10 日八仙嶺郊野公園山火

1996 年 2 月 10 日早上約 11 時 20 分，八仙嶺郊野公園近仙姑峰發生三級山火，波及在該處遠足的香港中國婦女會馮堯敬紀念中學師生，消防於翌日早上 11 時撲滅山火，事故共造成 5 死 13 傷（見圖 6-35）。這是本港有紀錄以來，造成最嚴重傷亡的山火。

圖 6-35　消防員於八仙嶺進行搜救行動。（攝於 1996 年 2 月 10 日，南華早報出版有限公司提供）

2004 年 11 月 26 日大嶼山竹篙灣山火

2004 年 11 月 26 日上午 11 時 13 分，消防接報大嶼山竹篙灣附近山頭發生山火，由於現場風向不定，火勢先後向竹篙灣、陰澳（欣澳）、鸕鷀壁山、小蠔灣、老虎頭、愉景灣方向蔓延，28 日凌晨 4 時 40 分撲滅山火，燒毀近 520 公頃林木，未有造成人命傷亡。

2006 年 11 月 1 日大欖郊野公園山火

2006 年 11 月 1 日上午 10 時左右，大欖郊野公園近元朗黃泥墩水塘發生山火，由於風勢強勁，山火向藍地和屯門方面蔓延，同日下午 3 時消防將火警升為二級。消防處、漁護署、民安隊和飛行服務隊合共派出超過 500 人協助滅火。3 日，消防處宣告在下午近 1 時 30 分撲滅山火，未有造成人命傷亡。漁護署統計，火場面積達 630 公頃，焚毀 66,000 棵林木。

2008 年 1 月 1 日屯門菠蘿山山火

2008 年 1 日下午 2 時 24 分，屯門菠蘿山發生山火，消防一度將火警升為三級，至 3 日下午 12 時 22 分宣告撲滅山火，焚毀逾 500 公頃林木，未有造成人命傷亡。

2013 年 12 月 5 日大嶼山竹篙灣山火

2013 年 12 月 5 日下午 4 時 35 分，消防處接報大嶼山竹篙灣附近山頭發生山火。當時紅色火災危險警告訊號生效，天氣乾燥使火勢迅速蔓延。消防及飛行服務隊合共派出近 200 人參與滅火，至 7 日下午 1 時左右消防宣告撲滅山火，焚毀逾 300 公頃林木，未有造成人命傷亡。

3. 珊瑚白化

珊瑚群落是本港生物多樣性在海洋中的體現，微小至單細胞的原生動物，大型至一些脊椎動物如鯊魚等，以至海藻等海洋植物，都以珊瑚礁作為棲息地。珊瑚組織本身並無色素，顏色多數來自共生的蟲黃藻（zooxanthellae）。當環境變異，如水溫太高或太低、水中鹽度驟降，或海水過於混濁，蟲黃藻便會離開珊瑚，珊瑚失去色彩後露出白色的鈣質骨骼，造成白化。若珊瑚無法復原及重新接收蟲黃藻，便會逐漸衰弱死亡。

1980 年代起，本港開始出現珊瑚白化的報告，包括 1981 年 1 月及翌年夏季於海下灣、1995 年及 1996 年於鶴咀海岸保護區，以及 1996 年 7 月於鶴咀海岸保護區、甕缸洲、東平洲，惟這些白化往往影響小部分範圍，亦未經量化研究加以證實。

1997 年夏季，本港錄得破紀錄雨量[8]，珊瑚群落面對比正常時間長的低滲透壓力

8 　當年雨量為天文台有紀錄以來最高的 3343.0 毫米，其中七成於 6 月至 8 月錄得，參閱〈香港天文台錄得的氣溫及雨量排名（全年）〉，香港天文台網頁，https://www.hko.gov.hk/tc/cis/statistic/erank.htm?month=13。

（hypoosmotic pressure），導致出現遍布全港的白化現象。海洋學者麥哥利（Denise McCorry）於 6 月至 8 月在全港 9 個地點的調查發現，本港 30% 珊瑚物種，包括十字牡丹珊瑚（*Pavona decussata*）、尖邊扁腦珊瑚（*Platygyra acuta*）、盾形陀螺珊瑚（*Turbinaria peltata*）、柱角孔珊瑚（*Goniopora columna*）等，錄得部分或整個群落出現白化現象，其中南丫島深灣的珊瑚群落更全數死亡。

同年，香港珊瑚礁普查基金舉辦本港首個珊瑚礁普查，也是該年開始舉辦的國際珊瑚礁普查其中一部分。每年主辦單位會招募義務潛水員，在海洋學者指導下依照國際標準檢視珊瑚礁健康狀況及覆蓋率，並記錄可反映珊瑚礁生物多樣性的指定物種數量，旨在了解本港珊瑚礁的健康和生長狀況，以及向公眾推廣保育珊瑚的重要性。2000 年起，漁護署與香港珊瑚礁普查基金合辦本港珊瑚礁普查。自 2005 年起，普查加入「珊瑚檢視」項目，以加強監察珊瑚的健康狀況。「珊瑚檢視」是根據特定的珊瑚健康監察表，量度珊瑚色素的濃度，從而確定珊瑚的健康狀況。歷年的調查結果顯示，本港珊瑚整體生長和健康狀況良好，少數普查地點發現珊瑚白化情況現象，署方認為海水溫度升高導致珊瑚白化，惟情況輕微（詳見表 6-1）。

2014 年 8 月至 9 月，漁護署與香港浸會大學組成的研究團隊於本港東部水域 8 個選定地點進行截線錄影調查（video transect surveys），結果發現橋咀東水域珊瑚出現中度白化，涉及 13.1% 珊瑚群落及 30.6% 珊瑚覆蓋範圍。其餘 7 個調查地點出現輕度白化，影響 0.4 至 5.2% 珊瑚群落及 1.2 至 10% 珊瑚覆蓋範圍。跟進研究發現受影響珊瑚群落當中，76% 完全康復、12% 部分康復及 12% 死亡。研究團隊分析特區政府的環境監測數據，未能確定觸發白化原因，惟發現白化前曾出現強降雨，而白化期間則出現高溫、大量藻類繁殖、海水缺氧等情況。

2014 年 9 月 29 日，綠色力量公布與生態教育及資源中心合辦的珊瑚調查結果，指出本港多個潛水地點均出現珊瑚白化現象，當中以西貢及其附近水域（橋咀、牛尾海、甕缸洲、白腊仔及大蛇灣）較為嚴重，而橋咀的珊瑚白化面積更達 100 平方米。

表 6-1　1997 年至 2017 年香港珊瑚礁普查結果情況表

年份	普查地點數目	珊瑚覆蓋率超過 50% 地點數目	錄得最高珊瑚覆蓋範圍的普查地點	錄得珊瑚白化地點數目	全港珊瑚色素濃度指數平均值（2005 年起）由 1 至 6，1 最淺色，6 最深色）
1997	5	不詳 *	不詳 *	不詳 *	不詳 *
1998	7	不詳 *	不詳 *	不詳 *	不詳 *
1999	1	不詳 *	不詳 *	不詳 *	不詳 *
2000	15	6	東平洲海岸公園（57.5%）	3	不詳 *
2001	19	10	海下灣海岸公園（71.9%）	不詳 *	不詳 *
2002	30	20	海下灣海岸公園（75.5%）	不詳 *	不詳 *
2003	32	22	海下灣海岸公園（77.5%）	不詳 *	不詳 *
2004	33	21	海下灣海岸公園（75%）	4	不詳 *
2005	33	23	海下灣海岸公園（72.5%）	4	3.85
2006	33	21	海下灣海岸公園（73.1%）	5	4.24
2007	33	22	海下灣海岸公園（72.5%）	6	4.16
2008	34	23	海下灣海岸公園內的響螺角和珊瑚灘及東平洲的亞媽灣（72%）	5	4.27
2009	33	23	海下灣海岸公園公眾碼頭（73.8%）	8	4.31
2010	33	21	海下灣海岸公園（78.1%）	8	4.54
2011	33	23	橋咀北及沙塘口山（77.5%）	8	4.14
2012	33	19	海下灣海岸公園（76.8%）	5	4.13
2013	33	20	海下灣海岸公園（78.1%）	2	4.23
2014	33	19	海下灣（79.4%）	5	4.34
2015	33	19	橋咀洲北（79.5%）	7	4.23
2016	33	19	橋咀洲北（82.8%）	7	4.11
2017	33	20	橋咀洲北（83.5%）	9	4.09

＊漁護署沒有備存相關紀錄

資料來源：香港特別行政區政府漁農自然護理署。

第二節　環保運動

一、啟德機場夜航（1970年至1973年）

1. 背景

啟德機場 1925 年啟用，其後機場設施逐步改善，日漸擴充，肩負起亞洲航空交通樞紐的重任。1959 年 7 月 17 日，啟德機場裝置跑道照明系統後，可以讓飛機於夜間升降，夜航服務從此展開，惟居住在九龍城的居民入黑也受到飛機起降噪音影響。

飛機噪音是啟德機場一個嚴重的環境問題，飛機升降帶來的噪音影響區域甚為廣泛，尤其是緊鄰啟德機場的九龍城和土瓜灣。雖然民航處已規定每日由晚上 9 時至次日早上 7 時，飛機將盡量經由鯉魚門方向起降，以免影響九龍城居民，但收效甚微，居民持續受到噪音滋擾。1970 年 10 月 21 日始，為應付波音 747 等新一代大型噴射客機的起降需要，啟德機場開始跑道擴展工程。民航處為方便工程順利進行，規定由午夜 12 時至次日早上 8 時禁止飛機升降，工程預計 1973 年完成。往後近 3 年，啟德機場周邊居民於夜間暫時免受飛機噪音滋擾。

2. 夜航再啟

1973 年，隨着跑道擴展工程臨近完工，港府有意於 6 月 1 日起撤銷禁止夜航措施，消息一出，引起了九龍城一帶居民的強烈不安，有住戶稱，一旦夜航再啟，機場附近百萬居民將日夜不寧。2 月 19 日，香港保護自然景物協會（現長春社）為九龍居民發聲，認為居民獲得寧靜睡眠更為重要，並強烈反對取消夜航禁令。長春社噪音委員會於 2 月 22 日舉行會議，決定展開行動，反對港府恢復啟德機場夜航，會議決定：（一）向法庭申請禁制令制止政府恢復夜航；（二）向民政司請願；（三）進行百萬人簽名運動；（四）請立法局議員協助。2 月 24 日，該小組綜合 22 日會議之決定，同時亦希望機場附近地區街坊會予以忠誠合作與支持，堅決反對啟德恢復通宵開航。長春社稱已致函民政司，提出該協會反對恢復夜航的意見。3 月 5 日，香港公民協會致函輔政司，討論有關港府批准啟德機場恢復夜航一事；3 月 12 日，輔政司覆函，表示關於啟德機場重啟夜航一事當局正緊急慎重考慮中。

3 月 28 日，長春社噪音委員會於《南華早報》（South China Morning Post）刊登文章，強調長春社、香港公民協會、港九街坊聯合會研究委員會以及其他團體機構和眾多個人代表強烈反對恢復夜航的原因只有一個，即飛機噪音影響居民。長春社稱，機場附近居民每天要忍受 16 小時的厭煩噪音，若還要這 100 萬居民在睡眠期間再受 8 小時飛機噪音，眾多居民的健康會受到負面影響。長春社又指出，港府應正視現實，世界各大城市，如東京、悉尼、大阪、巴黎、華盛頓、蘇黎世等，都有禁止夜航。3 月 29 日，輔政司向媒體透露，

大約由 7 月起，民航處即使禁止夜航，緊急或逾時到達之航班，亦仍獲准午夜後降落；同時當局認為，限制航班升降將有損啟德機場的國際聲望。4 月 26 日，九龍華商會稱啟德機場「航機升降頻繁，聲音嘈響，九龍城接近（啟德）機場，居民精神，受到莫大困擾，身心無時安寧。若再加開夜航，連睡眠時間亦遭剝奪，嚴重威脅居民健康，希望民航當局明其弊害，停止施行恢復夜航。」[9] 4 月 28 日，長春社噪音委員會再次發出呼籲函，呼籲各界人士盡量發表意見，支持延長啟德機場禁止夜航禁令，呼籲在政府對此項禁例仍未作出最後決定之前，應讓公眾人士表達意見。教育界也開始發聲支持本港部分社團呼籲港府制止啟德機場恢復夜航。5 月 21 日，香港中文大學有教職員發起簽名運動，發表聲明闡釋對噪音污染的擔憂、強烈反對恢復夜航的立場。也有市民通過報章，表達對恢復夜航的強烈反對和對寧靜的渴望，指出機場周邊居民所受到的飛機噪音滋擾，遠非住在中區或是半山區等地的政府決策人士所能體驗的，又指出「相信一個開明的政府，是不會為了夜航所帶來的區區收入，而完全漠視在飛機航線附近，近百萬居民的健康。」[10]

3. 夜航禁令

在各階層反對恢復啟德機場夜航的聲浪中，港府不得不重新審視原定於 1973 年 6 月 1 日重啟夜航的決定。5 月 23 日，輔政司宣布，港督會同行政局決定，即使在機場可以充分工作的情況下，仍然繼續限制夜航。輔政司指出，根據即將施行的新限制辦法，航空公司方面將不獲准把班機飛行時間表定於晚上 11 時 30 分後升降，同時規定由早上 6 時 30 分起，飛機才可獲准來往，但是實際的來往約在上午 8 時方行開始。最後，輔政司表示，繼續限制夜航的決定，約在翌年（1974 年）年中，依據專家報告重加檢討。

雖然社會反對啟德機場夜航的訴求獲得了當局讓步，但是新限制辦法實施後就稍稍放寬。9 月 7 日，民航處公布，新限制辦法實施的三個星期內，先後 35 次准許因天氣等問題而延誤的航班，於規定時間以外的晚上 11 時 30 分至凌晨 12 時降落。1974 年 12 月 6 日，即新限制辦法實施近一年間，民航處公布有 429 架飛機因種種原因獲准於規定時間以外降落。

4. 後續

1970 年代起，港府開始探討搬遷機場的可能性，而關於啟德機場噪音影響和夜航禁令的爭論一直持續到 1990 年代，期間民航處和航空公司亦曾探討取消該禁令的可行性，惟夜航禁令仍然生效。1998 年 7 月 5 日晚上，啟德機場終於結束 73 年的歷史任務（見圖 6-36）。

在總結 1970 年代反對啟德機場恢復夜航的運動中，1974 年 9 月，長春社於官方刊物《協調》的社論提到，長春社的抗議既有傳統的書面請願形式，也有更激進的示威形式和涉及九龍城和大坑東居民的抗議行動。長春社明確表示，他們並不反對航空業，也不反對重要

9　〈許賢瑛在九龍華商會就職呼籲開放城南道利交通　停開夜航機得安寧〉，《華僑日報》，1973 年 4 月 27 日，第三張第二頁。

10　〈居民反對恢復夜航〉，《香港工商日報》，1973 年 5 月 11 日，第十頁。

圖 6-36　航機降落啟德機場時貼近九龍城和土瓜灣一帶民居的畫面,以及飛機引擎產生的聲響,是不少香港市民的集體回憶。1998 年香港國際機場搬遷到赤鱲角後,九龍市區的飛機噪音問題大為改善,鄰近啟德機場的 38 萬名居民每日不再受到高達 100 分貝的飛機噪音滋擾。(攝於 1990 年代,Russ Schleipman via Getty Images)

經濟價值航空貨運服務,但是對數百萬人的健康危害不能妥協,並呼籲港府建造「一個遠離人口集中的新機場,在那裏我們可以保持 24 小時服務,以擴大我們的空中貿易……」。[11]

二、南丫島興建煉油廠(1970年至1975年)

1. 油公司提出煉油廠計劃

1970 年 11 月 13 日,南丫島北段村代表舉行會議,討論村民指稱有人於近岸位置勘探水位和量地事宜,以及島上將會興建煉油廠的傳言。村代表會議上,議決反對煉油廠計劃,並向離島理民府查詢實情。12 月 8 日,離島理民府派員與南丫島北段村代表會面,當局澄清煉油廠計劃尚未落實。

1971 年 8 月,香港蜆殼公司致函港府,表示經過前期勘探後,屬意在南丫島東北岸興建大型煉油廠,期望港府在一年內完成審批。計劃初步佔地約 170 公頃,範圍涵蓋南丫島、鹿洲及周邊部分海域,預計 1976 年至 1977 年投產,並設有海底輸油管連接鴨脷洲油庫。煉油廠投產初期預計每日產量為原油 20 萬桶,逐步增至 40 萬桶,產品主要出口至日本,

---

11 〈社論〉,刊於長春社:《協調》1974 年 9 月號。

部分供應本港。11 月，港府對外公布原則上同意蜆殼公司的申請。南丫島北段村民舉行集會反對，但島上部分居民表示支持，認為有助煉油廠推動當地發展。11 月 27 日至 12 月 8 日，港府派員前往新加坡及澳洲考察當地煉油廠。委員會報告總結，現行科技可以適當控制煉油廠造成的污染問題，若港府與油公司繼續推進有關計劃，港府應聘請顧問研究煉油廠對本港環境可能造成的影響、檢視現行法例是否可以有效監管煉油廠的興建及運作，並考慮另立法例處理有關問題。

2. 社會出現反對聲音

1972 年 6 月 21 日，身兼長春社創會成員之一的立法局議員羅桂祥於立法局會議上，促請港府慎重考慮南丫島煉油廠計劃帶來的環境影響，包括產生的煙霧可能影響航空安全和居民健康、冷卻用水與廢水含有鉛、氟化物等有毒物質可能污染海鮮，最終危害人體健康，而油污可能會污染香港仔一帶、南丫島及淺水灣海灘等。新界民政署署長（1974 年改稱新界政務司）黎敦義（Denis Bray）回應指出港府已完成新加坡和澳洲兩地考察，認為蜆殼公司有能力及掌握技術，興建合乎本港環保標準以及可以有效控制污染的煉油廠，南丫島是最佳選址，而煉油廠亦有利本港經濟發展。

1972 年 7 月 18 日，港島西南區 13 個街坊團體[12]於太白海鮮舫召開記者會，指出煉油廠帶來的污染問題，將影響漁民生計和危害居民健康、浮油可能引發火災、對區內以海鮮聞名及正在興建水族館的旅遊業造成打擊，又認為計劃將令市民失去南丫島這個郊遊好去處。同年 9 月，港府公布港督會同行政局原則上接納蜆殼公司於南丫島興建煉油廠的申請，惟必須等待獨立專家顧問完成環境評估報告後再作決定。12 月 20 日，港府宣布委託英國格利馬華納公司（Cremer and Warner）聯同柏臣氏布朗公司（Parsons Brown and Partners）就南丫島是否適合興建煉油廠展開調查。調查旨在判斷計劃是否可行，以及將來煉油廠是否會對鄰近的海洋生物及漁業，以至對本港居民，特別是南丫島居民的生活環境、南丫島以及港島南岸的康樂設施造成任何破壞以及污染。

1973 年 5 月 26 日，長春社舉辦研討會，討論興建煉油廠利弊，惟港府及南丫島居民組織沒有派代表出席。蜆殼公司代表澄清，有關計劃仍屬草擬階段，未收到港府確實答覆。近 100 名會眾最後就煉油廠計劃投票，贊成者 12 人，反對者 17 人，其他人則棄權或無意見。5 月 29 日，日本東亞石油公司（Toa Oil Company Limited）與香港聯業紡織有限公司合組的財團，亦向港府申請在南丫島撥地 645 公頃興建煉油廠及石油化工廠。

10 月 29 日，港府公布格利馬華納公司與柏臣氏布朗公司撰寫的研究報告。報告指出，煉油廠有助本港維持穩定的燃料儲備，而南丫島是本港唯一適合興建煉油廠地點，惟考慮對

---

12 13 個街坊團體包括西南區青少年康樂促進會、港九水上漁民福利促進會、香港仔街坊會、鴨脷洲街坊會、田灣新區街坊會、石排灣新區街坊會、黃竹坑農村互助社、薄扶林村街坊會、鋼線灣村居民福利會、香港仔漁業體育會、鴨脷洲青年體育會、海角皇宮海鮮舫、太白海鮮舫。

港島南部及南丫島北部造成的環境影響，包括視野、噪音、土地利用等因素，建議於南丫島西面另覓建廠地址，並將儲藏原油和產品的設備建於地底。新界民政署派員與南丫島村民會面，村民反對立場不變。11 月 8 日，蜆殼公司位於鴨脷洲的油庫發生漏油事故，油污飄浮至南丫島一帶，12 月 11 日蜆殼公司與受影響養魚戶達成協議，賠償近 500 萬元。12 月 27 日及 28 日，南丫島北段鄉事委員會代表先後前往新界民政署及港督府，遞交反對興建煉油廠請願書，附有 4099 名南丫島居民簽名。

1974 年 1 月 15 日，香港中華廠商聯合會發言人重申本港工業界支持煉油廠計劃。4 月 8 日，蜆殼公司宣布與陶氏化學太平洋有限公司（Dow Chemical Pacific Limited）研究於南丫島興建煉油廠及石油化工廠的可行性。5 月 4 日，聯業紡織有限公司提出將煉油廠選址改至大嶼山東北部，指出當地遠離民居，再加上水深，足以讓油輪安全泊岸，符合港府要求。8 月 2 日，蜆殼公司致函港府，重新考慮煉油廠選址，包括南丫島西北岸、大嶼山東北以及喜靈洲等，同時將撥地申請調高至 600 公頃。12 月，兩組有意興建煉油廠的財團已先後向港府遞交可行性研究報告，港府環境司、經濟司及新界政務司組成專責小組處理申請。

3. 煉油廠計劃撤銷

1975 年 1 月 7 日，蜆殼公司與陶氏化學太平洋有限公司亦宣布，考慮到全球經濟與石油供應不穩，難以確保將來業務有良好發展，撤銷煉油廠及石油化工廠計劃。1 月 15 日，日本東亞石油與聯業紡織合組的香港精煉有限公司宣布因籌集資金出現困難，同樣撤銷煉油廠及化工廠計劃。

三、大生圍興建住宅項目（1975年）

1975 年 3 月 16 日，《南華早報》報道港府原則上同意加拿大海外建設有限公司（Canadian Overseas Development Company）於元朗大生圍興建 5000 座洋房住宅項目，為約 3 萬人提供居所（見圖 6-37）。報道引述新界政務司鍾逸傑（David Akers-Jones）以及環境司盧秉信（J．J. Robson）均支持有關計劃，惟漁農處處長李國士（E.H. Nichols）指出，港府事前並未諮詢其擔任主席的康樂發展及自然護理諮詢委員會。李國士指出委員會建議發展商需要興建堤岸，並設置鐵絲網及種植林木，分隔住宅區以及濕地，發展商同意建議並願意負責日常管理工作。

3 月 24 日，長春社執委會於《南華早報》發表署名文章，反對大生圍住宅項目，理由包括本港欠缺全面土地規劃、相關項目浪費大量平地、危害毗鄰的米埔濕地、增加附近交通負荷、不符本港大眾的整體房屋需求，以至港府作決定前未諮詢公眾等。

4 月 15 日，康樂發展及自然護理諮詢委員會舉行會議，原則上同意當局應進一步保護米埔濕地，措施包括將該地劃為限制進入的自然保育區，以至建立以野禽公園（wildfowl park）

為核心的自然教育區等,並由漁農處等部門成立工作小組跟進。由於該等計劃實行需時,委員會同時建議將米埔濕地劃為具特殊科學價值地點,作為臨時性措施。

4 月 16 日,長春社秘書韋士達(David Webster)以及香港觀鳥會主席夏志滔(Fred Hechtel)向港督麥理浩(Murray MacLehose)發聯署公開信,要求港府就大生圍項目給予最終批准前諮詢公眾,並指出這不只為保護雀鳥,更關乎港府是否向大眾問責的問題。4 月 18 日,港府發言人表示大生圍是新界發展同等規模住宅項目的唯一合適地點。

圖 6-37　1975 年香港政府出版地圖,展示元朗、新田一帶

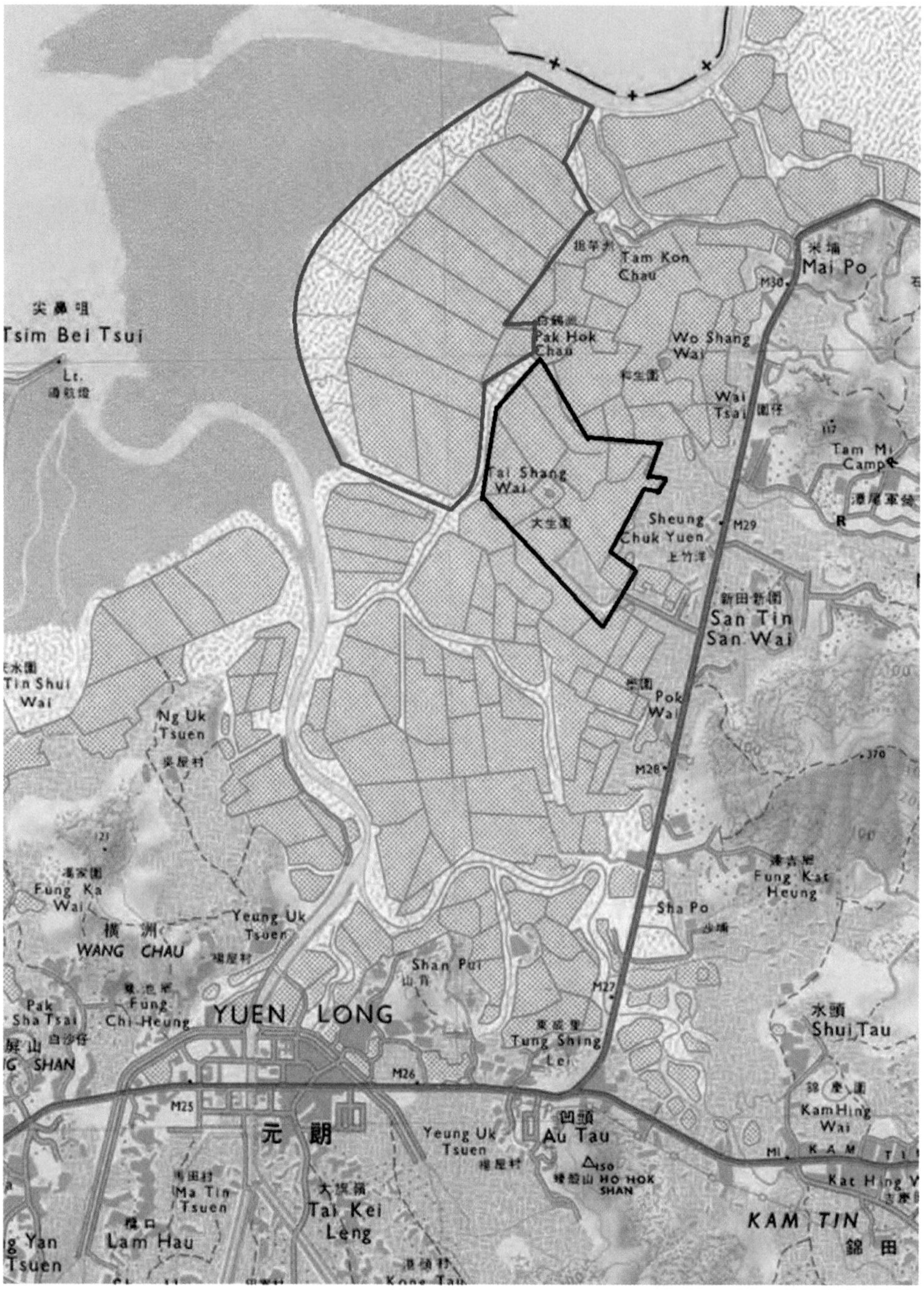

右上方藍框大約展示現今米埔自然護理區的範圍,黑框大約展示大生圍住宅項目錦繡花園的發展範圍,左下方為元朗市中心。(地圖版權屬香港特區政府,經地政總署准許複印,版權特許編號 12/2023。香港地方志中心後期製作。)

4月22日，加拿大海外建設有限公司代表於《南華早報》撰文，指出米埔一帶濕地一向可以讓公眾自由出入，而興建住宅地點並非濕地範圍，更建有圍欄與濕地分隔。同時，住宅只佔四分之一的發展範圍，其餘地方用作興建道路、植樹或保留作空曠地段，不會妨礙候鳥，並設有污水處理廠，減低對鄰近流浮山一帶蠔場的影響。5月2日，環境司盧秉信於《南華早報》撰文，指出當局注意到米埔沼澤區獨特的生態價值，惟該地只佔珠江三角洲濕地和紅樹林的一小部分，發展住宅不會構成威脅，反而鄰近的基圍對候鳥威脅更大，而關注雀鳥的保育人士只屬社會少數，無權阻止私人發展項目。

6月6日，港府刊憲公布，根據《野鳥及野生動物保護條例》第七附表，即日起將米埔沼澤區劃為禁區，任何非當地居民須申請許可證方可進入該地。政府發言人指出港府是根據康樂發展及自然護理諮詢委員會提出的建議作出相關決定。7月16日，港府正式批准大生圍住宅項目。

1976年5月，學者黎全恩進行問卷調查，收到587個回覆，涵蓋四組人士，包括保育人士、城市規劃師、大生圍附近鄉民，以及包括港大地理系學生和港島北角邨住戶在內的「不關心人士」，結果顯示只有314人注意到大生圍住宅項目，在保育人士當中反對者佔多數，而鄰近鄉民多數持中立態度或傾向贊同計劃。同年9月15日，漁農處再劃定米埔沼澤為SSSI。1979年3月，住宅項目首期300個單位入伙，屋苑名為錦繡花園（見圖6-38）。

圖6-38　錦繡花園鳥瞰圖，左上方一帶濕地為米埔自然護理區。（攝於2001年，版權屬香港特別行政區政府；資料來源：地政總署測繪處）

四、沙羅洞保育（1980年代至2010年代）

沙羅洞，位於大埔新市鎮東北面（見圖6-39），海拔約200米，東北面及東面為黃嶺及屏風山，西面為九龍坑山，這三面皆在八仙嶺郊野公園範圍內，南面則是大埔鳳園。沙羅洞匯聚多條終年水量充沛的溪流，加上土壤肥沃，又有山嶺擋風，適宜農耕，村民昔日利用地理優勢，開闢水溝和水田，以水稻為主，沙羅洞因此演變成獨特的高地山谷濕地。水稻田形成的濕地，加上周圍清澈的溪流和茂密的樹林，使沙羅洞成為了孕育世界珍稀蜻蜓的重要棲息地，分布約有70種蜻蜓，包括1990年代初全球首次發現、香港獨有的伊中偽蜻（*Macromidia ellenae*）。1980年代起，沙羅洞一直處於發展商、村民、香港政府和環保團體有關發展與保育爭議當中。

1. 私人發展計劃及司法覆核

1979年起，沙螺洞發展有限公司以免費為賣地村民建造丁屋為承諾，向村民收購私人農地，並於1984年提出計劃在沙羅洞85公頃土地上發展高爾夫球場、鄉村俱樂部及興建一低密度住宅區。1986年，沙螺洞發展有限公司向郊野公園管理局提交此發展計劃。該計劃經多次修訂，最後提出佔用43公頃八仙嶺郊野公園的土地，並於1990年3月獲郊野公園管理局批准撥地。1991年，郊野公園委員會認為該土地離郊野公園主體較遠，並能改善沙羅洞的郊遊設施，亦批准了該項計劃，並由地政署與沙螺洞發展有限公司討論工程細則。

圖6-39　沙羅洞地理位置圖。（香港特別行政區政府漁農自然護理署提供）

1991 年，六個環保團體（香港地球之友、長春社、綠色大嶼山協會、綠色力量、南丫島環境保護協會及世界自然（香港）基金會）認為沙羅洞具有很高的生態價值，加上地處集水區及郊野公園周邊，因此反對郊野公園管理局批准上述計劃，並前往行政立法兩局議員辦事處提交請願信，要求議員正視此問題。1992 年 4 月，最高法院審理香港地球之友提出的司法覆核，裁定郊野公園管理局批准沙螺洞發展有限公司在當地的發展項目為不合法，並發出禁制令，禁止發展沙羅洞為高爾夫球場。1997 年 1 月 16 日，漁農處將沙羅洞溪流及兩邊河岸共約 22.1 公頃土地列為「具特殊科學價值地點」，加強該區的生態保護，城規會亦對該區域定下規劃管制。同年，行政長官會同行政會議同意城規會申請將管制時間延長一年，沙螺洞發展有限公司對此提出司法覆核，該覆核申請被高等法院於 2000 年 12 月駁回。

2. 新自然保育政策及公私營合作發展

2004 年，特區政府推出新自然保育政策，以可持續的方式規管、保護和管理對維護本港生物多樣性至為重要的天然資源，措施包括將沙羅洞劃為優先保護區，其生態價值被評為全港第二高（僅次於米埔）。2005 年，沙螺洞發展有限公司提出生態保育管理協議，放棄過往的高爾夫球場計劃，僅在沙羅洞山谷入口處的土地，興建廟宇或骨灰龕綜合建築物，並建議在已荒廢的學校原址建造一所生態教育中心，交由環保團體綠色力量運作，以提供環保教育。在沙螺洞發展有限公司提交的計劃中，承諾在首十年營運期間向信託基金注資，負責沙羅洞的保育管理工作，使沙羅洞的長期保育能夠自負盈虧。環保署表示任何計劃申請都須根據現有法定要求處理，現階段會由跨部門專責小組審批，並會考慮在過程中尋求城規會的意見。2008 年 4 月，環境諮詢委員會從自然保育角度出發同意支持上述沙羅洞發展計劃中的保育部分，至於其他計劃，環諮會不支持推行。2008 年 7 月，大埔區議會一致通過支持沙羅洞發展項目，成為全港首個以公私營合作發展的自然保育項目。

2011 年 2 月，沙螺洞發展有限公司提交「大埔沙羅洞公私營界別合作自然保育試驗計劃」的環評報告供公眾查閱，但該計劃於同年 5 月被申請人撤回。9 月，香港鄉郊基金致函行政長官提出「政府應該以等價、非原址換地方式取得沙羅洞內的私人土地業權」的建議，以解決多年來沙羅洞私人土地的保育問題。

2012 年 5 月，沙螺洞發展有限公司再次提交「大埔沙羅洞公私營界別合作自然保育試驗計劃」的環評報告供公眾查閱。6 月 13 日，由香港鄉郊基金牽頭，聯同長春社、香港地球之友、綠色和平及嘉道理農場暨植物園等共 10 個環保團體發表聯合聲明，反對沙螺洞發展有限公司計劃在大埔沙羅洞興建骨灰龕場，要求當局將沙羅洞納入八仙嶺郊野公園範圍保育。6 月 25 日，環諮會環評小組通過大埔沙羅洞興建日式龕位的環評報告，稍後會提交環諮會大會表決。7 月 16 日，環諮會大會上，主席鑒於委員意見分歧，未有就計劃表決。環保署根據《環評條例》，要求沙螺洞發展有限公司提交補充資料，環諮會留待收到相關資料後再作討論，此後項目暫停。

3. 非原址換地推行發展計劃

2014 年，沙螺洞發展有限公司開始根據特區政府及環保團體建議，提出於大埔區內換地的方案，並與政府商討安排。2015 年至 2016 年，有村民不滿沙羅洞發展計劃遲遲未能落實，鏟掉大片植被，種植油菜花，吸引不少遊人前來拍照遊覽，獲媒體廣泛報道，但事實是種植油菜花令濕地變乾，進一步摧毀當地珍貴的濕地資源（見圖 6-40）。2017 年 1 月，該「自然保育試驗計劃」再次被申請人撤回。

圖 6-40　上圖為沙羅洞遭破壞前，攝於 2001 年；下圖為沙羅洞部分濕地被開墾為油菜花田，攝於 2016 年。（南華早報出版有限公司提供）

2017 年 6 月，行政長官會同行政會議原則上同意推行一項建議，向沙螺洞發展有限公司批出大埔船灣已修復堆填區的一幅土地，以換取沙羅洞發展，公司同時要向特區政府交還沙羅洞內具高生態價值的所屬私人土地（即非原址換地），以達致長遠保育沙羅洞。政府發言人強調「是項非原址換地建議是一個非常獨特、特殊和個別方式，是基於保育政策需要而在新自然保育政策下的公私營界別合作計劃的約定框架以外所作出的安排。至於為其他具生態重要性的地點（包括新自然保育政策下的其他須優先加強保育地點）進行保育管理時，政府不會輕易考慮以非原址換地方式推行有關項目。」[13] 到此，1980 年代以來的沙羅洞保育與發展爭議就此基本解決。

五、青衣島油庫及化學廢物處理中心（1980年代至1990年代）

1. 油庫搬遷問題（1984 年至 1996 年）

背景

1960 年代，本港各家油公司陸續於青衣興建油庫，首批油庫分別由標準石油（香港）有限公司（Esso Standard Oil [Hong Kong] Limited）[14] 及香港火油公司（Hong Kong Oil Company，簡稱香港火油）於青衣島東北牙鷹洲及青衣島東南興建。踏入 1970 年代，港府將青衣發展為荃灣新市鎮一部分。截至 1981 年 12 月，青衣共有六個油庫，一個位於東北的牙鷹洲[15]，四個位於東南，一個位於西南，分別由五家油公司營運。1982 年 4 月，港府聘請顧問公司，研究青衣六個油庫及三間化工廠一旦發生大火或爆炸可能造成的影響。1983 年 2 月，顧問公司向港府提交《青衣潛在危險研究報告書》，指出如果油庫發生大火，部分島上居民將會受到不同程度的燒傷，甚至嚴重灼傷，對此，報告建議港府應該完善應急服務的設備及應變計劃，為可能發生的意外制定疏散安排，並加強一系列風險消減措施例如限制油庫存量，同時應探討修訂法例，加強管制相關設施。

油庫事故與反對聲音

1984 年 3 月 6 日，美孚石油油庫發生火警，引發當地民眾關注油庫安全。8 月 20 日，政務司於荃灣區議會舉行的特別會議上表示，港府暫時不會要求將青衣島上的油庫遷走，但港府會實行一系列措施，改善島上的安全措施。8 月 23 日，青衣鄉事委員會就青衣島危險工業問題提出討論，認為當局計劃設立 140 米「緩衝區」的距離不足以保障居民安全。9 月 17 日，由居民和區議員組成的地區團體「青衣關注組」對行政局基於保障青衣居民安

---

13 〈以非原址換地方式長遠保育沙羅洞〉，政府新聞公報網頁，2017 年 6 月 15 日發布，2023 年 6 月 1 日瀏覽，https://www.info.gov.hk/gia/general/201706/15/P2017061500673.htm。

14 俗稱美孚石油。2000 年，標準石油（香港）有限公司與香港美孚石油有限公司合併後，改稱埃克森美孚香港有限公司（一般簡稱埃克森美孚）。

15 1970 年代，牙鷹洲油庫改由華潤公司（華潤）購入營運。

全，而決定取消美景花園第三期發展計劃表示讚許，但指出目前青衣居民的生命財產所受的威脅，卻一直未有解除，當地居民認為港府應將青衣島上的油庫搬走才是徹底解決危機的辦法。10 月 30 日，行政局舉行會議討論有關青衣島油庫安全問題的最新情況，同意油庫毋須遷走。

1987 年 6 月 25 日，華潤表示計劃將牙鷹洲與青衣東南兩個油庫合併，有待屋宇地政署批地。1988 年，港府鑒於青衣島日益發展，由機電工程署轄下氣體安全事務處委託顧問公司進行青衣危險重估研究，評估島上油庫等危險設施對居民的潛在風險。

1989 年 2 月 11 日，位於青衣島東南的香港火油油庫疑因機件故障，泄漏石油氣，消防及警方派員戒備，並疏散鄰近美景花園居民及封閉青衣南橋，未釀巨災。「青衣關注組」就此次意外重申將油庫遷走的訴求，並呼籲港府研究一旦發生意外如何將居民安全撤離的措施。2 月 12 日，青衣島數名區議員和居民代表舉行記者招待會，重申要求盡快將油庫搬離青衣。同日青衣居民團體舉行緊急會議，決定在油庫外舉行靜坐，要求公布青衣油庫的遇事疏散計劃，並要求油公司遷走油庫。2 月 22 日，葵青區議會舉行特別會議，以九票對五票通過動議，要求盡快將油庫遷離青衣島。同日，地政工務司承認青衣島部分油庫過於接近民居，是港府一項錯誤的城市規劃，並表示港府正考慮將青衣油庫搬到島上的南部、西部或本港其他地方。

1989 年 4 月 27 日，地政工務司公布《青衣危險重估研究報告書》，指出青衣東南分別屬於美孚石油及香港火油的兩個油庫（見圖 6-41）儲存量大，加上後者安全管理欠妥善，對毗鄰住宅的危險程度較大，建議兩個油庫遷走，而華潤牙鷹洲油庫（見圖 6-42）亦應與青衣東南方的華潤油庫合併。港府基於安全考慮，已限制香港火油油庫的存量，亦開始與美孚石油及香港火油接洽，商討搬遷油庫。至於島上南部的油庫和化工廠，與民居有一定距離，加上有天然山脊阻隔，可透過改善管理和安全系統進一步降低風險。

油庫遷離

1989 年 7 月，港府與美孚石油原則上達成換地協議，將青衣油庫遷往青衣島西南面第十七區，同時港府分別與香港火油和華潤公司商議遷移油庫。「青衣關注組」表示，換地賠款只屬於青衣島上「內部遷移」，對市民的威脅並沒有減退，並建議港府應作出長遠計劃處理此類危險倉庫的存在問題。8 月 26 日，美孚石油表示青衣油庫會在三年內搬遷。1990 年 4 月 3 日，規劃環境地政科官員出席葵青區議會會議表示，香港火油初步同意遷走油庫，希望於 1993 年開始搬遷。1993 年，美孚石油位於青衣南的新油庫揭幕，香港火油油庫則停用。1996 年，牙鷹洲油庫遷往青衣東南端，與該處的華潤油庫合併，牙鷹洲原址為新鴻基地產發展有限公司、長江實業（集團）有限公司和華潤創業有限公司聯合開發的 230 萬平方呎的住宅區騰出空間。截至 2017 年，青衣島仍有 5 個油庫，位於南部和西南部海岸，分別由 4 家油公司營運。

圖 6-41　毗鄰青衣美景花園的油庫。（攝於 1986 年，南華早報出版有限公司提供）

圖 6-42　1994 年的青衣牙鷹洲油庫。1996 年油庫清拆後改建成私人屋苑灝景灣。（南華早報出版有限公司提供）

2. 興建化學廢物處理中心（1986 年至 1999 年）

背景

1980 年代，香港經濟快速發展，生產總值增長逾 250%，而導致污染的建造業和工業活動正是經濟的主要推動力，同期廢物量亦迅速增加，增加幅度遠超過規劃，以致容納廢物的地方急速滿溢，對環境造成沉重的負擔，其中處理有毒及化學廢物的工作迫在眉睫。1984 年 11 月，港府表示來年將在本港及海外刊登廣告，招商承建有毒及化學廢物處理廠，且正在物色適當的廠址，包括屯門與青衣島。

初期階段

1986 年 9 月 9 日，環保署官員在葵青區議會有關化學廢物處理廠簡布會上表示，港府經過研究後認為青衣島是較為理想的地點，並表示化學廢物處理廠並非危險工業，毋須遠離居民。1987 年 5 月 6 日，環保署與環境資源有限公司（Environmental Resources Management Limited）簽約，委託該公司研究在青衣島東南面興建一個中央化學廢料處理廠的可行性。環保署於同年年報指出，土地發展政策委員會已同意將青衣島的東南角用作化學廢料的處理地點。

1989 年 2 月 27 日，港府邀請 7 個合資格財團競投開設化學廢物處理設施。3 月 28 日葵青區議會轄下環境事務委員會進行會議，討論化學廢物處理廠問題。區議會收到青衣島居民詢問，化學廢物廠運作所產生的氣體會否影響居民健康。1990 年 12 月 13 日，環保署與環境資源有限公司簽署有關發展青衣化學廢物處理中心的合約，合約簽署後，該公司將進行詳細的環境影響評估。1991 年 9 月 16 日，環境污染問題諮詢委員會公布，有關香港化學廢物處理中心的環境影響、危險評估報告及發展計劃，並表示該中心預計將在 1992 年動工興建。

港府制定處理化學廢物相關法例

1991 年 3 月 18 日，環境污染問題諮詢委員會表示，香港每年有超過 10 萬噸化學廢物流入附近水域，造成嚴重污染，必須立法管制，並研究修訂《廢物處置條例》，以涵蓋化學廢物處理。4 月 24 日，環保署官員出席中華廠商聯合會主辦的「透視污染管制技術研討會」時表示，港府已就制定化學廢物管制規例進行諮詢工作。7 月 12 日，港府頒布《1991 年廢物處置（修訂）條例》，管制化學廢物的包裝、標籤、儲存、收集、處置及進出口。

1992 年 3 月，港府頒布《1992 年廢物處置（化學廢物）（一般）規例》，授權環保署署長對化學廢料，由產生地方以至最終棄置地點實施管制。化學廢物處理中心於 1992 年竣工，1993 年 4 月全面投入服務，處理化學廢物及海洋污染廢物。

1995 年 2 月 3 日，港府刊憲公布《1995 年廢物處置（化學廢物處理的收費）規例》，從 3 月 16 日起，從乾洗店、汽車修理工場到電子廠等本港所有註冊化學廢物產生者，必須將日常運作產生的化學廢物運往青衣處理廠處理，並根據「污染者自負」原則，每月按廢物的化學成分及總重量支付處理費用。

反對聲音

1907 年 2 月 14 日，葵青區議會環境及規劃委員會邀請港府代表出席會議，並通過議員動議，反對全港醫療廢物集中在青衣化學廢物處理中心處理，以免影響青衣島環境及加大青衣的污染負荷。1997 年 5 月 30 日，在立法會環境小組會議上，議員反對使用青衣化學廢物處理中心焚燒醫療廢物的計劃，擔心會對環境造成嚴重的不利影響。1998 年 11 月及 1999 年 2 月，青衣化學廢物處理中心先後錄得超過法定標準的二噁英排放量。1999 年 5 月 13 日及 7 月 22 日，葵青臨時區議會先後討論了青衣化學廢物處理中心處理醫療廢物及二噁英排放事宜，與會者對當局未有及早公布超標事件感到不滿，並一致反對在青衣化學廢物處理中心處理醫療廢物。與會者認為中心在燃燒醫療廢物過程中，會產生更多的二噁英及水銀等致癌毒物，嚴重威脅青衣島居民的健康，要求特區政府搬遷青衣化學廢物處理中心。12 月 14 日，10 名葵青區議員出席立法會會議，強烈要求特區政府取消將醫療廢物交給青衣化學廢物處理中心處理的提議。對於上述質疑，當局承認醫療廢物具有潛在的有害性，而且有可能傳染疾病，因此應予妥善處理和棄置，以保障市民、醫療護理人員和廢物管理人員的安全，同時也稱當局將使用一套規管及管理措施，改善化學廢物處理中心以焚化醫療廢物，惟未回應是否另覓地點搬遷青衣化學廢物處理中心。

後續

青衣化學廢物處理中心從興建到營運均收到社會的反對聲音，而該中心每年 10 萬噸化學廢物的設計處理量，為香港的化學廢物處理提供了一個出路，成為香港主要處理化學廢料的地方。2011 年 8 月起，中心開始接收及處理本港的醫療廢物，以配合特區政府實施的《醫療廢物管制計劃》，自此本港的醫療廢物不再棄置於堆填區。

六、大亞灣核電站（1980年代）

1. 背景

1970 年代起，香港經濟迅速發展，電力需求殷切。內地也正值改革開放初期，作為改革開放的前沿，廣東開始大規模建設，也是非常缺電。1979 年，廣東省電力公司與香港中華電力有限公司（中電）商討合作辦核電廠的構思，並展開可行性研究等前期工作；11 月，雙方達成了以合營方式建設運營核電廠的初步協議。1980 年 12 月，雙方就合資興建核電站的可行性問題達成一致，提出《在廣東省合營核電站可行性研究聯合報告》，獲國務院批准。

2. 初期合作與反對聲音

1982 年，中電及廣東電力公司公開合作計劃將於鄰近香港的廣東省興建核電站，中電參股 25%，透過子公司 —— 香港核電投資有限公司持股，並將所發電力的大部分售予香港。年內，香港部分民間人士成立「關注核電廠聯合組織」，從預防措施、兩電監管及電費加價等方面反對興建核電廠[16]。儘管香港坊間存在反對聲音，1982 年 12 月 13 日的國務院常務會

16　中電購買大亞灣的電力將不受中電與港府所訂立的管制協議規管。

議上，確定建設廣東大亞灣核電站。廠址初步選定廣東省南部大鵬半島大亞灣一側，與香港直線距離約 50 公里，距深圳約 45 公里（見圖 6-43）。1983 年 11 月，港府宣布批准耗資 360 億的核電站計劃，香港會負擔四分之一的開支及購買七成的電力。

12 月 10 日，香港經濟司前往大亞灣考察並與中方官員會面，雙方均稱核電站有利粵港經濟，核電站將採用高安全水準建設。同時，香港天文台也申請款項購買儀器以監測輻射，希望此舉令港人安心。

大亞灣核電項目有序推進的同時，坊間仍聲音不斷，主要針對核電項目對本港環境可能造成的影響。1984 年 3 月 8 日，「關注核電廠聯合組織」、香港地球之友、各界監管公共事業聯委會聯合提出舉行「大亞灣核電廠公開聽證」，同時建議將該聽證內容將交予港府、行政立法兩局議員、市政局議員及部分區議員，並於 3 月 23 日在《南華早報》上刊登一封致消費者委員會主席的公開信，信中表示對擬建核電站的許多方面感到擔憂和震驚，例如質量控制、安全、成本，尤其環境影響和健康。7 月 8 日，長春社表示對港府控制香港污染的意願「相當悲觀」，談及大亞灣核電項目時，稱港府應監測因大亞灣核電項目造成的環境輻射，並將相關信息公之於眾。8 月，「關注核電廠聯合組織」再次要求港府設立獨立委員會，監察大亞灣核電廠對本港環境的影響以及制定應變的安全措施。12 月 26 日，有市政局議在《南華早報》上刊文強調監測環境基準輻射，以評估大亞灣核電項目對本港環境造成的影響的迫切性，而早在同年 2 月，這位議員就質疑過港府環保部門遲遲不就大亞灣核電項目可能造成的環境輻射污染進行監測評估。

圖 6-43　香港、深圳、大亞灣核電站地理位置示意圖

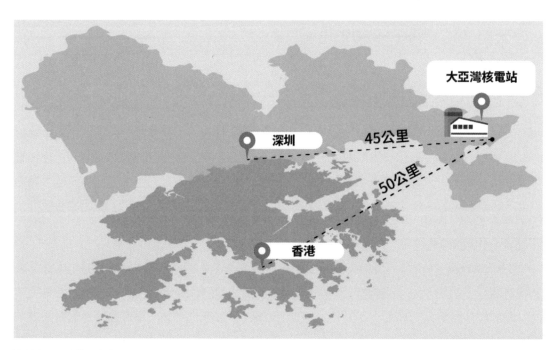

資料來源：中華電力有限公司。

3. 民間反核運動

1985 年 1 月 18 日，中電的全資附屬公司香港核電投資有限公司與廣東核電投資有限公司，於北京人民大會堂簽訂聯營合同，雙方合資成立廣東核電合營有限公司（合營公司），興建和營運大亞灣核電站，項目耗資逾 40 億美元，是內地首座商用核電廠。

正當本港反核聲浪漸漸平息之時，1986 年 4 月 26 日，蘇聯切爾諾貝爾核電站四號核反應堆爆炸，發生有史以來最嚴重核能災難，震驚全球，本港媒體亦作跟蹤報道。核電廠安全以及可能帶來的環境及安全問題，再次引起港人關注，大亞灣核電廠也再次成為輿論焦點，港人擔憂在近於 50 公里的大亞灣核電廠將來若發生同樣的意外，除了可能造成不可挽回的生態環境災難，也將遺禍 500 萬人口及下一代。5 月 2 日，港督尤德強調明白市民關注核電廠意外，指出大亞灣核電廠與蘇聯核電廠是完全不同種類，這所由中國政府興建的核電廠將具有極高安全標準，符合中國及國際標準。儘管多方面作出保證，本港多個團體於 1986 年 5 月底成立「爭取停建大亞灣核電廠聯席會議」，通過了反對興建大亞灣核電廠的宣言。

1986 年 6 月 8 日，「爭取停建大亞灣核電廠聯席會議」發起為期三個月簽名運動，希望爭取 50 萬市民簽名，支持他們要求停止在大亞灣建核電廠，該運動首日便獲得一萬名市民簽名支持；同時，「爭取停建大亞灣核電廠聯席會議」也在積極籌辦千人聚會反對核電。6 月 22 日，香港教育專業人員協會正式宣布加入「爭取停建大亞灣核電廠聯席會議」，並稱已發信及簽名表給全港學校及家長，發動全港師生，欲獲十萬簽名，要求有關當局考慮停建大亞灣核電廠。

1986 年 7 月 11 日，國務院副總理李鵬召集核工業部部長蔣心雄、外交部副部長周南、港澳辦副主任李後等官員召開會議，商討切爾諾貝爾事故在香港社會引發對核電安全的關注。李鵬於會上傳達了鄧小平關於大亞灣核電站「只能前進，不能後退」的重要指示。會議總結認為需要加強在香港的輿論宣傳，向香港社會推廣核電安全。

1986 年 7 月 13 日，「爭取停建大亞灣核電廠聯席會議」於各地鐵站及四個火車站出口發起「爭取停建核電廠」簽名運動，徵集市民簽名反對興建大亞灣核電廠，獲得超過 40 萬個簽名，加上過往的行動，總共獲超過 80 萬個簽名。

4. 反核電議題進入立法局

1986 年 8 月，香港立法局核電考察團分別對法國、奧地利、美國及日本進行核電廠考察訪問。8 月 13 日，「爭取停建大亞灣核電廠聯席會議」前往港督府請願，遞交象徵 104 萬市民簽名的請願信以及一批有關核安全和香港市民的意見，要求港府公開有關核電廠的資料，包括一些反核團體的意見予公眾評估，並希望對中央政府施壓，停建大亞灣核電站。8 月 17 日，「爭取停建大亞灣核電廠聯席會議」12 名代表獲邀抵達北京，反映香港市民

對興建核電廠的憂慮，爭取停建大亞灣核電廠。其後得到國家核工業部及核安全局官員接見，並安排有關專家以廣東話介紹浙江省嘉興市海鹽縣秦山核電站，介紹核電安全及技術問題，惟代表未能成功將港人簽名及請願書轉交予國家領導人。

1986 年 9 月 3 日，立法局通過接納核電考察團的考察報告及應邀派員前往北京考察，並以 22 票支持、10 票反對、2 票棄權，通過在議員前往北京前不會召開特別公開會議討論大亞灣核電廠問題的決議。9 月 18 日，立法局核電考察團訪京團一行 10 人，抵達北京，先後與國家核工業部、核安全局等部門交換意見，深入了解內地在核安全方面採取的各項措施，同時反映香港市民對核電廠的安全、管理及操作方面的深切關注。

5. 其他聲音

就在「爭取停建大亞灣核電廠聯席會議」發起反核運動的同時，民間及立法局也發出了不同的聲音。如 1986 年 7 月，多位大學講師及校長建議，如果有關方面能提供更多關於大亞灣核電廠的資料，以及港府就核電進行多方面的宣傳教育，市民對核電廠的憂慮將可以消除。

1986 年 9 月 13 日，香港科技協進會與中國核學會主辦為期 16 天的「核技術展覽會」，向市民普及核科技知識，宣傳主辦單位對核能發電的立場，以爭取市民大眾的認同，並闡明大亞灣所用技術與蘇聯切爾諾貝爾核電站不同（大亞灣安全系數更高），投資核電將比煤電更省錢等好處，展覽共有 80,000 人次參觀。9 月 27 日，有立法局議員在展覽的科普講座上指出，法國、日本及英國均計劃發展核電，根據英國官方最近發表的一份報告，指出日後核電的價格會較煤電便宜四成。

6. 反核電運動尾聲

1986 年 9 月 23 日，合營公司與法國法馬通公司、英國通用電氣公司和法國電力集團公司分別簽署了涵蓋兩個核島、常規島設備供應及工程技術服務的 4 份合同，同時合營公司與中國銀行分別與來自英法兩國的銀行代表簽訂合共 3 份貸款合同，簽字儀式在人民大會堂舉行，合同於 10 月 7 日生效。合同生效前兩日，即 10 月 5 日，「爭取停建大亞灣核電廠聯席會議」在九龍摩士公園露天劇場舉行「民眾集會」反對核電（見圖 6-44），九名受邀人士發言，集會最後，聯席會議宣讀聲明，稱雖然大亞灣核電廠合約已簽署，但是香港市民對核電廠的憂慮仍然存在，並再次要求港府退出大亞灣核電計劃。10 月 15 日，在大亞灣核電站合同生效後，立法局就此展開了長達五小時的辯論，各方最終達成妥協，一致通過動議，要求港府公開計劃內安全程式及造價內容。

1987 年，香港大專教師關注大亞灣核電小組編寫的《核子發電：大亞灣計劃面面觀》由明報出版社出版。書中指出，港人除了擔心安全問題，還有對管理機制、應急疏散方案、替代能源方案和經濟成本考慮的質疑。

圖 6-44　九龍摩士公園露天劇場舉行「民眾集會」反對核電。（攝於 1986 年 10 月 5 日，南華早報出版有限公司提供）

7. 後續

1987 年 8 月 7 日，大亞灣核電站主體工程展開。大亞灣核電廠一號反應堆筏基興建期間，質檢人員於 9 月 14 日發現核島筏基漏放部分鋼筋。筏基第一層按圖紙要求應放 576 根鋼筋，實際僅 260 根；合營公司立即向國家核安全局、國務院核電辦報告，並且要求停工整頓、查明原因。11 月 3 日，合營公司和新華社香港分社組織香港工程界、科技界人士以及香港報界、電視台記者和內地新聞界合共 80 多人到大亞灣核電站工地參觀。11 月 7 日，停工 55 天的大亞灣核電站一號核島工程全面復工。

香港各大媒體均對該事件進行報道，漏放鋼筋事故成為香港輿論焦點。11 月 20 日，「爭取停建大亞灣核電廠聯席會議」30 多名代表在中電請願及靜坐，要求中電退出興建大亞灣核電廠計劃。

1993 年 7 月 28 日晚上 9 時 5 分，大亞灣核電站一號機組反應堆首次達到臨界；8 月 31 日晚上 9 時 26 分，一號機組首次與廣東電網、香港中電電網併網成功，併網功率為 4.5 萬千瓦。11 月 27 日晚上 10 時 36 分，一號機組首次達到滿功率，電功率為 98.4 萬千瓦；12 月 31 日下午 1 時 15 分，一號機組完成全部滿功率試驗。

1994 年 2 月 1 日，大亞灣核電站一號機組正式投入商業運行。1994 年 5 月 6 日，大亞灣核電 2 號機組順利投入商業運行。經過七年的建設，中國廣東核電集團有限公司、中國能建等企業設計、建設、運營的大亞灣核電站全面建成投入商業運行。

大亞灣核電站自 1994 年投入運行以來，連續安全穩定地每年為香港供電超過 100 億千瓦時，約佔香港總用電量的四分之一，持續為香港輸送 100% 清潔能源，為香港經濟社會發展注入了強勁動能，也為香港的經濟穩定、繁榮發展、減少碳排放作出貢獻，而且未曾發生核事故。

七、南生圍發展（1980 年代起）

1. 背景

南生圍位於元朗新市鎮東北面，被東面的錦田河及西面的山貝河所包圍，與米埔自然護理區、甩洲、大生圍、和生圍等沼澤地帶相連，北面是后海灣（深圳灣），與深圳福田隔海相對（見圖 6-45）。因為擁有河口、泥灘、蘆葦叢等不同生境，所以被認為是香港難得的高生態地段。南生圍之「圍」，即「基圍」之意，主要飼養基圍蝦。1950 年代起，香港淡水養殖業開始蓬勃，有大量稻田和基圍轉為魚塘，使元朗成為香港最大的魚塘區。1980 年代是香港魚塘養殖業的全盛期，當時香港魚塘的面積由 1950 年代的 180 公頃急升至 1980 年代初超過 2000 公頃，可見當時淡水養殖業盛極一時。同一時期，元朗新市鎮計劃開展，周邊大片魚塘消失，包括位於元朗新市鎮東北的南生圍。1980 年代末，天水圍新市鎮計劃又填平了數百公頃魚塘。

圖 6-45　南生圍及甩洲位置圖

資料來源：Google、Maxar Technologies、Airbus。

2. 南生圍發展交織環保運動

南生圍發展計劃始於 1960 年代,澳門傅老榕家族後人通過擁有的南生圍建業有限公司(南生圍建業)與港府換地,取得超過 100 萬平方呎甩洲及南生圍的土地,並於 1965 年獲行政局批准在一幅 17 公頃的土地作小規模發展商住項目,發展不得超過地盤總面積的 25%,建築物高度則不得超過 8.23 米,但因港府不提供食水及排污渠,工程一直未有展開。

1976 年,加拿大發展有限公司在大生圍的錦繡花園填塘開發,引發了一場規劃及保育界的重大爭議,但項目最終得到行政局的批准,附近米埔變成生態補償的產物,後由漁農處委託世界自然(香港)基金會管理。1995 年,港府按照《拉姆薩爾公約》將米埔沼澤區連同內后海灣列為「具國際意義的濕地」,而南生圍也成為了這個國際認可濕地中的「緩衝濕地帶」。

1990 年代初,香港房地產市場蓬勃發展,南生圍一帶地勢平坦的濕地,適合開發豪宅項目,引起本地發展商注意。發展商參照過往錦繡花園例子,可以用低價收購魚塘農地建造豪宅,比起要高價競投政府土地來得簡單直接。恒基兆業地產有限公司(恒基地產)於 1990 年在南生圍及甩洲購入地皮,並於同年 11 月 26 日宣布與南生圍建業的合作計劃,把元朗南生圍一幅魚塘用地,用作興建約 76.5 公頃的別墅及高爾夫球場。1992 年 8 月,發展商向城規會申請發展 2550 個低密度住宅單位及一個 18 洞的高爾夫球場,同年 10 月被城規會否決。在社會環保意識高漲的壓力下,「保育濕地」成為申請綜合發展的條件。

其後,發展商與城規會就南生圍發展項目一直進行訴訟。1994 年,城規會上訴委員會有條件批准於南生圍發展高爾夫球場及住宅,要求發展商就發展計劃進行全面的環境影響評估,就重建生境進行詳細規劃,以及推行南生圍及甩洲自然保護區之管理計劃,城規會上訴委員會的決定於 1996 年獲英國樞密院確認。自發展項目獲批准以來,發展商於 2001 年、2004 年和 2007 年三度申請延長規劃許可 3 年,2010 年 10 月底,發展商擬再度申請延長 3 年,同時再次提出南生圍高爾夫球場及住宅項目發展計劃,並就修訂方案諮詢多個環團組織。對此,包括長春社在內的多個關注團體認為該計劃依然破壞環境,指出南生圍不僅具生態價值,亦有人文及景觀價值,相信公眾對計劃不會贊同,呼籲發展商收回方案,按現行指標重新規劃發展。12 月 10 日,城規會最終否決南生圍項目延期發展,但發展商仍可提出上訴;12 月 12 日,近千市民響應社交媒體發起的「十二圍城」行動,到南生圍集會,要求恒基地產停止在南生圍的任何發展計劃;參加者高舉綠色絲帶,集體躺臥草地上,以示保衛南生圍環境生態的決心。12 月 17 日,世界自然(香港)基金會發表聲明反對南生圍發展計劃,聲明稱現存的濕地,需按照《拉姆薩爾公約》的原則,明智善用,並作出積極管理以保護野生動植物的生態環境。

2011 年 1 月 12 日,恒基地產再次向城規會提交申請尋求重新審視南生圍發展計劃。1 月 23 日,近 200 市民參與「一‧二三南生圍起義」遊行集會,希望恒基地產停止南生圍發展項目,並將南生圍列為具特殊科學價值地點予以保護。

2011 年 2 月，南生圍發展計劃改由南生圍建業主導。7 月 4 日，南生圍建業為首的項目倡議人向環保署遞交《南生圍及甩洲擬建綜合發展及濕地改善項目》的項目簡介，稱新方案將剔除高爾夫球場，只興建住宅，南生圍北端及附近甩洲則會分別發展成濕地公園及保育區，補償發展對生態的影響。但長春社指出，即使有生態補償，亦難以回復被破壞的蘆葦生態環境及抵消工程對雀鳥的滋擾，堅持「發展免問」。環保署就《南生圍及甩洲擬建綜合發展及濕地改善項目》展示給公眾提供意見，對此，有保育南生圍的團體發動「萬寫筆辭」行動，呼籲市民去信環保署，堅決反對南生圍進行任何地產項目的發展，該團體連日來亦於元朗收集到 6500 多個市民簽名反對項目，並於 7 月 17 日到旺角收集簽名，望能達到萬人聯署的目標後，到環保署遞交簽名及抗議。

南生圍建業先後在 2012 年 12 月及 2015 年 8 月向城規會提交規劃申請，前者發展計劃建議興建 1600 個單位，預計容納人口為 4480 人，後者發展計劃興建單位增至 2500 多個，容納人口更提升至 6500 人。多個環保團體批評發展商提出的總樓面面積沒有減低，並誇大了保育元素，項目仍會帶來濕地損失。該兩個規劃申請最終被城規會否決，但發展商依然希望發展南生圍，而發展商與環保團體之間的拉鋸，多年來亦未有停歇。

八、策略性污水排放計劃（1990年代）

1. 背景

1980 年代，香港水質污染問題嚴重，每日產生約 200 萬噸污水，當中未經處理或只經基本處理的生活廢水及工業污水，一般都直接排放到維港。同時很多工廠、食肆和住宅將污水管道擅自接駁到雨水渠而非污水渠，造成維港出現黑水和發出惡臭，維港水質陷入危機。1987 年，港府有見情況嚴峻，委託環協顧問工程師（Watson Hawksley Consulting Engineers）進行「污水策略研究」，為香港制定整體污水處理策略，並於 1989 年正式落實推行一項名為「策略性污水排放計劃」（Strategic Sewage Disposal Scheme）的大型基建項目，以解決維港海水污染問題。該計劃建議分四期進行（見圖 6-46）。第一期把九龍工業區和港島東北部經污水廠初級處理後的污水，用深入 150 米地底的隧道，輸送到昂船洲，並在昂船洲另建一座污水處理廠，加入石灰中和經過初級處理的污水，排放於維多利亞港西部。第二期工程建議將昂船洲經過基本處理的污水，經海底管道排入中國南海。第三、四期是把其他污水廠經過初級處理的污水，引入第二期昂船洲的排放系統，屆時香港將會每天排放 200 萬噸污水到中國南海。

1992 年 10 月，港督彭定康（Chris Patten）在《施政報告》中提議推行策略性污水排放計劃，第一期預算約 73 億元，預計在 1997 年前完成。1993 年 7 月，渠務署委託環協（香港）有限公司（Montgomery Watson Hong Kong Limited）擔任策略性污水排放計劃第一期工程詳細設計的工程顧問公司。1994 年 6 月，環協（香港）有限公司再完成檢討昂船洲

圖 6-46　1989 年「策略性污水排放計劃」首個擬案污水排放示意圖

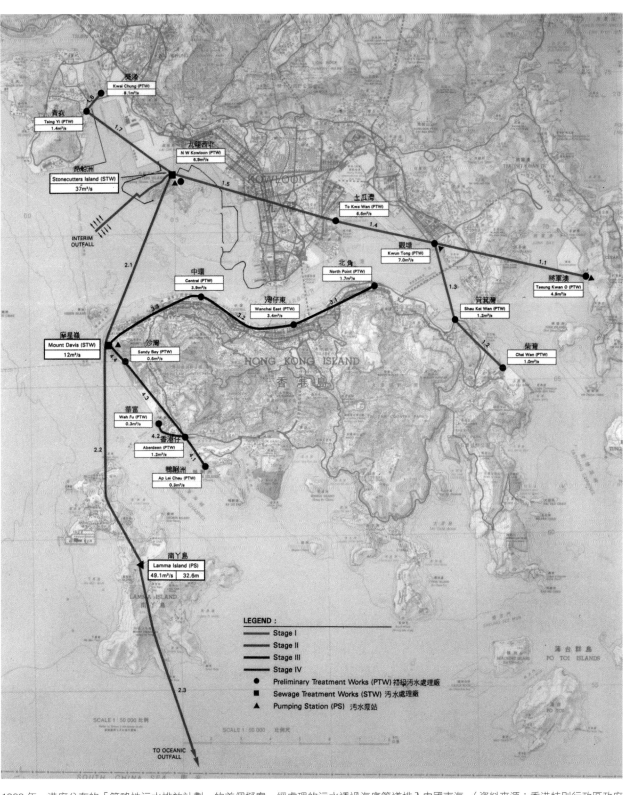

1989 年，港府公布的「策略性污水排放計劃」的首個擬案，經處理的污水透過海底管道排入中國南海。（資料來源：香港特別行政區政府渠務署）

的化學沉澱工序，支持原有方案。對於社會輿論質疑港府為何先後聘用同一顧問公司來研究計劃的可行性，港府於 1994 年 7 月改為委任潘衍壽顧問工程師事務所（Pypun Engineering Consultants Limited，簡稱潘衍壽事務所）進行「策略性污水排放計劃第二階段選項檢討研究」，顧問合約另包括聘請三位國際專家監察顧問公司的工作，並就策略性污水排放計劃第一及二期向港府提供獨立意見。

2. 各方對「策略性污水排放計劃」的反應

「策略性污水排放計劃」是為解決困擾香港持久的污水問題、改善維港水質而推行的一項大型計劃。這套系統第一、二期工程收集了柴灣、筲箕灣、將軍澳、觀塘、土瓜灣、葵涌和青衣島的污水，然後在未經完全處理的情況下，通過一條長達 30 公里的海底管道，每天把這些生活廢水及工業污水直接排放到香港南部的中國南海。計劃公布後，有一些環保團體、學者和專業人士提出質疑，社會大眾則沒有太大反對聲音。

1994 年 11 月，中國政府透過中英聯合聯絡小組，批評英國政府及港府在策略性污水排放計劃中的獨斷獨行。中方代表陳佐洱指出中方支持有關計劃，但計劃是在使用香港公帑，而且中方及香港社會對於計劃可行性及科學性了解不足，英國政府及港府理應讓香港社會了解真相再作行動，不贊成急功近利。

月內，一批以香港學者協會為首的環保專家和工程專家，包括黃玉山、譚鳳儀、吳清輝、黃良會等經仔細研讀方案，先後在本港多份報章撰稿和舉辦座談會反映意見，指出計劃其實不是污水處理，而是「污水搬家」。該批學者引用大量的科學數據，以及外國專家經驗和文獻，指出港府不應單靠石灰來清除污水中的重金屬及大腸桿菌，然後將未經完全處理的污水直接排放到中國南海，這將嚴重破壞海洋生態環境，同時也是違反國際慣例的不負責行為。然而，港府不顧中方及香港社會的反對聲音，亦不等候潘衍壽事務所的顧問報告，於 1994 年底按照當初環協（香港）有限公司的推薦方案，率先批出策略性污水排放計劃第一期的兩份工程合約，興建 6 條污水輸送隧道，預計 1997 年竣工。

3. 本地專家學者反對計劃

1995 年 1 月 18 日，潘衍壽事務所於立法局環境事務委員會會議上，發表連同國際專家小組意見的研究報告擬稿。顧問公司反對第二期工程原本將污水排放至中國南海的深海管道排污方案，初步建議第一期工程的昂船洲污水處理廠，應提升至化學強化一級處理作為最低處理水平，而所有污水亦應集中在昂船洲處理，經處理的污水排放至南丫島附近海域已經可以滿足水質指標，無須興建伸延至中國南海的管道。

至於第二期工程是否需要採用較化學強化一級處理更高規格的處理方法，以及排污口的最終位置，仍待進一步研究。監察小組的專家認同顧問公司建議，並期望英方能以尊重科學、保護環境為前提，拿出誠意與中方共同研究一個切合本港需要以及可以保護中國南海海洋生態的排污工程。

一批關心「策略性污水排放計劃」項目的本港學術界人士也一再向港府要求獲取更多相關資料以佐研究，惟未得到港府正面回應。1995 年 3 月 21 日，全港 63 名來自環保界、科學界、工程界的專家學者聯名於報章刊登一份題為《香港學術、科技界對「策略性污水排放計劃」的意見》的報告書，堅決反對「策略性污水排放計劃」，該報告書針對策略性污水排放計劃提出四點技術上的質疑，並從科學理論、環保理念和工程技術上分析策略性污水排放計劃的弊端，提出改善辦法。

1995 年 4 月，港府發表潘衍壽事務所連同國際專家小組意見的最終報告。面對中方堅決反對、社會輿論壓力以及本地民間專家學者提出反對論據，港府修改了原計劃並諮詢公眾，主要改動包括：（一）取消建造長達 30 公里的海底隧道將未經處理污水排放到中國南海；（二）所有污水先收集到昂船洲新落成的化學輔助一級處理廠進行處理（即把三氯化鐵（$FeCl_3$）及聚合物加入污水，協助懸浮固體沉澱，取代使用石灰的最初方案）；（三）所有經一般處理污水在南丫島西南或東南海域排放，而不是排放到中國南海（見圖 6-47）。

圖 6-47　1999 年環保署經檢討後修改的「策略性污水排放計劃」污水排放示意圖

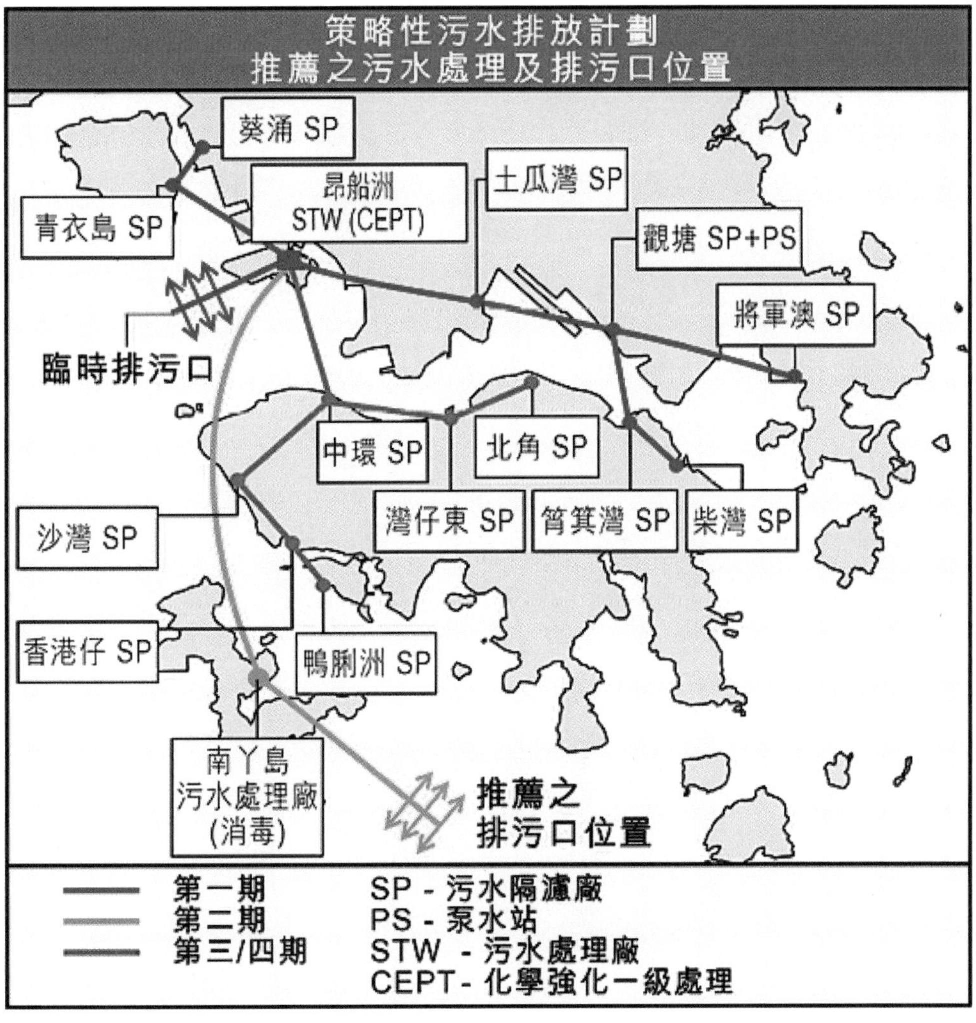

1999 年環保署年報載列經檢討後修改的策略性污水排放計劃方案，第二期計劃最初建議位於中國南海的排污口已遷至南丫島對出海面。（資料來源：香港特別行政區政府環保署）

4. 後續

1997 年，昂船洲污水處理廠投入服務，到了 2001 年第一期工程全部完成，處理維港兩岸逾 70% 的污水，年內「策略性污水排放計劃」亦更名為「淨化海港計劃」。2005 年 4 月，特區政府先後經過 2000 年的國際專家小組評估和 2004 年公眾諮詢，並汲取第一期工程的經驗，公布淨化海港計劃第二期的方案，除了擴建現有污水處理網絡以及提高化學處理污水的能力，更重要的是將維港兩岸所有污水集中於昂船洲消毒後，將直接排入維多利亞港西部，並且符合主要水質標準，到了 2015 年 12 月投入服務。淨化海港計劃從構思、分期落實，再到全面投入服務，歷時近 30 年，儘管最初的方案只是「污水搬家」，經過政府和社會努力，最終達成較環保的方案，既保護了中國南海的海洋生態，也為香港社會帶來水質更好的維多利亞港和海濱環境。

九、中環及灣仔填海計劃（1990年代至2010年代）

1. 背景

1851 年，港府於中環海旁開展香港首項填海工程，自此移山填海成為本港開拓土地，推動城市發展的一個主要途徑。歷年來，不論擴展維多利亞港（維港）兩岸、新界新市鎮以至 1990 年代赤鱲角興建新機場，填海造地都是不可或缺的一環，社會亦鮮有顯著的反對聲音。1984 年 1 月 4 日，港府公布《海港填海及市區發展研究》結果，提出有需要在香港島北岸的中環及灣仔進一步填海。港府其後於同年發表的《全港發展策略》、1991 年《都會計劃》和 1996 年《全港發展策略檢討》亦重申相關計劃。踏入 1990 年代，大眾環保意識日漸提升，加上港府先後在維港兩岸的西九龍、中區等地填海，[17] 社會對填海造成維港逐漸收窄、海岸景觀受損及影響航行安全日趨關注，逐漸出現反對填海的聲音。1995 年 11 月，保護海港協會成立，是本港首個以保護維港為宗旨的社會團體。1997 年 6 月 30 日，港府頒布《1997 年保護海港條例》，訂明維港「中央海港」範圍內不准填海。

特區成立以後，政府回應了社會對填海問題的關注，其中行政長官發表的《施政報告》和城規會發表的宣言先後重申對保護海港的關注，並在 1999 年 12 月頒布經修訂的《1999年保護海港（修訂）條例》，將不准填海的範圍擴大至整個維港。保護海港協會先後就灣仔北填海工程（2003 年）、中環填海計劃第三期（2003 年）及中環灣仔繞道填海工程（2007年）提出司法覆核，希望暫停相關工程。保護海港協會在三次官司雖然非全部勝訴，期間多次引發社會討論，而特區政府縮減了填海規模以符合法例要求，亦承諾不會在維港內開展新填海計劃，並建立以共建維港委員會為首的諮詢架構，邀請社會不同持份者加入及提出意見，完善海港規劃。2011 年起，特區政府開始探討維港以外填海的可行性，而社會對填海及城市規劃議題的討論，往後仍未休止。

---

17 即香港機場核心計劃內的中區填海計劃（第一期）及西九龍填海計劃。

2. 港府頒布《保護海港條例》

1995 年 8 月 2 日，律師徐嘉慎公布其草擬的《保護海港條例》草案，並要求港府暫停擬定的東南九龍、青洲及九龍角填海計劃。10 月 31 日，立法局議員陸恭蕙以私人條例草案形式提交《保護海港條例》草案。該草案建議立法局只有在無選擇及極大原因下，方可批准填海。11 月，保護海港協會成立，旨在反對港府於維多利亞港進行大規模填海計劃，徐嘉慎為主席。12 月 28 日，保護海港協會公布自 10 月 21 日起共收集得 14 萬名市民簽名，反對港府在維港兩岸填海。年內，港府出版《香港的未來面貌：海港填海計劃在香港日後發展所擔當的角色概覽》等一系列刊物，向公眾解釋維港填海原因。

1996 年 12 月 4 日，《保護海港條例》草案於立法局進行首讀。1997 年 6 月 30 日，港府頒布《1997 年保護海港條例》，訂明不准在維港「中央海港」範圍進行填海工程，東起紅磡、北角，西至西區海底隧道。

3. 灣仔北填海工程及中環填海計劃第三期司法覆核

1998 年 5 月 29 日，特區政府刊憲公布《中區（擴展部分）分區計劃大綱草圖編號 S/H24/1》。翌年 7 月 16 日，城規會刊憲公布該草圖的修訂項目，包括將擬定填海面積由 38 公頃縮減至 23 公頃，其中 18 公頃納入中區填海計劃第三期工程，餘下 5 公頃則納入灣仔北填海工程（屬於灣仔發展計劃第二期一部分）（見圖 6-48）。

圖 6-48　中環及灣仔填海計劃範圍示意圖

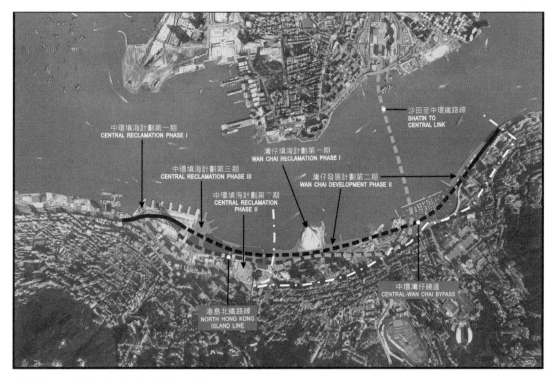

資料來源：香港特別行政區政府土木工程拓展署。

2003 年 2 月 28 日，中環填海計劃第三期工程展開。同日，保護海港協會認為城規會批准《灣仔北分區計劃大綱草圖編號 S／H25／1》時，錯誤演繹《保護海港條例》，向高等法院申請司法覆核，要求法庭推翻城規會決定，並頒令暫停整項灣仔北填海工程。

2003 年 7 月 8 日，法庭裁定保護海港協會灣仔北填海工程司法覆核勝訴，下令城規會重新審理大綱草圖及相關反對意見。同時，法庭裁定日後特區政府建議的每項填海工程須作獨立審視，並須符合三項準則，包括「有迫切性、具充分理由及有即時需要」、「沒有其他切實可行的選擇」、「對海港造成的損害減至最少」。9 月 25 日，保護海港協會向高等法院就行政長官會同行政會議通過《中區（擴展部分）分區計劃大綱圖》的決定申請司法覆核，並申請暫緩中環填海第三期工程。28 日，特區政府宣布暫停工程直至法庭作出裁決，同日保護海港協會發起藍絲帶行動，於中環舉行反對填海工程集會，約 500 名市民出席。10 月 1 日，房屋及規劃地政局局長於本港多份文章撰文，宣布取消多項擬議的填海計劃，包括荃灣海灣及在青州對開的港島西填海計劃，並指出「除了中區及灣仔北以及東南九龍發展外，政府沒有計劃在海港範圍內進行新的填海工程」。[18] 10 月 6 日，高等法院裁定協會的暫緩令申請敗訴。11 月，本港四所大學、八個環保、社會服務和關注地區發展公民組織及四個專業團體發起「想創維港」，旨在建立一個平台，加深公眾對本港填海歷史的認識、發動公眾參與規劃維港，並建構社會共識解決填海爭議，使維港得以可持續發展。

2004 年 1 月 9 日，終審法院駁回城規會就保護海港協會禁制灣仔北填海計劃的上訴申請。終審庭同時對《保護海港條例》作出詮釋，日後港府的填海工程須符合「有凌駕性的公眾需要」方可進行。3 月 9 日，高等法院裁定行政長官會同行政會議行使《城市規劃條例》（《城規條例》）的酌情決定權通過《中區（擴展部分）分區計劃大綱圖》屬於合法，保護海港協會敗訴。3 月 21 日，保護海港協會發起「321 手牽手護維港」活動，參加者由中環至灣仔組成人鏈，以示保護維港決心，協會聲稱約 2 萬人參加。4 月 15 日，保護海港協會公布不會就法庭裁決提出上訴。同日特區政府重申，除了中區填海計劃第三期工程、灣仔北填海工程及東南九龍填海計劃外，未來不會在維港填海。5 月 1 日，特區政府成立共建維港委員會，委員包括 6 名高級政府官員，以及 23 名非官方成員。委員會就維港現有和新海旁的規劃、土地用途和發展，向特區政府提供意見。7 月，特區政府因應裁決結果，決定在不填海的前提下，全面檢討啟德發展計劃（前稱東南九龍發展計劃），以確保符合法律規定。

4. 中環灣仔繞道填海工程司法覆核

2007 年 10 月 3 日，保護海港協會就特區政府興建中環灣仔繞道擬議的臨時填海工程（屬於灣仔發展計劃第二期一部分）申請司法覆核，請求法庭聲明《保護海港條例》有關維港

---

18 〈保護海港，政府責無旁貸〉，《信報》，2003 年 10 月 1 日；〈保護海港政府責無旁貸〉，《明報》，2003 年 10 月 1 日；〈政府為何要在中環填海？〉，《文匯報》，2003 年 10 月 1 日。

不准填海的推定適用於該項工程。翌年 3 月 20 日，法庭判政府敗訴，修改工程方案並展開公眾諮詢，保護海港協會往後未有再就維港範圍內的填海工程興訟。2009 年 5 月 19 日，行政長官會同行政會議授權展開繞道工程，特區政府指出工程有「凌駕性的公眾需要」，已採用填海幅度最小的方案，而且是維港「最後一項填海工程。」2010 年 7 月 1 日，行政長官宣布委任海濱事務委員會，繼承共建維港委員會的工作，就所有海濱事宜向政府提出意見，並與發展局合作推動各項優化海濱的項目，包括延長維港兩岸海濱長廊及增加維港兩岸的休憩用地。

十、塱原濕地保育（1999年至2000年）

2000 年，美國《時代》雜誌將香港環保署反對興建九廣鐵路落馬洲支線的決定，列為當年「全球最令人振奮」的環境新聞之一，此則報道反映塱原濕地保育事件受到國際關注。

圖 6-49　塱原濕地及周邊鄉村。（版權屬香港特別行政區政府；資料來源：地政總署測繪處。香港地方志中心後期製作。）

塱原位於雙魚河以南及石上河以西，燕崗及松柏塱以北，是一片由水耕農田及紅蟲塘形成的濕地，是新界西北最後一片完整的天然洪泛平原（見圖 6-49）。生境片段化（Habitat fragmentation）是香港嚴重的問題。從生態學角度商討愈細小的生態環境面積，可支援生物物種的數量愈小。塱原這片土地十分完整，大致沒有受到生境片段化的影響，人為干擾較少。農業活動是塱原對鳥類具有吸引力的關鍵原因之一，按香港觀鳥會於 1993 年至 2000 年的統計，塱原記錄了大約 210 種鳥類，大約相等於香港已知鳥種數目的一半，包括本港罕見的淡水濕地鳥類彩鷸（Rostratula benghalensis）。

1. 落馬洲支線計劃

1994 年，港府為紓緩羅湖邊境管制站的嚴重擠塞情況，應付日益增加的過境客運量，於《鐵路發展策略》中建議興建落馬洲支線（現東鐵綫上水至落馬洲支線），於落馬洲提供本港第二條鐵路過境通道。1998 年 9 月，行政會議邀請九廣鐵路公司（九鐵）就「上水至落馬洲支線」（支線）計劃的實施提交詳細建議。根據九鐵 1999 年提交的計劃，支線總長 7.4 公里、耗資 70 億美元，包括於佔地 25 公頃的塱原興建 2000 米長的高架橋，佔用 0.83 公頃濕地。整個支線項目預計需要搬遷 9.5 公頃魚塘、重置約 3000 名村民及收回 18 公頃私人土地，預計 2004 年完工。

2. 支線穿越塱原濕地遭反對

1999 年 1 月，九鐵向環保署申請進行有關支線橫跨塱原的研究。環保署署長在 2 月發出研究概要，九鐵於 3 月向特區政府提交建議，6 月行政會議決定提請九鐵就上水至落馬洲支線進行詳細的規劃及設計工作，10 月支線計劃刊憲。

九鐵的提議引起社會高度關注，有意見指出落馬洲支線的建設，會破壞塱原生境，使塱原受到嚴重的生境片段化影響。1999 年 12 月，香港觀鳥會主席林超英以親筆信形式呼籲會員向特區政府表達反對落馬洲支線穿越塱原的意見，同期亦就事件呼籲海外人士支持保育塱原；同月，世界自然（香港）基金會就九鐵興建落馬洲支線的計劃提出反對；長春社則在 2000 年 1 月 30 日組織到塱原的導賞活動，向市民講解工程對當地的影響。

2000 年 4 月，九鐵向環保署提交「上水至落馬洲鐵路支線（高架橋方案）」環境影響評估報告（環評報告）。九鐵指出經反覆研究，認為穿越塱原的刊憲定線是最佳方案，其他定線反而會對社會造成更大影響（見圖 6-50），理由包括需要短暫關閉上水屠房和石湖墟污水處理廠、延長九鐵行車時間、影響上水交通等。

5 月，環保團體展開聯合行動，香港觀鳥會、世界自然（香港）基金會和長春社舉行聯合記者會，除了反對九鐵方案，也提議把塱原劃為保護區。6 月 12 日，九鐵提交的環評報告開始公眾諮詢。7 月 17 日，環諮會對環評報告意見分歧，環諮會主席決定委員會不表態，僅將委員正反雙方意見記錄在案，供環保署署長考慮。

圖 6-50　九鐵就落馬洲支線建議不同走線方案示意圖

資料來源：九廣鐵路公司。

2000 年 10 月 5 日，環保團體與環境食物局局長會面，討論落馬洲支線對塱原地區鳥類棲息地造成的破壞。10 月 9 日，九鐵發言人指出塱原濕地只有 19 種需被保育鳥類的紀錄，而非環保人士所説的 200 種，而且九鐵已在同年 6 月提交的環評報告中建議建設人工濕地來補償落馬洲支線對塱原鳥類的影響。10 月 12 日，香港觀鳥會稱九鐵應找到更為可行的方案，例如擴建羅湖管制站，而非透過破壞塱原興建落馬洲支線以解決過境口岸擁擠的問題。10 月 13 日，九鐵在四份報章上刊登四分之一頁的廣告，逐點駁斥環保組織有關這條鐵路將破壞珍稀鳥類賴以生存的濕地的説法，提出擴大人造濕地的面積，以回應環保人士對環境的擔憂。

3. 環保署拒絕環評報告

2000 年 10 月 16 日，環保署署長宣布，經審慎考慮來自 5 個方面意見，包括 225 份公眾意見[19]、環諮會意見、九鐵於 9 月 18 日應要求提交的進一步資料、環境影響評估程序

19　根據香港觀鳥會，全部 225 份公眾意見均反對環評報告，當時為法定環評制度建立以來，接獲最多反對意見的環評報告。

的技術備忘錄，以及漁護署署長提供的意見，認為九鐵落馬洲支線無疑會破壞該片本港最大淡水濕地的生態，決定不簽發環境許可證予這項計劃。環保署署長 5 個主要反對原因如下：

1) 塱原是具高生態價值的地方，該處有多種雀鳥棲身。上水至落馬洲支線計劃在施工階段可能會使該棲息地嚴重分裂，並造成滋擾和破壞；
2) 建造落馬洲支線可能會對環境造成不利影響；
3) 建議的臨時濕地未必能充分補償在計劃施工階段所損失的棲息地；
4) 環保署署長並不認為九鐵已探討所有可以達致計劃目的的方案，或已採取一切可行措施避免支線經過塱原的中心地帶；
5) 上水至落馬洲支線計劃與其他現有、已落實和計劃中的項目所造成的累積影響，並不適當地獲得處理。

4. 九鐵申訴

2000 年 11 月 10 日，九鐵就環保署不批准支線的環評報告，以及不會簽發環境許可證予支線工程的決定，向環境影響評估上訴委員會提出上訴。

2001 年 4 月，上訴聆訊展開。為此，九鐵邀請了眾多專家為其作證，如美國陸軍工程兵團的一名專家方凱文（Calvin Fong）、世界自然（香港）基金會的前總監梅偉義（David Melville）、香港生態學家利偉文（Michael Leven）和利雅德（Paul Leader）、英國生態學家特嘉（Graham Tucker）和美國濕地專家亨廷（Joyce Grant Hunting）。同時，九鐵承諾額外建造 3 公頃永久濕地作補償。

2001 年 7 月 30 日，環境影響評估上訴委員會確認環保署署長不批准上水至落馬洲支線的環評報告，以及不簽發環境許可證予該項工程的決定。環保署表示，九鐵未能用替代方案來避開塱原濕地，如果在上訴階段對新提案進行評估，它將繞過法律規定的評估程序，降低環境影響評估的有效性，並損害其完整性。

5. 替代方案及各方爭議

2001 年 8 月 25 日，新界北區「侯卓峰祖」的後人（包括河上鄉、金錢村及燕崗村村民）致函行政長官，否認塱原濕地的天然性，建議特區政府作出合理的收購，將有關土地轉作政府用地，由政府負責保育大自然環境，同時塱原農民和租戶擔心自己的收入和生活方式喪失，土地所有者擔心其利益受到損害，因此強烈批評環保組織，提出塱原延線一帶的土地不可作為濕地賠償，必須由政府收地賠償。

2001 年 9 月 18 日，特區政府公布接納九鐵的建議，於塱原濕地採用鑽挖隧道方式取代高架橋方式興建上水至落馬洲支線。2002 年 1 月，九鐵根據《環評條例》，提交了一份「上水至落馬洲鐵路支線（隧道方案）」環評報告。

6. 最終方案

2002 年 2 月 26 日，環諮會通過「上水至落馬洲支線（隧道方案）」的環評報告。2002 年 3 月 11 日，環保署署長考慮於供公眾查閱報告期間所接獲的 86 份公眾意見書，以及環諮會和漁護署提出的意見後，有條件批准上水至落馬洲支線的環評報告。

2002 年 6 月 14 日，行政會議授權九鐵進行連接東鐵上水與落馬洲口岸的工程。2003 年 1 月 9 日，落馬洲支線工程正式開始，2007 年竣工。2007 年 8 月 15 日，落馬洲支線開始提供服務。

十一、大鴉洲興建陸上液化天然氣接收站（2003年至2008年）

2003 年，中電及埃克森美孚能源有限公司合資組成的青山發電有限公司（青電），因預計龍鼓灘發電廠供應天然氣作為發電燃料的崖城氣田會於 2010 年代初耗盡，所以展開研究尋找替代方案。2005 年，青電的研究總結，若要在 2011 年確保青電取得替代天然氣供應，在香港境內建造一個液化天然氣接收站（天然氣站）是唯一可行方法，經考慮環保、風險、規劃、社會、海上交通和工程等準則後，選出兩個最具潛力地點，分別為新界西部的龍鼓灘，以及大嶼山南面的大鴉洲。

1. 青電提出天然氣接收站項目與社會反對聲音

2006 年 9 月 1 日，青電提出傾向於大鴉洲興建本港首個液化天然氣接收站以及連接龍鼓灘發電廠的海底輸氣管道，總造價約 80 億元（見圖 6-51）。青電指出建站主要原因為崖城氣田將於 2010 年代初枯竭，而龍鼓灘發電廠供應本港約四分一的總電力需求，加上香港完全依賴進口燃料發電，因此須另覓可靠氣源，維持穩定電力供應。若沒有天然氣供應，發電廠需提升燃煤發電比例，既無法達致當局訂下的 2010 年減排目標，亦不能滿足本港將來的電力需求。

2006 年 10 月 19 日，世界自然（香港）基金會、長春社、香港地球之友、綠色力量、綠色大嶼山協會和島嶼活力行動舉行聯合記者會，表明反對興建天然氣站。各團體支持本港採用天然氣發電，以減輕環境污染，惟大鴉洲及鄰近水域為全港唯一有中華白海豚（*Sousa chinensis*）和江豚（*Neophocaena phocaenoides*）共同出沒的水域，早於 2002 年已獲郊野公園及海岸公園委員會建議劃為新海岸公園，相關工程涉及填海挖泥及興建海底輸氣管，將會破壞海洋生態，因此建議青電及特區政府另覓選址興建天然氣站。2007 年 1 月 24 日，世界自然（香港）基金會將收集所得逾 20,000 個反對大鴉洲興建天然氣站的簽名請願書提交環保署。

2007 年 2 月 12 日，環諮會於全體會議上有條件接納天然氣站的環評報告。環諮會認為天然氣站對水質、生態及噪音等方面造成的影響屬於可接受範圍，但建議當局在發出環境許

圖 6-51　2006 年青山發電有限公司於環評報告載列大鴉洲陸上液化天然氣
接收站及其初步擬定管道網絡規劃圖

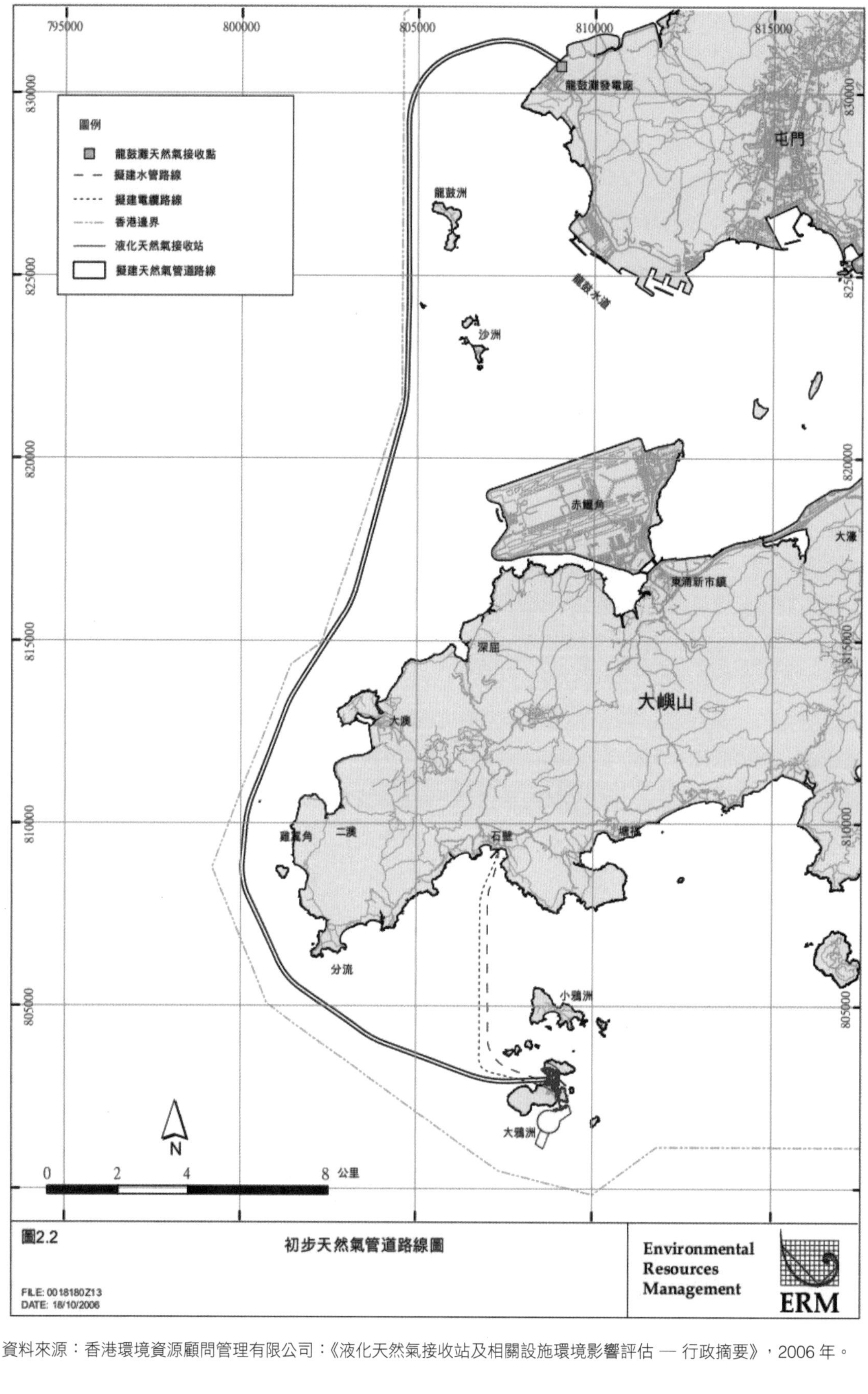

資料來源：香港環境資源顧問管理有限公司：《液化天然氣接收站及相關設施環境影響評估 — 行政摘要》，2006 年。

香港志 — 自然‧環境保護與生態保育

可證時加入條款，規定青電成立環境監察委員會和科學及教育諮詢委員會，並須就大鴉洲的海洋生態和環境提交環境改善計劃。4月3日，環保署批准青電提交的天然氣站環評報告，同時參照環諮會建議的條款批出環境許可證，准許青電在大鴉洲興建及營辦天然氣站。7月20日，環保署於立法會環境事務委員會（立法會環委會）會議上，就天然氣站對環境造成的影響作出回應，指出漁護署已考慮天然氣站環評報告建議的緩解措施，認為工程不會對大鴉洲附近水域劃定海岸公園的計劃有所影響，而將來天然氣站冷卻水系統對漁業資源的影響不大。

2008年8月28日，國家能源局與特區政府簽署關於供氣供電問題的諒解備忘錄，中央政府支持中國廣東核電公司及中國海洋石油總公司分別與特區政府續簽20年向香港供應核電和天然氣的協議，另同意就使用「西氣東輸二線」向香港供氣開展可行性研究。9月12日，中電鑒於諒解備忘錄的簽訂，正式宣布放棄興建陸上天然氣站計劃。2012年12月19日，「西氣東輸二線」香港支線建成，開始透過深圳大鏟島分輸壓氣站向香港龍鼓灘發電廠供氣。

2. 後續

2016年5月17日，中電宣布與香港電燈有限公司探討於索罟群島東面海域，興建本港首個海上液化天然氣接收站，設有輸氣管道連接龍鼓灘發電廠及南丫島發電廠，並可能向香港中華煤氣有限公司供氣。中電指出計劃有助開拓供氣來源，提高本港長遠的能源可靠性，並配合特區政府計劃於2020年將燃氣百分比佔本港整體發電燃料組合增加至50%的目標。中電指出相比2006年提出的陸上天然氣站計劃，海上氣站不需填海，可減少對環境的影響。世界自然（香港）基金會反對計劃，指出海上氣站水底打樁工程發出的噪音以及將來氣站排出的冷卻海水將令水溫下降至少攝氏9度，會影響中華白海豚、江豚（見圖6-52）及其他魚類覓食和棲息。[20]

圖6-52　左圖為中華白海豚（*Sousa chinensis*），右圖為江豚（*Neophocaena phocaenoides*）。（左圖由香港大學太古海洋科學研究所鯨豚生態研究小組成員陳釗賢拍攝，世界自然（香港）基金會提供。右圖由 Michel Gunther / 世界自然基金會香港分會提供）

20　2019年4月12日，環保署就海上液化天然氣接收站項目批出環境許可證，項目於2020年12月動工。2022年6月，特區政府指定索罟群島及附近海域為南大嶼海岸公園。

十二、清拆紅磡紅灣半島（2004年）

1. 背景

2002年11月13日，特區政府公布九項穩定房屋市場措施，包括2003年起停止興建及出售居屋計劃和私人參建計劃的單位，受影響屋苑包括同年落成、位於紅磡的私人參建居屋屋苑紅灣半島。2004年2月9日，特區政府與紅灣半島的發展商新創建集團有限公司和新鴻基地產發展有限公司（下稱發展商），就修訂售樓條件達成協議，發展商只需向特區政府繳付8.64億元土地補價，便可把該項目由居屋轉為私人屋苑在公開市場發售。

2. 民間反對發展商清拆重建計劃

2004年3月18日，發展商公布傾向清拆重建紅灣半島，但未有最終定案，亦尚未與特區政府討論重建方案。3月20日，房屋及規劃地政局局長孫明揚公開表示發展商不應該推行清拆計劃，而環境運輸及工務局局長廖秀冬則公開表示反對計劃。3月25日，長春社、香港地球之友、綠色和平、綠色力量及世界自然（香港）基金會發表聯合聲明，反對清拆計劃，因為估計清拆會造成20萬噸建築廢料，而且納稅人需要承擔2500萬元處理廢料費用。4月19日至21日，綠色和平委託香港中文大學香港亞太研究所進行「市民有關拆卸紅灣半島事件態度意見調查」，共1007名市民受訪，其中就着發展商拆卸紅灣半島重建是否一種非常浪費資源的行為一事上，50.5%受訪者表示同意，32.6%受訪者表示非常同意。5月17日，毗鄰屋苑的馬頭涌官立小學（紅磡灣）將師生、家長及其家人、親友合共5977個簽名轉交立法會議員蔡素玉，表達反對計劃。

11月29日，發展商公布落實清拆計劃及環保措施，預計工程將產生19萬噸建築物料，若撇除可重用或再造的建築廢料，最終需棄置於堆填區的廢料只有數千公噸。發展商公布採用油壓鉗進行清拆，相比鑽破方法，可以減低噪音和空氣污染，並計劃將等同日後特區政府推行建築廢物處置收費計劃所需繳付的處理廢料費用，全數捐出支持本港的環保項目。同日，特區政府表示清拆計劃有違環保原則，惟拆卸與否純屬發展商的商業決定，並促請發展商依照法例進行符合環保要求的拆卸工程，並盡量減少產生建築廢料。12月6日，環諮會舉行第121次會議，席間委員與發展商代表討論清拆計劃。環諮會主席確認全體委員反對清拆計劃，並指出議題的癥結應在於清拆計劃是否可以避免，而非清拆計劃在環保角度而言是否可以接受。

12月10日，發展商宣布鑒於公眾反對清拆該屋苑，將會予以保留，並研究改裝樓宇及提升現有設施。12月12日，香港地球之友和香港教育及專業人員協會共同主辦「愛紅灣、天有眼、親子大遊行」，旨在表達對「紅灣幸保」的喜悅以及對社會推動可持續發展的盼望，聲稱約2000人參加（見圖6-53）。12月15日，環保觸覺舉行「救救紅灣 紅結行動」，鼓勵學校、社福團體及市民當天繫上紅絲帶，旨在宣揚環保價值觀及「在商不只是言

圖 6-53　參加「愛紅灣、天有眼、親子大遊行」的小學生。（攝於 2004 年 12 月 12 日，南華早報出版有限公司提供）

商」的觀念。2005 年 9 月 29 日，由屋宇署署長擔任的建築事務監督，批准屋苑經修訂的建築圖則。2008 年 1 月，屋苑經改裝後改名為海濱南岸出售。

十三、龍尾灘保育（2007年至2016年）

1. 背景

2005 年 1 月 12 日，行政長官董建華於《施政報告》提出 25 項優先進行的市政工程，包括大埔區議會於 2000 年建議興建的龍尾公眾泳灘。2007 年 11 月，環保署公開土木工程拓展署（土拓署）委託顧問公司撰寫的龍尾人工泳灘環評報告。報告指龍尾發現 3 個本港常見的珊瑚物種及 20 個具保育價值的陸棲物種（terrestrial species），包括土沉香、紅杜鵑（*Rododendron simsii*）、白腹海鵰（*Haliaeetus leucogaster*）等。報告結論指龍尾生態價值低，是發展人工泳灘的合適地點。

2. 民間反對聲音與龍尾生態價值爭議

2007 年 12 月 22 日及 29 日，香港自然生態論壇（自然生態論壇）成員於龍尾進行生態調查，發現 106 種海洋生物，包括漁護署《香港海水魚資料庫》沒有紀錄的豹鰨（*Pardachirus pavoninus*），並將結果撰寫成《龍尾潮間帶生物調查報告》。2008 年 1 月 9 日，自然生態論壇向環保署署長發信，指出根據論壇的生態調查結果，龍尾有高生態價值，要求署方不要接納土拓署的環評報告。

2008 年 1 月 14 日，環諮會有條件接納土拓署的環評報告，包括將來當局須完成污水收集計劃後方可開放泳灘，以及當局須於泳灘開放首兩年進行定期水質監察等。環諮會因應環保團體提出泳灘地點存在比土拓署環評報告所列為多的物種數量，要求土拓署提供額外資料，證明與其早前環評報告結論所指的低生態價值沒有牴觸後，方由環保署署長批出環境許可證以開展工程。2 月 10 日，11 個環保團體聯署發表反對泳灘工程聯合聲明，指出龍尾灘具有豐富生態資源及高保育價值，要求環保署署長不要接納環評報告，以及特區政府終止泳灘工程。[21]

11 月 10 日，環諮會討論土拓署委託顧問公司撰寫的泳灘工程補充環評報告。報告指實地調查後發現龍尾有 139 種海洋動物，包括列於 IUCN《瀕危物種紅色名錄》的雙斑砂鰕虎魚（*Psammogobius biocellatus*）、乳突蝦虎魚（*Favonigobius reichei*）及星點多紀魨（*Takifugu niphobles*）。報告比對龍尾、汀角東、榕樹澳北、荔枝莊的物種調查結果，指出龍尾的物種全部可見於另外三地，因此維持 2007 年環評報告有關龍尾整體生態價值低的結論，可按計劃興建泳灘。環諮會經投票後，通過補充環評報告，並以縮減項目規模作為附加條件，減少對生態造成的潛在影響。

2009 年 3 月，自然生態論壇發表《大埔龍尾地理生態調查》最終修訂版，總結義務調查員於 2007 年 11 月至 2009 年 2 月進行的生態調查結果。調查發現龍尾的生物逾 200 種，包括 54 種魚類、136 種潮間帶動物、33 種鳥類、以及 12 種植物。報告結論指出龍尾有極高的生態和保育價值，當局不應在龍尾興建人工泳灘，並考慮投入資源保育現有的潮間帶生境，將當地發展成沙灘暨海岸教育中心。同年，論壇成員在龍尾首次發現管海馬（*Hippocampus kuda*），屬於 IUCN《瀕危物種紅色名錄》內的「易危」物種（見圖 6-54）。

---

21 聯署的環團包括長春社、拯救海岸、香港大學學生會理學會環境生命科學學會、香港地球之友、香港自然生態論壇、香港地貌岩石保育協會、香港海豚保育學會、香港觀鳥會、綠領行動、潛聚力、環保觸覺。它們指出，龍尾灘內有不少罕見物種，包括 20 種魚類、41 種節肢動物、34 種軟體動物、22 種其他海洋無脊椎動物、以及 32 種雀鳥。當中，最少有 2 種屬首次在香港記錄（包括 *Pardachirus pavoninus* 豹鰨；*Tridentiger bifasciatus* 雙帶縞鰕虎），最少有 3 種屬香港罕見或在香港只有數個分布地點。

圖 6-54　管海馬（*Hippocampus kuda*）。（香港特別行政區政府土木工程拓展署提供）

3. 政府提出「先保育，後建造」發展原則

2010 年 4 月，環保署署長就泳灘工程發出環境許可證批准動工（見圖 6-55）。2012 年 7 月 13 日，立法會財務委員會通過 2 億 820 萬元工程撥款。10 月 25 日，特區政府公布由環境局統籌的「汀角海岸生態保育計劃」（「汀角＋」），採取「先保育，後建造」原則興建龍尾泳灘，承建商須按照環境許可證的要求，遷移具保育價值的魚類[22] 到龍尾以西 500 米的汀角東泥灘。特區政府會採取措施長遠保育龍尾泳灘及鄰近生境計劃、制定更全面的計劃保護汀角生態、檢視汀角和船灣一帶的教育價值、船灣海的水質監察，以及保育吐露港及赤門海峽一帶具有高生態價值地點。

4. 保育人士提出司法覆核

10 月 28 日，守護龍尾大聯盟（大聯盟）成立，旨在反對泳灘工程，成員包括大聯盟、環保觸覺等 15 個關注龍尾的民間及環保團體。11 月 4 日，大聯盟於添馬政府總部草地發起「守護龍尾大集會」，要求擱置興建泳灘。大聯盟聲稱約 3000 人出席，警方統計則約 300 人。集會人士其後遊行至特首辦，在門外綁上藍絲帶後散去。

11 月 1 日，大埔區議會討論泳灘工程，在席議員大比數通過支持盡快開展工程的動議。11 月 8 日，大聯盟鑒於有大批遊人前往龍尾觀賞海洋生物，宣布成立「龍尾生態守護隊」及開辦「龍尾學堂」，每逢周末勸籲遊人善待海洋生物，以及提供生態導賞，教育海岸生態知識（見圖 6-56）。

22　包括雙斑砂鰕虎魚、乳突鰕虎魚及星點多紀魨。

圖 6-55 龍尾泳灘工程位置圖

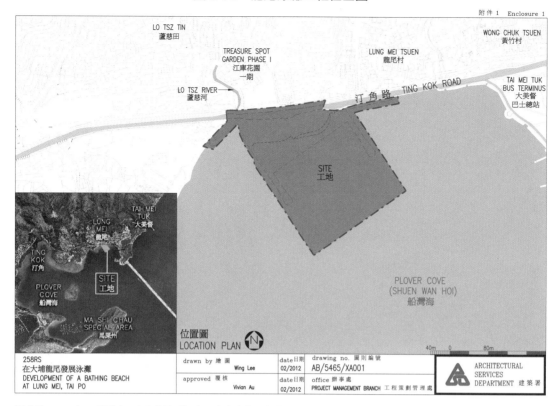

圖片於 2012 年 2 月發表。（香港特別行政區政府建築署提供）

圖 6-56　上圖為龍尾灘，攝於 2012 年 10 月 23 日；下圖為遊人於龍尾灘發現的海星，攝於 2012 年 9 月 2 日。（南華早報出版有限公司提供）

12 月 16 日，大聯盟委託港大民意計劃進行的民意調查公布結果。調查成功訪問 1010 名市民，其中 63.4% 被訪者認為特區政府應該擱置計劃，保育龍尾原貌；23% 被訪者認為政府現在應該如期興建人工泳灘。此外，62% 被訪者反對政府為了避免工程破壞生態，而將龍尾部分罕有生物遷移到附近海岸。另有 74.8% 被訪者認為，當局應該就泳灘工程重新諮詢公眾。

2013 年 5 月 29 日，大聯盟公開漁護署於 2012 年 12 月至 2013 年 1 月在龍尾、汀角東、榕樹澳北和荔枝莊進行的生態調查報告，四地合共發現 27 隻管海馬，亦是當局首次承認龍尾為管海馬棲息及繁殖地。6 月 4 日，行政長官會同行政會議決定不會暫時吊銷、更改或取消龍尾泳灘工程的環境許可證，翌日土拓署批出約 7400 萬元的泳灘建造合約。8 月 12 日，一名市民入稟高等法院進行司法覆核，指出當局於 2008 年的環評沒有顧及在龍尾發現的管海馬，要求當局推翻環評結果及吊銷已批出的環境許可證，11 月 1 日獲高等法院受理。翌年 8 月 12 日，高等法院駁回申請。2015 年 2 月 8 日，該名市民獲得當局批出法律援助，向高等法院提出上訴，翌年 3 月 4 日被上訴庭駁回。該名市民其後未有上訴至終審法院。

5. 後續

2015 年 10 月，以香港大學為首，由本港六間大學組成的科研團隊，獲得環境及自然保育基金撥款，於吐露港及赤門海峽（特別是汀角和船灣海沿岸海洋環境）開展海洋生態及生物多樣性研究，是特區政府於 2012 年開展的「汀角海岸生態保育計劃」一部分。截至 2017 年 3 月，科研團隊於吐露港及赤門海峽合共記錄到 890 個海洋物種，佔全港海洋物種的 15%，當中包括 2016 年夏季於汀角紅樹林發現的汀角攀樹蟹（*Haberma tingkok*），是香港首種樹棲蟹（arboreal crab）及本港紅樹林特有蟹種。2016 年 10 月 7 日，土拓署展開泳灘的土木工程，以便將來開放予公眾使用（見圖 6-57）。

圖 6-57　2021 年 6 月 23 日，龍尾泳灘開放予公眾使用。（黃玉山提供）

十四、大浪西灣保育（2010年至2013 年）

大浪西灣即西灣（見圖 6-58），位於西貢東郊野公園內，與鹹田灣、大灣及東灣合稱「西貢四灣」。2006 年 12 月 22 日至 31 日，郊野公園之友會、國際獅子總會港澳三〇三區及漁護署舉辦「香港十大勝景選舉」活動，大浪西灣以 7561 票奪得第一名，可見西灣景觀之美，得到官方及民間的肯定。古物古蹟辦事處的「香港文物地理資訊系統」，亦顯示該地有「西灣考古遺址」。

圖 6-58　2009 年的大浪西灣，該處尚未有私人挖掘工程進行。（南華早報出版有限公司提供）

1. 背景

2010 年 7 月 16 日，《南華早報》頭條報道，蒙古能源公司的董事長魯連城，以 1600 多萬元，收購了一幅位於西貢大浪西灣約一公頃的土地，用於私人開發，興建別墅。該塊土地為西灣舊村（西灣上村），位於西灣北部，麥理浩徑第二段之西，被西貢東郊野公園包圍，但不是西貢東郊野公園中的一部分。據報挖掘工程已於 6 月初開始，土地的植被完全被清除，溪流亦被改道，以致附近的石澗溪水變得混濁（見圖 6-59）。此事一經報道，立刻引起香港社會的熱議。

2010 年 7 月 17 日，《南華早報》緊接着採訪特區政府相關部門對於西貢大浪西灣挖掘工程的看法。環保署表示，該項目不需要署方批准，也沒有發現任何污染違規行為；漁護署表示，工程不涉及郊野公園範圍而無法介入；規劃署因該幅土地尚未納入任何法定分區計劃大綱圖內而不能擔當任何角色；地政總署則表示，在未指明地點的政府土地上發現未經授權的挖掘活動，但該發展項目似乎符合允許農業活動的土地契約。

圖 6-59　西貢大浪西灣富商興建豪宅的工地。（攝於 2010 年 8 月 12 日，南華早報出版有限公司提供）

2010 年 7 月 19 日，環境局、環保署、地政總署及漁護署的代表，進行了跨部門聯合視察
西貢西灣挖掘工程地點。同日特區政府發言人表示，政府非常重視這一宗個案，該案「涉
及的私人土地，根據地契，農地上不能建屋，在屋地上進行重建必須得到西貢地政處批
准，而直至目前為止，西貢地政處未收到任何有關在農地上建屋或在屋地上進行重建的申
請。」[23] 雖然受工程影響範圍，主要是位於西貢東郊野公園以外的私人土地，但部分鄰近該
私人土地的政府土地已受影響。

2. 民間與環保組織反對西灣私人建築工程運動

《南華早報》報道事件後，特區政府各個部門因工程地點位於私人土地而無權採取行動阻
止，引起曾到該處露營、遠足的市民及環保組織人士不滿。媒體報道大浪西灣的私人發展
計劃當日（2010 年 7 月 16 日），便有大批網民、環保人士及遠足愛好者於 Facebook 上
建立「強烈譴責魯連城破壞大浪西灣自然景觀生態，要求立即停止有關建築工程！」群組
（大浪西灣 Facebook 群組），在五日內有逾 50,000 人加入。

7 月 19 日，多個環保組織召開聯合會議跟進大浪西灣私人土地發展事件。由遠足愛好者組
成的大浪灣之友動員民間力量，全力監察開發工程有否涉及違規發展；香港地貌岩石保育
協會批評政府部門各自為政，缺乏統籌監管郊野公園或海岸公園範圍內的私人土地發展，
指出同類事件已非首次發生，將來亦會不斷發生。長春社、世界自然（香港）基金會、大

---

23 〈跨部門派員視察西灣挖掘工程地點〉，政府新聞公報，2010 年 7 月 19 日發布，2023 年 6 月 5 日瀏覽，
　　https://www.info.gov.hk/gia/general/201007/19/P201007190272.htm。

浪灣之友分別表達對該事件的關注，譴責西灣私人建築工程對環境的破壞，同時批評政府對於西灣私人建築工程束手無策，未能發揮保護鄉郊資源和環境的作用。同日，大浪西灣Facebook 群組首次開會，逾 30 多名保育團體代表、學生及市民參加，並成立了「西貢大浪灣關注組」，要求政府介入阻止工程，並要求土地擁有人復修土地，網民決定舉行「立即停止大浪灣建築工程」請願行動，要求政府採用行動停止該項工程。

7 月 20 日中午，長春社、世界自然（香港）基金會、綠色力量等九個環保團體代表西貢大浪灣關注組到環境局總部舉行會議並遞交聯署信，強烈譴責富商破壞大浪西灣自然景觀生態，要求政府介入和收回土地，將大浪西灣納入發展審批地區圖。同日，環境局表示，涉事土地屬於私人擁有，亦不在郊野公園範圍之內，政府不能將土地作為郊野公園的一部分處理。

7 月 22 日，在環保團體及網民群起保衛大浪西灣的行動下，地主魯連城宣布停止工程，但環保團體質疑魯連城是基於公眾壓力下始暫時停工，決定如期三日後到大浪西灣舉行抗議行動，更聲言風雨不改，有逾 66,000 名網民支持該抗議行動。魯連城邀請環保團體共同商討事件，惟長春社質疑魯連城停工的誠意，並表示環保團體已達成共識，會面首要條件是魯氏先復修受破壞地皮，恢復原貌，否則沒有任何一個環保團體會單獨跟魯氏見面。

7 月 25 日，西貢大浪西灣關注組發起「大浪西是我們的！」旅行團，呼籲香港市民前往大浪西灣欣賞自然生態的美景，然後到工地攝影及綁上布條。同日，香港地質岩石保育協會舉辦「和平行山聲明行動」，組織熱愛大自然的市民，到西灣遠足遊行，抗議政府多年來縱容鄉郊肆意發展，促請政府保護西灣，盡快成立一個統籌部門，檢討現行保育及有關政策，加強執法，堵塞漏洞。

7 月 26 日，發展局局長根據《城規條例》以及在行政長官授權下，指示城規會把西灣指定為發展審批地區，進行規劃管制。多名立法會議員也表明跟進事件，立法會發展事務委員會與環境事務委員會於 7 月 28 日舉行聯席會議，討論大浪西灣事件。8 月，工人在漁護署的監督下，通過沙灘和水路將工地的挖土機運走。歷時 21 天，民間與環保組織反對西貢私人建築工程的運動暫時告一段落。

3. 大浪西灣納入郊野公園

2010 年 8 月 6 日，特區政府正式刊登憲報，將西灣納入發展審批地區圖《大浪西灣發展審批地區草圖編號 DPA/SK-TLSW/1》，有效期三年。

2011 年 11 月 18 日，行政長官會同行政會議核准大浪西灣發展審批地區草圖，規劃區佔地約 16.55 公頃，分為南北兩個部分，並完全納入西貢東郊野公園範圍。

2012 年 8 月 8 日，郊野公園及海岸公園委員會舉行特別會議，委員一致支持將大浪西灣、金山及圓墩的郊野公園「不包括土地」分別納入西貢東、金山和大欖郊野公園範圍內的建

議。郊野公園及海岸公園管理局總監遂展開《郊野公園條例》下的法定程序,並擬備該三個郊野公園的未定案地圖,於 10 月 26 日起供公眾人士查閱,為期 60 日。

2013 年 7 月 17 日,特區政府根據指定郊野公園的原則和準則作評估後,確定第一輪把三幅位處西灣、金山及圓墩三幅郊野公園「不包括的土地」納入郊野公園,以加強保護有關土地。西灣村居民不滿政府的決定,西灣村村長成功申請法律援助並提出司法覆核擬推翻政府決定。鄉議局在 8 月 26 日舉行特別會議,律師團經過研究後,認為政府決策直接衝擊《基本法》第 40 條「保障原居民傳統權益」,會後決定全力支持西灣村村長。10 月 11 日,《2013 年郊野公園(指定)(綜合)(修訂)令》刊憲,並根據《釋義及通則條例》第 34(1)條於 10 月 16 日提交立法會。

11 月 27 日,立法會議員暨鄉議局主席劉皇發代表西灣村民於立法會提出修訂動議,反對將大浪西灣納入郊野公園範圍,又認為對《基本法》保護產權的規定要有合理考慮,將「不包括土地」納入郊野公園在公義方面有欠妥當,又強調從來不反對在新界建立郊野公園,但不應包括私人財產。12 月 4 日,立法會最終否決劉皇發提出,廢除大浪西灣納入郊野公園的修訂動議,大浪西灣納入郊野公園,歷時三年的大浪西灣保育運動告終。

4. 後續

大浪西灣「不包括土地」納入郊野公園後,特區政府進一步推展對鄉郊地區「不包括土地」保育工作,其中行政長官於《2010-11 施政報告》提出政府會就 54 幅毗鄰郊野公園而尚未有法定規劃的「不包括土地」[24],按實際情況評估後,考慮納入郊野公園範圍,或透過法定規劃程序確立合適用途,以兼顧保育和社會發展需要。此後各個社會團體亦多次藉法定規劃程序,阻止其他破壞鄉郊行為的出現。截至 2017 年年底,特區政府已將 6 幅「不包括土地」納入郊野公園,另外 29 幅土地納入分區計劃大綱圖,餘下 19 幅土地仍待漁護署及規劃署進行評估和規劃工作。

十五、興建港珠澳大橋(2010年代)

2003 年 1 月,國家發展和改革委員會(國家發改委)與香港特區政府共同委託國家發改委綜合運輸研究所進行《香港與珠江西岸交通聯繫研究》,探討香港特區與珠江三角洲西岸之間的交通聯繫。報告指出香港與珠江西岸交通聯繫十分薄弱,過往陸路運輸必須繞過虎門大橋,大大增加運輸成本及時間。報告又指出 2020 年香港與珠江三角洲西岸地區的客貨交流量將分別達到 3893 萬至 5412 萬人次和 4673 萬至 6217 萬噸。因此,報告認為香港、珠海以及澳門三地之間,有迫切需要興建一條在一國兩制下連接三地的陸路運輸通道。港珠澳

---

24 全港共有 77 幅郊野公園「不包括土地」,有 23 幅在大浪西灣事件前已被納入分區計劃大綱圖。

圖 6-60　2019 年港珠澳大橋地理位置圖及結構圖

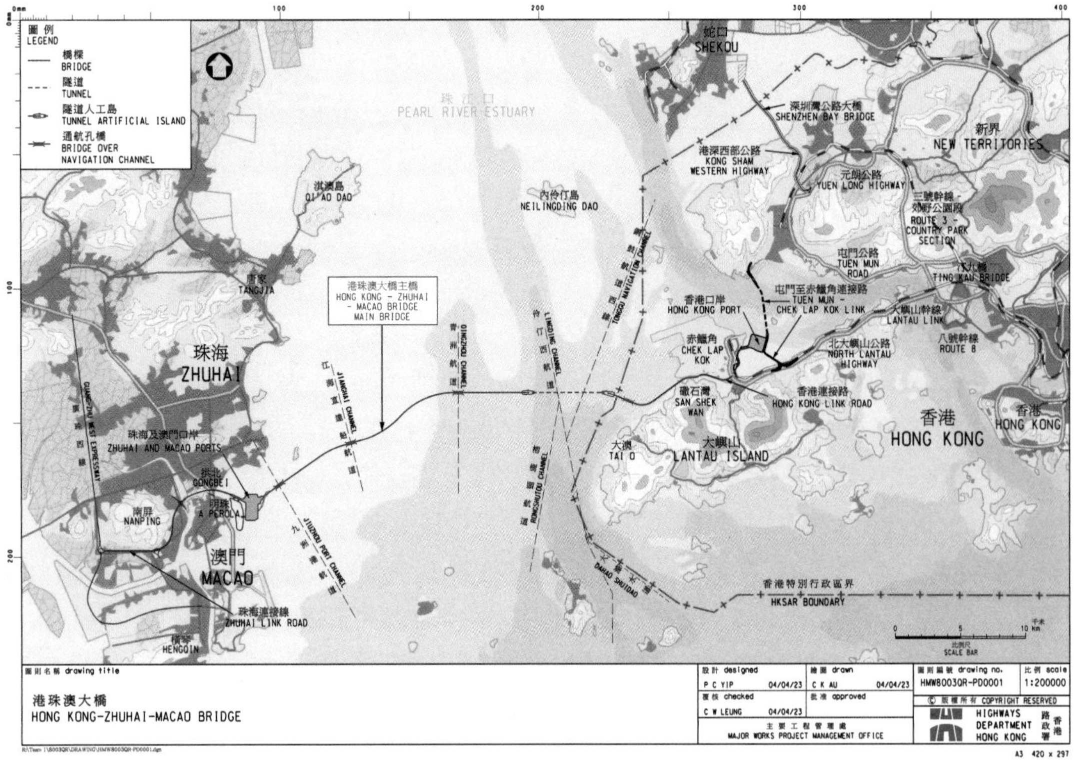

資料來源：香港特別行政區政府路政署及地政總署。

大橋三地聯合工作委員會以及港珠澳大橋管理局分別於 2010 年 5 月及 7 月成立。

港珠澳大橋位於珠江口伶仃洋海域，是一條連接香港特別行政區、廣東省珠海市和澳門特別行政區的大型跨海通道，全長 29.6 公里。大橋連接內地水域主橋、三地各自的口岸關口以及其相關路段，當中包括一段長約 6.7 公里的海底隧道（見圖 6-60）。

1. 環境影響評估爭議

2003 年 10 月 21 日，香港特區政府諮詢環諮會和部分環保團體後，認為以大嶼山西北部作大橋選址對環境的影響最少。2008 年 3 月 12 日，路政署就港珠澳大橋香港口岸向環保署提交工程項目簡介，並申請環評研究概要。4 月，環保署發出環評研究概要，作為工程倡議人的路政署可就工程項目進行環境影響評估研究。5 月 18 日，環保團體綠色力量發表關於《港珠澳大橋及北大嶼發展對蝴蝶熱點－礆頭之影響》的報告，提及尚未出台的港珠澳大橋生態評估有可能未能反映現實情況，並舉例說明香港過去有環評報告存在缺點，調查時間不足；綠色力量亦指香港是「蝴蝶天堂」，蝴蝶數量多於日本、英國等國家，全香港有 240 種蝴蝶，東涌可找到當中 87 個物種，值得環境評估重視。

2009 年 8 月，路政署向環保署提交港珠澳大橋香港口岸及香港接線兩份環評報告，環保

署於同年 8 月 14 日至 9 月 12 日期間公開該兩份報告，供市民查閱並提供意見。10 月 12 日，環諮會有條件通過該兩份報告，並建議環保署署長接納報告。10 月 23 日，環保署署長有條件批准港珠澳大橋香港口岸及香港接線兩份環境評估報告，並於 11 月 4 日簽發環境許可證。

2010 年 1 月 22 日，居於東涌的一名市民取得法律援助後，以兩份環評報告沒有提供不興建大橋的空氣狀況數據為由，向香港高等法院提出司法覆核。

2011 年 4 月 18 日，高等法院判決環保署署長敗訴，指環評報告未比較大橋興建前後空氣污染程度的變化，違反《環評條例》，撤銷環境許可證。港珠澳大橋工程觸礁，引起香港社會廣泛關注。世界自然（香港）基金會認為，判詞是對特區政府當頭棒喝，指出近年多份環評都未夠全面，當日大橋環評只「斬件式」涵蓋香港段，未能反映整體影響，當局應重新提交環評；香港地球之友亦批評此次事件揭露港府着眼於推動經濟，環評馬虎處理，漠視港人健康，令人擔心近期提交的其他環評，也可能重複犯錯。

同日，特區政府表明港珠澳大橋工程不會因環評司法覆核敗訴而暫停，運輸及房屋局指會研究判詞及盡快提交法例要求的報告，另一面進行前期勘探，以爭取大橋於 2016 年如期通車。5 月 13 日環保署就該裁決正式提出上訴。9 月 27 日，高等法院上訴法庭三位法官一致認為，《環評條例》並無要求環評報告必須評估工程的獨立影響，港珠澳大橋可按現時技術備忘錄和環評研究概要的要求，達致盡力減低污染的目標，推翻原訟法庭的判決，判環保署署長上訴得直。

2. 海域污染

港珠澳大橋在施工期間涉及多宗海洋環境污染事件。

2015 年 10 月 1 日，市民投訴港珠澳大橋香港段工程地盤處理泥水不當，排放污水。10 月 2 日環保署到場調查後，稱未發現該地點有污水排放。

2016 年 1 月 29 日，《香港 01》報道港珠澳大橋工程期間，牽涉多達 707 次海洋水質超出警戒線。承建商聘請環境顧問公司進行調查，路政署和環保署亦接納污染調查報告，其中路政署指出只有 2 次污染與工程直接相關，承建商已採取補救措施。

2017 年 4 月 18 日，環保團體環保觸覺發現港珠澳大橋人工島周邊水域有黃泥水流出，懷疑大嶼山北部水域受到污染，批評特區政府填海工程危及周邊海洋生態。[25]

---

25 7 月 31 日，大橋香港口岸人工島附近海域出現一片面積達兩至三個足球場大小的油污，懷疑是由有關工程船或躉船漏出，恐會破壞海洋生態及影響在大嶼山泳灘戲水市民的健康。8 月，媒體公開紀錄片段並指出，大橋工地附近水域經常有油污，當中涉及經過船隻。環保團體生態教育及資源中心表示，油污多數來自大型工程船的排海污水，長遠來說會影響海草的生境及濕地。

3. 中華白海豚保護

2005 年 3 月，港珠澳大橋前期協調小組委託中國水產科學研究院南海水產研究所開展大橋工程對中華白海豚影響專題研究工作。同年 10 月，廣東省海洋與漁業局主持召開了中華白海豚影響專題研究報告專家評審會，根據大橋建設推薦方案中「對中華白海豚保護的要求」，制定大橋施工現場的海豚保護行為守則。雖然有此守則作指引，香港海豚保育學會指出，根據漁護署的監察資料，2012 年至 2017 年短短 6 年間，中華白海豚的整體數量由 80 條減少至 47 條，跌幅高達 40%；人工島填海更對海豚構成嚴重影響，大嶼山東北水域 3 年內沒有白海豚出沒。中國水產科學研究院南海水產研究所發表的《珠江口伶仃洋中華白海豚種群動態的長期監測》報告中也指出，伶仃洋水域經過大橋施工，中華白海豚數量明顯減少，由 2005 至 2006 年度的 1273 條下跌至 2017 至 2018 年度的 990 條，跌幅有兩成。世界自然（香港）基金會指出港珠澳大橋填海工程會令海面通道變得狹窄，威脅着中華白海豚的生存。

2016 年 12 月 30 日生效的〈2016 年海岸公園（指定）（修訂）令〉，劃定大小磨刀海岸公園，用以補償因港珠澳大橋香港口岸工程而損失的海洋棲息地，有助加強保護香港水域內的中華白海豚。

十六、興建機場三跑道系統（2010年代）

香港國際機場（亦稱赤鱲角機場）自 1998 年投入運作，機場持續繁忙的貨運和客運流量，對本港經濟發展具有舉足輕重的角色，同時鞏固本港作為全球其中一個最繁忙、效率最高航空樞紐的國際地位。2011 年，機場管理局（機管局）發表《香港國際機場 2030 規劃大綱》（《大綱》），預測雙跑道系統容量可能於 2016 或 2017 年達到飽和（即每小時 68 架次）。機管局為了應付未來的航空交通需求及維持香港的競爭力，認為必須在切實可行範圍內盡快提升機場容量。《大綱》提出兩個發展方案，分別是維持機場的雙跑道系統或擴建機場成為三跑道系統（「三跑」），於 2011 年 6 月 3 日至 9 月 2 日進行為期三個月的公眾諮詢。

「三跑」的核心工程是在機場北面水域約 1640 公頃的前濱及海床範圍內，進行填海工程，為機場興建第三條跑道及擴建客運設施（見圖 6-61）。自 2011 年 6 月 3 日起，機管局在經過徵詢公眾意見、得到特區政府批准建議，並依照《環評條例》先後完成提交環境影響評估、獲取環境許可證、獲取填海工程許可證等相關的法定程序後，於 2016 年 8 月 1 日展開「三跑」的填海工程。不過工程進行的不同階段，針對興建「三跑」都出現了不同的反對聲音。

圖 6-61　香港國際機場三跑道系統七大核心工程示意圖

新跑道
3 800 米

填海拓地
約 **650** 公頃
採用深層水泥拌合法等
免挖方法填海

完善道路網及
交通設施

T2客運廊
約 **63** 個停機位

新旅客捷運系統
平均每 **2.5** 分鐘一班車

新行李處理系統
每小時可處理
9 600 件行李

擴建
二號客運大樓
提供出入境及
全面旅客服務

資料來源：香港機場管理局。

1. 反對聲音

機管局在《大綱》進行公眾諮詢期間（2011 年 6 月 3 日至 9 月 2 日），舉辦了巡迴展覽、公眾論壇、專家小組和持份者會議等活動，加強公眾對《大綱》的了解，並聽取大眾和持份者的意見。一些持份者如環保團體、東涌居民及政策關注小組等，提出不少批評，其中包括質疑該方案並未進行全面環境評估，有環保人士到場示威並稱機場落成以來已排放兩億噸的二氧化碳，但機管局計劃中沒有做任何補救措施，因此認為不應再興建第三條跑道。但香港大學社會科學研究中心在整理公眾諮詢的問卷調查結果並綜合不同的考慮因素後，發現 73% 問卷回應者支持擴建機場成為「三跑」的建議，以應付香港國際機場在未來 20 年甚或之後的客貨運量預期增長。

2012 年 3 月 20 日，行政長官會同行政會議原則上批准機管局採納「三跑」作為香港國際機場的未來發展方案，並以此方案作規劃用途。機管局可以就「三跑」展開有關的下一步規劃工作，特別是法定環境影響評估、相關設計細節，以及財務安排這三方面的工作。對此，多個環保團體組成「機場發展網絡」，反對機場興建第三條跑道。機場發展網絡表示，現時兩條跑道仍未發揮最高效能，興建第三條跑道只會製造更多污染，又指出興建第三跑道產生的空氣及噪音污染，影響東涌居民健康，填海亦影響中華白海豚的棲息地。6

月 7 日，包括世界自然（香港）基金會在內的 11 個環保團體發現第三條跑道的工程項目簡介中，關於空氣質素、噪音及生態的部分有多個缺陷及含糊之處，呼籲環保署向機管局要求更多資料，以解決機場第三條跑道工程項目簡介的重大缺陷，或甚至徹底否決該工程項目簡介，因為它並不符合《環評條例》的要求。8 月，環保署署長向機管局發出環評研究概要，列明環評研究須要處理的環境事宜範圍及有關規定，涵蓋的範圍包括空氣質素、水質、噪音、海洋生態、漁業及危險等。10 月，機管局為鄰近機場的五個地區（離島、葵青、沙田、荃灣及屯門）成立社區聯絡小組，成員包括區議員及社區領袖，就機場發展交換意見。

2014 年 4 月，機管局向環保署提交「三跑」項目的環評報告，並於同年 6 月至 7 月期間供市民查閱。該報告顯示，工程對水質、噪音、生態的影響屬於可接受範疇，並符合相關環境法例及標準；報告還提出逾 250 項措施以緩解第三跑道對環境的潛在影響，包括建議設立一個約 2400 公頃的新海岸公園，提升對中華白海豚的保育；首次採取免挖方法進行填海等。有別於傳統填海方式，「三跑」填海工程採用深層水泥拌合法等免挖方法，無需移除海床淤泥的方法來進行填海造地，能夠減少產生水中懸浮粒子，降低對附近生態環境及水質的影響。再加上施工過程無需進行傾倒淤泥的運輸，亦能減少海上運輸的碳排放。新填海技術的淤泥沉降時間亦較傳統填海方法大幅縮短，能在短短數年間提供大片可發展用地。

然而對於填海工程，坊間仍存在不少反對聲音。2014 年 7 月 18 日，香港海豚保育學會指出填海工程會令中華白海豚的棲息地永久消失，失去的生態環境面積約 6000 公頃，遠超環評報告提及「三跑」的填海面積 650 公頃，使中華白海豚生存空間被毀，並阻隔了海豚社群來往大嶼山北和大嶼山西的移動走廊。除此之外，該學會稱填海工程將對海豚造成長期噪音轟炸，並會降低了沙洲及龍鼓洲海岸公園等中華白海豚保護區的作用。9 月 30 日，守護大嶼聯盟[26] 表示「三跑」工程會令空氣質素惡化，並加劇噪音污染，使附近居民健康及生活質素大受影響。

2.「三跑」獲批

2014 年 11 月，環保署署長批准「三跑」工程的環評報告以及發出環境許可證。2015 年 2 月，兩名市民入稟高等法院申請司法覆核，指控《大綱》的法定環境影響評估未符合法定研究概要及技術備忘錄的要求，並要求法院將之撤銷。3 月，多個環保團體，包括綠色和平、香港地球之友、香港海豚保育學會、長春社及世界自然（香港）基金會批評，特區政府在

---

26 「守護大嶼聯盟」成立於 2014 年初，由多個關注大嶼山發展的民間團體及保育團體組成。

木完成市民就「三跑」環評報告司法覆核官司之前,「偷步」推行「三跑」項目是帶頭「衝擊法治」,呼籲政府擱置「三跑」項目,重新就項目作公眾諮詢。同月,關注第三條跑道民間人士及團體成立的「人人監機會」與多個民間團體委託香港浸會大學社會科學研究中心,就造價達 1415 億的機場第三跑道項目進行民意調查,顯示 68% 市民認為在改善機場現有效率前,不應興建第三條跑道。4 月 4 日,由 20 個團體組成的「民間反三跑」組織發起辦簽名運動,預計兩星期內在多區收集五萬個簽名,並計劃游說區議員、立法會議員遵從民意加入反對行動,反對當局未解決空域安排、環境污染、繞過立法會撥款涉程序等問題便通過興建「三跑」議案。2015 年 10 月,機管局成立的專業人員聯絡小組召開首次會議,小組成員包括來自環保界、工程界、航空界的專業人員和學者,就「三跑」項目的環境事宜交流意見、審視工程的環境監察及審核結果和處理投訴。

2016 年 8 月 1 日,機管局啟動「三跑」建造工程。2016 年 12 月 22 日,香港高等法院裁定環保署及機管局勝訴,法官認同環評並指生態影響只是暫時性,將來工程完結後是可逆轉的。

3. 後續

2014 年,機管局亦藉興建「三跑」的機會,計劃 2023 年於三跑道系統啟用之時設立一個面積約 2400 公頃的新海岸公園,該海岸公園不僅連接沙洲及龍鼓洲海岸公園和 2016 年設立的大小磨刀洲海岸公園,還連接機場「三跑」的船隻限制區,從而形成一個面積達到 5200 公頃的海洋保護區,以作為補償海豚棲息地損失的方案。機管局於環評研究中承諾訂立並執行海洋生態及漁業提升策略,於 2016 年經環保署署長批核後成立「改善海洋生態基金」及「漁業提升基金」,該項策略成立的目的是為提升「三跑」項目附近、香港西面水域及更遠的珠江河口的海洋環境,海洋生態(包括中華白海豚)及漁業資源。該項策略同時為受影響的漁民提供支援以鼓勵更具可持續性的漁業作業。

十七、「三堆一爐」及相關項目(2010年代)

1. 背景

「三堆」即屯門的新界西堆填區、打鼓嶺的新界東北堆填區和將軍澳的新界東南堆填區,「一爐」即石鼓洲焚化爐(見圖 6-62)。1989 年港府頒布了「廢物處理計劃」以處理都市固體廢物。按照這項計劃,香港的廢物處理設施包括三個策略性堆填區(即「三堆」)和廢物轉運站網絡。2013 年 5 月 20 日,環境局發表《香港資源循環藍圖 2013-2022》,指出鑒於香港都市固體廢物量增速加快,「三堆」將分別於 2015 年、2017 年及 2019 年相繼飽和,因此該藍圖提出,將於 2013 申請撥款擴建「三堆」,並計劃到 2022 年,23% 的都市固體廢物將透過「一爐」處理。

圖 6-62　2013 年香港堆填區分布圖

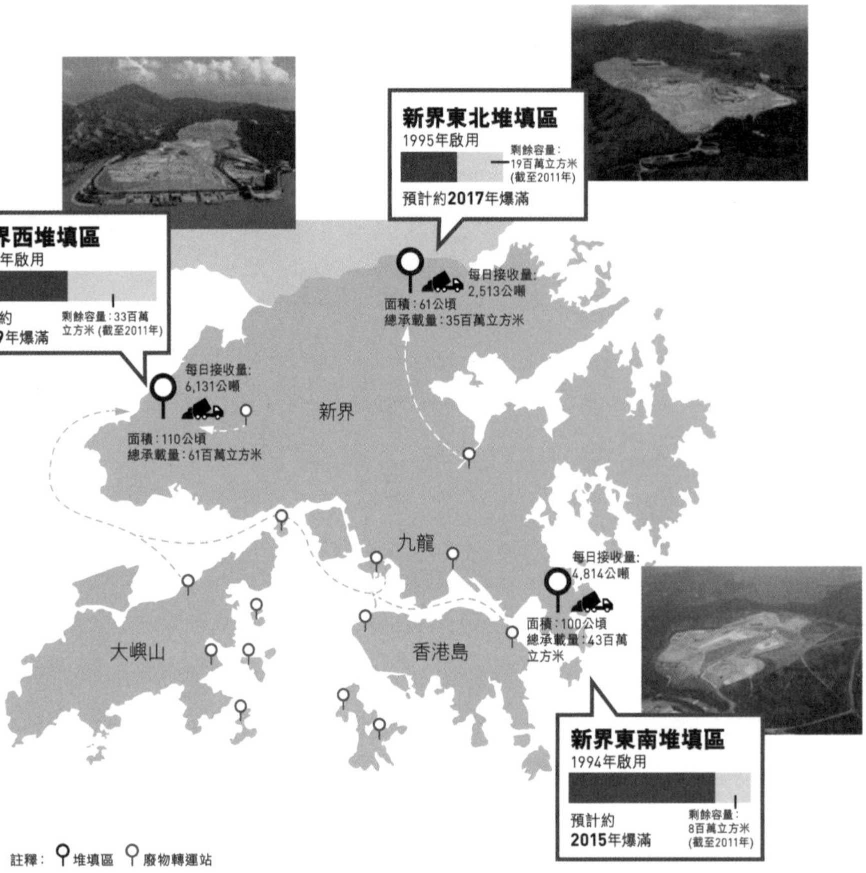

新界東北堆填區
1995年啟用
剩餘容量：
19百萬立方米
（截至2011年）
預計約**2017年爆滿**

每日接收量：
2,513公噸
面積：61公頃
總承載量：35百萬立方米

新界西堆填區
1994年啟用
預計約
2019年爆滿
剩餘容量：33百萬
立方米（截至2011年）

每日接收量：
6,131公噸
面積：110公頃
總承載量：61百萬立方米

新界

九龍

每日接收量：
4,814公噸
面積：100公頃
總承載量：43百萬
立方米

大嶼山

香港島

新界東南堆填區
1994年啟用
預計約
2015年爆滿
剩餘容量：
8百萬立方米
（截至2011年）

註釋：🚩堆填區　🚩廢物轉運站

2013 年 5 月，特區政府發表《香港資源循環藍圖 2013—2022》，當中載列香港堆填區分布及使用情況。
（資料來源：香港特別行政區政府環境及生態局）

2. 政府第一次向立法會申請撥款

2013 年 5 月 25 日，環境局局長表示，任何城市如何大力減廢，以至推動回收，都需要堆填區，而興建轉廢為能設施亦需要較長時間。特區政府會平衡地區訴求和香港整體利益，盡量減少堆填區對當區居民和環境的影響，如果本港不能擴建堆填區，「垃圾圍城」危機指日可待。同日，將軍澳多個屋苑業主組織和社區團體組成的「終極關閉將軍澳堆填區大聯盟」，集合約 100 人，遊行反對政府擴建將軍澳堆填區。5 月 27 日，立法會環委會討論特區政府擬斥資 89.5 億元擴建「三堆」的方案，其中擴建打鼓嶺堆填區及屯門堆填區獲立法會環委會通過，但擴建將軍澳堆填區則遭否決。

2013 年 6 月 1 日，立法會環委會召開特別會議，聽取市民及團體對擴建堆填區的意見。多個出席公聽會的市民及團體均反對擴建堆填區，要求特區政府致力減少送往堆填區廢物。另外，約 60 名將軍澳居民在會議前到立法會外抗議，要求政府擱置擴建將軍澳堆填區計劃。6 月 16 日，多個政黨發起汽車遊行，逾 50 輛汽車參與，以示不滿，有區議員認為，政府應先由源頭減廢做起，促政府暫擱置擴建計劃；另外，民間團體「專業動力」在 6 月

中訪問 1158 名將軍澳居民，結果顯示有 92% 反對擴建堆填區，主因是擔心臭味及衞生等問題影響日常生活，亦擔心影響健康。

2013 年 6 月 26 日，立法會工務小組委員會（工務小組）審議擴建「三堆」的撥款申請。在會議開始時，環境局局長宣布撤回將軍澳堆填區的擴建撥款申請，工務小組最後同意，新界東北堆填區（打鼓嶺）及新界西堆填區（屯門）擴建計劃應提交予立法會財務委員會（財委會）考慮。而在財委會 7 月 12 日的會議上，委員普遍促請特區政府當局進一步諮詢受打鼓嶺堆填區及屯門堆填區擴建計劃影響的當區居民和區議會的意見，同時財委會通過兩項議案，把該兩項計劃的討論中止待續。有學者和多個環保團體批評立法會中止辯論擴建堆填區的撥款申請。此後，特區政府多次表示會加強溝通，積極回應地區訴求，並在 2014 年初再次向立法會提交申請。

3. 政府再度向立法會申請撥款

2014 年 2 月 24 日，立法會環委會就環境局「三堆一爐」方案進行討論，會上多名議員認為當局應先做好源頭減廢工作，才提出擴建堆填區及興建焚化爐。環境局局長回應，特區政府將多管齊下應對廢物問題，包括源頭減廢、惜食香港、乾淨回收、轉廢為能以及衞生堆填。環境局局長同時指出減廢仍然是香港廢物管理政策的優先方向，參考世界各地經驗，沒有一個現代化城市單靠減廢及回收就能夠解決廢物問題，因此香港有興建焚化爐的實際需要。2014 年 3 月 21 日，綠領行動、香港地球之友、長春社、綠色力量 4 個環保團體，聯合要求特區政府在向立法會申請「三堆一爐」撥款前，承諾採取措施以證明其源頭減廢的決心，包括 2016 年或之前落實都市固體廢物徵費、不遲於 2018 年將生產者責任制擴展至多種物料等。

2014 年 3 月 22 日，立法會環委會就「三堆一爐」召開長達 8 小時公聽會，出席人士包括超過 100 名市民、學者及各機構代表：將軍澳居民指摘堆填區逾期操作，使附近地區充斥臭味，更影響健康，要求特區政府關閉將軍澳堆填區；長洲居民則不滿石鼓洲焚化爐選址要花 3 年時間填海，認為浪費時間及公帑，不過部分商界、建造業代表及與會學者則支持「三堆一爐」。

2014 年 3 月 28 日，立法會環委會以 9 票贊成 6 票反對，通過動議，就擴建堆填區及興建焚化爐的撥款建議提交到工務小組討論；同日，在立法會環委會公聽會上，公眾對於發展「三堆一爐」表達了不同意見：與會的環保團體（如環保促進會）、回收及廢物處理業界等團體均支持特區政府發展「三堆一爐」，但對以綑綁式發展「三堆一爐」意見不一；居住在「三堆一爐」附近的受影響居民反對有關建議，認為「三堆一爐」滋擾生活，要求政府盡快公布堆填區的關閉時間表。

2014 年 5 月 21 日，工務小組經四次會議，以 16 票贊成 9 票反對，通過建議，向財委會申請撥款 19.93 億元擴建將軍澳堆填區。5 月 27 日，工務小組經過連續五次會議審議石鼓

洲焚化爐撥款申請，最終以 14 票支持 6 票反對，獲通過支持向財委會申請撥款 182.457 億元。

至此，「三堆一爐」均已獲得工務小組通過，待財委會作最後審議。

4.「三堆一爐」進入財委會審議

2014 年 10 月 17 日至 11 月 21 日，財委會召開 6 次會議審議「三堆一爐」撥款，會議上反對派議員屢屢發動「不合作運動」，不斷以「拉布」手段阻礙會議，使得議案均未能完成表決。「三堆一爐」撥款申請被「拉布」阻礙一個半月，終於在 12 月 5 日財委會上，以 33 票贊成 19 票反對，通過撥款 21 億元擴建將軍澳堆填區。12 月 12 日，財委會亦通過了擴建打鼓嶺堆填區的 75.1 億元撥款，以及擴建屯門堆填區的 3800 萬元顧問和勘測費，而石鼓洲焚化爐的撥款未表決。

2015 年 1 月 9 日，財委會繼續審議「三堆一爐」撥款申請，最終石鼓洲焚化爐 192 億元撥款申請以 40 票贊成 17 票反對情況下獲得通過。至此，財委會對「三堆一爐」的審議已全部完成。

5. 後續

儘管「三堆一爐」撥款申請獲立法會通過，一名長洲居民不滿環保署通過石鼓洲興建焚化爐計劃，就「一爐」提出司法覆核，於 2015 年 1 月獲終審法院接納。2015 年 11 月 26 日，終審法院駁回長洲居民就「一爐」提出的司法覆核申請。

由於焚化爐和堆填區均屬於「厭惡性設施」，對於社區的環境、社會和經濟發展都可能帶來負面影響，自特區政府提出「三堆一爐」方案以來，一直受到不同持份者反對，尤其激烈的是設施周邊居民，例如屯門、將軍澳、長洲居民，然而「三堆一爐」最終仍獲立法會通過撥款。據特區政府估計，「三堆」完成擴建後，屆時可應付香港至 2030 年的廢物棄置需要，而「一爐」預計於 2025 年投入運作，每日可處理 3000 公噸都市固體廢物。同時，港府在源頭減廢、處理廚餘、回收等各方面都有整全政策，冀讓市民和議員看到政府解決「垃圾圍城」的決心，並以平衡方式去應對挑戰。

第七章
企業環境責任

1980 年代，香港由工業城市轉型為金融中心，港府及工商界開始思考經濟急速發展對環境造成的影響。對於工商界應如何協助保護環境，當時由港府擔當主導角色，例如透過立法管制工商業產生的污染、成立環境保護署（環保署）作為執行環保政策的核心機構，並透過工業署和法定機構生產力促進局協助工商界推行環保措施。其時工商界主流仍以經濟利益為首要考慮，而推行環保措施往往只是被動回應社會期望的一環。

1989 年，19 間大型企業組成私營機構關注環境委員會，是本港第一個由工商界牽頭的環保組織，以非牟利智庫組織的形式，推動企業和港府對環境問題的關注。1992 年，該會成立環境技術中心（2000 年改稱商界環保協會），為高污染行業提供實務支援，減少對環境影響。該兩個工商界環保機構先後成立，使工商界可以建立平台，為日後推動環保工作奠下基礎。

不過港府亦意識到，若希望工商界在環保方面承擔更多責任，政府必須起帶頭作用，鼓勵和協助企業建立環境管理體系，有系統地於日常營運各個範疇融入環保元素。1993 年起，港府各個部門開始委任環保經理。1999 / 2000 財政年度起，特區政府各部門首長每年須發表環保報告。特區政府同時向工商界着力推廣撰寫環保報告的重要性，並透過舉辦研討會和提供指引，協助企業（特別是中小企業）取得 1996 年起於國際通用的 ISO 14001 環境管理體系認證。

踏入二十一世紀，香港社會的環保意識日漸提高，全球暖化、可持續發展等議題備受關注，工商界對環保的關注與日俱增，愈來愈多企業意識到，日常營運融入環保元素，不單是回應國際社會日漸重視環境、社會和企業管治〔ESG，即環境（Environment）、社會（Social）及企業管治（Governance）三個範疇〕的大趨勢以及滿足法例要求，長遠而言可以履行社會責任之餘，提升企業形象，吸引更多商機。工商界在主要商會組織和各大企業牽頭，以及特區政府支持下，逐漸採取主導和更積極角色，多管齊下實踐企業環境責任，主要舉措包括整合工商界資源和意見、舉辦獎項、訂立認證指標和設立環保基金方面。

整合工商界資源和意見方面，1999 年逾 30 個主要商會和專業組織成立商界環保大聯盟。翌年，私營機構關注環境委員會與環境技術中心合併為商界環保協會，成為推動工商界實踐企業環境責任的主要機構之一。2006 年起，國際環保博覽每年舉辦，為環保業提供一個國際貿易平台，展示最新的綠色產品、設備及科技。針對海港發展和氣候變化兩個社會關注的議題，主要商會和大型企業先後成立海港商界論壇（2005 年）及氣候變化商界論壇（2008 年），代表工商界向特區政府和社會提出政策倡議。

舉辦獎項方面，1999 年至 2007 年，商界環保協會舉辦前後四屆香港環保產品獎，向消費者和廠家推廣使用和生產環保產品。2004 年，香港上海滙豐銀行有限公司（滙豐）為鼓勵中小企業推展環保工作，推出「滙豐營商新動力計劃」。2005 年，香港工業總會推出「一廠一年一環保項目」，協助內地設廠的港商每年推行一個環保項目，並於 2007 年起增設

「恒生珠三角環保大獎」嘉許廠商。2008 年，環保署推出「香港環保卓越計劃」，為本港企業及機構提供一個官方獎勵企業推動環保的平台。

訂立認證和指標方面，環保促進會於 2000 年推行香港首個香港環保標籤計劃。2008 年，環境運動委員會聯同環境局及九個工商界和社會組織，合力推出「香港綠色機構認證」，為工商界訂定綠色管理的基準。同年，生產力促進局推出「清潔生產伙伴計劃」，向珠三角地區的港資工廠推廣清潔生產項目。2009 年，香港綠色建築議會推出「綠建環評」，評估建築物於節能減碳和可持續發展的表現。2010 年，恒生指數有限公司推出首個涵蓋香港及中國內地的可持續發展企業指數系列，為可持續發展投資提供基準。

本港部分大型企業和公營機構除了透過捐款、組織義工等工商界慣常支持環保的途徑外，亦會透過旗下的基金，資助有關環保的公眾教育和學術研究項目，包括 1981 年成立的滙豐銀行慈善基金、1983 年成立的太古集團慈善信託基金以及 1994 年成立的吳氏會德豐環保基金等。

2010 年代，香港企業推行環境責任進入新階段，ESG 概念日益普及，成為評估企業經營的重要指標，並逐步取代「企業社會責任」概念。2012 年 8 月，香港交易及結算所有限公司（港交所）為了協助香港企業與國際營商環境接軌，發布香港第一份適用於上市公司的《環境、社會和管治表現的報告指引》，並自 2013 年 1 月起列入聯交所主板及創業板的上市規則內，以「建議常規」方式鼓勵上市發行人鼓勵其公司披露環保表現方面的資料。2014 年，環境保護署建立碳足跡資料庫網站，鼓勵香港上市公司公開碳排放表現。

2015 年，聯合國通過可持續發展目標（Sustainable Development Goals），為企業匯報環境、社會和企業管治提供一個國際通用的參考框架，而國際及本地投資者亦逐漸使用可持續發展目標來評估公司營運表現和風險，並將可持續發展目標納入投資框架。香港企業跟隨世界趨勢，制定機構的可持續發展政策，並且參照聯合國可持續發展目標大原則來制定機構的願景、使命及核心價值和承諾。2016 年 1 月 1 日或之後開始的財政年度，本港上市公司須按照港交所《環境、社會和管治表現的報告指引》新加入的「不遵守就解釋」條文，匯報其環境、社會及管治情況。

2016 年起，特區政府為配合國家綠色金融政策的發展，委託香港品質保證局開展「綠色金融認證計劃」的研究工作，為綠色金融發行者提供第三方認證服務。2017 年，金融發展局就香港如何把握機會發展綠色金融提出建議，將香港定位為籌集綠色資本的樞紐。香港面對內地在綠色基建方面的龐大資金需求及「一帶一路」倡議所帶來的機遇，亦應善用和強化金融基建，加強其項目融資服務（尤其在綠色債券發行方面），擔當為綠色企業籌集股市資金的平台。由 1980 年代末起，企業環境責任經歷接近 30 年發展，本地工商界已成為環境保護不可或缺的持份者。

一、ISO 14001 環境管理體系

1980年代起，歐美一些大型企業為提高公眾形象，減少環境污染，率先建立起自己的環境管理方式，成為日後全球通用的環境管理體系的雛形。1996年，國際標準化組織（International Organization for Standardization）公布ISO14001環境管理體系，是ISO 14000環境管理系列的核心部分，亦是該系列唯一可以認證的國際標準。ISO14001通過一套環境管理的框架文件，來加強企業的環境意識、管理能力和保障措施，從而達到改善環境質量的目的。該管理體系採取第三方獨立認證方式，來驗證企業的日常管理是否達到改善環境績效的目的。

ISO14001面世後，得到國際社會響應，尤其是亞洲和歐洲國家和地區，例如日本、韓國和台灣、德國和英國等，及後其他國家逐漸意識到ISO 14001的普及性會影響國內企業於全球市場的佔有率，甚至影響國家競爭力，所以各國企業積極為自己的機構進行ISO 14001認證，然而大部分香港企業仍未察覺這個大趨勢。直至1999年，一些國際企業要求供應鏈合作伙伴提供相關ISO 14001認證作為對環境負責的採購政策的基本要求，香港企業才開始認識到認證的要求和重要性。自此ISO 14001認證開始在香港企業萌芽，把ISO14001加入ISO 9000質量管理系統內。

2001年，環境保護署（環保署）委託商界環保協會完成一項有關本港中小企業推行環境管理體系的研究（見圖7-1），亦是特區政府首個同類型研究。調查報告指出，由1996年推出至1999年6月，全球已頒發了約10,000個ISO 14001證書。而在2001年6月時，香港只有136家公司或政府部門獲得ISO14001認證。該項研究發現大部分取得ISO 14001的企業都是較大規模的公司，研究亦發現大約83%的本地中小企對環境管理體系或ISO 14001不理解或完全不理解，亦不明白ISO 14001可為企業自身帶來裨益。

2002年，生產力促進局及商界環保協會獲得中小企業發展支援基金的撥款資助，合力推行香港首個「橡子計劃」（見圖7-2），協助香港的中小企克服人力及財政困難，建立環境管理體系，從而提升其環保表現，加強競爭力。「橡子計劃」源自英國，以分階段形式協助中小企業因應其需要及限制，建立環境管理體系。

2004年，環保署在環境運輸及工務局、商界環保協會、香港電子業商會、工業貿易署、香港貿易發展局和香港建造商會等機構支持下，分別推出以電機及電子業（製造業界別）及建造業（服務業界別）為對象的中小企環境管理體系支援套件，向企業提供反映最新趨勢的環境管理資訊，以及推行ISO 14001的範本和實例文件。相關的資源逐漸成為了香港企

業實行 ISO 14001 環境管理系統的基本依據及發展主軸,以提高香港企業在國際供應鏈上的競爭力。截至 2017 年 12 月,本港共有 984 家企業獲得 ISO 14001 認證。

圖 7-1　1999 年,環保署委託商界環保協會就本港中小型企業實施 ISO 14001　環境管理系統進行研究。整個研究於 2001 年完結。(香港特別行政區政府環境保護署提供)

圖 7-2　2003 年「橡子計劃」祝捷典禮。(商界環保協會提供)

二、建築環境評估法（2009年由綠建環評取代）

1990 年，英國建築研究院公布全球第一套環保建築評估及認證體系 British Research Establishment Environmental Assessment Method（簡稱 BREEAM）。體系提出以後，一些來自英國的地產發展商計劃將 BREEAM 引入香港，評估建築物的環保表現。本港地產發展商及建築業界普遍認為，香港位於亞熱帶地區，跟英國氣候截然不同，而且香港樓宇大多是高密度設計，沒有暖氣設備，加上工地施工情況不同，直接將英國的評估體系引入香港並不合適。就此，香港地產建設商會出資，委任香港理工大學進行研究及編寫適用於本港的評估及認證體系。1996 年，建築環境評估法（Hong Kong Building Environmental Assessment Method，簡稱 HK-BEAM）面世，版權由建築環保評估協會擁有（現建築環保評估協會有限公司），而建築環保評估協會則委任環境技術中心（現商界環保協會）作為評估機構。

建築環境評估法是一套自願性的評估工具，第一代版本設有「新修建辦公大樓」及「既有辦公大樓」兩個界別，及後逐步發展全港最為廣泛採用的環保建築評估及認證體系。2009年，新的評估手冊「綠建環評（BEAM Plus）」面世，取代以往沿用的建築環境評估法，由香港綠色建築議會提供登記及證書頒發服務，建築環保評估協會則負責持續更新手冊和樓宇評核工作（見圖 7-3 及圖 7-4）。

綠建環評及其前身建築環境評估法，旨在透過公平、客觀的評估，協助參與機構提升建築物在整個生命周期，包括規劃、設計、施工、調試、裝修及營運中各範疇的可持續性，並訂立一套全面的表現準則，涵蓋全球環境議題、本地環境議題以及人們的健康與福祉，致力推動人與環境和諧共生。綠建環評另一目的，是推動業界發展和樹立綠色建築典範。其中一個例子是 1980 年代，環保型號的冷媒（俗稱雪種），例如 R134a，並不流行於本港建築，而且價錢相對昂貴；但經過業界和建築環境評估法的推動，加上港府於 1989 年頒布《保護臭氧層條例》（*Ozone Layer Protection Ordinance, 1989*）並持續修訂法例，限制採用對臭氧層有損害的冷媒，環保型號的冷媒開始普及於本港建築業界。

綠建環評推出以後，香港綠色建築議會鑒於特區政府和社會各界對節能減碳及可持續發展關注日益提高，至少五次資助建築環保評估協會更新綠建環評或擴展評估適用範圍，並提供更具彈性的評估計劃。2016 年 3 月，綠建環評「既有建築 2.0 版」推出，為建築物提供綜合評估計劃及自選評估計劃兩個選項。同年 12 月推出的綠建環評社區評估工具，推動發展項目於前期總綱規劃階段已開始進行評估，從整體上評估項目大綱規劃的可持續發展表現，並為城市的可持續發展訂下綱領，旨在令隨後的詳細設計和建造階段事半功倍。評估工具顧及樓宇之間的空間規劃，並着重發展項目涉及的社會經濟元素。

圖 7-3　2010 年，香港綠色建築議會推出綠建專才專業資格，推廣綠色建築認證。（香港綠色建築議會提供）

圖 7-4　綠建環評分為四等級：鉑金級／金級／銀級／銅級。（香港綠色建築議會提供）

1996 年至 2017 年，綠建環評的重要發展歷程如下（見表 7-1）：

表 7-1　1996 年至 2017 年建築環境評估法及綠建環評發展情況表

年份	事件	代表示範例子
1996 年	建築環境評估法推出，涵蓋新修建辦公大樓（1/96 版本）及既有辦公大樓（2/96 版本）兩個界別	不適用
1999 年	修正新修建辦公大樓（Office New Building）及既有辦公大樓（Existing Office Building）版本為 3/99 版本，並加入了一套新建住宅大廈（residential）專用版本，此時共有三套評估工具	・林肯大廈（新修建辦公大樓） ・香港滙豐總行大廈（既有建築物） ・采葉庭（新建住宅）
2003 年	把新修建辦公大樓及住宅大廈專用版本合併為 4/03 先導版本，而既有建築物則開始使用經修正的 5/03 先導版本	・香港警務處新界南總區總部（新修建辦公大樓） ・香港中華煤氣有限公司總部（既有建築物）
2004 年	經過先導方案的試驗和校正後，正式推出新建建築物（4/04 版本）和既有建築物（5/04 版本）	・添馬艦發展工程（新建建築物） ・宏利金融中心（既有建築物）
2009 年	經廣泛諮詢業界，綠建環評（BEAM Plus）正式推出，取代以往的環境評估法	・不適用
2010 年 4 月	綠建環評新建建築（NB）及既有建築（EB）1.1 版推出，主要是作了一些字眼上的修改，並更新對冷媒的評估要求	・不適用
2012 年 7 月	推出綠建環評新建建築（NB）及既有建築（EB）1.2 版，其中節能方面加入了適用於新建住宅的被動式設計評估方法	・香港科學園創新斗室（新建建築物） ・賽馬會環保樓（既有建築物）
2013 年 8 月	推出綠建環評室內建築 1.0 版（BEAM Plus Interiors v1.0）	・香港綠色建築議會辦公室 / 建築環保評估協會辦公室
2016 年 3 月	推出綠建環評既有建築 2.0 版（BEAM Plus EB v2.0），建築物持有人可選擇綜合評估計劃或自選評估計劃	・沙田第一城（第七期） ・太古廣場
2016 年 12 月	推出綠建環評社區 1.0 版（BEAM Plus Neighbourhood v1.0）	・啟德體育園
2017 年	本港經建築環境評估法及綠建環評認證的建築總數已達到 2000 幢	・不適用

資料來源：建造業議會、香港綠色建築議會出版《香港可持續建築環境狀況報告 2017》、香港綠色建築議會出版《香港綠色建築評級標準最新發展報告》（2017 年版本）。

三、環保促進會「香港環保標籤計劃」

2000 年，環保促進會推行香港首個環保標籤計劃，計劃主要目的透過頒發環保標籤予對環境損害較少的產品及鼓勵製造商生產更為環保的產品，從而協助消費者辨別環保產品，推動可持續消費。香港環保標籤是按照 ISO 及其他國際認可的標準而釐定的認證準則。香港環保標籤計劃與世界各地其他同類型計劃相同，屬於國際標準化組織 ISO 14024 第一類環保標籤，產品透過第三方評審和生命周期的考慮，以證明達到認可的環保標準。

環保促進會的認證產品清單包括：（一）油漆、（二）黏合劑、（三）墨盒及碳粉盒、（四）纖維增強家庭裝飾產品、（五）含回收物料的建築材料、（六）可氧化生物降解塑料－食物或飲料、（七）可氧化生物降解塑料－非食物或飲料。

四、香港商界可持續發展指南

2004 年，商界環保協會連同多位工商界領袖致力提倡工商界可持續發展的新概念，推出《香港商界可持續發展指南》，是香港第一份為所有商業機構編定的雙語專題刊物和網絡資源。指南為企業提供有關可持續發展重要基本資訊和商業案例，包括可持續發展概念如何幫助企業、可持續發展的全球概念和原則、香港企業如何自願性地實踐可持續發展的案例研究，以及衡量和報告公司可持續發展績效的商業工具示例。

具體範圍包含七個部分：（一）指導原則的指南、（二）測量和監測、（三）管理業務績效、（四）商業標準、（五）利益相關者的參與、（六）基準測試、（十）透明度和報告，強調以評估作為跟進、改善，和鼓勵使用可衡量目標。

五、香港總商會《清新空氣約章》

自 1990 年代，香港空氣污染指數高企，引起了公眾及工商界的關注，這不僅威脅市民的健康，更影響香港作為國際商業及旅遊中心的聲譽，而解決空氣污染問題必須有賴整個社會的共同參與。2005 年，香港總商會與香港商界環保大聯盟發起「清新空氣計劃」，促請政府、商界及公眾攜手改善本港以至珠三角的空氣質素，重點是鼓勵企業簽署和實踐《清新空氣約章》，香港總商會並組織了一系列的宣傳活動，推動社會各界參與（見圖 7-5）。此計劃除得到工商界及環保組織的重視外，同時亦得到香港政府支持。《清新空氣約章》簡介見下表（見表 7-2）：

表 7-2 《清新空氣約章》宣言及對應企業情況表[1]

《清新空氣約章》是一項工商界自願參與的項目，為改善空氣質素出一分力。由於各企業的性質不同，約章只提供基本原則，旨在鼓勵所有簽署機構按照本身的業務情況，實施減少能源消耗，和空氣污染物排放的方案。	

承諾宣言	相關工商企業
在業務營運過程中，遵守國際認可或粵港兩地政府要求的廢氣排放標準，即使並未要求如此做。	直接排放污染物的工業操作、發電廠及企業
對大中型排放源安裝連續性排放監控系統，以持續監察主要廢氣源頭的排放情況。	大型 / 中型工業操作與發電廠
公布全年耗用能源和燃料的資料，及空氣污染物的總排放量；如廢氣排放量龐大，亦應及時披露。	所有企業
承諾在營運過程中採納節能措施。	所有企業
制定及推行適用於空氣污染指數偏高的日子內、推行與業務有關的環保措施。	所有企業
與他人分享改善空氣質素的專業知識。	所有企業

資料來源：香港總商會《清新空氣約章》網頁。

該計劃除了組織一系列教育和拓展活動，推廣約章的信息和協助約章簽署者履行承諾外，還編制了一本實用指南，為工商界推行空氣質素管理作出具體的指引和一般參考，減少能源消耗和空氣污染物排放。企業可以按照指引內的步驟，在日常營運中採取有關的簡易措施。

整體來說，《清新空氣約章》商界指南協助工商界從多方面減少空氣污染：[2]

（一）企業確認因公司營運而引致能源消耗和空氣污染物排放的情況；
（二）提供具體策略，在管理層的支持下，制定公司減少空氣污染物排放和節約能源的目標；
（三）節約能源和空氣污染物排放控制措施的例子；
（四）監察及報告系統。

按總商會統計，截至 2007 年 12 月 31 日，共有 616 家企業及機構簽署約章。

1　〈清新空氣約章〉，清新空氣約章網站，http://www.cleanair.hk/chi/charter.htm。

2　《清新空氣約章》商界指南主頁，《清新空氣約章》網頁，http://www.cleanair.hk/chi/business_guideline01.htm。

齊來參與
清新空氣日

擁有清新空氣，是作為一個國際城市必備的條件。然而，香港空氣質素惡化已引起了公眾的關注。為此，我們將於11月20日啟動《清新空氣約章》和《清新都市指引》，並誠邀您參與「清新空氣日」，一同保護你我共同呼吸的空氣。

日期	11月20日下午2時至5時
地點	尖沙咀東部科學館道2號香港科學館地下廣場
節目	2:00 清新空氣教育展板 / 帶氧健康舞表演
	2:30 香港兒童合唱團獻唱
	「清新空氣日」啟動儀式
	主禮嘉賓：環境運輸及工務局局長廖秀冬博士
	兒童話劇 / 攤位遊戲

www.cleanair.hk

公眾互動 不設門票

清新都市 你我支持

請使用公共交通工具

地鐵：尖沙咀站B2出口；或G出口轉駁至P2出口
九鐵：紅磡站D1出口；或尖東站P2出口
巴士：九巴 5,5C, 8, 8A, 13X, 26, 28, 35A, 41A, 81C, 87D, 98D, 110,
208, 215X, 219X, 224X, 269B, 260X; 城巴973, A21

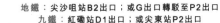

主辦機構 **HKGCC**
Hong Kong General Chamber of Commerce
香港總商會 1861

協辦單位 環境保護署
Environmental Protection Department
 ENVIRONMENTAL CAMPAIGN COMMITTEE 環境保護運動委員會

合作伙伴 大珠三角商務委員會
The Greater Pearl River Delta
Business Council

支持機構 康樂及文化事務署
Leisure and Cultural
Services Department

圖 7-5　清新空氣日海報。2005 年 11 月 20 日，香港總商會與香港商界環保大聯盟合辦清新空氣日，鼓勵促使政府、工商界和市民攜手改善空氣質素。（香港總商會提供）

六、生產力促進局「清潔生產伙伴計劃」

2006 年 11 月，環保署為促使珠三角地區的港資工廠加快採取節能措施及清潔生產的作業方式，委託生產力促進局開展「清潔生產技術支援試驗項目」，邀請港資工廠企業參與試驗計劃。2008 年，環保署鑒於試驗項目取得成功，與廣東省經濟和信息化委員會、香港生產力促進局及工商業界共同開展「清潔生產伙伴計劃」（伙伴計劃），旨在進一步改善香港企業在內地廠房生產時所帶來的在地及粵港跨境環境污染。

伙伴計劃推行初期，是向珠三角地區的港資工廠推廣清潔生產，以及協助該等工廠採用清潔生產技術和作業方式。透過推廣活動，在採用清潔生產技術及作業模式方面，為珠三角地區內眾多廠商、工廠管理和操作人員，提供最新的環保知識和意見。伙伴計劃亦為參與的工廠提供實地評估服務，以及資助多個示範項目，協助工廠可採用切實可行的清潔生產技術，以及相關費用和採取有關措施的益處（見圖 7-6）。參與計劃的港資工廠普遍發現，通過清潔生產，不但提升了環保表現外，同時也可透過減少原材料消耗和節約能源，降低生產成本，增強競爭力，從而提高利潤，帶來更大經濟效益。

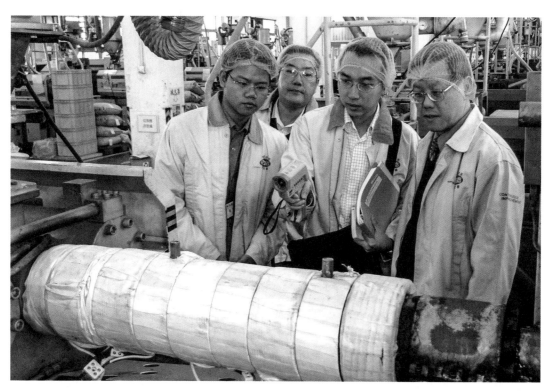

圖 7-6　伙伴計劃資助參與計劃的工廠進行示範項目，例如資助圖中的工廠提升其注塑機的能源效益。（攝於 2013 年，香港特別行政區政府提供）

2012 年，環保署鑒於伙伴計劃帶來的環境效益及業界反應良好，再次向生產力促進局撥款 1.5 億元，以延展計劃 5 年至 2020 年。該期伙伴計劃的對象是具備以下特點的行業：

（一）生產工序會排放大量空氣污染物；

（二）使用大量可能會損害環境的化學品或物料；

（三）消耗大量燃料和能源；及

（四）在改善環保表現方面具有良好潛力。

伙伴計劃亦訂定 8 個目標行業的廠戶為優先資助的對象：化學製品業、食品和飲品製造業、家具製造業、金屬和金屬製品業、非金屬礦產品業、造紙和紙品製造業、印刷和出版業，以及紡織業。

截至 2017 年 4 月 30 日，「伙伴計劃」批出逾 2800 個項目，舉辦約 470 個技術推廣活動，參與人數超過 37,000 人。

七、香港綠色機構認證

2008 年，環境運動委員會聯同環境局及九個機構，包括：環境諮詢委員會、商界環保協會、香港中華總商會、香港中華廠商聯合會、香港工業總會、香港中華出入口商會、香港社會服務聯會、香港總商會及生產力促進局合力推出「香港綠色機構認證」，設有「減廢證書」、「節能證書」、「清新室內空氣證書」、「產品環保實踐證書」及「減碳證書」五項認證（見圖 7-7）。「香港綠色機構認證」目的是為工商界訂定綠色管理的基準，鼓勵業界在減廢、節能、減碳、改善室內空氣質素，及推動產品實踐環保五方面，持續採取環保措施及表揚業界在環保方面所作出的貢獻及承諾。

圖 7-7　五項綠色機構認證。（香港特別行政區政府環境及生態局提供）

八、HKQAA-HSBC 企業社會責任指數

2008 年，香港品質保證局與滙豐為推動本港機構履行社會責任及環保管治，合辦「HKQAA-HSBC 企業社會責任指數」，以提供一個可量化的表現指標來衡量企業在不同時段履行及改

善企業社會責任的表現。這是香港第一個應用於政府、工商界及非牟利組織的可持續發展指數，屬於自願性質。

該指數包括「企業社會責任先導者指數」及「香港 100 企業社會責任指數」兩個指標。前者根據國際標準 ISO 26000「社會責任的指引」的四類指標，包括企業管治、環境保護、社會福祉及經濟增長，以評價機構的表現以及推行社會責任體系上的成熟程度。首年共有 25 個政府部門、公營機構和私人企業參與評估，達標機構獲頒「企業社會責任先導者標誌」。「香港 100 企業社會責任指數」則從 14 個行業，包括餐飲業、製造業、建造業、電訊業及教育界等，選取 100 家香港機構，分析機構在社會責任上的透明度。指數根據各機構在官方網站、公司政策和報告，以及其向公眾發布的資料中與社會責任相關的表現，以 16 項指標進行分析，其中環保指標包括「防止污染措施」、「可持續運用資源的措施」及「減緩氣候變化方案」。指數得到香港企業和各持份者的支持，亦同時得到監管機構肯定，並成為 2010 年成立的恒生可持續發展企業指數系列的雛形。

2013 年，上述指數更名為「香港品質保證局社會責任指數（HKQAA CSR Index）」。2014 年，香港品質保證局因應同年開始為「恒生可持續發展企業指數系列」提供評級服務，推出「香港品質保證局社會責任進階指數」（HKQAA CSR Index Plus），並採用與「恒生可持續發展企業指數系列」相同的評定方法。新的進階指數為參加機構提供更全面的評估，與香港及內地的 600 多間上市企業進行評比，而舊有的社會責任指數亦同時保留，為參加機構提供基本的社會責任評估。2017 年，本港共有 39 個機構參與指數評估。

九、恒生可持續發展企業指數系列

2010 年，恒生指數有限公司推出「恒生可持續發展企業指數系列」，旨在提高各界對企業可持續發展（包括 ESG）的關注。該指數系列為首個覆蓋香港及內地的 ESG 指數系列，為企業的可持續發展投資提供基準，對投資市場及公眾具有重要的參考價值。該指數系列的成分股除按照市值、成交量、上市時間等規則進行篩選外，亦需根據「對環境的影響」、「對社會的影響」、「企業管治」及「工作間實務」等核心因素對企業進行可持續發展評級。恒生指數有限公司於指數創設時邀請國際調研機構崇德（RepuTex）對符合條件的公司進行可持續性評估，到了 2014 年改由香港品質保證局擔任評估機構。

「恒生可持續發展企業指數系列」為企業可持續發展投資提供基準。此系列包括五隻指數，分別是三個交易系列和兩個基準系列。其中恒生可持續發展企業指數及基準指數包括在企業可持續發展表現最卓越的香港上市公司；而恒生 A 股可持續發展企業指數及基準指數則包括在企業可持續發展表現最佳的內地上市公司。恒生內地及香港可持續發展企業指數為一項跨市場指數，涵蓋於可持續發展領域有領導地位的香港及內地企業。指數系列參考香港品質保證局的評級結果，挑選成分股，旨在令指數系列達致客觀、可靠及具高投資性，

為企業可持續發展主題之指數基金提供一系列基準。

十、香港交易所《環境、社會及管治報告指引》

2011 年 11 月，香港交易及結算所有限公司（港交所）鑒於社會上愈來愈多企業主動披露有關環境、社會及管治方面的資料，加上市場上的投資者逐漸意識到單憑財務報表和過往業績，不足以判斷企業的經營情況和未來發展，因此開始籌劃《環境、社會及管治報告指引》（《指引》），諮詢各界意見，旨在協助本港企業加強對 ESG 的認知及鼓勵企業就相關事宜作匯報，一方面推廣企業社會責任，亦有助提升投資者對本港企業和整體營商環境的信心。

2012 年 8 月，港交所公布諮詢結果，決定將《指引》列為建議常規，適用於 2012 年 12 月 31 日或以後開始的財政年度。《指引》屬於自願性質，本港上市企業可按照實際營運情況，選擇披露、匯報有關工作環境質素、環境保護、營運慣例及社區參與四大範疇的情況。港交所期望《指引》可協助企業將 ESG 常規及匯報工作逐漸融入日常業務運作，令公司可以建立更透明及靈活的風險管理程序，並確保投資者可獲得充足資訊並作出適當且知情的投資決定。

2015 年 12 月 21 日，港交所公布有關檢討《指引》的諮詢總結，當中《指引》重組成「環境」及「社會」兩個主要範疇，同時港交所決定修改《上市規則》，上市公司須按照新加入的「不遵守就解釋」條文，匯報其 ESG 情況，否則須提供合理原因解釋。相關條文於 2016 年 1 月 1 日或之後開始的財政年度生效，其中有關環境的關鍵績效指標匯報規定，因應諮詢結果延遲至 2017 年 1 月 1 日或之後開始的財政年度才生效。港交所持續更新上市公司的環境、社會及管治披露規定，為本港工商界推動全球可持續發展提供重要契機。

十一、香港上市公司碳足跡資料庫

2014 年 12 月 15 日，環境局聯同港交所啟動香港首個碳足跡資料庫「香港上市公司碳足跡資料庫」（見圖 7-8）。該資料庫為一個專頁網站，供香港上市公司披露匯報碳足跡資料及分享低碳管理和作業成功例子，一方面回應了 2012 年港交所《指引》提出鼓勵香港上市公司匯報碳排放、碳強度、減排措施及其成效的建議，亦順應國際間對可持續發展及環境管治披露匯報日益關注的趨勢。上市公司能透過碳審計，計算因其營運所產生的溫室氣體排放量，從而制定有效的減排措施。碳足跡資料庫建立時，共有 64 間上市公司參與，其中超過 20 間來自全港市值排行首 100 名的企業。這些上市公司來自不同行業，包括地產建築業、消費者服務業、金融業、消費品製造業、工業、公用事業、資訊科技業、原材料業及電訊業等。

圖 7-8　2014 年 12 月 15 日，環境局局長黃錦星（左二）與香港交易所集團監管事務總監兼上市科主管戴林瀚（David Graham）（右二）主持香港上市公司碳足跡資料庫啟動儀式。（香港特別行政區政府提供）

第二節　工商界環保獎項

一、香港工業獎 / 香港工商業獎：環保成就大獎

1980 年代，香港製造業蓬勃發展，不少廠房位置鄰近民居，生產過程產生的空氣、水質及噪音污染，影響市民健康和日常生活。1992 年，工業貿易署與本港各大工商組織共同籌辦的總督工業獎（1995 年改稱香港工業獎），增設由私營機構關注環境委員會與環境技術中心合辦的環保成就獎項類別，旨在提升本港工業的環保表現，表揚和鼓勵在不同工業表現中有傑出環保成就的廠商，與業界分享成功經驗和策略。環保成就獎項設有組別大獎（環保成就大獎）、組別獎及優異證書。

參賽公司須於截止日期前一年內在港註冊、以香港為經營業務基地，同時生產附有香港產地來源證的產品或從事與製造業有直接關係的服務行業。2005 年，香港工業獎與香港服務業獎合併成香港工商業獎，「香港工業獎：環保成就」同時改名為「香港工商業獎：環保成就」，進一步提升工商界參與，鼓勵製造業以外的工商機構分享環保經驗（見表 7-3 及 7-4）。

2009 年,香港工商業獎最後一次頒發環保成就大獎,相關獎項其後由香港環保卓越計劃取代。

表 7-3 環保成就獎評審準則情況表

參選機構對環保的承諾	參選機構須訂定環保政策和聲明、鼓勵員工認識及參與環保、為公司訂立環保目標和措施,及環保採購計劃,以證明本身對環境保護的承諾。
改善環保表現	參選機構需透過不同的措施防止空氣、水質和噪音污染;推動廢物再用、再造及管理、節約用水、能源及物料;及保護生態環境,並須展示已在上述各方面作出的改善。
是否符合環保法例標準	由環保署進行合規調查

資料來源:商界環保協會、香港工商業獎網站。

表 7-4 1992 年至 2009 年環保成就大獎歷屆得獎公司情況表

1992 總督工業獎	宏安紙業有限公司
1993 總督工業獎	萬力半導體香港有限公司
1994 總督工業獎	聯合電路版有限公司
1995 香港工業獎	衡和化學廢料處理中心
1996 香港工業獎	從缺
1997 香港工業獎	香港美孚石油有限公司－青衣油庫
1998 香港工業獎	依利安達電子有限公司
1999 香港工業獎	中華電力有限公司－龍鼓灘發電廠
2000 香港工業獎	青洲英坭有限公司
2001 香港工業獎	中華電力有限公司
2002 香港工業獎	飛利浦電子香港有限公司－音響業務部
2003 香港工業獎	福田科技有限公司
2004 香港工業獎	香港中華煤氣有限公司
2005 香港工商業獎	利安電光源(香港)有限公司
2006 香港工商業獎	福田科技有限公司
2007 香港工商業獎	香港中華煤氣有限公司
2008 香港工商業獎	利奧紙品集團(香港)有限公司
2009 香港工商業獎	金德精密五金有限公司

資料來源:香港工商業獎網站。

二、環境技術中心「香港環保產品獎」

1999 年,環境技術中心(翌年改稱商界環保協會)主辦首屆香港環保產品獎,並得到中華總商會、中華廠商聯合會、香港總商會和香港工業總會協辦支持。獎項旨在嘉許生產商於已上市產品或設計新產品時融入環保概念,以減低產品於生命周期中對環境造成的負面影響。香港環保產品獎分別設有環保產品(已上市產品)及環保設計兩個類別,香港註冊的

公司設計或生產的任何產品（不限產地，產品類別可包括製成品、零件及包裝），均可報名參加。獎項的評審準則是以產品的設計、製造、包裝及運輸、使用及棄置處理的生命周期作標準，當中考慮因素包括資源利用、可循環再造的成分、減低有毒化學物質、耐用性、可延續性、可維修性、產品品質、創新及市場性。

2005 年，商界環保協會舉辦第二屆香港環保產品獎，主題配合同年特區政府施政報告提出，政府各部門會實施環保採購政策，並制定創造環保產品市場的政策措施。翌年舉辦第三屆。2007 年，商界環保協會舉辦最後一屆（第四屆）香港環保產品獎，主題是「實踐環保概念　彰顯產品效益」，旨在向消費者和廠家推廣肩負「綠色責任」的重要性。當時參選的產品除了香港生產的產品，也有在本港市場出售的商品。

三、滙豐「營商新動力」獎勵計劃

2004 年，滙豐與商界環保協會推出滙豐「營商新動力」獎勵計劃，致力協助香港中小企在業務營運中，實踐對社會及環境負責任的可持續營商手法，以提高中小企的競爭力及生產力。計劃透過建立一個互動的學習平台，讓本地中小企透過此計劃，學習企業可持續發展的方法及分享成功的經驗，推動企業的可持續發展。第一屆的「中小企營商新動力」獎勵計劃，其準則是按環保承擔表現、僱員管理表現、社區發展參與、處理與業務相關人士的關係，以表揚和鼓勵中小型企業貫徹企業責任和實踐靈活的經營手法，爭取長線的成功發展。計劃最初推出時，主要是強調在商業經營中須要平衡環保、社會以及員工等各種可持續發展的要求，旨在鼓勵及獎勵中小企在這三方面取得平衡，分別設有鑽石獎、綠寶石獎、紅寶石獎三個獎項。

2010 年，計劃推出全新的獎勵架構，於社區參與、綠色成就及僱員關懷三個範疇分別設立獎項，嘉許企業於實踐可持續概念方面所做的努力，而計劃的協作機構增至三個，包括商界環保協會、香港社會服務聯會及香港人力資源管理學會。其後，獎項的思想主軸不斷地完善和創新，相關計劃在 2017 年再次經優化改進，與商界環保協會及香港社會服務聯會合作，將 ESG 概念列為計劃基本的要求，同時把聯合國「可持續發展目標」等新元素加入計劃當中，助力推動本地中小企與時並進，並與國際趨勢接軌。同時加入兩個獎項組別，分別為環境、社會及管治獎以及可持續發展目標獎。前者會依據中小企整體可持續發展的表現進行評審，在可持續發展措施中具良好表現的中小企會獲頒優異獎狀及傑出獎狀。而可持續發展目標獎，每年以兩項聯合國可持續發展目標為年度主題。獎項主要評審參賽公司為實踐可持續發展目標而進行的特定計劃／項目。兩個年度主題可持續發展目標均設有金獎、銀獎、銅獎，並分別向得獎者頒發 60,000 港元、30,000 港元及 10,000 港元現金獎（見圖 7-9）。截至 2017 年，計劃已接獲逾 9100 個來自中小企的申請，並發出逾 3700 張證書。

圖 7-9　2017 年滙豐「營商新動力」獎勵計劃可持續發展目標獎金獎得主。（商界環保協會提供）

四、香港工業總會「一廠一年一環保項目」

2005 年，香港工業總會（工總）為推動香港及泛珠三角地區的製造業同業更注重環保及肩負企業社會責任，成立「工業持續發展委員會」，並鼓勵港商參加同年設立的「一廠一年一環保項目」計劃（「『壹 - 壹 - 壹』計劃」），即每家工廠每年至少完成一個環保項目，以減輕營運對環境的影響。

2007 年，恒生銀行與工總合作，於「壹 - 壹 - 壹」計劃內增設「恒生珠三角環保大獎」，嘉許參與計劃並致力提升環保表現的製造業企業。2013 年起，「恒生珠三角環保大獎」擴展到泛珠三角地區（見圖 7-10）。

2015 年，工總為鼓勵更多企業提升環保表現，將「壹 - 壹 - 壹」計劃升級為「一企一年一環保項目」計劃。同年 7 月，工總與中國銀行（香港）合辦「中銀香港企業環保領先大獎」，取代「恒生珠三角環保大獎」。大獎的參加資格亦由香港及泛珠三角地區製造業企業，擴展至服務業企業，以鼓勵更多企業提升環保表現（見圖 7-11）。工總為配合國家推進「一帶一路」的經濟發展策略，同年大獎增設「一帶一路環保領先嘉許獎」，以表揚在一帶一路沿線地區積極提倡和推動環保的企業。

圖 7-10 2009/10「恒生珠三角環保大獎」頒獎典禮，獲獎者包括香港中華煤氣有限公司。（攝於 2011 年 1 月 10 日，香港中華煤氣有限公司提供）

圖 7-11 2017 年 6 月 1 日，「中銀香港企業環保領先大獎」舉行 2016 頒獎禮暨 2017 開展禮。（香港特別行政區政府提供）

五、香港環保卓越大獎

2008 年，環境運動委員會、環保署、環境諮詢委員會、商界環保協會、香港中華總商會、香港中華廠商聯合會、香港工業總會、香港中華出入口商會、香港社會服務聯會、香港總商會及生產力促進局開始合辦每年一度的「香港環保卓越計劃」，並獲環境及自然保育基金提供贊助。計劃融合由特區政府推動的環保獎項─「香港環保企業獎」、「明智減廢計劃」及「香港能源效益獎」而成，旨在提供一個官方認證平台，鼓勵各行各業持續實踐環境管理，衡量機構內環境管理承諾的表現，及表揚環境管理工作上有卓越表現之企業及機構。所有以香港為業務基地的公私營機構及其營運單位，均有資格參加計劃。

計劃分為「環保標誌」及「界別卓越獎」兩部分。「環保標誌」包括減廢標誌、節能標誌、清新室內空氣標誌及環保產品標誌，參加機構達到預設數目的環保目標即可取得認證，而機構可申請一項或以上的標誌。各標誌會按達標數目分為「良好」及「卓越」兩個級別。

「界別卓越獎」是按界別進行的年度比賽，創設時包括七大界別（建造業、金融業、酒店及飲食業、物業管理、零售業、交通及物流業、公共機構及非牟利機構）。評審團透過評核參賽單位的環保政策、措施及表現，審視單位於環保領導、環保計劃與表現及伙伴協力合作三個範疇的表現，從而決定單位是否已建立完善的「環保企業模式」並頒發獎項（見圖 7-12）。

合辦機構為符合持份者期望以及本港環境管理發展趨勢，持續擴充獎項及涵蓋更多界別及領域（見表 7-5）。

表 7-5　2009 年度起，香港環境卓越大獎獎項變革情況表

年度	獎項	簡介
2009 年度	「界別卓越獎」	擴展至 11 個界別進行遴選：建造業、金融、保險及會計業、酒店及餐廳、製造業、物業管理、公共機構、零售業、學校：小學、學校：中學、交通及物流業
2010 年度	增設「香港綠色創新大獎」	鼓勵機構將嶄新的環保方案，轉化成小工具、設備或系統等，應對環保挑戰，並對環境、機構及社會產生裨益，以表揚機構的綠色創新成就，同時鼓勵機構向業界和公眾分享其環保創意的經驗。評審標準包括「創新水平」、「環保成就」和「實用性及對社會的貢獻」三個範疇。
2013 年度	「界別卓越獎」	擴展至 14 個界別進行遴選：建造業、製造業及工業服務、媒體及通訊業、物業管理、公營機構及公用事業、餐飲業、學校（小學）、學校（中學）、服務及貿易業、商舖及零售業、交通及物流業、中小企界別（建造業、製造業及工業服務）、中小企界別（服務業）及中小企界別（商舖及零售業）
2014 年度起	「香港環保卓越計劃」改稱「香港環境卓越大獎」繼續舉辦	

資料來源：香港環境卓越大獎網站。

圖 7-12　2018 年 5 月 4 日，2017 年度「香港環境卓越大獎」舉行頒獎典禮。（香港特別行政區政府提供）

六、環保促進會「香港綠色企業大獎」

2010 年，環保促進會舉辦首屆「香港綠色企業大獎」，以鼓勵各大中小企業及機構，考量日常營運對環境的影響、建立環境管理系統及實行可持續採購，並就其持續改善及領導表現作出表揚。獎項三大主要目標為：（一）表揚參與企業於環保管理、環境、安全及健康、綠色管治及可持續採購的傑出表現；（二）鼓勵參與企業增加對環境的考慮及責任，改善運作及管理過程中的環境表現；及（三）肯定願意作出環保承諾和監測其環境管理表現的參與企業。首屆獎項設有明智環保採購獎、環保辦公室管理獎，至 2017 年已擴展至企業綠色管治獎、優越環保管理獎（項目管理）、優越環保管理獎（服務提供者）、明智環保採購獎及超卓環保安全健康獎，並根據參加企業表現頒發白金獎、金獎、銀獎、銅獎或優異獎。

七、世界綠色組織「企業可持續發展大獎」

2015 年，世界綠色組織舉辦首屆「企業可持續發展大獎」（見圖 7-13），鼓勵本港企業制定更優良的可持續發展策略，提升企業對 ESG 的關注及表揚企業的努力和貢獻。獎項歡迎所有本港註冊的公司參加，評審範圍包括：工作場所質素─致力為僱員提供優良的工作環境及配套；環境保護─落實環保措施以減低對環境的影響；營運管理─設立負責任的供應鏈系統、產品選材等；及社區參與─對社會有財政的支援和／或公眾參與。

圖 7-13　2015 年 12 月 18 日，首屆「企業可持續發展大獎」頒獎典禮。財政司司長陳茂波（左三）及世界綠色組織行政總裁余遠騁（左四）一同頒發獎項。（世界綠色組織提供）

八、香港管理專業協會「香港可持續發展獎」

2016 年，香港管理專業協會主辦首屆「香港可持續發展獎」，旨在推動工商界關注可持續發展三大要素，包括社會平等、經濟與環境，為各界提供觀摩工商界實踐可持續發展的平台，並表揚對可持續發展作出重大承諾和在業務上獲得佳績的機構和工商界領袖。獎項的評審準則包括：管理層對推動可持續發展的承諾與持份者的參與度、企業在經濟、社會及環境三個範疇的表現，以及企業推行該等措施對業務或社會帶來的影響。首屆獎項有逾百家香港私人企業、公營機構和非政府機構參加，其中一半為中小企業。香港管理專業協會將獲獎機構的成功案例編撰成可持續發展範本，加以推廣。

第三節　博覽及研討會

一、商界環保協會「環保領袖論壇」

1992 年，商界環保協會的前身環境技術中心開始舉辦每年一度的工商業環保周，到了 1995 年活動改以工商環保會議名義舉辦，並於 2002 年重新定位並更名為環保領袖論壇，成為工商界及社會不同持份者討論及回應有關香港環境可持續發展議題的中央平台。環保

領袖論壇是商界環保協會的旗艦活動，旨在匯聚世界各地的工商界領袖、業界人士、學者分享對環保議題的見解，讓工商界集思廣益，倡議創新的環保方案和回應社會關注，推動工商界、政府及市民大眾攜手合作，建立可持續發展的未來。

二、香港貿易發展局「國際環保博覽」及「亞洲環保會議」

2006 年，香港貿發局與法蘭克福展覽（香港）有限公司於亞洲國際博覽館共同舉辦首屆「國際環保博覽」。博覽為本港首個同類型的環保貿易展覽會，為國際環保業提供一個貿易平台，展示最新的綠色產品、設備及科技（見圖 7-14）。自此，博覽每年舉辦，並由香港特別行政區政府環境局協辦，亦獲香港、中國內地及國際政府部門和行業協會的鼎力支持，致力為環保業界提供企業對政府（B2G），企業對企業（B2B）及企業對顧客（B2C）的商機。博覽分為貿易及公眾日，貿易日只開放予業內人士，而公眾日則開放予公眾人士免費入場參觀，體驗綠色生活，並參與一系列專題論壇及環保工作坊，亦可暢遊綠色市集，增加對環保的認識。自 2009 年開始，國際環保博覽舉行期間亦同時舉辦「亞洲環保會議」，邀請世界各地主管環保政策的官員以及環保行業代表，探討環保政策、可持續能能源及能源效益、綠色建築及廢物處理及循環再造等議題，共研商機。

圖 7-14　2016 年國際環保博覽。（攝於 2016 年 10 月 27 日，香港特別行政區政府提供）

三、其他香港曾主辦的各項國際商界環保論壇／會議

2007 年 5 月 29 至 31 日，香港氣候變化論壇和氣候組織（The Climate Group）聯合舉辦「全球氣候變化會議 2007」，亦是這個國際會議首次在本港舉辦（見圖 7-15）。2009 年，第二屆會議亦在香港舉辦。

2008 年 3 月 26 日，太平洋經濟合作香港委員會與工業貿易署合辦「尋找綠色商機　提昇企業競爭力」研討會，逾百名工商界人士出席。

2010 年 11 月及 2011 年 11 月，氣候組織和滙豐聯合兩次合辦 2010 及 2011「氣候變化商界首腦峰會」，探討與可持續發展相關的議題及商機（見圖 7-16）。

2010 年 11 月 4 至 6 日，環境保護運動委員會、思匯政策研究所及 C40 城市氣候變化領導小組主辦「香港 C40 論壇」，旨在提高公眾對氣候變化的認識。來自世界各地的官員、專家學者和工商界領袖，分享在提高建築物的能源效率和綠色運輸兩方面的經驗（見圖 7-17）。

2015 年 5 月，香港浸會大學嘉漢林業珠三角環境應用研究中心主辦「固體廢物 2015 國際會議 —— 香港回收業可持續發展論壇」，回收業界的專家分享實務經驗。10 月，建造業議會和零碳天地聯合舉辦 2015 零碳建築會議，主題為「亞熱帶高密度城市高層建築的減碳科技和實踐」。

2017 年 6 月 5 至 7 日，建造業議會與香港綠色建築議會合辦 2017 年度「香港可持續建築環境全球會議」，亦是這個國際會議首次在本港舉辦。來自 57 個國家和地區的 1800 名政府官員、建築業界及工商界代表及學者參與，研討如何推動實踐可持續建築環境。

上述活動反映香港工商界對可持續發展及相關議題的重視，亦與社會各界攜手合作，為應對氣候變化及推動減碳履行社會責任。

圖 7-15　2007 年 5 月 31 日，歷時三天的「全球氣候變化會議 2007」舉行閉幕禮。（香港特別行政區政府提供）

圖 7-16　2011 年氣候變化商界首腦峰會。（攝於 2011 年 11 月 7 日，Business Summit on Climate Leadership 2011 Speakers by Climate Group / CC BY-NC-SA 2.0）

圖 7-17　2010 年香港 C40 論壇的「中國視野」討論環節，內地市長和官員向參加者分享經驗。（左起）國家發展和改革委員會應對氣候變化司副巡視員孫楨、昆明市副市長王道興、長沙市市長張劍飛、深圳市副市長唐傑及香港環境局局長邱騰華。（攝於 2010 年 11 月 5 日，香港特別行政區政府提供）

第四節　工商界環保基金

一、滙豐銀行慈善基金

1981 年，滙豐成立滙豐銀行慈善基金，積極參與社會福利，在香港和中國內地資助多個公益計劃（見圖 7-18 及 7-19）。多年來亦致力推動香港和中國內地的環境及自然生態保育，包括 1990 年代開始與世界自然（香港）基金會合作，開展在米埔內后海灣拉姆薩爾濕地、海下灣的保育項目及舉辦為內地的濕地管理人員而設的培訓課程。

圖 7-18　2006 年，滙豐與世界自然（香港）基金會合作於廣東海豐展開華南濕地項目。（世界自然（香港）基金會提供）

圖 7-19　2007 年，滙豐支持世界自然（香港）基金會推廣香港首個碳足印計算器。（攝於 2007年 11 月 22 日，南華早報出版有限公司提供）

2007年，滙豐成立可持續發展部門獨立處理環境保育、教育以及其他地區公益活動，並將環境保育的合作伙伴計劃，設定為三大社會投資重點之一[3]，而滙豐銀行慈善基金同時作出重大改變，由單純支持公益慈善項目，加入環境保育及可持續發展理念。同年，滙豐銀行慈善基金資助世界自然（香港）基金會設計及營運香港首個碳足印計算器，方便香港市民了解自己的碳足印數量，改變個人的生活模式。2011年，滙豐銀行慈善基金捐款590萬元予香港大學嘉道理研究所，作為「全球森林觀測研究：香港公眾參與及科研培訓」項目首三年經費。該項目是香港首個研究氣候變化對森林動態影響的研究，同時為中小學生和教師、環保人士、大眾提供教育和培訓機會。

2013年10月，滙豐銀行慈善基金資助香港大學社會科學學院策動永續發展坊，在漁農自然護理署支持下，與香港鄉郊基金、綠田園基金、長春社和荔枝窩村民共同合辦為期四年的「永續荔枝窩農業復耕及鄉村社區營造計劃」。計劃透過農地復耕、社區活化、文化重塑、鄉郊教育、氣候變化適應與紓緩、生物多樣性及水文研究等一系列活動，旨在活化荔枝窩的傳統客家農村及文化景觀、重新發掘荔枝窩的社區資產、保護當地生物多樣性，並向社會展示鄉村活化的經驗（見圖7-20）。2017年1月，特首於施政報告指出特區政府會參考荔枝窩的經驗，成立「鄉郊保育辦公室」，統籌本港的保育偏遠鄉郊計劃[4]。

圖 7-20　2016年4月30日，「永續荔枝窩」計劃舉行正式啟動禮。（香港大學公民社會與治理研究中心提供）

3　另外兩大重點是教育以及社會需要。

4　2017年10月，滙豐銀行慈善基金支持香港大學社會科學學院策動永續發展坊開展「滙豐永續鄉郊計劃」，延續荔枝窩的保育和活化工作。

二、太古集團慈善信託基金

1983 年,太古集團成立「太古集團慈善信託基金(香港)」(太古基金),於本港推廣公益事務。

1990 年,太古基金撥款資助香港大學成立位於石澳鶴咀的太古海洋生物研究所(Swire Marine Laboratory)開幕,是中國南海區域內首家專門為海洋生物研究設立的研究所(見圖 7-21)。1994 年,研究所完成擴建後改稱太古海洋科學研究所(Swire Institute of Marine Science,SWIMS),太古基金及後分別於 2004 年及 2017 年資助研究所的擴建及翻新工程。研究所成立以來,一直是推動本港及周邊地區海洋生態系統研究的重要中心。

踏入二十一世紀,海洋保育為主的環保議題成為基金主要推動的範疇之一。太古基金資助的部分環保公益項目包括:2008 年至 2014 年與世界自然(香港)基金會合作,在本港小學推行「STEP 可持續生活模式教育計劃」,教導小學生認識氣候變化及可持續發展議題。2015 年起分別資助 ADM Capital Foundation、Bloom Association Hong Kong、世界自然(香港)基金會,各自開展有關海洋保育的項目。2016 年起,資助香港海洋公園保育基金開展「馬蹄蟹校園保母計劃」,推動中學生對保育瀕危物種的認識和關注。

圖 7-21 香港大學太古海洋科學研究所首任所長、香港大學動物學系教授莫雅頓(Brian Morton)與研究所置於戶外的鯨魚骨標本合照。(攝於 1991 年 6 月 27 日,南華早報出版有限公司提供)

三、吳氏會德豐環保基金

1994 年，會德豐集團捐出 5000 萬元成立吳氏會德豐環保基金，為環保工作提供資金來源，並與港府的環境及自然保育基金合作，資助不同的環保研究和項目，致力改善及保護環境，是首個工商界與政府合作撥款的環境保育基金。兩項基金合共提供一億元資助，主要資助與保護和保育環境有關的教育、研究及其他計劃、活動，其中 2010 / 2011 至 2016 / 2017 年度期間，吳氏會德豐環保基金對符合其宗旨的 32 個科研項目，撥款逾 1500 萬元。該批項目同時獲環境及自然保育基金提供同等數額的資助（見表 7-6）。

四、加德士環保基金

1991 年 4 月，加德士香港因應本港開始銷售無鉛汽油，成立加德士環保基金（Caltex Green Fund），每年將出售無鉛汽油的部分收益，撥捐至該環保基金，以支持綠色團體、學校、社團、及公眾舉辦環保活動，包括贊助世界自然（香港）基金會及香港大學生態學及生物多樣性研究學部合作建立香港首個生態資料庫及地圖（The Ecological Database and Map of Hong Kong），又與南華早報合辦綠色創意大獎（Hong Kong Green Project Awards），鼓勵環保團體、大專院校、中小學生構思具創意的推廣環保項目。截至 1995 年 4 月，基金已撥款 740 萬元，資助 140 個環保項目。基金自 1995 年後不再活躍，加德士香港透過其他途徑舉辦環保活動。

五、蜆殼美境獎勵計劃

1990 年，蜆殼公司贊助成立蜆殼美境獎勵計劃，由香港地球之友統籌，資助各類環境保育及教育項目，旨在鼓勵社會各界同心協力，改善家居、學校、工作及社區環境。1997 年後，計劃停辦，歷年合共資助 618 個項目（見表 7-7）。

六、AEON教育及環保基金

1998 年，日資百貨公司 JUSCO 吉之島（吉之島）（2013 年起改稱 AEON）與 AEON 信貸財務（亞洲）有限公司共同成立 AEON 教育及環保基金，贊助包括與環保相關的慈善項目。基金成立後，連續三年參與「北京長城植樹計劃」，內地與香港義工於長城一帶種植樹苗，同時每年支持「香港植樹日」活動。1998 年至 2004 年，基金每年贊助環運會、環保署及教育署合辦的「學生環境保護大使計劃」，又與不同團體合辦各類環保活動。2012 年以後，該基金不再活躍，吉之島 / AEON 與 AEON 信貸財務（亞洲）有限公司繼續透過其他渠道支持環保，例如自 2012 年 8 月起，吉之島 / AEON 每年於分店舉辦「幸福的黃色小票」活動，顧客可以

將印有消費總額的黃色收據，投入受惠非牟利團體的票箱。吉之島／AEON 會將價值等同收據總金額 1% 的物資，捐贈予受惠機構。歷年來受惠的環保團體，包括綠領行動、環保協進會、食德好、環保生態協會、世界自然（香港）基金會、長春社等。

表 7-6　2010/11 年度至 2016/17 年度吳氏會德豐環保基金資助項目情況表

年度	獲資助機構	項目名稱
2010/2011	香港浸會大學	以核苷酸為基礎的用於檢測水溶液中微量水銀離子選擇性發光探針
	香港浸會大學	污水中三氯生及其可能降解物二氯二噁英的研究
	香港理工大學	香港酒店的碳足印分析
	香港科技大學	香港建築垃圾估算和管理研究
	香港大學	香港魚塘和海產養殖區抗生素殘留量和微生物抗生素抗性基因的分析
2011/2012	香港理工大學	靜音輪胎的特徵研究
	香港理工大學	利用廢玻璃製成自清潔及具殺菌功能的建築材料
	香港科技大學	選擇性吸附及去除海水中有毒重金屬
2012/2013	香港理工大學	樓宇中的可持續採光設計之環保設施
	香港理工大學	一項對隔音屏障上的植物外觀對調和聲音滋擾度的效果的研究
	香港理工大學	利用淤泥焚化爐灰燼於混凝土磚之研究
2013/2014	香港理工大學	溫拌橡膠瀝青混合料在香港城市道路上的應用研究
	香港理工大學	開發節能停車場通風系統設計指引，以回應新汽車廢氣排放標準
	香港大學	溪流生物的漂移能用作監測氣候變化嗎？制定規範用以評估氣溫上升對香港溪流生物多樣性的影響
2014/2015	香港城市大學	基於社區的香港家庭碳排放減少的支付意願與激勵
	香港城市大學	轉化甲殼類海鮮的外骨骼廚餘為有用化學品及燃料
	香港中文大學	患褐根病樹木的根際微生物組研究
	香港科技大學	優化餘氯去除過程以減輕氯消毒含鹽污水對海洋生態系統的危害
	香港科技大學	用於惡臭治理的多功能凝膠材料
	香港科技大學	基於 SBA15 的雙金屬鎳鋯催化劑於氮氧化物的減排
	香港大學	可印刷璃子型膠態電解質應用於高穩定染料敏化太陽能電池
2015/2016	香港城市大學	探討東南亞森林大火對香港空氣質素的影響，從而改善 PATH 模擬系統在春季的空氣質數預報能力
	香港城市大學	可去除路邊空氣污染物的光催化瀝青研發及應用示範
	香港浸會大學	冷氣系統產生臭味成因
	香港理工大學	利用污泥灰合成的沸石修築溫拌瀝青路面的可行性研究
	香港理工大學	發展一專為香港交通設計的先進抑制背景噪聲的近距輪胎／道路噪聲測量（CPX）技術
	香港大學	新形全溶液製作的低成本和穩定的太陽能電池來推廣使用低碳能源
	香港大學	適用於高濕度環境的新世代太陽能電池封裝技術研究
	香港大學	研究香港使用車用生物乙醇燃料之環保效益及障礙和實施計劃的制定
2016/2017	香港高等教育科技學院	變廢為寶：廢舊鋰離子電池的貴金屬回收應用於高容量微納結構電極材料的再生
	香港中文大學	新型等離子電致變色窗作為可持續能源的使用
	香港大學	廚餘和污泥高溫共消化產甲烷技術研究

資料來源：環境及自然保育基金受託人報告書，2010／2011 至 2016／2017 年度。

表 7-7　1994 年至 1997 年蜆殼美境獎勵計劃主要項目情況表

年份	項目名稱（及得獎團體）	所獲獎項
1994	與房屋委員會合辦「收養屋邨計劃」 8 月在將軍澳厚德邨舉行試驗計劃，透過分派環保購物袋及設立回收箱，向居民推廣回收和減少製造廢物的觀念。	／
	「無發泡膠飯盒日」 4 月 22 日（地球日）舉行，活動獲 14 間學校響應。	／
	「為地球植樹」 約 850 人前往大嶼山梅窩附近受到嚴重土地侵蝕的山頭，種植了 5700 棵樹。	／
1995	「美化仔潭美村」 30 名筲箕灣官立工業中學和高主教書院學生花了四天時間，清潔村民住所，並清除四周雜草及清理溝渠垃圾。	最具社區貢獻獎
	翠林晨崗學校「快把發泡膠盒棄下來」 在專為智障人士而設的特殊學校，推廣可重用餐具取代發泡膠盒進行午膳，並讓學生學習自行清洗餐具。	最佳創意獎
1996	大埔三育中學「水質污染睇真 D」 組織同學抽取河水水質樣本並進行簡單測試，還訪問大埔區居民及食肆，並將調查結果送交政府。	最佳創意獎
	香港幼兒教育及服務聯會「大城市小農夫」 該會於西貢經營名為「園藝農場」的有機農場，近一年內有超過 8000 名學生參觀。	最具社區貢獻獎
1997	童軍知友社長安青少年中心「綠色小先鋒」 工作小組為學童提供一連串有關環保的講座及工作坊，旨在提高小學生的環保意識。	最佳創意獎
	香港地球之友及耀中教育機構「『關掉空轉引擎』運動」 旨在提醒駕車人士改掉空轉引擎的壞習慣，避免讓車輛排放大量廢氣污染環境。	最具社區貢獻獎
	香港幼兒教育及服務聯會「『肥水不流別人田』堆肥計劃」 旨在提倡及推動以堆肥方法，把有機廢物製成肥料，約有 3000 人參加。	身體力行獎

資料來源：香港地球之友。

七、機場管理局環境保育相關基金

2011 年，機場管理局於設立香港國際機場環保基金，以資助在本港推廣環保、綠色生活及可持續生活方式的項目、活動及計劃，截至 2017/2018 年度，獲資助項目如下（見表 7-8）。

2016 年 3 月，機管局經環保署批核後，注資 4 億元，分別成立改善海洋生態基金及漁業提升基金，以符合該局於機場擴建為三跑道系統工程的環評報告中，有關保育海洋生態及提升漁業策略的承諾。2017 年，兩個基金開始撥款資助非政府組織、研究單位及漁業相關組織，開展各類保育項目，2017 至 2018 年度獲資助項目參見下表（見表 7-9 及 7-10）。

表 7-8 2011／12 年度至 2017／18 年度香港國際機場環保基金獲資助項目情況表

年度	獲資助機構	項目
2011 / 2012	生態教育及資源中心	香港的海管魚（海龍）分布
2012 / 2013	海洋拯救聯盟	Hong Kong Kids Ocean Week
	氣候組織	微碳行動
	生態教育及資源中心	香港的海管魚（海龍）分布
2013 / 2014	ADM Capital Foundation	運輸經濟及干預選擇研究——改善食用活珊瑚礁魚類貿易的監察及控制
	惜食堂小寶慈善基金有限公司	「惜食堂」食物回收及援助計劃
	地球觀察	ClimateWatch 社區參與計劃
2014 / 2015	生態教育及資源中心	大嶼山海草觀察
	小寶慈善基金有限公司	「惜食堂」食物回收及援助計劃——中央食物回收室
2015 / 2016	大自然保護協會	「自然大作為」環保創新領袖計劃
	香港大學生物科學學院	香港外來陸生昆蟲物種的監察
	香港理工大學	將香港國際機場的廚餘轉化為具附加價值的化學品
	香港海洋公園保育基金	中華白海豚保育研究框架
2016 / 2017	小寶慈善基金有限公司	香港國際機場 x 惜食堂——香港惜食共饗計劃
2017 / 2018		

資料來源：香港國際機場網頁。

表 7-9 2017 至 2018 年度漁業提升基金獲資助項目情況表

受資助機構	項目
香港仔漁民婦女會	珍珠養殖試驗計劃
香港漁業聯盟	香港海洋捕撈業現狀調查及可持續發展對策研究
香港仔漁民婦女會	15 米以下漁船雷達反射器裝置計劃
香港漁業聯盟	香港漁業節～「漁躍香江」籌備活動計劃書及可行性研究報告

資料來源：香港機場管理局擴建香港國際機場成為三跑道系統網頁。

表 7-10 2017 至 2018 年度改善海洋生態基金獲資助項目情況表

受資助機構	項目
香港中文大學	香港西部水域八放珊瑚 Guaiagorgia 的生殖生物學研究
香港教育大學	利用「環境 DNA」探測香港西面水域隱藏動物的生物多樣性
中國水產科學研究院南海水產研究所	珠江口伶仃洋中華白海豚種群動態監測
SMRU (HONG KONG) Limited	協助規劃海洋資源——與香港漁業合作辨識海豚與漁業作業交疊的區域
東華學院	利用影像解剖識別及記錄在香港水域擱淺的中華白海豚因人類活動所造成的傷害和死亡的研究
Cetacea Research Institute Limited	珠江口中華白海豚的保育生態學——第二階段：種群參數、社群結構及棲息地需求

資料來源：香港機場管理局擴建香港國際機場成為三跑道系統網頁。

八、港燈「清新能源基金」、「智『惜』用電基金」

2006 年，港燈電力投資有限公司（港燈）為祝賀全港首個風力發電站「南丫風采發電站風站」落成投產，設立「清新能源基金」，首年撥出 100 萬元，供本地中小學及大專院校申請，藉以鼓勵學生發揮創意及研究精神，構思可應用於校內的風能、太陽能等可再生能源項目，推動環保教育。2011 年，港燈將計劃擴展至幼稚園，同時推出「清新能源．愛分享」網上平台，與香港工程師學會環境分部及青年會員事務委員會合辦講座和參觀項目，讓學生透過平台互相交流學習。基金於 2012/2013 學年提供最後一批資助。

2014 年 6 月，港燈按照 2013 年與特區政府就《管制計劃協議》所作的中期檢討，推出為期四年的「智『惜』用電基金」，旨在協助港燈供電範圍內的住宅樓宇或以住宅為主要用途的綜合樓宇申請資助，提升公用屋宇裝備裝置的能源效益，計劃總撥款額為 2500 萬元。

九、中電「綠適樓宇基金」

2014 年 6 月，中華電力有限公司（中電）按照 2013 年與特區政府就《管制計劃協議》所作的中期檢討，推出「綠適樓宇基金」，資助中電供電範圍內的住宅樓宇，提升公用屋宇裝備裝置的能源效益。

第五節　工商界環保團體及單位

一、香港生產力促進局環境管理部

1967 年，香港生產力促進局以法定機構形式成立，目標是提高本港工業的生產力，並鼓勵本港工商界採用更有效率的生產方式。

1980 年，該局成立環境管理部，為本地工商界提供污染防治及環境管理服務，包括防治及消減空氣、水和噪音污染、廢物管理和再造、能源管理、發展清潔生產技術、環境影響評估研究、環境審核監察及發展環境管理體系及環境工作報告等。環境管理部設有一個已獲得香港實驗室認可計劃確認其環境測試資格的環境化驗室，為工商界提供檢驗分析服務，包括：分析空氣污染物、水、廢水、沉積物、淤泥及測量噪音等。環境管理部不時舉辦培訓課程、研討會、會議、考察團及展覽會等培訓計劃，內容包括環境審核、環境影響評估、ISO 14001 環境管理體系、環境報告、污染管制及防治的方法及技術等，向工商界傳授環境管理知識和推廣生產技術。

2004年，該局成立了生產力培訓學院，統籌、策劃和管理局方舉辦對外的培訓活動。課程範疇包括環境及可持續發展等。

2008年，該局獲特區政府委任為「清潔生產伙伴計劃」的執行機構，聯同內地和本港的環保技術公司，向珠三角地區設廠的港商推廣清潔生產技術和作業模式，主要對象為紡織業、非金屬礦產製品業、金屬和金屬製品業、食品和飲品製造業、化學製品業、印刷和出版業、家具製造業、造紙和紙品製造業。

2010年起，與公民教育委員會合辦「香港企業公民計劃」，提升企業公民意識，並提供平台，鼓勵工商機構實踐社會責任。

二、商界環保協會

1989年，19間大型企業組成私營機構關注環境委員會，是本港第一個由工商界牽頭成立的環保組織，滙豐主席浦偉士（William Purves）擔任創會主席。1992年，該會成立環境技術中心，透過研究、培訓、會議和獎勵計劃，為高污染行業提供如何減少對環境影響的實務支援。自1992年開始，環境技術中心每年均舉辦工商環保會議，2002年起更名為環保領袖論壇，匯聚本地及國際環保專家，就保護環境的議題互相交流意見和經驗，以及商討有關的解決方案。此外，環境技術中心亦於1992年起與工業貿易署合辦「總督工業獎－環保成就」，1995年更名為「香港工業獎－環保成就類別」，藉以表揚和嘉許環保成就卓越的本地生產商。2000年，環境技術中心改名為商界環保協會，並取代私營機構關注環境委員會。商界環保協會就工商界遵守環保法例、實施環境管理體系、採取污染防禦措施、改善能源效益及善用資源等方面的表現作出評審。透過諮詢、研究、評估、培訓及獎項計劃等，商界環保協會提供全面可持續發展的專業顧問及技術支援，以提升香港的環保效益及邁向淨零經濟。

商界環保協會三大承諾包括：

（一）找出應對環境問題的可行方法，並將商界的注意力集中在保護環境和推動可持續環境的相關事宜上；
（二）善用香港商界領袖致力促成變革的承諾，向商界領袖建言獻策，充分發揮商界所作的努力，從而提升香港整體環境表現和競爭力；及
（三）與政府、商界和社區組織合作，應對環保問題，致力改善環境表現，邁向更可持續發展的社會。

三、香港總商會環境委員會（2009年起改稱環境及可持續發展委員會）

1991年，香港總商會（總商會）鑒於環境污染問題持續影響本港，決定成立環境委員會，專門研究環保問題，向商界推廣「污染者自負」原則和企業可持續發展概念。2009年，委員會改稱環境及可持續發展委員會（下稱可持續發展委員會），以協助總商會擴展在環境政策倡議方面的工作，回應本港對氣候變化議題的關注（見表7-11）。

可持續發展委員會的日常主要工作包括：

（一）就環境及可持續發展議題，透過舉辦研討會、午餐會、工作坊等活動，並邀請官員、商界領袖和相關範疇專家擔任嘉賓，提供交流平台，並向總商會會員提供資訊和實用建議；

（二）支持特區政府、商界組織和非商會組織的環保和可持續發展項目，並代表會員就政府提出的政策回饋意見或提出倡議；

（三）委任有特別經驗的議題協調者，以率領工作小組研究特定環境議題，以及就總商會的政策和行動提供建議；及

（四）因應理事會或總商會管理層的要求，進行其他相關工作。

表 7-11　1992 年至 2017 年環境委員會及可持續發展委員會主要工作情況表

年份	主要工作
1992 至 1993 年	向本港商界推廣國際商會《企業可持續發展約章》（*ICC Charter for Sustainable Development*）。
1997 年	成立空氣污染小組委員會，發表總商會對香港空氣質素的立場聲明。
1999 年	與本港商界組織合作籌辦「香港環保產品獎」； 與環境保護運動委員會及生產力促進局等合辦「香港環保企業獎」； 舉辦討論粵港兩地有關環境與能源問題的公開研討會，是特區成立以後首個同類會議。
2000 年	協助總商會撰寫同年發布的《環保聲明》，鼓勵 4000 名會員成為愛護環境的企業，於環保與業務兩者間取得平衡。總商會亦成為本港首個訂立《環保聲明》並向會員發布的商界組織。
2001 年	獲特區政府資助完成「以清潔生產技術提升工業之生產力」研究，向商界推廣清潔生產概念。
2005 至 2007 年	協助總商會推展「清新空氣計劃」及鼓勵企業簽署《清新空氣約章》。
2009 年	聯同氣候變化商界論壇出版《香港商業減碳指南》。
2012 年	與生產力促進局合力推動為期 30 個月的「商界減碳建未來」計劃，資助約 200 家本地企業進行碳審計。
2013 至 2017 年	參與特區政府有關開展生產者責任制、電力市場檢討、都市固體廢物收費計劃及制定《香港生物多樣性策略及行動計劃》等方面的公眾諮詢工作，闡述總商會及會員的立場和意見。

資料來源：香港總商會年報，1991 年至 2017 年。

四、香港商界環保大聯盟

1999 年，香港商界環保大聯盟成立。聯盟由多個不同商業和私營機構組成的合作平台，旨在就香港環境問題發出一致的聲音。創始成員包括香港總商會、香港美國商會、加拿大商會和商業環境委員會。聯盟的會員來自 33 個商會及專業團體，包括常駐香港的外國商會，由香港總商會擔任秘書處。聯盟希望提高商界的環保意識、責任感和績效，並推動政府為改善香港環境而採取行動和改變政策，同時強調尋求促進珠江三角洲的環境合作和意識。聯盟主要的環保項目為鼓勵企業簽署和實踐《清新空氣約章》，並組織一系列的宣傳活動，促使政府、商界和公眾攜手，共同致力改善大珠三角的空氣質素。

五、環保促進會

2000 年，環保促進會成立，是一個獨立、非牟利的慈善環保組織，創會成員主要為來自工商業及學術界的志願人士。該會成立的目的及目標為鼓勵工商界將環境因素納入管理及生產程序中，推動建設香港成為世界級大都會。該會的宗旨是「環保由教育開始」，並致力提供有關可持續採購、環境管理、廢物管理及節能等方面的持續教育和培訓。環保促進會在 2000 年推出「香港環保標籤計劃」，提供環保產品認證服務，為本地市場提供環保產品選擇。環保促進會成立多年來舉辦不同社區環保教育及推廣項目，包括「環保嘉年華」、「環保創意模型設計比賽」、「國際海岸清潔運動」、「香港綠色日」和「著綠狂奔」，及於社區介紹都市固體廢物收費、推廣乾淨回收和廚餘分類等，帶動全城實踐綠色生活，提升大眾的環保意識。2010 年起，該會舉辦「香港綠色企業大獎」，嘉許環保表現卓越的企業。

六、海港商界論壇

2005 年 6 月，本港 100 多間香港企業及專業機構，和 27 間商會及工商組織共同成立海港商界論壇，當時為全港最大規模的商界聯照，旨在代表商界就維多利亞港及其周邊地區的發展，向特區政府和社會各界提出倡議，推動香港海港及沿岸社區持續發展，使社會和商界得益。該論壇是一個以研究為主導的智庫，成員來自零售、飲食、酒店、交通、旅遊、海運、製造、各專業界別，以及商會及商界協會，並由商界環保協會擔任秘書處。

海港商界論壇成立後，持續透過政策倡議以及發表一系列研究，回應特區政府有關海港發展的計劃，涵蓋海港沿岸規劃的最佳實務方案、沿岸社區發展管理、海港為本港環境、社會、經濟層面帶來的潛在價值等主題。論壇亦建議特區政府設立專責海港事務的管理機構，以及堅持任何海港發展計劃，都應該考慮市民能容易前往海旁的需要。

七、氣候變化商界論壇

2008 年，部分企業領袖意識到香港作為國際城市，除了關注本土的環境保護議題外，亦需要應對氣候變化這個更重要的全球性環境議題，因此透過商界環保協會成立「氣候變化商界論壇」，為商界領袖提供一個高層次平台，研究及商討如何透過企業及其影響力應對和減緩氣候轉變為香港所帶來的影響。「氣候變化商界論壇」創始成員包括 16 間來自 5 個不同行業的本港大型企業，並由行政會議召集人梁振英和國泰航空行政總裁湯彥麟（Tony Tyler）擔任論壇的創始主席。論壇透過不同範疇的學術研究，在商界提倡減低二氧化碳等溫室氣體排放措施，以及建議應對氣候變化的策略。論壇的最佳實務委員會囊括來自不同界別的學者及專家，研究項目包括氣候變化在本地及國際層面對本港商界的影響，如大廈照明及空調系統的節能措施，以及如何在商界採取減少碳排放的實質措施等。

2009 年，「氣候變化商界論壇」與香港總商會推出《盡握減排商機－香港商業減碳指南》，協助香港企業減少碳足印。指南是香港首本向企業提供具體減碳排放指引的刊物，當中介紹闡述特區政府針對減排而訂立的指引和標準、碳減排所衍生的商機、投資回報及可節省的成本。商界環保協會亦改組「氣候變化商界論壇」成為「商界環保協會氣候變化商界論壇諮詢小組」，繼續協助香港商界領袖討論如何聯手應對氣候變化問題。

八、香港綠色建築議會

2009 年，建造業議會、商界環保協會、香港環保建築協會和環保建築專業議會聯合成立香港綠色建築議會，致力推動和提升香港在可持續建築方面的發展和水平。議會藉連繫政府、業界及公眾，提高各界對綠色建築的關注，並針對香港位處亞熱帶的高樓密集都會建築環境，制定各種可行策略，推動業界在 2050 年前邁向碳中和，帶領香港成為全球綠色建築及可持續建築環境的典範。

同年，香港綠色建築議會推出綠建環評評估工具。綠建環評建基於 1996 年訂立的香港建築環境評估法，是香港綠色建築議會與建築環保評估協會諮詢業界後更新的新標準。2016年，香港綠色建築議會及建築環保評估協會為配合政府推出「香港都市節能藍圖」，宣布推出「綠建環評既有建築 2.0 版評估工具」，對象為全港逾 42,000 幢現存樓宇，旨在推動社會各界進一步提升建築節能效益。

綠建環評透過規劃、執行、查核與行動協助建築物自我優化，達致持續改善能源效益和提升環保表現的目標。綠建環評訂下了一系列高規範的要求，而設計團隊包括建築師、工程師、測量師、環保顧問、承建商，則透過不同的設計和施工方案來滿足綠建環評的要求。綠建環評針對其應用的環境和社會背景，具有以下特點：

（一）針對香港及華南地區亞熱帶氣候而制定的綠色建築評估工具；

（二）自願、獨立、市場為本的綠建評估制度；

（三）給業界制定基準和標準；及

（四）導向和促進健康、高效、低碳和良好的室內環境質量的居所和工作間。

香港綠色建築議會亦致力向社會推廣綠色建築以及可持續發展概念，包括 2011 年起舉辦「綠色空間由我創造」綠色建築學生比賽、2013 年起與建造業議會合辦香港綠色建築周，並於 2016 年籌組香港綠建商舖聯盟，推動購物商場及商戶參與。

九、香港合資格環保專業人員學會

2015 年，香港合資格環保專業人員學會成立，旨在協助香港各界培育環保專業人才，助力推動香港發展為專業環境服務中心，以及環境服務業發展成為香港的支柱產業。學會與本港具有相同願景和目標的環境專業機構合作，包括香港水務與環境管理學會（CIWEM Hong Kong Branch）、香港環境管理協會、香港聲學學會、香港環境影響評估學會和香港環境保護主任協會，以提高香港的環境服務的專業水平。

主要環保相關條例譯名對照表

（按首字筆畫順序排列）

中文譯名	外文原名
1844 年良好秩序及潔淨條例	Good Order and Cleanliness Ordinance, 1844.
1870 年鳥類保存條例	Preservation of Birds Ordinance, 1870.
1885 年野禽和狩獵動物保存條例	Wild Birds and Game Preservation Ordinance, 1885.
1888 年樹木保存條例	Trees Preservation Ordinance, 1888.
1911 年漁業（炸藥）條例	Fisheries (Dynamite) Ordinance, 1911.
1922 年野禽條例	Wild Birds Ordinance, 1922.
1922 年野禽規例	Wild Birds Regulations, 1922.
1936 年野生動物保護條例	Wild Animals Protection Ordinance, 1936.
1937 年林務條例	Forestry Ordinance, 1937.
1937 年林務規例	Forestry Regulations, 1937.
1939 年城市規劃條例	Town Planning Ordinance, 1939.
1954 年野生鳥類及野生哺乳動物保護條例	Wild Birds and Wild Mammals Protection Ordinance, 1954.
1959 年保持空氣清潔條例	Clean Air Ordinance, 1959.
1960 年公眾衛生及市政條例	Public Health and Municipal Services Ordinance, 1960.
1962 年漁業保護條例	Fisheries Protection Ordinance, 1962.
1962 年漁業保護規例	Fisheries Protection Regulations, 1962.
1969 年動物及鳥類（限制進口及管有）條例	Animals and Birds (Restriction of Importation and Possession) Ordinance, 1969.
1972 年簡易程序治罪（夜間工作）規例	Summary Offences (Night Work) Regulations, 1972.
1972 年簡易程序治罪（香港機場噪音）（豁免）令	Summary Offences (Noise at Hong Kong Airport) (Exemption) Order, 1972.
1973 年保護野鳥及野生哺乳動物條例	Wild Birds and Wild Mammals Protection Ordinance, 1973.
1975 年水務設施條例	Waterworks Ordinance, 1975.
1975 年商船（油污染）條例	Merchant Shipping (Oil Pollution) Ordinance, 1975.
1976 年公眾衛生及市政事務（輕微修訂）條例	Public Health and Urban Services (Minor Amendments) Ordinance, 1976.
1976 年郊野公園條例	Country Parks Ordinance, 1976.
1976 年動植物（瀕危物種保護）條例	Animals and Plants (Protection of Endangered Species) Ordinance, 1976.
1976 年野生動物保護條例	Wild Animals Protection Ordinance, 1976.
1978 年船舶及港口管理條例	Shipping and Port Control Ordinance, 1978.
1978 年簡易程序治罪（夜間工作）規例	Summary Offences (Night Work) Regulations, 1978.
1979 年道路交通（構造及使用）規例	Road Traffic (Construction and Maintenance of Vehicles) Regulations, 1979.
1980 年水污染管制條例	Water Pollution Control Ordinance, 1980.
1980 年廢物處置條例	Waste Disposal Ordinance, 1980.
1983 年空氣污染管制條例	Air Pollution Control Ordinance, 1983.

中文譯名	外文原名
1984 年商船（防止油污染）規例	Merchant Shipping (Prevention of Oil Pollution) Regulations, 1984.
1985 年水污染管制（上訴委員會）規例	Water Pollution Control (Appeal Board) Regulations, 1985.
1986 年水污染管制（一般）規例	Water Pollution Control (General) Regulations, 1986.
1986 年工廠及工業經營（石棉）特別規例	Factories and Industrial Undertakings (Asbestos) Special Regulations, 1986.
1986 年民航（飛機噪音）條例	Civil Aviation (Aircraft Noise) Ordinance, 1986.
1987 年商船（控制散裝有毒液體物質污染）規例	Merchant Shipping (Control of Pollution by Noxious Liquid Substances in Bulk) Regulations, 1987.
1987 年廢物處置（修訂）條例	Waste Disposal (Amendment) Ordinance, 1987.
1988 年廢物處置（禽畜廢物）規例	Waste Disposal (Livestock Waste) Regulations, 1988.
1988 年噪音管制條例	Noise Control Ordinance, 1988.
1989 年保護臭氧層條例	Ozone Layer Protection Ordinance, 1989.
1990 年水污染管制（修訂）條例	Water Pollution Control (Amendment) Ordinance, 1990.
1990 年空氣污染管制（燃料限制）規例	Air Pollution Control (Fuel Restriction) Regulations, 1990.
1990 年商船（防止及控制污染）條例	Merchant Shipping (Prevention and Control of Pollution) Ordinance, 1990.
1991 年空氣污染管制（車輛設計標準）（排放）規例	Air Pollution Control (Vehicle Design Standards) (Emission) Regulations, 1991.
1991 年城市規劃（修訂）條例	Town Planning (Amendment) Ordinance, 1991.
1991 年廢物處置（修訂）條例	Waste Disposal (Amendment) Ordinance, 1991.
1992 年廢物處置（化學廢物）（一般）規例	Waste Disposal (Chemical Waste) (General) Regulation, 1992.
1993 年保護臭氧層（受管制制冷劑）規例	Ozone Layer Protection (Controlled Refrigerants) Regulation, 1993.
1993 年保護臭氧層（含受管制物質產品）（禁止進口）規例	Ozone Layer Protection (Products Containing Scheduled Substances) (Import Banning) Regulation, 1993.
1993 年水污染管制（修訂）條例	Water Pollution Control (Amendment) Ordinance, 1993.
1994 年水污染管制（一般）（修訂）規例	Water Pollution Control (General)(Amendment) Regulations, 1994.
1994 年水污染管制（排污設備）規例	Water Pollution Control (Sewerage) Regulation, 1994.
1994 年民航（飛機噪音）（修訂）條例	Civil Aviation (Aircraft Noise) (Amendment) Ordinance, 1994.
1994 年空氣污染管制（車輛燃料）規例	Air Pollution Control (Motor Vehicle Fuel) Regulation, 1994.
1994 年廢物處置（修訂）條例	Waste Disposal (Amendment) Ordinance, 1994.
1994 年噪音管制（修訂）條例	Noise Control (Amendment) Ordinance, 1994.
1994 年環境及自然保育基金條例	Environment and Conservation Fund Ordinance, 1994
1995 年空氣污染管制（車輛燃料）規例	Air Pollution Control (Motor Vehicle Fuel) Regulation, 1995.
1995 年廢物處置（修訂）條例	Waste Disposal (Amendment) Ordinance, 1995.
1995 年海上傾倒物料條例	Dumping at Sea Ordinance, 1995.
1995 年海岸公園條例	Marine Parks Ordinance, 1995.
1995 年廢物處置（化學廢物處置的收費）規例	Waste Disposal (Charges for Disposal of Chemical Waste) Regulation, 1995.
1995 年嘉道理農場暨植物園公司條例	Kadoorie Farm and Botanic Garden Corporation Ordinance, 1995.

中文譯名	外文原名
1996 年空氣污染管制（修訂）條例	Air Pollution Control (Amendment) Ordinance, 1996.
1997 年工廠及工業經營（石棉）規例	Factories and Industrial Undertakings (Asbestos) Regulation, 1997.
1997 年空氣污染管制（建造工程塵埃）規例	Air Pollution Control (Construction Dust) Regulation, 1997.
1997 年環境影響評估條例	Environmental Impact Assessment Ordinance, 1997.
1997 年保護海港條例	Protection of the Harbour Ordinance, 1997.
1999 年保護海港（修訂）條例	Protection of the Harbour (Amendment) Ordinance, 1999.
1999 年禁止餵飼野生動物公告	Prohibition of Feeding of Wild Animals Notice, 1999.
2002 年噪音管制（修訂）條例	Noise Control (Amendment) Ordinance, 2002.
2004 年空氣污染管制（修訂）條例	Air Pollution Control (Amendment) Ordinance, 2004.
2004 年廢物處置（修訂）條例	Waste Disposal (Amendment) Ordinance, 2004.
2004 年廢物處置（建築廢物處置收費）規例	Waste Disposal (Charges for Disposal of Construction Waste) Regulation, 2004.
2006 年保護瀕危動植物物種條例	Protection of Endangered Species of Animals and Plants Ordinance, 2006.
2007 年有毒化學品管制條例	Hazardous Chemicals Control Ordinance, 2007.
2007 年廢物處置（化學廢物處置的收費）（修訂）規例	Waste Disposal (Charges for Disposal of Chemical Waste) (Amendment) Regulation, 2007.
2008 年有毒化學品管制條例	Hazardous Chemicals Control Ordinance, 2008.
2008 年產品環保責任條例	Product Eco-responsibility Ordinance, 2008.
2009 年產品環保責任（塑膠購物袋）規例	Product Eco-responsibility (Plastic Shopping Bags) Regulation, 2009.
2010 年廢物處置（醫療廢物處置的收費）規例	Waste Disposal (Charge for Disposal of Clinical Waste) Regulation, 2010.
2010 年廢物處置（醫療廢物）（一般）規例	Waste Disposal (Clinical Waste) (General) Regulation, 2010.
2011 年建築物能源效益條例	Buildings Energy Efficiency Ordinance, 2011.
2012 年漁業保護（修訂）條例	Fisheries Protection (Amendment) Ordinance, 2012.
2013 年空氣污染管制（修訂）條例	Air Pollution Control (Amendment) Ordinance, 2013.
2013 年郊野公園（指定）（綜合）（修訂）令	Country Parks (Designation) (Consolidation) (Amendment) Order, 2013.
2014 年空氣污染管制（修訂）條例	Air Pollution Control (Amendment) Ordinance, 2014.
2014 年空氣污染管制（船用輕質柴油）規例	Air Pollution Control (Marine Light Diesel) Regulation, 2014.
2015 年空氣污染管制（遠洋船隻）（停泊期間所用燃料）規例	Air Pollution Control (Ocean Going Vessels) (Fuel at Berth) Regulation, 2015.
2015 年空氣污染管制（非道路移動機械）（排放）規例	Air Pollution Control (Non-road Mobile Machinery) (Emission) Regulation, 2015.
2016 年促進循環再造及妥善處置（產品容器）（修訂）條例	Promotion of Recycling and Proper Disposal (Product Container) (Amendment) Ordinance, 2016.
2016 年促進循環再造及妥善處置（電氣設備及電子設備）（修訂）條例	Promotion of Recycling and Proper Disposal (Electrical Equipment and Electronic Equipment) (Amendment) Ordinance, 2016.
2016 年海岸公園（指定）（修訂）令	Marine Parks (Designation) (Amendment) Order, 2016.
2017 年產品環保責任（受管制電器）規例	Product Eco-responsibility (Regulated Electrical Equipment) Regulation, 2017.

主要參考文獻

政府和相關組織文件及報告

《上海環境保護志》編纂委員會編:《上海環境保護志》(上海:上海社會科學院出版社出版,2003)。

《行政長官施政報告》(1997-2018)。

《香港年報》(1971-2018)。

《財政預算案》(1997-2018)。

九廣鐵路公司:《上水至落馬洲支線環境影響評估報告行政摘要》(香港:九廣鐵路公司,2002)。

青山發電有限公司:《龍鼓灘燃氣供應項目環境影響評估報告行政摘要》(香港:香港環境資源管理顧問有限公司,2010年2月)。

研究資助局:《研究資助局年度報告》(2000-2018)。

茂盛(亞洲)工程顧問有限公司:《拆舊啟德機場北停機坪以外範圍環境影響評估 —— 行政摘要》(香港:土木工程拓展署,2007)。

茂盛(亞洲)工程顧問有限公司:《拓展署:東南九龍發展可行性研究 —— 整體研究最後報告(修訂版)—— 行政摘要》(香港:拓展署,1998)。

茂盛(亞洲)工程顧問有限公司:《清拆竹篙灣財利船廠環境影響評估報告 —— 行政摘要》(香港:土木工程署,2002)。

香港大學社會科學研究中心:《為可持續發展委員會的都市固體廢物收費社會參與過程的獨立分析及匯報顧問服務》(香港:香港大學,2014)。

香港中文大學理學院:《中大理學院五十周年院慶特刊(1963-2013)》(香港:香港中文大學理學院,2013)。

香港申訴專員公署:《主動調查報告:政府對私人土地傾倒建築廢物及堆填活動的規管》(香港:香港申訴專員公署,2018)。

香港交易及結算所有限公司:《有關檢討《環境、社會及管治報告指引》諮詢總結(2015年12月)》(香港:香港交易及結算所有限公司,2015)。

香港交易及結算所有限公司:《環境、社會及管治報告指引諮詢文件(2011年12月)》(香港:香港交易及結算所有限公司,2011)。

香港交易及結算所有限公司:《環境、社會及管治報告指引諮詢總結(2012年8月)》(香港:香港交易及結算所有限公司,2012)。

香港自然生態論壇:《大埔龍尾地理生態調查報告(2009年3月修訂)》(香港:香港自然生態論壇,2009)。

香港政府／香港特別行政區政府民航處:《民航處年報》(1993-2018)。

香港政府／香港特別行政區政府環境保護署:《香港河溪水質》(1992-2017)。

香港政府／香港特別行政區政府環境保護署:《香港泳灘細菌水質年報》(1992-1997)。

香港政府／香港特別行政區政府環境保護署:《香港空氣質素》(1996-2017)。

香港政府／香港特別行政區政府環境保護署:《香港海水水質》(1993-2017)。

香港政府:《白皮書:對抗污染莫遲疑》(香港:香港政府,1989)。

香港政府:《拯救我們的環境:一九八九年白皮書進展情況的第一次檢討:對抗污染莫遲疑》(香港:政府印務局,1991)。

香港政府:《持續發展的未來路向:1989年白皮書「對抗污染莫遲疑」第三次工作進度檢討報告》(香港:香港政府,1996)。

香港政府:《綠色未來:1989年白皮書「對抗污染莫遲疑」第四次工作進度檢討報告》(香港:香港特別行政區政府,1998)。

香港政府:《齊創綠色新環境:1989年白皮書「對抗污染莫遲疑」第二次檢討》(香港:香港政府,1993)。

香港政府:《鴨利洲油庫燃油外洩事件調查委員會報告書》(香港:政府印務處,1973)。

香港政府拓展署:《天水圍發展區第3,30,31區及預留區發展工程環境影響評估行政摘要》(香港:香港政府,1997)。

香港政府環境保護署：《香港之環境挑戰：環境保護署 1986-1996》（香港：環境保護署，1996）。

香港特別行政區立法會經濟事務委員會文件：《民主黨發表的生態旅遊調查報告和建議》，（CB(1)499/03-04(01)）（2003-2004）。

香港特別行政區政府：《香港固體廢物監察報告》（2000-2017）。

香港特別行政區政府土木工程拓展署：《工作報告》（2010-2018）。

香港特別行政區政府土木工程拓展署：《東涌新市鎮擴展環境影響評估行政摘要》（香港：香港特別行政區政府：2015）。

香港特別行政區政府土木工程拓展署：《新界東北新發展區規劃及工程研究環境影響評估行政摘要》（香港：香港特別行政區政府：2013）。

香港特別行政區政府公務員事務局：《香港公務員隊伍卓越成就選輯》（香港：香港特別行政區政府：2004）。

香港特別行政區政府可持續發展委員會：《人口政策社會參與過程報告（2007年6月）》（香港：可持續發展委員會，2007）。

香港特別行政區政府可持續發展委員會：《未來空氣 今日靠你 —— 誠邀回應文件》（香港：可持續發展委員會，2007）。

香港特別行政區政府可持續發展委員會：《為可持續發展 提升人口潛能 —— 誠邀回應文件》（香港：可持續發展委員會，2006）。

香港特別行政區政府可持續發展委員會：《為我們的未來做出抉擇 —— 首個可持續發展策略社會參與過程報告》（香港：可持續發展委員會，2005）。

香港特別行政區政府可持續發展委員會：《為我們的未來做出抉擇 —— 誠邀回應文件》（香港：可持續發展委員會，2004）。

香港特別行政區政府可持續發展委員會：《推廣可持續使用生物資源：生物資源 識取惜用 —— 公眾參與文件》（香港：可持續發展委員會，2016）。

香港特別行政區政府可持續發展委員會：《推廣可持續使用生物資源 —— 公眾參與報告書》（香港：可持續發展委員會，2017）。

香港特別行政區政府可持續發展委員會：《都市固體廢物收費社會參與過程報告書》（香港：可持續發展委員會，2014）。

香港特別行政區政府可持續發展委員會：《就更佳空氣質素社會參與過程發表的報告》（香港：可持續發展委員會，2008）。

香港特別行政區政府可持續發展委員會：《減費 —— 收費．點計？ —— 誠邀回應文件》（香港：可持續發展委員會，2013）。

香港特別行政區政府可持續發展委員會：《優化建築設計 締造可持續建築環境 —— 誠邀回應文件》，（香港：可持續發展委員會，2009）。

香港特別行政區政府律政司：《司法覆核概論 給政府機關行政人員的指南（第三版）》（香港：香港特別行政區政府，2019）。

香港特別行政區政府律政司：《司法覆核概論 給政府機關行政人員的指南（第四版）》（香港：香港特別行政區政府，2022）。

香港特別行政區政府規劃署：《全港發展策略檢討：可取選擇的環境評估報告行政摘要》（香港：香港特別行政區政府，1995）。

香港特別行政區政府規劃署：《香港2030：規劃遠景與策略 —— 策略性環境評估行政摘要》（香港：香港特別行政區政府，2007）。

香港特別行政區政府規劃署：《香港規劃標準與準則》（香港：香港特別行政區政府，2003）。

香港特別行政區政府渠務署：《渠成千里》（香港：渠務署，2014）。

香港特別行政區政府渠務署：《港島北部雨水排放系統改善計劃 —— 港島雨水排放隧道環境影響評估行政摘要》（香港：香港特別行政區政府，2006）。

香港特別行政區政府路政署：《中九龍幹線環境影響評估行政摘要》（香港：香港特別行政區政府，2013）。

香港特別行政區政府路政署：《深圳西部通道環境影響評估行政摘要》（香港：香港特別行政區政府，2002）。

香港特別行政區政府路政署：《灣仔發展計劃第二期及中環灣仔繞道環境影響評估行政摘要》（香港：香港特別行政區政府，2007）。

香港特別行政區政府漁農自然護理署：《漁農自然護理署年報》（香港：漁農自然護理署，2000-2018）。

香港特別行政區政府審計署：《審計署署長第三十九號報告書 —— 第7章 都市固體廢物的管理》（香港：審計署，2002）。

香港特別行政區政府審計署：《審計署署長第五十一號報告書 —— 第 11 章 減少及回收都市固體廢物》（香港：審計署，2008）。

香港特別行政區政府審計署：《審計署署長第六十七號報告書 —— 第 8 章 鄉郊地區的排污系統》（香港：審計署，2016）。

香港特別行政區政府審計署：《審計署署長第四十一號報告書 —— 第 8 章 徵用和清理船廠用地》（香港：審計署，2003）。

香港特別行政區政府機電工程署：《可再生能源發電系統與電網接駁的技術指引（2007 年版）》（香港：機電工程署，2017）。

香港特別行政區政府機電工程署：《攜手同心 —— 服務香江七十載》（香港：機電工程署，2017）。

香港特別行政區政府環境及自然保育基金：《基金受託人報告書》（2010-2018）。

香港特別行政區政府環境局：《香港生物多樣性策略及行動計劃 2016-2021》（香港：香港特別行政區環境局，2016）。

香港特別行政區政府環境局：《香港氣候行動藍圖 2030＋》（香港：香港特別行政區政府，2017）。

香港特別行政區政府環境局：《香港氣候變化報告 2015》（香港：香港特別行政區政府，2015）。

香港特別行政區政府環境局：《香港清新空氣藍圖（2013-2017 進度報告）》（香港：香港特區政府，2017）。

香港特別行政區政府環境局：《香港清新空氣藍圖》（香港：香港特區政府，2013）。

香港特別行政區政府環境局：《香港資源循環藍圖 2013-2022》（香港：香港特別行政區政府，2013）。

香港特別行政區政府環境局：《香港廚餘及園林廢物計劃 2014-2022》（香港：香港特別行政區政府，2014）。

香港特別行政區政府環境局：《香港應對氣候變化策略及行動計劃公眾諮詢文件》（香港：香港特別行政區政府，2010）。

香港特別行政區政府環境局：《香港邁向可持續發展城市之路：環境報告 2012-17》（香港：香港特別行政區政府，2017）。

香港特別行政區政府環境局：《透過 4T 合作伙伴加強在香港現有建築物節約能源》（香港：香港特別行政區政府，2017）。

香港特別行政區政府環境局：《都市節能藍圖：2015-2025》（香港：香港特別行政區政府，2015）。

香港特別行政區政府環境局及香港特別行政區政府環境保護署：《香港環境保護 1986-2011》（香港：環境局、環境保護署，2011）。

香港特別行政區政府環境保護署：《香港河溪水質監測 20 年》（香港：環境保護署，2005）。

香港特別行政區政府環境保護署：《香港泳灘水質》（1998-2017）。

香港特別行政區政府環境保護署：《香港海水水質監測 20 年》（香港：環境保護署，2005）。

香港特別行政區政府環境保護署：《香港策略性環境評估手冊》（香港：香港特別行政區政府，2004）。

香港特別行政區政府環境保護署：《香港環境保護》（1997-2018）。

香港特別行政區政府環境保護署：《香港環境影響評估條例總覽：1998 年 4 月 -2001 年 12 月》（香港：環境保護署，2001）。

香港特別行政區政府環境保護署：《處理香港道路交通噪音的全面計劃（擬稿）：行政摘要》（香港：香港特別行政區政府，2006）。

香港特別行政區政府環境保護署：《綜合廢物管理設施第一期環境影響評估行政摘要》（香港：香港特別行政區政府：2012）。

香港特別行政區政府環境保護署：《環境影響評估技術備忘錄》（香港：環境保護署，1997）。

香港特別行政區政府環境運輸及工務局：《都市固體廢物管理政策大綱（2005-2014）》（香港：香港特別行政區政府，2005）。

香港特區政府教育統籌局：《高中及高等教育新學制 —— 投資香港未來的行動方案》（香港：香港教育統籌局，2005）。

香港理工大學公共政策研究所：《可持續發展委員會：優化建築設計 締造可持續建築環境 —— 社會參與過程的分析劑報告》（香港：香港理工大學，2010）。

香港理工大學公共政策研究所：《為可持續發展提升人口潛能 —— 獨立分析報告》（香港：香港理工大學，2007）。

香港電燈公司：《南丫發電廠的第四及五號機組烟氣脫硫裝置加裝工程環境影響評估報告行政摘要》（香港：香港電燈公司，2006 年 2 月）。

香港課程發展委員會：《幼兒班活動指引》（香港：香港課程發展委員會，1987）。

香港課程發展議會、香港考試及評核局：《地理課程和評估指引（中四至中六）》（香港：香港課程發展議會、香港考試及評核局，2007）。

香港課程發展議會：《小學常識科課程指引（小一至小六）》（香港：香港課程發展委員會，2011，2017）。

香港課程發展議會：《小學環境教育教師手冊 —— 可持續發展教育》（香港：香港課程發展委員會，2002）。

香港課程發展議會：《幼稚園教育課程指引》（香港：香港課程發展委員會，2017）。

香港課程發展議會：《幼稚園課程指引》（香港：香港課程發展委員會，1993）。

香港課程發展議會：《科學教育學習領域課程指引（小一至中三）》（香港：香港課程發展委員會，2002）。

香港課程發展議會：《科學教育學習領域課程指引（小一至中六）》（香港：香港課程發展委員會，2017）。

香港課程發展議會：《個人、社會及人文教育學習領域課程指引（小一至中三）》（香港：香港課程發展委員會，2002）。

香港課程發展議會：《個人、社會及人文教育學習領域課程指引（小一至中六）》（香港：香港課程發展委員會，2017）。

香港課程發展議會：《學前教育課程指引》（香港：香港課程發展委員會，1996，2006）。

香港課程發展議會：《學校環境教育指引（修訂）》（香港：香港課程發展委員會，1999）。

香港課程發展議會：《學校環境教育指引》（香港：香港課程發展委員會，1992）。

香港機場管理局：《香港國際機場2030規劃大綱》（香港：香港機場管理局，2011）。

香港機場管理局：《香港國際機場的永久性飛機燃料設施環境影響評估行政摘要》（香港：香港機場管理局，2007）。

香港機場管理局：《擴建香港國際機場成為三跑道系統環境影響評估報告行政摘要》（香港：香港機場管理局，2014）。

香港環境資源管理顧問有限公司：《二十一世紀可持續發展：行政摘要》（香港：規劃署，2000）。

香港環境資源顧問有限公司：《液化天然氣接收站及相關設施 環境影響評估 行政摘要 —— 二零零六年十二月十二日》（香港：香港環境資源顧問有限公司，2006）。

香港鐵路公司：《九龍南環線環境影響評估行政摘要》（香港，香港鐵路公司，2008）。

香港鐵路公司：《西港島線環境影響評估行政摘要》（香港，香港鐵路公司，2005）。

香港鐵路公司：《廣深港高速鐵路的香港段環境影響評估行政摘要》（香港，香港鐵路公司，2009）。

裘槎基金會：《1991-95 第三個（五年報）》（香港：裘槎基金會，1996）。

裘槎基金會：《1996-2000 第四個（五年報）》（香港：裘槎基金會，2001）。

戴爾博、戴瑪黛：《香港保存自然景物問題簡要報告及建議》（香港：政府印務局，1965）。

Airport Authority, *New Airport Master Plan — Environmental Impact Assessment Update* (Hong Kong: Airport Authority, 1998).

Committee on Air Pollution, *A Report on Air Pollution in Hong Kong* (Hong Kong: Government Printer, 1969).

Cremer and Warner, *An Oil Refinery on Lamma Island?* (Hong Kong: Government Printer, 1973).

Daily Information Bulletin (1960-1997)

Daley, P.A., *Forestry and its Place in Natural Resource Conservation in Hong Kong: A Recommendation for Revised Policy* (Hong Kong: Government Printer, 1965).

Environmental Resources Limited, *Control of the Environment in Hong Kong: Stage 1 Report / Prepared for the Secretary of the Environment of the Hong Kong Government* (London: Environmental Resources Limited, 1975).

Environmental Resources Limited, *Control of the Environment in Hong Kong: Final Report / Prepared for the Secretary of the Environment of the Hong Kong Government* (London: Environmental Resources Limited, 1977).

Environmental Resources Ltd. and Technica Ltd, *Tsing Yi Hazard Potential: A Study* for the Public Works Dept., *Hong Kong Government: Principal Findings* (Hong Kong: Government Printer, 1989).

Friends of the Earth Annual Report (1990-1993, 1998).

Halcrow China Limited, *Development of a Bathing Beach at Lung Mei, Tai Po -Environmental, Drainage and Traffic Impact Assessments - Investigation Environmental Impact Assessment Report* (Hong Kong: The Limited, 2007).

Herklots, G. A. C., "Giant African snail *Achatina fulica* Fer." , *Food & Flowers*, Vol.1, no.1 (1948): pp. 1-4.

HKSAR Government Advisory Council on the Environment, *Minutes of ACE Meetings* (1998-2017).

HKSAR Government Agriculture, Fisheries and Conservation Department, *Mai Po Inner Deep Bay Ramsar Site Management Plan* (Hong Kong: Agriculture, Fisheries and Conservation Department, 2011).

HKSAR Government Agriculture, Fisheries and Conservation Department, *The Conservation Programme for the Chinese White Dolphin in Hong Kong* (Hong Kong: Agriculture, Fisheries and Conservation Department, 2000).

HKSAR Government Environmental Impact Assessment Appeal Board, *Kowloon-Canton Railway Corporation v. Director of Environmental Protection,* No.2 of 2000.

HKSAR Government Environmental Protection Department, "Environmental Impact Assessment Study Brief of the project Hong Kong—Zhuhai—Macao Bridge Hong Kong Boundary Crossing Facilities", ESB-183/2008, April 2008.

HKSAR Government Environmental Protection Department, "HKSAR Greenhouse Gas Emission Inventory 1990-2000" , *Internal Technical Report EPD/ITP29/01*, November 2001.

HKSAR Government Environmental Protection Department, "Monitoring of Biological Indicators in Hong Kong Marine Waters in 2004-2005" , *Internal Technical Report EPD/ITP/03/07*, February 2007.

HKSAR Government Environmental Protection Department, *A Guide to the Control on Import and Export of Waste* (Hong Kong: Environment Protection Department., 2010).

HKSAR Government Environmental Protection Department, *EIA Training and Capacity Building Programme for Government Works Departments — Training Manual for EIA Mechanism (Second Edition)* (Hong Kong: Environmental Protection Department, 2005).

Hong Kong Annual Report (1946-2017).

Hong Kong Government / HKSAR Government Agriculture and Fisheries Department, *Annual Departmental Report* (1946-1999).

Hong Kong Government / HKSAR Government Environmental Protection Department, *Environment Hong Kong* (1986-2000).

Hong Kong Government / HKSAR Government Environmental Protection Department, *Monitoring of Municipal Solid Waste* (1988-1999).

Hong Kong Government District Commissioner, *New Territories, Annual Departmental Report* (1970 1974).

Hong Kong Government Environmental Protection Agency, *Environmental Protection in Hong Kong* (1981-1984).

Hong Kong Government Environmental Protection Department, "Radon Survey in Hong Kong", *Internal Technical Report EPD/ITP7/89*, September 1989.

Hong Kong Government Environmental Protection Department, "Territory-Wide Indoor Radon Survey 1992/93" , *Internal Technical Report EPD/TP/3/94*, April 1994.

Hong Kong Government Environmental Protection Department, "Territory-Wide Indoor Radon Follow-up Survey 1995/96" , *Internal Technical Report EPD/TP12/96*, May 1997.

Hong Kong Government Environmental Protection Department, "The Hong Kong Greenhouse Gases Emission Inventory",

Internal Technical Report EPD/TP/10/92, October 1992.

Hong Kong Government Environmental Protection Department, *Advice Note 2/90: Application of the Environmental Impact Assessment to Major Private Sector Projects*, February 1990.

Hong Kong Government Environmental Protection Department, *Air Quality in Hong Kong* (1983-1995).

Hong Kong Government Environmental Protection Department, *Bacteriological Water Quality of Bathing Beaches in Hong Kong* (1986-1991).

Hong Kong Government Environmental Protection Department, *Marine Water Quality in Hong Kong* (1986-1992).

Hong Kong Government Environmental Protection Department, *Monitoring of Solid Waste Arisings* (1981-1987).

Hong Kong Government Environmental Protection Department, *River Water Quality in Hong Kong* (1988-1991).

Hong Kong Government Environmental Protection Department, *Sewage Strategy Study: Summary Report* (Hong Kong: Environmental Protection Department, 1989).

Hong Kong Government Environmental Protection Department, *Waste disposal plan for Hong Kong* (Hong Kong: Planning, Environment and Lands Branch, Government Secretariat, 1989).

Hong Kong Hansard. (Hong Kong: Environmental Protection Department, 1990).

Lau, Alexis Kai-Hon and Jianzhen Yu, Tsz Wai Wong, Ignatius Tak-sun Yu, Michael W. Poore, *Assessment of Toxic Air Pollutant Measurements in Hong Kong: Final Report* (Hong Kong: Environmental Protection Department, 2003).

Ocean Conservancy's International Coastal Cleanup Report (1986-2022).

Peckham, Robert, "Hygiene Nature: Afforestation and the Greening of Colonial Hong Kong", *Modern Asian Studies*, Vol.49, Issue 4 (2015): pp. 1177-1209.

Research Grants Council, "Research Grants Council of Hong Kong, Annual Report 1994" (Hong Kong: Government Printer, 1995).

Research Grants Council, *Research Grants Council of Hong Kong Annual Report 1995* (Hong Kong: Government Printer, 1996).

Robertson, A. F., *A Review of Forestry in Hong Kong with Policy* (Hong Kong: Government Printer, 1953).

Talbot L.M., Talbot M.H., *Conservation of the Hong Kong Countryside* (Hong Kong: The Government Printer, 1965).

Technica Limited and Dames & Moore Hong Kong, *Tsing Yi Island Risk Reassessment: Final Report* (Hong Kong: Government Printer, 1989).

The Provisional Council for the Use and Conservation of the Countryside, *The Countryside and the People, Report of the Provisional Council for the Use and Conservation of the Countryside, June 1968* (Hong Kong: Government Printer, 1968).

Watson, J.D., *Marine Investigation into Sewage Discharges: Brief Report* (Hong Kong: Hong Kong: Government, 1971).

法律文件

案例：*Chu Yee Wah v. Director of Environmental Protection*，HCAL 9/2010.

案例：*Ho Loy v. Director of Environmental Protection/ Chief Executive in Council / Civil Engineering and Development Department*，HCAL 100/2013.

案例：*Ho Loy v. Director of Environmental Protection/ Chief Executive in Council / Civil Engineering and Development Department*，CACV 216/2014.

案例：*Ho Loy/Tam Kai Hei v. Director of Environmental Protection/Airport Authority of Hong Kong*，HCAL21&22/2015.

案例：*Leung Hon Wai v. Director of Environmental Protection/Town Planning Board*，HCAL 49/2012.

案例：*Sha Lo Tung Development Co. Ltd v. The Chief Executive in Council*，HCAL 124/2000.

案例：*Shiu Wing Steel Limited v. Director of Environmental Protection/Airport Authority of Hong Kong*，FACV 28/2005.

檔案

"Conservation of Countryside-Encl," 1973- 1975, Government Records Service, HKRS 70-6-325-2.

"Forestry, Policy On …", 6 May1946-16 January 1977, Government Records Service, HKRS1075-2-15.

"Proposals for Refinery and/or Petrochemical Plant", 10 November 1973-6 May 1974, Government Records Service, HKRS 276-7-905.

"Proposed Oil Refinery at Lamma Island", 1 August 1974-30 December 1975, Government Records Service, HKRS1059-1-1.

"Salvage of Commerial Vessels and Oil Pollution", 9 August 1968-25 March 1980, Government Records Service, HKRS803-1-3.

"Stream Survey of the Mainland, New Territories – Correspondence with Conservancy Association on …", 14 May 1971-12 June 1972, Government Records Service, HKRS337-4-4330.

"Tanneries at Sheung Shui 1. Report on … 2. Re-entry of lots in "Sheung Shui"", 20 March 1967-7 February 1972, Government Records Service, HKRS 835-1-121.

"Tanneries at Sheung Shui 1. Report on … 2. Re-entry of lots in "Sheung Shui"", 2 May 1972-26 March 1976,Government Records Service, HKRS 835-1-122.

"Tanneries at Sheung Shui 1. Report on … 2. Re-entry of lots in "Sheung Shui"", 2 April 1973-31 August 1976, Government Records Service, HKRS 835-1-123.

"Tanneries at Sheung Shui", 12 May 1964-1 March 1976, Government Records Service, HKRS 2047-1-23.

專著及論文

尹璉、費嘉倫、林超英：《香港及華南鳥類》（香港：香港觀鳥會，2008）。

世界自然（香港）基金會：《世界自然基金會香港分會 40 周年紀念特刊：締造大自然與人類的未來》（香港：世界自然（香港）基金會，2021）。

世界自然（香港）基金會：《世界自然基金會香港分會三十五周年特刊》（香港：世界自然（香港）基金會，2017）。

世界自然（香港）基金會：《世界自然基金會香港分會年度報告》（2007-2018）。

世界自然（香港）基金會：《生命之延》（香港：世界自然（香港）基金會，1992-2017）。

左平、劉長安、趙書河、王春紅、梁玉波：〈米草屬植物在中國海岸帶的分布現狀〉，《海洋學報》，2009 年第 5 期，頁 101-110。

石仲堂：《香港陸上哺乳動物圖鑑》（香港：郊野公園之友會，2006）。

伍美琴、陳凱盈：《香港可持續發展規劃入門：概念及程序》（香港：香港中文大學建築學系社區參與研究組，2005）。

守護龍尾大聯盟編：《神龍見尾 — 小泥灘上的保育大事》（香港：香港自然探索學會，2013）。

艾榮、莫雅頓：《米埔沼澤地理》（香港：香港大學出版社，1990）。

何佩然：《地換山移：香港海港及土地發展一百六十年》（香港：商務印書館，2004）。

何明修：《綠色民主 — 台灣環境運動的研究》（台北：群學出版有限公司，2006）。

吳世捷、高力行：〈不受歡迎的生物多樣性：香港的外來植物物種〉，《生物多樣性》，2002 年第 1 期，頁 109-118。

李子建：〈環境教育與課程改革：理論與實踐〉，《教育學報》，第 38 卷第 1 期（2010 年），頁 119-132。

李威成：〈日佔時期香港醫療衛生的管理模式：以《香港日報》為主要參考〉，《臺大文史哲學報》，第 88 期（2017 年 11 月），頁 120-155。

李威等：《空轉引擎：香港環境政策 1997-2007》（香港：思匯政策研究所，2007）。

李鵬：《起步到發展：李鵬核電日記》（北京：新華出版社，2004）。

林志光、劉婉儀合編：《綠田園活動手冊》（香港：綠田園有機農場，1995）。

長春社：《協調》（1973-1979）。

長春社：《綠色警覺》（1988-2001）。

長春社：《環境名詞索引》（1979）。

思匯政策研究所：《策略性環境評估的角色：以生物多樣性作為香港決策層面的主要考慮》（香港：思匯政策研究所，2013）。

香港大潭篤基金會：《香港學校生態速查指引》（香港：大潭篤基金會，2017）。

香港地球之友：《一個地球》（香港：香港地球之友，1988-2002）。

香港地理學會：《香港地理人》，第 19 卷（2004）。

香港自然生態論壇：《香港自然生態雜誌》，第 8 卷（2016）。

香港觀鳥會：《香港鳥類報告》（香港：香港觀鳥會，1958）。

香港觀鳥會：《香港觀鳥會會訊》，第 219 期（2011 年）。

野外動向：《野外動向》（第 1-98 期）。

陳偉群：《長春社廿五周年》（香港：長春社，1993）。

陳偉群：《香港的建立為環保打拼四十年》（香港：長春社，2008）。

陳堅峰：《迢迢千里》（香港：郊野公園之友會，2003）。

陳竟明、熊永達、羅致光等：《香港環保演進（初版）》（香港，2004）。

陳楠生、張夢佳：〈中國海洋浮游植物和赤潮物種的生物多樣性研究進展（三）：南海〉，《海洋與湖沼》，2021 年第 2 期，頁 385-401。

黃雁鴻：〈港澳的鼠疫應對與社會發展（1894-1895）〉，《行政》，第 28 卷第 1 期，總第 107 期（2015 年），頁 117-134。

曾華璧：《「人與環境」：台灣現代環境史論》（台北：正中書局，2001）。

黃秀政編纂：《續修臺北市志‧卷二 土地志》（臺北：臺北市文獻委員會，2014）。

黃秀政編纂：《續修臺北市志‧卷三 政事志》（臺北：臺北市文獻委員會，2014）。

楊家明：《郊野叁十年》（香港：郊野公園之友會；天地圖書有限公司，2007）。

葉璐、張珞平、郭娟、袁蕾、王中瑗、張保學：〈河口區海洋環境監測與評價一體化研究〉，《海洋環境科學》，第 33 卷第 1 期（2014 年 2 月）。

詹志勇、李思名、馮通編：《新香港地理》（香港：郊野公園之友會、天地圖書有限公司，2001）。

綠色力量：《紙上的沙螺洞》（香港：綠色力量，2020）。

綠色力量：《綠田野》（1994-2017）。

綠色力量：《綠田園》（1989-1993）。

劉兆強、劉惠寧：《內后海灣違例發展報告》（香港：世界自然（香港）基金會，2017）。

劉惠寧、劉兆強、陳頌明：《郊野公園「不包括土地」調查報告》（香港：世界自然（香港）基金會，2014）。

廣東省志編纂委員會編：《廣東省志‧環境保護志》（廣州：廣州人民出版社，2001）。

蔡東豪、嚴劍豪編著：《七俠四義：大浪西灣保衛戰》（香港：上書局，2010）。

鄭睦奇、呂德恒、游靜賢：《從河而來—東涌河》（香港：綠色力量，2008）。

鄭睦奇：《河去何從：屯門河》（香港，綠色力量，2012）。

鄭睦奇：《從河而來：東涌河》（香港，綠色力量，2006）。

薛浩然：《香港的郊野公園：發展、管理和策略》（香港：新界鄉議局研究中心，2015）

羅秉全：《香港紅潮品種》（香港：漁農自然護理署，2018）。

類延寶、肖海峰、馮玉龍：〈外來植物入侵對生物

多樣性的影響及本地生物的進化回應〉，《生物多樣性》，2010 年第 6 期，頁 622-630。

饒玖才、王福義：《香港林業及自然護理—回顧與展望》（香港：郊野公園之友會、天地圖書有限公司，2021）。

Ades, Gary and Crow, Paul, "The Asian Turtle Rescue Operation: Temporary Holding and Placement at Kadoorie Farm and Botanic Garden, Hong Kong", *Turtle and Tortoise Newsletter*, Issue 6 (2002): pp. 2-7.

ADMCF, *Trading in Extinction: The Dark Side of Hong Kong's Wildlife Trade* (Hong Kong: 2018).

Advisory Committee on Water Information (ACWI), *A National Water Quality Monitoring Network for US Coastal Waters and Tributaries*, (April 2006).

Allcock, John A., "6. Farmland Birds" in *Ecology of the Birds of Hong Kong*, edited by L.C. Wong, V. W. Y. Lam and G.W.J. Ades (Hong Kong SAR, Kadoorie Farm and Botanic Garden, 2009).

Ang, P.O., Jr., "Status of Coral Rees in East and Northeast Asia: Hong Kong" in *Status of Coral Reefs in East Asian Seas Region*, edited by Japan Wildlife Research Center (Tokyo: Ministry of Environment, Japan, 2010), pp. 65-78.

Anon, *80 Glorious Years of Home to Science* (Hong Kong: University of Hong Kong Faculty of Science, 2019).

Anon., "Monthly Waterbird Monitoring Biannual Report 2 (October 2016 to March 2017)", in *Mai Po Inner Deep Bay Ramsar Site Waterbird Monitoring Programme 2016-17*, (Hong Kong SAR: Hong Kong Bird Watching Society, 2017).

Aspinwall & Company Hong Kong Limited, *Study on the Ecological Value of Fish Ponds in Deep Bay Area* (Hong Kong: Hong Kong Planning Department, 1997).

Au, Elvis W.K and Kin Che Lam, "Hong Kong", in *Strategic Environmental Assessment and Land Use Planning : An International Evaluation*, edited by Cary Jones, Mark Baker, Jeremy Carter, Stephen Jay, Michael Short and Christopher Wood (London: Earthscan, 2005), pp. 97-114.

Au, Elvis W.K. and Simon Hui, "Learning by Doing", *Assessing Impact,* edited by Saunders, Angus Morrison and others (London, Earthscan, 2005), pp. 197-223.

Au, Elvis W.K., "Development of the EIA System in Hong Kong", *The Newsletter of Asia Pacific Institute of Environmental Assessment,* Volume 2, Issue 1 (March 1996) pp. 8-9.

Au, Elvis W.K., "Planning Against Pollution: An Art of the Possible", *Proceedings of the Conference on the Pollution in Metropolitan Environment POLMET 1991,* Hong Kong Institution of Engineers (1991), pp. 957-974.

Au, Elvis W.K., "Status and progress of environmental assessment in Hong Kong: facing the challenges in the 21st century", *Journal of Impact Assessment and Project Appraisal,* Vol 16, no.2 (1998), pp. 162-166.

Bachner, Bryan, "Biological Diversity and the Law: The Transformation of Environmental Planning in Hong Kong", *Asia Pacific Law Review,* Vol 10, no. 1, (2002), pp. 95-115.

Binnie and Partners, *New Territories Stream Pollution Study: Abridged Report* (Hong Kong: Government Printer, 1974).

Canadian Environmental Assessment Agency. *International Study of Effectiveness of Environmental Assessment Final Report* (Canadian Environmental Assessment Agency, 1996).

Carey, G.J., M.L. Chalmers., D.A. Diskin, P.R. Kennerley, P.J. Leader, M.R. Leven, R.W. Lewthwaite, D.S. Melville, M. Turnbull and L. Young, *The Avifauna of Hong Kong* (Hong Kong: Hong Kong Bird Watching Society, 2001).

Chan, Cecilia and Peter Hills (eds), *Limited Gains: Grassroots Mobilization and the Environment in Hong Kong* (Hong Kong: Centre of Urban Planning and Environmental Management, University of Hong Kong, 1993).

Chau, L. K. C. "The Ecology of Fire in Hong Kong" (PhD thesis, The University of Hong Kong, 1994).

Chen, G., C. Zheng, N. Wan, D. Liu, V.W.K. Fu, X. Yang, Y.-T. Yu and Y. Liu, "Low genetic diversity in captive populations of the critically endangered Blue-crowned Laughingthrush (Garrulax courtoisi) revealed by a panel of novel microsatellites", *PeerJ* , Issue 7 (2019): e6643-e6643.

Cheung, William and Yvonne Sadovy, "Retrospective evaluation of data-limited fisheries: a case from Hong Kong", *Reviews in Fish Biology and Fisheries*, Vol. 14 (2004): pp. 181-206.

Chiu, Stephen Wing Kai and Tai Lok Lui eds., *The Dynamics of Social Movement in Hong Kong* (Hong Kong: Hong Kong University Press, 2000).

Chiu, T.N. and C.L. So (eds)., *A Geography of Hong Kong* (Hong Kong: Oxford University Press, 1986).

Compton, James, "An Overview of Asian Turtle Trade", in *Asian Turtle Trade: Proceedings of a Workshop on Conservation and Trade of Freshwater Turtles and Tortoises in Asia*, edited by Peter Paul van Dijk, Bryan L. Stuart, and Anders G.J. Rhodin (Lunenburg, Chelonian Research Foundation, 2000), pp. 24-29.

Corlett, R. T., "Environmental Forestry in Hong Kong: 1871-1997" , *Forest Ecology and Management*, Vol. 116 no. 1 (1999): pp. 93-105.

Dudgeon, D. and Chan, E.W.C., *Ecological Study of Freshwater Wetland Habitats in Hong Kong* (Hong Kong, Agriculture Fisheries and Conservation Department, 1996).

Dudgeon, D., & Corlett, R., *The Ecology and Biodiversity of Hong Kong* (Hong Kong: Friends of the Country Parks, 2004).

Dudgeon, David and Corlett, Richard T., *Hills and Streams: An Ecology of Hong Kong* (Hong Kong: Hong Kong University Press, 1994).

Dwyer, D. J., "Land Use and Regional Planning Problems in the New Territories of Hong Kong". *The Geographical Journal*, Vol. 152, Issue 2 (1986): pp. 232-242.

European Union, "Directive 2000/60/EC of the European Parliament and of the Council of 23 October 2000 Establishing a Framework for the Community Action in the Field of Water Policy", Annex V.1.3.4.

European Union, "Directive 2002/49/EC of the European Parliament and of the Council of 25 June 2002 Relating to the Assessment and Management of Environmental Noise".

Gale, Stephan, Wan, Mengjue, Wang, Jackie Jing and Lam, Alfred Ngai, "Analysis of Conservation Status and Extinction Risk of the Orchids of Hong Kong", *Proceedings of the 20th World Orchid Conference* (2011): pp. 104-110.

Hills, Peter, "Environmental Policy and Planning in Hong Kong: An Emerging Regional Agenda", *Sustainable Development*, Vol. 10, no. 3, (2002), pp. 171-178.

"Hong Kong－Zhuhai－Macao Bridge Hong Kong Boundary Crossing Facilities－Reclamation Works", *Final Review Report* (Hong Kong, 2012).

Huang, Shiang-Lin, Karczmarski, Leszek, Chen, Jialin, Zhou, Ruilian, Lin, Wenzhi, Zhang, Haifei, Li, Haiyan and Wu, Yuping, "Demography and Population Trends of the Largest Population of Indo-Pacific Humpback Dolphins", *Biological Conservation*, Vol. 12 (2012): pp. 234-242.

Hughes, J. Donald, *An Environmental History of the World: Humankind's Changing Role in the Community of Life* (London; New York: Routledge, 2009).

Hung, Samuel K.Y., *Monitoring of Marine Mammals in Hong Kong Waters (2016-17)*, (Hong Kong: Hong Kong Cetacean Research Project, 2017).

Hutson, H.P.W., "Shooting Notes", *Hong Kong Naturalist*, Vol. 1, no.4 (1930): pp. 49-50.

Kowloon-Canton Railway, *Sheung Shui to Lok Ma Chau Spur Line－Striking a Balance*

Between Impacting on People and Wildlife (Hong Kong: Kowloon-Canton Railway, 2000).

Kowloon Electricity Supply Co. Ltd Engineering Department., *Castle Peak A Power Station* (Hong Kong: Kowloon Electricity Supply Co. Ltd, 1979).

Kwok, Hon-kai and Dahmer, Thomas D., "The bird community in a fire-maintained grassland in Hong Kong", *Memoirs of Hong Kong Natural History Society*, Vol. 25 (2002): pp. 111-116.

Kwok, W. P., W. S. Tang & B. L. Kwok, "An .... Introduction to Two Exotic Mangrove Species in Hong Kong: Sonneratia caseolaris and S. apetala." *Hong Kong Biodiversity*, Vol. 10 (2005), pp. 9-12.

Lance, V.A., "The land vertebrates of Hong Kong", in *The Fauna of Hong Kong*, edited by Lofts B. (Hong Kong: Hong Kong Branch of the Royal Asiatic Society, 1976), pp. 6-22.

Lau, Michael, Bosco Chan, Paul Crow and Gary Ades, "Trade and Conservation of Turtles and Tortoises in the Hong Kong Special Administrative Region, People's Republic of China", in *Asian Turtle Trade: Proceedings of a Workshop on Conservation and Trade of Freshwater Turtles and Tortoises in Asia*, edited by Peter Paul van Dijk, Bryan L. Stuart, and Anders G.J. Rhodin (Lunenburg, Chelonian Research Foundation, 2000), pp. 39-51.

Lau, S. P. and C. H. Fung, "Reforestation in the Countryside of Hong Kong", in *Remediation and Management of Degraded Lands*, edited by M.H. Wong, J.W.C. Wong, A.J.M. Baker (Boca Raton, Fla. : Lewis Publishers, 1999), pp. 195-200.

Lau, Wai Neng Miguel, "Habitat Use of Hong Kong Amphibians with Special Reference to the Ecology and Conservation of Philautus romeri", (Ph.D. thesis, University of Hong Kong, 1998).

Law, Chi-wing, Chee-kwan Lee, Aaron Shiu-wai Lui, Marice Kwok-leung Young and Kin-Che Lam, "Advancement of three-dimensional noise mapping in Hong Kong", *Applied Acoustics*, Vol. 72 (2011), p.534-543.

Leader, Paul J., "5. Inland Wetlands" in *Ecology of the Birds of Hong Kong*, edited by Wong Captain L.C. and Lam Vicky W.Y. (Hong Kong SAR: Kadoorie Farm and Botanic Garden, 2009).

Lee, J.C.K. and W.H.T Ma, "Early Childhood Environmental Education: A Hong Kong Example", *Applied Environmental Education and Communication*, Vol. 5 (2006): pp. 83-94.

Lee, Yok-shiu F. and Alvin Y. So (eds)., *Asia's Environmental Movements: Comparative Perspectives* (Armonk, New York; London, England: M.E. Sharpe, 1999).

Lo, Tsai-Hong, "Disposal of Municipal Solid Wastes by Incineration in Hong Kong", *Conservation & Recycling*, Vol. 7 Issue 2-4 (1984): pp. 73-82.

Loh, Christine, "Hong Kong: Review of Environmental Quality and Policy", *Carnegie Endowment Hong Kong Journal*, (2007).

Ma, Kin-wing, "A Study of Hong Kong Reclamation Policy and its Environmental Impact" (M. Sc. thesis, The University of Hong Kong, 2014).

Marsden, Simon, "Environmental Impact Assessment in Hong Kong: An Evaluation of Principles, Procedures and Practice Post-1997", *Asia Pacific Journal of Environmental Law*, Vol.13, ISS I (2010), pp. 115-133.

Marshall, Patricia, *Wild Mammals of Hong Kong* (Hong Kong, Oxford University Press, 1967).

McCormick, John., *Reclaiming Paradise: The Global Environmental Movement* (Bloomington: Indiana University Press, 1989).

McCorry, Denise, "Hong Kong's Scleractinian Coral Communities Status, Threats and Proposals for Management" (Ph.D. Thesis, University of Hong Kong, 2002).

McNeill, J.R., *Something New Under the Sun: An Environmental History of the Twentieth-century World* (New York: W.W. Norton & Co.; 2001).

Melville, David S. and Brian Morton, *Mai Po Marshes* (Hong Kong: World Wildlife Fund, 1983).

Melville, David S., "A Preliminary Survey of the Bird Trade in Hong Kong", *The Hong Kong Bird Report*, Vol. 1980 (1982): pp. 55-102.

Morton Brian, "Hong Kong's Biodiversity Strategy and Action Plan, Marine Parks, Reserve and SSSIs. A New Era Dawns", *Marine Pollution Bulletin*, Vol. 116 (2017): pp. 1-3.

Morton, Brian and John Morton, *The Sea Shore Ecology of Hong Kong* (Hong Kong: Hong Kong University Press, 1983).

Morton, Brian, "Hong Kong's Coral Communities: Status, Threats and Management Plans", *Marine Pollution Bulletin,* Vol.29, Nos.1-3 (1994), pp. 74-83.

Morton, B., "Protecting Hong Kong's Marine Biodiversity: Present Proposals, Future Challenges", *Environmental Conservation*, Vol. 23, Issue1 (1996): pp. 55-65.

Myers, Norman., Russell A. Mittermeier, Cristina G. Mittermeier, Gustavo A. B. da Fonseca & Jennifer Kent., "Biodiversity Hotspots for Conservation Priorities", *Nature*, Vol.403 (2000): pp. 853-858.

Nele, Fabian and Loretta Leng Tak Lou, "The Struggle for Sustainable Waste Management in Hong Kong: 1950s-2010s" *Worldwide Waste*, Vol.2 no.1 (2019), pp. 1-12.

Ng, Kay Leng and J.P. Obbard, "Strategic Environmental Assessment in Hong Kong", *Environment International*, 31 (2005), pp. 483-492.

Ng, Ka-yan Connie, Peter H. Dutton, Kin-fung Simon Chan, Ka-shing Cheung, Jian-wen Qiu and Ya-nan Sun, "Characterization and Conservation Concerns of Green Turtles (Chelonia mydas) Nesting in Hong Kong, China", *Pacific Science*, Vol. 68 (2014): pp. 231-243.

Ng, Mee Kam, "A Critical Review of Hong Kong's Proposed Climate Change Strategy and Action Agenda", *International Journal of Urban Policy and Planning, Cities* , Vol. 29,

Issue 2 (2012), pp. 88-98.

Ng, Terence P.T., Martin C.F. Cheng, Kevin K.Y. Ho, Gilbert C.S. Lui, Kenneth M.Y. Leung and G.A. Williams, "Hong Kong's Rich Marine Biodiversity: The Unseen Wealth of South China's Megalopolis", *Biodiversity Conservation*, Vol. 26 (2017): pp. 23-36.

Ng, W.C., C.C. Cheang, K, Kei, K.H. Tsoi and W.K. Chow, "AFCD workshop: Hong Kong Reef Check: A Programme to promote sustainable management of corals and science education.." Paper presented at the 3rd International Conference of East-Asian Association for Science Education, The Hong Kong Institute of Education, China, July 2013.

Nichol, J. E. and Abbas, S., "Evaluating Plantation Forest vs Natural Forest Regeneration for Biodiversity Enhancement in Hong Kong," *Forests*, Vol.12, Issue 5 (2021), 593; https://doi.org/10.3390/f12050593

Owen, B. & Shaw, R., *Hong Kong Landscapes* (Hong Kong: Hong Kong University Press, 2007).

So, Ming Tat, "Tracking the Evolution of Corporate Environmentalism in Hong Kong: A Study of Environmental Reporting" (MPhil thesis, The University of Hong Kong, 2004).

Spooner, Molly F., "Oil Spill in Hong Kong", *Marine Pollution Bulletin*, Vol. 8, Issue. 3 (1977): pp. 62-65.

Sun, Jin., Huawei Mu, Jack C.H. Ip, Runsheng Li, "Signatures of Divergence, Invasiveness, and Terrestrialization Revealed by Four Apple Snail Genomes." *Molecular Biology and Evolution*, Vol.36, Issue 7 (2019): pp. 1507-1520.

Tam, Wai Yi Winnie, "Conservation of Mangroves: Any Suitable Strategies for Hong Kong Mangroves?" (M.Sc. thesis, University of Hong Kong, 2003).

Tang, Li Yaning, Fan, Linda, Ni, Meng and Shen, Liyin, "Environmental Impact Assessment in Hong Kong: A Comparison Study and Lessons Learnt", *Journal of Impact Assessment and Project Appraisal,* 34:3 (1999), pp. 254-260.

Tang, Lisa and Edwin Chui, Chee-kwan Lee, Yat-ken Lam, Kwok-leung Lau, "An Overview of the Development of Noise Mapping in Hong Kong", paper presented to Inter-Noise 2017, the 46th International Congress and Exposition on Noise Control Engineering, August 2017.

Thoe, Olive, H.K. Lee, K.F. Leung, T. Lee, Nicholas J. Ashbolt, Ron R. Yang, Samuel H.K. Chui, "Twenty Five Years of Beach Monitoring in Hong Kong: A Re-examination of the Beach Water Quality Classification Scheme from a Comparative and Global Perspective", *Marine Pollution Bulletin*, Vol. 131, Part A (2018): pp. 793-803.

Tordoff, A.W., Baltzer, M.C., Fellowes, J.R., Pilgrim, J.D. and Langhammer, P.F., "Key Biodiversity Areas in the Indo-Burma Hotspot: Process, Progress and Future Directions", *Journal of Threatened Taxa,* Vol. 4 (2012): pp. 2779-2787.

Tsang, E.P.K., J.C.-K. Lee, S.K.E. Yip & A. Gough, "The Green School Award in Hong Kong: Development and Impact in the School Sector" in *Green Schools Globally: Stories of Impact on Education for Sustainable Development*, edited by A. Gough, J.C.K. Lee & E.P.K (Cham: Springer, 2020).

Webb, R., "An Urban Forestry Strategy for Hong Kong." *Arboricultural Journal, The International Journal of Urban Forestry*, Vol. 20, Issue 2 (2012): pp. 185-196.

Williams, G.A. and B.D. Russell, "Institute Profile: The Swire Institute of Marine Science, The University of Hong Kong", *Bulletin of Limnology and Oceanography*, Vol. 31, Issue 3 (2022).

Wilson, Keith D.P., Leung, Albert W.Y. and Kennish, Robert, "Restoration of Hong Kong Fisheries Through Deployment of Artificial Reefs in Marine Protected Areas", *ICES Journal of Marine Science*, Vol. 59 (2002): pp. 157-163.

Wong, Andy Y.S. and Tanner, Peter A., "Monitoring Environmental Pollution in Hong Kong: Trends and Prospects", *Trends in Analytical Chemistry*, vol. 16, no.4 (1997): pp. 180-190.

Wong, Captain and Yong, Lew, "Coastal Wetlands", in *Ecology of the Birds of Hong Kong*, edited by Wong Captain L.C., Lam Vicky W.Y. and Ades Gary W.J. (Hong Kong SAR: Kadoorie Farm & Botanic Garden, 2009).

Wood, Christopher and Coppell, Linden, "An Evaluation of the Hong Kong Environmental Assessment System", *Journal of Impact Assessment and Project Appraisal,* Vol 17, no.1 (1999): pp. 21-31.

Wu, R.S.S., "Marine Pollution in Hong Kong: A Review", *Asian Marine Biology*, Vol. 5, (1988): pp. 1-23.

WWF-Hong Kong, *A Conservation Plan for the Black-faced Spoonbill in Hong Kong*, (Hong Kong, 2001).

WWF-Hong Kong, *Mai Po Nature Reserve Habitat Management, Monitoring and Research Plan, 2013-2018*, (Hong Kong, 2013).

Yip, Jackie Y., Patrick C.C. Lai, and Colette K.L. Yan, "A Pilot Study on Conservation Management on Rhododendrons in Ma On Shan", *Hong Kong Biodiversity*, Issue 23 (2016): pp. 1-0.

Yip, Joseph K.L., Eric Y.H. Wong and Patrick C.C. Lai, "A Hong Kong Endemic Plant, *Croton hancei*—Its Rediscovery and Conservation", *Hong Kong Biodiversity*, Issue 12 (2006): pp. 14-15.

Young L. and Melville D.S., "Conservation of the Deep Bay Environment" in *The Marine Biology of South China Sea, Vol. 1*, edited by Morton B.S. (Hong Kong: Hong Kong University Press, 1993).

Zhuang, X. Y., Xing, F. W. and Corlett, R. T., "The Tree Flora of Hong Kong: Distribution and Conservation Status." *Memoirs of the Hong Kong Natural History Society*, No. 21 (1997): pp. 69-125

報章刊物

《大公報》（香港，1960-2017）

《東方日報》（香港，1997-2017）

《明報》（香港，1997-2017）

《信報財經新聞》（香港，1997-2017）

《星島日報》（香港，1997-2017）

《香港工商日報》（香港，1960-1984）

《華僑日報》（香港，1947-1991）

《經濟日報》（香港，1997-2017）

South China Morning Post（Hong Kong, 1946-2017）

網上資料庫

中國生物志庫。

全球入侵物種資料庫。

香港生物多樣性訊息系統。

香港生物多樣性資訊站。

香港植物標本室香港植物資料庫。

電子版香港法例。

漁農自然護理署香港紅潮資料庫。

114°E Hong Kong Reef Fish Survey Website.

Hong Kong Register of Marine Species Website.

The IUCN Red List of Threatened Species.

網站及多媒體資料

土木工程拓展署網站

土沉香生態及文化保育協會網站

大學教育資助委員會網站

大澳文化生態綜合資源中心網站

中國政府網網站

中華電力有限公司網站

中銀香港企業環保領先大獎網站

火山探知館網站

世界自然（香港）基金會網站

世界綠色組織網站

永旺（香港）百貨有限公司網站

生態教育及資源中心網站

保護海港協會網站

城市規劃委員會網站

建造業議會網站

恒生指數網站

恒生銀行網站

政府新聞公報網站

英國廣播公司（BBC）網站

香港大學太古海洋科學研究所網站

香港大學嘉道理中心網站

香港大學網站

香港工商業獎網站

香港工業總會網站

香港中文大學生命科學學院李福善生海洋研究所網站

香港天文台網站

香港太古集團有限公司網站

香港可持續發展獎網站

香港生產力促進局網站

香港生態旅遊專業培訓中心網站

香港交易及結算所有限公司網站

香港合資格環保專業人員學會網站

香港地球之友網站

香港地貌岩石保育協會網站

香港地質公園網站

香港自然探索學會網上出版作品專頁

香港自然探索學會網站

香港兩棲及爬蟲協會網站

香港金融發展局網站

香港品質保證局網站

香港城市大學海洋污染國家重點實驗室網站

香港政府新聞網網站

香港科技大學海洋科學系海岸海洋實驗室網站

香港食物環境衞生署網站

香港海洋公園保育基金網站

香港國際機場網站

香港森林浴網站

香港貿易發展局網站

香港鄉郊基金網站

香港集思會網站

香港電台網站

香港電燈有限公司網站

香港綠色企業大獎網站

香港綠色建築議會網站

香港機場管理局網站

香港螢火蟲館網站

香港環境保護署網站

香港總商會網站

香港賽馬會網站

香港觀鳥會網站

旅行家有限公司網站

商界環保協會網站

康樂及文化事務署綠化香港運動網站

清新空氣約章網頁

規劃署網站

創新及科技基金網站

渠務署網站

港鐵公司網站

嗇色園主辦可觀自然教育中心暨天文館網站

新華社新聞網

滙豐銀行網站

滙豐營商新動力網站

綠田園基金網站

綠色力量網站

綠色和平香港網站

綠惜地球網站

綠匯學苑網站

樂耕園網站

優質教育基金網站

環保協進會鳳園蝴蝶保育區網站

環保促進會網站

環保觸覺網站

環境及生態局香港邁向碳中和網站

環境及自然保育基金網站

環境運動委員會香港環境卓越大獎網站

環境運動委員會學校廢物分類及回收計劃網站

聯合國網站

賽馬會氣候變化博物館網站

鹽田梓鹽光保育中心網站

IUCN（國際自然保護聯盟）網站

Now 新聞網站

立法會電子檔案

司法機構法律參考資料系統

鳴謝

中央人民政府駐香港特別行政區聯絡辦公室
香港特別行政區政府

九廣鐵路公司	土沉香生態及文化保育協會
中華電力有限公司	世界自然（香港）基金會
世界綠色組織	永旺（香港）百貨有限公司
立法會秘書處研究及資訊部資料研究組	民航處
有線寬頻通訊有限公司	長春社
南華早報出版有限公司	建造業零碳天地
政府檔案處歷史檔案館	香港 01 有限公司
香港大學公民社會與治理研究中心	香港大學太古海洋科學研究所
香港太古集團有限公司公共事務部	香港中華煤氣有限公司
香港地球之友	香港兩棲及爬蟲協會
香港都會大學	香港電燈有限公司
香港旅遊發展局	香港海洋公園保育基金
香港特別行政區政府土木工程拓展署	香港特別行政區政府水務署
香港特別行政區政府民航處	香港特別行政區政府地政總署
香港特別行政區政府建築署	香港特別行政區政府食物環境衛生署
香港特別行政區政府教育局	香港特別行政區政府規劃署
香港特別行政區政府渠務署	香港特別行政區政府發展局
香港特別行政區政府路政署	香港特別行政區政府漁農自然護理署
香港特別行政區政府環境及生態局	香港特別行政區政府環境保護署
香港綠色建築議會	香港機場管理局
香港總商會	香港鐵路有限公司
商界環保協會	野外動向
嘉道理農場暨植物園	Google 地球

文志森　　　　　　　朱利民

吳長勝　　　　　　　李月民

林超英　　　　　　　林慧文

邱榮光　　　　　　　張子輝

梁伯銘　　　　　　　梁志峰

梁美儀　　　　　　　莫小欣

郭　平　　　　　　　郭美珩

陳釗賢　　　　　　　陳樹濤

陳龍生　　　　　　　陸恭蕙

彭錫榮　　　　　　　黃玉山

黃韋縉　　　　　　　楊國樑

趙百勤　　　　　　　劉惠寧

劉萬鵬　　　　　　　譚鳳儀

蘇國賢

Bena Smith　　　　　Michel Gunther

Paul Crow　　　　　　Stephan Gale

香港地方志中心

由全國政協副主席董建華先生牽頭創建的團結香港基金於 2019 年 8 月成立「香港地方志中心」。中心匯集眾多社會賢達和專家學者，承擔編纂首部《香港志》的歷史使命。《香港志》承傳中華民族逾二千年編修地方志的優良傳統，秉持以史為據，述而不論的原則，全面、系統、客觀地記錄香港社會變遷，梳理歷史脈絡，達至「存史、資政、育人」的功能，為香港和國家留存一份珍貴的文化資產。

《香港志》共分十個部類，包括：總述、大事記、自然、經濟、文化、社會、政治、人物、地名及附錄；另設三卷專題志；總共 65 卷，53 冊，全套志書約 2400 萬字，是香港歷來最浩瀚的文史工程。

香港地方志中心網頁

博采眾議　力臻完善

國有史，地有志。香港地方志中心承傳中華民族編修地方志的優良傳統，肩負編纂首部《香港志》的歷史使命。《香港志》記述內容廣泛，力爭全面、準確、系統，中心設立勘誤機制及網上問卷，邀請各界建言指正、反饋意見，以匯聚集體智慧，力臻至善。

立即提交意見